Hugo Richter †

Rohrhydraulik

Ein Handbuch zur praktischen Strömungsberechnung

Fünfte neubearbeitete Auflage

Springer-Verlag Berlin Heidelberg New York 1971

Dr.-Ing. habil. HUGO RICHTER († Mai 1970)
ehem. Direktor i. Fa. L. & C. Steinmüller GmbH, Gummersbach

Nach dem Tode des Verfassers zu Ende geführt von
Dr.-Ing. DIETER SCHMIDT
Firma L. & C. Steinmüller GmbH, Gummersbach

Mit 229 Bildern, 75 Zahlentafeln und 40 praktischen Rechenaufgaben

ISBN 978-3-642-52165-2   ISBN 978-3-642-52164-5 (eBook)
DOI 10.1007/978-3-642-52164-5

Das Werk ist urheberrechtlich geschützt. Die dadurch begründeten Rechte, insbesondere die der Übersetzung, des Nachdruckes, der Entnahme von Abbildungen, der Funksendung, der Wiedergabe auf photomechanischem oder ähnlichem Wege und der Speicherung in Datenverarbeitungsanlagen bleiben, auch bei nur auszugsweiser Verwertung, vorbehalten.
Bei Vervielfältigungen für gewerbliche Zwecke ist gemäß § 54 UrhG eine Vergütung an den Verlag zu zahlen, deren Höhe mit dem Verlag zu vereinbaren ist.
© by Springer-Verlag, Berlin · Heidelberg 1954, 1958, 1962 und 1971 ·
Library of Congress Catalog Card Number: 62-17100
Softcover reprint of the hardcover 5th edition 1971

Die Wiedergabe von Gebrauchsnamen, Handelsnamen, Warenbezeichnungen usw. in diesem Buche berechtigt auch ohne besondere Kennzeichnung nicht zu der Annahme, daß solche Namen im Sinne der Warenzeichen- und Markenschutz-Gesetzgebung als frei zu betrachten wären und daher von jedermann benutzt werden dürften.

Vorwort zur fünften Auflage

Der Text wurde überprüft, teils gekürzt, teils ergänzt. Die Zahlenangaben wurden auf den neuesten Stand gebracht.

Die Abschnitte über mechanische und wärmetechnische Grundlagen in Teil I und über theoretische Überlegungen und Versuchserfahrungen in Teil II sind nunmehr auf das Internationale Einheitensystem umgestellt, wobei jeweils auf das Technische Maßsystem hingewiesen wird. Bei den Ausführungen zur praktischen Strömungsberechnung in Teil III und den zugehörigen Zahlentafeln und Diagrammen wird das neue neben dem bisherigen Einheitensystem angewandt. Die aus der Praxis entnommenen Aufgaben hierzu sind im Technischen Maßsystem gerechnet, doch ist es dem Leser leicht gemacht, statt dessen auch das Internationale Einheitensystem zu benutzen.

Bei der umfangreichen Darstellung sind nicht alle neuerdings nach den Deutschen Normen (DIN) empfohlenen Formelzeichen ohne Überschneidungen und Unklarheiten anwendbar. Es wird daher teilweise auf die früher gebräuchlichen Zeichen zurückgegriffen, wie aus der Erklärung am Anfang des Buches hervorgeht.

Ich hoffe, daß das Buch in dieser Fassung für alle Leser so brauchbar ist wie seine früheren Auflagen und daß es dazu beiträgt, gewisse Schwierigkeiten beim Übergang auf das neue Einheitensystem zu überwinden.

Gummersbach, April 1970

Hugo Richter

Aus den Vorworten zur ersten bis vierten Auflage

Forschungsergebnisse und Berichte über die Vorgänge bei der Rohrströmung sind in der deutschen und fremdsprachigen Literatur verstreut zu finden. Das Buch will einen geschlossenen Überblick geben. Die Darstellung erhebt nicht Anspruch auf vollständige Wiedergabe aller einschlägigen Veröffentlichungen. Diese werden nur insoweit angeführt, als es zur Beschreibung des heutigen Standes erforderlich ist. Die praktischen Berechnungen beruhen auf dem Prandtl-Kármánschen Widerstandsgesetz und der zusammenfassenden Formel von PRANDTL/COLEBROOK. Das Technische Maßsystem wird noch beibehalten.

1933, 1954, 1958 und 1962

Hugo Richter

Inhaltsverzeichnis

Bedeutung der Bezeichnungen und Einheiten X

I. Mechanische und wärmetechnische Grundlagen 1

1. Stoffeigenschaften und Begriffe 1
   1.1 Begriff von Flüssigkeit, Gas und Dampf 1
   1.2 Systeme, Zustände, Zustandsänderungen 3
   1.3 Größen und Einheiten 4
       Technisches Maßsystem S. 4. — Internationales Einheitensystem (SI) S. 5. — Druck S. 6. — Umrechnungsfaktoren für beide Einheitensysteme S. 7. — Temperatur S. 10.
   1.4 Energie, Arbeit, Wärme 10
   1.5 Allgemeine Beziehungen 14
       Geschlossene Systeme S. 14. — Offene Systeme S. 16.
   1.6 Beziehungen für ideale Gase 18
       Hinweis zum Technischen Maßsystem S. 21.
   1.7 Innere und äußere Reibung, Viskosität 22
       Hinweis zum Technischen Maßsystem S. 25.

2. Kontinuitätsgesetz 26

3. Energiesätze für reibungslose Strömung 28
   3.1 Begriff der reibungslosen Rohrströmung 28
   3.2 Energiegleichungen 28
       Hinweis zum Technischen Maßsystem S. 30.
   3.3 Satz von BERNOULLI 31
   3.4 Druck-Volumen-Diagramme 32
       Raumbeständige Strömung S. 32. — Raumveränderliche Strömung S. 33.
   3.5 Arbeitsaufwand bei kleinen Druckänderungen 36
   3.6 Statischer und dynamischer Druck 38

4. Energiesätze für natürliche Strömung 43
   4.1 Einfluß der Reibung 43
   4.2 Energiegleichungen 44
       Hinweis zum Technischen Maßsystem S. 47.
   4.3 Leitungsgefälle 47

5. Mechanische Ähnlichkeit von Strömungsvorgängen 48
   5.1 Begriff der mechanischen Ähnlichkeit 48
   5.2 Ableitung des Ähnlichkeitsgesetzes aus den Kräftebedingungen 50
   5.3 Ableitung des Ähnlichkeitsgesetzes aus der Navier-Stokesschen Gleichung 52
   5.4 Sonderfälle 53

II. Theoretische Überlegungen und Versuchserfahrungen 54

Einleitung 54

II.1 Strömung in geraden Rohren mit unveränderlichem Querschnitt . . 55

6. Vorbemerkungen 55
   6.1 Geschwindigkeits- und Druckverteilung im Leitungsquerschnitt 55
   6.2 Energieverteilung im Querschnitt 56

7. Beziehungen für den Druckabfall in geraden Rohren 59
   7.1 Allgemeine Druckabfallgleichung 59
        Hinweis zum Technischen Maßsystem S. 63.
   7.2 Druckverlust und Ähnlichkeitsgesetz 63
   7.3 Druckabfallgleichung für tropfbare Flüssigkeiten 65
   7.4 Druckabfallgleichung für Gase 66
        Fortleitung bei unveränderlicher Gastemperatur (isotherme Strömung) S. 67. — Vereinfachung der Formeln für isotherme Strömung S. 68. — Isotherme Strömung mit Höhenänderung S. 70. — Fortleitung ohne Wärmeaustausch (adiabate Strömung) S. 71. — Schallgeschwindigkeit von Gasen S. 75. — Höchstgeschwindigkeit einer adiabaten Strömung S. 78. — Einfluß der Rohrlänge auf die adiabate Strömung S. 81. — Strömung mit beliebigem Wärmeaustausch mit der Umgebung S. 83.
   7.5 Druckabfallberechnung für Dämpfe 86
        Adiabate Strömung von Dampf S. 86. — Hinweis zum SI S. 90 — Strömung mit Wärmeaustausch mit der Umgebung S. 90.

8. Laminarströmung im geraden Kreisrohr 92
   8.1 Vollkommen ausgebildete Strömung 92
        Hinweis zum Technischen Maßsystem S. 101.
   8.2 Vorgänge bei der Ausbildung der laminaren Strömung . . 101

9. Übergangsgebiet zwischen laminarer und turbulenter Strömung 108

10. Turbulente Strömung im glatten geraden Kreisrohr 116
    10.1 Vollkommen ausgebildete Strömung 116
        Messung des Strömungswiderstandes. Empirisches Widerstandsgesetz S. 117. — Messung des Geschwindigkeitsprofils S. 122. — Rechnerische Erfassung der Geschwindigkeitsverteilung S. 123. — Rechnerische Form des Widerstandgesetzes für glattes Rohr S. 130. — Physikalisch begründete Form eines Potenzgesetzes S. 135.
    10.2 Vorgänge bei der Ausbildung der turbulenten Strömung . . 139

11. Turbulente Strömung im rauhen geraden Kreisrohr (vollkommen ausgebildete Strömung) 143
    11.1 Widerstandszahl nach Messungen an Rohren mit natürlicher Rauhigkeit 143
    11.2 Geschwindigkeitsverteilung nach Messungen 147
    11.3 Einfluß der Rohrrauhigkeit auf die Strömung 148
    11.4 Messungen an Rohren mit künstlich aufgebrachter Rauhigkeit 152
    11.5 Allgemeingültige Widerstandsformel für sandrauhes Rohr . 154
    11.6 Sandrauhigkeit und natürliche Rauhigkeit 156

11.7 Geltungsbereich von Potenzformeln 164
11.8 Nachprüfung der neueren Erkenntnisse für Stahlrohre im Übergangsgebiet 165
12. Strömung in geraden Rohren mit anderem als Kreisquerschnitt 168
12.1 Turbulente Strömung 168
12.2 Laminarströmung in Rohren mit Kreisringquerschnitt . . 172
12.3 Laminarströmung in Rohren mit Rechteckquerschnitt. . 176

II.2 Strömung in geraden Rohren mit veränderlichem Querschnitt. . . 179

13. Leitungen mit stetig veränderlichem Querschnitt 179
13.1 Laminarströmung 179
13.2 Übergangsgebiet zwischen laminarer und turbulenter Strömung...................... 182
13.3 Turbulente Strömung 183
14. Leitungen mit unstetig veränderlichem Querschnitt 189

II.3 Strömung in anderen als geraden Rohren 193

15. Richtungsänderungen.................... 193
15.1 Strömung in gekrümmten Rohren 193
Einwirkung der Krümmung auf die Strömungsform, Druck- und Geschwindigkeitsverteilung in gekrümmten Rohren S. 193. — Druckabfall in gekrümmten Rohren S. 198.
15.2 Strömung in Knierohren 218
16. Abzweige 222
16.1 Strömung in T-Stücken 222

III. Praktische Berechnung von Rohrleitungen 227

III.1 Vorbemerkungen...................... 227

17. Bedeutung der Strömungsrechnung 227
18. Über die Genauigkeit der Rechnung 228
19. Über zeichnerische Darstellungen 230

III.2 Allgemeine Beziehungen für den Druckabfall 230

20. Geschwindigkeit, Menge, Rohrdurchmesser 230
21. Beziehungen für tropfbare Flüssigkeiten 233
22. Beziehungen für Gase und Dämpfe 237
22.1 Bei verhältnismäßig großem Druckabfall 237
22.2 Bei verhältnismäßig geringem Druckabfall 243
23. Einfluß des Beschleunigungsgliedes............. 243
24. Überschlagsformeln 244

III.3 Allgemeine Berechnungsunterlagen................ 246

25. Zahlentafeln für Dichte und Viskosität 246
25.1 Allgemeines 246
25.2 Flüssigkeiten 253
25.3 Gase 263
25.4 Gasmischungen 274
25.5 Wasserdampf 281
26. Beziehungen für die Reynolds-Zahl 285

Inhaltsverzeichnis

  27. Widerstandszahlen für gerades Kreisrohr 287
    27.1 Diagramme für gerades Stahlrohr 287
    27.2 Lichtweite und Nennweite 289
    27.3 Überschlagsformeln für gerades Stahlrohr 289
    27.4 Diagramme für gerades Rohr aus Gußeisen 293
    27.5 Überschlagsformel für gerades Gußrohr 296
    27.6 Allgemeines Gebrauchsdiagramm 297
    27.7 Weitere Überschlagsformeln 297
  28. Anhaltswerte für Rohrformstücke und Armaturen 299
    28.1 Rechtwinklige Krümmer und Rohrbogen 299
    28.2 Mehrfachkrümmer 303
    28.3 Andere Rohrformstücke und Armaturen 309
    28.4 Widerstand von Leitungen mit vielen Abzweigen 317
III.4 Allgemeine Angaben 318
  29. Wirkungsgrad einer Rohrleitung 318
  30. Größtmögliche Energieentnahme aus einer Leitung 322
III.5 Wasserleitungen, besondere Strömungsfälle, Aufgaben 323
  31. Spezielle Berechnungsunterlagen 323
    31.1 Rechenhilfsmittel 323
    31.2 Wirtschaftlich günstige Geschwindigkeiten 327
    31.3 Ablagerungen in Wasserleitungen 329
  32. Wasserleitungen, Aufgaben 331
  33. Leitungen für Wasserkraftwerke, Aufgaben 338
  34. Freispiegelleitungen 343
III.6 Ölleitungen, besondere Strömungsfälle, Aufgaben 345
  35. Spezielle Berechnungsunterlagen 345
    35.1 Rechenhilfsmittel 345
    35.2 Entwurf von Fernölleitungen 346
  36. Fernölleitungen, Aufgaben 348
III.7 Luftleitungen, besondere Strömungsfälle, Aufgaben 350
  37. Spezielle Berechnungsunterlagen 350
    37.1 Rechenhilfsmittel 350
    37.2 Verschmutzung und Geschwindigkeiten 354
  38. Luftleitungen, Aufgaben 355
III.8 Gasleitungen, besondere Strömungsfälle, Aufgaben 359
  39. Spezielle Berechnungsunterlagen 359
    39.1 Rechenhilfsmittel 359
    39.2 Verschmutzung und Geschwindigkeiten 362
    39.3 Zum Entwurf von Gasfernleitungen 363
  40. Gasleitungen, Aufgaben 366
III.9 Dampfleitungen, besondere Strömungsfälle, Aufgaben 372
  41. Spezielle Berechnungsunterlagen 372
    41.1 Rechenhilfsmittel 372
    41.2 Verschmutzung und Geschwindigkeiten 377
    41.3 Kondensatbildung 380
  42. Dampfleitungen, Aufgaben 383

Namenverzeichnis 393
Sachverzeichnis 396

Bedeutung der Bezeichnungen und Einheiten

Die Basiseinheiten des Technischen Maßsystems sind Meter (m) für die Größenart Länge, Kilopond (kp) für die Größenart Kraft und Gewicht, Sekunden (s) für die Größenart Zeit, Grad (grd) für die Größenart Temperatur. Im Internationalen Einheitensystem[1] sind die Basiseinheiten (SI-Einheiten, SI = Système International) Meter (m), Kilogramm (kg) für die Größenart Masse, Sekunden (s), Grad (grd). Die unten angegebenen Größen gelten in den Basiseinheiten oder in davon abgeleiteten Einheiten. Soweit es zweckmäßig ist, werden dezimale Vielfache dieser Einheiten bei der praktischen Berechnung benutzt, bei der Zeit auch die Einheit Stunde (h). Wärmemengen gelten im Technischen Maßsystem in Kilokalorien (kcal).

1. Bezeichnungen für Größen mit denselben Einheiten in beiden Einheitensystemen

l	Rohrlänge in m
L	Rohrlänge in km
x	äquivalente (widerstandsgleiche) Rohrlänge in m
a, x	Längen in m
d	innerer Rohrdurchmesser in m
D	innerer Rohrdurchmesser in mm
r	innerer Rohrhalbmesser in m
U	innerer Rohrumfang in m
x	Abstand von der Rohrmitte in m
y	Abstand von der Rohrinnenwand in m
l	Mischungsweg in m
l_a	Anlaufstrecke in m
x, y, z	Abstand in m
b	Breite in m
s	Weg, Spaltbreite in m
E	Exzentrizität in m
R	Krümmungshalbmesser in m
H	Druckhöhe in m
h	geodätische Höhe in m
e	mittlere Höhe der natürlichen Rauhigkeitserhebungen in m
$\varepsilon = e/r$	natürliche relative Rauhigkeit
k	äquivalente Sandrauhigkeit[2] in m, alleinstehend in mm

---

[1] Das neue Einheitengesetz wurde im Mai 1969 beschlossen und tritt am 5. Juli 1970 in Kraft. Es macht die Anwendung der gesetzlichen SI-Einheiten auch im technischen Bereich (nach einer Übergangszeit) verbindlich.

[2] Nach DIN 5492, Formelzeichen der Strömungsmechanik, Ausg. Nov. 65, Sandrauhigkeitshöhe k_s (Sandrauhigkeit) genannt. — Nach DIN 4044, Hydromechanik im Wasserbau, Fachausdrücke und Begriffserklärungen, Ausg. Jan. 63, wird k_s die gleichwertige Rauheit an der Rohrinnenwand genannt, ausgedrückt durch die Sandrauhigkeit. — Hier genügt das einfache Formelzeichen k.

Bezeichnungen und Einheiten

d/k	relative Sandrauhigkeit (Kehrwert)
δ	Dicke der laminaren Grenzschicht in m
λ	Elongation (Entfernung von der Mittellage) bei longitudinaler Schwingung in m
F	Fläche[1] in m²
$4F/U$	hydraulischer Durchmesser in m, beim Kreisrohr ist $4F/U = d$ in m
O	innere Oberfläche des Rohres in m²
V	Volumen in m³
V_s	Volumenstrom in m³/s
V_h	Volumenstrom in m³/h
z	Zeit in s
w_{Zeiger}	Einzelgeschwindigkeit in m/s
w	mittlere Strömungsgeschwindigkeit in m/s
$\bar{w}$	Schubspannungsgeschwindigkeit in m/s
w_s	Schallgeschwindigkeit[2] in m/s
g	Fallbeschleunigung (Schwerebeschleunigung) in m/s²
ν	kinematische Viskosität in m²/s
ε	Turbulenz (Austauschgröße) in m²/s
t	Celsius-Temperatur in °C
$T = 273{,}15 + t$	Kelvin-Temperatur in °K
E	Engler-Grad in °E

(siehe auch S. XII ff.)

---

[1] Nach DIN 1304, Allgemeine Formelzeichen, Ausg. März 68, wird für die Fläche das Zeichen A oder S empfohlen. Um Verwechslungen mit der Arbeit A oder der Entropie S zu vermeiden, ist hier das frühere Zeichen F gewählt.

[2] Nach DIN 5492 wird für die Schallgeschwindigkeit das Zeichen c oder a empfohlen. Wir verwenden das Zeichen w_s (an wenigen Stellen), um Verwechslungen mit der spezifischen Wärmekapazität c oder der spezifischen Arbeit a zu vermeiden.

2. Bezeichnungen für Größen mit verschiedenen Einheiten in beiden Einheitensystemen

Die Umrechnungsfaktoren besagen, wievielmal so groß die Zahlenwerte der einzelnen Größen im Internationalen Einheitensystem sind im Vergleich zum Technischen Maßsystem.

Einheitensystem	Technisches Maßsystem	Internationales Einheitensystem (SI)	Umrechnungsfaktor
Basisgrößen	Kraft, Gewicht	Masse	
G Normgewicht	kp	—	⎫
m Masse	—	kg	⎬ 1
γ Wichte	kp/m³	—	⎫
ϱ Dichte	—	kg/m³	⎬ 1
v spezifisches Volumen	m³/kp $V = G\,v$	m³/kg $V = m\,v$	1
G_s Gewichtsdurchfluß¹	kp/s	—	⎫
m_s Massenstrom¹	—	kg/s	⎬ 1
G_h Gewichtsdurchfluß	kp/h	—	⎫
m_h Massenstrom	—	kg/h	⎬ 1
$\dot{G}$ Gewichtsdurchfluß	Mp/h	—	⎫
$\dot{M}$ Massenstrom	—	t/h = Mg/h	⎬ 1
K Kraft²	kp	$N = kg\,m/s^2$	9,81
W Widerstand(skraft)	kp	$N = kg\,m/s^2$	9,81
P Druck	kp/m² = mm WS	$N/m^2 = kg/m\,s^2$	9,81
p Druck	kp/cm² = at 1 kp/cm² = 10⁴ kp/m²	bar 1 bar = 10⁵ N/m²	0,981
τ Schubspannung	kp/m²	N/m²	9,81
A Arbeit³	kp m	$J = N\,m = kg\,m^2/s^2$	9,81
a spezifische Arbeit	kp m/kp = m $A = G\,a$	$J/kg = m^2/s^2$ $A = m\,a$	9,81
E Energiegehalt	kp m	$J = kg\,m^2/s^2$	9,81
e spezifischer Energiegehalt	kp m/kp = m $E = G\,e$	$J/kg = m^2/s^2$ $E = m\,e$	9,81

[1] Umrechnungsfaktor 1 bei Gewichtsdurchfluß in kp/s oder Mp/h verglichen mit Massenstrom in kg/s oder t/h. Nach DIN 5492 ist für den Massenstrom allgemein das Zeichen $\dot{m}$ vorgesehen. Abweichend bezeichnen wir hier Massenströme mit m_s und m_h entsprechend Gewichtsdurchflüssen mit G_s und G_h und Volumenströmen mit V_s und V_h, um die Zeitspanne hervorzuheben.

[2] Nach DIN 1304 wird für Kraft das Zeichen F empfohlen. Um Verwechslungen mit der Fläche F zu vermeiden, wird hier die Kraft mit K bezeichnet (an wenigen Stellen).

[3] Wir bezeichnen genauer: A gewinnbare Arbeit, A_V Volumenänderungsarbeit, A_R Reibungsarbeit, $\bar{A}$ Gesamtarbeit (s. Abschn. 1.4 u. 1.5).

Einheitensystem	Technisches Maßsystem	Internationales Einheitensystem (SI)	Umrechnungsfaktor
Basisgrößen	Kraft, Gewicht	Masse	
N Leistung[4]	kp m/s	$W = J/s = N\,m/s$	9,81
R spezielle Gaskonstante	kp m/kp grd	$N\,m/kg\,grd$ $= m^2/s^2\,grd$	9,81
η dynamische Viskosität[5]	kp s/m²	$N\,s/m^2 = kg/m\,s$	9,81
Q Wärmemenge	kcal	$J = kg\,m^2/s^2$	4187
q spezifische Wärmemenge	kcal/kp 1 kcal = 427 kp m $Q = G\,q$	$J/kg = m^2/s^2$ 1 kcal = 4,187 kJ $Q = m\,q$	4187
r Verdampfungswärme	kcal/kp	J/kg	4187
u spezifische innere Energie	kcal/kp $U = G\,u$	J/kg $U = m\,u$	4187
i spezifische Enthalpie[1]	kcal/kp $I = G\,i$	J/kg $I = m\,i$	4187
s spezifische Entropie	kcal/kp grd $S = G\,s$	$J/kg\,grd$ $S = m\,s$	4187
c_p spezifische Wärmekapazität bei konstantem Druck[3]	kcal/kp grd	$J/kg\,grd$	4187
c spezifische Wärmekapazität bei konstantem Volumen[3]	kcal/kp grd	$J/kg\,grd$	4187
R spezielle Gaskonstante	kcal/kp grd	$J/kg\,grd$	4187
c_n spezifische Wärmekapazität bei einer polytropen Zustandsänderung n = const	kcal/kp grd	$J/kg\,grd$	4187
k Wärmedurchgangskoeffizient[4]	kcal/m² h grd	$J/m^2\,h\,grd$	4187
λ Wärmeleitfähigkeit[5]	kcal/m h grd	$J/m\,h\,grd$	4187
J Leitungsgefälle	kp m/kp m	$N\,m/kg\,m = m/s^2$	9,81

[1] Nach DIN 1304 wird für Leistung das Zeichen P empfohlen. Hier wird das frühere Zeichen N gewählt (an wenigen Stellen), weil das Zeichen P (neben p) für den Druck gebraucht wird.

[2] Umrechnungsfaktor 1 bei der Tabellenviskosität $\eta\,g$ in kp/m s verglichen mit η in kg/m s.

[3] Nach DIN 1304 und DIN 1345, Ausg. Febr. 69, wird für Enthalpie das Zeichen H, h empfohlen. Um Verwechslungen mit der Höhe H, h zu vermeiden, ist hier das frühere Zeichen I, i gewählt (an wenigen Stellen). — In DIN 1345 wird c_p als isobare und c_v als isochore spezifische Wärmekapazität bezeichnet.

[4] 1 kcal/m² h grd = 1,163 J/s m² grd = 1,163 W/m² grd.

[5] 1 kcal/m h grd = 1,163 J/s m grd = 1,163 W/m grd.

3. Bezeichnungen für dimensionslose Größen (Einheit 1)

d_v	Dichteverhältnis (relative Masse, Luft = 1)
M_r	relative Molmasse[1] (früher Molekulargewicht)
r	Raumanteil (m³/m³)
R/r, R/d	Krümmungsverhältnis
$Re = w\,d/\nu$	Reynolds-Zahl der Strömung
$k\,\bar{w}/\nu$	Reynolds-Zahl der Rauhigkeit
$C = l/(d\,Re)$	Kennzahl für die Anlaufstrecke bis zur laminaren Strömung
η	Wirkungsgrad
λ	Widerstandszahl von geradem Rohr ($\lambda = \lambda_R + \lambda_B$)
λ_R	Widerstandszahl[2] wegen Reibung (Rohrreibungszahl)
λ_B	Widerstandszahl wegen Beschleunigung
ζ	Widerstandsbeiwert[2] (Widerstandszahl von Einbauten)
φ	dimensionslose Geschwindigkeit $= w_l/\bar{w}$
ψ	dimensionsloser Wandabstand $= \bar{w}(r-x)/\nu$
χ	relative Verlustleistung

4. Sonstige Bezeichnungen

$A, B, C, a, b, c, k, m, n, \alpha, \beta, \gamma, \psi$	Faktoren
A, B, C, K	Konstanten
a, b	Summanden
c, m, n, β	Exponenten
f_{Zeiger}	Verhältniszahlen
f	Zeichen für Funktion
$\ln x = 2{,}303\,\lg x$	zur Umrechnung
m_1, m_2, m_3	Maßstabsbezeichnungen
prop.	proportional
α, φ	Winkel in grd
α	Erweiterungswinkel in grd
α	Neigungswinkel in grd
δ	Ablenkungswinkel in grd
$\varkappa = c_p/c_v$	Isentropenexponent bei idealen Gasen
μ	Kontraktionskoeffizient
ξ	Energiebeiwert
φ	Füllwinkel in grd
φ	Beiwert des Gesetzes der Laminarströmung
Torr	mm Quecksilbersäule von 0 °C, 1 atm
mm H$_2$O	mm Wassersäule (WS) von 4 °C, 1 atm
ZT	Abkürzungen für Zahlentafel

---

[1] M_r ist die relative Molekül- oder Atommasse

[2] Nach DIN 5492 empfohlen: λ Rohrreibungszahl. ζ Widerstandszahl. Da λ in diesem Buch sowohl als λ_R als auch als λ_B gebraucht wird, bezeichnen wir λ abweichend als Widerstandszahl und ζ als Widerstandsbeiwert.

Bezeichnungen und Einheiten XV

5. Zeiger

a	Abzweig	p	potentiell
a	Anlauf	P	Pumpe
a	außerhalb, Außenseite	pol	polytrop
Abl	Ablösung	Qu	Querströmung
ad	adiabat	r	relativ
B	Beschleunigung	R	Reibung
B	Blende	rauh	rauh
d	Durchgang	Rohr	Rohr
dyn	dynamisch[1]	s	sekundlich
δ	Grenzschicht	S	Schall (bei w_S)
G	Gußeisen	St	Stahl
gem	Gemisch	t	technisch
ges	gesamt	t	bei t °C
glatt	glatt, glattes Rohr	T	Trägheit
h	stündlich	u	Umlenkung
i	innen, Innenseite	u	Unterdruck[3]
is	isotherm	$\ddot{u}$	Überdruck[3]
k	kinetisch	U	Undichtheit
k	Krümmung	V	Volumenänderung
krit	kritisch	v	Verlust
l	in l-Richtung	w	Wand
L	Luft	x	in Entfernung x
m	Mittel	x, y, z	in x-, y-, z-Richtung
max	maximal (Größtwert)	z	zusammen
min	minimal (Kleinstwert)	0	Ruhezustand, Ruhewert (Null)
n	Norm	1, 2, 3, ···	an der Stelle 1, 2, 3, ···
n	bez.[2] auf 0 °C, 760 Torr	″	an der oberen Grenzkurve
O	Oberfläche		(z. B. bei η'')
p	beim Druck p	′	an der unteren Grenzkurve
o	Umgebung		(z. B. bei η')

Zusammengesetzte Zeiger, z. B.:

V_{hn1} stündlicher Volumenstrom im Zustand n (0 °C, 760 Torr) an der Stelle 1

a_{R12} spezifische Reibungsarbeit von 1 bis 2

---

[1] Nach DIN 5492 empfohlen: q statt p_{dyn} für den Staudruck. Das Formelzeichen q ist hier für den spezifischen Wärmeaustausch gewählt.

[2] Der Zustand 0 °C, 760 Torr heißt Normzustand nach DIN 1343, Normzustand, Normvolumen, Ausg. Mai 64.

[3] p_u ist ein Unterdruck, $p_{\ddot{u}}$ ein Überdruck gegenüber Umgebungsdruck p_o. p ist der absolute Druck. $p_u = p_o - p$ bei $p < p_o$ und $p_{\ddot{u}} = p - p_o$ bei $p > p_o$.

6. Größengleichungen, Hinweise zum Text

Für die rechnerische Erfassung physikalisch/technischer Vorgänge werden Größen und nach Möglichkeit Größengleichungen[1] benutzt.

Unter *physikalischen Größen*, kurz Größen, versteht man meßbare Eigenschaften von physikalischen Objekten oder Zuständen (wie Länge, Masse, Druck, Temperatur, Geschwindigkeit) oder von Zustandsänderungen (wie Aufnahme oder Abgabe von Wärme und Arbeit). Eine Größe wird durch das Produkt von Zahlenwert und Einheit angegeben, Größe = Zahlenwert · Einheit. Gleichartige Größen sind solche, von denen physikalisch sinnvoll Summen oder Differenzen gebildet werden können, beispielsweise alle Längen. Eine *Einheit* ist eine willkürlich aus gleichartigen Größen ausgewählte und festgelegte Größe, beispielsweise 1 m als eine bestimmte Länge. Der *Zahlenwert* ist die Zahl, mit der man die Einheit vervielfachen muß, um die Größe zu erhalten. Die Größe ist invariant gegen den Wechsel der Einheit.

Größengleichungen sind Gleichungen, in denen die Formelzeichen physikalische Größen bedeuten, soweit sie nicht als mathematische Zeichen erklärt sind. So ist die Gleichung $G = m\,g$ für die Gewichtskraft, die ein Körper mit der Masse m bei der örtlichen Fallbeschleunigung g auf seine Unterlage ausübt, eine Größengleichung. Solche Größengleichungen *gelten unabhängig von der Wahl der Einheiten*; die Angabe von Einheiten kann entfallen. Bei der Auswertung der Größengleichungen sind für die Formelzeichen die Produkte aus Zahlenwert und Einheit einzusetzen; bei der Zahlenrechnung sind die Einheiten mitzuführen.

Wenn zu jeder Größenart (z. B. Längen, Energiemengen) nur eine einzige Einheit gehört (z. B. m, J), so ergeben sich häufig unzweckmäßig große oder kleine Zahlenwerte. Da sich Zahlenangaben am besten zwischen 0,1 und 1000 erfassen lassen, empfehlen wir Produkte mit Zehnerpotenzen (z. B. 0,000012 m = $1{,}2 \cdot 10^{-5}$ m). Vorteilhaft sind auch die international vereinbarten Vorsätze[2] zur Bezeichnung von dezimalen Vielfachen oder Teilen der Einheiten. Wir verwenden folgende:

Zehner-potenz	Vorsatz	Vorsatz-zeichen	Zehner-potenz	Vorsatz	Vorsatz-zeichen
10^3	Kilo	k	10^{-1}	Dezi	d
10^6	Mega	M	10^{-2}	Zenti	c
10^9	Giga	G	10^{-3}	Milli	m
10^{12}	Tera	T	10^{-6}	Mikro	μ

Beispiel: $1{,}2 \cdot 10^{-5}$ m = 12 μm; 4187 J = 4,187 kJ

Beziehungen zwischen den Einheiten werden durch *Einheitengleichungen* angegeben. In solchen Gleichungen treten nur Einheiten und Zahlenwerte auf, z. B. 1 m = 3,2808 feet; 1 bar = 1,0197 at. Der *Umrechnungsfaktor* auf der rechten Seite von Einheitengleichungen ist so zu stellen, daß der Zahlenwert auf der linken Seite 1 ist.

Wenn sich eine noch unbekannte Größe im Rechnungsgang als von einer bestimmten Art herausstellt, beispielsweise von einer Länge, so sagt man, die Größe hat die Dimension einer Länge.

---

[1] DIN 1313, Schreibweise physikalischer Gleichungen in Naturwissenschaft und Technik, Ausg. Spt. 62.
[2] DIN 1301, Einheiten, Ausg. Nov. 66, Entw. Mai 69.

I. Mechanische und wärmetechnische Grundlagen

1. Stoffeigenschaften und Begriffe

1.1 Begriff von Flüssigkeit, Gas und Dampf

Körper von *nichtfestem* Zustand vermögen *strömende Bewegungen* auszuführen. Alle Stoffe in der Natur, die hier in Betracht kommen und die nicht bei einer Umwandlungstemperatur chemisch verändert werden, können die drei Aggregatzustände fest, tropfbar flüssig (weiterhin kurz flüssig genannt) und gasförmig annehmen. Der *flüssige* Zustand unterscheidet sich vom *gasförmigen* vornehmlich im Grad der Zusammendrückbarkeit und in der Dichte. Während gasförmige Körper, z. B. Luft, leicht auf einen kleineren Raum gebracht werden können, ist bei Flüssigkeiten, etwa Wasser, selbst unter Anwendung sehr hoher Drücke nur eine geringfügige Raumverminderung zu erreichen. In technischen Rechnungen ist es fast immer statthaft, die Zusammendrückbarkeit der Flüssigkeiten zu vernachlässigen. Man kann daher rundweg die Gasströmung als *raumveränderliche* und die Flüssigkeitsströmung als *raumbeständige* bezeichnen. Der Einfluß der Temperatur auf die Dichte ist bei Flüssigkeiten gering, bei Gasen erheblich.

Flüssige Körper können durch Wärmezufuhr in den gasförmigen Zustand übergeführt werden. Die *Flüssigkeit* wird zunächst bis auf den Siedezustand erhitzt und geht dann in Dampf über. Solange der flüchtige *Dampf* noch mit Flüssigkeit in Berührung steht, spricht man von *Sattdampf*. Dieser hat dieselbe Temperatur wie die siedende Flüssigkeit. Führt man so lange Wärme zu, bis gerade alle Flüssigkeit verdampft ist, so ist der Dampf *trockengesättigt*. Bei weiterer Wärmezufuhr wird der Dampf *überhitzt* und steigt im allgemeinen seine Temperatur an. Was man gemeinhin als *Gase* bezeichnet, sind *hochüberhitzte* Dämpfe.

Die Lehre von der *strömenden Bewegung* der Flüssigkeiten und der gasförmigen Körper ist im wesentlichen ein Teilgebiet der *Mechanik*. Zu ihrem Verständnis benötigt man außerdem einige Kenntnisse in der *Thermodynamik*. Die Bewegung der Gase und Dämpfe richtet sich nach ähnlichen Gesetzen wie die der Flüssigkeiten, solange die Fördergeschwindigkeiten unter der Schallgeschwindigkeit bleiben, was bei den hier zu behandelnden technischen Anwendungen der Fall ist. Bei geringen Raumänderungen unterliegen Gas- und Flüssigkeitsströmung praktisch den gleichen Gesetzen. Hier soll insbesondere die Rede von der *Strömung in Rohrleitungen* sein.

I. Mechanische und wärmetechnische Grundlagen

Im flüssigen Zustand erfüllen die Stoffe (ebenso wie im festen Zustand) einen bestimmten Raum, können aber verhältnismäßig leicht ihre Gestalt ändern. Ihre *Viskosität* oder *Zähigkeit*, d. h. ihr Widerstand gegen Zerteilen oder Verformen, ist mehr oder weniger gering, was man als dünn- oder zähflüssig beschreibt. Auch Gase und Dämpfe erscheinen als mehr oder weniger zähe. Der gasförmige Zustand zeichnet sich durch unbestimmte Gestalt der Stoffe und durch unbestimmten Raum aus, was so viel heißt, daß die Stoffe im gasförmigen Zustand jeden Raum annehmen, der ihnen geboten wird. Ihre Trennung oder Gestaltänderung erfordert nur mehr geringe, aber immerhin noch merkliche Kräfte, wie z. B. die Erscheinung des Luftwiderstandes bei schnellen Fahrzeugen lehrt.

Unter der Wirkung eines bestimmten Druckes verformen sich die Körper mit verschiedener Geschwindigkeit. Man denke sich z. B. ein Becherglas, Bild 1, das zum Teil mit Wasser gefüllt ist. In dieses Gefäß wird durch ihr Eigengewicht G eine Steinkugel mit Durchmesser d, also unter einem Druck

$$P = \frac{4G}{\pi d^2} = \frac{4mg}{\pi d^2}$$

gesenkt (bei $G = mg$ in kp und d in m ergibt sich P in kp/m², bei m in kg ergibt sich P in N/m².) Die Kugel muß beim Absinken die Gestalt der Wassermenge dauernd ändern und wird eine gewisse Zeit brauchen, um auf den Boden des Gefäßes zu gelangen. Man wiederholt nun den Versuch z. B. mit Rizinusöl von annähernd derselben Dichte wie Wasser (damit der Auftrieb ungeändert bleibt).

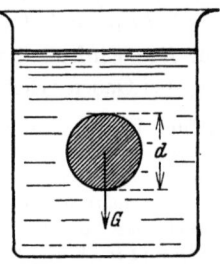

Bild 1. Beispiel zur Erklärung der Formänderungsgeschwindigkeit. Eine Kugel fällt durch eine tropfbare Flüssigkeit

Die Kugel braucht jetzt bedeutend mehr Zeit zum Absinken, weil das zähe Rizinusöl seiner Gestaltänderung einen größeren Widerstand entgegensetzt und damit nur eine geringere *Formänderungsgeschwindigkeit* zuläßt als das dünnflüssige Wasser. Solche Körper, bei welchen diese Formänderungsgeschwindigkeit sehr klein ist, wie z. B. Pech, sollen aus den Betrachtungen ausscheiden. Im Gegensatz zu dem, was man unter *strömen* versteht, vermögen Stoffe im festen (oder nahezu festen) Zustand nur zu *fließen*.

Über den Zustand der strömenden Stoffe, für den Bewegungsgesetze abgeleitet werden sollen, müssen noch besondere Verabredungen getroffen werden: Die bewegten Stoffe sollen sich in *reiner Phase* befinden. Tropfbare Flüssigkeiten dürfen also nur Gase in gelöster Form enthalten. Dampfausscheidung soll nicht vorkommen. Ebenso darf bei Dämpfen im allgemeinen keine Kondensation während der Fortleitung eintreten. Die bewegten Stoffe sollen keine festen Körper mit sich führen. Strömende Flüssigkeiten sollen alle Leitungsquerschnitte, wenn nicht anders bemerkt, voll ausfüllen, was bei flüchtigen Stoffen ohnehin stets der Fall ist.

Wenn sich die Überlegungen in den folgenden Abschnitten auf die Strömung von nichtfesten Stoffen allgemein beziehen, wird zur Abkürzung der Ausdruck Medium oder Fluid[1] gebraucht. Im besonderen wird ausdrücklich vermerkt, ob es sich um Flüssigkeiten, Gase oder Dämpfe handelt.

1.2 Systeme, Zustände, Zustandsänderungen

Von einem Körper, also einer bestimmten Stoffmenge beliebiger Zusammensetzung, können wir die Größen Masse oder Normgewicht bestimmen. Dieser Körper befindet sich allgemein zu jedem Zeitpunkt in einem bestimmten Zustand, bei dem sich Größen wie Volumen, Höhenlage, Geschwindigkeit angeben lassen. Ordnen wir diesem Körper eine stoffdichte Begrenzung zu, so bildet er ein *geschlossenes System*. Dieses zeichnet sich dadurch aus, daß die *Masse* des Systems im Anwendungsbereich bei allen Zustandsänderungen oder Vorgängen *konstant* bleibt.

Wir wollen unsere Betrachtungen auf Fluide, also auf flüssige und gasförmige Körper, beschränken und zur Vereinfachung annehmen, daß das System einheitlich aus dem gleichen Stoff besteht und daß sich dieser Stoff nach allen Richtungen physikalisch gleich verhält[2]. Weiter wollen wir annehmen, daß sich das System zur Zeit im thermischen und mechanischen Gleichgewicht befindet, d. h., daß Temperatur und Druck an allen Stellen innerhalb der Systemgrenzen gleich groß sind. Das System ist jetzt in einem exakt beschreibbaren Zustand, man mag das ganze System oder einen beliebigen Teil davon untersuchen.

Wir unterscheiden zwischen dem inneren und dem äußeren Zustand. Der *innere Zustand* des Systems wird durch Zustandsgrößen wie Volumen, Temperatur, Druck angegeben, während Größen wie Geschwindigkeit und Höhenlage für den *äußeren Zustand* maßgeblich sind.

Die Begriffe *Zustand* und *Zustandsgrößen* sollen sich fernerhin nur auf den *inneren, thermodynamischen Zustand* beziehen. Dabei nennen wir die Größen Volumen, innere Energie, Enthalpie und Entropie, die den Zustand des gesamten Systems kennzeichnen, *extensive Zustandsgrößen*. Diese Größen sind der Masse proportional, denn betrachtet man nur das halbe System, dann sind sowohl die Masse (oder das Gewicht) als auch die extensiven Zustandsgrößen nur halb so groß. Man gewinnt einen besonderen Vorteil, wenn man die extensiven Zustandsgrößen durch die Masse (oder das Gewicht) des Gesamtsystems teilt und *spezifische Zustandsgrößen* bildet, die für jeden Teil des Systems genau so groß sind wie für das ganze System. Wir rechnen mit den drei thermischen Zustandsgrößen Druck,

---

[1] Unter einem Fluid wird nach DIN 5492 eine Flüssigkeit, ein Gas oder ein Dampf, also ein nichtfestes Kontinuum verstanden, auf welches die Gesetze der Strömungstechnik anwendbar sind.

[2] Der Stoff soll homogen und isotrop sein.

I. Mechanische und wärmetechnische Grundlagen

Temperatur und spezifisches Volumen und mit den drei kalorischen Zustandsgrößen spezifische innere Energie, spezifische Enthalpie und spezifische Entropie. Sind zwei dieser Zustandsgrößen gegeben, so liegen auch die anderen fest.

Wenn der Gleichgewichtszustand des Systems durch Einwirkung von außen her gestört wird, kommt es zu einer *Zustandsänderung* und danach zu einem neuen Gleichgewichtszustand. Druck und Temperatur haben auch die Eigenschaft von spezifischen Zustandsgrößen, aber zugleich von *intensiven Zustandsgrößen*, denn Zustandsänderungen werden durch Unterschiede benachbarter Systeme in Druck und Temperatur hervorgerufen. Wenn ein geschlossenes System seinen Zustand ändert, kommt es bei Fluiden zu Strömungsvorgängen (Umschichtungen und Wirbelbildungen), verbunden mit Druck- und Temperaturunterschieden. Natürliche Zustandsänderungen spielen sich trotzdem nahezu so ab, als ob ein Gleichgewichtszustand unmittelbar auf den anderen folgte. Darunter wären Zustandsänderungen zu verstehen, bei welchen nach sehr kleinen Störungen sofort wieder Gleichgewicht eintritt. Der Verlauf einer natürlichen „*quasistatischen*" Zustandsänderung kann in einem Diagramm aufgezeichnet werden. Derartige Zustandsänderungen können auf einfache Weise berechnet werden, etwa mittels der Gesetze für ideale Gase oder mit Hilfe von Tabellenwerken wie den Wasserdampftafeln.

Diese Vorbemerkungen waren erforderlich, um folgendes zu verstehen. Eine Rohrleitung stellt ein *offenes System* dar. Bei einer zeitlich unveränderlichen oder *stationären Rohrströmung* verschwinden überall die Ableitungen der Zustandsgrößen, der Geschwindigkeit und der Ortshöhe nach der Zeit. In das System tritt ständig ebensoviel Masse ein wie aus; der *Massenstrom* ist *konstant*. Es handelt sich auch hier um Gleichgewichtszustände. Der Zustand des Stoffes bleibt in jedem Querschnitt der Leitung zeitlich konstant. Verfolgen wir aber den Stoff von einem Querschnitt zum anderen, so macht er eine Zustandsänderung durch.

1.3 Größen und Einheiten

1.3.1 Technisches Maßsystem

Aus den drei Basiseinheiten m, kp, s für die Größenarten Länge, Kraft, Zeit werden die Einheiten folgender Größenarten mit dem Umrechnungsfaktor 1 abgeleitet:

Fläche F	$1\ m^2$	Durchflußgewicht G_s	$1\ kp/s$
Volumen V	$1\ m^3$	Druck P	$1\ kp/m^2$
Volumenstrom V_s	$1\ m^3/s$	Arbeitsbetrag A	$1\ kp\ m$
Geschwindigkeit w	$1\ m/s$	Energiemenge E	$1\ kp\ m$
Beschleunigung	$1\ m/s^2$	Leistung N	$1\ kp\ m/s$

Das *Gewicht* ist eine Größe von der Art einer *Kraft* nach der Größengleichung $G = m\,g$ mit der Masse des Körpers m und der örtlichen Fallbeschleunigung g. Diese Kraft heißt *Gewichtskraft* G. Die Zahlenwerte der Fallbeschleunigung weichen auf der Erdoberfläche geringfügig voneinander ab (bis $7^0/_{00}$). Fallbeschleunigung und Gewichtskraft sind also — im Gegensatz zur Masse — strenggenommen ortsabhängig. Um diesen Einfluß auszuschalten, hat man einen mittleren Wert als Normfallbeschleunigung g_n international festgesetzt, mit dem sich das Normgewicht ergibt. Wir rechnen hier nur mit dem *Normgewicht*, das wir kurz Gewicht nennen, und mit der Normfallbeschleunigung[1] $g_n = 9{,}806\,\mathbf{65}$ m/s². Hierfür benutzen wir das einfache Zeichen g, in der Regel mit dem abgerundeten Zahlenwert 9,81. Das Normgewicht ist proportional der Masse des Körpers.

Für die Wärmemenge hat sich die systemfremde Einheit Kalorie eingebürgert. Unter 1 kcal verstand man ursprünglich die Wärmemenge, die dem Normgewicht von 1 kp reinem Wasser zuzuführen ist, um dessen Temperatur von 14,5 auf 15,5 °C zu steigern (sog. 15°-Kalorie). Da die Definitionen im Ausland etwas abwichen, hat man sich 1956 auf der 5. Internationalen Dampftafelkonferenz auf eine sog. Internationale Tafel-Kalorie und eine Einheitengleichung 1 kcal $= 426{,}935$ kp m (≈ 427 kp m) geeinigt. Die Definition der kcal durch die Stoffeigenschaften des Wassers ist aufgegeben. Wenn Arbeitsbeträge, Wärmemengen und Energiemengen zu rechnen sind, so benutzt man meist die Einheit kcal.

Die Masse hat im Technischen Maßsystem nach der Größengleichung $G = m\,g$ die nicht-kohärente Einheit $(1/9{,}806\,65)$ kp s²/m.

Das spezifische Volumen $v = V/G$ in m³/kp gibt an, welches Volumen 1 kp Gewicht einnimmt. Der Kehrwert $\gamma = G/V$ in kp/m³ heißt Wichte und besagt, wieviel 1 m³ des Stoffes wiegt. Wie das Gewicht G ist auch das spezifische Volumen v und die Wichte γ vom Ort abhängig, es sei denn, daß der Ort mit der fiktiven Normfallbeschleunigung angenommen wird. Die Dichte ϱ in kp s²/m⁴ erhält man über $\gamma = G/V = m\,g/V = \varrho\,g$; sie ist nicht ortsabhängig.

1.3.2 Internationales Einheitensystem (SI)

Aus den drei Basiseinheiten m, kg, s für die Basisgrößen Länge, Masse, Zeit werden die SI-Einheiten folgender Größenarten mit dem Umrechnungsfaktor 1 abgeleitet:

Fläche F	1 m²		Geschwindigkeit w	1 m/s
Volumen V	1 m³		Beschleunigung	1 m/s²
Volumenstrom V_s	1 m³/s		Massenstrom m_s	1 kg/s

über Kraft = Masse · Beschleunigung

Kraft K 1 kg m/s²

---

[1] Die halbfett gesetzte Ziffer bedeutet, daß diese letzte Stelle genau ist.

über Druck = Kraft : Fläche

Druck P 1 kg/m s^2

über Arbeit = Kraft · Weg

Arbeitsbetrag A, Wärmemenge Q, Energiemenge E 1 kg m^2/s^2

über Leistung = Arbeit : Zeit

Leistung N 1 kg m^2/s^3

Das SI ist ein kohärentes Einheitensystem (alle Einheitengleichungen enthalten den Umrechnungsfaktor 1).

Das spezifische Volumen $v = V/m$ in m^3/kg gibt an, welches Volumen 1 kg Masse einnimmt. Der Kehrwert ist die Massendichte oder kurz Dichte $\varrho = m/V$ in kg/m^3. Er gibt an, wieviel Masse in 1 m^3 des Stoffes enthalten ist. Außer der Dichte ist beim SI auch das spezifische Volumen vom Ort unabhängig.

Die SI-Einheit der Kraft heißt Newton, Kurzzeichen N. Es ist 1 N = 1 kg m/s^2. Die Einheit der Arbeit, Wärme oder Energie heißt Joule[1], Kurzzeichen J. Es ist 1 J = 1 N m = 1 kg m^2/s^2. Die Einheit der Leistung heißt *Watt*, Kurzzeichen W. Es ist 1 W = 1 J/s = 1 N m/s = 1 kg m^2/s^3. Die Einheit 1 Ws = 1 J = 1 N m ist die Einheit einer Arbeit[2].

1.3.3 Druck

Wirken einzelne Kräfte oder eine gleichmäßig verteilte Last auf eine (starre) Fläche, so verursachen die zur Fläche senkrechten Komponenten[3] eine *Druckspannung*.

Im *technischen Maßsystem* sind verschiedene Einheiten für den Druck gebräuchlich. Die von den Basisgrößen abgeleitete Einheit 1 kp/m^2 entspricht dem Druck, den eine Wassersäule *von 1 mm Höhe* auf ihre Unterlage hervorruft. 1 m^3 Wasser von 4 °C wiegt fast genau 1000 kp. Dieser Wasserwürfel von 1000 mm Höhe drückt auf seine Grundfläche mit 1000 kp/m^2, eine Schicht von 1 mm Höhe demnach mit 1 kp/m^2. Druckangaben in mm H$_2$O von 4 °C (und von 1 atm) sind gleichbedeutend mit Angaben in kp/m^2. Dies ist eine kleine Druckeinheit.

Man gibt Drücke durch die Höhe einer Quecksilbersäule an in mm Hg, wenn es sich um höhere Drücke handelt. Da 1 m^3 Quecksilber bei 0 °C (und 1 atm) ein Normgewicht von 13 595 kp hat, entspricht 1 mm Hg dem Druck von 13,595 mm

---

[1] Für Joule sprich [dʒuːl].

[2] Für die systemfremde Kilowattstunde besteht die Einheitengleichung 1 kWh = 1000 W · 3600 s = 3,6 MJ.

[3] Unter Druck P wird der Quotient Normalkraft K, die auf die Fläche drückt, geteilt durch Inhalt F dieser Fläche verstanden, $P = K/F$. Nach DIN 1314, Druck, Ausg. März 1966.

H₂O oder von 13,595 kp/m². Für die Einheit von 1 mm Hg von 0 °C (und von 1 atm) hat man die Bezeichnung 1 Torr gewählt. Die senkrechte Länge der Flüssigkeitssäule heißt Druckhöhe, Zeichen H. Der Druck ist $P = H\gamma$ mit der Wichte γ.

Barometrische Messungen ergaben für den äußeren Luftdruck in Meereshöhe einen Mittelwert von 760 Torr. Man nennt diesen Druck 1 physikalische Atmosphäre (Einheit 1 atm) entsprechend 10332 kp/m². Diese unrunde Zahl ist nicht bequem. Als Einheit für technische Berechnungen hat man statt dessen 10000 kp/m² = 735,56 Torr bestimmt. Es ist 1 technische Atmosphäre = 1 at = 1 kp/cm² = 10⁴ kp/m².

Internationales Einheitensystem. Die SI-Einheit N/m² für den Druck ist wiederum eine verhältnismäßig kleine Einheit. Als größere Einheit wurde das Bar mit 1 bar = 10⁵ N/m² vereinbart[1].

Zwischen der Druckhöhe H als Länge der einen Druck ausübenden Flüssigkeitssäule und dem Druck P besteht im SI die Beziehung

$$P = H \varrho g.$$

1.3.4 Umrechnungsfaktoren für beide Einheitensysteme

Nach der Definition, daß der Kilogrammprototyp die Masse 1 kg und das Normgewicht 1 kp hat, gelten die Gleichungen

$$1\,\text{N} = 1\,\text{kg} \cdot 1\,\text{m/s}^2,$$

$$1\,\text{kp} = 1\,\text{kg} \cdot 9{,}80665\,\text{m/s}^2.$$

Erweitert man oben mit 9,80665, so folgt

$$1\,\text{kp} = 9{,}80665\,\text{N},$$

oder

$$1\,\text{N} = 0{,}101972\,\text{kp}$$

als Beziehung zwischen den Krafteinheiten der beiden Einheitensysteme.

Für die abgeleiteten Einheiten ergeben sich die Umrechnungsfaktoren von Zahlentafel 1.1 bis 1.5.

Zahlentafel 1.1 *Einheitengleichungen*

Größenart	Internationales Einheitensystem (SI)	Technisches Maßsystem
Kraft	1 N = 0,101972 kp	1 kp = 9,80665 N
Arbeit, Energie	1 J = 0,101972 kp m	1 kp m = 9,80665 J
Leistung	1 W = 0,101972 kp m/s	1 kp m/s = 9,80665 W

[1] Der Druck von 1 bar ist etwa so groß wie das Mittel zwischen der physikalischen und der technischen Atmosphäre, 1 atm > 1 bar > 1 at. — N/m² wird gesprochen: Newton durch Quadratmeter (DIN 1301).

I. Mechanische und wärmetechnische Grundlagen

Zahlentafel 1.2 *Energieeinheiten, Umrechnungsfaktoren*[1]

	J	kWh	kcal	kp m
1 J	1	$2,77778 \cdot 10^{-7}$	$2,38846 \cdot 10^{-4}$	0,101972
1 kWh	$3,6 \cdot 10^6$	1	859,845	$3,67098 \cdot 10^5$
1 kcal	4186,8	$1,163 \cdot 10^{-3}$	1	426,935
1 kp m	9,80665	$2,72407 \cdot 10^{-6}$	$2,34225 \cdot 10^{-3}$	1

Zahlentafel 1.3 *Leistungseinheiten, Umrechnungsfaktoren*

	kW	kp m/s	PS	kcal/h
1 kW	1	101,972	1,3596	859,845
1 kp m/s	$9,80665 \cdot 10^{-3}$	1	0,013333	8,4324
1 PS	0,735499	75	1	632,44
1 kcal/h	$1,163 \cdot 10^{-3}$	0,118594	$1,58125 \cdot 10^{-3}$	1

Zwischen den Einheiten PS (Pferdestärke)[2] und kW besteht der Zusammenhang
1 PS = 75 kp m/s = 75 · 9,80665 N m/s = 735,499 W und 1 PS = 0,735499 kW.

Zahlentafel 1.5 *Anschluß des britischen Einheitensystems*
(Nach Brennst.-Wärme-Kraft, Arbeitsblatt 71, Ausg. Oktober 1959 und VDI-Wasserdampftafeln, 7. Aufl., 1968, S. 12 u. 13).
Die Umrechnungstafel enthält folgende britischen Einheiten:

    inch (in) und foot (ft)   für Länge
    1 in = 25,400 mm, 1 ft = 0,30480 m
    pound (lb)   für Masse
    pound-force (lbf)   für Kraft
    British Thermal Unit (Btu)   für Wärme und Energie
Umrechnungsfaktoren n, Kehrwert $1/n$

Größenart	Einheitengleichung	$1/n$
Masse	1 lb = 0,45359 kg	2,20463
Kraft	1 lbf = 4,4482 N	0,22481
Energie	1 Btu = $1,055056 \cdot 10^3$ J	$9,47817 \cdot 10^{-4}$
	1 Btu = $1,075857 \cdot 10^2$ kp m	$9,29491 \cdot 10^{-3}$
	1 Btu = 0,251996 kcal	3,96832
	1 Btu = $2,93071 \cdot 10^{-4}$ kWh	$3,41214 \cdot 10^3$
Druck	1 lbf/in² = 0,0689476 bar	14,5038
	1 lbf/ft² = $0,4788 \cdot 10^{-3}$ bar	2088,6
	1 lbf/in² = 0,0703070 at	14,2233
	1 lbf/ft² = $0,4883 \cdot 10^{-3}$ at	2047,9
spez. Volumen	1 ft³/lb = 0,0624280 m³/kg	16,0185
spez. Enthalpie	1 Btu/lb = $2,326 \cdot 10^3$ J/kg	$0,429923 \cdot 10^{-3}$
	1 Btu/lb = 0,555556 kcal/kp	1,8
dynamische Viskosität	1 lb/ft s = 1,48816 kg/m s	0,671969
	1 lb/ft s = 0,151750 kp s/m²	6,58976

[1] DIN 1345, Technische Thermodynamik, Ausg. Febr. 1969. Die SI-Einheit der Energie ist grundsätzlich das Joule (J), der Leistung das Watt (W). Es gilt nach Definition: 1 J = 1 kg m²/s² = 1 Ws = 1 Nm = 10^7 erg. — Umrechnungstabellen Kilopond/Newton, Kalorie/Joule und at/bar siehe DIN 66034/35/37.

[2] DIN 1301, Einheiten, Ausg. Januar 1966.

1. Stoffeigenschaften und Begriffe

Zahlentafel 1.4. *Druckeinheiten, Umrechnungsfaktoren*[1]

	N/m²	bar	kp/m²	at	atm	Torr
1 N/m²	1	10^{-5}	0,101972	$1,01972 \cdot 10^{-5}$	$0,986923 \cdot 10^{-5}$	$7,50062 \cdot 10^{-3}$
1 bar	10^5	1	$1,01972 \cdot 10^4$	1,01972	0,986923	750,062
1 kp/m²	9,80665	$9,80665 \cdot 10^{-5}$	1	10^{-4}	$9,67841 \cdot 10^{-5}$	$7,35559 \cdot 10^{-2}$
1 at	$9,80665 \cdot 10^4$	0,980665	10^4	1	0,967841	735,559
1 atm	$1,01325 \cdot 10^5$	1,01325	$1,033227 \cdot 10^4$	1,033227	1	760
1 Torr	133,3224	$1,333224 \cdot 10^{-3}$	13,59510	$1,359510 \cdot 10^{-3}$	$1,3158 \cdot 10^{-3}$	1

Es ist 1 mbar ≈ ¾ Torr, 1 bar ≈ 750 Torr, 0,99 atm ≈ 1 bar ≈ 1,02 at

[1] DIN 1314, Druck, März 1966.

Die Umrechnungsfaktoren sind in den Zahlentafeln 1.1 bis 1.4 mit ihrer vereinbarten Genauigkeit angeführt. Bei praktischen Berechnungen sind diese Faktoren entsprechend der Genauigkeit der Größen des Rechenbeispiels und der erforderlichen Rechengenauigkeit abzurunden. In der Regel wird genügen, 9,80665 ≈ 9,81 und 0,101972 ≈ 0,1020 zu setzen. Die halbfett gesetzten Ziffern bedeuten, daß diese letzten Stellen genau sind.

I. Mechanische und wärmetechnische Grundlagen

Die Zahlenwerte spezifischer Größen sind in beiden Einheitensystemen gleich groß, ob sie auf 1 kg Masse oder 1 kp Gewicht bezogen sind (z. B. 1 m³/kp = 1 m³/kg; 1 kcal/kp = 1 kcal/kg). Rechnet man gewichtsbezogene Größen auf massebezogene um, so ist die entsprechende Einheit kp durch kg zu ersetzen, ohne Änderung des Zahlenwertes.

Beispiel spezielle Gaskonstante:

$$R = 29{,}25 \frac{\text{kp m}}{\text{kp grd}} \rightarrow R = 29{,}25 \frac{\text{kp m}}{\text{kg grd}};$$

weitere Umformung:

$$R = 29{,}25 \frac{\text{kp m}}{\text{kg grd}} = 29{,}25 \frac{9{,}81 \text{ N m}}{\text{kg grd}} = 29{,}25 \cdot 9{,}81 \frac{\text{kg m}^2}{\text{s}^2 \text{ kg grd}} = 286{,}9 \frac{\text{m}^2}{\text{s}^2 \text{ grd}}.$$

1.3.5 Temperatur

Man hat 1954 eine Temperaturskala international vereinbart, bei der der absolute Nullpunkt der Temperatur als 0 Grad und die Einheit Grad genau so groß wie der eingebürgerte *Celsius-Grad* definiert wurde[1]. Diese Skala heißt *thermodynamische Kelvin-Temperaturskala*, ihre Grade heißen *Kelvin-Grade* (°K). Temperaturen in °K nennt man absolute Temperaturen und bezeichnet sie mit T, während für Temperaturen in °C das Formelzeichen t verwendet wird. Der Nullpunkt der *Celsius-Skala* liegt bei $T = 273{,}15$ °K. Es ist bei t °C also

$$T = 273{,}15 + t$$

oder für praktische Rechnungen genau genug

$$T = 273 + t.$$

Bei Temperaturdifferenzen ist als Einheit einfach grd (oder Zahl mit °) zu schreiben, gleichviel, ob es sich um Differenzen von *Kelvin*- oder von *Celsius-Graden* handelt ($dT = dt$). Eine Wärmemenge, die man zu- oder abführen muß, um die Temperatur von 1 kp oder 1 kg des Stoffes um 1 grd zu ändern, nennt man spezifische Wärmekapazität (oder kurz spezifische Wärme) c in kcal/kp grd oder J/kg grd.

1.4 Energie, Arbeit, Wärme

Wir befassen uns hier mit den makroskopisch erkennbaren und meßbaren Erscheinungen physikalisch-technischer Vorgänge. Dabei gelten die beiden Erfahrungssätze von der Erhaltung der Masse und der Energie.

---

[1] Genaue Definition siehe DIN 1345, Technische Thermodynamik, Formelzeichen, Einheiten, Ausg. Febr. 69. Dort ist die Einheit der thermodynamischen Temperatur das Kelvin (Einheitenzeichen K). Daneben ist als Einheit das Grad Kelvin (Einheitenzeichen °K) gebräuchlich und zugelassen. Die Einheit der spezifischen Wärmekapazität J/kg K kann durch J/kg grd ersetzt werden. — Statt des Einheitenzeichens grd wird im ausländischen Schrifttum auch deg verwendet.

1. Stoffeigenschaften und Begriffe

Ein *bewegtes geschlossenes System* mit einer bestimmten *Masse* kann verschieden viel *Energie* speichern. Sein jeweiliger Zustand, seine Lage im Raum und seine Geschwindigkeit setzen seinen jeweiligen Energiegehalt voraus. Bei der Strömung in Rohren handelt es sich um *offene ruhende Systeme* mit im allgemeinen veränderlichen *Massenströmen*. Im besonderen Fall der stationären Rohrströmung ist der Massenstrom zeitlich konstant und bleiben strenggenommen die Zustandsgrößen an jedem Ort unveränderlich. Dasselbe gilt für alle Wechselwirkungen mit der Umgebung an den Systemgrenzen, d. h. am Ein- und Austrittsquerschnitt und an der Rohrwand. Es besteht also auch an jedem Ort im stationären System ein zeitlich gleichbleibender Energiegehalt.

Wir denken uns den Massenstrom aus so kleinen Teilchen bestehend, daß jedem einzelnen von ihnen ein eigener einheitlicher Zustand zugeschrieben werden kann. Jedes dieser elementaren Teilchen verfolgt im allgemeinen eine beliebige Bahn und hat in jedem Zeitpunkt bestimmte einheitliche Größen von Zustand, Lage und Geschwindigkeit. Wenn wir weiter von *Systemen* sprechen, so meinen wir diese *Masseteilchen*, die wir als *bewegte geschlossene Teilsysteme* innerhalb des offenen ruhenden Gesamtsystems der Rohrleitung betrachten.

Zwei oder mehr benachbarte Systeme können Energie austauschen, und zwar so, daß der gesamte Energiebestand aller beteiligten Systeme unverändert bleibt. Nehmen wir zunächst an, daß zwischen zwei Systemen ein *Druckunterschied* besteht, wodurch Kräfte auftreten. Die Systemgrenzen sind beweglich, denn die Systeme können sowohl ihr Volumen als auch ihre Lage und Geschwindigkeit ändern. Eine Volumenänderung wird durch Normalkomponenten, eine Reibungswirkung durch Tangentialkomponenten von Kräften hervorgerufen.

Bleiben wir bei der Volumenänderung! Wird ein System verdichtet, indem seine Grenze durch eine Normalkraft in Richtung dieser Kraft verschoben wird, so wird eine *mechanische Arbeit* von der Größe Normalkraft mal Verschiebung verrichtet. Durch diese *Volumenänderungsarbeit* wird der Energiegehalt dieses Systems erhöht.

Arbeit ist eine Energieform. Sie tritt nur vorübergehend während der Aufnahme oder Abgabe von Energie an der Systemgrenze auf. Zahlenwert und Einheit der Größe Arbeit sind gleich denen der umgesetzten Energie. Arbeit ist keine Zustandsgröße. Diese Eigenschaft kommt nur dem Energiegehalt zu, den das System jeweils besitzt.

Wenn Energie umgesetzt wird, indem sie in Form von Arbeit die Systemgrenze überschreitet, so erleidet das System eine Zustandsänderung. Wir haben uns bisher so verhalten, als ob wir mit dem System mitfahren und nur die Änderung seines (inneren) Zustandes beobachten würden. Wählen wir aber einen festen Standort in dem ruhenden offenen Gesamtsystem, so beobachten wir noch andere

Energieumsetzungen und Arten von mechanischer Arbeit, nämlich bei der Änderung von Lage (Hubarbeit) und Geschwindigkeit (Beschleunigungsarbeit) des elementaren Systems.

Wir wollen nun wieder mit dem Strom mitfahren und annehmen, daß zwischen zwei benachbarten Systemen ein *Temperaturunterschied* besteht. Beide Systeme streben danach, ihre Temperaturen anzugleichen, wobei Energie umgesetzt wird. Dabei erwirbt das aufnehmende System Energie und dehnt sich im allgemeinen aus. Die durch Temperaturunterschied umgesetzte Energie überschreitet die Systemgrenze in Form von *Wärme* und ist gleich der Summe von Energiezuwachs und Ausdehnungsarbeit. Die Energieform Wärme tritt ebenfalls nur vorübergehend während der Zustandsänderung an der Systemgrenze auf; sie ist ebenfalls keine Zustandsgröße.

Im allgemeinen vollziehen sich Zustandsänderungen durch Unterschiede von Druck *und* Temperatur. Bei unseren Berechnungen interessiert weniger der absolute Energiegehalt eines Systems als vielmehr der Unterschied im Energiegehalt zwischen Anfang und Ende eines Strömungsvorgangs, um Voraussagen über den nötigen Energieaufwand machen zu können.

Die von den Basiseinheiten abgeleitete Einheit der Energie erhält man aus Kraft mal Länge zu Nm = J oder kp m. Beziehen wir den gesamten Energiegehalt auf 1 kg Masse oder 1 kp Gewicht, so ergibt sich der spezifische Energiegehalt mit der Einheit J/kg = N m/kg = kg m^2 s^{-2}/kg = m^2/s^2 oder kp m/kp = m (Dimension einer Länge).

Der Energiegehalt eines Systems kann aufgeteilt werden in einen Gehalt an innerer Energie und an äußerer mechanischer Energie, das ist potentielle und kinetische Energie.

Mit *innerer Energie* U oder spezifischer innerer Energie u bezeichnen wir die innerhalb der Systemgrenzen aufgenommene Energie. Sie ist eine Größe, die summarisch diejenige Energie angibt, die im System durch die im einzelnen komplizierten molekularen Bewegungen unter verschiedenartigen molekularen Kraftwirkungen gespeichert ist. Kenntnisse über die Feinstruktur sind nicht erforderlich.

Unter der *potentiellen Energie* E_p verstehen wir *hier* die Energie der Lage, die ein System als Ganzes mit der Masse m durch das Gewicht $G = m g$ und die geodätische Höhe h gegenüber einer Bezugsebene hat. Es ist $E_p = m g h = G h$. Allgemein erlangt ein System durch Speicherung von potentieller Energie die Fähigkeit, vermöge seiner Lage mechanische Arbeit zu verrichten. Der Unterschied im Energiegehalt beträgt $m g \, \mathrm{d}h = G \, \mathrm{d}h$.

Die *kinetische Energie* E_k ist durch die Geschwindigkeit des Systems als Ganzes bestimmt. Entfernt sich ein System mit der Masse m von einem als fest angenommenen Bezugspunkt in beliebiger Richtung mit der Geschwindigkeit w, so besitzt es eine kinetische Energie $E_k = m w^2/2 = (G/g) w^2/2$. Der Unterschied im Energiegehalt beträgt $m w \, \mathrm{d}w = G w \, \mathrm{d}w/g$. Das System kann vermöge seiner kinetischen Energie mechanische Arbeit verrichten. Die Arbeitsfähigkeit je Masseneinheit ist $w^2/2$. Die auf 1 kp bezogene spezifische Energie $w^2/2g$ in m heißt Geschwindigkeitshöhe. Würde die Geschwindigkeit plötzlich Null werden, indem das bewegte System senkrecht auf ein Hindernis stößt, so könnte es sich durch seine kinetische Energie auf die Höhe $w^2/2g$ erheben (Stauhöhe) oder an dem Hindernis eine mechanische Arbeit $w^2/2$ in J/kg oder $w^2/2g$ in kp m/kp verrichten.

1. Stoffeigenschaften und Begriffe

Innere Energie, potentielle und kinetische Energie können mit Einschränkung von einem System auf ein anderes übertragen werden, unter Abgabe oder Aufnahme von Wärme und mechanischer Arbeit. Es ist dabei zu bedenken, daß bei allen natürlichen Vorgängen mit mechanischer Arbeit in verschiedenem Maße *Reibung* auftritt. Die zur Überwindung der Reibung erforderliche *Reibungsarbeit* wirkt auf das System, das Arbeit abgibt oder aufnimmt, genauso wie eine *Wärmezufuhr*. Ohne Reibung wäre potentielle und kinetische Energie beliebig austauschbar. Bei *natürlichen Vorgängen* mit Reibung nimmt der Bestand an mechanischer Energie jedoch durch Reibungsarbeit ab. Innere Energie ist nur insoweit austauschbar, als ein Druck- und Temperaturgefälle vom abgebenden zum aufnehmenden System besteht.

Im Gleichgewichtszustand sind Systemdruck P und Umgebungsdruck P gleich groß. Wir betrachten eine sehr kleine Gleichgewichtsstörung (Zustandsänderung), bei der sich das Volumen des Systems um dV ändert. Dabei wird die begrenzende Fläche F durch eine Normalkraft PF um den sehr kleinen Weg ds verschoben und eine Arbeit $PF\,\mathrm{d}s = P\,\mathrm{d}V$ verrichtet. Bei einer wirbelfreien stationären Strömung beobachten wir eine quasistatische Zustandsänderung des Stromes, wobei Gleichgewichtszustände räumlich aufeinander folgen und die räumliche Folge zeitlich gleichbleibt. Wir wollen nun im Hinblick auf das Problem der Rohrströmung annehmen, daß in jedem Normalquerschnitt der Leitung Gleichgewicht herrscht, und die Zustandsänderung zwischen zwei Querschnitten 1 und 2 untersuchen. Die Volumenänderungsarbeit A_V wird bei einer quasistatischen Zustandsänderung durch das Integral

$$A_{V12} = \int_1^2 P\,\mathrm{d}V \tag{1}$$

dargestellt. Dieses Integral ist bestimmbar, wenn der Zusammenhang zwischen dem Druck P und dem Volumen V stetig und bekannt ist[1]. Die gesamte Stoffmenge ändert ihren Zustand gleichzeitig. Kommt es dagegen bei der Volumenänderung (hier meistens bei der Ausdehnung) zu tumultuarischen Vorgängen, so existiert das Integral Gl. (1) genaugenommen nicht. Die Arbeit A_V hat dann einen unbestimmten Betrag. Aber auch bei wirklichen Vorgängen mit erheblichen Gleichgewichtsstörungen kann man erfahrungsgemäß genügend genaue Funktionen $P = f(V)$ angeben und Gl. (1) anwenden.

Reibung ist in jedem Falle abträglich. Durch Reibung wird ein Teil der mechanischen Arbeit in Wärme umgesetzt. Die gewinnbare Arbeit

---

[1] Es sei daran erinnert, daß hier ein Druck P in N/m² oder kp/m² und ein Druck p in bar oder at zu verstehen ist. Diese Festsetzung wird sich bei der folgenden Darstellung als zweckmäßig erweisen.

sei A, die Reibungsarbeit sei A_R. Dann ist

$$A_{12} = A_{V12} - |A_{R12}|. \qquad (2)$$

Die Größe A_R ist stets negativ. Die Schreibweise in Schranken soll das verdeutlichen. Auf 1 kg Masse oder 1 kp Gewicht bezogen setzen wir $a_{12}, a_{V12}, |a_{R12}|$.

Bei quasistatischen Zustandsänderungen läßt sich die Volumenänderungsarbeit als Summe der Produkte aus dem Druck P und der Volumenänderung dV in einem P, V-Diagramm vom Zustand 1 bis 2 als Fläche darstellen. Bild 2 zeigt

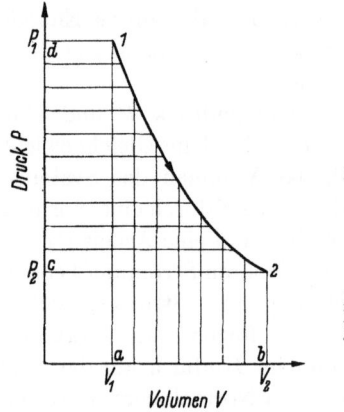

Bild 2. Darstellung der Integrale
$\int_1^2 P\,dV$ als Fläche $12\,b\,a$ und
$-\int_1^2 V\,dP$ als Fläche $12\,c\,d$ im
P, V-Diagramm. Die Größe dieser Flächen hängt von der Art der Zustandsänderung ab (Arbeit ist wegabhängig)

ein solches Arbeitsdiagramm für eine Zustandsänderung. Die Volumenänderungsarbeit A_{V12} wird durch die Fläche $12\,b\,a$ angegeben. Bei Reibung entspricht die Fläche unter der Zustandslinie im Falle von Ausdehnung der Summe von mechanischer Arbeit A und Reibungsarbeit $|A_R|$.

Von der mechanischen Arbeit $A_{V12} = \int_1^2 P\,dV$ grundsätzlich verschieden ist die Energiedifferenz $-\int_1^2 V\,dP$, die in Bild 2 durch die Fläche $12\,c\,d$ dargestellt wird. Beide Integrale stehen in dem Zusammenhang

$$-\int_1^2 V\,dP = \int_1^2 P\,dV + P_1 V_1 - P_2 V_2. \qquad (3)$$

Das linksstehende Integral ist bei offenen Prozessen und damit bei unseren weiteren Überlegungen von besonderer Bedeutung.

1.5 Allgemeine Beziehungen

1.5.1 Geschlossene Systeme

Vergleichen wir die Gleichgewichtszustände 1 und 2 vor und nach einer beliebigen Zustandsänderung eines geschlossenen Systems, die

1. Stoffeigenschaften und Begriffe

durch Aufnahme oder Abgabe der Wärme Q_{12} hervorgerufen wurde, so hat sich im allgemeinen die innere Energie des Systems um $U_2 - U_1$ geändert und wurde eine mechanische Arbeit A_{12} abgegeben oder aufgenommen.

$$Q_{12} = U_2 - U_1 + A_{12}. \tag{4}$$

Diese Energiebilanz gilt ganz allgemein, für quasistatische und für nichtstatische Zustandsänderungen, mit und ohne Reibung, auch für wechselnden Aggregatzustand. Gl. (4) ist eine Ausdrucksform des 1. Hauptsatzes der Thermodynamik, nach dem Wärme und Arbeit äquivalent sind und das Prinzip von der Erhaltung der Energie gilt.

Man hat vereinbart[1]: Alle von einem System aufgenommenen (oder abgegebenen) Wärmemengen werden positiv (oder negativ), alle von einem System abgegebenen (oder aufgenommenen) Arbeitsbeträge werden positiv (oder negativ) gerechnet. Eine Bezeichnung A_{12} bei der Arbeit oder Q_{12} bei der Wärme heißt: vom Zustand 1 bis 2. Bei Zustandsgrößen bedeutet die Schreibweise in umgekehrter Zahlenfolge eine Differenz: z. B. $U_{21} = U_2 - U_1$.

Nach Gl. (2) ergibt sich die gewinnbare Arbeit A_{12} aus der Volumenänderungsarbeit A_{V12} nach Abzug der Reibungsarbeit $|A_{R12}|$. Damit geht Gl. (4) über in

$$Q_{12} = U_{21} + A_{V12} - |A_{R12}|.$$

Bei quasistatischen Zustandsänderungen dürfen wir schreiben

$$Q_{12} + |A_{R12}| = U_2 - U_1 + \int_1^2 P\,dV. \tag{5}$$

Wenn der Druck P während der Zustandsänderung konstant bleibt, erhalten wir

$$[Q_{12} + |A_{R12}|]_P = U_2 + PV_2 - (U_1 + PV_1) = I_2 - I_1 \tag{6}$$

mit der *Enthalpie* $I = U + PV$. Differenziert man diesen Ausdruck, so ergibt sich bei veränderlichem Druck P

$$dI = dU + d(PV) = dU + P\,dV + V\,dP$$

und geordnet

$$dU + P\,dV = dI - V\,dP.$$

Daraus folgt eine *weitere Gleichung* für die quasistatische Zustandsänderung eines geschlossenen Systems

$$Q_{12} + |A_{R12}| = I_2 - I_1 - \int_1^2 V\,dP. \tag{7}$$

---
[1] DIN 1345, Technische Thermodynamik, Ausg. Febr. 1969.

I. Mechanische und wärmetechnische Grundlagen

Eine quasistatische Zustandsänderung besteht auch aus einer dichten Folge von thermischen Gleichgewichtszuständen mit der jeweiligen Temperatur T bei jedem kleinen Schritt, bei dem sich die Entropie des Systems um den kleinen Betrag dS ändert. Wir können noch eine *dritte Gleichung*

$$Q_{12} + |A_{R12}| = \int_1^2 T \, dS \tag{8}$$

für die quasistatische Zustandsänderung eines geschlossenen Systems aufstellen.

Die obigen Gln. (1) bis (8) gelten für 1 kg Masse oder 1 kp Gewicht, wenn wir die Formelzeichen q, a, v, u, i und s für die spezifischen Größen setzen.

1.5.2 Offene Systeme

Nach den vorstehenden Ausführungen ergeben sich folgende Zusammenhänge für Rohrströmungen. Es soll E den gesamten Energiegehalt im Normalquerschnitt eines offenen Systems angeben, bestehend aus innerer Energie U, potentieller Energie E_p und kinetischer Energie E_k. Mit $E = U + E_p + E_k$ geht die allgemeine Gl. (4) für geschlossene Systeme über in die vollständige Form

$$Q_{12} = E_{21} + \bar{A}_{12} \tag{9}$$

für zwei Querschnitte 1 und 2 eines offenen Systems. Dabei bedeutet $\bar{A}_{12}$ die Summe der bei der Änderung von Volumen, Höhenlage und Geschwindigkeit vom System abgegebenen oder aufgenommenen Arbeit. Mit der Summe $E_{21} = U_{21} + E_{p21} + E_{k21}$ ergibt sich aus Gl. (9) die Gesamtarbeit

$$\bar{A}_{12} = Q_{12} - U_{21} - E_{p21} - E_{k21} \tag{10}$$

und mit Gl. (4)

$$\bar{A}_{12} = A_{12} - E_{p21} - E_{k21}. \tag{11}$$

Der Massenfluß ist bei einem offenen stationären System zeitlich konstant. Wir setzen quasistatische Zustandsänderungen voraus. Im Eintrittsquerschnitt F_1 der Leitung wird dieselbe Stoffmenge beim Druck P_1 in derselben Zeit um den Weg l_1 vorgeschoben, wie im Austrittsquerschnitt F_2 beim Druck P_2 um den Weg l_2. Setzen wir die von Gl. (3) und (6) her bekannte Verdrängungsarbeit

$$P_2 F_2 l_2 - P_1 F_1 l_1 = P_2 V_2 - P_1 V_1$$

von der Gesamtarbeit $\bar{A}_{12}$ ab, so verbleibt die technische Arbeit A_{t12}, die das offene System kontinuierlich leisten kann, nämlich

$$A_{t12} = \bar{A}_{12} - (P_2 V_2 - P_1 V_1). \tag{12}$$

Aus den Gln. (11 und 12) erhalten wir schließlich mit $A_{12} = A_{V12} - |A_{R12}|$

$$A_{t12} = A_{V12} - (P_2 V_2 - P_1 V_1) - E_{p21} - E_{k21} - |A_{R12}|. \qquad (13)$$

Diese allgemein gültige Gleichung besagt, daß bei einem offenen stationären Prozeß die technische Arbeit gleich der Volumenänderungsarbeit, abzüglich der Verdrängungsarbeit, der Änderung der potentiellen und kinetischen Energie (Hub- und Beschleunigungsarbeit) und dem absoluten Betrag der Reibungsarbeit ist.

Aus den Gln. (10 und 12) folgt ferner die Beziehung

$$Q_{12} - A_{t12} = U_2 - U_1 + P_2 V_2 - P_1 V_1 + E_{p21} + E_{k21}. \qquad (14)$$

Der Ausdruck $U + PV$ wurde mit Gl. (6) als Enthalpie I bezeichnet. Es ist also auch

$$Q_{12} - A_{t12} = I_{21} + E_{p21} + E_{k21}. \qquad (15)$$

Mit $E_{p21} = m g (h_2 - h_1)$ und $E_{k21} = \dfrac{m}{2} (w_2^2 - w_1^2)$ folgt daraus

$$Q_{12} - A_{t12} = I_2 - I_1 + m g (h_2 - h_1) + \frac{m}{2} (w_2^2 - w_1^2). \qquad (16)$$

Die Gln. (14) bis (16) gelten allgemein mit und ohne Reibung, durch welche die Enthalpie auf Kosten der mechanischen Energie erhöht wird. Dabei ist $m = G/g$. Nun ist bei der Rohrströmung die technische Arbeit $A_{t12} = 0$, d. h., der Wärmeaustausch ist gleich der Summe der Änderungen von Enthalpie, kinetischer und potentieller Energie, was zu folgender Überlegung führt. Nach Gl. (7) ist bei quasistatischem Verlauf

$$I_1 - I_2 + Q_{12} = \int_2^1 V \, dP - |A_{R12}|.$$

Das Integral stellt die Änderung einer Art von potentieller Energie dar, die wir Druckenergie oder innere potentielle Energie nennen wollen. Die rechte Seite der Gleichung gibt an, welcher Teil dieser potentiellen Energie in mechanische Energie umgesetzt werden kann. Bei einer bestimmten Enthalpiedifferenz $I_1 - I_2$ und einem bestimmten Wärmeaustausch Q_{12} mit der Umgebung ist dieser Teil um so kleiner, je größer die Reibungsarbeit $|A_{R12}|$ ist. Nach den Gln. (13) und (16) gilt mit $A_{t12} = 0$ ferner

$$\int_2^1 V \, dP - |A_{R12}| = A_{V12} - (P_2 V_2 - P_1 V_1) - |A_{R12}| = E_{p21} + E_{k21},$$

d. h., der in mechanische Energie umsetzbare Teil der inneren potentiellen Energie wird über mechanische Arbeit in mechanische Energie verwandelt.

I. Mechanische und wärmetechnische Grundlagen

Mit den Gln. (7) und (16) erhält man schließlich mit $A_{t12} = 0$

$$m\,g(h_1 - h_2) + \int_2^1 V\,\mathrm{d}P = \frac{m}{2}(w_2^2 - w_1^2) + |A_{R12}|. \tag{17}$$

Diese Gleichung besagt: Damit das Fluid durch eine Rohrleitung strömt, ist (äußere und innere) potentielle Energie in kinetische Energie umzusetzen und Reibungsarbeit zu verrichten. Dabei können die einzelnen Energiedifferenzen im Prinzip positiv oder negativ sein, das Reibungsglied $+|A_{R12}|$ ist stets positiv. Bei der Strömung durch eine Rohrleitung gleichen Querschnitts nimmt die Strömungsgeschwindigkeit (bis auf extreme Sonderfälle) zu. Wir können uns daher mit der Aussage begnügen: Bei der Rohrströmung ist die Abnahme an potentieller Energie gleich der Zunahme an kinetischer Energie und der verrichteten Reibungsarbeit.

Man erkennt die Bedeutung des Integrals in Gl. (17) als Umsetzung von potentieller Energie. Bei einer praktisch raumbeständigen Strömung ($w_1 \approx w_2$) in einer waagerechten Leitung ($h_1 = h_2$) gleichen Querschnitts ist

$$\int_2^1 V\,\mathrm{d}P \approx |A_{R12}|. \tag{18}$$

Da dann auch $V_1 \approx V_2 \approx V$ ist, folgt in diesem Falle

$$V(P_1 - P_2) \approx |A_{R12}|,$$

d. h., durch die bei der Strömung auftretende *Reibung* wird potentielle Energie verzehrt. Es tritt ein *Druckabfall* von P_1 auf P_2 ein. Dieser Druckabfall gibt die Reibungsarbeit je Volumeneinheit des Stromes an (ΔP in N/m² = J/m³ oder kp/m² = kp m/m³).

Wir werden später diese Gleichungen noch in anderer Weise entwickeln und allgemeine Beziehungen zur Berechnung dieses Druckunterschiedes aufstellen, der notwendig ist, um die Strömung aufrechtzuerhalten.

1.6 Beziehungen für ideale Gase

Der Zusammenhang zwischen Volumen, Druck und Temperatur kann bei flüchtigen Stoffen durch eine Zustandsgleichung

$$PV = mRT \tag{19}$$

wiedergegeben werden. Die Größe R richtet sich nach der Art des Stoffes. Setzen wir P in N/m² = kg/m s², V in m³, m in kg und T in grd (d. h. in °K) an, so ergibt sich R in m²/s² grd oder J/kg grd.

Der flüchtige Bereich ist durch die Zustände des Sattdampfes und des idealen Gases begrenzt. In dem einen Grenzzustand des Sattdampfes haben die molekularen Anziehungskräfte gerade ihre im Flüssigkeitszustand noch entscheidende Wirkung eingebüßt, nehmen aber noch erheblichen Einfluß. Im idealen Gaszustand hingegen sind keine Anziehungskräfte mehr vorhanden. Der Übergang

1. Stoffeigenschaften und Begriffe

vom Dampfzustand zum idealen Gaszustand bei Annäherung an den Druck Null ist fließend. Wenn die molekularen Anziehungskräfte verschwinden, folgen die Gase verhältnismäßig einfachen Gesetzen. Man kann die realen Gase mit überraschend großer Genauigkeit rechnerisch wie ideale Gase behandeln, solange sie unter nicht zu hohem Druck stehen.

Wenn sich die Stoffe wie *ideale Gase* verhalten, so gelten die Gesetze von GAY-LUSSAC $T/v = $ const bei gleichbleibendem Druck und von BOYLE-MARIOTTE $Pv = $ const bei gleichbleibender Temperatur. Bei idealen Gasen erweist sich die Größe R in Gl. (19) als konstant. Man nennt sie dann (spezielle) *Gaskonstante*. R gibt die Arbeit in $J = $ kg m²/s² an, die 1 kg des Gases vom Zustand P, v, T bei einer Temperaturänderung von 1 Grad bei gleichbleibendem Druck verrichten kann. Die wirklichen Gase wie Luft, Kohlenoxid, Wasserstoff u. a. weichen in ihrem Verhalten im allgemeinen technischen Anwendungsbereich nur wenig von dem eines idealen Gases ab[1]. Man kann bei den folgenden Überlegungen von den technischen Gasen annehmen, daß sie dem allgemeinen Gasgesetz (Gl. 19 mit $R = $ const) genau genug entsprechen.

Im Dampfzustand weichen die Stoffe erheblich ab, wie z. B. Wasserdampf. Die Größe R in Gl. (19) ist dann von P und T abhängig. Es ist schwierig, für die Funktion $R = f(P, T)$ eine allgemeine Beziehung zu finden (Näherungsform van der Waalssche Gleichung). Zu Rechnungen mit Dämpfen benutzt man zweckmäßig *Dampftafeln*.

Unter einem Gas wird ferner ein Stoff verstanden, der sich praktisch im idealen Gaszustand befindet. Stoff in einem Zustand mit erheblicher molekularer Anziehung wird Dampf genannt.

Mit $\varrho = m/V$ heißt die allgemeine Gasgleichung (19)

$$P = \varrho R T = \varrho R(273 + t). \qquad (20)$$

Man setzt die Dichte eines beliebigen Gases ϱ vorteilhaft ins Verhältnis zur Dichte von Luft ϱ_L mit gleichem Druck und gleicher Temperatur. Das *Dichteverhältnis*

$$d_v = \frac{\varrho}{\varrho_L} = \frac{R_L}{R} = \frac{287{,}0}{R} \qquad (21)$$

ist eine unbenannte Zahl und heißt auch *Dichte des Gases bezogen auf Luft gleich 1*. Das (trockene) Gas hat unter denselben Umständen (gleicher Druck und gleiche Temperatur) d_v mal soviel Masse wie ein gleiches Volumen (trockene) Luft, wobei $d_v \gtreqless 1$ sein kann. Da dieser Zusammenhang für alle Drücke und Temperaturen gilt, wenn sie nur gleich sind, gibt d_v ebenso eine eindeutige Eigenschaft für jedes Gas an wie die Gaskonstante.

Nach den Gln. (5) und (7) gilt für quasistatische Zustandsänderungen: Bei $V = $ const ändert sich allein die innere Energie U, bei $P = $ const allein die Enthalpie I. Mit den spezifischen Wärmen (Wärmekapazi-

---

[1] Gl. (19) heißt in spezifischen Größen $Pv/RT = 1$. Bei wirklichen Gasen weicht der Ausdruck Pv/RT mit dem Druck zunehmend von 1 ab. Läßt man Abweichungen von ±1 vH zu, so kann z. B. Luft zwischen 0 und 200 °C bis 25 bar (oder at) rechnerisch wie ein ideales Gas behandelt werden, bei ±2 vH bis 50 bar (oder at). Im übrigen siehe hierzu S. 265.

täten) c_v bei konstantem Volumen und c_p bei konstantem Druck können wir bei idealen Gasen für die Änderung der inneren Energie

$$du = c_v \, dT = c_v \, dt$$

und der Enthalpie

$$di = c_p \, dT = c_p \, dt$$

schreiben. Weiter erhält man mit der Enthalpie $i = u + Pv$ und dem allgemeinen Gasgesetz $Pv = RT$ über $di = du + d(Pv)$ und $d(Pv) = R \, dT$ die Beziehung

$$c_p \, dT = c_v \, dT + R \, dT \quad \text{und} \quad c_p - c_v = R. \tag{22}$$

Die spezifischen Wärmen stehen im Verhältnis

$$\frac{c_p}{c_v} = \varkappa, \tag{23}$$

und es ist

$$\frac{R}{c_p} = 1 - \frac{c_v}{c_p} = 1 - \frac{1}{\varkappa} = \frac{\varkappa - 1}{\varkappa}. \tag{24}$$

Die Änderung der *Entropie* eines idealen Gases bei einer quasistatischen Zustandsänderung kann über die Gln. (5), (7) und (8) mit dem Ausdruck

$$ds = c_v \frac{dT}{T} + R \frac{dv}{v} = c_p \frac{dT}{T} - R \frac{dP}{P} \tag{25}$$

berechnet werden.

Man kann die allgemeine Gasgleichung (19) auch in der Form $d(Pv) = P \, dv + v \, dP = R \, dT$ schreiben. Teilt man durch Pv, so ergibt sich

$$\frac{dP}{P} + \frac{dv}{v} = \frac{dT}{T}. \tag{26}$$

Eine Zustandsänderung, bei der die Temperatur erhalten bleibt, heißt *isotherm*. Sie folgt nach Gl. (19) einem Gesetz

$$PV = \text{const.} \tag{27}$$

Wird Wärme weder zu- noch abgeführt, so kommt es zu einem *adiabaten* Vorgang, für ideale Gase mit einem Gesetz

$$PV^\varkappa = \text{const.} \tag{28}$$

Der Exponent $\varkappa$ gibt nach Gl. (23) das Verhältnis der beiden besonderen spezifischen Wärmen an[1].

---

[1] Wenn keine Wärme ausgetauscht wird und keine Reibungswärme auftritt, bleibt die Entropie konstant (isentroper Vorgang). $\varkappa$ heißt Isentropenexponent.

1. Stoffeigenschaften und Begriffe

Das *Normvolumen* V_n eines Gases[1] findet man nach dem allgemeinen Gasgesetz mit dem Normdruck P_n und der Normtemperatur T_n zu

$$V_n = \frac{T_n}{P_n} \frac{PV}{T} = 2{,}696 \cdot 10^{-3} \frac{PV}{T}$$

oder

$$V_n = 270 \frac{pV}{T} \qquad (29)$$

in m_n^3 (mit p in bar). Wenn m kg eines Gases mit der Gaskonstante R gegeben sind (siehe Zahlentafel 37, S. 262), so ist das Normvolumen

$$V_n = mR\frac{T_n}{P_n} = 2{,}696 \cdot 10^{-3} m R. \qquad (30)$$

Die *Normdichte* ϱ_n ergibt sich zu

$$\varrho_n = \frac{P_n}{RT_n} = \frac{371{,}0}{R} \qquad (31)$$

in kg/m_n^3. Die Normdichten verschiedener Gase stehen in umgekehrtem Verhältnis zu ihren Gaskonstanten.

1.6.1 Hinweis zum Technischen Maßsystem

Die allgemeine Gasgleichung heißt

$$PV = GRT \qquad (19\,\text{x})$$

mit P in kp/m^2, V in m^3, G in kp, R in kp m/kp grd und T in °K. Ferner gilt mit der Wichte γ

$$P = \gamma RT. \qquad (20\,\text{x})$$

Für das Wichteverhältnis (Luft = 1) erhält man

$$d_v = \frac{\gamma}{\gamma_L} = \frac{R_L}{R} = \frac{29{,}27}{R}. \qquad (21\,\text{x})$$

Als Normdruck von 760 Torr ist $P_n = 10332$ kp/m^2 anzusetzen, womit sich für das Normvolumen nach Gl. (29/30)

$$V_n = 2{,}644 \cdot 10^{-2} \frac{PV}{T} = 2{,}644 \cdot 10^{-2} m R \qquad (29\,\text{x}/30\,\text{x})$$

---

[1] Es ist noch nicht entschieden, ob die Einheit Normkubikmeter und ihre Abkürzung Nm³ für technische Berechnungen weiter beibehalten wird. Nach DIN 1343, Normzustand, Normvolumen, Ausg. Mai 1964 ist das Formelzeichen für das Volumen mit dem Zeiger n zu versehen, wenn ein Volumen im Normzustand gemeint ist. Es heißt also $V_n = 10$ m³ statt bisher $V = 10$ Nm³.
Bei alleinstehenden Volumenangaben kennzeichnen wir die Einheit, also 10 m_n^3, um Verwechslungen mit den Vorsätzen zu vermeiden. Der Normzustand ist definiert durch die Normtemperatur $t_n = 0$ °C, $T_n = 273{,}15$ °K und den Normdruck $P_n = 1$ atm $= 760$ Torr $= 10332 kp/m^2 = 1{,}0332$ at $= 101325$ N/m² $= 1{,}01325$ bar.

und für die Normwichte nach Gl. (31)

$$\gamma_n = \frac{P_n}{R\,T_n} = \frac{37{,}83}{R} \qquad (31\,\text{x})$$

ergibt.

1.7 Innere und äußere Reibung, Viskosität

Sowohl Flüssigkeiten als auch gasförmige Stoffe erweisen sich als verschieden zäh. Diese Eigenschaft ist näher zu untersuchen.

Zu diesem Zwecke denkt man sich eine Flüssigkeitsmenge zwischen zwei sehr große ebene Platten eingeschlossen, die sich parallel und relativ zueinander mit einer Geschwindigkeit w_l verschieben[1]; siehe Bild 3. Die Erfahrung lehrt, daß die Flüssigkeit an den Plattenwänden

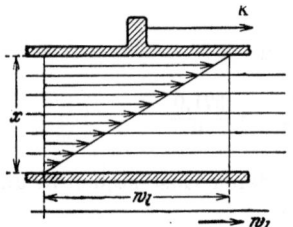

Bild 3. Zwei ebene glatte Platten bewegen sich parallel zueinander. Geschwindigkeitsverteilung in der eingeschlossenen Flüssigkeitsschicht

haftet, weil der Verschiebewiderstand zwischen der äußersten Flüssigkeitsschicht und der festen Wand größer ist als der Widerstand der Flüssigkeitsschichten aneinander. Die äußersten Flüssigkeitsschichten nehmen also die Geschwindigkeiten der Platten an. Zerlegt man die ganze Flüssigkeitsmenge in einzelne Schichten parallel zu den Platten, so findet man, daß die Schichtgeschwindigkeit mit wachsendem Abstand von der der langsameren Platte *linear* bis zur Geschwindigkeit der schneller bewegten Platte zunimmt. Daraus kann man schließen, daß die einzelnen Schichten aufeinander gleich große *Schubkräfte* ausüben und daß diese Schubkräfte durch Reibung der Schichten aneinander hervorgerufen werden. Die Reibungswirkungen in der Flüssigkeit selbst bezeichnet man als *innere Reibung*[2]. Unter *äußerer Reibung* hätte man sinngemäß die Reibung der strömenden Flüssigkeit an der Leitungswand zu verstehen. Da die Flüssigkeit an der Wand haftet, ist die äußere Reibung größer als die innere.

Es gehört eine gewisse *Kraft* dazu, um die eine Platte über der anderen wegzuziehen; sie ist um so *größer*, je *zäher* die Flüssigkeit ist

---

[1] Geschwindigkeiten werden mit w in m/s bezeichnet. Mit Zeiger l bei w_l soll angedeutet werden: in Längsrichtung. Geschwindigkeitskomponenten von Querbewegungen heißen sinngemäß w_x und w_y.

[2] Die Begriffe innere Reibung, Dick- oder Dünnflüssigkeit, Zähigkeit, Viskosität, Klebrigkeit bedeuten dasselbe. Mit DIN 1342 wird die Bezeichnung Viskosität bevorzugt.

(z. B. Wasser oder dickes Öl). Was für Flüssigkeiten gilt, trifft in der Auswirkung auch für Gase zu: nichtfeste Körper haben auch einen gewissen Gleitwiderstand (siehe S. 24).

Während bei festen Körpern zu Beginn einer Relativbewegung ein besonders großer Widerstand auftritt, gibt es bei *flüssigen* Körpern *keine "Reibung der Ruhe"*; jede noch so kleine Kraft kann eine Bewegung einleiten. So kann man z. B. in ein U-Rohr noch so langsam und noch so wenig Flüssigkeit gießen, die Spiegel der Flüssigkeit in beiden Schenkeln werden sich immer auf gleiche Höhe einstellen. (Gegebenenfalls stören Adhäsionserscheinungen.) Flüssigkeiten können im Ruhezustand keine Schubkräfte aufnehmen.

Nach Bild 3 gelangt man zu einem Maß für die *Zähigkeit*. Die Gesamtschubkraft K ist proportional dem Geschwindigkeitsgefälle w_l/x und der Oberfläche der Platten, je F, wobei x den Abstand und w_l die Relativgeschwindigkeit der Platten bedeutet. Dieses Gesetz wurde zuerst von NEWTON erkannt[1].

$$K = F\tau = \eta F \frac{w_l}{x}. \tag{32}$$

Das Geschwindigkeitsgefälle dw_l/dx ist bei einem Bewegungsvorgang nach Bild 3 für alle Schichten gleich groß. In Fällen mit anderer als linearer Geschwindigkeitsverteilung, wie z. B. Bild 33 zeigt, setzt man für benachbarte Schichten

$$\tau = \eta \frac{dw_l}{dx}. \tag{33}$$

Die Wirkung der Schubkräfte ist deutlich fühlbar, wenn man eine Blechtafel parallel zu der Tafelebene in einer Flüssigkeit mit verschiedener Geschwindigkeit bewegt. Die nötige Zugkraft ist um so größer, je schneller das Blech bewegt wird und je größer die Oberfläche ist.

Die Proportionalitätskonstante η stellt das gesuchte Zähigkeitsmaß dar; es wird *dynamische Viskosität* des betreffenden Stoffes im vorherrschenden Zustand genannt und ist eine Zustandsgröße des Fluids. Mißt man K in N, F in m², w_l in m/s und x in m, so ist τ eine Schubspannung in N/m² und hat η die Dimension N s/m² = kg/ms. η ist ein absolutes Maß; in der Einheit kg/m s gibt es die Kraft in N an, die zwei Flüssigkeits- (oder Gas-) Schichten im Abstand 1 m und von der Fläche 1 m² in einem bestimmten Zustand aufeinander ausüben, wenn sie sich relativ zueinander mit einer Geschwindigkeit von 1 m/s be-

---

[1] NEWTON, I.: Philosophiae naturalis principia mathematica. 2. Buch 1723. Deutsch: J. Ph. Wolfers, Berlin 1872. Nach DIN 1342, Viskosität bei Newtonschen Flüssigkeiten, Ausg. April 1957, ist die Viskosität die Eigenschaft eines flüssigen oder gasförmigen Stoffes, durch eine Schubverformung eine vom Geschwindigkeitsgefälle abhängige Schubspannung aufzunehmen. Wenn η in Gl. (32) eine nur von Temperatur und Druck abhängige Stoffkonstante ist, spricht man von Newtonschen Flüssigkeiten. — Siehe hierzu auch DIN 1342, Entw. Dez. 1968.

wegen[1]. Die Viskosität η der *Flüssigkeiten* hängt in starkem Maße von der Temperatur ab, eine bei Ölen ganz bekannte Erscheinung. Daneben hat auch der Druck einen geringen Einfluß, der aber praktisch fast immer vernachlässigt werden kann.

Wenn man die Flüssigkeitsreibung mit der Reibung zwischen festen Körpern vergleicht, so kommt man zu folgender Gegenüberstellung: Zwischen

festen Körpern (gleitende Reibung)	*flüssigen Körpern*
ist der Widerstand	
proportional der Anpressung, (fast) unabhängig von der Größe der Berührungsfläche, (fast) unabhängig von der Geschwindigkeit.	nahezu unabhängig von der Anpressung, proportional der Größe der Berührungsfläche, abhängig von der Geschwindigkeit.

In beiden Fällen richtet sich die Größe der Reibung nach der Natur der reibenden Körper.

Aus der Definition für die dynamische Viskosität ist ersichtlich, daß η verhältnismäßig kleine Werte annimmt. Man mißt z. B. bei *Wasser*

$$\begin{array}{rcccc} \text{von} & 0 & 20 & 50 & 100 \,°C \\ \eta = & 179 & 100 & 55 & 28 \cdot 10^{-5} \,\text{kg/m s,} \end{array}$$

d. h., die Viskosität ist bei 0 °C rd. 6mal so groß wie bei 100 °C (bei 1 bar, fast unabhängig vom Druck), also abnehmend mit der Temperatur. Bei *dickem Maschinenöl* z. B. mißt man für η etwa

$$40000 \cdot 10^{-5} \,\text{kg/m s bei 20 °C}$$

und

$$10000 \cdot 10^{-5} \,\text{kg/m s bei 50 °C,}$$

also stark unterschiedlich in Größe und Temperatureinfluß. Diese Meßwerte besagen, daß die Kraft zum Verschieben zweier Schichten von je $F = 1$ m² Oberfläche im Abstand von $x = 1$ m mit $w = 1$ m/s Relativgeschwindigkeit und bei 20 °C bei dickem Maschinenöl rd. 0,4 N (40 p) und bei Wasser 1 mN (0,1 p) ist.

Versuche mit *Luft* hingegen ergeben bei 1 bar noch wesentlich kleinere Werte für η

$$1{,}81 \cdot 10^{-5} \,\text{kg/m s bei 20 °C}$$

und

$$1{,}95 \cdot 10^{-5} \,\text{kg/m s bei 50 °C,}$$

und zwar *zunehmend mit der Temperatur*. Die Verschiebekraft bei 50 °C wäre danach nur 20 μN (2 mp). Es darf hier aber nicht übersehen werden, daß bei Gasen eine schichtenförmige Bewegung gar nicht stattfindet. Nach der kinetischen Gastheorie handelt es sich bei der inneren Reibung der *Gase* um einen *Diffusionsvorgang*. Man kann sich eine Bewegung in verschieden schnellen Gasschichten vorstellen, die fortgesetzt Moleküle austauschen, so daß sich die Geschwindigkeiten der gedachten Schichten anzugleichen suchen, was dem Wirken einer

---

[1] Für Ns/m² sprich: Newtonsekunde durch Quadratmeter, für kg/ms sprich: Kilogramm durch Metersekunde

Reibungskraft gleichkommt. Die äußere Erscheinung ist dieselbe wie bei Flüssigkeiten: Das Gas *haftet* an den Plattenwänden, und es gehört eine gewisse, wenn auch kleine, *Kraft* dazu, die Platten gegeneinander zu verschieben.

Wenn weiter unten der Begriff des *reibungslosen Fluids* eingeführt wird, so sei noch auf folgendes verwiesen: Während man sich eine reibungsfreie Flüssigkeit unter beliebigem Druck vorstellen kann, bei der die innere Reibung und damit die Viskosität Null ist ($\eta = 0$), so ist hier bei Gasen eine Einschränkung zu machen. Auch ein ideales Gas hat, wegen der molekularen Bewegungen durch innere Energie, eine gewisse Viskosität ($\eta > 0$). Erst wenn der Druck $P = 0$ und die Temperatur $T = 0$ werden, hört die molekulare Bewegung auf und wird $\eta = 0$. Die *Allgemeingültigkeit* der Ableitungen wird jedoch durch diesen Umstand nicht berührt. *Wirkliche* Flüssigkeiten und Gase zeigen hydraulisch ein ganz ähnliches Verhalten, so daß man ihre strömenden Bewegungen nach *denselben Gesetzen* berechnen kann.

Das Verhältnis der dynamischen Viskosität η zur Dichte ϱ, ebenfalls eine Zustandsgröße, nennt man nach MAXWELL *kinematische Viskosität ν*. Es ist also

$$\nu = \frac{\eta}{\varrho}. \qquad (34)$$

Mit η in kg/ms und ϱ in kg/m³ erhält[1] man ν in der Einheit m²/s. Gemäß der Veränderlichkeit der Dichte ϱ ist die kinematische Viskosität von Flüssigkeiten außer von der Temperatur fast nicht, von gasförmigen Körpern hingegen stark vom Druck abhängig. Eine Bewegung in einem Fluid klingt um so eher ab, je größer die innere Reibung und kleiner die Dichte ist. Wenn die innere Reibung sehr groß wird, wie z. B. von Pech bei gewöhnlicher Temperatur, gilt das Newtonsche Gesetz nicht mehr, siehe S. 96.

Zusammenfassend sei nochmals hervorgehoben: Viskosität oder innere Reibung macht sich dann bemerkbar, wenn in einer natürlichen Strömung ein Geschwindigkeitsgefälle senkrecht zur Bewegungsrichtung auftritt. Durch die innere Reibung werden Kräfte hervorgerufen, die geschwindigkeitsausgleichend wirken. S. 246ff. bringt Zahlenwerte für Dichte und Viskosität der wichtigsten technischen Stoffe.

1.7.1 Hinweis zum Technischen Maßsystem

Bei $F = 1$ m² Fläche, $x = 1$ m Abstand und $w_l = 1$ m/s Relativgeschwindigkeit ergibt sich die Kraft K nach Gl. (32) in kp mit der dynamischen Viskosität η in kp s/m². Der Zahlenwert für eine bestimmte Viskosität ist in SI-Einheiten 9,81 mal so groß wie in Einheiten des Technischen Maßsystems.

$$1 \text{ kp s/m}^2 = 9{,}81 \text{ N s/m}^2 = 9{,}81 \text{ kg/m s},$$
$$1 \text{ N s/m}^2 = 1 \text{ kg/m s} = 0{,}1020 \text{ kp s/m}^2.$$

Die kinematische Viskosität hat gemäß Gl. (34) in beiden Einheitensystemen gleiche Dimension und Zahlenwerte. Um die kinematische Viskosität im Technischen Maßsystem nach Gl. (34) bequem ermitteln zu können, sei daran erinnert, daß die dynamische Viskosität η kp/ms im Internationalen Einheitensystem den gleichen Zahlenwert hat wie ηg kp/ms im Technischen Maßsystem.

---

[1] Für m²/s sprich: Quadratmeter durch Sekunde

2. Kontinuitätsgesetz

Ein Fluid möge sich unter Wirkung eines zeitlich unveränderlichen Druckes schon so lange bewegen, daß ein *Beharrungszustand* erreicht ist. Dieser Beharrungszustand kann dadurch gekennzeichnet sein, daß an jeder Stelle des Stromes sich zeitlich (auch der Richtung nach) immer alles gleichbleibt, d. h. alle Größen, die auf die Bewegung Einfluß haben, zeitlich unveränderlich sind (alle Ableitungen nach der Zeit am gleichen Orte verschwinden). Wir wollen unterstellen, daß sich der Zustand des Stoffes von Querschnitt zu Querschnitt quasistatisch ändert. Man spricht dann von einer *stationären Bewegung*. Strömt aber z. B. ein Fluid unter Wirkung periodisch veränderlicher Drücke, also pulsierend, so wird zwar im Sinne des Ingenieurs auch ein Beharrungszustand (Folge von gleichartigen Perioden), jedoch kein vollkommen stationärer Zustand erreicht. Man wird aber praktisch eine ganze Reihe von Bewegungsvorgängen, die nicht völlig stationär verlaufen (z. B. die turbulente Rohrströmung, siehe später), rechnerisch wie eine stationäre Strömung behandeln können. Diese Annäherung ist um so genauer, je kurzzeitiger die Perioden aufeinanderfolgen. Hier soll es sich nur um vollkommen stationäre Bewegungen handeln, und angenähert stationäre sollen als solche betrachtet werden.

Über die stationäre Strömung eines Fluids durch eine geschlossene Rohrleitung sagt das *Kontinuitätsgesetz* aus, daß in der Zeiteinheit durch jeden Rohrquerschnitt dieselbe Masse, oder hier genau genug, dasselbe Gewicht gefördert wird. Bei Rohrverzweigungen gilt das Kontinuitätsgesetz sinngemäß für die Summe der abgezweigten Ströme. An den Leitungsquerschnitt stellt das Gesetz keine besonderen Anforderungen; er kann sich beliebig, auch unstetig ändern.

Es bedeuten m_s den Massenstrom in kg/s und m_h in kg/h, V_s den Volumenstrom in m³/s und V_h in m³/h, F den Rohrquerschnitt in m², ϱ die Dichte des Fluids in kg/m³ und $v = 1/\varrho$ das spezifische Volumen in m³/kg. Die einfachste Kontinuitäts- oder Stetigkeitsgleichung lautet m = const, also

$$m_s = m_{s1} = m_{s2} = \cdots = \text{const.} \tag{35}$$

Die Zeiger 1, 2, ... deuten auf verschiedene Leitungsquerschnitte hin (s. Bild 4).

Die einzelnen Teilsysteme des Fluids durchsetzen den Rohrquerschnitt im allgemeinen mit verschiedener Geschwindigkeit w_l in Richtung der Achse (Richtung l). Die Reibung bewirkt, daß w_l nach der Rohrwand zu bis auf Null abnimmt (s. Bild 5). Die Dichte ϱ kann in geraden Leitungen als praktisch über den ganzen Querschnitt gleich

2. Kontinuitätsgesetz

groß angesehen werden. Dann ist der sekundliche Massenstrom

$$m_s = \varrho \int\limits^F w_l \, dF = F\, w\, \varrho, \qquad (36)$$

wobei w die *mittlere Geschwindigkeit* im Rohrquerschnitt darstellt. Unter der mittleren Geschwindigkeit versteht man diejenige, die mit der

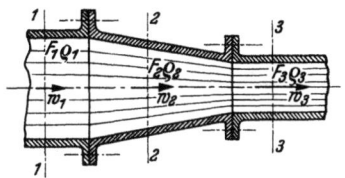 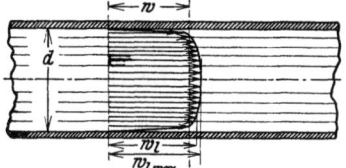

Bild 4. Leitungsstück zur Erläuterung der Kontinuitätsbedingung

Bild 5. Verteilung der Strömungsgeschwindigkeit w_l über den Querschnitt eines Kreisrohres

Fläche vervielfacht denselben Volumenstrom ergibt, wie die Summe der Produkte aller Einzelgeschwindigkeiten w_l mit den zugehörigen Querschnittselementen dF. Nun erhält man eine weitere Kontinuitätsbedingung

$$m_s = F_1 w_1 \varrho_1 = F_2 w_2 \varrho_2 = F w \varrho = \text{const} \qquad (37)$$

oder

$$m_s = \frac{F_1 w_1}{v_1} = \frac{F_2 w_2}{v_2} = \frac{F w}{v} = \text{const.} \qquad (38)$$

Wegen der unveränderlichen Dichte ($\varrho = \text{const}$) gilt für *raumbeständige Flüssigkeiten*

$$V_s = \frac{m_s}{\varrho} = F_1 w_1 = F_2 w_2 = \cdots = \text{const} \qquad (39)$$

und, wenn alle Querschnitte flächengleich sind,

$$w = \frac{m_s}{F \varrho} = w_1 = w_2 = \cdots = \text{const.} \qquad (40)$$

Bei *Gasen* und *Dämpfen* ändert sich die Dichte im allgemeinen von Querschnitt zu Querschnitt (s. später). Dabei ist[1] nach Gl. (37)

$$w_1/w_2 = F_2 \varrho_2 / F_1 \varrho_1, \quad \text{und für } F = \text{const ist } w\varrho = w/v = \text{const.} \quad (41)$$

Für kleine Änderungen von w, ϱ und F gilt, wenn man Gl. (37) differenziert,

$$dm = F w \varrho \left(\frac{dF}{F} + \frac{dw}{w} + \frac{d\varrho}{\varrho} \right) \qquad (42)$$

---

[1] Die Größe $m_s/F = w/v = w\varrho$ wird Massenstromdichte genannt.

oder, weil $dm = 0$ ist,

$$\frac{dF}{F} = -\frac{dw}{w} - \frac{d\varrho}{\varrho} = -\frac{dw}{w} + \frac{dv}{v}. \tag{43}$$

Setzt man diese Gleichung für den besonderen Fall an, daß $\varrho = 1/v$ = const ist, so kommt man wieder auf Gl. (39).

3. Energiesätze für reibungslose Strömung

3.1 Begriff der reibungslosen Rohrströmung

Man kann sich als Grenzfall ein Fluid vorstellen, dessen Viskosität verschwindend klein ist. Wir nehmen ein Fluid mit der Viskosität Null und mit *unbeschränkt großem Formänderungsvermögen* an. Ein solches idealisiertes Fluid läßt sich widerstandslos verformen und vermag *reibungsfrei* zu strömen. Wir sprechen von einem *reibungslosen Fluid*.

Nach unseren früheren Überlegungen denken wir uns den Strom wieder aus elementaren Teilsystemen bestehend, an deren Grenzen jedoch nur Normalkräfte auftreten, weil wir Reibung und damit Schubkräfte ausschließen. Auf den Bewegungsvorgang wirken nur Trägheitskräfte sowie Druck- und Schwerkräfte ein. Wir wollen zunächst untersuchen, welche Beziehungen für die eindimensionale *reibungslose Rohrströmung* bei quasistatischer Zustandsänderung bestehen.

Die einfachste Art der Bewegung in einem geraden Rohr mit unveränderlichem Querschnitt ist in Bild 6 dargestellt. Es handelt sich um

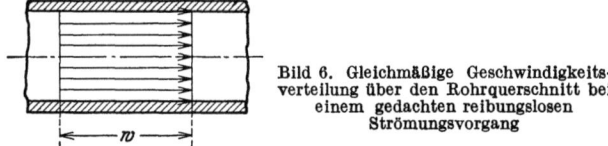

Bild 6. Gleichmäßige Geschwindigkeitsverteilung über den Rohrquerschnitt bei einem gedachten reibungslosen Strömungsvorgang

eine *Parallelströmung*, d. h., alle elementaren Systeme bewegen sich parallel zur Rohrachse. Wirkt keine Reibung, so können alle Teilsysteme mit beliebiger, auch mit derselben Geschwindigkeit strömen.

3.2 Energiegleichungen

Es soll nun eine stationäre, reibungslose Strömung durch ein beliebig geformtes Rohrstück mit veränderlichem Querschnitt betrachtet werden. Greift man zwei Querschnitte F_1 und F_2 der Leitung senkrecht zur Achse heraus, so läßt sich auf Grund des Satzes von der Erhaltung der Energie eine *Energiebilanz* aufstellen: Anfangsgehalt + Energieaufnahme aus der Umgebung − Energieabgabe an die Umgebung

3. Energiesätze für reibungslose Strömung

= Endgehalt, oder, umgestellt: Endgehalt − Anfangsgehalt = Energieaufnahme − Energieabgabe. Die Kontinuitätsbedingung besagt, daß in der Leitung in der Zeiteinheit eine bestimmte Menge strömt, sie möge m_s in kg/s sein. Die Änderung des Energiegehalts ist dann

$$m_s [g(h_2 - h_1) + u_2 - u_1 + \tfrac{1}{2}(w_2^2 - w_1^2)] \tag{44}$$

in N m/s = J/s. Dabei soll sich die Höhe h auf den Schwerpunkt des Leitungsquerschnitts beziehen, und alle Teilchen sollen im jeweiligen Querschnitt sowohl dieselbe innere Energie u als auch die gleiche Geschwindigkeit w in Achsrichtung haben.

Q_{12} möge die *Wärmemenge* in N m = J bedeuten, die auf dem Wege von 1 bis 2 mit der Umgebung insgesamt ausgetauscht wird (Zufuhr positiv, Abfuhr negativ). Für die Menge von m_s kg/s seien das Q_{s12} J/s.

Durch die nachdrängenden Teilchen wird an den voraufströmenden auf dem Wege von 1 bis 2 eine *mechanische Arbeit* verrichtet. In der Zeiteinheit strömen durch die Querschnitte 1 und 2 die Volumina

$$F_1 w_1 \quad \text{und} \quad F_2 w_2$$

in m³/s unter Wirkung der Drücke P_1 und P_2 in N/m², die ebenfalls gleichmäßig über den jeweiligen Querschnitt verteilt sein sollen. Damit findet man die insgesamt je Zeiteinheit geleistete Verschiebearbeit zu

$$P_2 F_2 w_2 - P_1 F_1 w_1,$$

positiv im Sinne von Arbeitsabgabe. PF ist eine Kraft in N, w erfaßt den Weg in m je Sekunde.

Die Änderung im Energiegehalt Gl. (44) ist mithin gleich

$$Q_{s12} + P_1 F_1 w_1 - P_2 F_2 w_2. \tag{45}$$

Es empfiehlt sich, die Energieumsetzungen auf die Masseneinheit zu beziehen, und man erhält durch Gleichsetzen der Gln. (44) und (45) und über

$$\frac{F w}{m_s} = \frac{V_s}{m_s} = v = \frac{1}{\varrho}$$

nach Umstellung die allgemeinen Gleichungen

$$g(h_2 - h_1) + \frac{P_2}{\varrho_2} - \frac{P_1}{\varrho_1} + u_2 - u_1 + \frac{w_2^2 - w_1^2}{2} = q_{12} \tag{46}$$

und

$$g(h_2 - h_1) + i_2 - i_1 + \frac{w_2^2 - w_1^2}{2} = q_{12} \tag{47}$$

I. Mechanische und wärmetechnische Grundlagen

in J/kg = N m/kg = m²/s², übereinstimmend mit den Gln. (14) und (16) für den Fall, daß keine technische Arbeit verrichtet wird, $a_{t12} = 0$. Bei $q_{12} = 0$ ist die Summe aus potentieller Energie, Enthalpie und kinetischer Energie unveränderlich.

Für zwei unbeschränkt benachbarte Querschnitte kann man für Gl. (46) schreiben

$$g\,dh + d\left(\frac{P}{\varrho}\right) + du + w\,dw = dq, \qquad (48)$$

und für Gl. (47)

$$g\,dh + di + w\,dw = dq. \qquad (49)$$

Gl. (49) läßt sich für eine reibungslose Strömung weiter umformen. Nach dem 1. Hauptsatz Gl. (7) ist

$$dq = di - v\,dP = di - \frac{1}{\varrho}\,dP$$

und damit

$$g\,dh + \frac{1}{\varrho}\,dP + w\,dw = 0 \qquad (50)$$

oder

$$g(h_1 - h_2) + \int_2^1 \frac{1}{\varrho}\,dP = \frac{w_2^2 - w_1^2}{2} \qquad (51)$$

in geeigneter Form für die Rohrströmung, gemäß Gl. (17).

3.2.1 Hinweis zum Technischen Maßsystem

Bei der Umformung ist grundsätzlich zu beachten, daß Größen mit denselben Formelzeichen in beiden Einheitensystemen, die im Zusammenhang mit Kräften stehen, im SI den g-fachen Zahlenwert haben (9,81-fach). Es betrifft dies die Größen Kraft (K), Druck (P, p), innere Energie (U, u), Enthalpie (I, i), Arbeit (A, a), Wärme (Q, q), Leistung (N), Entropie (S, s) sowie Leitungsgefälle (J, siehe später), Gaskonstante (R) und dynamische Viskosität (η). Massen (m) in kg und Gewichte oder Gewichtskräfte (G) in kp sowie Dichten (ϱ) in kg/m³ und Wichten (γ) in kp/m³ sowie spezifische Volumina (v) in m³/kg oder m³/kp haben dagegen die gleichen Zahlenwerte.

Man formt den Ausdruck (44) um, indem man $m_s = G_s/g$ setzt. Dann gilt

$$G_s\left[h_2 - h_1 + \frac{u_2 - u_1}{g} + \frac{w_2^2 - w_1^2}{2g}\right] \qquad (44)$$

in SI-Einheiten (J/s), aber

$$G_s\left[h_2 - h_1 + u_2 - u_1 + \frac{w_2^2 - w_1^2}{2g}\right] \qquad (44\,\mathrm{x})$$

in Einheiten des Technischen Maßsystems (kp m/s).

Formt man Gl. (46) um, so erhält man

$$h_2 - h_1 + \frac{P_2}{\gamma_2} - \frac{P_1}{\gamma_1} + u_2 - u_1 + \frac{w_2^2 - w_1^2}{2g} = q_{12} \qquad (46\,\mathrm{x})$$

als Energiemenge je kp Gewicht (in kp m/kp = m), nachdem man die Gleichung durch g geteilt hat. Das x hinter der Gleichungsnummer soll (in den Hauptabschnitten I und II) darauf hinweisen, daß mit dieser Gleichung im Technischen Maßsystem zu rechnen ist.

Gl. (51) lautet im Technischen Maßsystem

$$h_1 - h_2 + \int_2^1 \frac{1}{\gamma} dP = \frac{w_2^2 - w_1^2}{2g}. \tag{51x}$$

Bei den Ableitungen im SI ergeben sich Gleichungen für das Technische Maßsystem, indem man durch g teilt. Dann ersetzt man die Formelzeichen für Dichten und Massen durch die für Wichten und Gewichte und behält das Zeichen für das spezifische Volumen bei. Bei den gleichen Formelzeichen für Größen, die im Zusammenhang mit Kräften stehen, wie P für den Druck, setzt man Zeichen für Zeichen/g. Zur Rückwandlung in das SI ist die Gleichung mit g zu multiplizieren und sinngemäß zu verfahren. Zur Kontrolle dient, daß jedes Glied der Gleichung den g-fachen Betrag annimmt.

3.3 Satz von Bernoulli

Die Beziehung (51) läßt sich für eine raumbeständige Strömung (ϱ = const), also praktisch für Flüssigkeiten, vereinfachen. Man findet

$$g h_1 + \frac{1}{\varrho} P_1 + \frac{w_1^2}{2} = g h_2 + \frac{1}{\varrho} P_2 + \frac{w_2^2}{2}. \tag{52}$$

Für Gase gilt angenähert mit $v_m = 1/\varrho_m$ zu $P_m = 1/2\,(P_1 + P_2)$ und $h_1 \approx h_2$, d. h. wenn man die Änderung der Lageenergie vernachlässigt, was bei Gasen zulässig ist, falls die Höhenunterschiede nicht zu groß sind,

$$\frac{1}{\varrho_m} P_1 + \frac{w_1^2}{2} = \frac{1}{\varrho_m} P_2 + \frac{w_2^2}{2}. \tag{53}$$

Aus Gl. (52) folgt

$$g h + \frac{P}{\varrho} + \frac{w^2}{2} = \text{const.} \tag{54}$$

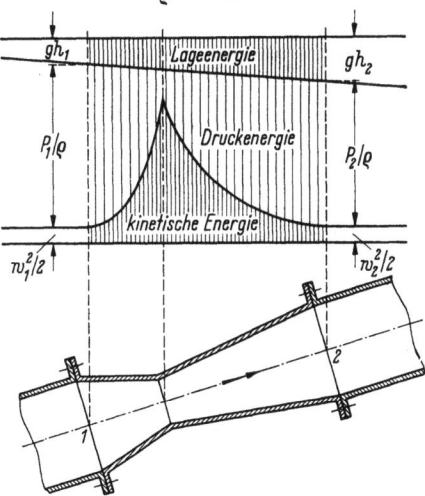

Bild 7. Energieumwandlungen in einer reibungslosen Flüssigkeit (Energiebild des Achsfadens)

32   I. Mechanische und wärmetechnische Grundlagen

Gl. (54) besagt, daß bei einer reibungslosen Strömung die mechanische Energie konstant bleibt. Die potentielle Energie $g\,h + P/\varrho$ eines Teilchens wird durch die geodätische Höhe h und den Druck P bestimmt, die kinetische Energie $w^2/2$ durch die Geschwindigkeit w.

Zur Erläuterung dieses *Satzes von Bernoulli* wird die Bewegung einer Flüssigkeit durch ein Rohrstück nach Bild 7 untersucht. Das Diagramm zeigt die Energieumwandlungen des Achsfadens. Die Energie der Lage nimmt mit ansteigender Leitung gleichmäßig zu. Die kinetische Energie wächst mit der Verkleinerung und fällt mit der Vergrößerung des Leitungsquerschnitts. Die Gesamtenergie bleibt unverändert. Für das Energiediagramm ist es gleichgültig, in welcher Richtung die Leitung durchflossen wird.

3.4 Druck-Volumen-Diagramme

Um die Gl. (51) weiterentwickeln zu können, erhebt sich die Frage nach der Arbeit, die gleichwertig ist der Summe von Beschleunigungs- und Hubarbeit. Zur Lösung dieser Aufgabe eignen sich Druck-Volumen-Diagramme, die den Zusammenhang zwischen dem Druck P und dem spezifischen Volumen $v = 1/\varrho$ erkennen lassen. Die Arbeit bei der Umsetzung von innerer potentieller Energie (Druckenergie) ist gleich dem Integral

$$\int_2^1 \frac{1}{\varrho}\,\mathrm{d}P = \int_2^1 v\,\mathrm{d}P \qquad (55)$$

und bildet sich gemäß Bild 2 als Fläche im P, v-Diagramm ab. Mit Rücksicht auf die späteren Überlegungen sollen hier nur Druckabsenkungen betrachtet werden, unbeschadet der Allgemeingültigkeit des Ergebnisses.

3.4.1 Raumbeständige Strömung

Zunächst sei nochmals das Verhalten von Flüssigkeiten nachgeprüft. Beim Druckabfall tritt keine Raumänderung ein. Die Zu-

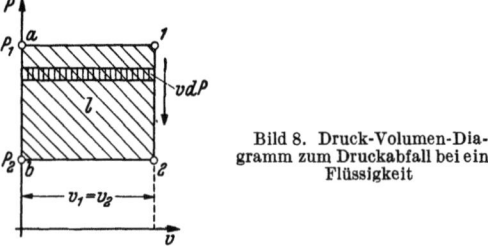

Bild 8. Druck-Volumen-Diagramm zum Druckabfall bei einer Flüssigkeit

standsänderung während der Strömung wird im P, v-Diagramm durch eine Parallele zur P-Achse dargestellt. Für das Integral findet man

3. Energiesätze für reibungslose Strömung

beim Abfall des Druckes von P_1 auf P_2

$$\int_2^1 v\,\mathrm{d}P = v(P_1 - P_2) = \frac{1}{\varrho}(P_1 - P_2). \tag{56}$$

Der Pfeil in Bild 8 gibt den Verlauf der Zustandsänderung an. Die schraffierte Fläche *12ba* entspricht dem Wert des Integrals, wobei die Flächen aller Streifen $v\,\mathrm{d}P$ für gleich große Schritte $\mathrm{d}P$ gleich groß sind. Für raumbeständige Strömung gilt für Gl. (51)

$$g(h_1 - h_2) + \frac{P_1 - P_2}{\varrho} = \frac{w_2^2 - w_1^2}{2} \tag{57}$$

wie mit Gl. (52) gefunden wurde.

3.4.2 Raumveränderliche Strömung

Bei Gasen und Dämpfen ändern sich Volumen und Dichte, wenn sich der Druck ändert. Es vereinfacht, daß die Änderung der Lageenergie, die im Verhältnis zu den Energieumwandlungen meist unbedeutend ist, vernachlässigt werden kann. Damit kann $\mathrm{d}h \approx 0$ gesetzt werden. Mit dem Druckabfall ist eine Ausdehnung verbunden, wie im P, v-Diagramm Bild 9 durch die Zustandslinie *1–2* angedeutet ist. Der Streifen $v\,\mathrm{d}P$ wird im Verlauf der Zustandsänderung von *1* nach *2* stetig

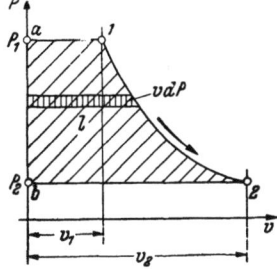

Bild 9. Druck/Volumen-Diagramm zum Druckabfall bei einem Gas

an Fläche größer. Es genügt hier, sich mit dem Verhalten von Gasen zu befassen, die dem allgemeinen Gasgesetz $PV = mRT$ genau folgen.

Ein Gas sucht bei der Ausdehnung seiner Umgebung Wärme zu entziehen. Dabei sind zwei Grenzfälle denkbar:

1. Aus der Umgebung fließt so viel Wärme zu, daß die Gastemperatur während der Ausdehnung aufrechterhalten wird. Die innere Energie des Gases bleibt dann konstant (*isotherme* Ausdehnung).

2. Es fließt keine Wärme zu, folglich fallen Gastemperatur und innere Energie bei der Ausdehnung ab (*adiabate* Ausdehnung)[1].

---

[1] Da es sich hier um eine reibungslose Strömung handelt, wird auch keine Reibungswärme zugeführt (isentroper Vorgang).

I. Mechanische und wärmetechnische Grundlagen

Neben diesen beiden Grenzfällen gibt es unbeschränkt viele Möglichkeiten einer andersartigen Ausdehnung, indem weniger oder mehr Wärme zufließt oder Wärme entzogen wird. Wenn die Zustandsänderung von *1* nach *2* punktweise bekannt ist, indem man Druck und Strömungsgeschwindigkeit z. B. kennt und über die Kontinuitätsbedingung Gl. (41) das spezifische Volumen berechnet, so kann man das Druck-Volumen-Diagramm zeichnen und die Größe der Fläche *12b a* (Bild 9) feststellen, um so den Betrag der Energieumsetzung von Gl. (55) zu ermitteln. Diese ist gleichwertig einer Arbeit, die ein Gas bei der Ausdehnung von P_1 auf P_2 in einer verlustlosen Kolbenmaschine leisten könnte.

In den beiden Grenzfällen läßt sich die Energieumsetzung wie folgt berechnen:

a) Die Zustandsänderung soll bei *unveränderlicher Temperatur* und innerer Energie vor sich gehen. Dann sagt das allgemeine Gasgesetz Gl. (19) aus, daß bei unveränderlichem Betrage von m, R und T das Produkt $PV = $ const sein muß. Es gelten:

$$P_1 V_1 = P_2 V_2; \quad \frac{P_1}{\varrho_1} = \frac{P_2}{\varrho_2};$$

$$\frac{dP}{P} = \frac{d\varrho}{\varrho} = -\frac{dV}{V} = -\frac{dv}{v}. \tag{58}$$

Die Linie $Pv = $ const im Druck-Volumen-Diagramm ist eine gleichseitige Hyperbel. Man findet

$$\int_2^1 \frac{1}{\varrho}\,dP = \int_2^1 v\,dP = \int_2^1 Pv\,\frac{dP}{P} = P_1 v_1 \ln \frac{P_1}{P_2}. \tag{59}$$

Setzen wir dieses Ergebnis in Gl. (51) für den Fall $dh \approx 0$ ein, so folgt

$$\frac{P_1}{\varrho_1} \ln \frac{P_1}{P_2} = \frac{w_2^2 - w_1^2}{2} \tag{60}$$

als Grundgleichung für die *reibungslose isotherme Gasströmung*.

b) Das Gas soll während der Ausdehnung *keine Wärme* mit der Umgebung *austauschen*. Die Zustandslinie im Druck-Volumen-Diagramm ist dann eine allgemeine Hyperbel 1 − 2 nach einer Gleichung $Pv^\varkappa = P/\varrho^\varkappa = $ const, siehe Gln. (23) und (28).

Der Exponent $\varkappa$ ist bei wirklichen Gasen und Dämpfen praktisch ein Festwert zum Betrage
  rund 1,4 für zweiatomige Gase (Luft, Sauerstoff, Stickstoff, Wasserstoff, Stickoxid, Kohlenoxid),
  rund 1,3 für mehratomige Gase wie Kohlendioxid, Methan, überhitzten Wasserdampf bis 25 bar, Ammoniakdampf, siehe hierzu Zahlentafel 37.

3. Energiesätze für reibungslose Strömung

Wenn die Temperatur fällt, muß das Volumen bei der Adiabate (Exponent $\varkappa$) kleiner sein als bei der Isotherme (Exponent 1). Es gilt

$$(v_2)_\text{ad} < (v_2)_\text{is}; \quad (\varrho_2)_\text{ad} > (\varrho_2)_\text{is}; \quad \left(\frac{P_2}{\varrho_2}\right)_\text{ad} < \left(\frac{P_2}{\varrho_2}\right)_\text{is}. \tag{61}$$

Die Integration ergibt

$$\int_2^1 v\,dP = \int_2^1 v\,P^{\frac{1}{\varkappa}} P^{-\frac{1}{\varkappa}}\,dP = \frac{\varkappa}{\varkappa - 1} P_1 v_1 \left[1 - \left(\frac{P_2}{P_1}\right)^{\frac{\varkappa-1}{\varkappa}}\right] \tag{62}$$

und umgeformt

$$\int_2^1 \frac{1}{\varrho}\,dP = \frac{\varkappa}{\varkappa - 1}\left[\frac{P_1}{\varrho_1} - \frac{P_2}{\varrho_2}\right] = \frac{\varkappa}{\varkappa - 1} R(T_1 - T_2). \tag{63}$$

Bei $dh \approx 0$ finden wir dann aus Gl. (51)

$$\frac{\varkappa}{\varkappa - 1}\left[\frac{P_1}{\varrho_1} - \frac{P_2}{\varrho_2}\right] = \frac{w_2^2 - w_1^2}{2} \tag{64}$$

als Grundgleichung für die *reibungslose adiabate Gasströmung*. Ohne Aufnahme oder Abgabe von Wärme ist $dq = 0$, und man erhält mit den Gln. (47) und (51)

$$\int_2^1 v\,dP = i_1 - i_2 = \frac{w_2^2 - w_1^2}{2} \tag{65}$$

d. h., bei adiabater Zustandsänderung vermindert sich die Enthalpie um denselben Betrag, wie die kinetische Energie anwächst. Nach Gl. (5) nimmt dabei die innere Energie um den Betrag

$$\int_1^2 P\,dv = u_1 - u_2 = \frac{1}{\varkappa - 1}\left[\frac{P_1}{\varrho_1} - \frac{P_2}{\varrho_2}\right] \tag{66}$$

ab. Dabei gilt mit den Gln. (64) bis (66)

$$\varkappa = \frac{i_1 - i_2}{u_1 - u_2}. \tag{67}$$

c) Das Gas soll bei der Ausdehnung Wärme aufnehmen, aber nicht so viel, daß die Temperatur unveränderlich bleibt. Man nennt diese Zustandsänderung *polytrop*, sofern die Zustandslinie genügend genau durch eine Beziehung $P\,v^n = \text{const}$ erfaßt werden kann. Die Kurve liegt im Druck/Volumen-Diagramm zwischen der isothermen und der adiabaten Kurve mit dem Exponenten $1 < n < \varkappa$. In Bild 10 wurden zum Vergleich vom Anfangszustand P_1, v_1 aus je eine Isotherme $n = 1$, Polytrope $n = 1,2$ und Adiabate $n = \varkappa$ gezeichnet. Bei einem bestimmten unteren Druck P_2 ist das Volumen v_2 bei der Adiabate am kleinsten und bei der Isotherme am größten.

Bei Strömungsvorgängen von Gasen mit höherer als Umgebungstemperatur wird Wärme abgezogen. Die entsprechende Zustandslinie würde in Bild 10 noch jenseits (unterhalb) der Adiabate liegen. Wenn diese Linie genügend genau einem Gesetz $P v^n = $ const mit $n > \varkappa$ folgt, so spricht man von einer Überadiabate.

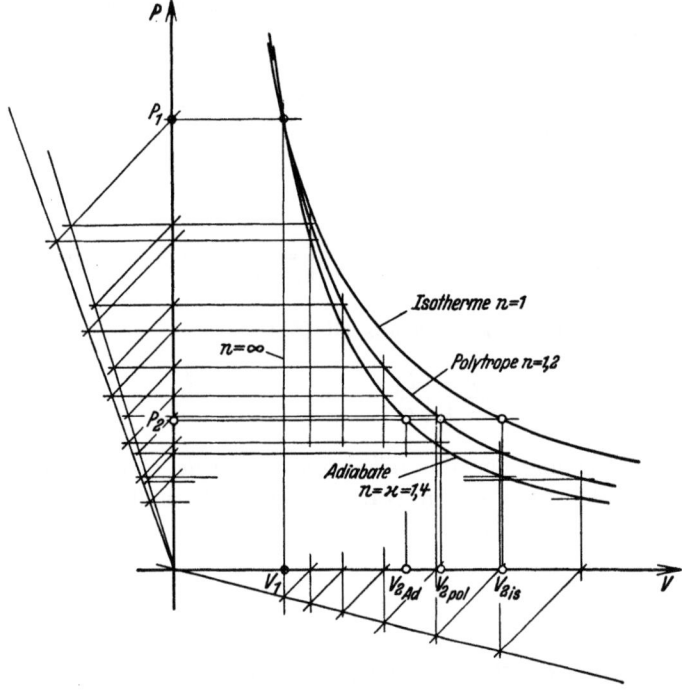

Bild 10. Isotherme, Adiabate und Polytrope im Druck/Volumen-Diagramm. Isotherme und Adiabate sind besondere Polytropen. Im allgemeinen kann der Polytropenexponent jede beliebige Zahl zwischen 0 und ∞ annehmen

Die Beschleunigungsarbeit läßt sich allgemein in Abwandlung von Gl. (64) ausdrücken durch

$$\frac{n}{n-1}\left[\frac{P_1}{\varrho_1} - \frac{P_2}{\varrho_2}\right] = \frac{w_2^2 - w_1^2}{2} \qquad (68)$$

mit $0 \lessgtr n \lessgtr \infty$. Der Fall $n < 1$ liegt z. B. dann vor, wenn in eine kalte Strömung mehr Wärme von der Umgebung eindringt, als zur Aufrechterhaltung der Gastemperatur notwendig ist.

Es sei darauf verwiesen, daß es sich hier um reibungslose Rohrströmungen handelt. Druckänderungen kommen nur bei Geschwindigkeitsänderungen, also bei Querschnittsänderungen, vor.

3.5 Arbeitsaufwand bei kleinen Druckänderungen

Es ist nachzuprüfen, welchen Fehler man begeht, wenn man einen zusammendrückbaren Stoff bei kleinen Druckänderungen als raumbeständig ansieht. Der wirkliche Arbeitsaufwand wird durch die Fläche $ABCDE$ wiedergegeben, wie

Bild 11 zeigt. Die Fläche $ABDE$ entspricht dem Arbeitsaufwand bei raumbeständiger Flüssigkeit, und Fläche BCD stellt den Fehler dar, den man bei Vernach-

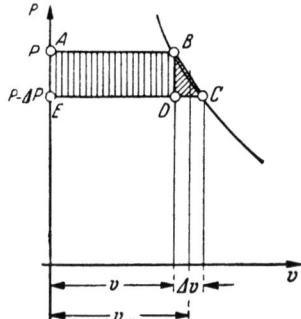

Bild 11. Diagramm zur Bestimmung des Fehlers, wenn ein zusammendrückbarer Stoff bei der Ausdehnung als raumbeständig betrachtet wird

lässigung der Ausdehnung begeht. Der relative Fehler ist, wenn man die Fläche BCD in erster Annäherung durch ein Dreieck ersetzt,

$$\frac{\text{Fläche } BCD}{\text{Fläche } ABDE} = \frac{\overline{CD}}{2 \cdot \overline{ED}} = \frac{\Delta v}{2v}.$$

Die Beziehung zum Druck P findet man allgemein, indem man

$$P v^n = \text{const} \tag{69}$$

logarithmiert und differenziert, mit[1]

$$\frac{\mathrm{d}P}{P} = -n \frac{\mathrm{d}v}{v}. \tag{70}$$

Für endliche Schritte gilt annähernd

$$\frac{\Delta P}{P} = -n \frac{\Delta v}{v} \tag{71}$$

und damit

$$\frac{\Delta v}{2v} = -\frac{1}{2n} \frac{\Delta P}{P}. \tag{72}$$

Der Fehler ist um so größer, je kleiner n ist. Bei der Isotherme als dem ungünstigeren Fall ($n = 1$) darf der Druckabfall bei einem gegebenen relativen Fehler von

1 vH   nur   2 vH

vom Anfangsdruck betragen. Kann man mit dem mittleren Volumen $\frac{1}{2}(v_B + v_C)$ $= v_m$ an Stelle von v_B rechnen, so wird der Fehler sehr klein, wenn man den Stoff als beständig vom Raume v_m ansieht (in erster Annäherung Null). Erst bei großem Druckabfall macht sich bemerkbar, daß man die Arbeit zu groß ermittelt.

Wenn sich bei der adiabaten Strömung eines Gases die kinetische Energie durch Querschnittsverminderung verdoppelt, so ist damit ein Druckabfall[2] von

$$-\Delta P = \varrho \frac{w^2}{2} = \frac{P}{RT} \frac{w^2}{2} \tag{73}$$

---

[1] Minuszeichen, weil Druckabfall mit Volumenzunahme verbunden ist.
[2] Ein entsprechender Druckanstieg tritt ein, wenn die kinetische Energie Null wird, d. h., wenn die Strömung auf ein Hindernis trifft (Stauhöhe).

verbunden, wenn die Ausdehnung vernachlässigbar ist. Damit findet man

$$-\frac{1}{2\varkappa}\frac{\Delta P}{P} = \frac{1}{4}\frac{w^2}{\varkappa R T}. \qquad (74)$$

Nach Gl. (160), S. 77, ist $w_S = \sqrt{\varkappa R T}$ die Schallgeschwindigkeit des Gases. Der relative Fehler bei Vernachlässigung der Ausdehnung wäre[1]

$$\frac{\Delta v}{2v} = \frac{1}{4}\frac{w^2}{w_S^2}. \qquad (75)$$

Angenommen, es strömt Luft von 20 °C, wobei $w_S = 343$ m/s ist (S. 78). Bei 1 vH Fehler kann die Strömung noch bei $w = 68{,}7$ m/s Anfangsgeschwindigkeit als raumbeständig in einem Bereich angesehen werden, in dem sich die kinetische Energie verdoppelt (bis 97 m/s). Erhöht sich letztere auf das m-fache, so ist in Gl. (75) $\dfrac{m-1}{4}$ statt $\dfrac{1}{4}$ zu setzen, wobei die Geschwindigkeit von w auf $\sqrt{m}\cdot w$ anwächst. Bei Geschwindigkeitszunahme auf das 10fache z. B. ist $m = 100$, und der relative Fehler beträgt 1 vH, wenn w von 6,9 auf 69 m/s geht, bei 2,8 vH Druckabfall nach Gl. (72) mit $\varkappa = 1{,}4$.

3.6 Statischer und dynamischer Druck

Der (innere) Zustand eines Systems hängt während der Strömung genauso wie in der Ruhelage von den Größen Druck, Volumen und Temperatur ab. Die Zustandsgleichungen bestehen unabhängig von der Geschwindigkeit, mit der sich das System äußerlich bewegt.

Unter dem Druck, der in die Zustandsgleichungen einzuführen ist — *statischer Druck* — versteht man immer den *absoluten Druck*, den ein Meßinstrument für absoluten Druck anzeigen würde, wenn man es in der Strömung mit der herrschenden Geschwindigkeit mitführen würde. Den Unterschied zwischen dem absoluten Druck in dem Strom und dem absoluten Druck in der Umgebung bezeichnet man mit *Überdruck* oder *Unterdruck*.

Nach dem Satz von BERNOULLI Gl. (54) besteht eine Verknüpfung zwischen den Zustandsgrößen für den inneren und den äußeren Zustand. Gl. (54) gilt genaugenommen nur für elementare geschlossene Teilsysteme. Wenn wir mit Gl. (54) Aussagen über die Energieumsetzungen des Gesamtstroms von Querschnitt zu Querschnitt machen, so treffen diese um so genauer zu, je gleichmäßiger die Zustandsgrößen über den Querschnitt verteilt sind. Aber selbst im Gleichgewichtszustand, wenn alle Teilsysteme dieselbe Temperatur und innere Energie haben, und wenn alle Teilsysteme mit derselben Geschwindigkeit w in Achsrichtung und mit der gleichen kinetischen Energie strömen, ist zwar die potentielle Energie $gh + P/\varrho$ im Querschnitt gleichmäßig verteilt, nicht aber der statische Druck P. Dieser nimmt nach der Tiefe zu (abnehmende Höhe h). Bei der Rohrströmung ist dieser Einfluß allerdings gering.

Wir wollen annehmen, daß eine reibungslose Flüssigkeit durch eine gerade Leitung strömt. Der statische Druck ist dann gleich dem, den die strömende Flüssigkeit auf die Rohrwand ausübt. Man kann ihn mit einem Manometer messen,

---

[1] Das Verhältnis w/w_S nennt man Machsche Zahl.

3. Energiesätze für reibungslose Strömung

welches an eine Bohrung senkrecht durch die Wand angeschlossen ist. Die reibungslose Flüssigkeit bewege sich durch eine Rohrleitung mit stetig veränderlichem Querschnitt, z. B. durch eine kegelige Leitung. Folgende Kräfte wirken auf den Bewegungsvorgang ein. Mit dem Querschnitt ändert sich auch der statische Druck und die Geschwindigkeit. Bild 12 zeigt ein elementares Teilsystem der Flüssigkeit

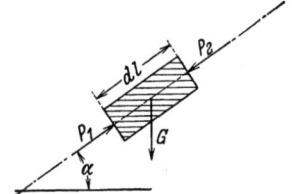

Bild 12. Die an einem prismatischen Teilchen einer reibungslosen Flüssigkeit angreifenden Kräfte

von prismatischer Gestalt mit der Grundfläche dF. Die Flüssigkeit soll für den betrachteten Vorgang als raumbeständig (und der inneren Energie nach als unveränderlich) anzusehen sein. Zur Vereinfachung soll noch angenommen werden, daß nur Geschwindigkeiten in Richtung der Achse (l-Richtung) herrschen, die Berücksichtigung auch von Komponenten in anderen Richtungen würde zu ähnlichen Schlüssen führen.

Bei einer stationären Strömung sind die Geschwindigkeiten an jeder Stelle nach Größe und Richtung zeitlich unveränderlich. Eine Geschwindigkeitsänderung ist also nur beim Übergang zu einem anderen Orte möglich. Die Zu- oder Abnahme der Geschwindigkeit w auf der Strecke dl beträgt $dw = (\partial w/\partial l)\, dl$ und die Beschleunigung mit dem Zeitdifferential dz

$$\frac{dw}{dz} = \frac{\partial w}{\partial l}\frac{dl}{dz} = w\frac{\partial w}{\partial l},$$

wobei $dl/dz = w$ ist. Nunmehr ergibt sich die Kraft aus Masse mal Beschleunigung zu

$$dF\, dl\, \varrho\, w\, \frac{\partial w}{\partial l}.$$

Dieser Massenkraft müssen die Schwerkraft $dF\, dl\, \varrho\, g \sin \alpha$ und die Druckkraft das Gleichgewicht halten. Die Kräfte auf die Grundflächen des Prismas sind $P_1\, dF$ und $P_2\, dF = \left(P_1 + \frac{\partial P}{\partial l}\, dl\right) dF$, die Druckkraft als Differenz dieser Kräfte $-\, dF\, \frac{\partial P}{\partial l}\, dl$. Es besteht also die Beziehung (Eulersche *Gleichgewichtsbedingung*)

$$w\frac{\partial w}{\partial l} = g \sin \alpha - \frac{1}{\varrho}\frac{\partial P}{\partial l} \tag{76}$$

oder, bei Beschränkung auf waagerechte Leitungen ($\alpha = 0$, $\sin \alpha = 0$) und ausschließlicher Veränderlichkeit von w und P nach l

$$dP = -\varrho\, w\, dw. \tag{77}$$

Die Abnahme der Geschwindigkeit entspricht einer Zunahme des Druckes und umgekehrt. Als Energiegleichung erhält man wieder Gl. (48) oder (52).

In Differentialform geschrieben gilt Gl. (77) auch für gasförmige Stoffe. Setzt man

$$-\frac{1}{\varrho}\, dP = d\left(\frac{w^2}{2}\right)$$

40 I. Mechanische und wärmetechnische Grundlagen

so sagt diese Gleichung aus, daß ein Teil der potentiellen Energie in kinetische Energie umgewandelt wird und umgekehrt. Das Minuszeichen bedeutet, daß einer Abnahme an potentieller Energie eine (gleich große) Zunahme an kinetischer Energie entspricht.

Wenn man die allgemeine Energiegleichung (46) mit ϱ erweitert, so stellen die einzelnen Glieder $g h \varrho$, P, $u \varrho$, $(1/2)w^2 \varrho$ Drücke vor. Als Druckwirkung unmittelbar zu messen ist davon allerdings nur $P - P_0$ und $\varrho w^2/2$, wobei unter P_0 der absolute Druck der Umgebung, im allgemeinen der barometrische Luftdruck zu verstehen ist. Wir betrachten eine Parallelströmung unter Überdruck durch ein gerades Kreisrohr. Bohren wir die Rohrwand an verschiedenen Stellen radial an und setzen wir Glasrohre wie im Querschnitt Bild 13 auf, so

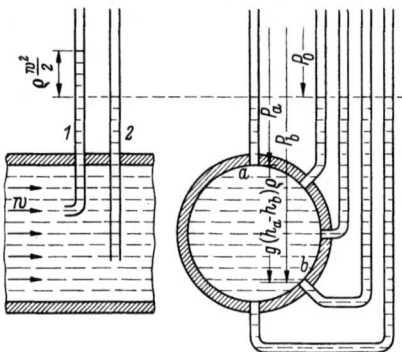

Bild 13. Drücke bei einer Parallelströmung durch ein gerades Kreisrohr. Das Fluid hat einen höheren Druck als die Umgebung (Umgebungsdruck P_0)

stehen alle Flüssigkeitsspiegel gleich hoch. Im Längsschnitt ist ein senkrechtes Glasrohr 2 dargestellt, das radial beliebig tief eingeführt ist, mit der unteren Öffnung parallel zur Strömungsrichtung. Der Flüssigkeitsspiegel steht in diesem Rohr 2 wieder in derselben Höhe wie in den oben beschriebenen Rohren. Außerdem ist ein Glasrohr 1 eingeführt, dessen untere Öffnung dem Strom zugekehrt ist (Staurohr). In diesem Glasrohr 1 steigt die Flüssigkeit höher, und zwar um den Staudruck $\varrho w^2/2$. Mißt man diese Druckdifferenz, so läßt sich die Strömungsgeschwindigkeit w an der Eintauchstelle des Glasrohres 1 berechnen. Mit dieser Methode kann die Strömungsgeschwindigkeit an allen Stellen des Querschnitts bestimmt werden.

Ein geeignetes Meßinstrument ist in Bild 14 wiedergegeben. Dieses hat Einlaßschlitze oder andere Öffnungen a in einem äußeren Mantel, die senkrecht zur Strömungsrichtung der Flüssigkeit liegen. Durch diese Öffnungen wird der *statische Druck P* auf das Meßinstrument übertragen und der Überdruck $P - P_0$ festgestellt. Mit der dem Strom

3. Energiesätze für reibungslose Strömung

zugekehrten Bohrung b wird der *Staudruck* der Flüssigkeit $\varrho\, w^2/2$, der auch Geschwindigkeitsdruck oder *dynamischer Druck* heißt, und der Überdruck $P - P_0$ gleichzeitig gemessen. Der dynamische Druck möge mit P_{dyn}, der *Gesamtdruck* oder die Summe von P und P_{dyn} mit P_{ges} bezeichnet werden. P_{dyn} kann mit dem Staugerät Bild 14 nach der Beziehung bestimmt werden:

$$P_{\mathrm{dyn}} = \varrho\,\frac{w^2}{2} = P_{\mathrm{ges}} - P = (P_{\mathrm{ges}} - P_0) - (P - P_0). \qquad (78)$$

Diese Gleichung ist aber nur für raumbeständige Fluide einwandfrei. Für zusammendrückbare Fluide gilt, wenn ϱ_{ges} die dem Gesamtdruck und ϱ die dem statischen Druck zugehörige Dichte bedeutet, die Gleichung

$$\int_{P}^{P_{\mathrm{ges}}} \frac{1}{\varrho}\, dP = \frac{w^2}{2}, \qquad (79)$$

die für den jeweiligen Zusammenhang zwischen P und ϱ integriert werden muß[1].

Das Staugerät ist ein sehr brauchbares Druck- und Geschwindigkeitsmeßinstrument, das bei Messungen an natürlichen Fluiden praktischen Wert erhält. Es wird nach PITOT[2], dem ersten, der dieses Meßverfahren empfahl, *Pitot-*

---

[1] Die Größe des Fehlers, den man begeht, wenn man die Veränderlichkeit von ϱ vernachlässigt, also den dynamischen Druck mit dem ϱ berechnet, das zu P gehört, kann man aus folgendem Beispiel erkennen. Luft von 1,275 bar und 50 °C, also $\varrho = 1{,}375\ \mathrm{kg/m^3}$, bewege sich mit $w = 80\ \mathrm{m/s}$. Dann ist

$$P_{\mathrm{dyn}} = P_{\mathrm{ges}} - P = \varrho\,\frac{w^2}{2} = 4400\ \mathrm{N/m^2}.$$

Bei adiabatem Zusammenhang zwischen ϱ und P gilt nach Gl. (71) mit $\varkappa = 1{,}4$ für die relative Änderung der Dichte

$$\frac{\varrho_{\mathrm{ges}} - \varrho}{\varrho} = \frac{1}{\varkappa}\,\frac{P_{\mathrm{ges}} - P}{P} = 0{,}0246\ \text{oder } 2{,}5\ \mathrm{vH}.$$

Gl. (79) ist nach Abschn. 3.5 angenähert gleich $2\,\dfrac{P_{\mathrm{ges}} - P}{\varrho_{\mathrm{ges}} + \varrho}$. Rechnet man statt dessen mit $\dfrac{P_{\mathrm{ges}} - P}{\varrho}$, so begeht man einen relativen Fehler von

$$\frac{v_m - v}{v} = \frac{\dfrac{1}{\varrho} - \dfrac{2}{\varrho_{\mathrm{ges}} + \varrho}}{\dfrac{1}{\varrho}} = \frac{\varrho_{\mathrm{ges}} - \varrho}{\varrho_{\mathrm{ges}} + \varrho} \approx \frac{1}{2}\,\frac{\varrho_{\mathrm{ges}} - \varrho}{\varrho} = 0{,}0123$$

oder 1,2 vH. Infolge des quadratischen Einflusses der Geschwindigkeit ist der Fehler bei geringeren Geschwindigkeiten erheblich kleiner.

[2] PITOT, H.: Description d'une machine pour mesurer la vitesse des eaux courantes. Mém. de l'acad. roy. des sc. (1732) 363.

Rohr genannt. Ohne Rücksicht auf die hierbei praktisch fast immer vernachlässigbare Veränderlichkeit von ϱ kann man mit dem Pitot-Rohr sehr einfach Geschwindigkeiten messen:

$$w = \sqrt{\frac{2}{\varrho}(P_\text{ges} - P)} = \sqrt{\frac{2}{\varrho} P_\text{dyn}}. \tag{80}$$

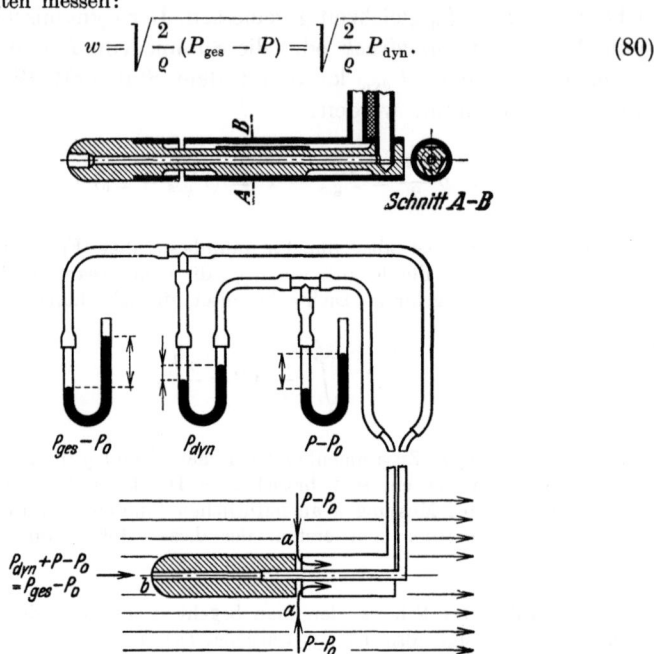

Bild 14. Druckanzeige am PITOT-Rohr. Oben praktische Ausführungsform nach PRANDTL

Die dem Gesamtdruck $P_\text{ges} = P + \varrho w^2/2$ in N/m² entsprechende Energie pflegt man *mechanische Energie* zu nennen. Für ein Flüssigkeitsvolumen V in m³ erhält man

$$V\left(P + \varrho \frac{w^2}{2}\right)$$

in N m = J. Danach stellt der Gesamtdruck gleichzeitig die mechanische Energie je m³ dar.

Bild 15a zeigt die Verteilung des statischen und dynamischen Druckes am elementaren Teilsystem. Je nachdem, ob der Druck in einer Leitung größer oder kleiner als der Druck der Umgebung ist, bestimmt man

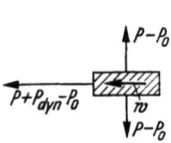 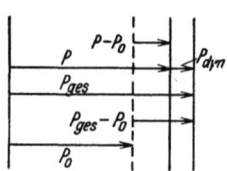 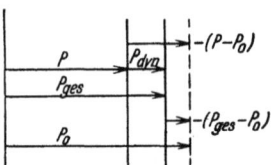

Abb. 15a. Statischer und dynamischer Druck am Teilsystem

Bild 15b. Überdruck. Beziehungen zwischen dem statischen, dynamischen und Gesamtdruck

Bild 15c. Unterdruck. Beziehungen zwischen dem statischen, dynamischen und Gesamtdruck

mit dem Pitot-Rohr statische Überdrücke (Bild 15b) oder Unterdrücke (Bild 15c). Wenn ein statischer Unterdruck $-(P - P_0)$ gemessen wird, so muß man den dynamischen Druck P_{dyn} abziehen, um den Gesamtunterdruck $-(P_{ges} - P_0)$ zu erhalten. Der dynamische Druck ist immer *positiv* und damit der absolute Gesamtdruck immer *größer* als der absolute statische Druck. Entsprechend ist der statische Unterdruck immer *größer* als der Gesamtunterdruck und der statische Überdruck immer *kleiner* als der Gesamtüberdruck.

4. Energiesätze für natürliche Strömung

4.1 Einfluß der Reibung

Die Ausführungen im Abschn. 3 beziehen sich auf eine reibungslose, fadenartige Strömung. In Wirklichkeit kann der Einfluß der *Reibung* auf den Strömungsvorgang, wie man vielleicht nach oberflächlicher Betrachtung meinen könnte, *nicht vernachlässigt* werden. Es sei an die Bemerkungen zu Bild 1 und 3 erinnert.

Angenommen, Wasser strömt aus einem sehr großen Behälter durch eine gerade Rohrleitung von unveränderlichem Querschnitt unter Wirkung eines gleichbleibenden Druckes P (siehe Bild 16). Nach einiger Zeit stellt sich ein

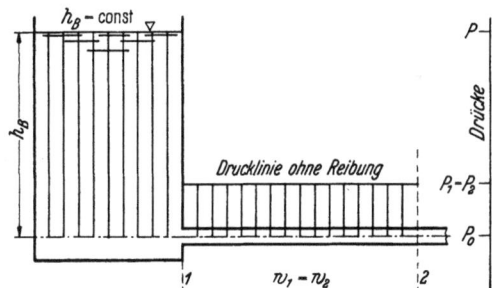

Bild 16a. Stationäre Strömung einer reibungslosen Flüssigkeit

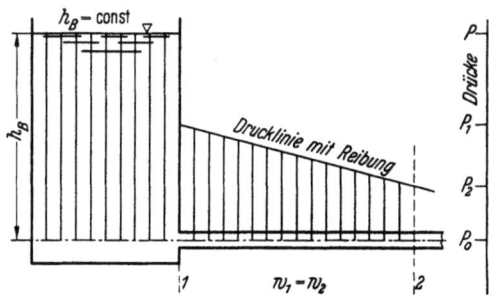

Bild 16b. Stationäre Strömung einer reibungsbehafteten Flüssigkeit

Beharrungzustand ein. Eine solche Strömung ist praktisch stationär und raumbeständig. Es werden zwei Querschnitte *1* und *2* betrachtet. Mit der Umgebung soll keine Wärme ausgetauscht werden, $dq = 0$, $q_{12} = 0$. Wegen $t_1 = t_2$ folgen $w_1 = w_2$ und $dw = 0$, $u_1 = u_2$ und $du = 0$, $\varrho = \varrho_1 = \varrho_2$. Das Rohr liege waagerecht, $dh = 0$.

Bild 16a gibt den Vorgang *ohne Flüssigkeitsreibung* wieder. Die anfänglich vorhandene potentielle Energie P/ϱ wandelt sich zum Teile $P/\varrho - P_2/\varrho$ in kinetische Energie um, wodurch sich eine Geschwindigkeit

$$w_1 = w_2 = \sqrt{2\frac{P-P_2}{\varrho}}$$

einstellt. Der statische Druck ist $P_1 = P_2$, die potentielle Energie ist $P_1/\varrho = P_2/\varrho$.

Der natürliche Vorgang *mit Flüssigkeitsreibung* ist in Bild 16b veranschaulicht. Würde man die Rohrleitung zwischen *1* und *2* mehrfach senkrecht anbohren und Glasrohre aufsetzen, so würde sich eine geneigte *Drucklinie* als Verbindung der Menisken abbilden. Es zeigt sich, daß $P_1 > P_2$ ist. Die stationäre Strömung kann nur aufrechterhalten werden, wenn zwischen Anfang (*1*) und Ende (*2*) der Leitung ein *unveränderliches Druckgefälle zur Bewältigung der Reibungsarbeit* besteht. Von der potentiellen Energie kann jetzt nur der Teil $P/\varrho - P_1/\varrho$ in kinetische Energie übergehen, während der Teil $P_1/\varrho - P_2/\varrho$ über *Reibungsarbeit* zu *Reibungswärme* wird. Die mittlere Strömungsgeschwindigkeit im betreffenden Rohrquerschnitt ist geringer:

$$w_1 = w_2 = \sqrt{2\frac{P-P_1}{\varrho}} < \sqrt{2\frac{P-P_2}{\varrho}}.$$

Wenn mit der Umgebung keine Wärme ausgetauscht wird, führt die Reibungswärme zu einer Zunahme von Temperatur und innerer Energie des Wassers; $t_2 - t_1 > 0$, sehr klein wegen 1 kcal = 427 kp m = 4187 J. Damit ist eine geringfügige Ausdehnung und Beschleunigung des Wassers verbunden. Die Reibungsarbeit ist

$$|a_{R12}| \approx \frac{P_1 - P_2}{\varrho},$$

und die aufgenommene Reibungswärme ist ebensogroß.

Der *Strömungswiderstand* und damit der Druckunterschied $P_1 - P_2$ richten sich nach Art und Zustand des strömenden Stoffes und des Rohres, die Einflüsse sind also vielfältig. Man findet die Energiebilanz

$$\frac{P-P_2}{\varrho} - |a_{R12}| = \frac{w_1^2}{2} \approx \frac{w_2^2}{2}. \tag{81}$$

Die folgenden Ausführungen haben zum Ziel, an Hand von Versuchsergebnissen Beziehungen aufzustellen, die zum Berechnen des Strömungswiderstandes geeignet sind.

4.2 Energiegleichungen

Im Grunde genommen wurde bei den Gln. (46) bis (49) im Abschn. 3.2, ausgehend von Energiebilanzen, gar nicht auf die Einschränkung Rücksicht genommen, daß es sich um eine reibungslose

4. Energiesätze für natürliche Strömung

Strömung handeln soll. Es wurde lediglich die *Summe* der Energiegehalte im Anfangs- und Endquerschnitt verglichen und festgestellt, wie groß der gesamte Energieaustausch während des Vorganges mit der Umgebung war. Die Gleichungen sagen nichts darüber aus, ob und in welchem Maße innerhalb des offenen Systems Reibungsarbeit verrichtet und Reibungswärme aufgenommen wurde. Es heißt dies: *die allgemeinen Energiegleichungen* (46) *bis* (49) *gelten sowohl für reibungslose als auch für reibungsbehaftete Strömung*.

Zu bemerken ist allerdings, daß die mittlere kinetische Energie im Querschnitt nur dann mit $w^2/2$ angegeben werden kann, wenn die Einzelgeschwindigkeiten in Achsrichtung überall gleich groß sind. Bei einer natürlichen Strömung nimmt aber die Geschwindigkeit von der Rohrwand bis zur Achse wegen der inneren Reibung von 0 bis auf einen Höchstwert zu (siehe Bild 5). Das Quadrat der mittleren Strömungsgeschwindigkeit weicht von der Summe der Quadrate aller Einzelgeschwindigkeiten ab, siehe hierzu S. 56, was hier jedoch unberücksichtigt bleiben kann.

Gl. (81) ist nur angenähert richtig. Tatsächlich führt ja die über Reibungsarbeit $|a_{R12}|$ gebildete Reibungswärme zu einer Erwärmung und Beschleunigung des Stromes. Mit Hilfe unserer Betrachtungen über die Zustandsänderungen von Systemen können wir genaue Gleichungen aufstellen. Dabei dürfen wir annehmen, daß der statische Druck und die innere Energie (Temperatur) gleichmäßig über den Rohrquerschnitt verteilt sind. Reibungswärme wirkt wie Wärmezufuhr. Ändert sich der Zustand des Stoffes durch Erwärmung, so ist es gleichgültig, ob die Wärme von außen zugeführt wird oder durch Reibung von innen. Über $dq + |da_R| = di - v\,dP$ nach Gl. (7) finden wir für die Zustandsänderung

$$i_2 - i_1 + \int\limits_2^1 \frac{1}{\varrho}\,dP = q_{12} + |a_{R12}|. \tag{82}$$

Aus Gl. (17) ergibt sich in spezifischen Größen

$$g\,dh + \frac{1}{\varrho}dP + w\,dw + |da_R| = 0$$

sowie

$$g(h_1 - h_2) + \int\limits_2^1 \frac{1}{\varrho}\,dP = \frac{w_2^2 - w_1^2}{2} + |a_{R12}| \tag{83}$$

in Ergänzung der Gln. (50) und (51). Durch Vergleich von Gl. (82) und Gl. (83) erkennt man:

a) Die Beziehung

$$q_{12} = i_2 - i_1 + g(h_2 - h_1) + \frac{w_2^2 - w_1^2}{2}$$

gilt mit und ohne Reibung gemäß Gl. (47). Im besonderen Falle der waagerechten Leitung ($h_1 = h_2$) ohne äußeren Wärmeaustausch ($q_{12} = 0$) ist einfach wie Gl. (65)

$$i_1 - i_2 = \frac{w_2^2 - w_1^2}{2}.$$

b) An Stelle von dem Integral $\int_2^1 \frac{1}{\varrho} \, dP$ ist in Gl. (51) zu setzen

$$\int_2^1 \frac{1}{\varrho} \, dP - |a_{R12}|,$$

um sie auf beliebige Strömungen anwenden zu können.

Für die isotherme Strömung von *Gasen*, wo die innere Erwärmung durch Reibung und der Wärmeaustausch mit der Umgebung gemeinsam gerade zur Aufrechterhaltung der Gastemperatur führen, gilt allgemein gemäß Gl. (60)

$$\frac{P_1}{\varrho_1} \ln \frac{P_1}{P_2} = \frac{w_2^2 - w_1^2}{2} + |a_{R12}|, \tag{84}$$

während bei adiabater Strömung mit Gl. (64)

$$\frac{\varkappa}{\varkappa - 1} \left[\frac{P_1}{\varrho_1} - \frac{P_2}{\varrho_2} \right] = \frac{w_2^2 - w_1^2}{2} + |a_{R12}| \tag{85}$$

anzusetzen ist. Durch die Reibungswärme nimmt die Entropie zu. Es ist zu beachten, daß eine solche Zustandsänderung zwar adiabat, aber nicht isentrop (bei unveränderlicher Entropie) verläuft.

Zur elementaren Behandlung der Bewegung natürlicher, reibungsbehafteter Flüssigkeiten kann man die Eulersche Gleichgewichtsbedingung erweitern. Man muß dazu die Kräfte, die an einem Teilsystem angreifen (Bild 12), um die durch Reibung hervorgerufenen Schubkräfte ergänzen und gelangt zu der sog. Navier-Stokesschen Gleichung. Da die Geschwindigkeit jetzt nicht mehr gleichmäßig über den Leitungsquerschnitt verteilt sein kann, wie es bei einer reibungslosen Flüssigkeit möglich war, weil die Flüssigkeit an der Rohrwand haftet (siehe Bild 5), gibt es außer der Geschwindigkeitsänderung nach der l-Richtung immer auch solche nach der x- und y-Richtung, d. h. nach den Koordinaten der Querschnittsfläche. Für die Reibungskraft ergibt sich nach Gl. (32)

$$K_R = \nu \varrho \, dl \, dy \left[\frac{\partial w_l}{\partial x} + \frac{\partial}{\partial x}\left(\frac{\partial w_l}{\partial x}\right) dx - \frac{\partial w_l}{\partial x} \right] +$$

$$+ \nu \varrho \, dl \, dx \left[\frac{\partial w_l}{\partial y} + \frac{\partial}{\partial y}\left(\frac{\partial w_l}{\partial y}\right) dy - \frac{\partial w_l}{\partial y} \right] +$$

$$+ \nu \varrho \, dx \, dy \left[\frac{\partial w_l}{\partial l} + \frac{\partial}{\partial l}\left(\frac{\partial w_l}{\partial l}\right) dl - \frac{\partial w_l}{\partial l} \right]$$

$$= \nu \varrho \, dl \, dx \, dy \left(\frac{\partial^2 w_l}{\partial x^2} + \frac{\partial^2 w_l}{\partial y^2} + \frac{\partial^2 w_l}{\partial l^2} \right).$$

Die Gleichgewichtsbedingung für die l-Richtung heißt jetzt in einfachster Form für reibungsbehaftete Flüssigkeiten in einem waagerechten stationären Strom

4. Energiesätze für natürliche Strömung

mit dem Ansatz, daß Massenkraft = Druckkraft + Reibungskraft ist,

$$w \frac{\partial w}{\partial l} = -\frac{1}{\varrho} \frac{\partial P}{\partial l} + \nu \left(\frac{\partial^2 w}{\partial l^2} + \frac{\partial^2 w}{\partial x^2} + \frac{\partial^2 w}{\partial y^2} \right). \tag{86}$$

Für unbeschränkt großes Formänderungsvermögen, also für $\nu = 0$, geht diese Gleichung wieder in die frühere Gl. (76) über.

4.2.1 Hinweis zum Technischen Maßsystem

$$i_2 - i_1 + \int_2^1 \frac{1}{\gamma} dP = q_{12} + |a_{R12}|, \tag{82x}$$

$$dh + \frac{1}{\gamma} dP + \frac{w\,dw}{g} + |da_R| = 0,$$

$$h_1 - h_2 + \int_2^1 \frac{1}{\gamma} dP = \frac{w_2^2 - w_1^2}{2g} + |a_{R12}|. \tag{83x}$$

4.3 Leitungsgefälle

Es bleibt noch die Frage zu beantworten, welche Energiedifferenz das Fluid zum Strömen veranlaßt — *Antriebsenergie*. Auf 1 kg Masse bezogen erhält man dafür ganz allgemein aus Gl. (83) die Energiedifferenz $g\,dh + 1/\varrho\,dP$ in m²/s². Unter dem Leitungsgefälle J versteht man das Verhältnis der verfügbaren Antriebsenergie zum zurückzulegenden Weg:

$$g \frac{dh}{dl} + \frac{1}{\varrho} \frac{dP}{dl} = -w \frac{dw}{dl} - \frac{|da_R|}{dl} = -J, \tag{87}$$

wobei dl das Wegelement bedeutet. Das Gefälle J hat die Einheit[1] N m/kg m = J/kg m = m/s². Es ist in Gl. (87) negativ eingesetzt, weil bei der Rohrströmung im allgemeinen der Druck P mit zunehmender Rohrlänge abfällt.

Gl. (87) gilt für beliebig gestaltete Leitungen. Sie soll hier zunächst nur für den Fall des geraden Rohres mit unveränderlichem Querschnitt weiterentwickelt werden. Dann ist bei *Flüssigkeiten* ($\varrho \approx$ const) die mittlere Geschwindigkeit unabhängig von der Rohrlänge. Da sich die Flüssigkeitsreibung praktisch nicht nach dem Druck, sondern nach der Geschwindigkeit und der Temperatur richtet, ist die Reibung hinreichend genau proportional der Rohrlänge. In diesem Fall gilt praktisch

$$g \frac{h_1 - h_2}{l} + \frac{P_1 - P_2}{\varrho l} = \frac{|a_{R12}|}{l} = J, \tag{88}$$

---

[1] Im Technischen Maßsystem hat das Leitungsgefälle J die Einheit kp m/kp je m Weg, also die Einheit 1.

48   I. Mechanische und wärmetechnische Grundlagen

d. h., J ist die Reibungsarbeit je lfd. m gerades Rohr und kg strömende Flüssigkeit. Dabei ist $l = l_2 - l_1$, ferner $t_1 \approx t_2$.

Bei *Gasen* ändert sich die Geschwindigkeit auch in geraden Rohren von unveränderlichem Querschnitt mit der Rohrlänge, weil der durch Reibung verursachte Abfall des statischen Druckes zu einer Ausdehnung und damit wegen der Kontinuitätsbedingung zu einer Beschleunigung des Stromes führt. Da die Reibung von der Geschwindigkeit abhängt, ändert sie sich auch mit der Rohrlänge. Wenn an einer Stelle des Stromes Druck P und Dichte ϱ, also z. B. P_1 und ϱ_1, bekannt sind, so gilt nach Gl. (59) für die isotherme Strömung

$$g\frac{dh}{dl} + \frac{1}{\varrho_1}\frac{P_1}{P}\frac{dP}{dl} = -J, \tag{89}$$

und für die adiabate Strömung nach Gl. (62)

$$g\frac{dh}{dl} + \frac{1}{\varrho_1}\left(\frac{P_1}{P}\right)^{\frac{1}{\varkappa}}\frac{dP}{dl} = -J. \tag{90}$$

Man kann diese Gleichungen für endliche Weglänge l umformen, wenn man die Änderung des Druckes mit der Weglänge kennt. Dazu bedarf es aber erst der näheren Kenntnis der Reibungsarbeit, vornehmlich des Zusammenhanges zwischen Reibung und Geschwindigkeit.

5. Mechanische Ähnlichkeit von Strömungsvorgängen

5.1 Begriff der mechanischen Ähnlichkeit

Für die folgenden Betrachtungen ist es von Interesse zu wissen, wann zwei (oder mehrere) Bewegungsvorgänge von Flüssigkeiten *mechanisch ähnlich* sind. Kennt man diese Bedingungen, dann ist es möglich, beliebige Strömungsvorgänge zu berechnen, wenn man nur die entsprechenden Werte einer mechanisch ähnlichen Strömung (etwa durch Messung) kennt.

Die *Theorie der mechanischen Ähnlichkeit* ist eine Erweiterung der Lehre von der *geometrischen Ähnlichkeit*: sie zieht noch den Vergleich von *Kräften* und *Zeiten* heran. Es bestehen also drei grundsätzliche Forderungen:

1. Die zu vergleichenden Flüssigkeitsströme müssen sich durch oder um geometrisch vollständig ähnliche Körper bewegen, also z. B. durch zwei beliebig weite Rohre mit Kreisquerschnitt oder um zwei beliebig große Kugeln.

2. An geometrisch entsprechend gelegenen Stellen der beiden Strömungen müssen zur selben Zeit gleichgerichtete Geschwindigkeiten

5. Mechanische Ähnlichkeit von Strömungsvorgängen

herrschen, die der Größe nach in einem bestimmten Verhältnis stehen, welches für alle geometrisch entsprechend gelegenen Stellen denselben Betrag hat.

3. Die an allen geometrisch entsprechend gelegenen Stellen auftretenden Kräfte müssen zur selben Zeit gleichgerichtet sein und ebenfalls in einem unveränderlichen Verhältnis stehen.

Bei der natürlichen Bewegung können Trägheitskräfte, Druckkräfte einschließlich Schwerkräfte sowie Reibungskräfte auftreten, siehe Gl. (86). Es zeigt sich nun, daß bei Berücksichtigung je zweier dieser Kräfte ein Gesetz für die mechanische Ähnlichkeit aufgestellt werden kann. Der Einfluß der dritten Kraft muß, wenn das Gesetz exakt gelten soll, Null sein (oder vernachlässigt werden können). Es ist nicht möglich, für die in der Natur vorkommenden Flüssigkeiten ein Ähnlichkeitsgesetz abzuleiten, welches alle drei Kräfte berücksichtigt[1].

In diesem Falle handelt es sich um den Vergleich von Strömungen in vollaufenden Rohrleitungen, wobei keine freien Oberflächen auftreten und die Schwerkraft der einzelnen Flüssigkeitsteilchen durch den Auftrieb aufgehoben ist. Es sollen nur Reibungs- und Trägheitskräfte berücksichtigt werden. Man pflegt in der Rohrhydraulik das Ähnlichkeitsgesetz für diese beiden Kräfte einfach als *„Ähnlichkeitsgesetz"* zu bezeichnen und nennt es auch dem Forscher zu Ehren, der sich als erster mit diesen Betrachtungen beschäftigte, dem Engländer OSBORNE REYNOLDS, *Reynoldssches Ähnlichkeitsgesetz*[2, 3].

Dieses Ähnlichkeitsgesetz stellt keine besonderen Anforderungen an die Art der strömenden Flüssigkeiten; sie können tropfbar, dampf- oder gasförmig, gleich oder verschieden sein.

Die folgenden Überlegungen führen für das Problem der Rohrströmung zu genauen Schlüssen, wenn keine Druckkräfte auftreten würden. Im anderen Falle ergeben sich nur angenäherte Zusammenhänge. Nun sind in Wirklichkeit wohl geringe, aber nicht ohne weiteres vernachlässigbare Druckkräfte vorhanden, wie bei geraden zylindrischen Rohren infolge von Druckabfall durch Reibung bei

---

[1] PRANDTL, L., u. O. TIETJENS: Hydro- u. Aeromechanik Bd. 2, Berlin 1931, S. 11. W. HERRMANN: Über die Bedingungen für mechanische Ähnlichkeit (Entwicklung der Gesetze aus NEWTONS Anschauungen). Z. VDI 75 (1931) 611.

[2] REYNOLDS, O.: An experimental investigation of the circumstances which determine whether the motion of water shall be direct or sinuous, and of the law of resistance in parallel channels. Proc. Roy. Soc., Lond., 35 (1883) oder Papers on mech. and phys. subjects 2 (1883) 51 (Cambridge). The two manners of motion of water. Nature 30 (1884) 88 (London u. New York). The Engineer 1886, S. 1 Philos. Trans. Roy. Soc., Lond. (A) 186 I (1895) 123; 174 (1883) 938; 177 (1887) 171.

[3] Schon vor REYNOLDS veröffentlichte ein Deutscher, nämlich v. HELMHOLTZ, eine Arbeit, die sich mit mechanischen Ähnlichkeitsvorgängen ganz allgemeiner Art beschäftigte. — Über ein Theorem, geometrisch ähnliche Bewegungen flüssiger Körper betreffend, nebst Anwendung auf das Problem, Luftballons zu lenken. Monatsber. Kgl. Akad. Wiss. Berlin 1873, S. 501.

50   I. Mechanische und wärmetechnische Grundlagen

raumbeständiger, und mehr noch bei raumveränderlicher Strömung. Es kann vorausgeschickt werden, daß nach der experimentellen Forschung der Einfluß der Druckkräfte bei der Rohrströmung tatsächlich vernachlässigbar klein ist.

5.2 Ableitung des Ähnlichkeitsgesetzes aus den Kräftebedingungen

Zwei beliebige Flüssigkeiten mögen z. B. zwei verschieden weite gerade Rohre mit unveränderlichem Kreisquerschnitt und mit geometrisch vollkommen ähnlicher Beschaffenheit der inneren Rohrwand durchströmen. Die Durchmesser der Rohre seien d_1 und d_2, die dynamischen Viskositäten der beiden Flüssigkeiten η_1 und η_2 und die Dichten ϱ_1 und ϱ_2.

Zunächst sind die Kräfte zu ermitteln, die am Raumelement einer reibungsbehafteten Flüssigkeit angreifen. Der Würfel $dl\,dx\,dy$ sei dieses Raumelement (die Bilder 17 und 18), dabei liegen dl in Achsrichtung und dx und dy senkrecht zur Rohrachse. w_l stellt eine Geschwindigkeit in Achsrichtung an einer beliebigen

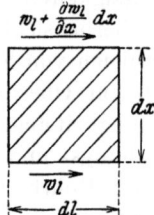
Bild 17. Geschwindigkeiten an einem elementaren würfelförmigen Teilsystem, l/x-Ebene

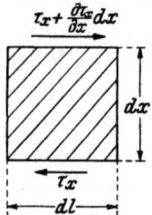
Bild 18. Reibungsschubspannungen an einem elementaren würfelförmigen Teilsystem, l/x-Ebene

Stelle der Strömung dar. Zur Vereinfachung der Rechnung wollen wir uns auf Bewegungen in Achsrichtung beschränken. Die Rechnung würde zu demselben Ziele führen, wenn auch Geschwindigkeitsänderungen in anderen Richtungen berücksichtigt würden. Die einzelnen Flüssigkeitsteilchen sollen sich nach beliebigen Gesetzen, also nicht nur parallel zur Rohrachse bewegen.

Soll ein Körper eine Geschwindigkeitsänderung erfahren, so widersteht er mit einer Trägheitskraft, die durch das Produkt von Masse mal Beschleunigung gegeben wird. Für den Würfel beträgt die Trägheitskraft in l-Richtung (nach Abschn. 3.6)

$$K_T = dl\,dx\,dy\,\varrho\,w_l\,\frac{\partial w_l}{\partial l}.$$

Natürliche Flüssigkeiten können auch andere als Normalkräfte aufnehmen. Tangentialkräfte bewirken eine Schubspannung.

In einer beliebigen Strömung ist die Geschwindigkeit w_l nach irgendeinem Gesetz $w_l = f(x,y)$ über den Rohrquerschnitt verteilt. Mit w_l ändert sich auch die Schubspannung τ, nämlich um

$$\frac{\partial \tau_x}{\partial x}\,dx \quad \text{und} \quad \frac{\partial \tau_y}{\partial y}\,dy \quad \text{(siehe Bild 18).}$$

Mit $dl\,dy$ und $dl\,dx$ als Berührungsflächen erhält man die Reibungskräfte

$$K_R = dl\,dy\,\frac{\partial \tau_x}{\partial x}\,dx + dl\,dx\,\frac{\partial \tau_y}{\partial y}\,dy,$$

und nach Gl. (33) mit

$$\tau_x = \eta\,\frac{\partial w_l}{\partial x} \quad \text{und} \quad \tau_y = \eta\,\frac{\partial w_l}{\partial y}$$

5. Mechanische Ähnlichkeit von Strömungsvorgängen

ergibt sich
$$K_R = \mathrm{d}x\,\mathrm{d}y\,\mathrm{d}l\left[\frac{\partial^2 w_l}{\partial x^2} + \frac{\partial^2 w_l}{\partial y^2}\right]\eta.$$

Die Forderung des konstanten Kräfteverhältnisses heißt bei Vernachlässigung der Druckkräfte:
Für ähnlich gelegene Stellen muß gelten

$$\frac{K_{T_1}}{K_{R_1}} = \frac{K_{T_2}}{K_{R_2}} = \text{const}, \tag{91}$$

wobei die Zeiger *1* und *2* zu den Strömungen *1* und *2* weisen. Vergleicht man die Kräfte, die an zwei entsprechenden Würfelelementen angreifen, so muß also der Ausdruck

$$\frac{K_T}{K_R} = \frac{\varrho \dfrac{\partial w_l}{\partial l}\, w_l}{\eta\left[\dfrac{\partial^2 w_l}{\partial x^2} + \dfrac{\partial^2 w_l}{\partial y^2}\right]} \tag{92}$$

denselben Wert haben. Für ähnliche Rohrströmungen gelten nun offenbar folgende Beziehungen:
Alle Längen sind einer charakteristischen Länge proportional. Dasselbe gilt auch für Längendifferenzen. Bei Kreisrohren wählt man am besten den Rohrdurchmesser d als charakteristische Länge. Es sind also

$$x,\ y \text{ und } l \text{ sowie } \partial x,\ \partial y,\ \partial l \text{ proportional } d.$$

Alle Geschwindigkeiten sind proportional einer charakteristischen Geschwindigkeit, am einfachsten der mittleren Geschwindigkeit w. Also sind

$$w_l \text{ sowie } \partial w_l \text{ und } \partial^2 w_l \text{ proportional } w.$$

Dynamische Viskosität η und Dichte ϱ sollen für jede Flüssigkeit von anderem Wert und konstant sein. Man kann nun nach Gl. (34) mit der kinematischen Viskosität $\nu = \eta/\varrho$ schreiben

$$\frac{K_T}{K_R} \text{ proportional } \frac{w\,d}{\nu}. \tag{93}$$

Da der Proportionalitätsfaktor für ähnliche Strömungen gleich groß ist, sagt die Gleichung aus, daß zwei Rohrströmungen mechanisch ähnlich sind, wenn

$$\frac{w_1 d_1}{\nu_1} = \frac{w_2 d_2}{\nu_2} \tag{94}$$

ist. Man nennt diese Größe $w\,d/\nu$ die „*Reynolds-Zahl*" und bezeichnet sie mit Re. Die Zahl Re ist, weil sie das Verhältnis zweier Kräfte darstellt, eine unbenannte Größe[1].

Zur Veranschaulichung des Gesetzes mögen zwei Beispiele dienen. Wasser von bestimmter Viskosität durchströme zwei Kreisrohre von $d_1 = 0{,}1$ m und $d_2 = 0{,}2$ m lichter Weite. Ist $w_1 = 4$ m/s die mittlere Strömungsgeschwindigkeit im ersten Rohr, so stehen alle an geometrisch entsprechend gelegenen Stellen

---

[1] Es ist vorteilhaft, mit dimensionslosen Größen zu rechnen, weil man dann unabhängig vom Einheitensystem ist (SI-, Technisches, Englisches Maßsystem).

Die Viskosität oder innere Reibung ist bei den technisch wichtigen Fluiden (Wasser, Gase) klein, die Massenkräfte sind groß gegen die Reibungskräfte. Daher nimmt die Reynolds-Zahl einer Rohrströmung praktisch große Beträge (bis 10^7 und mehr) an.

auftretenden Trägheits- und Reibungskräfte dann im selben Verhältnis, wenn $w_2 = 2$ m/s ist. Was für Flüssigkeiten gilt, trifft auch für gasförmige Stoffe zu. Noch eindringlicher erscheint der praktische Wert des Gesetzes, wenn die Strömung von Wasser bei $d_1 = 0,1$ m, $w_1 = 2$ m/s und $v_1 = 1,139 \cdot 10^{-6}$ m²/s (bei $t = 15$ °C), also $Re_1 = 175\,600$, mit der Strömung von Luft bei $d_2 = 0,1$ m und $v_2 = 7,40 \cdot 10^{-6}$ m²/s (bei $t = 15$ °C und 2 bar) verglichen wird. Dann, wenn

$$w_2 = w_1 \frac{d_1}{d_2} \frac{v_2}{v_1} = 13,0 \text{ m/s}$$

ist, sind die Luft- und die Wasserströmung einander (praktisch) mechanisch ähnlich.

Strömt z. B. in einem Rohre Wasser von 15 °C und in einem anderen Rohre Luft von 15 °C, wobei in beiden Fällen das Produkt aus w und d denselben Wert hat, so kann man aus der Ähnlichkeitsbedingung den interessanten Schluß ziehen, daß beide Strömungen dann (praktisch) mechanisch ähnlich sind, wenn die Luft unter einem Druck von 13,0 bar steht; dann ist nämlich $v_1 = v_2$. In diesem Falle verhält sich die Luft — abgesehen von ihrer Zusammendrückbarkeit — hydraulisch genauso wie Wasser.

5.3 Ableitung des Ähnlichkeitsgesetzes aus der Navier-Stokesschen Gleichung

Die Navier-Stokessche Gleichung (86) hat nicht die Erwartungen erfüllt, die in sie gesetzt wurden, weil sie nur in seltenen Fällen integrierbar ist. Sie gestattet jedoch leicht, auf die mechanische Ähnlichkeit von zwei Strömungsvorgängen zu schließen. Im Ähnlichkeitsfalle müssen entsprechende Veränderliche für alle ähnlich gelegenen Stellen der Strömungen zueinander in bestimmtem Verhältnis stehen. Offenbar herrschen folgende Beziehungen: $w_1 = f_w w_2$; $P_1 = f_P P_2$; $\varrho_1 = f_\varrho \varrho_2$; $v_1 = f_v v_2$; $l_1 = f_d l_2$; $x_1 = f_d x_2$; $y_1 = f_d y_2$; $d_1 = f_d d_2$. Dabei sind $f_w, f_P, f_\varrho, f_v, f_d$ irgendwelche konstante Werte (f_d gilt für alle Längenverhältnisse). Schreibt man zunächst die Navier-Stokessche Gleichung (86) für die Strömungen *1* und *2* in waagerechten Rohrleitungen an und schreibt man dann die 2. Gleichung unter Verwendung der f-Werte mit Zeiger *1* um, so erkennt man, daß diese beiden Gleichungen

$$w_1 \frac{\partial w_1}{\partial l_1} = -\frac{1}{\varrho_1} \frac{\partial P_1}{\partial l_1} + v_1 \left(\frac{\partial^2 w_1}{\partial l_1^2} + \frac{\partial^2 w_1}{\partial x_1^2} + \frac{\partial^2 w_1}{\partial y_1^2} \right)$$

und

$$\frac{f_w^2}{f_d} w_1 \frac{\partial w_1}{\partial l_1} = -\frac{f_P}{f_\varrho f_d} \frac{1}{\varrho_1} \frac{\partial P_1}{\partial l_1} + \frac{f_v f_w}{f_d f_d} v_1 \left(\frac{\partial^2 w_1}{\partial l_1^2} + \frac{\partial^2 w_1}{\partial x_1^2} + \frac{\partial^2 w_1}{\partial y_1^2} \right)$$

nur dann nebeneinander bestehen können, wenn die Konstantengruppen

$$\frac{f_w^2}{f_d} = \frac{f_P}{f_\varrho f_d} = \frac{f_v f_w}{f_d f_d} \tag{95}$$

gleich groß sind. Die Verbindung des ersten und dritten Ausdruckes ergibt die Reynoldssche Ähnlichkeitsbedingung

$$\frac{f_w f_d}{f_v} = 1 \quad \text{oder} \quad \frac{w\,d}{v} = \text{const.}$$

Der Vergleich mit dem Ausdruck, der f_P enthält, führt zu einer Bedingung für den Druckabfall (siehe S. 64).

Das *Ähnlichkeitsgesetz* sagt also aus, daß Strömungsvorgänge in Rohrleitungen dann praktisch genau genug *mechanisch ähnlich* sind,

5. Mechanische Ähnlichkeit von Strömungsvorgängen

wenn ihnen gleiche Reynolds-Zahlen zugeordnet sind. Es erlaubt bei Geschwindigkeiten, die genügend weit unter der Schallgeschwindigkeit liegen, Glyzerin, Öl, Wasser, Luft, Wasserdampf usw. gleichmäßig als Flüssigkeiten anzusehen und beliebig zu Modellversuchen zu verwenden. Danach hat man die Möglichkeit, Versuche an beliebig verkleinerten oder vergrößerten Modellen mit verschiedenen Strömungsmitteln auszuführen und zu vergleichen oder für einen Entwurf die Bestform zu entwickeln. Wenn z. B. die wirkliche Anlage sehr groß ist und Versuche daran sehr kostspielig wären, oder wenn die wirklichen Strömungsmittel, wie z. B. hochgespannte Flüssigkeiten tropfbarer, gasförmiger oder dampfförmiger Natur, sehr heiße oder kalte Stoffe, giftige Gase, Abgase u. dgl., versuchstechnisch Schwierigkeiten bereiten, so studiert man die Strömungsvorgänge nach dem Ähnlichkeitsgesetz an Modellen mit versuchsmäßig leicht zu beherrschenden Abmessungen und Strömungsmitteln und kann dann auf die wirklichen Vorgänge schließen. Dabei ist die Forderung nach geometrischer Ähnlichkeit streng zu beachten. Das gilt ganz besonders für die Rauhigkeit der Leitungswände. Aber auch die nicht unmittelbar zu dem Teile der Anlage, der verglichen werden soll, gehörige Umgebung muß geometrisch ähnlich ausgebildet sein. Das betrifft hier hauptsächlich die Zu- und Ablaufleitungen und etwaige darin vorkommende Störungsquellen.

5.4 Sonderfälle

Es gibt geometrisch ähnliche Strömungsvorgänge, bei welchen keine Trägheitskräfte auftreten. Dann gilt für die mechanische Ähnlichkeit:

Vergleicht man zwei *Parallel*strömungen von raumbeständigen Flüssigkeiten durch gerade Kreisrohre, also Strömungen, bei denen sich alle Flüssigkeitsteilchen zwar mit verschiedener, aber mit unveränderlicher Geschwindigkeit in parallelen Bahnen bewegen, so treten keine Trägheitskräfte auf. Wie später gezeigt wird, sind dann die Ausdrücke $\partial^2 w_l$ nach ∂x^2 und $\partial^2 w_l$ nach ∂y^2 an jeder beliebigen Stelle einer Strömung gleich groß, siehe Gl. (171). Damit stehen die Reibungskräfte immer in demselben Verhältnis. Parallelströmungen raumbeständiger Flüssigkeiten durch geometrisch ähnliche Körper sind immer mechanisch ähnlich im Sinne von Gl. (91), ganz gleich, welche charakteristischen Längen und Geschwindigkeiten auftreten. Die Reynolds-Zahl verliert hier die Bedeutung einer Kennzahl. Es besteht aber die Möglichkeit zum exakten Vergleich, indem man ein Ähnlichkeitsgesetz mit dem Verhältnis der Druck- und Reibungskräfte aufstellt mit $\dfrac{(\mathrm{d}P/\mathrm{d}l)\,d^2}{w\,\eta}$ als dimensionsloser Kennzahl.

Beim Beispiel der parallel bewegten Platten, Bild 3, ist ∂w_l nach ∂l Null, und $\partial^2 w_l$ nach ∂x^2 Null, weil ∂w_l nach ∂x konstant ist. Auch in diesem Fall sind alle möglichen Strömungen einander mechanisch ähnlich, man mag die Plattenentfernung erhöhen und Geschwindigkeit und Viskosität beibehalten oder irgendwelche andere Änderungen vornehmen.

Einfache Strömungsvorgänge, die immer mechanisch ähnlich sind, kann man auch immer rechnerisch genau erfassen. Das ist bei Strömungsvorgängen, die nur bei Gleichheit der Reynolds-Zahl mechanisch ähnlich sind, nicht der Fall.

II. Theoretische Überlegungen und Versuchserfahrungen

Einleitung

Flüssigkeiten und gasförmige Stoffe können sich in der Natur auf verschiedene Art bewegen[1]. Betrachtet man z. B. die Strömung über ein Wehr, so hat man den Eindruck, als ob das Wasser an der Überfallstelle ein Glasgebilde ist. Das Wasser scheint in einzelnen *Fäden* zu strömen, die einander *nicht durchdringen* und ihre Bahn beibehalten. Im Unterlaufe nach dem Wehr dagegen befindet sich das Wasser in starker *Wirbelung*, wobei es nicht mehr möglich ist, einzelne Wasserfäden zu verfolgen. Jetzt lagert sich eine mehr oder weniger energische *Querbewegung* über die in Richtung des Laufes gehende *Hauptströmung*.

Diese beiden Strömungsarten: *Fadenströmung* und *Wirbelströmung* gibt es auch in geschlossenen Rohrleitungen. Die Fadenströmung wird allgemein Schichten- oder *Laminarströmung* (lamina = Schichte) genannt. Eine wirbelige Bewegung heißt allgemein *turbulent* (= stürmisch, ungestüm).

Jede in der Natur beobachtbare Flüssigkeits- oder Gasbewegung ist entweder eine turbulente oder eine Laminarströmung. Diese ist an *kleine* Strömungsgeschwindigkeiten oder genauer Reynolds-Zahlen gebunden, jene tritt bei *großen* Geschwindigkeiten oder Reynolds-Zahlen auf. Bei Laminarströmung bewegen sich die einzelnen Teilchen ständig in gleichem Abstand zur Rohrachse, im Falle von Turbulenz führen sie neben dieser Hauptbewegung noch regellose rasch hin- und hergehende immer neu angefachte Seitenbewegungen aus, die die Eigenschaft besitzen, daß ihr Mittelwert schon nach sehr kurzer Zeit verschwindet. Die technische Praxis arbeitet fast immer mit großen Fördergeschwindigkeiten und daher mit turbulenten Rohrströmungen.

Strömt eine Flüssigkeit oder ein Gas durch eine geschlossene Rohrleitung, so haben die einzelnen Teilchen nicht alle dieselbe *Geschwindigkeit*. In der Mitte des Rohrquerschnitts ist die Strömung meist am schnellsten; nach der Rohrwand zu nimmt die Geschwindigkeit bis auf Null ab, weil in jedem Fall eine dünne Schicht an der Wand haftet (siehe Bild 5, 19 u. 20). Man erkennt, daß der Strömungswiderstand

---

[1] Siehe hierzu S. 108.

wesentlich von der inneren Reibung in der Strömung abhängen muß, weil eine eigentliche äußere Reibung zwischen Flüssigkeit und Rohrwand gar nicht auftritt. Trotzdem hat aber auch die Oberflächenbeschaffenheit der Wand einen Einfluß. Der Strömungswiderstand ist natürlich bei laminarer und turbulenter Bewegung verschieden. Bei einer Fadenströmung hat man es mit einem Reibungswiderstand zu tun, der durch die verschiedene Geschwindigkeit der einzelnen Fäden bedingt ist. Der Strömungswiderstand bei turbulenter Bewegung hingegen ist vornehmlich ein Wirbelwiderstand, der sich wie ein Reibungswiderstand auswirkt. Die einzelnen Teilchen prallen bei den kleinen unregelmäßigen Schwingungen ständig zusammen, wie man sich vorstellen kann, und rufen dadurch dauernd Stoßverluste hervor. Dabei tritt der Einfluß der Viskosität im Kern der Strömung fast ganz zurück, nur die Bewegung in einer dünnen Randschicht, in der die Strömungsgeschwindigkeit schnell auf Null zurückgeht, richtet sich noch nach der Viskosität. Eben wegen dieser Vorgänge in der Randschicht aber kann man die Gesetze der reibungslosen Flüssigkeit (wo der Einfluß der Viskosität vollständig weggedacht ist) nicht ohne weiteres auf die turbulente Strömung anwenden.

II.1 Strömung in geraden Rohren mit unveränderlichem Querschnitt

6. Vorbemerkungen

6.1 Geschwindigkeits- und Druckverteilung im Leitungsquerschnitt

Im allgemeinen Falle einer Rohrströmung bewegen sich die einzelnen Teilchen unter irgendeinem Winkel zur Rohrachse. Unter der *Geschwindigkeitsverteilung* im Querschnitt (Geschwindigkeitsprofil) soll die Anordnung der Geschwindigkeitskomponenten parallel zur Achse, w_l, verstanden werden. Die mittlere Geschwindigkeit w wird bestimmt:

$$w = \frac{1}{F} \int^F w_l \, dF = \frac{V_s}{F}. \tag{96}$$

Je nachdem, ob die Bewegung *gestört* oder *beruhigt* ist, wird sich eine Geschwindigkeitsverteilung beliebig oder symmetrisch zur Achse ausbilden, wenn der Rohrquerschnitt selbst symmetrisch zur Achse liegt, siehe die Bilder 19 u. 20 sowie 33 u. 73. Als Störquelle ist dabei jeder Teil der Leitung aufzufassen, der eine Ablenkung der Flüssigkeit von ihrer bisherigen Bewegungsrichtung hervorruft, also z. B. vorstehende Dichtungen oder Schweißnähte, Krümmer, Abzweigstücke, Rohrerweiterungen und -verengungen, Absperr- und Regelorgane, Meßinstrumente.

56 II. Theoretische Überlegungen und Versuchserfahrungen

Auch die *Verteilung des Druckes über den Querschnitt* hängt vom Grade der Beruhigung des Strömungszustandes ab. Für beruhigte Strö-

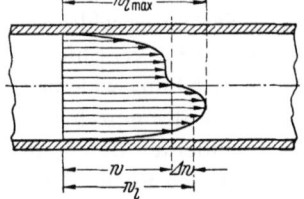 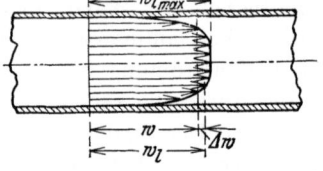

Bild 19. Beispiel einer Geschwindigkeitsverteilung bei gestörter Kreisrohrströmung. Geschwindigkeit an der Rohrwand gleich Null. Keine Rotationsfläche

Bild 20. Beispiel einer Geschwindigkeitsverteilung bei beruhigter Kreisrohrströmung. Geschwindigkeit an der Rohrwand gleich Null. Rotationsfläche

mungen durch gerade Rohre von unveränderlichem Querschnitt zeigt die Erfahrung, daß der Druck praktisch an allen Stellen des Querschnitts gleich groß ist.

6.2 Energieverteilung im Querschnitt

Ebenso wie vom Druck oder von der *potentiellen Energie* kann man bei turbulenter Strömung auch von der *inneren Energie* annehmen, daß sie *gleichmäßig* im Querschnitt verteilt ist, was ja immer dann genügend genau zutrifft, wenn sich die Temperatur von Rohrwand und Flüssigkeit nicht unterscheiden. Bei *turbulenter* Bewegung gleichen sich außerdem Temperaturunterschiede schnell aus. Damit ist auch die Dichte im Querschnitt konstant. Bei *laminarer* Strömung kann es allerdings bei Stoffen mit schlechter Wärmeleitfähigkeit zu nennenswerten Temperaturunterschieden im Querschnitt kommen.

Wie steht es nun mit der *kinetischen Energie*? Diese ist offenbar entsprechend der Geschwindigkeit *sehr verschieden verteilt*. Man wird deshalb mit einer *mittleren Energie* rechnen müssen. Dazu kann man aber nicht ohne weiteres die mittlere Geschwindigkeit w im Querschnitt heranziehen. Die wirkliche kinetische Energie

$$\int \frac{w_l^2}{2}\,dm \tag{97}$$

ist größer als die mit w gebildete. Es empfiehlt sich, einen *Energiebeiwert* ξ in die Rechnung einzuführen.

$$\xi = \frac{\int w_l^2\,dm}{w^2\,m} = \frac{\int w_l^3\,dF}{w^3\,F}, \tag{98}$$

wobei ϱ konstant und w_l ganz allgemein eine Funktion der Querschnittskoordinaten x und y ist. Man kann leicht nachweisen, daß ξ immer größer als 1 ist, wenn die Geschwindigkeit nicht gleichmäßig verteilt ist.

6. Vorbemerkungen

Es möge Δw den ebenfalls von x und y abhängigen Unterschied zwischen w und w_l, also $w_l = w + \Delta w$, darstellen (die Bilder 19 und 20). Dann ist

$$\xi = \frac{1}{w^3 F} \int (w + \Delta w)^3 \, dF$$
$$= \frac{1}{w^3 F} \left[w^3 F + 3w^2 \int \Delta w \, dF + 3w \int \Delta w^2 \, dF + \int \Delta w^3 \, dF \right].$$

Nach dem Begriff der mittleren Geschwindigkeit ist $\int \Delta w \, dF = 0$. Vernachlässigt man das kleine Glied $\int \Delta w^3 \, dF$, so ist

$$\xi = 1 + \frac{3}{w^2 F} \int \Delta w^2 \, dF. \tag{99}$$

Die Summe aller Δw^2 ist immer positiv, also $\xi > 1$, wenn nicht $\Delta w = 0$ und $\xi = 1$ ist. Hierzu gelingt auch der exakte Nachweis, wenn man die Geschwindigkeitsverteilung aufsucht, für die ξ einen äußersten Wert annimmt, wobei die Definitionsgleichung für die mittlere Geschwindigkeit Gl. (96) als Nebenbedingung einzuführen ist. Der Extremwert ist $\xi = 1$, wozu keine andere als die gleichmäßige Geschwindigkeitsverteilung gehört. Bei beruhigten Rohrströmungen liegt ξ erfahrungsgemäß zwischen 1,03 und etwa 1,2 bei Turbulenz, und bei 2 im Falle von Laminarströmung.

Für *beruhigte* Strömungen im Kreisrohr kann man Gl. (98) weiterentwickeln. Hier ist $w_l = f(x) = f(y)$. Man führt Polarkoordinaten ein. Der Abstand eines Teilchens von der Rohrachse sei der Fahrstrahl x am Winkel φ im Rohrquerschnitt

$$\xi = \frac{\int_0^{2\pi} \int_0^{d/2} w_l^3 \, x \, dx \, d\varphi}{\left[\int_0^{2\pi} \int_0^{d/2} w_l \, x \, dx \, d\varphi \right]^3} F^2.$$

Bei symmetrischer Geschwindigkeitsverteilung ist φ unabhängig von x.
Mit $w_l = f(x)$ erhält man

$$\xi = \frac{d^4}{64} \frac{\int_0^{d/2} f(x)^3 \, x \, dx}{\left[\int_0^{d/2} f(x) \, x \, dx \right]^3}. \tag{100}$$

Kennt man die Funktion $w_l = f(x)$, so kann man ξ berechnen.

Wenn die Funktion $w_l = f(x) = f(y)$ einer symmetrischen Geschwindigkeitsverteilung punktweise gegeben ist, so setzt man am besten ein zeichnerisches Auswertungsverfahren an. Kurve w_l, Bild 21, stellt die Abhängigkeit der Geschwindigkeit von x/r dar, wobei x den Abstand von der Achse und r den Rohrhalbmesser bedeutet. Mit der Einführung von x/r kann man für ξ setzen

$$\xi = \frac{1}{4} \frac{\int_0^1 w_l^3 \frac{x}{r} \, d\left(\frac{x}{r}\right)}{\left[\int_0^1 w_l \frac{x}{r} \, d\left(\frac{x}{r}\right) \right]^3}$$

II. Theoretische Überlegungen und Versuchserfahrungen

und für die mittlere Strömungsgeschwindigkeit nach Gl. (96)

$$w = 2 \int_0^1 w_l \frac{x}{r} \, d\left(\frac{x}{r}\right). \tag{101}$$

Nun trägt man zur Kurve w_l über $\frac{x}{r}$ die Werte $w_l \frac{x}{r}$ auf und planimetriert diese (senkrecht schraffierte) Fläche F_1(cm²). Würde w_l im Maßstab 1 cm $\triangleq m_1$ m/s und x/r im Maßstab

$$1 \text{ cm} \triangleq m_2 \cdot 1 \left(\text{Einheit } 1 = \left(\frac{x}{r}\right)_{x=r}\right)$$

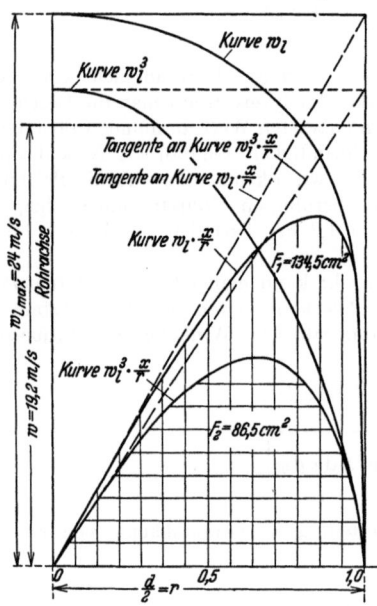

Bild 21. Zeichnerisches Verfahren zur Bestimmung der mittleren Geschwindigkeit w und des Energiebeiwertes ξ, wenn das Geschwindigkeitsprofil $w_l = f(x)$ gegeben ist[1]. Maßstäbe Abszisse: $(x/r) = 1$ ist dargestellt durch 14 cm; 1 cm $\triangleq m_2 = 1/14$. Ordinate: 1 cm $\triangleq m_1$ m/s = 1 m/s; 1 cm $\triangleq m_3$ (m/s)³ = 666 (m/s³)

aufgetragen, so ist $w = 2 F_1 m_1 m_2$. Dann zeichnet man in einem passenden Maßstab 1 cm $\triangleq m_3$ (m/s)³ die Werte w_l^3 und $w_l^3 \frac{x}{r}$ über $\frac{x}{r}$ auf und planimetriert die (waagerecht schraffierte) Fläche F_2. Damit gilt für den Energiebeiwert ξ

$$\xi = \frac{1}{4} \frac{F_2}{F_1^3} \frac{m_3}{m_1^3 m_2^2}.$$

Für das Beispiel Bild 21 ergibt sich $\xi = 1{,}16$, d. h. also, die wirkliche kinetische Energie im Querschnitt ist um 16 vH größer als die mit der mittleren Geschwindigkeit w errechnete.

Um den Vergleich mit Geschwindigkeitsverteilungen in anderen Kreisrohren zu ermöglichen, gibt man w_l im Verhältnis zu $w_{l\max}$, der größten Geschwindigkeitskomponente w_l im Rohrquerschnitt in Achsrichtung an, die bei symmetrischer

---

[1] Siehe hierzu auch J. GASTERSTÄDT: Experimentelle Untersuchung des pneumatischen Fördervorganges. VDI-Forsch.-Heft 1924, Nr. 265.

Verteilung in der Rohrachse liegt. Damit wird

$$\xi = \frac{1}{4} \frac{\int\limits_0^1 \left(\frac{w_l}{w_{l\,\text{max}}}\right)^3 \frac{x}{r} \, d\left(\frac{x}{r}\right)}{\left[\int\limits_0^1 \frac{w_l}{w_{l\,\text{max}}} \frac{x}{r} \, d\left(\frac{x}{r}\right)\right]^3} \qquad (102)$$

und

$$\frac{w}{w_{l\,\text{max}}} = 2 \int\limits_0^1 \frac{w_l}{w_{l\,\text{max}}} \frac{x}{r} \, d\left(\frac{x}{r}\right). \qquad (103)$$

Das zeichnerische Auswertungsverfahren für diese Integrale ist ebenso wie das oben beschriebene.

Mit dem Energiebeiwert ξ geht Gl. (54) für den Rohrquerschnitt über in

$$g\,h + \frac{p}{\varrho} + \xi \frac{w^2}{2} = \text{const},$$

wobei ξ von Querschnitt zu Querschnitt andere Werte annehmen kann.

7. Beziehungen für den Druckabfall in geraden Rohren

7.1 Allgemeine Druckabfallgleichung

Über die Art, wie die Reibung auf die Strömung in Rohren einwirkt, gibt der Abschnitt über die innere Reibung schon Aufschluß. Wie wir weiter feststellen, kommt es dabei zu einem Abfall des statischen Druckes.

Der Unterschied im statischen Druck am Anfang und Ende einer geraden waagerechten Rohrleitung mit unveränderlichem Querschnitt hat zwei Aufgaben:

er muß den *Reibungswiderstand* überwinden;

er muß den *Trägheitswiderstand* überwinden, der auftritt, wenn Gase oder Dämpfe strömen, die sich mit abnehmendem statischem Druck ausdehnen und dabei zur Aufrechterhaltung der Kontinuität beschleunigt werden müssen. Bei tropfbaren Flüssigkeiten verschwindet dieser Trägheitswiderstand.

Zur rechnerischen Erfassung des Reibungswiderstandes bieten sich zwei verschiedene Wege. Einmal kann man die Bewegung der einzelnen Flüssigkeitsteilchen verfolgen und versuchen, aus den Reibungswirkungen an den Teilchen die Gesamtreibung zu ermitteln (exakte Methode der *Hydrodynamik*). Anderseits kann man ohne Rücksicht auf die inneren Vorgänge in strömenden Flüssigkeiten nach Versuchserfahrungen praktische Ansätze machen, die eine näherungsweise Erfassung des Strömungswiderstandes erhoffen lassen (Methoden der praktischen *Hydraulik*).

Mit den exakten Ansätzen der Hydrodynamik kommt man heute nur bei der Parallelströmung zu brauchbaren Ergebnissen. Bei der technisch besonders wichtigen wirbeligen Strömung, die durch schwer übersichtliche Gesetze geregelt wird, ist bis heute eine exakte Erfassung des Strömungswiderstandes noch nicht gelungen. Hier helfen vorläufig nur die auf einer großen Anzahl von Versuchen aufgebauten Ansätze der Hydraulik, also statistische Verfahren.

Die Einführung eines Reibungskoeffizienten, wie es bei der Reibung zwischen festen Körpern üblich ist, führt bei der Reibung in Flüssigkeiten und gasförmigen Stoffen nicht zum Erfolg, weil da Berührungsfläche, Druck und Geschwindigkeit einen anderen Einfluß haben. Man macht vielmehr nach Erfahrung zweierlei Ansätze:

1. denkt man sich, daß der Strömungswiderstand durch eine Schubspannung hervorgerufen wird, die gleichmäßig über die benetzte Innenoberfläche des Rohres verteilt ist;

2. nimmt man an, daß der Strömungswiderstand vom Quadrat der mittleren Strömungsgeschwindigkeit abhängt, weil die Massenwiderstände innerhalb der wirbelnd bewegten Flüssigkeitsmasse von überwiegendem Einfluß sind.

Diese beiden Ansätze entsprechen der Beobachtung, daß der Strömungswiderstand proportional der benetzten Fläche und abhängig von der Strömungsgeschwindigkeit ist.

Es möge W den Widerstand in N darstellen, den 1 kg der strömenden Flüssigkeit bei der Bewegung durch ein Rohr vom Querschnitt F erfährt.

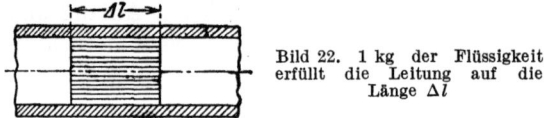

Bild 22. 1 kg der Flüssigkeit erfüllt die Leitung auf die Länge Δl

1 kg Flüssigkeit erfüllt das Rohr auf die Länge Δl, siehe Bild 22. Für Masse m und Oberfläche O des Flüssigkeitszylinders bestehen folgende Beziehungen:

$$m = F \Delta l \, \varrho = 1 \text{ kg}$$
$$O = U \Delta l \quad \text{in m}^2/\text{kg,} \tag{104}$$

wobei U den Umfang des Rohrquerschnittes senkrecht zur Achse bedeutet.

$$O = \frac{U}{F \varrho} \tag{105}$$

Die über die Oberfläche O des Flüssigkeitszylinders *gleichmäßig verteilte Schubspannung* sei τ_0. Dann gilt für den Strömungswiderstand

$$W = O \tau_0 = \frac{\tau_0}{\varrho} \frac{U}{F}. \tag{106}$$

7. Beziehungen für den Druckabfall in geraden Rohren

in N/kg. Beim Durchströmen einer beliebigen Rohrlänge l wird demnach die Reibungsarbeit

$$|a_{R12}| = W l = \frac{\tau_0}{\varrho} \frac{U}{F} l \tag{107}$$

in N m/kg geleistet, wenn τ_0 und ϱ nicht von der Rohrlänge abhängen, oder

$$|a_{R12}| = \frac{U}{F} \int_0^l \frac{\tau_0}{\varrho} dl, \tag{108}$$

wenn τ_0 und ϱ veränderlich sind. Für den in der Technik am meisten vorkommenden kreisförmigen Rohrquerschnitt $F = \frac{\pi}{4} d^2$ heißen die Gleichungen

$$m = \frac{\pi d^2}{4} \Delta l \, \varrho = 1 \text{ kg} \quad \text{und} \quad O = \pi d \Delta l, \tag{109}$$

$$O = \frac{4}{d \varrho}. \tag{110}$$

Die benetzte Oberfläche des Rohres ist um so größer, je kleiner der Ausdruck F/U ist. Der kleinstmögliche Umfang einer der Größe nach gegebenen Fläche ist der Kreis; dort ist der „*hydraulische Durchmesser*" $4F/U$ gleich d.

Nach den Abschnitten über Energieumwandlungen gilt mit Gl. (87) für die Reibungsarbeit allgemein

$$g \, dh + \frac{1}{\varrho} dP = -J \, dl = -w \, dw - |d a_{R12}|. \tag{111}$$

Diese Gleichung trifft für ein Flüssigkeitselement mit der Geschwindigkeit w zu. Wenn man sie auf die gesamte Rohrströmung anwendet, so bedeuten die einzelnen Glieder die Änderungen der mittleren Energie im Querschnitt. Da die kinetische Energie durch die mittlere Geschwindigkeit ausgedrückt wird, muß der Energiebeiwert ξ nach Gl. (98) eingeführt werden. Es ist also

$$J \, dl = \xi w \, dw + |d a_R|$$

und mit Gl. (108)

$$J \, dl = \xi w \, dw + \frac{U}{F} \frac{\tau_0}{\varrho} dl.$$

Der zweite Ansatz der Hydraulik gibt eine Beziehung zwischen der gedachten Randspannung τ_0 und der mittleren Strömungsgeschwindigkeit w. Man setzt

$$4 \frac{\tau_0}{\varrho} = \lambda_R \frac{w^2}{2} \tag{112}$$

wobei an Stelle des Geschwindigkeitsquadrates die spezifische kinetische Energie eingeführt wird. Die *Widerstandszahl* λ_R (auch Rohrreibungszahl genannt) ist eine dimensionslose Größe, und die allgemeine Druckabfallgleichung lautet nun für beliebige Rohrquerschnitte

$$J\,\mathrm{d}l = \xi\,w\,\mathrm{d}w + \lambda_R \frac{1}{4} \frac{U}{F} \frac{w^2}{2}\,\mathrm{d}l \tag{113}$$

und für Kreisrohre

$$J\,\mathrm{d}l = \xi\,w\,\mathrm{d}w + \lambda_R \frac{1}{d} \frac{w^2}{2}\,\mathrm{d}l. \tag{114}$$

Die Beschleunigungsarbeit pflegt man auch durch die Veränderlichen Oberflächenspannung und spezifische kinetische Energie auszudrücken:

$$\xi\,w\,\mathrm{d}w = \lambda_B \frac{1}{4} \frac{U}{F} \frac{w^2}{2}\,\mathrm{d}l. \tag{115}$$

Nun kann man das *Reibungsglied* λ_R und das *Beschleunigungsglied* λ_B der Widerstandszahl zusammenfassen zu

$$\lambda = \lambda_R + \lambda_B \tag{116}$$

und erhält die Energiegleichung

$$J\,\mathrm{d}l = \lambda \frac{U}{4F} \frac{w^2}{2}\,\mathrm{d}l \tag{117}$$

die weiter nichts aussagt, als daß die Änderung der kinetischen Energie und die Reibungsarbeit durch die Änderung von der potentiellen Energie dargestellt werden müssen. Für *gerade waagerechte Kreisrohre* gelten wegen Gl. (87) mithin

$$\frac{\mathrm{d}P}{\varrho} = -\lambda_R \frac{1}{d} \frac{w^2}{2}\,\mathrm{d}l \tag{118}$$

bei raumbeständiger Strömung (*Flüssigkeiten*) und

$$\frac{\mathrm{d}P}{\varrho} = -(\lambda_R + \lambda_B) \frac{1}{d} \frac{w^2}{2}\,\mathrm{d}l \tag{119}$$

bei raumveränderlicher Strömung (*Gase und Dämpfe*).

Zum Reibungsglied λ_R der Widerstandszahl ist noch zu bemerken, daß es sich wegen der willkürlichen Annahmen nicht um eine feste Größe handeln kann. Tatsächlich richtet sich λ_R nach der Art der strömenden Flüssigkeit und nach der Beschaffenheit des Rohrbaustoffes. Ferner hängt λ_R von der Geschwindigkeit w ab, weil das quadratische Gesetz nur annähernd gilt. Endlich zeigt sich, daß auch der hydraulische Durchmesser $4F/U$ auf λ_R Einfluß hat. In manchen Fällen ist λ_R auch von der Querschnittsform abhängig, wenn es sich um ungewöhnliche oder sehr unregelmäßige Formen handelt.

7. Beziehungen für den Druckabfall in geraden Rohren

Es ist die Aufgabe der praktischen Strömungsforschung, diese Zusammenhänge für die Berechnung der technisch wichtigen Fälle weiter zu klären.

7.1.1 Hinweis zum Technischen Maßsystem

Setzt man in der allgemeinen Druckabfallgleichung (119) $\varrho = \gamma/g$, so erhält man

$$\frac{dP}{\gamma} = -(\lambda_R + \lambda_B)\frac{1}{d}\frac{w^2}{2g}dl, \tag{119x}$$

geeignet zum Rechnen im Technischen Maßsystem.

7.2 Druckverlust und Ähnlichkeitsgesetz

Man kann Art und Zustand der strömenden Flüssigkeiten oder Gase durch ihre Viskosität η, Druck P und Temperatur t kennzeichnen. Zur Bedingung der geometrischen Ähnlichkeit gehört z. B., daß zwei Kreisrohre vom selben Durchmesser auch gleich rauh sind. Die *hydraulische Rauhigkeit* des Rohrbaustoffes führt man erfahrungsgemäß durch Rauhigkeitszahlen $\varepsilon_1, \varepsilon_2, \ldots$ ein, die das Verhältnis der mittleren Höhe aller Rauhigkeitserhebungen und -vertiefungen der benetzten Oberfläche zum mittleren Rohrhalbmesser und die Form und Häufigkeit der Erhebungen angeben. Für den Rauhigkeitseinfluß soll zunächst eine allgemeine Zahl ε eingesetzt werden. Ohne Rücksicht auf andere als kreisförmige Rohrquerschnitte erhält man also

$$\lambda_R = f(\eta, P, t, \varepsilon, w, d). \tag{120}$$

Wenn man die einzelnen Zusammenhänge alle getrennt erforschen müßte, würde man wohl kaum zu umfassenden Ergebnissen gelangen. Hier gibt die Ähnlichkeitstheorie ein ausgezeichnetes Hilfsmittel, um die einzelnen Abhängigkeiten zu Gruppen zusammenzufassen.

Beim Vergleich der f-Werte, anläßlich der Entwicklung des mechanischen Ähnlichkeitsgesetzes aus der Navier-Stokesschen Gleichung, blieb zunächst das f_P enthaltende Glied unberücksichtigt [Gl. (95)]. Aus der Beziehung

$$\frac{f_w^2}{f_d} = \frac{f_P}{f_\varrho f_d} \quad \text{oder} \quad \frac{f_w^2 f_\varrho f_d}{f_P f_d} = 1$$

erhält man eine Stütze für die auf beiden Ansätzen der Hydraulik aufgebaute Druckabfallgleichung (117). Setzt man ein f_d proportional dem Rohrdurchmesser d, ein f_d proportional der Rohrlänge $l = l_2 - l_1$ und f_P proportional dem Druckabfall $P_1 - P_2$, so ergibt sich

$$\frac{P_1 - P_2}{\varrho} = \text{const}\,\frac{l}{d}w^2.$$

Der Einfluß von P und t kann durch den von ϱ ersetzt werden. Für die Strömung raumbeständiger Flüssigkeiten in waagerechten Rohren gilt wegen η, ϱ, ε, w und d = const, d. h., $\lambda_B = 0$ und λ_R = const [Gl. (120)],

$$\frac{P_1 - P_2}{\varrho} = \lambda_R \frac{l}{d} \frac{w^2}{2} \quad \text{oder} \quad J\,d = \lambda_R \frac{w^2}{2}, \qquad (121)$$

also die eben entwickelte Druckabfallgleichung (117). Der Vergleich der Ausdrücke von Gl. (95)

$$\frac{f_P}{f_\varrho f_d} = \frac{f_v f_w}{f_d f_d} \quad \text{oder} \quad \frac{f_P f_w f_d^2}{f_\varrho f_w^2 f_d f_v} = 1$$

gibt eine Gleichung

$$\frac{P_1 - P_2}{\varrho} = \text{const}\left(\frac{v}{w\,d}\right)\frac{l}{d}\frac{w^2}{2} = \frac{\text{const}}{Re}\frac{l}{d}\frac{w^2}{2}, \qquad (122)$$

wobei unter $Re = \dfrac{w\,d}{v}$ die Reynolds-Zahl zu verstehen ist. Daraus folgt für *mechanisch ähnliche* Strömungen

$$\lambda_R = \frac{\text{const}}{Re}, \qquad (123)$$

also bei gleichen Re-Werten auch gleiche Widerstandszahlen λ_R. Sind die Strömungen nur angenähert mechanisch ähnlich, so besteht keine Gleichheit der f-Gruppen, man kann aber für λ_R ansetzen

$$\lambda_R = \text{const}\,f\left(\frac{1}{Re}\right). \qquad (124)$$

Über die Art der Funktion $f(1/Re)$ sagt die Ähnlichkeitstheorie nichts aus. Es ist nur wahrscheinlich, daß λ_R um so größer ist, je kleiner Re ist und umgekehrt. Der Nutzen, den die Kenntnis von diesem Zusammenhang bringt, ist offenbar: Hat man die Funktion λ_R = const $f(1/Re)$ auf dem Versuchsweg bestimmt, so kennt man auch den Einfluß von η, ϱ, w und d auf λ_R. Es bleibt nur noch die Abhängigkeit von ε übrig, also

$$\lambda_R = \text{const}\,f\left(\frac{1}{Re},\,\varepsilon\right), \qquad (125)$$

die man durch wenige Versuchsreihen für jede Rauhigkeit ε ermitteln kann. Die Gln. (124) und (125) gelten ebenso für den flüssigen als auch für den dampf- und gasförmigen Zustand der Stoffe, wobei der Einfluß von Viskosität und Dichte in der Reynolds-Zahl enthalten ist.

Alle technischen Rohre sind mehr oder weniger *rauh*. Erfahrungsgemäß wirkt die Rauhigkeit bei kleinen Reynolds-Zahlen (Laminarströmung, im allgemeinen Re bis etwa $2 \cdot 10^3$, siehe S. 110) nicht auf den Strömungsvorgang ein. Bei turbu-

7. Beziehungen für den Druckabfall in geraden Rohren

lenter Strömung, wo die Geschwindigkeit in einer sehr dünnen Randschicht, genannt Grenzschicht, nahezu unvermittelt auf Null zurückgeht, ragen die Wandunebenheiten der technischen Rohre je nach ihrer Rauhigkeit in und durch diese Grenzschicht und lösen einen kräftigen Impulsaustausch aus, der den ganzen Strömungsvorgang maßgeblich beeinflußt. Danach bieten *rauhere* Rohre dem Flüssigkeitsstrom einen größeren Widerstand als *glattere* Rohre. Immer tritt aber auch bei spiegelglatten, waagerecht verlegten Rohren noch erheblicher Strömungswiderstand auf, weil die Flüssigkeit in jedem Falle an der Rohrwand haftet, wodurch die innere Flüssigkeitsreibung besonders in Wandnähe zur Wirkung kommt.

Die Gültigkeit von Gl. (124) kann man durch eine Dimensionsbetrachtung nachweisen. Nach Gl. (120) besteht zunächst ohne Rücksicht auf ε die Funktion $\lambda_R = f(\eta, \varrho, w, d)$. Die Forschungsergebnisse lassen einen potenzgesetzmäßigen Zusammenhang zwischen den einzelnen Größen vermuten. Man setzt daher für Gl. (121) mit C als Konstante

$$P_1 - P_2 = \varrho\, f(\eta, \varrho, w, d)\, \frac{l}{d}\, \frac{w^2}{2} = \frac{C}{2}\, \eta^x\, \varrho^y\, d^z\, w^n\, l^q$$

mit Rücksicht auf die kinematische Viskosität $\nu = \eta/\varrho$ nach Gl. (124). Für die Einheiten der Gleichungsglieder gilt mit $q = 1$

$$\frac{\text{N}}{\text{m}^2} = \frac{\text{kg}}{\text{m s}^2} = \frac{\text{kg}^x}{\text{m}^x\, \text{s}^x}\, \frac{\text{kg}^y}{\text{m}^{3y}}\, \text{m}^z\, \frac{\text{m}^n}{\text{s}^n}\, \text{m}.$$

Danach bestehen die Einzelgleichungen

kg: $1 = x + y$, $\quad\quad\quad y = 1 - x = n - 1$,

m: $-1 = -x - 3y + z + n + 1$, $\quad z = x + 3y - n - 2 = n - 3$,

s: $-2 = -x - n$, $\quad\quad\quad x = 2 - n$

oder

$$P_1 - P_2 = \frac{C}{2}\, \eta^{2-n}\, \varrho^{n-1}\, d^{n-3}\, w^n\, l,$$

oder

$$J\, d = \frac{P_1 - P_2}{\varrho\, l}\, d = C\, \frac{\eta^{2-n}}{\varrho^{2-n}\, d^{2-n}\, w^{2-n}}\, \frac{w^2}{2}$$

$$\lambda_R = C \left(\frac{\nu}{w\, d}\right)^{2-n} = C(Re)^{n-2}. \tag{126}$$

Dieses Gesetz stammt von REYNOLDS. Den Rauhigkeitseinfluß berücksichtigte er, indem er $n = f(\varepsilon)$ setzte. Bevor die Beziehung (126) weiterentwickelt wird, soll zunächst die allgemeine Druckabfallgleichung für raumbeständige und für zusammendrückbare Stoffe aufgestellt werden.

7.3 Druckabfallgleichung für tropfbare Flüssigkeiten

Bewegt sich eine raumbeständige Flüssigkeit durch eine Rohrleitung von unveränderlichem Querschnitt, so hat neben ϱ (bei praktisch gleichbleibender innerer Energie) auch w in jedem Querschnitt denselben Betrag. Damit ist $\lambda_B = 0$, und die Druckabfallgleichung (117) geht über in

$$4J\, \frac{F}{U} = \lambda_R\, \frac{w^2}{2} \tag{127}$$

oder für Kreisrohre in

$$J d = \lambda_R \frac{w^2}{2}.\qquad(128)$$

In diesem Falle ist λ_R unabhängig von der Rohrlänge l, gleichbleibende Beschaffenheit der inneren Rohroberfläche vorausgesetzt. Weiterhin sollen alle Gleichungen mit dem Rohrdurchmesser d entwickelt werden. Für beliebige Querschnittsformen erhält man die Beziehungen, wenn man d durch $4\frac{F}{U}$ ersetzt.

Mit Gl. (88) kann man für Gl. (128) schreiben

$$g(h_1 - h_2) + \frac{1}{\varrho}(P_1 - P_2) = \lambda_R \frac{l}{d}\frac{w^2}{2}.\qquad(129)$$

Über geeignete Umformungen dieser Beziehung für das praktische Rechnen siehe Abschn. 21.

Einen Begriff über die Größenordnung vermittelt ein Beispiel: Wasser von 20 °C ($\gamma = 998$ kp/m³, $\varrho = 998$ kg/m³, $10^6 \nu = 1{,}00$ m²/s) soll durch eine $l = 1000$ m lange waagerechte Rohrleitung von $d = 1{,}00$ m lichter Weite mit $w = 2{,}00$ m/s geleitet werden ($Re = w\,d/\nu = 2 \cdot 1/1 \cdot 10^{-6}$, wozu nach späterem etwa $\lambda_R = 0{,}012$ gehört). Rechnung im Technischen Maßsystem mit Gl. (129)

$$\Delta P = \gamma\,\lambda_R \frac{l}{d}\frac{w^2}{2g} = 998 \cdot 0{,}012\,\frac{1000}{1}\,\frac{4}{19{,}6}$$

$$= 2440 \text{ kp/m}^2 = 2440 \text{ mm WS} = 0{,}244 \text{ at}.$$

Rechnung im SI

$$\Delta P = \varrho\,\lambda_R \frac{l}{d}\frac{w^2}{2} = 998 \cdot 0{,}012\,\frac{1000}{1}\,\frac{4}{2}$$

$$= 24\,000 \text{ N/m}^2 = 0{,}240 \cdot 10^5 \text{ N/m}^2 = 0{,}240 \text{ bar}.$$

7.4 Druckabfallgleichung für Gase

Die Art der Zustandsänderung bei der Fortleitung von Gasen hängt von der Ausführung der Rohrleitung ab. Man benutzt in der Technik je nach Verwendungszweck nackte oder mit Wärmeschutzmitteln versehene Leitungen. Führt eine *nackte Leitung* durch einen Raum, der sich auf einer gewissen Temperatur befindet, und hat der Gasstrom am Anfang der Leitung auch diese oder eine geringere Temperatur, so dehnt sich das Gas unter ständiger Wärmezufuhr von der Umgebung aus. Bei den wirklichen Rohrströmungen von etwa Umgebungstemperatur kann man im allgemeinen damit rechnen, daß sich die *Gastemperatur* von Anfang bis Ende der Leitung *nicht oder nur unwesentlich* ändert; meist fällt sie vernachlässigbar wenig ab, siehe S. 73 (4187 J = 427 kpm = 1 kcal). Ein Beispiel für praktisch *isotherme* Strömung bietet die Gasbewegung in unterirdisch verlegten Fernleitungen.

Anders liegen die Verhältnisse bei der Fortleitung in gut *wärmegeschützten Leitungen*, wie sie bei heißen und kalten Gasen angewandt werden, deren Temperatur sich nicht an die Umgebungstemperatur angleichen soll. Wenn gar keine Wärme ausgetauscht werden würde, dann strömte das Gas *adiabat*. Bevor die Frage nach der Strömung bei beliebigem Wärmeaustausch aufgeworfen wird, sollen erst die beiden *Grenzfälle* der isothermen und der adiabaten Strömung untersucht werden. Die Änderung der Lageenergie kann hier vernachlässigt werden ($dh \approx 0$).

7.4.1 Fortleitung bei unveränderlicher Gastemperatur (isotherme Strömung)

Für das Leitungsgefälle bei isothermer Strömung ergibt sich nach Gl. (89)

$$\frac{1}{\varrho} \frac{dP}{dl} = \frac{1}{\varrho_1} \frac{P_1}{P} \frac{dP}{dl} = -J.$$

Die Druckabfallgleichung[1] heißt dann mit den Gln. (116), (117) und (119)

$$\frac{1}{\varrho_1} \frac{P_1}{P} dP = -(\lambda_R + \lambda_B) \frac{1}{d} \frac{w^2}{2} dl. \tag{130}$$

Bei isothermer Zustandsänderung ist

mit $\quad \dfrac{P_1}{\varrho_1} = \dfrac{P}{\varrho} \quad$ auch $\quad w_1 P_1 = w P,$

weil $\quad w_1 \varrho_1 = w \varrho \quad\quad\quad\quad\quad\quad\quad\quad P w^2 \varrho = \text{const} \tag{131}$

ist, siehe Gl. (37). Demnach gilt

$$P \, dP = -(\lambda_R + \lambda_B) \frac{1}{d} P_1 \varrho_1 \frac{w_1^2}{2} dl$$

oder beim Übergang zu endlicher Rohrlänge l

$$\int_{P_2}^{P_1} P \, dP = \frac{1}{d} P_1 \varrho_1 \frac{w_1^2}{2} \int_0^l (\lambda_R + \lambda_B) \, dl, \tag{132}$$

Das *Reibungsglied* λ_R ist unabhängig von der Rohrlänge l unter der Voraussetzung, daß sich die Rauhigkeit der Rohrwand mit der Rohrlänge nicht ändert (gleichmäßige Beschaffenheit des Rohrinnern). Dann ist nämlich

$$\lambda_R = \text{const} f\left(\frac{1}{Re}\right) \quad \text{nach Gl. (124), und mit } Re = \frac{w d}{\nu} = (w \varrho) \frac{d}{\eta}$$

und $w \varrho = \text{const}$ ist auch

$$\frac{d(Re)}{dl} = 0 \quad \text{und} \quad \frac{d(\lambda_R)}{dl} = 0, \tag{133}$$

---

[1] Zur Klarheit sei nochmals gesagt, daß das Minuszeichen in Gl. (130) notwendig ist, weil der statische Druck fällt, wenn die Leitungslänge l zunimmt.

weil die Viskosität η so gut wie unabhängig vom Druck ist. Das *Beschleunigungsglied* λ_B hingegen hängt von der Rohrlänge l ab. λ_B wurde durch Gl. (115) in der Form

$$\lambda_B \, dl = 2 \, d\,\xi \, \frac{dw}{w} \tag{134a}$$

in die Rechnung eingeführt. Mit $w\,P = \text{const}$ ist $\dfrac{dw}{w} = -\dfrac{dP}{P}$ und

$$\lambda_B \, dl = -2 \, d\,\xi \, \frac{dP}{P}. \tag{134b}$$

Wie aus Versuchen hervorgeht, ist der *Energiebeiwert* ξ bei turbulenter Strömung im technisch üblichen Bereich von $Re = 4 \cdot 10^3$ bis $4 \cdot 10^6$ fast gleich groß — etwas fallend mit der Reynolds-Zahl. In diesem Bereich ändert sich nämlich das Geschwindigkeitsprofil bei beruhigter Strömung nur wenig, siehe S. 129. Infolgedessen kann man ξ als so gut wie nicht von der Rohrlänge l abhängig ansehen. Bei laminarer Strömung ist $\xi = 2 = \text{const}$.

Die Integration der Druckabfallgleichung (132) ist nun ausführbar; sie ergibt nach P_2/P_1 aufgelöst

$$\left(\frac{P_2}{P_1}\right)^2 - 2\xi \frac{\varrho_1}{P_1} \frac{w_1^2}{2} \ln\left(\frac{P_2}{P_1}\right)^2 = 1 - 2\lambda_R \frac{\varrho_1}{P_1} \frac{l}{d} \frac{w_1^2}{2}. \tag{135}$$

Man kann aus dieser Gleichung P_2/P_1 und daraus den Druckabfall $P_1 - P_2$ berechnen, wenn der Anfangszustand mit P_1, ϱ_1, w_1 und ξ bekannt ist und wenn man λ_R zu Re und ε kennt. Zur Auflösung benutzt man am einfachsten ein zeichnerisches Verfahren[1]. Mit gegebenem Anfangszustand hat die rechte Seite von Gl. (135) einen bestimmten Wert < 1. Da $P_2 < P_1$ ist, sagt die linke Seite von Gl. (135) in der Form

$$\left(\frac{P_2}{P_1}\right)^2 + a \ln\left(\frac{P_1}{P_2}\right)^2 = b$$

mit

$$a = 2\xi \frac{\varrho_1}{P_1} \frac{w_1^2}{2} \quad \text{und} \quad b = 1 - 2\lambda_R \frac{\varrho_1}{P_1} \frac{l}{d} \frac{w_1^2}{2}$$

aus, daß P_2 um so kleiner ist, je kleiner der Wert von a und damit von ξ ist.

7.4.2 Vereinfachung der Formeln für isotherme Strömung

7.4.2.1 *Vernachlässigung des Beschleunigungsgliedes.* Um sich ein Urteil über den *Fehler* zu bilden, den man begeht, wenn man das Beschleunigungsglied in Gl. (135) vernachlässigt, also $\lambda_B = 0$ setzt, entwickelt man aus den Gln. (130) und (134b)

$$\frac{\lambda_B}{\lambda_R} = \frac{1}{\dfrac{1}{2}\dfrac{P}{\varrho}\dfrac{2}{w^2}\dfrac{1}{\xi} - 1} = \frac{1}{\dfrac{1}{2}R\,T \dfrac{2}{w^2}\dfrac{1}{\xi} - 1}. \tag{136}$$

Man kann damit den Fehler in einem Zustand P, ϱ, w ermitteln.

---

[1] Siehe Hütte, Taschenbuch des Ingenieurs, Bd. I, 27. Aufl., 1949, S. 78 oder Bd. I, 28. Aufl., 1955, S. 219.

7. Beziehungen für den Druckabfall in geraden Rohren

Beispiel: Bei welcher Geschwindigkeit w einer isothermen Luftströmung ist λ_B gerade 1 vH von λ_R, wenn $P = 8 \cdot 10^5$ N/m² ($p = 8$ bar), $\varrho = 10$ kg/m³ und $\xi = 1,10$ ist?

Aus Gl. (136) ergibt sich mit $\lambda_B : \lambda_R = 0,01$ ein Wert $w = 26,8$ m/s. Bestimmt man also, daß $\lambda_B \leq 1$ vH von λ_R ist, dann kann man im Beispiel bis zu $w = 26,8$ m/s vereinfachte Formeln anwenden. Bei 10 vH als Grenze könnte die mittlere Strömungsgeschwindigkeit w bis 81,3 m/s betragen.

Zahlentafel 2 enthält einige Werte von $100\lambda_B/\lambda_R$ in vH für verschiedene Gase und Strömungsgeschwindigkeiten. Aus Gl. (136) ist zu erkennen, daß λ_B einen um so größeren Teil von λ_R ausmacht, je größer w und ξ und je kleiner R und T sind. λ_B kann vielfach gleich Null gesetzt werden, weil die Widerstandszahl λ_R und der mittlere Rohrdurchmesser im allgemeinen nicht genau genug bekannt sind.

Zahlentafel 2. *Verhältnis der Widerstandszahl λ_B wegen Beschleunigung zur Widerstandszahl λ_R wegen Reibung in vH für verschiedene Gase und Wasserdampf bei bestimmter Temperatur und bei verschiedenen Strömungsgeschwindigkeiten nach Gl. (136). Der Energiebeiwert ξ ist mit 1,03 eingesetzt*

Stoff	w in m/s			
	50	100	150	200
Luft, $t = 20$ °C, $R = 287$ m²/s² grd	3,16	14,0	38,0	96,0
Wasserstoff, $t = 20$ °C, $R = 4124$ m²/s² grd	0,22	0,86	1,95	3,53
Stadtgas, $R = 20$ °C, $R = 717$ m²/s² grd	1,24	5,15	12,4	24,4
Wasserdampf, erhitzt auf 400 °C, R etwa 462 m²/s² grd	0,83	3,43	8,05	15,3

Mit $\lambda_B = 0$ gilt nach Gl. (132) für den Strömungswiderstand zwischen zwei Querschnitten 1 und 2

$$P_1^2 - P_2^2 = 2\lambda_R P_1 \varrho_1 \frac{l}{d} \frac{w_1^2}{2}, \tag{137}$$

oder, umgerechnet von T auf T_n, mit $P \varrho w^2 = P_n \varrho_n w_n^2 T/T_n$

$$P_1^2 - P_2^2 = 2\lambda_R P_n \varrho_n \frac{T}{T_n} \frac{l}{d} \frac{1}{2} w_n^2. \tag{138}$$

Dabei gelten

$$w \varrho = w_n \varrho_n \quad \text{und} \quad P\frac{w}{T} = P_n \frac{w_n}{T_n}$$

nach den Gln. (41) und (29).

Diese Gleichungen lassen sich nach $P_1 - P_2$ auflösen. Aus Gl. (137) ergibt sich

$$P_1 - P_2 = P_1 \left[1 - \sqrt{1 - 2\lambda_R \frac{\varrho_1}{P_1} \frac{l}{d} \frac{w_1^2}{2}} \right]. \tag{139}$$

Weitere Formeln für das praktische Rechnen und Beispiele finden sich in Abschnitt 22.

7.4.2.2 Hinweis zum Technischen Maßsystem

$$\int_{P_2}^{P_1} P\,\mathrm{d}P = \frac{1}{d} P_1 \gamma_1 \frac{w_1^2}{2g} \int_0^l (\lambda_R + \lambda_B)\,\mathrm{d}l, \tag{132x}$$

$$\frac{\lambda_B}{\lambda_R} = \frac{1}{\frac{1}{2}\frac{P}{\gamma}\frac{2g}{w^2}\frac{1}{\xi} - 1} = \frac{1}{\frac{1}{2}RT\frac{2g}{w^2}\frac{1}{\xi} - 1}, \tag{136x}$$

$$P_1^2 - P_2^2 = 2\lambda_R P_1 \gamma_1 \frac{l}{d} \frac{w_1^2}{2g}, \tag{137x}$$

$$P_1 - P_2 = P_1 \left[1 - \sqrt{1 - 2\lambda_R \frac{\gamma_1}{P_1} \frac{l}{d} \frac{w_1^2}{2g}}\right]. \tag{139x}$$

7.4.2.3 Vernachlässigung der Ausdehnung.

Bei *schwachem Druckabfall* kann man die Beziehungen für tropfbare Flüssigkeiten um so eher auf Gase anwenden, je näher P_1/P_2 an 1 kommt, also je kleiner das Verhältnis von Druckabfall zu absolutem Gasdruck ist. Der Fehler in der Berechnung der Ausdehnungsarbeit ergibt sich nach Gl. (72) als halb so groß wie der Druckabfall auf den statischen Druck $P_1 \approx P_2$ bezogen.

Mit dem mittleren Leitungsdruck $P_m = (P_1 + P_2)/2$ findet man aus Gl. (138) bei $T \approx T_n$

$$\frac{P_1^2 - P_2^2}{2} = P_m(P_1 - P_2) = \lambda_R P_n \varrho_n \frac{l}{d} \frac{w_n^2}{2}$$

oder

$$P_1 - P_2 = \lambda_R \frac{P_n}{P_m} \varrho_n \frac{l}{d} \frac{w_n^2}{2}. \tag{140}$$

In *Schwachdruckleitungen* (z. B. Windleitungen, Stadtgasnetzen) kann man meist $P_m \approx P_n$ setzen. Nimmt man *raumbeständige* Fortleitung an, auf Normzustand bezogen, so begeht man einen Fehler von

$$100 \frac{1 - \frac{P_n}{P_m}}{\frac{P_n}{P_m}} = 100 \left(\frac{P_m}{P_n} - 1\right) = 100 \frac{P_m - P_n}{P_n} \quad \text{in vH}.$$

Bei $P_m > P_n$ um

Fehler	$1\cdot 10^3$	$2\cdot 10^3$	$3\cdot 10^3$	$4\cdot 10^3$	$5\cdot 10^3$	$10\cdot 10^3$	$20\cdot 10^3$ N/m²
	1,0	2,0	3,0	3,9	4,9	9,9	19,7 vH

und zwar ermittelt man den Druckabfall zu groß, bei $P_m < P_n$ zu klein. Berechnet man die Gasströmung wie eine raumbeständige vom Zustand *1*, wobei P_1 stets $> P_m$ ist, so erhält man einen zu kleinen Druckabfall. Im übrigen siehe hierzu S. 243.

7.4.3 Isotherme Strömung mit Höhenänderung

Wenn bei geneigten Leitungen große Höhen zu überwinden sind, ist die Höhenänderung von Einfluß. Beträgt z. B. der Höhenunterschied der Druckluftleitung in einem Grubenbetrieb 1000 m und die Dichte der Luft im Mittel etwa $\varrho = 8$ kg/m³ (zu 7 bar = etwa 6 atü und 30 °C), so nimmt der Druck, statisch betrachtet, von oben nach unten um

$$g(h_1 - h_2)\varrho \approx 8\cdot 10^4\,\text{N/m}^2 \quad \text{oder} \quad 0{,}8\,\text{bar}$$

7. Beziehungen für den Druckabfall in geraden Rohren

zu. Setzt man bei geraden Leitungen nach Bild 23 allgemein $dh = (\sin\alpha)\,dl$, so wird aus den Gln. (89) und (130) bei $\lambda_B \approx 0$

$$g\,dh + \frac{P_1}{\varrho_1}\frac{dP}{P} = -\lambda_R \frac{1}{d}\frac{w^2}{2}\,dl$$

und mit Gl. (131)

$$g\frac{\varrho_1}{P_1}P^2 \sin\alpha\,dl + P\,dP = -\lambda_R P_1 \varrho_1 \frac{1}{d}\frac{w_1^2}{2}\,dl.$$

Substitution:

$$g\frac{\varrho_1}{P_1}\sin\alpha = a,$$

$$\lambda_R P_1 \varrho_1 \frac{1}{d}\frac{w_1^2}{2} = b;$$

damit ergibt sich

$$-dl = \frac{P\,dP}{a P^2 + b}$$

und integriert

$$l = l_2 - l_1 = \frac{1}{2a}\ln\frac{a P_1^2 + b}{a P_2^2 + b}. \tag{141}$$

Aus den Anfangsbedingungen P_1, ϱ_1 und w_1 sowie α, d und λ_R läßt sich P_2 zu einem bestimmten Weg $l = l_2 - l_1$ berechnen. Siehe Aufgabe 24, S. 357.

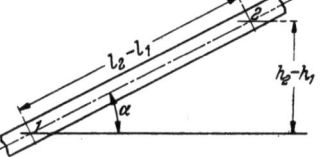

Bild 23. Zusammenhang zwischen geodätischer Höhe und Rohrlänge bei geraden geneigten Rohren $h_2 - h_1 = (l_2 - l_1)\sin\alpha$

7.4.4 Fortleitung ohne Wärmeaustausch (adiabate Strömung)

Für die adiabate Strömung in waagerechten Leitungen ($dh \approx 0$) gilt mit den Gln. (64), (65), (82) und (85) allgemein (bei $\xi = 1$)

$$\frac{\varkappa}{\varkappa - 1}\left[\frac{P_1}{\varrho_1} - \frac{P_2}{\varrho_2}\right] - |a_{R12}| = \frac{w_2^2 - w_1^2}{2} = i_1 - i_2. \tag{142}$$

Daraus ergibt sich das *Gesetz der reibungslosen adiabaten Strömung* über

$$\varrho w = \text{const}, \quad w_2 = \frac{w_1 \varrho_1}{\varrho_2},$$

und

$$\frac{\varkappa}{\varkappa - 1}\frac{P_1}{\varrho_1} + \frac{w_1^2}{2} = \frac{\varkappa}{\varkappa - 1}\frac{P_2}{\varrho_2} + \frac{w_2^2}{2} = \frac{\varkappa}{\varkappa - 1}\frac{P_2}{\varrho_2} + \frac{w_1^2}{2}\frac{\varrho_1^2}{\varrho_2^2}$$

$$\frac{\varkappa - 1}{\varkappa}\frac{w_1^2}{2}\varrho_1^2 = b$$

in der Form

$$\frac{P}{\varrho}\left(1 + \frac{b}{P\varrho}\right) = \text{const}. \tag{143}$$

Darin ist die Größe b eine Konstante; sie hängt nur vom Anfangszustand w_1 und ϱ_1 und der Art des Gases ab. Die Abweichung vom Gesetz der Isotherme $P/\varrho = $ const ist um so größer, je größer w und ϱ sind und je kleiner der Druck P ist. Führt man $w_s^2 = \varkappa \dfrac{P}{\varrho} = \varkappa R T$ ein (w_s ist die *Schallgeschwindigkeit*, siehe Abschn. 7.4.5, sie hängt nur von der Art und der Temperatur des Gases ab), so findet man eine weitere allgemeine Form für das Gesetz der adiabaten Strömung mit

$$\frac{P}{\varrho}\left(1 + \frac{\varkappa-1}{2}\frac{w^2}{w_s^2}\right) = \text{const.} \tag{144}$$

Daraus folgt, daß das Gesetz $P/\varrho = $ const der Isotherme um so eher angesetzt werden kann, je kleiner das Verhältnis von w zu w_s ist, also für $w \ll w_s$. Beträgt z. B. für Luft mit $\varkappa = 1{,}4$ und $R = 287$ m²/s² grd die Geschwindigkeit bei 0 °C

$w = 50$ m/s, so ist die Abweichung $\dfrac{\varkappa-1}{2}\dfrac{w^2}{w_s^2} = 0{,}0046$ oder rd. ½ vH,

$w = 100$ m/s $\phantom{so ist die Abweichung \dfrac{\varkappa-1}{2}\dfrac{w^2}{w_s^2}} = 0{,}0182$ oder fast 2 vH.

Man erkennt schon aus diesen Zahlen, daß sich die Temperatur bei der adiabaten Strömung im üblichen Geschwindigkeitsbereich unter 50 m/s fast nicht ändert.

Der mittlere und der rechte Teil von Gl. (142) gilt nach Gl. (85) mit und ohne Reibung. *Mit Reibung* kommt man zu folgenden Überlegungen. Wenn keine Wärme ausgetauscht wird, bleibt die Reibungswärme im Strom und nimmt Einfluß auf die Änderung von Enthalpie und Strömungsgeschwindigkeit. Längs der Rohrleitung ist die Summe

$$i_1 + \xi\frac{w_1^2}{2} = i_2 + \xi\frac{w_2^2}{2} = i + \xi\frac{w^2}{2} = \text{const.} \tag{145}$$

Der Energiebeiwert ξ ist strenggenommen veränderlich, also $\xi_1, \xi_2, \ldots$; man kann aber ξ ohne nennenswerten Fehler konstant nehmen. Die Größen i und w ohne Zeiger beziehen sich auf einen beliebigen Querschnitt des Rohres senkrecht zur Achse. Mit

$$\mathrm{d}i = c_p \,\mathrm{d}T \quad \text{und} \quad i_1 - i_2 = c_p(T_1 - T_2)$$

findet man für den *Temperaturabfall*[1]

$$T_1 - T_2 = \xi\frac{w_2^2 - w_1^2}{2}\frac{1}{c_p}. \tag{146}$$

Weiterhin gilt für die Strömung die Kontinuitätsbedingung Gl. (37)

$$w_1\varrho_1 = w_2\varrho_2 = w\varrho \quad \text{und} \quad \frac{w_1}{v_1} = \frac{w_2}{v_2} = \frac{w}{v}$$

---

[1] Tatsächlich ändert sich die spezifische Wärme c_p mit der Temperatur. Für diese Rechnung genügt aber die Annahme, daß c_p sich nicht ändert.

7. Beziehungen für den Druckabfall in geraden Rohren

sowie nach der allgemeinen Gasgleichung

$$\frac{P_1 v_1}{T_1} = \frac{P_2 v_2}{T_2} = \frac{P v}{T} = R$$

und

$$P_2 = \frac{P_1 v_1}{T_1} \frac{T_2}{v_2} = P_1 \frac{w_1}{w_2} \frac{T_2}{T_1}.$$

Damit ergibt sich für den *Druckabfall*

$$P_1 - P_2 = P_1 \left(1 - \frac{w_1}{w_2} \frac{T_2}{T_1}\right). \tag{147}$$

In den Gln. (146) und (147) sind drei Größen unbekannt, nämlich P_2, T_2 und w_2. Um den Druckabfall berechnen zu können, fehlt noch eine Beziehung, in der die Rohrlänge auftritt. Dafür eignet sich die Druckabfallgleichung (119).

Es ist zunächst wieder angebracht, sich einen Begriff über die Größe der Temperatur- und Druckänderung zu verschaffen. Aus Gl. (146) erhält man über Gl. (24) mit $\frac{1}{c_p} = \frac{\varkappa-1}{\varkappa} \frac{1}{R}$ für den Temperaturabfall

$$T_1 - T_2 = \frac{\varkappa-1}{\varkappa} \frac{1}{R} \xi \frac{w_2^2 - w_1^2}{2}. \tag{148}$$

Das ist z. B. für Luft mit $\varkappa = 1{,}4$, $R = 287 \text{ m}^2/\text{s}^2 \text{ grd}$ und $\xi = 1{,}03$

$$T_1 - T_2 = 9{,}96 \cdot 10^{-4} \cdot 1{,}03 \cdot \frac{1}{2} (w_2^2 - w_1^2) \approx \frac{1}{1000} \frac{w_2^2 - w_1^2}{2}.$$

Danach fällt die Temperatur erst um 1 Grad, wenn sich die kinetische Energie um 1000 m²/s² ändert, was z. B. einem Anwachsen der Geschwindigkeit von $w_1 = 1$ m/s auf $w_2 = 44{,}7$ m/s entsprechen würde. Hält man — wie in technischen Anlagen üblich — w unter 60 m/s, so kann nur ein so geringer Temperaturabfall eintreten, daß es in den meisten Fällen — immer bei kurzen Leitungen — statthaft ist, an Stelle mit adiabater mit isothermer Strömung zu rechnen. Der Druck fällt erheblich rascher ab als die Temperatur. Setzt man in Gl. (147) $T_2/T_1 \approx 1$, so ist

$$P_1 - P_2 = P_1 \left(1 - \frac{w_1}{w_2}\right), \tag{149}$$

wie auch aus der Beziehung $P w = \text{const}$ für die isotherme Strömung hervorgeht, Gl. (131). Im obigen Beispiel mit $w_1 = 1$ und $w_2 = 44{,}7$ m/s wäre der Druck

$$P_2 = P_1 \frac{w_1}{w_2} = \frac{P_1}{44{,}7},$$

also stark abgefallen.

Bei *großen Geschwindigkeiten* kann der Temperaturabfall jedoch nicht mehr vernachlässigt werden, ebenso nicht bei der Strömung durch lange Rohrleitungen. Wächst die mittlere Strömungsgeschwindigkeit w von 100 auf 200 m/s an, so fällt die Temperatur um rund 15 grd, bei w von 200 auf 300 m/s um rund 25 grd.

Mit $\varrho = P/RT$ geht Gl. (119) über in

$$\frac{RT}{w^2}\frac{dP}{P} = -\frac{\lambda}{2}\frac{1}{d}dl.$$

Bedenkt man, daß nach Gl. (43) $dv/v = dw/w$ ist und daß gilt

$$\frac{dv}{v} + \frac{dP}{P} = \frac{dT}{T}$$

nach Gl. (26), so folgt

$$\frac{RT}{w^2}\frac{dT}{T} - \frac{RT}{w^2}\frac{dw}{w} = -\frac{\lambda}{2}\frac{1}{d}dl. \qquad (150)$$

Nach den Gln. (145) und (146) ist längs der Leitung

$$T_1 + \xi\frac{w_1^2}{2c_p} = T_2 + \xi\frac{w_2^2}{2c_p} = T + \xi\frac{w^2}{2c_p} = T_0 = \text{const.} \qquad (151)$$

Unter T_0 versteht man die *Ruhetemperatur*, die sich dann einstellt, wenn sich sämtliche kinetische Energie in Wärme umsetzt, also $w = 0$ wird[1]. Dann ist mit $\dfrac{1}{c_p} = \dfrac{\varkappa - 1}{\varkappa}\dfrac{1}{R}$ nach Gl. (24)

$$T = -\frac{\varkappa - 1}{\varkappa}\frac{1}{R}\xi\frac{w^2}{2} + T_0 \quad \text{und} \quad dT = -\frac{\varkappa - 1}{\varkappa}\frac{1}{R}\xi\, w\, dw.$$

In Gl. (150) eingesetzt, erhält man

$$-\frac{\varkappa - 1}{\varkappa}\xi\frac{dw}{w} + \frac{\varkappa - 1}{\varkappa}\frac{1}{2}\xi\frac{dw}{w} - RT_0\frac{dw}{w^3} = -\frac{\lambda}{2}\frac{1}{d}dl.$$

Zu bemerken ist, daß die Widerstandszahl λ den Energiebeiwert ξ enthält. Es folgt

$$\frac{\varkappa - 1}{\varkappa}\frac{1}{2}\xi\frac{dw}{w} + RT_0\frac{dw}{w^3} = \frac{\lambda}{2}\frac{1}{d}dl \qquad (152)$$

oder integriert

$$\frac{\varkappa - 1}{\varkappa}\frac{1}{2}\xi\ln\frac{w_2}{w_1} - RT_0\frac{1}{2}\left(\frac{1}{w_2^2} - \frac{1}{w_1^2}\right) = \frac{\lambda}{2}\frac{l}{d}, \qquad (153)$$

worin $l = l_2 - l_1$ die *Rohrlänge* bis zum stromabwärts liegenden Querschnitt 2 abzüglich der bis zum Anfangsquerschnitt 1 ist. Mit Gl. (24)

$$R = c_p\frac{\varkappa - 1}{\varkappa}$$

---

[1] BAER, H.: Druckabfall und Zustandsänderung in langen Gas- und Dampfleitungen. Forschung 16, H. 3 (1949/50) 79/84. Siehe hierzu auch J. KESTIN u. A. K. OPPENHEIM: The Calculation of Compressible Fluid Flow by the Use of a Generalized Entropy Chart. Proc. Inst. Mech. Engrs. 159 (1948) 313—334. Siehe auch: W. BOLTE: Die Zustandsänderung von Dämpfen in langen Rohrleitungen. BWK 4 (1952) 302—305.

folgt schließlich

$$l = \frac{\varkappa - 1}{\varkappa} \frac{d}{\lambda} \left[\xi \ln \frac{w_2}{w_1} - c_p T_0 \left(\frac{1}{w_2^2} - \frac{1}{w_1^2} \right) \right]. \qquad (154)$$

Nach Gl. (116) ist $\lambda = \lambda_R + \lambda_B$. Setzt man mit Gl. (134a)

$$\lambda_B \, dl = 2\xi \, d\frac{dw}{w},$$

so ergibt sich für Gl. (152)

$$\frac{\varkappa - 1}{\varkappa} \frac{1}{2} \xi \frac{dw}{w} - \xi \frac{dw}{w} + R T_0 \frac{dw}{w^3} = \frac{\lambda_R}{2} \frac{1}{d} \, dl \qquad (155)$$

und für Gl. (153) mit λ_R unabhängig von der Weglänge l laut Gl. (133)[1]

$$\frac{1}{2} \xi \left(\frac{\varkappa - 1}{\varkappa} - 2 \right) \ln \frac{w_2}{w_1} - R T_0 \frac{1}{2} \left(\frac{1}{w_2^2} - \frac{1}{w_1^2} \right) = \frac{\lambda_R}{2} \frac{l}{d} \qquad (156)$$

und schließlich für Gl. (154)

$$l = \frac{d}{\lambda_R} \left[\xi \left(\frac{\varkappa - 1}{\varkappa} - 2 \right) \ln \frac{w_2}{w_1} - R T_0 \left(\frac{1}{w_2^2} - \frac{1}{w_1^2} \right) \right]. \qquad (157)$$

Mit den Gln. (146), (147) und (157) hat man drei Gleichungen für die Rohrlänge l, die Geschwindigkeit w_2, den Druckabfall $P_1 - P_2$ und den Temperaturabfall $T_1 - T_2$. Wenn eine dieser vier Größen, in der Regel die Rohrlänge l, gegeben ist, kann man die drei anderen ausrechnen. Es ist natürlich nicht zu erwarten, daß man den *Druckabfall*, das Ziel der Rechnung, ermitteln kann, ohne Kenntnis der Mechanik der Strömung im einzelnen. Diese Einflüsse werden durch die empirisch gewonnene *Widerstandszahl* λ_R und den *Energiebeiwert* ξ erfaßt.

Die Endgeschwindigkeit w_2 kann nicht beliebig groß werden. Zum Verständnis sei zunächst eine Erläuterung der Schallgeschwindigkeit eingeschaltet.

7.4.5 Schallgeschwindigkeit von Gasen

Unter der Schallgeschwindigkeit versteht man die Geschwindigkeit, mit der sich ein *Druckstoß* in einem ruhenden (homogenen und isotropen) Körper (gleich welchen Aggregatzustands) fortpflanzt[2]. Ein Gas von beliebigem Zustand P, t, ϱ sei in einer langen geraden Rohrleitung zwischen zwei Absperrorganen eingeschlossen. In einem Querschnitt A des Leitungsstückes soll dem Gas ein Druckstoß erteilt werden. Dadurch entsteht eine (ebene) *Druckwelle*, die sich im Gas verbreitet. Nachdem diese Welle einen Weg l in Achsrichtung zurückgelegt hat, möge dort der Druck P und in einer Entfernung $l + dl$ der Druck

---

[1] Da sich hier die Temperatur mit der Weglänge ändert, ebenso die Viskosität η, trifft diese Annahme nur angenähert zu.
[2] Siehe hierzu auch W. BECK: Zur Ableitung der Schallgeschwindigkeit. Turbo-Arbeitsmaschinen und Turbo-Kraftmaschinen. Freiberg 1967, S. 99.

76 II. Theoretische Überlegungen und Versuchserfahrungen

$P + \dfrac{\partial P}{\partial l}\,\mathrm{d}l$ herrschen, siehe hierzu Bild 24. Bei unveränderlichem Rohrquerschnitt F hat die Welle ein Gasvolumen $V = F\,l$ durcheilt. Betrachtet wird gerade ein Volumen $\mathrm{d}V = F\,\mathrm{d}l$. Die Gasteilchen im Volumen $\mathrm{d}V$ führen um ihre Mittel-

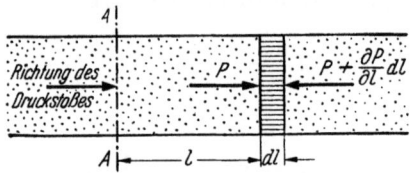

Bild 24. Zur Berechnung der Schallgeschwindigkeit in einem Gas. Rohrquerschnitt F

lage in Achsrichtung eine *longitudinale Schwingung* aus mit einer Elongation λ (Amplitude $\lambda_{\max}$), d. h., diese Schwingung überlagert sich der Eigenschwingung der Gasmoleküle.

Die Schallgeschwindigkeit sei w_s. In einem völlig unelastischen Körper wäre $w_s = \infty$, in dem elastischen Gas hingegen erleiden die Gasteilchen nacheinander dieselbe Zustandsänderung in einer gewissen Zeit. Die das Gasvolumen $\mathrm{d}V$ verschiebende Kraft ist

$$F\left[P - \left(P + \dfrac{\partial P}{\partial l}\,\mathrm{d}l\right)\right] = -F\,\dfrac{\partial P}{\partial l}\,\mathrm{d}l.$$

Sie wirkt in Richtung des Druckgefälles. Das Volumen $\mathrm{d}V$ hat die Masse

$$\varrho\,\mathrm{d}V = \varrho\,F\,\mathrm{d}l.$$

Zur Zeit z ist diese Masse um λ aus ihrer Mittellage ausgeschwungen mit einer Relativgeschwindigkeit $\partial\lambda/\partial z$ und einer Beschleunigung von $\partial^2\lambda/\partial z^2$. Aus Kraft = Masse × Beschleunigung folgt

$$-F\,\dfrac{\partial P}{\partial l}\,\mathrm{d}l = F\,\varrho\,\mathrm{d}l\,\dfrac{\partial^2\lambda}{\partial z^2} \quad \text{oder} \quad \dfrac{1}{\varrho}\,\dfrac{\partial P}{\partial l} + \dfrac{\partial^2\lambda}{\partial z^2} = 0.$$

Durch die Druckschwankung ändert sich das Gasvolumen. In der Mittellage sei das Volumen $\mathrm{d}V_m$, in der Schwingungslage λ sei es $\mathrm{d}V$. Dann ist

$$\dfrac{\mathrm{d}V}{\mathrm{d}V_m} = \dfrac{\mathrm{d}l + \dfrac{\partial\lambda}{\partial l}\,\mathrm{d}l}{\mathrm{d}l} = 1 + \dfrac{\partial\lambda}{\partial l} = \dfrac{v}{v_m} = \dfrac{\varrho_m}{\varrho} \quad \text{und} \quad \dfrac{\partial v}{\partial l} = v_m\,\dfrac{\partial^2\lambda}{\partial l^2}.$$

Die Verdichtung geht sehr schnell und praktisch *adiabat* vor sich, wobei die bremsende Wirkung der inneren Gasreibung nur gering ist, wie die Reichweite der *Schallwellen* in der Natur lehrt. Mit

$$\dfrac{\partial P}{\partial v} = -\varkappa\,\dfrac{P}{v} \tag{158}$$

nach Gl. (70) folgt über

$$\dfrac{1}{\varrho}\,\dfrac{\partial P}{\partial l} = v\,\dfrac{\partial P}{\partial v}\,\dfrac{\partial v}{\partial l}$$

schließlich

$$-v\varkappa\,\dfrac{P}{v}\,v_m\,\dfrac{\partial^2\lambda}{\partial l^2} + \dfrac{\partial^2\lambda}{\partial z^2} = 0$$

7. Beziehungen für den Druckabfall in geraden Rohren

oder mit $P \approx P_m$

$$\varkappa P_m v_m \frac{\partial^2 \lambda}{\partial l^2} - \frac{\partial^2 \lambda}{\partial z^2} = 0. \tag{159}$$

Die Konstantengruppe $\varkappa P_m v_m$ hat die Dimension Quadrat einer Geschwindigkeit (m²/s²). Die Schallgeschwindigkeit ist nun

$$w_S = \sqrt{\varkappa P v} = \sqrt{\varkappa \frac{P}{\varrho}} = \sqrt{\varkappa R T} \tag{160}$$

in m/s, wenn man unter P, v, ϱ, T wieder die mittleren Zustandswerte versteht. Daß dem so ist, zeigt sich wie folgt. Die *Fortpflanzungsgeschwindigkeit der Druckwelle*, also die Schallgeschwindigkeit w_S, ist diejenige, mit der alle Gasteilchen nacheinander um ein bestimmtes Maß (Elongation λ) ausschwingen. Man betrachtet z. B. zwei Gasteilchen, die die Entfernung Δl voneinander haben. Zu einer Zeit z ist das erste Teilchen in eine bestimmte Lage λ ausgeschwungen, um Δz später das andere Teilchen. Dabei ist $\Delta z = \Delta l / w_S$. Teilchen in der Entfernung $l \pm \Delta l$ haben zur Zeit $z \pm \Delta z = z \pm \Delta l / w_S$ dieselbe Elongation λ bei beliebigen Werten von Δl. Die Schwingungsgleichung (159) hat als allgemeine Lösung die willkürliche Funktion $\lambda = f\left(z \pm \dfrac{l}{w_S}\right)$. Sie ist der mathematische Ausdruck für eine Wellenbewegung mit der Fortpflanzungsgeschwindigkeit $w_S = \Delta l / \Delta z$.

Die Größe der *Schallgeschwindigkeit* hängt nach Gl. (160) nur von der *Art* des Gases [oder Dampfes, auch ohne Bestehen einer Beziehung wie Gl. (158)] und seiner *Temperatur* ab. Folgende Werte kennzeichnen die Größenordnung, siehe Zahlentafel 3.1 und 3.2.

Genaugenommen ist

$$w_S = \pm \sqrt{\varkappa \frac{P}{\varrho}},$$

was bedeutet, daß sich die Druckwelle vom Querschnitt A aus nach *beiden Richtungen* mit der Geschwindigkeit w_S ausbreitet. (Ein punktförmig wirkender Druckstoß breitet sich kugelartig aus.) Bewegt sich nun das Gas in einer Richtung mit der mittleren Geschwindigkeit w, so pflanzt sich die Druckwelle mit der Geschwindigkeit

$$w + w_S = w \pm \sqrt{\varkappa \frac{P}{\varrho}} \tag{161}$$

fort.

Zahlentafel 3.1 *Schallgeschwindigkeit verschiedener Gase im Normzustand*

Gasart	$\varkappa$	R m²/s² grd	w_S m/s	$w_S^2 = \varkappa R T_n$
Luft	1,40	287,0	331,2	$10{,}97 \cdot 10^4$
Sauerstoff	1,40	259,8	315,2	$9{,}93 \cdot 10^4$
Stickstoff	1,40	296,8	336,8	$11{,}34 \cdot 10^4$
Wasserstoff	1,41	4124,4	1260,0	$158{,}75 \cdot 10^4$
Kohlenoxid	1,40	296,8	336,8	$11{,}34 \cdot 10^4$
Methan	1,32	518,3	432,3	$18{,}68 \cdot 10^4$
Trockenges. Wasserdampf	1,13	20 bar	474,5	$22{,}51 \cdot 10^4$
Überhitzter Wasserdampf	1,287	20 bar 400 °C	623,7	$38{,}89 \cdot 10^4$
Überhitzter Wasserdampf	1,31	500 bar 800 °C	771,2	$59{,}45 \cdot 10^4$

Zum Vergleich: Wasser von 8 °C: $w_S = 1437$ m/s,
Wasser von 25 °C: $w_S = 1457$ m/s.

II. Theoretische Überlegungen und Versuchserfahrungen

Zahlentafel 3.2 *Schallgeschwindigkeit der Luft und des überhitzten Wasserdampfes in Abhängigkeit von der Temperatur*

Trockene Luft $R = 287$ m^2/s^2 grd, $\varkappa = 1{,}4$			Überhitzter Wasserdampf $R = 462$ m^2/s^2 grd, $\varkappa = 1{,}3$		
t °C	w_S m/s	w_S^2	t °C	w_S m/s	w_S^2
0	331	$10{,}97 \cdot 10^4$	100	473	$22{,}4 \cdot 10^4$
20	343	$11{,}78 \cdot 10^4$	150	504	$25{,}4 \cdot 10^4$
50	360	$12{,}98 \cdot 10^4$	200	533	$28{,}4 \cdot 10^4$
100	387	$14{,}99 \cdot 10^4$	250	560	$31{,}4 \cdot 10^4$
200	436	$19{,}01 \cdot 10^4$	300	587	$34{,}4 \cdot 10^4$
300	480	$23{,}03 \cdot 10^4$	350	612	$37{,}4 \cdot 10^4$
500	557	$31{,}07 \cdot 10^4$	400	636	$40{,}4 \cdot 10^4$
750	641	$41{,}12 \cdot 10^4$	500	681	$46{,}4 \cdot 10^4$
1000	715	$51{,}17 \cdot 10^4$	600	724	$52{,}4 \cdot 10^4$

7.4.5.1 Hinweis zum Technischen Maßsystem

$$w_S = \sqrt{g \varkappa P v} = \sqrt{g \varkappa \frac{P}{\gamma}} = \sqrt{g \varkappa R T} \qquad (160\,\mathrm{x})$$

7.4.6 Höchstgeschwindigkeit einer adiabaten Strömung

Nach Gl. (25) ist die Entropiezunahme bei der Strömung

$$\mathrm{d}s = c_v \frac{\mathrm{d}T}{T} + R \frac{\mathrm{d}v}{v}.$$

Mit zunehmender Geschwindigkeit w erreicht die *Entropie* ein *Maximum*, die Änderung der Entropie mit der Geschwindigkeit wird Null.

$$\frac{\mathrm{d}s}{\mathrm{d}w} = c_v \frac{1}{T} \frac{\mathrm{d}T}{\mathrm{d}w} + R \frac{1}{v} \frac{\mathrm{d}v}{\mathrm{d}w} = 0.$$

Aus Gl. (151) folgt

$$\mathrm{d}T + \xi \frac{w\,\mathrm{d}w}{c_p} = 0 \quad \text{oder} \quad \frac{\mathrm{d}T}{\mathrm{d}w} = -\xi \frac{w}{c_p}.$$

Mit $\mathrm{d}v/\mathrm{d}w = v/w$ folgt

$$\xi \frac{w}{\varkappa} \frac{1}{T} = R \frac{1}{w} \quad \text{oder} \quad \xi w^2 = \varkappa R T. \qquad (162)$$

Bei einer isentropen Strömung bliebe die Entropie konstant, bei einer adiabaten Strömung mit Reibung kann die Entropie wegen der Reibungswärme nur zunehmen. Wenn bei einer mit Unterschallgeschwindigkeit beginnenden Strömung die Entropie einen Höchstwert

7. Beziehungen für den Druckabfall in geraden Rohren

annimmt, dann erreicht auch die Strömungsgeschwindigkeit w einen Höchstwert, und zwar, wie Gl. (162) sagt, die Schallgeschwindigkeit im betreffenden Zustand.

In Bild 25 ist die Zustandsänderung eines (mit *Unterschallgeschwindigkeit*) durch den Anfangsquerschnitt 1 strömenden Gases im T, s-Diagramm dargestellt. Zur Ermittlung der Diagrammpunkte wurde folgende Annahme getroffen: Luft strömt aus einem großen Behälter durch eine lange gerade Rohrleitung in die Atmosphäre aus. Zustand der Luft im Behälter[1]:

bei
$$p_1 = 100 \text{ bar}, \quad t_1 = 727 \text{ °C}, \quad T_1 = 1000 \text{ °K}$$
$$R = 287 \text{ m}^2/\text{s}^2 \text{ grd}, \quad c_p = 1005 \quad \text{und} \quad c_v = 720 \text{ m}^2/\text{s}^2 \text{ grd}.$$

Der Behälter wird dauernd nachgespeist; die Strömung ist stationär. Im Querschnitt 1 soll die mittlere Strömungsgeschwindigkeit $w_1 = 50 \text{ m/s}$ herrschen. Der Energiebeiwert sei $\xi = 1{,}034$ und konstant. Für zunehmende Geschwindigkeit w_2 ergeben sich dann die Werte[2] von Zahlentafel 4.

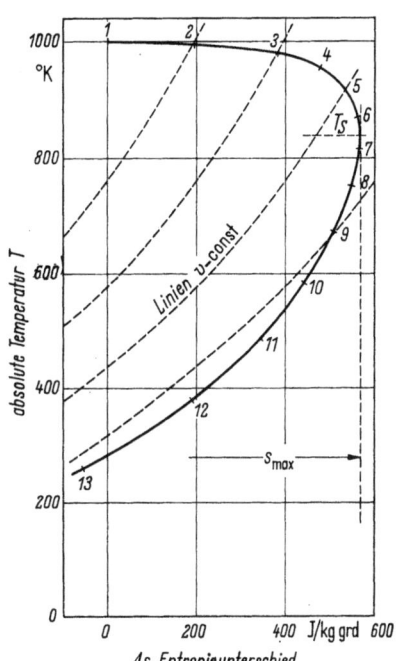

Bild 25. Adiabate Strömung im T, s-Diagramm

Zwischen Punkt *6* und *7* nimmt die *Entropieänderung* $s_2 - s_1$, also die Entropie selbst, einen *Höchstwert* an. Bis dahin ist die Temperatur, berechnet mit Gl. (146), auf $T_S = 840 \text{ °K}$ gefallen. Die Entropieänderungen ergeben sich mit

$$s_2 - s_1 = c_v \ln \frac{T_2}{T_1} + R \ln \frac{w_2}{w_1} \tag{163}$$

---

[1] Um die Rechnung nicht zu komplizieren, wird die Veränderlichkeit der spezifischen Wärmen mit der Temperatur vernachlässigt.

[2] Mit Zeiger *2* sind der Reihe nach die Punkte *2* bis *13* von Bild 25 gemeint.

Zahlentafel 4. *Werte für eine adiabate Luftströmung mit* $p_1 = 100$ bar, $T_1 = 1000$ °K, $w_1 = 50$ m/s

Punkt Nr.	w_2 m/s	T_2 °K	w_2/w_1	$s_2 - s_1$ J/kg grd	v_2 m³/kg	p_2 bar
1	50	1000,0	1	0,0	0,0287	100,00
2	100	996,1	2	196,1	0,0574	49,81
3	200	980,7	4	383,8	0,1148	24,52
4	300	955,0	6	481,1	0,1722	15,92
5	400	919,0	8	536,0	0,2296	11,49
6	500	872,7	10	562,8	0,2870	8,73
7	600	816,1	12	566,9	0,3444	6,80
8	700	749,2	14	549,5	0,4018	5,35
9	800	672,1	16	509,6	0,4592	4,20
10	900	584,6	18	443,0	0,5166	3,25
11	1000	486,9	20	341,6	0,5740	2,435
12	1100	378,8	22	188,2	0,6314	1,722
13	1200	260,5	24	−56,4	0,6888	1,085

gemäß Gl. (25). Die Höchstgeschwindigkeit ist nach Gl. (162)

$$w_s = \sqrt{\frac{\varkappa R T_s}{\xi}} = \sqrt{1{,}40 \cdot 287 \cdot 840/1{,}034} = 571{,}4 \text{ m/s}.$$

Bei einer reibungslosen stationären adiabaten Strömung im geraden Kreisrohr gäbe es keine Ausdehnung, es blieben also w, ϱ, P, T und s konstant. Erst durch Reibung fällt der Druck und wird die Strömung schneller. Durch die Wahl verschiedener Geschwindigkeiten w_2 (Zahlentafel 4) wird der Reibungseinfluß angenommen und in die Rechnung gebracht. Nach welcher Rohrlänge die Reibung bewirkt, daß die Geschwindigkeit so weit zugenommen hat, wird im nächsten Abschnitt berechnet. Die Reibungswärme bleibt im Luftstrom. Diese Wärmemenge wird im T, s-Diagramm durch die Fläche unter der Zustandslinie *1, 2, ...* (Bild 25) angegeben ($da_R = T\, ds$).

Es ist also einfach angenommen, daß durch irgendwelche Umstände — hier durch Reibung — der statische Druck fällt und gefragt, in welcher Weise sich dadurch das Volumen ändert[1]. Der Zusammenhang zwischen Druck p und Volumen $v = 1/\varrho$ ist in Bild 26 angegeben. Man erkennt, daß sich anfangs die isotherme Strömung $T_1 = $ const und die adiabate $p\,v^\varkappa = $ const kaum unterscheiden (etwa bis Punkt *3* oder *4*). Noch deutlicher geht aus Bild 25 hervor, daß die Temperatur bis Punkt 3 ($w_2 = 200$ m/s) nur um 19,3° oder 1,93 vH fällt, bis Punkt *4* ($w_2 = 300$ m/s) um 45° oder 4,5 vH. Der Druckabfall ist um 0,64 bzw. 0,90 vH größer als bei isothermer Strömung. Es zeigt sich erneut, daß man technische Strömungsvorgänge im allgemeinen wie eine isotherme Strömung berechnen kann.

Veranlassung dafür, daß die Luft durch die Rohrleitung strömt, ist der Druckunterschied $p_1 - p_2$. Die Fördermenge kann nicht beliebig gesteigert werden, sondern die Strömungsgeschwindigkeit w stellt sich so ein, daß sie am Ende der Rohrleitung im Höchstfall bis zur Schallgeschwindigkeit im Endzustand anwächst (ähnlich wie beim Ausströmen aus Düsen). Eine weitere Zunahme wäre mit einer Entropieverminderung verbunden und unnatürlich. Die Luft wird nicht mit

---

[1] v_2 berechnet mit Gl. (41), p_2 mit Gl. (147).

7. Beziehungen für den Druckabfall in geraden Rohren

Überschallgeschwindigkeit (Punkt *7* bis *13*, Bild 25 und Zahlentafel 4) strömen; dieser Teil der Rechnung hat nur theoretische Bedeutung.

Man kann durch besondere Maßnahmen[1] eine stationäre Strömung in einer Rohrleitung mit *Überschallgeschwindigkeit* zustande bringen (z. B. Anfangspunkt *13*, Bild 25). Diese verläuft dann auch in Richtung zunehmender Entropie. Die Geschwindigkeit nimmt bis auf Schallgeschwindigkeit ab (Punkt *13* bis *7*), die Luft verdichtet sich (natürliche Richtung — meist sprunghaft mit Verdichtungsstoß), ihre Temperatur wächst an. — Hier handelt es sich nur um Strömungen mit Unterschallgeschwindigkeit, weshalb dieses Problem nur am Rande vermerkt sei.

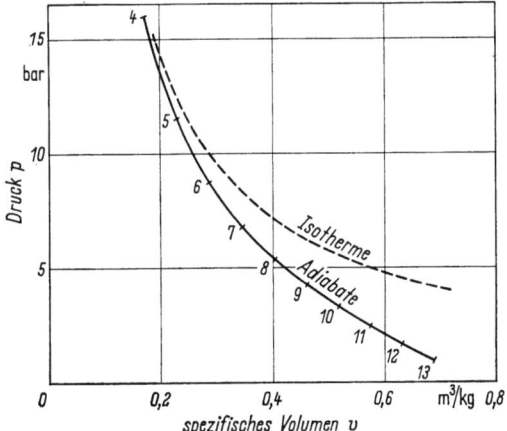

Bild 26. Adiabate Strömung im p, v-Diagramm

7.4.7 Einfluß der Rohrlänge auf die adiabate Strömung

Mit Gl. (157) ergibt sich die Rohrlänge, nach der die jeweilige mittlere Strömungsgeschwindigkeit w_2 erreicht ist. Für die Rechnung ist das Zahlenbeispiel (Zahlentafel 4, Bilder 25 und 26) zugrunde gelegt, lichte Weite der Leitung $d = 0{,}10$ m.

Zahlentafel 5. *Werte für die zurückgelegte Rohrlänge l einer adiabaten Luftströmung* (zu Zahlentafel 4) $w_1 = 50$ m/s

w_2 m/s	$l = l_2 - l_1$ m	w_2 m/s	$l = l_2 - l_1$ m	w_2 m/s	$l = l_2 - l_1$ m
60	232,0	200	702,1	450	730,88
80	461,4	250	716,7	500	731,45
100	566,6	300	723,9	550	731,65
150	668,2	350	727,7	571	731,66
		400	729,8		

---

[1] Mit Hilfe einer Laval-Düse, bei kurzen Rohrlängen. Siehe ergänzend: L. BERGMANN: Der Ultraschall. Stuttgart 1949. — W. FRÖSSEL: Strömung in glatten, geraden Rohren mit Über- und Unterschallgeschwindigkeit. Forschung Ing.-Wes. 7 (1936) 75/84. — K. G. GUDERLEY: Theorie schallnaher Strömungen. Berlin/Göttingen/Heidelberg: Springer 1957.

Man findet zu $t_1 = 727\ °\mathrm{C}$, $T_1 = 1000\ °\mathrm{K}$ die Viskosität $\eta_1 = 41{,}52 \cdot 10^{-6}$ kg/m s
Für die Dichte ergibt sich

$$\varrho_1 = \frac{P_1}{R\,T_1} = \frac{100 \cdot 10^5}{287 \cdot 1000} = 34{,}84\ \mathrm{kg/m^3}.$$

Damit ist

$$Re_1 = \frac{w_1\,d}{\nu_1} = \frac{\varrho_1\,w_1\,d}{\eta_1} = \frac{34{,}84 \cdot 50 \cdot 0{,}10}{41{,}52}\,10^6 = 4{,}2 \cdot 10^6.$$

Die Widerstandszahl λ_R sei 0,0150 (Näheres siehe später). Die Viskosität η nimmt mit fallender Temperatur (und fallendem Druck) ab. Dadurch wächst die Reynolds-Zahl Re ab etwa 600 m Rohrlänge an, jedoch ist λ_R bei $Re > Re_1 = 4 \cdot 10^6$ praktisch noch gleichbleibend (siehe Bild 187). Die Werte von Zahlentafel 5 errechnen sich mit

$$T_0 = T_1 + \xi\,\frac{w_1^2}{2\,c_p} = 1000 + 1{,}034\,\frac{2500}{2 \cdot 1005} = 1001{,}29\ °\mathrm{K}.$$

In Bild 27 ist die Geschwindigkeit w über der Rohrlänge l aufgetragen. w wächst zunächst langsam, mit Annäherung an die kritische Rohrlänge immer schneller

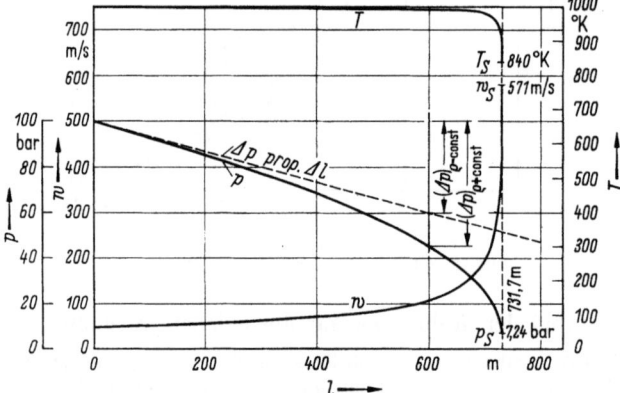

Bild 27. Adiabate Strömung. Δp bei $\varrho = $ const ist der Druckabfall bei raumbeständiger Strömung, Δp bei $\varrho \neq $ const der bei raumveränderlicher Strömung. Dieser ist größer wegen Beschleunigung und erhöhter Reibung.

an, bis sich bei $l = 731{,}7$ m die Schallgeschwindigkeit $w_S = 571{,}4$ m/s einstellt. In Bild 27 ist auch der statische Druck p angegeben. Wenn sich die Luft nicht ausdehnen würde, so wäre der Druckabfall ($\varrho = $ const) durch Reibung

$$(10^5\,\Delta p)_{\varrho=\mathrm{const}} = \varrho_1\,\lambda_R\,\frac{1}{d}\,\frac{w_1^2}{2}\,\Delta l = \mathrm{prop.}\,\Delta l.$$

Durch die adiabate Ausdehnung fällt der Druck zunehmend schneller, und zwar wegen Beschleunigung und erhöhter Reibung bei $\varrho \neq $ const, bis er nach Zurücklegen der kritischen Rohrlänge von $p_1 = 100$ bar auf $p_S = 7{,}24$ bar abgesunken ist. Die Temperatur fällt zunächst kaum, später rasch bis auf $T_S = 840\ °\mathrm{K}$ ab.

Aus den Gln. (155) und (134a) folgt für die Widerstandszahl λ_B wegen der Ausdehnung bei adiabater Strömung[1]

$$\lambda_B = \frac{\lambda_R}{R\,T_0\,\dfrac{1}{w^2}\,\dfrac{1}{\xi} + \dfrac{1}{2}\,\dfrac{\varkappa - 1}{\varkappa} - 1}. \tag{164}$$

---

[1] Im Technischen Maßsystem ist in Gl. (164) $g\,R$ anstatt R zu schreiben.

7. Beziehungen für den Druckabfall in geraden Rohren

Da $\frac{1}{2}\frac{\varkappa-1}{\varkappa}$ positiv ist, ergibt sich λ_B kleiner als bei isothermer Strömung, vgl. hierzu Gl. (136). Die Werte λ_B stehen in Zahlentafel 6. Das Beschleunigungsglied λ_B ist bei $w = 400$ m/s bereits größer als das Reibungsglied λ_R, bei $w = 500$ m/s ist es $3^1/_2$ mal so groß. Bei $w = 600$ m/s wäre die Schallgeschwindigkeit schon überschritten. Dann würde aus dem Beschleunigungsglied ein Verzögerungsglied mit negativem Wert, und zwar 16 mal so groß wie das Reibungsglied. Bei noch höheren Geschwindigkeiten bliebe λ_B negativ, aber mit immer geringerem (absolutem) Zahlenwert.

Zahlentafel 6. *Widerstandszahl λ_B bei einer adiabaten Luftströmung*
(zu den Zahlentafeln 4 und 5)

w m/s	λ_B	$100\frac{\lambda_B}{\lambda_R}$
100	0,000557	3,71 vH
200	0,00245	16,4
300	0,00665	44,3
400	0,0166	110,6
500	0,0539	359
600	−0,245	−1631

7.4.8 Strömung mit beliebigem Wärmeaustausch mit der Umgebung

Die Isolierung der Leitungen für heiße oder kalte Gase (oder Dämpfe) ist nicht wärmedicht. Man wählt die Isolierstärke in der Praxis so, daß die Summe aus Kapitaldienst und Preis der Wärmeverluste ein Minimum wird. Der *Wärmeaustausch* mit der Umgebung nimmt Einfluß auf die Art der Zustandsänderung.

Ausgehend von der Beziehung (82/83)

$$i_2 - i_1 + \xi\frac{w_2^2 - w_1^2}{2} = q_{12}$$

für eine Leitung ohne allzu großen Höhenunterschied ($dh \approx 0$), für 1 kg Gas, die ja für die Strömung ohne und mit Reibung gilt, kann man an sich die Strömung berechnen. Allein, es ist zu bedenken, daß die Zustandsänderung, die das Gas auf dem Wege von *1* nach *2* durchmacht, nicht nur von der Größe, sondern auch von der Art des Wärmeaustausches q_{12} abhängt. So kann die Wärme gleichmäßig oder etwa regellos verteilt über die Oberfläche des Rohres ab- oder zugeführt werden. (Wärme und Arbeit sind bei einer Zustandsänderung im Gegensatz zu den Zustandsgrößen wegabhängig.)

Die scheinbare Einfachheit von Gl. (85) täuscht über die Schwierigkeit des Problems. Es empfiehlt sich, ein zeichnerisches Verfahren mit Hilfe des i,s-Diagramms für das betreffende Gas anzuwenden (siehe nächsten Abschnitt).

84   II. Theoretische Überlegungen und Versuchserfahrungen

Um über die Zusammenhänge Klarheit zu gewinnen, kann man annehmen, daß sich der Gaszustand *polytrop* ändert[1] mit einem Exponenten $n \lesseqgtr 1$. Es kann sich dabei nur um eine allerdings weitgehende Annäherung an die wirkliche Strömung handeln, wie sich durch Versuche an gleichmäßig beheizten oder gekühlten Rohren nachweisen läßt, weil die Zustandsgrößen, insbesondere die Temperatur, aus Gründen des Temperaturgefälles bei der Wärmeübertragung auch bei einer stationären Strömung nicht gleichmäßig über den Querschnitt verteilt sind. Für die Rechnung soll aber im Querschnitt ein einheitlicher Zustand herrschen.

Die für adiabate Strömung aufgestellte Gl. (157) läßt sich umformen in

$$l = \frac{d}{\lambda_R}\left[\left(P_1 v_1 + \frac{\varkappa-1}{2\varkappa}\,\xi\,w_1^2\right)\left(\frac{1}{w_1^2} - \frac{1}{w_2^2}\right) - \frac{\varkappa+1}{\varkappa}\,\xi\ln\frac{w_2}{w_1}\right].$$

Man kann nachweisen, daß diese Beziehung für *polytrope Strömung* ganz allgemein die Form

$$l = \frac{d}{\lambda_R}\left[\left(P_1 v_1 + \frac{n-1}{2n}\,\xi\,w_1^2\right)\left(\frac{1}{w_1^2} - \frac{1}{w_2^2}\right) - \frac{n+1}{n}\,\xi\ln\frac{w_2}{w_1}\right] \quad (165)$$

annimmt. Für isotherme Strömung, $n = 1$, ergibt sich daraus

$$l = \frac{d}{\lambda_R}\left[P_1 v_1\left(\frac{1}{w_1^2} - \frac{1}{w_2^2}\right) - 2\,\xi\ln\frac{w_2}{w_1}\right]$$

in Übereinstimmung mit Gl. (135).

Wenn der Anfangszustand P_1, v_1, w_1 sowie der Energiebeiwert ξ bekannt sind, gibt Gl. (165) eine Beziehung zwischen der Rohrlänge l, der Endgeschwindigkeit w_2 und dem Exponenten n.

Die Gastemperatur soll sich auf der Rohrlänge l polytrop von T_1 auf T_2 ändern, was durch einen Wärmeaustausch

$$q_{12} = c_n(T_2 - T_1)$$

erreicht wird. Die polytrope Zustandsänderung geht bei konstanter spezifischer Wärme c_n vor sich. Aus

$$dq = c_n\,dT = c_v\,\frac{n-\varkappa}{n-1}\,dT$$

folgt mit Gl. (49) und (85)

$$w\,dw = dq - di = \left(c_v\,\frac{n-\varkappa}{n-1} - c_p\right)dT = \frac{n}{1-n}\,R\,dT,$$

denn

$$\frac{c_v}{R} = \frac{c_v}{c_p - c_v} = \frac{1}{\varkappa-1} \quad \text{und} \quad \frac{c_p}{R} = \frac{c_p}{c_p - c_v} = \frac{\varkappa}{\varkappa-1}.$$

Über die Rohrlänge l erhält man nach Integration

$$\frac{w_2^2 - w_1^2}{2} = \frac{n}{n-1}\,R(T_1 - T_2) \quad \text{oder} \quad n = \frac{1}{1 - \dfrac{2}{w_2^2 - w_1^2}\,R(T_1 - T_2)}. \quad (166)$$

Gl. (166) gibt an, wie groß der Exponent n bei bekanntem Anfangszustand und bei der Endtemperatur T_2 ist, abhängig von der Endgeschwindigkeit w_2.

---

[1] STROEHLEN, R.: Über den Druckverlust strömender Gase. Arch. f. Wärmew. 19 (1938) 209. Siehe hierzu auch I. JUNG: Wärmeübergang und Reibungswiderstand bei Gasströmung in Rohren bei hohen Geschwindigkeiten. VDI-Forschgsh. 380, Berlin 1936 oder Z. VDI 81 (1937) 496.

7. Beziehungen für den Druckabfall in geraden Rohren

Man kann nun wieder wie bei den Zahlentafeln 4, 5 und 6 verschiedene Werte für die Endgeschwindigkeit w_2 annehmen und mittels der Gln. (165) und (166) n und l berechnen. Ist, wie meist der Fall, die Rohrlänge l gegeben, so findet man durch Interpolieren die Geschwindigkeit w_2 und den Exponenten n, bei welchen sich T_1 auf der Rohrlänge l in T_2 ändert. Als Druckabfall ermittelt man dann nach Gl. (147)

$$p_1 - p_2 = p_1 \left(1 - \frac{w_1}{w_2}\frac{T_2}{T_1}\right).$$

Der Rechnungsgang wird zweckmäßig an einem *Beispiel* erläutert. Luft gemäß Zahlentafel 4 bis 6 soll auf einer Rohrlänge von $l = 500$ m von $T_1 = 1000$ °K ($t_1 = 727$ °C) auf $T_2 = 1173$ °K ($t_2 = 900$ °C) aufgewärmt werden. Wie groß ist der Druckabfall? Man erhält mit den Gln. (165) und (166) (siehe nachfolgende Tabelle) und (zeichnerisch) interpoliert bei $l = 500$ m $w_2 = 107$ m/s und $T_2 = 1173$ °K und damit

$$p_1 - p_2 = 100\left(1 - \frac{50}{107}\frac{1173}{1000}\right) = 45{,}2 \text{ bar}.$$

w_2 m/s	n	l m
80	0,0378	323,4
100	0,0702	466,9
120	0,1070	546,3

Bei $w_2 = 107$ m/s ist $n = 0{,}0827$. Damit errechnet sich die nötige Wärmezufuhr zu

$$q_{12} = c_v \frac{n-\varkappa}{n-1}(T_2 - T_1) = 720 \cdot \frac{0{,}0827 - 1{,}40}{0{,}0827 - 1{,}00}\cdot 173 = 1{,}79\cdot 10^5 \text{ J/kg}$$

mit der spezifischen Wärme $c_n = 1034 \approx c_p = 1005$ J/kg grd. Die stündliche Luftmenge ist

$$m_h = 3600\, w_1 \frac{\pi}{4} d^2 \varrho_1 = 3600\cdot 50\,\frac{\pi}{4}\, 0{,}01\cdot 34{,}84 = 49254 \text{ kg/h},$$

und die stündliche Wärmezufuhr ergibt sich zu

$$Q_{h12} = m_h\, q_{12} = 49254\cdot 1{,}79\cdot 10^5 = 8{,}817 \text{ GJ/h}.$$

Bei adiabater Strömung stellt sich nach 500 m ein:

$$w_2 = 87{,}3 \text{ m/s} \quad \text{und} \quad p_1 - p_2 = 42{,}8 \text{ bar},$$

wobei $T_2 = 998$ °K ist, fast genauso groß wie bei isothermer Strömung (Druckabfall 42,0 bar). Durch die Wärmezufuhr ändern sich die Strömungsverhältnisse derart, daß der Druckabfall erhöht wird.

Wenn man fragt, nach welcher Rohrlänge l die Strömungsgeschwindigkeit bis auf $w_2 = 107$ m/s anwächst, so findet man bei

adiabater Strömung: $l = 586$ m, $p_1 - p_2 = 53{,}5$ bar, $T_2 = 995$ °K;

polytroper Strömung: $l = 500$ m, $p_1 - p_2 = 45{,}2$ bar, $T_2 = 1173$ °K;

isothermer Strömung: $l = 588$ m, $p_1 - p_2 = 53{,}2$ bar, $T_2 = 1000$ °K.

7.5 Druckabfallberechnung für Dämpfe

7.5.1 Adiabate Strömung von Dampf

Die rechnerische Behandlung der Strömung macht Schwierigkeiten, wenn sich der strömende Stoff in dampfartigem Zustand befindet, d. h. nicht dem allgemeinen Gasgesetz Gl. (19) mit der Gaskonstante R folgt. Es empfiehlt sich ein *zeichnerisches Verfahren*[1]. Von besonderer technischer Bedeutung ist die Strömung von *Wasserdampf* in Rohrleitungen. Das Verfahren sei an einem *Beispiel* erläutert. Dieses Beispiel ist im Technischen Maßsystem gerechnet[2]. Dem Leser wird Nachrechnung im SI empfohlen (Ergebnisse siehe Abschn. 7.5.2).

$\dot{G} = 80$ Mp/h überhitzter Wasserdampf treten mit $p_1 = 80$ at und $t_1 = 500$ °C in eine gerade Rohrleitung von 191×10 mm Durchmesser ein (lichter Rohrdurchmesser $d = 0,171$ m). Dazu gehören $v_1 = 0,04259$ m³/kp, $\gamma_1 = 23,48$ kp/m³, $i_1 = 812,2$ kcal/kp. Mit

$$1000 \dot{G} = 3600 \gamma_1 w_1 \frac{\pi d^2}{4}$$

folgt

$$w_1 = \frac{\dot{G} v_1 \cdot 4}{3,6 \pi d^2} = \frac{80 \cdot 0,04259 \cdot 4}{3,6 \pi \cdot 0,171^2} = 41,20 \text{ m/s}.$$

Zu $p_1 = 80$ at, $t_1 = 500$ °C findet man $10^6 v_1 = 1,24$ m²/s nach den VDI-Wasserdampftafeln.

Damit ergibt sich die Reynolds-Zahl zu

$$Re_1 = \frac{w_1 d}{v_1} = \frac{41,20 \cdot 0,171}{1,24} \cdot 10^6 = 5,70 \cdot 10^6.$$

Bei so hohen Werten von Re ist der Energiebeiwert ξ nur noch wenig veränderlich; er sei zu $\xi = 1,04$ im Mittel angenommen, siehe S. 127.

Es kommt jetzt wieder darauf an, die Änderung der Zustandsgrößen bei einer gewissen *Geschwindigkeitszunahme* zu ermitteln. Man wählt verschiedene dem Ausdehnungsvorgang entsprechend immer größere spezifische Volumen v. Mit Gl. (41) findet man die größeren mittleren Strömungsgeschwindigkeiten

$$w_2 = \frac{w_1}{v_1} v_2 = \frac{41,20}{0,04259} v_2 = 967,6 v_2$$

und damit die Änderungen der Enthalpie in kcal/kp

$$i_1 - i_2 = \xi \frac{w_2^2 - w_1^2}{2g} = \frac{1,04}{427} \frac{w_2^2 - 41,20^2}{19,62} = 1,242 \cdot 10^{-4} (w_2^2 - 1697).$$

---

[1] BAER, H.: Siehe Fußnote 1, S. 74.
[2] Unter Anwendung der VDI-Wasserdampftafeln (kcal, at) 7. Aufl. Berlin, Heidelberg, New York; München 1968. — Angaben im SI nach VDI-Wasserdampftafeln (Joule, bar) 6. Aufl. 1963., ferner internationale Ausgabe 1969 (Proporties of Water and Steam in SI-Units).

7. Beziehungen für den Druckabfall in geraden Rohren

Es ergeben sich folgende Werte

Zahlentafel 7.1 *Werte für eine adiabate Strömung von überhitztem Wasserdampf mit* $p_1 = 80$ at, $t_1 = 500$ °C, $w_1 = 41{,}20$ m/s

v_2 m³/kp	w_2 m/s	i_1-i_2 kcal/kp	i_2 kcal/kp	t_2 °C	p_2 at	$100\dfrac{\lambda_B}{\lambda_R}$	$\lambda=\lambda_R+\lambda_B$	$\dfrac{\mathrm{d}\,l}{\mathrm{d}\,p}$	$l_2-l_1=l$ m	s_2 kcal/kp · grd
0,0426	41,20	0,000	812,2	500	80,0	0,50	0,0136	61,91	0	1,6091
0,044	42,57	0,014	812,2	499	77,3	0,53	0,0136	59,92	164	1,6128
0,050	48,38	0,080	812,1	494	68,5	0,69	0,0136	52,72	659	1,6249
0,070	67,73	0,36	811,8	484	49,0	1,35	0,0137	37,39	1539	1,6598
0,100	96,76	1,0	811,2	476	34,2	2,79	0,0139	25,79	2007	1,6978
0,200	193,5	4,4	807,8	459	16,9	12,05	0,0151	11,87	2331	1,7685
0,300	290,3	10,3	801,9	444	11,0	31,3	0,0177	6,75	2385	1,8069
0,400	387,0	18,4	793,8	427	8,2	70,7	0,0230	3,90	2400	1,8280
0,500	483,8	28,9	783,3	406	6,3	170,0	0,0365	1,97	2407	1,8424
0,600	580,6	41,7	770,5	379	5,0	717,5	0,1104	0,54	2408	1,8481
0,700	677,3	56,8	755,4							
0,800	774,1	74,2	738,0							
0,900	870,8	94,0	718,2							
1,000	967,6	116,1	696,1							

Man sucht nunmehr die Punkte v_2, i_2 im i, s-Diagramm für Wasserdampf auf, die auf einer Kurve ähnlich Bild 25 liegen, siehe Bild 28. Die *Entropie* nimmt wiederum bis auf einen *Höchstwert* zu, bei dem sich *Schallgeschwindigkeit* (im

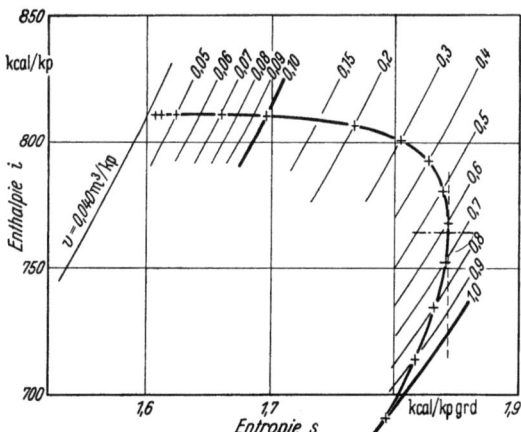

Bild 28. i, s-Diagramm einer adiabaten Strömung von überhitztem Wasserdampf

betreffenden Zustand) einstellt, Zustand: $p = 4{,}7$ at, $t = 370$ °C, $v = 0{,}63$ m³/kp, $w = 609{,}6$ m/s. Man liest zu den einzelnen Zustandspunkten Druck p und Temperatur t ab, siehe Zahlentafel 7.1. Bis $v_2 = 0{,}600$ m³/kp nimmt die Reynolds-Zahl allmählich bis auf

$$Re = \frac{580{,}6 \cdot 0{,}171}{14{,}8} \cdot 10^6 = 6{,}7 \cdot 10^6$$

zu mit $10^6 \nu = 14{,}8 \text{ m}^2/\text{s}$ zu $p = 5{,}0$ at und $t = 379$ °C. Nach späterem ist die Widerstandszahl λ_R für nahtloses Stahlrohr im Bereich von $Re_1 = 5{,}7 \cdot 10^6$ bis $Re = 6{,}7 \cdot 10^6$ für Rohr mit 0,171 m lichtem Durchmesser annähernd gleich groß mit $\lambda_R = 0{,}0135$ (siehe Bild 187). Danach ist λ_R für dieses Beispiel genau genug unabhängig von der zurückgelegten Rohrlänge.

Aus den Gln. (151) und (164) folgen mit $c_{p1} = 0{,}58$ kcal/kp grd und $R = (44 \text{ bis}) 47$ kpm/kp grd das Verhältnis λ_B/λ_R und die Widerstandszahl $\lambda = \lambda_R + \lambda_B$, siehe Zahlentafel 7.1.

Nunmehr läßt sich für jeden Zustand der *Druckabfall* mit

$$\mathrm{d}P = -(\lambda_R + \lambda_B)\frac{1}{d}\gamma\frac{w^2}{2g}\mathrm{d}l = -\lambda\frac{1}{d}\gamma\frac{w^2}{2g}\mathrm{d}l$$

einführen. Da $w\gamma = w_1\gamma_1$ längs der Strömung konstant ist, kann man für die Rohrlänge je Einheit des Druckabfalls (absolut) schreiben

$$\frac{\mathrm{d}l}{\mathrm{d}p} = 10^4 \frac{d \cdot 2g}{\gamma_1 w_1}\frac{1}{\lambda w} = 34{,}69\frac{1}{\lambda w}.$$

In Zahlentafel 7.1 stehen die Werte $\mathrm{d}l/\mathrm{d}p$ zu den jeweiligen Werten von λ und w. Man trägt diese Werte $\mathrm{d}l/\mathrm{d}p$ über dem jeweiligen statischen Druck p auf (siehe Bild 29). Dann ergibt sich die *Rohrlänge* vom Anfangsquerschnitt *1* an bis zu

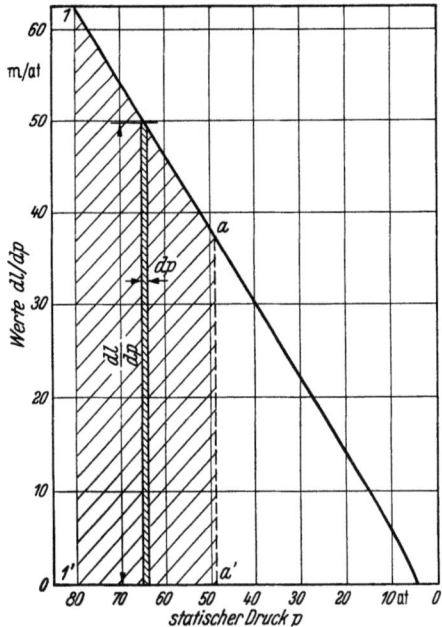

Bild 29. Rohrlänge je Einheit des Druckabfalls über dem statischen Druck

7. Beziehungen für den Druckabfall in geraden Rohren

einem beliebigen Querschnitt a der Leitung zu

$$l = \int_{p_1}^{p_a} \frac{dl}{dp}\,dp = l_a - l_1.$$

Der Wert des Integrals kann durch die Fläche unter der Kurve von 1 bis a in Bild 29 ermittelt werden, unter Berücksichtigung der Maßstäbe. Bild 29 ist mit folgenden Maßstäben gezeichnet.

Abszisse: 10 at = 2 cm, $m_1 = 5$ at/cm;

Ordinate: 10 m/at = 4 cm, $m_2 = 2,5$ m/at je cm.

Für die vierte Zeile von Zahlentafel 7 ($v_2 = 0,070$) findet man z. B.

$$F_a(1\,a\,a'\,1'\,1) = 123,1 \text{ cm}^2,$$

$$l = m_1\, m_2\, F_a = 5 \cdot 2{,}5 \cdot 123{,}1 = 1539 \text{ m}.$$

Die so ermittelten Rohrlängen zu der angenommenen Zustandsänderung stehen ebenfalls in Zahlentafel 7.

Das *Ergebnis* der Rechnung ist schließlich in Bild 30 aufgezeichnet, indem der statische Druck über der Rohrlänge aufgetragen wurde. $(\Delta p)_{\varrho\text{-const}}$ bedeutet wieder den Druckabfall bei raumbeständiger Strömung nach

$$10^4 (\Delta p)_{\varrho\text{-const}} = \gamma_1\, \lambda_1\, \frac{1}{d}\, \frac{w_1^2}{2g}\, \Delta l,$$

und mit $(\Delta p)_{\varrho \neq \text{const}}$ ist der immer mehr anwachsende Druckabfall durch die Beschleunigung des Dampfstromes zu verstehen. Bis $l = 2007$ m betragen

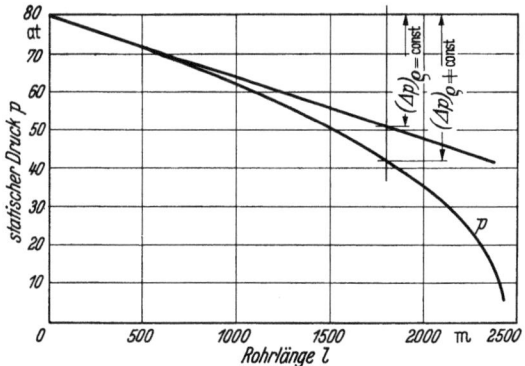

Bild. 30. Druckabfall bei adiabater Strömung in einer Dampfleitung

$(\Delta p)_{\varrho\text{-const}} = 32,1$ at und $(\Delta p)_{\varrho \neq \text{const}} = 45,8$ at. Bei isothermer Strömung wäre der Druckabfall 44,4 at, also etwas geringer. Im weiteren Verlauf der adiabaten Strömung fällt der Druck zunehmend stärker als bei isothermer Strömung.

7.5.2 Hinweis zum SI

Es ergeben sich folgende Werte

Zahlentafel 7.2 *Werte für eine adiabate Strömung von überhitztem Wasserdampf mit* $p_1 = 78{,}45$ bar, $t_1 = 500$ °C, $w_1 = 41{,}20$ m/s

v_2 m³/kg	w_2 m/s	$i_1 - i_2$ kJ/kg	i_2 kJ/kg	t_2 °C	p_2 bar	s_2 kJ/kg grd
0,0426	41,20	0,000	3400	500	78,5	6,7370
0,044	42,57	0,059	3400	499	75,8	6,7525
0,050	48,38	0,34	3400	494	67,2	6,8031
0,070	67,73	1,5	3398	484	48,1	6,9493
0,100	96,76	4,2	3396	476	33,5	7,1083
0,200	193,5	18,4	3382	459	16,6	7,4044
0,300	290,3	43,1	3357	444	10,8	7,5651
0,400	387,0	77,0	3323	427	8,0	7,6535
0,500	483,8	121	3279	406	6,2	7,7138
0,600	580,6	175	3225	379	4,9	7,7376
0,700	677,3	238	3162			
0,800	774,1	311	3089			
0,900	870,8	394	3006			
1,000	967,6	486	2914			

Die Werte für $100 \lambda_B/\lambda_R$, $\lambda = \lambda_R + \lambda_B$ und die Rohrlängen stehen in Zahlentafel 7.1.

7.5.3 Strömung mit Wärmeaustausch mit der Umgebung

Man kann eine solche Zustandsänderung an Hand des i, s-Diagramms zeichnerisch ermitteln, indem man den *Gesamtvorgang* von 1 bis n *schrittweise* untersucht — je kleiner die Schritte sind, um so genauer ist das Ergebnis. Jeden Schritt zerlegt man wieder in zwei Teilschritte, und zwar einen bei adiabater Strömung und einen mit Wärmeaustausch bei konstantem Volumen.

Zur Erläuterung des Verfahrens soll die Dampfströmung lt. Zahlentafel 7.1 untersucht werden. Die Wärmeabgabe sei festgestellt worden mit

$$q = -515{,}5 \text{ kcal/m Rohr und Stunde.}$$

Beim ersten Schritt soll das Dampfvolumen wie in Zahlentafel 7.1 von $v_1 = 0{,}0426$ auf $v_2 = 0{,}0440$ m³/kp anwachsen.

Wie errechnet, vollzieht sich die Ausdehnung auf den ersten 164 m der Leitung. Dabei soll nunmehr je kp Dampf die Wärmemenge

$$q_{12a} = \frac{q\,l}{1000\dot{G}} = -\frac{515{,}5 \cdot 164}{80000} = -1{,}056 \text{ kcal/kp}$$

entzogen werden.

In Bild 31 ist der Vorgang im i, s-Diagramm skizziert. Der wirkliche Verlauf der Zustandsänderung ist $1 - 2a - 3a \ldots$ Mit $1 - 2$ ist die Zustandsänderung

7. Beziehungen für den Druckabfall in geraden Rohren

bei adiabater Strömung, die sich wie ein Drosselvorgang auswirkt, ohne Wärmeaustausch mit der Umgebung, beim ersten Schritt von v_1 bis v_2 angedeutet. Es handelt sich also um einen Vorgang, bei dem die Enthalpie unverändert bleibt,

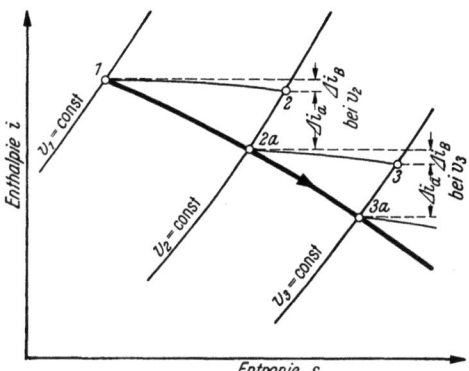

Bild 31. Strömung mit Wärmeentzug nach außen

bis auf die Minderung, die durch die Zunahme der Strömungsgeschwindigkeit bedingt ist. Wegen der Beschleunigung des Stromes fällt die Enthalpie von i_1 auf i_2. Es ist

$$\Delta i_B = i_1 - i_2 = \xi \frac{w_2^2 - w_1^2}{2g} = 0{,}014 \text{ kcal/kp} \tag{167}$$

(Werte von Zahlentafel 7.1). Nun gilt mit Gl. (82/83) wegen des Wärmeentzuges

$$i_1 - i_{2a} = \xi \frac{w_{2a}^2 - w_1^2}{2g} - q_{12a}. \tag{168}$$

Zieht man Gl. (167) von Gl. (168) ab, so erhält man

$$i_2 - i_{2a} = \xi \frac{w_{2a}^2 - w_2^2}{2g} - q_{12a}. \tag{169}$$

Da der Teilschritt von 2 nach 2a bei konstantem Volumen gegangen wird, ist wegen $v_2 = v_{2a}$ auch $w_2 = w_{2a}$, also

$$\Delta i_a = i_2 - i_{2a} = -q_{12a} = 1{,}056 \text{ kcal/kp}. \tag{170}$$

Man stellt nun an Hand des i,s-Diagramms, das man mittels der Zahlenwerte der Dampftafeln zweckmäßig für den betreffenden Bereich größer herauszeichnet, die Zustandswerte im Punkt 2a fest. Es sind dies zu $v_{2a} = 0{,}044$ m³/kp und $i_{2a} = 812{,}200 - 0{,}014 - 1{,}056 =$ rd. $811{,}13$ kcal/kp. Man liest ab

$$p_{2a} = 77{,}1 \text{ at}$$

und

$$t_{2a} = 496{,}1 \text{ °C};$$

gegenüber der adiabaten Strömung fällt von 1 bis 2a der Druck statt um $80{,}0 - 77{,}3 = 2{,}7$ at um $80{,}0 - 77{,}1 = 2{,}9$ at und die Temperatur statt um $500 - 499 = 1$ Grad um $500 - 496 = 4$ Grad. Während sich der Druckabfall verhältnismäßig wenig vergrößert, fällt die Temperatur um das 4fache, wie an sich zu erwarten war.

II. Theoretische Überlegungen und Versuchserfahrungen

Man geht nun den zweiten Schritt nach 3 bzw. 3a, ausgehend vom Zustand 2a. Wenn während der Strömung Wärme zugeführt wird, ist Δi_a von 2, 3, ... nach oben aufzutragen. Die im Strom verbleibende Reibungswärme erscheint im i, s-Diagramm nicht, sondern nur der Wärmeaustausch mit der Umgebung, im Gegensatz zum T, s-Diagramm, wo die Fläche unter der Zustandslinie die Summe von Reibungswärme und Wärmeaustausch angibt.

Wenn z. B. die Luft gemäß den Zahlentafeln 4 bis 6 während der Ausdehnung von 50 auf 107 m/s auf $t_{2a} = 900$ °C durch Wärmezufuhr erhitzt wird, so kann man den Druckabfall abschätzen: $T_{2a} = 1173$ °K, $v_{2a} = v_2 = v_1 \cdot w_2/w_1$ = 0,0287 · 107/50 = 0,0614 m³/kg,

$$P_{2a} = RT_{2a}/v_{2a} = 287 \cdot 1173/0{,}0614; \quad p_{2a} = 54{,}8 \text{ bar}.$$

Mithin ist $p_1 - p_{2a} = 45{,}2$ bar, siehe S. 85.

Durch kleinere Schritte kann das Ergebnis hinsichtlich der Rohrlänge verbessert werden. Bei *Gasen*, die dem allgemeinen Gasgesetz folgen, vereinfacht sich das Verfahren wieder wesentlich.

Die in diesen Abschnitten entwickelten Beziehungen für den Druckabfall in geraden Rohren berücksichtigen die Reibung unter Ansatz einer Widerstandszahl λ_R. In den folgenden Abschnitten ist die Frage nach der Größe von λ_R zu beantworten.

8. Laminarströmung im geraden Kreisrohr

8.1 Vollkommen ausgebildete Strömung

Die Gesetze der vollkommen beruhigten *reinen Laminarströmung* einer *tropfbaren* raumbeständigen Flüssigkeit in einem geraden Rohr mit Kreisquerschnitt können exakt abgeleitet werden. Der Strom soll den Querschnitt voll ausfüllen. Alle Störungen, die von irgendwelchen stromaufwärts liegenden Richtungs- und Querschnittsänderungen herrühren, sollen behoben sein. Das Strömungsbild soll eine endgültige Form nach Erreichen des Beharrungszustandes angenommen haben. Da alle Flüssigkeitsteilchen parallel zur Achse strömen, wobei die schnellsten die Rohrachse zur Bahn haben, während die langsamsten am Rohrrande haften, werden sich aus Symmetriegründen alle Teilchen in derselben Entfernung x von der Rohrachse mit derselben Geschwindigkeit bewegen. Die gesamte Flüssigkeitsmenge strömt in konzentrischen Schichten, deren Geschwindigkeiten von Null bis zur Geschwindigkeit des Achsfadens, $w_{l\max}$, zunehmen (teleskopartige Verschiebung).

Bei der vollständig beruhigten Strömung ist der Druck gleichmäßig über den Rohrquerschnitt verteilt, wie zahlreiche Messungen bestätigen. Es wird die hohlzylinderförmige Schicht mit den Halbmessern x und $x + dx$ (Bild 32) betrachtet. Auf diese Schicht wirken in Achsrichtung die Kräfte $P_1 2\pi x \, dx$ und $P_2 2\pi x \, dx$. Dazu kommt die Schwerkraft $\varrho g 2\pi x \, dx \, l$, die in Achsrichtung die Komponente $\varrho g 2\pi x \, dx \, l \sin \alpha$ hat. Die *treibende Kraft* ist also mit $l = l_2 - l_1$:

$$2\pi x \, dx (P_1 - P_2 + \varrho g l \sin\alpha) = \varrho 2\pi x \, dx \, l J,$$

8. Laminarströmung im geraden Kreisrohr

wobei J das Leitungsgefälle bedeutet Gl. (87/88). Dieser Kraft hält die Reibungskraft das Gleichgewicht. Würde sie das nicht tun, so würde die Flüssigkeit beschleunigt oder verzögert, was aber nach der Voraussetzung gleichbleibender Rohrweite und stationärer Strömung nicht möglich ist. Die einzelnen Schichten

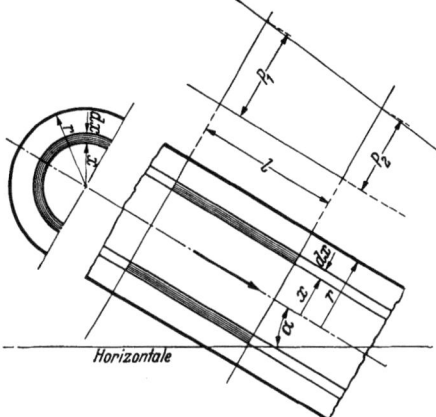

Bild 32. Zur Ableitung des Gesetzes der Laminarströmung

gleiten vermöge verschiedener Geschwindigkeit w_l ständig übereinander weg und reiben dabei aneinander. Infolge der Viskosität der Flüssigkeit wirken nach dem Newtonschen Ansatz, Gl. (33), auf Innen- und Außenmantel des Hohlzylinders gleichmäßig verteilte Schubspannungen τ, die durch

$$\tau = -\eta \frac{\partial w_l}{\partial x}$$

erfaßt werden können; negativ, weil $\partial w_l/\partial x$ negativ ist. An der inneren Mantelfläche, die die Größe $2\pi x l$ hat, greift eine Reibungskraft $-2\pi \eta l x \frac{\partial w_l}{\partial x}$, an der äußeren die Kraft

$$+2\pi \eta l \left[x \frac{\partial w_l}{\partial x} + \frac{\partial}{\partial x}\left(x \frac{\partial w_l}{\partial x}\right) dx \right]$$

an. Die Summe der beiden Kräfte ist

$$+2\pi \eta l \frac{\partial}{\partial x}\left(x \frac{\partial w_l}{\partial x}\right) dx,$$

und die Bewegungsgleichung der Schicht lautet nunmehr

$$\varrho \cdot 2\pi x \, dx \, l \, J + 2\pi \eta l \frac{\partial}{\partial x}\left(x \frac{\partial w_l}{\partial x}\right) dx = 0.$$

Das zweite Glied ist positiv einzusetzen, weil $\partial w_l/\partial x$ negativ ist, denn w_l wird kleiner, wenn x größer wird. Da J, ϱ und η nicht von x abhängen, kann man die partiellen Zeichen durch gewöhnliche ersetzen. Nach erstmaliger Integration erhält man

$$\varrho J \frac{x^2}{2} = -\eta x \frac{dw_l}{dx} + C_1.$$

II. Theoretische Überlegungen und Versuchserfahrungen

Die zweite Integration führt zu

$$\frac{1}{4}\varrho J x^2 = -\eta w_l + C_1 \ln x + C_2.$$

Für $x = 0$ kann w_l nicht unendlich groß werden, folglich ist $C_1 = 0$. Das bedeutet gleichzeitig, daß dw_l/dx für $x = 0$ (Rohrachse) auch Null ist und die Kurve der Geschwindigkeitsverteilung über den Querschnitt (Geschwindigkeitsprofil) bei $x = 0$ eine zur Rohrachse senkrechte Tangente hat (Bild 33). Die Gleichung der Geschwindigkeitsverteilung lautet also

$$-w_l = \frac{J\varrho}{4\eta} x^2 + C$$

und zeigt eine parabelförmige Verteilungskurve an, wobei der Scheitel der Parabel in der Rohrachse liegt. Wegen des Haftens am Rande muß für $x = r$ die Geschwindigkeit $w_l = 0$ sein. Mit dieser Bedingung kann man C bestimmen und bekommt

$$w_l = \frac{J\varrho}{4\eta}(r^2 - x^2) \tag{171}$$

oder mit $\nu = \eta/\varrho$

$$w_l = \frac{J}{4\nu}(r^2 - x^2). \tag{172}$$

Den gesamten Volumenstrom erhält man nun leicht, indem man die einzelnen Schichtquerschnitte mit den zugehörigen Geschwindigkeiten summiert

$$dV_s = 2\pi x\, dx\, w_l = \frac{J\pi}{2\nu}(r^2 - x^2)\, x\, dx$$

für eine Schicht und für den ganzen Querschnitt

$$V_s = \frac{J\pi}{2\nu}\int_0^r (r^2 - x^2)\, x\, dx = \frac{J r^4 \pi}{8\nu} = \frac{J d^4 \pi}{128\nu}. \tag{173}$$

Mit der mittleren Geschwindigkeit $w = \dfrac{V_s \cdot 4}{\pi d^2}$ erhält man endlich

$$w = \frac{4}{\pi d^2}\frac{J d^4 \pi}{128\nu} = \frac{J d^2}{32\nu} \tag{174}$$

oder für eine waagerechte Leitung ($dh = 0$)

$$\frac{P_1 - P_2}{\varrho} = \frac{32 w \nu}{d^2}(l_2 - l_1). \tag{175}$$

Bei laminarer Strömung ist die Abnahme der potentiellen Energie der ersten Potenz der mittleren Strömungsgeschwindigkeit w, der Rohrlänge l und der kinematischen Viskosität ν und umgekehrt dem Quadrat des Rohrdurchmessers d (oder dem Rohrquerschnitt) proportional. Aus den Gln. (172) und (174) folgt, daß die Geschwindigkeit des Achsfadens, $w_{l\,max}$, mit $x = 0$ gleich $2w$, d. h. doppelt so groß wie die mittlere Geschwindigkeit ist. Es ist vorteilhaft, Geschwindigkeitsverteilungen über den Querschnitt ohne Rücksicht auf die absolute Größe der

8. Laminarströmung im geraden Kreisrohr

Geschwindigkeit aufzutragen, weil man dann bequem verschiedene Profile vergleichen kann. Man pflegt die Einzelgeschwindigkeit w_l auf $w_{l\max}$ zu beziehen,

$$\frac{w_l}{w_{l\max}} = 1 - \frac{x^2}{r^2}. \tag{176}$$

Damit erhält man gleichzeitig für den Achsabstand eine vergleichbare Größe, nämlich x/r. Außerdem sind diese Verhältniswerte unabhängig

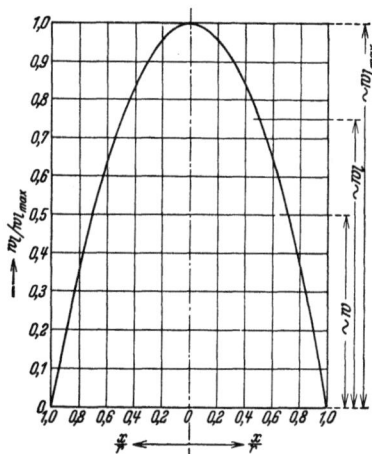

Bild 33. Geschwindigkeitsprofil der laminaren Strömung. In der Rohrachse liegt der schnellste Faden. Nach der Wand zu nimmt die Geschwindigkeit nach Maßgabe einer quadratischen Parabel bis auf Null ab

vom Einheitssystem. Das relative Geschwindigkeitsprofil der laminaren Strömung zeigt Bild 33. Die Geschwindigkeitskurve besitzt nach Gl. (171) am Rande $(x = r)$ eine Neigung

$$\frac{\mathrm{d}w_l}{\mathrm{d}x} = -\frac{J\varrho}{2\eta}r.$$

Danach herrscht eine gleichmäßig verteilte Randspannung

$$\tau_0 = \frac{J\varrho}{2}r. \tag{177}$$

Für die früher angenommene Widerstandszahl λ_R folgt dann nach den Gln. (112) und Gl. (128)

$$\lambda_R = 4\frac{\tau_0}{\varrho}\frac{2}{w^2} = Jd\frac{2}{w^2}.$$

Führt man diese Funktion in Gl. (174) ein und ersetzt man den Ausdruck wd/ν durch Re, so findet man die einfache Form

$$\lambda_R \cdot Re = 64 \tag{178}$$

für das *Gesetz der Laminarströmung*. Es ist aber zu betonen, daß der Reynolds-Zahl hier nicht die Bedeutung zukommt wie bei turbulenter

Strömung [siehe Gl. (171) und S. 53]. Das Gesetz Gl. (178) kann zeichnerisch durch eine gleichseitige Hyperbel dargestellt werden. Bequem ist die Wiedergabe in einem doppelt logarithmisch geteilten Netz (unter $-45°$ gegen die Abszisse geneigte Gerade).

Das Gesetz der Laminarströmung wurde von dem deutschen Wasserbauer HAGEN[1] und dem französischen Arzt POISEUILLE[2] unabhängig voneinander entdeckt, und heißt heute auch „Hagen-Poiseuillesches Gesetz".

Aus Gl. (176) kann man den Halbmesser x, dessen zugehörige Schicht sich mit der mittleren Geschwindigkeit w bewegt, berechnen

$$\frac{w}{w_{l\max}} = \frac{1}{2} = 1 - \frac{x^2}{r^2} \quad \text{oder} \quad x = \frac{r}{\sqrt{2}} = 0{,}707\,r. \tag{179}$$

In einem Rohre von $0{,}707\,d$ Durchmesser wird bei überall gleicher Geschwindigkeit $w_{l\max}$ dieselbe Flüssigkeitsmenge gefördert, wie in einem Rohre vom Durchmesser d bei paraboloidischer Verteilung.

Mit dem Zusammenhang zwischen w_l und x kann man nach Gl. (100) die kinetische Energie im Querschnitt ermitteln. Für den Energiebeiwert erhält man 2, und die Energie im Querschnitt ist

$$\frac{\xi\,w^2}{2} = \frac{2\,w^2}{2} = w^2 \tag{180}$$

oder gleich der doppelten zur mittleren Geschwindigkeit w gehörigen kinetischen Energie.

Die Gültigkeit des Gesetzes der Laminarströmung wurde für tropfbare Flüssigkeiten bis zu sehr großen Viskositäten nachgewiesen. KAHLBAUM und RÄBER[3] fanden das Gesetz für Rizinusöl von der 4000fachen dynamischen Viskosität des Wassers, REIGER[4] für Terpentinöl-Kolophoniumgemische bis zur 10^9fachen Viskosität des Wassers bestätigt. Terpentinöl-Kolophoniumgemische haben je nach Zusammensetzung verschiedene Viskositäten. So stellte LADENBURG[5] mit solchen Gemischen von der 10^6fachen Viskosität des Wassers Versuche an, die das Gesetz der Laminarströmung auf 1 vH genau erkennen ließen. Nach GLASER[6] gibt es aber einen Durchmesser, unter dem das oben entwickelte Gesetz nicht mehr gilt. Dieser kleinste Rohrdurchmesser hängt vom Grade der Viskosität ab. Wenn die Viskosität der Flüssigkeit die 10^7fache oder 10^9fache von Wasser ist, sind die kleinsten Durchmesser, bis zu welchen das Hagen-Poiseuillesche Gesetz gilt, 2 mm oder

---

[1] HAGEN, G.: Über die Bewegung des Wassers in engen zylindrischen Rohren. Ann. Physik 16 (1839) 423. $D = 2{,}55$ bis $5{,}91$ mm Durchmesser, Messingrohr.

[2] POISEUILLE, J. L. M.: Recherches expérimentales sur le mouvement des liquides dans les tubes de très petits diamètres. C. R. Acad. Sci., Paris 41 (1840) 961 u. 1041; 42 (1841) 112. Mém. des Savants Etrangers 9 (1846) 433. Deutsch: Pogg. Ann. Physik 58 (1843) 424. $D = 0{,}014$ bis $0{,}652$ mm, Glasrohr.

[3] KAHLBAUM, G. W. A., u. S. RÄBER: Acta Ac. Leop. 84 (1905) 204.

[4] REIGER, R.: Über die Gültigkeit des Poiseuilleschen Gesetzes bei zähflüssigen und festen Körpern. Pogg. Ann. d. Physik 19 (1906) 985. Dissertation Braunschweig 1901.

[5] LADENBURG, R.: Über die innere Reibung zäher Flüssigkeiten und ihre Abhängigkeit vom Druck. Pogg. Ann. d. Physik 22 (1907) 287.

[6] GLASER, H.: Über die innere Reibung zäher und plastisch-fester Körper und die Gültigkeit des Poiseuilleschen Gesetzes. Pogg. Ann. d. Physik. 22 (1907) 694.

8. Laminarströmung im geraden Kreisrohr

10 mm. Versuche zur Nachprüfung des Gesetzes bei laminarer Strömung von kolloidalen Flüssigkeiten unternahm REINER[1]; Versuche mit Ölen machte CAROTHERS[2].

Bisher wurde keine Forderung an die Beschaffenheit der benetzten Rohrwand gestellt. Tatsächlich ist der Strömungswiderstand bei laminarer Strömung unabhängig von der Rauhigkeit der benetzten Fläche, solange die relative Rauhigkeit so klein ist, daß man in den Gleichungen mit guter Annäherung den wahren (von Ort zu Ort veränderlichen) Rohrdurchmesser durch einen mittleren ersetzen kann. Das bestätigen zahlreiche Messungen, wobei der mittlere Rohrdurchmesser durch Anfüllen des Rohres mit Wasser bestimmt wurde. So fand SCHILLER[3] das Gesetz in Messingrohren mit eingeschnittenem Gewinde, also sehr rauhen Rohren, bis zu einem gewissen Rauhigkeitsgrad bestätigt. Darüber hinaus beobachtete er größere Widerstandszahlen λ_R als nach Gl. (178).

Das oben abgeleitete Gesetz für Laminarströmung gilt auch für *Gase*. Notwendig ist nur, eine Annahme über die Art der Zustandsänderung während der

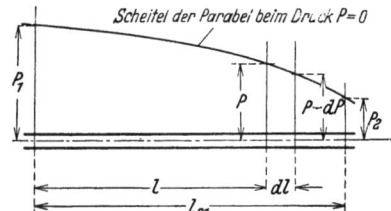

Bild 34. Zusammenhang zwischen statischem Druck P und Rohrlänge l bei Strömung eines Gases, Strömungsrichtung von *1* nach *2*.
$l_{21} = l_2 - l_1$

Strömung zu machen[4]. Nach früherem wird sich das Gas *praktisch isotherm* ausdehnen. Dann gilt nach Bild 34

$$P - dP = P - \frac{\partial P}{\partial l} dl.$$

---

[1] REINER, M.: Zur Hydrodynamik der Kolloide. Z. angew. Math. Mech. 10 (1930) 400. — Siehe weiter PHILIPPOFF, W.: Viscosität der Kolloide in Handbuch der Kolloide. Dresden und Leipzig 1942. Siehe hierzu Ullmanns Encyclopädie d. techn. Chemie. I (1951) 75 — Ferner WILKINSON, W. L.: Non Newtonian Fluids. London: Pergamon-Press 1960.

[2] CAROTHERS, S. D.: Portland experiments on the flow of oil in tubes. Proc. Roy. Soc., Lond. (A) 87 (1912) 154.

[3] SCHILLER, L.: Über den Strömungswiderstand von Rohren verschiedenen Querschnitts und Rauhigkeitsgrades. Z. angew. Math. Mech. 3 (1923) 2; Z. VDI 67 (1923) 623. Gl. (178) gilt für ein Verhältnis mittlerer Höhe der Rauhigkeitserhebungen zum lichten Rohrdurchmesser $\leq 0{,}035$. Physik 3 (1920) 412. Bestätigt von NIKURADSE 1933 (VDI-Forschungsheft Nr. 361) siehe S. 153.

[4] Ableitung ohne Rücksicht auf die Beschleunigungsarbeit, die vernachlässigbar klein ist. Genauere Ableitung siehe O. E. MEYER: Über die Strömung eines Gases durch eine Kapillarröhre. Pogg. Ann. d. Physik 127 (1866) 253. Ferner P. HOFFMANN: Über die Strömung der Luft durch Röhren beliebiger Länge. Pogg. Ann. d. Physik 21 (1884) 470.

Bei Gasen kannm an die Wirkung der Schwerkraft vernachlässigen. Die beschleunigende Kraft einer Schicht ist lediglich

$$-2\pi x \frac{\partial P}{\partial l}\,\mathrm{d}l\,\mathrm{d}x.$$

Die verzögernde Kraft erhält man wieder als Unterschied zwischen der inneren und äußeren Schichtreibungskraft

$$2\pi\eta\,\mathrm{d}l\,\frac{\partial}{\partial x}\left(x\,\frac{\partial w_l}{\partial x}\right)\mathrm{d}x.$$

Bei stationärer Strömung halten sich beide Kräfte das Gleichgewicht

$$-\frac{\partial P}{\partial l}+\eta\,\frac{\partial}{x\,\partial x}\left(x\,\frac{\partial w_l}{\partial x}\right)=0.$$

Nun ist $w_l = f(x, l)$. Nach Gl. (37) ist ϱw unabhängig von l gleich konstant und damit hier auch $\frac{\partial(\varrho w_l)}{\partial l} = 0$. Da t und P im Querschnitt konstant sein sollen, sind t, P und ϱ nur $f(l)$. Also gilt

$$\varrho\,\frac{\mathrm{d}P}{\mathrm{d}l} = \eta\,\frac{\partial}{x\,\partial x}\left(x\,\frac{\partial(\varrho w_l)}{\partial x}\right)$$

und, weil $\varrho w_l \neq f(l)$ ist,

$$\varrho\,\frac{\mathrm{d}P}{\mathrm{d}l} = \eta\,\frac{\mathrm{d}}{x\,\mathrm{d}x}\left(x\,\frac{\mathrm{d}(\varrho w_l)}{\mathrm{d}x}\right). \tag{181}$$

Diese Gleichung kann nur bestehen, wenn die Differentialquotienten jeder für sich konstant sind. Zunächst ist

$$\varrho\,\frac{\mathrm{d}P}{\mathrm{d}l} = \mathrm{const} = C.$$

Mit

$$\varrho = \frac{P}{RT} \quad \text{ist} \quad P\,\mathrm{d}P = CRT\,\mathrm{d}l \quad \text{oder} \quad P^2 = 2CRTl + C_1.$$

Die beiden Konstanten können aus den Grenzbedingungen, $P = P_1$ bei $l = l_1$ und $P = P_2$ bei $l = l_{21} = l_2 - l_1$ bestimmt werden. Man erhält

$$P^2 = P_1^2 + (P_2^2 - P_1^2)\,\frac{l}{l_{21}}. \tag{182}$$

Aus den Gln. (181) und (182) ergibt sich

$$\frac{\mathrm{d}}{x\,\mathrm{d}x}\left(x\,\frac{\mathrm{d}(\varrho w_l)}{\mathrm{d}x}\right) = \frac{\varrho}{\eta}\,\frac{\mathrm{d}P}{\mathrm{d}l} = -\frac{P_1^2 - P_2^2}{2\eta\,l_{21}\,RT}$$

und durch zweimalige Integration

$$\varrho w_l = -\frac{P_1^2 - P_2^2}{8l_{21}\eta\,RT}\,x^2 + A\ln x + B. \tag{183}$$

Zur Bestimmung der beiden Konstanten A und B dienen die Grenzbedingungen: Wenn $x = r$ ist $w_l = 0$ und $\varrho w_l = 0$; wenn $x = 0$ ist $\frac{\mathrm{d}w_l}{\mathrm{d}x} = 0$ und $\varrho\frac{\mathrm{d}w_l}{\mathrm{d}x} = 0$ (Tangente an das Geschwindigkeitsprofil senkrecht zur Rohrachse, siehe Bild 33).

8. Laminarströmung im geraden Kreisrohr

Aus der zweiten Bedingung folgt $A = 0$, aus der ersten und zweiten

$$B = \frac{P_1^2 - P_2^2}{8 l_{21} \eta R T} r^2,$$

also

$$\varrho \, w_l = \frac{P_1^2 - P_2^2}{8 l_{21} \eta R T} (r^2 - x^2) \quad \text{und} \quad w_l = \frac{P_1^2 - P_2^2}{8 l_{21} \eta P} (r^2 - x^2). \tag{184}$$

Der Volumenstrom ergibt sich zu

$$V_s = 2\pi \int_0^r w_l \, x \, dx = 2\pi \frac{P_1^2 - P_2^2}{8 l_{21} \eta P} \frac{r^4}{4} = \frac{\pi \, d^4}{128 \, \nu} \frac{P_1 - P_2}{\varrho \, l_{21}} \frac{P_1 + P_2}{2 P} \tag{185}$$

und die mittlere Strömungsgeschwindigkeit zu

$$w = \frac{d^2}{32 \, \nu} \frac{P_1 - P_2}{\varrho \, l_{21}} \frac{P_1 + P_2}{2 P}. \tag{186}$$

Man hätte diese Gleichungen auch mit den früheren Gln. (137) und (178) finden können (mit $l_{21} = l$)

$$P_1^2 - P_2^2 = 2 \lambda_R P_1 \varrho_1 \frac{l_{21}}{d} \frac{w_1^2}{2}; \quad \lambda_R = \frac{64}{Re} = \frac{64 \, \nu}{w \, d},$$

$$P_1^2 - P_2^2 = 64 \, \nu \, \varrho \, w \, P \, \frac{l_{21}}{d^2}$$

mit $P_1 \varrho_1 w_1^2 = P \varrho w^2 = \text{const}$. Die obige Rechnung vermittelt jedoch einen Einblick in die Mechanik der laminaren Gasströmung. Die Auflösung nach w ist identisch mit Gl. (186)[1].

Die Beobachtung, daß die strömende Flüssigkeit an der Rohrwand haftet, wurde mehrfach an laminarer (und turbulenter) Strömung nachgeprüft[2]. Außerdem läßt die Übereinstimmung zwischen der Rechnung und den Versuchsergebnissen HAGENS und POISEUILLES erkennen, daß die Flüssigkeit haftet. Die Adhäsionskräfte an der Rohrwand sind erheblich größer als die (Viskositäts-)

---

[1] Den versuchsmäßigen Nachweis der Laminarströmung von Gasen in Kreisrohren aus Glas, Eisen, Messing und Kupfer erbrachten z. B. W. RUCKES: Untersuchungen über den Ausfluß komprimierter Luft aus Haarröhrchen und die dabei auftretenden Wirbelerscheinungen. VDI-Forsch.-Heft Nr. 75. Berlin 1909; Z. VDI 52 (1908) 2065; Ann. Physik 25 (1908) 983ff. A. H. GIBSON u. GRINDLEY: An investigation of the resistance to the flow of air through pipes. Philos. Mag. 17 (1909) 389. J. J. DOWLING: Steady and turbulent motion in gases. Nature, Lond. 1912 S. 494. K. W. F. KOHLRAUSCH: Über das Verhalten strömender Luft in nichtkapillaren Röhren. Ann. Physik 44 (1914) 297. R. SCHMID: Über die Gültigkeit des Poiseuilleschen Gesetzes in nichtkapillaren Röhren. Sitzgsber. d. Wiener Akad. d. Wiss. IIa Bd. 124 (1915) S. 1143. H. SPEYERER: Bestimmung der Zähigkeit des Wasserdampfes. VDI-Forsch.-Heft Nr. 273 (1925). A. KNODEL: Über die Gasströmung in Röhren und den Luftwiderstand von Kugeln. Ann. Physik (4) 80 (1926) 533 (nichtkapill. Rohre).

[2] Zum Beispiel E. DUCLAUX: Ann. chim. phys. (4) 25 (1872) 472. H. S. HELE-SHAW: Investigation of the nature of surface resistance of water and streamline motion under certain experimental conditions. Inst. Naval Archit. Trans. 39 (1897) 145: 40 (1898) 21; C. R. Acad. Sci., Paris 132 (1901) 1306. A. WYSZOMIRSKI: Stromlinien und Spannungslinien. Dissertation Freiberg/Dresden 1914.

Schubkräfte; Flüssigkeitsteilchen, die einmal an der Rohrwand liegen, bleiben haften. Nach der heutigen Kenntnis muß man für *alle* tropfbaren Flüssigkeiten (also auch z. B. für Quecksilber in Glasrohren) das Bestehen einer wahrnehmbaren Gleitung verneinen.

Bei Gasen kann man das Haften nach der kinetischen Gastheorie erklären[1]. Dort stellt man sich vor, daß die einzelnen Gasteilchen je nach ihrer inneren Energie in einer mehr oder minder heftigen fortschreitenden, drehenden und schwingenden Bewegung begriffen sind. Der bei den Bewegungen im Durchschnitt zurückgelegte Weg ist in einem ruhenden Gase nach allen Seiten Null. Bewegt sich das Gas in einer Richtung mit einer bestimmten Geschwindigkeit w, so ist auch der Durchschnittswert nach dieser Richtung w, während er nach den anderen Richtungen verschwindet. An einer festen Begrenzung, z. B. an der Rohrwand, prallen die einzelnen Gasteilchen, die man sich als vollkommen elastische Kugeln vorstellen kann, auf und werden auch von der technisch glattesten Wand, die im Verhältnis zur Größe der Moleküle immer noch sehr rauh ist, völlig ungeregelt zurückgeworfen, wobei ihre Durchschnittsgeschwindigkeit verschwindet: Das Gas ist unmittelbar an der Rohrwand in Ruhe, es haftet.

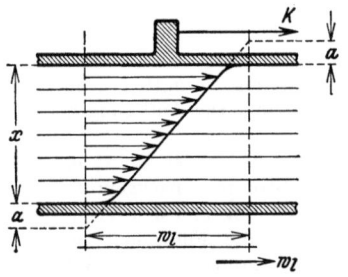

Bild 35. Zwei ebene Platten bewegen sich parallel zueinander. Geschwindigkeitsverteilung in der eingeschlossenen Schicht eines hochverdünnten Gases

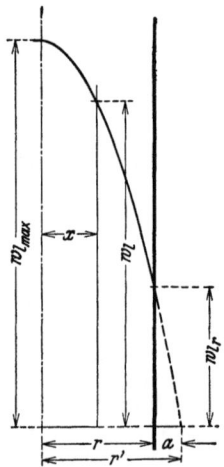

Bild 36. Geschwindigkeitsverteilung bei der laminaren Bewegung eines hochverdünnten Gases durch ein Rohr

Bei hochverdünnten Gasen aber, wo die mittlere Weglänge nicht mehr verschwindend klein zu den Rohrabmessungen ist, gilt das Newtonsche Gesetz S. 23 nicht mehr unbeschränkt. Dann herrscht eine Verteilung wie Bild 35 zeigt. Die Schubspannung ist jetzt

$$\tau = \eta \frac{w_l}{x + 2a}.$$

Nach Bild 36 ist das Verteilungsgesetz

$$w_l = \frac{J \varrho}{4 \eta} (r'^2 - x^2)$$

und der Volumenstrom

$$V_s = \frac{2 \pi J \varrho}{4 \eta} \int_0^r (r'^2 - x^2) \, x \, dx.$$

---

[1] ERK, S.: Siehe Fußnote 1, S. 250, dort S. 520.

Die Halbmesserdifferenz ist $r' - r = a$, und unter Vernachlässigung des quadratischen Gliedes ist $r'^2 = r^2 + 2ar$ und damit

$$V_s = \frac{\pi r^4 J \varrho}{8\eta}\left(1 + 4\frac{a}{r}\right); \quad w = \frac{r^2 J}{8\nu}\left(1 + 4\frac{a}{r}\right), \tag{187}$$

oder mit Rücksicht auf die isotherm expandierende Fortleitung, Gln. (185) und (186)

$$\left. \begin{array}{l} V_s = \dfrac{\pi d^4}{128\nu} \dfrac{P_1 - P_2}{\varrho l} \dfrac{P_1 + P_2}{2P}\left(1 + 4\dfrac{a}{r}\right); \\[2mm] w = \dfrac{d^2}{32\nu} \dfrac{P_1 - P_2}{\varrho l} \dfrac{P_1 + P_2}{2P}\left(1 + 4\dfrac{a}{r}\right). \end{array} \right\} \tag{188}$$

a ist ein Maß für die „Gleitung"[1]. Es hängt von der freien Weglänge der Moleküle ab und wächst mit fortschreitender Druckerniedrigung. Nach KUNDT und WARBURG ist für Luft von Zimmertemperatur $a = 0{,}01/P$ in m, also z. B. für $P = 1000$ N/m² ($p = 0{,}01$ bar) gleich 10^{-5} m (unabhängig vom Rohrdurchmesser), oder für $d = 10^{-3}$ m $\,\widehat{=}\,$ 1 mm gilt

$$1 + 4\frac{a}{r} = 1 + \frac{4 \cdot 10^{-5}}{\frac{1}{2} \cdot 10^{-3}} = 1 + 0{,}08$$

oder 8 vH Abweichung vom Gesetz der reinen Laminarströmung.

8.1.1 Hinweis zum Technischen Maßsystem

Für Flüssigkeiten gilt

$$\frac{P_1 - P_2}{\gamma} = \frac{32 w \nu}{g d^2}(l_2 - l_1). \tag{175x}$$

sowie $\lambda_R Re = 64$ und für Gase zu Gl. (186ff)

$$P_1^2 - P_2^2 = 2\lambda_R P_1 \gamma_1 \frac{l_{21}}{d} \frac{w_1^2}{2g}.$$

8.2 Vorgänge bei der Ausbildung der laminaren Strömung

Bisher wurde nur die stationäre vollständig ausgebildete Laminarströmung betrachtet. Diese kann sich unter verschiedenen Bedingungen ausbilden. Einmal kann man sich vorstellen, daß ein Rohr an einen großen Behälter geschlossen ist. Die Flüssigkeit, die anfänglich mit überall gleicher Geschwindigkeit ($w_l = w$) in das Rohr dringt, muß erst eine gewisse Rohrlänge durchströmen, bis das Geschwindigkeitsprofil der reinen Laminarströmung erreicht ist. Diese Rohrlänge pflegt man mit

---

[1] Zusammenfassung der hauptsächlichsten Arbeiten über die Laminarströmung mit Rücksicht auf die „Gleitungsverbesserung" siehe W. KLOSE: Über die Strömung verdünnter Gase durch Kapillaren. Dissertation Danzig 1931. Ann. Physik (5) 11 (1931) 73. Siehe ferner C. E. NORMAND: Ind. Engng. Chem. 40 (1948) 783; D. BROWN: J. Appl. Phys. 17 (1946) 802; G. L. MELLEN: Chem. Engng. 56 (1949) 122.

II. Theoretische Überlegungen und Versuchserfahrungen

Anlaufstrecke zu bezeichnen[1]. Andererseits kann eine schon ausgebildete Laminarströmung durch Querschnittsänderungen der Leitung gestört werden. Auch hier muß erst wieder eine bestimmte Länge von geradem Rohr mit unveränderlichem Querschnitt zurückgelegt werden, bis wieder reine Laminarströmung herrscht. Hier pflegt man von einer *Beruhigungsstrecke* zu sprechen.

Zunächst interessiert die Ausbildung des Geschwindigkeitsprofils im Anlauf. Wenn die Flüssigkeit wie bei REYNOLDS' Versuchen (Bild 43) durch eine gut abgerundete Düse in die Rohrleitung gelangt, so wird sich der Strahl nicht von Düsen- und Rohrwand ablösen und einschnüren, sondern den Anfangsquerschnitt bei gleichmäßig verteilter Geschwindigkeit durchströmen (siehe die Bilder 6 und 37). Da aber die

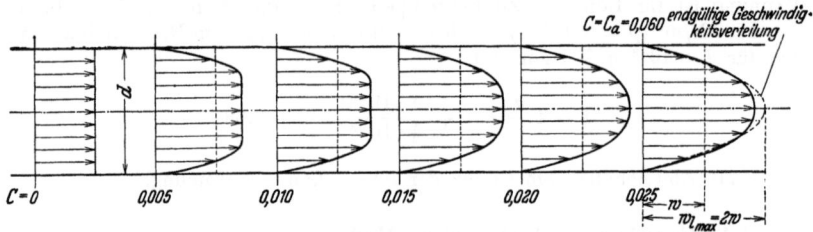

Bild 37. Entwicklung der Geschwindigkeitsverteilung im Anlauf vom gleichmäßigen Profil (Einlaßquerschnitt) bis zum endgültigen Profil, nach Messungen von NIKURADSE. Die kreisringförmige laminare Schicht heißt laminare Grenzschicht. Mit zunehmender Anlauflänge wird sie immer dicker, bis sie nach Erreichen der endgültigen Geschwindigkeitsverteilung den gesamten Rohrquerschnitt ausfüllt

Flüssigkeit an der Wand haftet, so wird sich alsbald eine dünne Randschicht ausbilden, in der die Geschwindigkeit schnell auf Null geht. Mit fortschreitender Bewegung wächst diese Randschicht immer mehr an, bis sie schließlich nach Zurücklegen der Anlaufstrecke die Dicke des Rohrhalbmessers erreicht hat, d. h. das ganze Rohr ausfüllt. Gleichzeitig nimmt der Durchmesser des Kerns, der mit nahezu gleichmäßiger Geschwindigkeit strömt, von d auf Null ab. Dieser Anlaufvorgang steht unter der Wirkung der Viskosität der strömenden Flüssigkeit, die ein Abbremsen der Randschichten und dadurch Beschleunigen der Kernströmung verursacht. Daraus erkennt man schon, daß ein Zusammenhang zwischen der Anlauflänge und der Reynolds-Zahl bestehen muß. Je zäher die Flüssigkeit ist, desto kürzer ist die Anlaufstrecke. Auch der Einfluß des Rohrquerschnitts ist schon zu deuten. Je größer

---

[1] Der *Anlaufeffekt* besteht darin, daß sich die endgültige Geschwindigkeitsverteilung der Rohrströmung erst nach Durchlaufen einer gewissen Strecke vom Einlauf einstellt und dementsprechend sich der Strömungswiderstand in diesem Teil des Rohres — der Anlaufstrecke — bis zu einem endgültigen ändert. (Andere sprechen von Einlaufstrecke statt Anlaufstrecke und von Anlaufstrecke statt Beruhigungsstrecke).

8. Laminarströmung im geraden Kreisrohr

der Querschnitt ist, desto später erst kann die Randschicht den ganzen Querschnitt ausfüllen, desto größer ist die Anlaufstrecke. Eine ähnliche Rolle spielt die Geschwindigkeit. Je schneller die Flüssigkeit strömt, um so später können die einzelnen Flüssigkeitsteilchen so weit abgebremst werden, daß Gleichgewicht zwischen den Druck- und Reibungskräften besteht. Wenn man die einzelnen Einflüsse linear ansetzt, dann kommt man für die Länge der Anlaufstrecke zu einer Beziehung

$$l_a = \text{const}\,\frac{wF}{\nu}. \tag{189}$$

Für kreisförmigen Querschnitt folgt dann

$$l_a = C_a\,Re\,d. \tag{190}$$

Daß eine solche Beziehung tatsächlich besteht, wurde versuchsmäßig nachgewiesen. Da sich bei dem mit zunehmender Anauflänge allmählich einstellenden Gleichgewicht die Geschwindigkeitsverteilung immer langsamer (asymptotisch) der endgültigen nähert, erklärt man nach PRANDTL[1] praktisch diejenige Länge als Anlaufstrecke, nach deren Durchströmen sich die herrschende von der endgültigen Geschwindigkeit in der Rohrachse nur noch um 1 vH unterscheidet. BOUSSINESQ[2] bestimmte für die Anlaufstrecke bis 1 vH die Konstante C_a zu 0,065. Danach beträgt bei z. B $d = 0,01$ m und $Re = 1000$ die Länge $l_a = 0,65$ m; oder es ist bei $Re = 1000$ das Verhältnis von Anlaufstrecke zu Rohrdurchmesser (*relative Anlaufstrecke*) 65. SCHILLER[3] ermittelte den Wert C_a zu 0,029, also erheblich kleiner.

Um den Anlaufvorgang rechnerisch erfassen zu können, wurde die Geschwindigkeitsverteilung über den Querschnitt in verschiedenen Abständen von der Einlauföffnung gemessen. Ergebnisse solcher Messungen von NIKURADSE[4] zeigen die Bilder 37 und 38. Anfangs ist die Geschwindigkeit gleichmäßig verteilt $\left(C = \dfrac{l}{d\,Re} = 0\right)$, bis $C = 0,01$ steht die Kernströmung noch nicht unter dem Einfluß der Reibung, während in der Rand- oder Grenzschicht parabelförmige Geschwindigkeitsverteilung herrscht. Für Werte $C > 0,01$ wird auch die Kernströmung von der Reibung erfaßt, was dadurch angezeigt wird, daß die gleichmäßige Geschwindigkeitsverteilung im Kern in eine gewölbte übergeht. In Bild 37 wurden die Geschwindigkeitsprofile für $C = 0,005; 0,010; 0,015; 0,020; 0,025$ dargestellt.

---

[1] PRANDTL, L., u. O. TIETJENS: Hydro- und Aeromechanik Bd. 2 Berlin 1931, S. 25.
[2] BOUSSINESQ, J.: C. R. Acad. Sci., Paris 113 (1891) 9 u. 49.
[3] SCHILLER, L.: Untersuchungen über laminare und turbulente Strömung. VDI-Forsch.-Heft 248 (1922); Z. angew. Math. Mech. 2 (1922) 96; oder Physik. Z. 23 (1922) 14. Leipziger Habilitationsschrift.
[4] NIKURADSE, J.: Geschwindigkeitsverteilung im laminaren Anlauf. Erstmalig veröffentlicht von PRANDTL u. TIETJENS: Siehe Fußnote 1, S. 49.

Die gestrichelte Kurve im letzten Profil kennzeichnet die Verteilung bei ausgebildeter Laminarströmung. Bei $C = 0{,}025$ beträgt die Abweichung der Achsgeschwindigkeit von der endgültigen noch 9 vH.

Mit einer von PRANDTL vorgeschlagenen Näherung, daß während des ganzen Anlaufs die Kerngeschwindigkeit gleichmäßig und die Randgeschwindigkeit nach

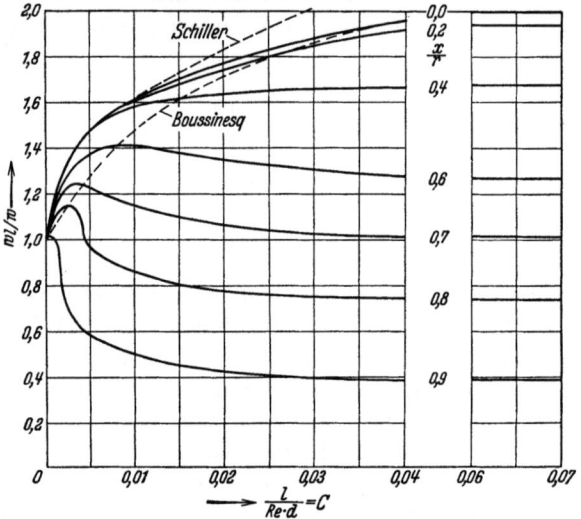

Bild 38. Beschleunigung und Bremsung der einzelnen Schichten einer Laminarströmung im Anlauf, nach Messungen von NIKURADSE

Maßgabe einer quadratischen Parabel verteilt ist, siehe Bild 39, berechnete SCHILLER[1] die Anlaufprofile für verschiedene C. Dabei mußte die Geschwindigkeit der Kernströmung mit wachsender Randschichtdicke so zunehmen, daß die mittlere Durchflußgeschwindigkeit dieselbe blieb. Da die Kernströmung fast nicht unter dem Einfluß der Viskosität steht, kann man sie rechnerisch angenähert

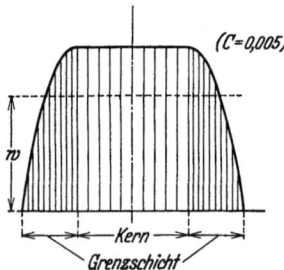

Bild 39. Ersatz des laminaren Geschwindigkeitsprofils in der Anlaufstrecke durch eine gleichmäßig geschwinde Kernströmung und parabolisch verteilte Randströmung

wie eine reibungsfreie Strömung behandeln (Gültigkeit des Gesetzes von BERNOULLI). Rechnung und Versuch stimmten bis etwa $C = 0{,}01$ ganz gut überein. Für $C > 0{,}01$ nähert sich allerdings die errechnete Geschwindigkeitsverteilung zu schnell der endgültigen. Tatsächlich können ja Rechnung und Versuch nur so lange übereinstimmen, wie die Viskosität keinen Einfluß auf die Kernströmung ausübt.

---

[1] SCHILLER, L.: Zit. S. 103.

8. Laminarströmung im geraden Kreisrohr

Aus diesem Grunde ist auch SCHILLERS C_a-Wert erheblich kleiner als der tatsächliche, der etwa bei $C_a = 0,06$ liegen mag. In Bild 38 wurden Linien $w_{l\max}/w$ nach BOUSSINESQ und SCHILLER eingetragen. Während SCHILLERS Kurve besonders den Verhältnissen beim Beginn des Anlaufs gerecht wird, $C = 0,00$ bis $0,01$, stellt BOUSSINESQS Kurve das Ende der Anlaufstrecke gut dar, $C > 0,04$.

Geschwindigkeitsverteilung und Strömungswiderstand sind, weil von einer Größe, der Viskosität, bedingt, eng miteinander verknüpft. Der Strömungswiderstand ändert sich während des Anlaufs bis zu seiner endgültigen Größe[1]. Die relative Rohrlänge, von der ab — bei vorgegebener Genauigkeit — der Endwiderstand erreicht wird, ist dieselbe wie die für die endgültige Geschwindigkeitsverteilung ermittelte. Mit Rücksicht auf die Profiländerung Bild 39 berechnete SCHILLER den Anlaufwiderstand, der bei der Entwicklung der laminaren Geschwindigkeitsverteilung durch die Beschleunigung der Kernströmung hervorgerufen wird. Die kinetische Energie im Querschnitt ist bei gleichmäßiger Geschwindigkeit ($C = 0$) gleich $w^2/2$ (Energiebeiwert $\xi = 1$). Nach Zurücklegen der Anlaufstrecke, $C = C_a$, hat die Bewegungsenergie im Querschnitt je Masseneinheit den Betrag $2w^2/2$ erreicht ($\xi = 2$). Dieser Zuwachs geht im waagerechten Rohr auf Kosten der potentiellen Energie, verursacht also einen Druckabfall. Dazu kommt der zur Überwindung des Reibungswiderstandes im Rohr erforderliche Druckunterschied. Da der Geschwindigkeitsgradient an der Rohrwand, der am Einlauf zunächst sehr groß war, mit zunehmender Entfernung vom Einlauf und wachsender

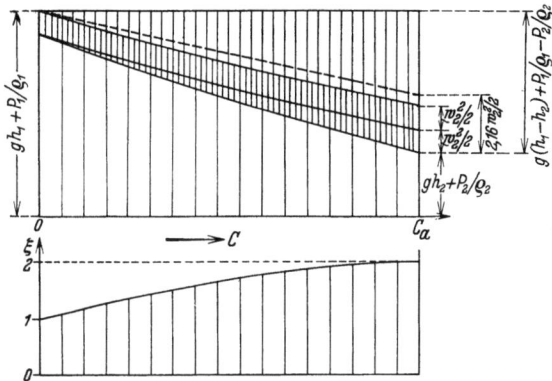

Bild 40. Energieumsatz im laminaren Anlauf. Abnahme des statischen Druckes, Zunahme der kinetischen Energie auf das Doppelte, Anwachsen des Energiebeiwertes ξ von 1 auf 2. Der zusätzliche Verlust an potentieller Energie im Anlauf beläuft sich auf das 0,16fache der kinetischen Energie, $\Delta P/\varrho_2 = 0,16\, w_2^2/2$.

Grenzschichtdicke immer kleiner wird, wird der Druckabfall eine in Bild 40 skizzierte Kurve befolgen. War die Flüssigkeit vor dem Einlauf in Ruhe, so muß ein Teil der potentiellen Energie vor dem Einlauf auch noch zur Beschleunigung

---

[1] Nach v. HELMHOLTZ bilden sich Bewegungen, bei welchen keine Trägheitskräfte wirken, also z. B. laminare Strömungen, stets so aus, daß der geringste Reibungswiderstand auftritt. Das ist parabolische Verteilung der Geschwindigkeit bei Laminarströmung. Im Anlauf, wo die Flüssigkeit auch laminar strömt, aber mit anderer als parabolischer Verteilung, muß demnach ein höherer Strömungswiderstand oder Druckverlust herrschen, was mit den Versuchserfahrungen übereinstimmt. H. v. HELMHOLTZ: Wiss. 1 (1882) 264.

des Massenstromes auf die mittlere Geschwindigkeit w herangezogen werden. Die gesamte Energieumsetzung im Anlauf ist

$$\frac{P_1}{\varrho_1} - \frac{P_2}{\varrho_2} + g(h_1 - h_2) \qquad (191)$$

SCHILLER suchte nun den zusätzlichen Anlaufverlust, der durch die Veränderlichkeit der Randspannung τ_0 bedingt ist, zu berechnen. Er fand, daß die Erhöhung des Widerstandes im Anlauf gegenüber dem endgültigen auch eine Funktion der Zahl $C = l/d\,Re$ ist. Bezogen auf die kinetische Energie $w_2^2/2$ erhielt er einen zusätzlichen Verlust an potentieller Energie von $0{,}16\,w_2^2/2$. Den Druckabfall vom Beginn des Rohres kann man mit

$$g(h_1 - h_2) + \frac{P_1}{\varrho_1} - \frac{P_2}{\varrho_2} = 32\,\frac{l\,w\,\nu}{d^2} + n\,\frac{w^2}{2} \qquad (192)$$

angeben, wobei n im Einlaßquerschnitt von 0 auf 1 steigt und dann allmählich den Wert 2,16 erreicht.[1] Allgemein ist

$$n = 1 + f\left(\frac{l}{d\,Re}\right) = 1 + f(C). \qquad (193)$$

SCHILLERS Rechnung ergab für die Anlauflänge:

$$\frac{l}{d} = \frac{1}{16}\,Re f\left(\frac{w_{l\max} - w}{w}\right) = \frac{Re}{16}\,f(m), \qquad (194)$$

wobei l die Länge vom Einlaßquerschnitt an gerechnet ist. Für $w_{l\max} = 2w$, die endgültige Form, soll l gleich (oder größer) l_a sein. Wegen des nahezu reibungslosen Verhaltens der Kernströmung gilt

$$\left(g h + \frac{P}{\varrho}\right)_{12} = \left(\frac{w_{l\max}^2 - w^2}{2}\right)_{21}, \qquad (195)$$

d. h., die Abnahme der potentiellen Energie entspricht dann allein der Steigerung der kinetischen Energie. Mit den Gln. (194) und (195) ist der Energieunterschied zwischen einer Stelle 1 in der Anlaufstrecke und dem Einlauf

$$\left(g h + \frac{P}{\varrho}\right)_{01} = \frac{w^2}{2}\,(2m + m^2)_{10}. \qquad (196)$$

Mit der Definitionsgleichung (128/129) für λ_R erhält man für die Bewegung zwischen zwei beliebigen Querschnitten

$$g h_{12} + \frac{P_{12}}{\varrho} = \lambda_R\,\frac{l}{d}\,\frac{w^2}{2}$$

und

$$\lambda_R = (2m + m^2)_{21}\,\frac{d}{l}. \qquad (197)$$

Nach Gl. (194) wurde in Bild 41 das Verhältnis m als $f(l/d\,Re) = f(C)$ und $2m + m^2$ als $f(C)$ aufgetragen. Damit kann man mit Gl. (196) den Druckverlust zwischen zwei beliebigen Stellen im Anlauf berechnen. $l_a/d\,Re$ oder C_a wird erreicht, wenn

---

[1] BOUSSINESQ fand 1891 $n = 2{,}24$, HOSKING 1909 $n = 2{,}26$ bis $2{,}43$ und RIEMANN 1928 $n = 2{,}25$.

8. Laminarströmung im geraden Kreisrohr

$m = 1$ oder $2m + m^2 = 3$ ist. Nach Bild 41 ist $C_a = 0{,}029$. Den Grad der Annäherung erkennt man an der m-Kurve, m ist für $C > C_a$ gleich 1 (gleich konstant). Die Kurve hat bei $C_a = 0{,}029$ einen Knick. Tatsächlich muß dort ein

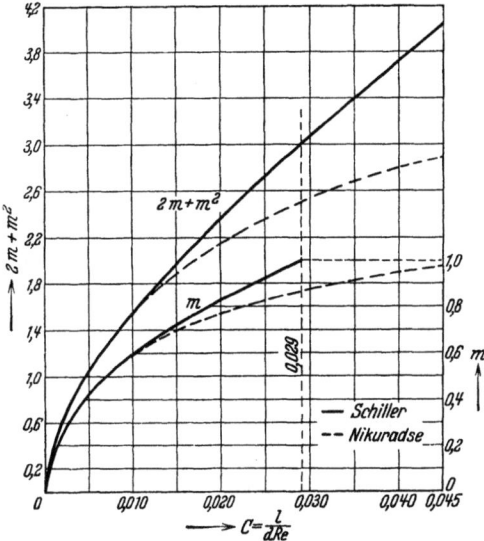

Bild 41. Zum Druckverlust im laminaren Anlauf

stetiger Übergang sein. Zum Vergleich wurde die Kurve nach NIKURADSE eingetragen, die $C_a = 0{,}06$ brachte. Die Schillersche Rechnung stimmt trotzdem noch gut mit der Wirklichkeit überein. Das zeigt Bild 42. In einem Rohr mit be-

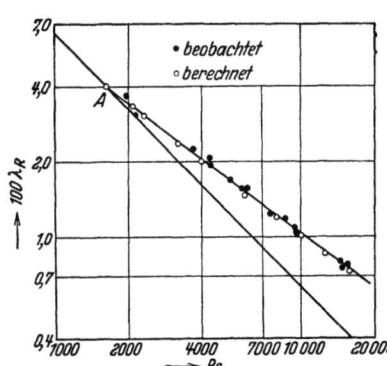

Bild 42. Widerstandszahl im laminaren Anlauf nach Messungen und Berechnungen von SCHILLER. Logarithmische Auftragung

stimmter Anlauflänge l_a vor der Meßstrecke wurde der Druckverlust beobachtet, indem vorsichtig Re gesteigert wurde. Solange

$$Re \leqq \frac{1}{0{,}029} \frac{l_a}{d}$$

war (bis Punkt A), ergab sich ein Druckverlust nach dem Gesetz von HAGEN und POISEUILLE. Wurde dieser Wert überschritten, so ergaben sich höhere Druckverluste oder Widerstandszahlen. Die Versuchspunkte zeigen, wie gut Rechnung[1] und Versuch übereinstimmen.

Bei scharfkantigem Rohreinlauf werden die Verluste nur um ein geringes höher, weil sich ein Einlaufwirbel ausbildet, der eine natürliche Abrundung schafft. Die Beschreibung des Anlaufzustandes beruht vollständig auf Versuchen mit *Wasser*. Bei Strömung anderer tropfbarer oder gasförmiger Fluide werden ähnliche Vorgänge eintreten. Für die Längen der *Beruhigungsstrecken* werden je nach Störungsgrad etwa ähnliche Längen wie beim Anlauf nötig sein.

9. Übergangsgebiet zwischen laminarer und turbulenter Strömung

Die obenerwähnten Navier-Stokesschen Gleichungen (86) lassen keine Beschränkung für den Geltungsbereich der Laminarströmung erkennen; theoretisch ist die Laminarströmung unbegrenzt denkbar. Versuche zeigen aber, daß tatsächlich nur in einem engen Bereich Laminarströmung herrscht, darüber hinaus führen die einzelnen Flüssigkeitsteilchen eine turbulente Bewegung aus. Um die Grenze kennenzulernen, an der die eine Strömungsart in die andere übergeht, ließ HAGEN dunkle Bernsteinspäne und Eichenholzspäne zugleich mit dem Versuchswasser durch Glasrohre treiben[2]. Je nach der Größe der Strömungsgeschwindigkeit befanden sich die Späne in ruhiger achsparalleler oder in wirbliger anscheinend ganz unregelmäßiger Bewegung. Auffallend unterschieden sich beide Strömungsarten, als er den aus einem geraden Rohr frei austretenden Wasserstrahl beobachtete. Glich er anfangs einem unbeweglichen polierten Glasstab mit glänzender Oberfläche, so nahm er nach Überschreiten eines gewissen Grenzzustandes einen matten Glanz wie geätztes Glas an und ließ unter der Lupe zahlreiche kleine Wellen erkennen. Gleichzeitig wurde der Strahl unruhig und schwankte hin und her. REYNOLDS[3] untersuchte die Strömung von teilweise gefärbtem Wasser durch Glasrohre mit trompetenförmigem Einlauf. Bei geringen Geschwindigkeiten schwamm der Farbfaden in gerader Bahn durch das Rohr (Bild 43). Wurde die Geschwindigkeit vergrößert, so mischte sich plötzlich das gefärbte Wasser in beträchtlicher Entfernung vom Einlauf mit dem klaren Wasser (Bild 44). Bei weiterer Geschwindigkeitssteigerung löste sich der Farbfaden immer näher am Einlauf auf, ohne diesen aber auch bei noch so hohen Geschwindigkeiten zu erreichen (siehe hierzu S. 140 und Bild 65/66). Wurde der Zustand von Bild 44 kurzzeitig beleuchtet (etwa durch elektrischen Funken), so konnte man die ein-

---

[1] Ähnliche Zusammenhänge fanden ATKINSON-GOLDSTEIN (1938) und LANGHAAR (1942).

[2] HAGEN, G.: Über den Einfluß der Temperatur auf die Bewegung des Wassers in Röhren. Abhandl. d. Akad. d. Wiss. math. Kl. Berlin 1854, S. 17.

[3] REYNOLDS, O.: Zit. S. 49.

9. Übergangsgebiet zwischen laminarer und turbulenter Strömung 109

zelnen Wirbel deutlich erkennen (Bild 45). REYNOLDS' Anschauungen, daß das Übergangsgesetz von den Größen der Navier-Stokesschen Gleichungen [Gl. (86)], nämlich der Viskosität η, der Dichte ϱ der Flüssigkeit, der Geschwindigkeit w und dem Rohrdurchmesser d abhängt, erwies sich als allgemein zutreffend. Wenn man die Reynolds-Zahl

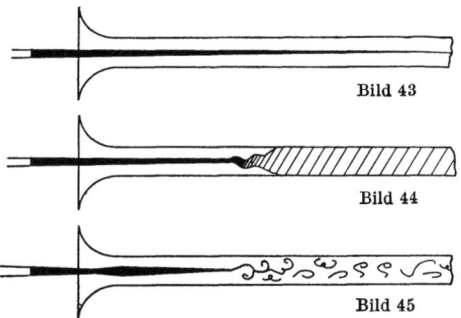

Bild 43 bis 45. Verschiedene Zustände eines Farbfadens in von Wasser durchströmtem Glasrohr. Nach Beobachtungen von REYNOLDS (1883). Bild 43 laminare, Bild 44 u. Bild 45 turbulente Strömung

als Ordnungsgröße für die Strömung verwendet, so zeigt sich, daß die Strömung bis zu einer gewissen Zahl laminar bleibt und darüber hinaus turbulent wird. Dieser *Übergangszahl* kommt aber keine absolute Bedeutung zu; sie kann je nach Verlauf der Strömung ganz verschiedene Werte annehmen. Nach zahlreichen Versuchen hängt der Betrag der Übergangszahl vom Grade der *Störung* oder *Beruhigung* der strömenden Flüssigkeit ab und richtet sich nach dem *größten* in der Flüssigkeit vorkommenden *Störbetrage*.

Aus den Untersuchungen SCHILLERs folgt[1], daß man bei jeder Versuchsanordnung eine ganze Reihe von Übergangszahlen finden kann. Von besonderem Einfluß ist die *Form* des Rohreinlaufs, der die wesentlichste Störquelle darstellt. Ferner hängt der Betrag der Einlaufstörung vom *Beruhigungsgrade der Flüssigkeit* vor Eintritt in das Rohr ab. Die beim Einlauf in die Strömung getragenen Wirbel begünstigen den Übergang von laminarer zu turbulenter Strömung. Allerdings wird bald eine Reynoldssche Übergangszahl erreicht, die auch bei noch so heftiger Störung nicht mehr unterschritten werden kann. Sie beträgt $Re_{\text{krit}} = 2320$. Bei Strömungen mit kleinerer Kennzahl werden Störungen nach hinreichend langer Beruhigungsstrecke immer wieder geglättet. Oberhalb $Re_{\text{krit}} = 2320$ dagegen geht wirbelnd ankommende Flüssigkeit auch bei noch so langer Beruhigungsstrecke nicht mehr in laminare Strömung über. Die *untere* Grenze heißt *kritische Reynolds-Zahl*. Da der Übergang vom Grad der Störung abhängt, kann man schließen,

---

[1] SCHILLER, L.: Zit. S. 103. VDI-Forsch.-Heft 1922, Nr. 248, S. 5.

II. Theoretische Überlegungen und Versuchserfahrungen

daß die Laminarströmung bis zu einer gewissen Grenze ($Re = 2320$) *stabil* und darüber hinaus *labil* ist. Die *kritische Geschwindigkeit* ist jede Geschwindigkeit, die dem Wert $Re_{krit} = w_{krit}\, d/\nu = 2320$ genügt.

Durch möglichste Verringerung der Störungen (gut abgerundeter, glatter Einlauf, erschütterungsfrei aufgestellte Versuchsanlage, zur Beruhigung tagelang im Vorratstrog stehende Versuchsflüssigkeit) konnte man die Laminarströmung bis zu ziemlich hohen Reynolds-Zahlen erhalten (POISEUILLE[1] bis 20900, REYNOLDS[2] bis 12850, BARNES und COKER[3] bis 54100, SAPH und SCHODER[4] bis 12000,

Zahlentafel 8. *Beispiele für w_{krit} in m/s bei 20 °C und 760 Torr*

Fluid	$10^6\, \nu\, m^2/s$	Rohrdurchmesser D in mm			
		10	20	100	1000
Erdöl aus Burma	18,90	4,385	2,193	0,439	0,044
Deutsches Petroleum	1,790	0,415	0,208	0,042	0,004
Wasser	1,004	0,233	0,117	0,023	0,002
Trockene Luft	15,10	3,503	1,752	0,350	0,035
Stadtgas	26,30	6,100	3,050	0,610	0,061

EKMAN[5] bis 51000, BRABBÉE[6] bis 17700, SCHILLER bis 22000). Danach erscheint es tatsächlich als möglich, daß bei vollständigem Vermeiden der immer noch vorhandenen Störungen im Versuchsstrom, besonders beim Einlauf in das Rohr, beliebig hohe Reynolds-Zahlen für den Übergang erreicht werden können. Praktisch kann man diese Störungen nicht restlos ausschalten.

Re_{krit} wurde vielfach bestimmt: z. B.:

HAGEN (1854), Wasser, Glas- und Messingrohre, D. F. 2100
REYNOLDS (1883), Wasser, Bleirohre, D. F. . . . . 2000 ··· 2100
BARNES und COKER (1901/05), Wasser, Messingrohre, W. F. . . . 1900 ··· 2040
SAPH und SCHODER (1903), Wasser, Messingrohre, D . . . . . . 2000 ··· 2800
MORROW (1905)[7], Wasser, Glasrohre, G. 1930

---

[1] POISEUILLE, J.: Zit. S. 96.
[2] REYNOLDS, O.: Zit.: S. 49.
[3] BARNES, H. T., u. E. G. COKER: The flow of water through pipes, experiments on streamline motion and the measurement of critical velocity. Nichols Physic. Rev. 12 (1901) 341; Philos. Trans. Soc., Lond. (A) 199 (1902) 234; B. A. Belfast Report 1902; Proc. Roy. Soc., Lond. 74 (1905) 341. COKER, E. G., u. S. B. CLEMENT: An experimental determination of the change with temperature of the critical velocity of the flow of water in pipes. Philos. Trans. Roy. Soc., Lond. (A) 201 (1903) 45.
[4] SAPH, A. V., u. E. H. SCHODER: An experimental study of the resistance to the flow of water in pipes. Trans. Amer. Soc. civ. Engr. 51 (1903) 253.
[5] EKMAN, V. W.: On the change from steady to turbulent motion of liquids. Ark. Math., Astron. Physik 6 Nr. 12 (1911).
[6] BRABBÉE, K.: Widerstände in Warmwasserheizungen. Gesundh.-Ing. 36 (1913) 545.
[7] MORROW, H.: On the distribution of the velocity in a viscous fluid over the cross-section of a pipe, and on the action of critical velocity. Proc. Roy. Soc. Lond. (A) 76 (1905) 205.

9. Übergangsgebiet zwischen laminarer und turbulenter Strömung

RUCKES (1908)[1], Preßluft, Glasrohre, D.	2000 ··· 2400
STANTON und PANNELL (1914), Luft und Wasser, Messingrohre, D.	2140 ··· 2250
—, Luft und Wasser, Messingrohre, G.[2]	4000
KOHLRAUSCH (1914)[3], Luft, Messingrohre, G.	1880 ··· 2600
KOHLRAUSCH, Luft, Messingrohre, D.	2080
SCHILLER (1921), Wasser, Messingrohre, D. bei verschiedener Störung	2320
WILDHAGEN (1923)[4], Preßluft, Glasrohre, D.	1900 ··· 2700

Meßverfahren: D. durch Beobachtung des Druckabfalls, F. mittels Farbfäden, W. durch Beobachtung der Wärmeübertragung, G. durch Bestimmung der Geschwindigkeitsverteilung.

Am sichersten scheint der Wert von SCHILLER (2320) zu sein. Immerhin können wohl gelegentlich auch niedrigere Werte auftreten, so daß eine regellose Streuung bis $Re = 2000$ herunter wahrscheinlich ist. Die von REYNOLDS mit 2020 gefundene Zahl (im Mittel) kann bei schärferer Nachprüfung seiner Versuche mit etwa 2400 angegeben werden. HAGENS Versuche als die ältesten ergeben nachträglich umgerechnet Übergangszahlen zwischen 2300 und 2600.[5]

Man kann das Übergangsgebiet besonders gut beobachten, wenn man den Druckabfall im Versuchsrohr zwischen zwei verschiedenen Querschnitten mißt und die damit nach Gl. (118) berechnete Widerstandszahl λ_R im doppelt logarithmischen Diagramm über der zugehörigen Reynolds-Zahl Re aufträgt. Ein solches Diagramm von SCHILLER, mit Wasser aufgenommen, ist Bild 46. Man sieht, wie durch Verringerung der Einlaufstörung die Übergangszahl erhöht wurde. Verfolgt man eine solche Übergangskurve, so erkennt man, daß λ_R zunächst nach dem Gesetz von HAGEN und POISEUILLE abnimmt (Gerade unter $-45°$). Nach Erreichen einer bestimmten Übergangszahl steigt λ_R plötzlich bis zu einer höher liegenden Kurve an, die das Widerstandsgesetz der turbulenten Strömung darstellt. Während also die Meßpunkte erst auf einer Geraden mit Neigung 1:1 lagen, konnten sie jetzt durch eine Gerade mit Neigung 1:4 verbunden werden, d. h., jetzt ist die Änderung von λ_R mit Re umgekehrt der 4. Wurzel aus Re proportional. In Bild 46 gibt es eine ganze Reihe solcher Übergänge[6], jeder entspricht einem anderen Störungsgrade. Bei kleinen Störungen verläßt die Übergangskurve die Laminargerade nicht so plötzlich wie bei größeren Störungen. Als Übergangszahl pflegt man dann die zu bezeichnen, bei der die erste Abweichung von der Laminargeraden

---

[1] RUCKES, W.: Zit. S. 99.
[2] STANTON, T. E., u. J. R. PANNELL: Similarity of motion in relation to the surface friction of fluids. Philos. Trans. Roy. Soc., Lond. (A) 214 (1914) 199.
[3] KOHLRAUSCH, K. W. F.: Zit. S. 99.
[4] WILDHAGEN, M.: Über den Strömungswiderstand hochverdichteter Luft in Rohrleitungen. Z. angew. Math. Mech. 3 (1923) 181.
[5] PRANDTL, L., u. O. TIETJENS: Aero- u. Hydromechanik Bd. 2, Berlin 1931, S. 33, Bild 17.
[6] Die Abgabelung von der Laminargeraden, die auch ein Laminarströmungsgesetz darstellt, wurde im vorigen Abschnitt erklärt (zu Bild 42).

auftritt. Länger als bis $Re = 12000$ konnte SCHILLER bei diesen Versuchen Laminarströmung nicht erhalten. Bei diesen großen Reynolds-Zahlen war die Laminarströmung so instabil, daß schon sehr geringe Störungen die turbulente Strömung einleiten konnten.

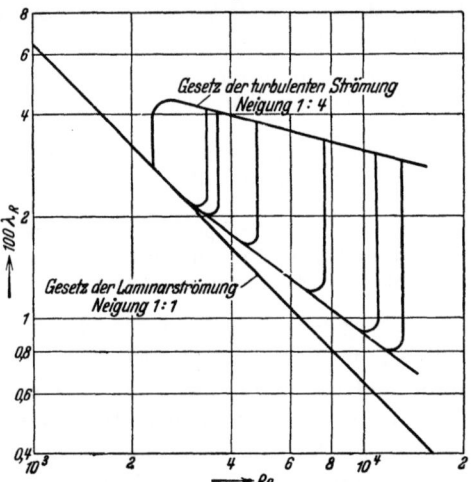

Bild 46. Zusammenhang zwischen Widerstandszahl und Reynolds-Zahl bei verschieden großer Störung der Strömung im Grenzgebiet zwischen laminarer und turbulenter Strömung (nach SCHILLER). Logarithmische Auftragung

SCHILLER[1] fand auch die Länge der Anlaufstrecke von Einfluß auf die Größe der kritischen Zahl. Mit zunehmender Anlauflänge nahm Re_{krit} bis auf 2320 ab und behielt dann diesen Wert bei. Bild 47 stellt Versuchsergebnisse an glatten peinlich geraden Rohren mit glatten gut abgerundeten Einlauföffnungen dar, die erst bei einem Verhältnis Anlauflänge zu Rohrdurchmesser von 1300 zu $Re = 2320$ führten. Bei weiterer Steigerung der Anlauflänge blieb die Übergangszahl unveränderlich 2320. Die Messungen anderer Forscher ließen allerdings einen Zusammenhang zwischen Anlauflänge und Re_{krit} nicht erkennen (so Versuche von REYNOLDS, COUETTE[2] und BARNES und COKER). Besonders scharf steht EKMAN der Auffassung von SCHILLER gegenüber, indem er erklärte, daß in einem Rohre bis zu einer bestimmten, vom Störungsgrad abhängigen Geschwindigkeit (entsprechend der Übergangszahl) *überall* Laminarströmung auftritt, die Anlauflänge also keinen Einfluß auf das Eintreten der Turbulenz hat. Auch PRANDTL und TIETJENS sprechen sich auf Grund von REYNOLDS' und anderer Versuchen dafür aus, daß die Länge des Anlaufs ohne Einfluß auf die kritische Zahl ist. Nach den andersdeutigen Messungen SCHILLERS muß man wohl vorläufig diese Frage noch offenlassen. Für den Übergang selbst bei verschiedener Anlauflänge gab SCHILLER mehrere Diagramme an[3], die zeigen, daß die Umwandlung der Strömungsformen um so allmählicher erfolgt, je kürzer der Anlauf ist (Bild 48).

---

[1] SCHILLER, L.: Neue Versuche zum Turbulenzproblem. Physik. Z. 25 (1924) 541; 26 (1925) 64.

[2] COUETTE, M.: Étude sur le frottement des liquides. Ann. Chim. Phys. (6) 21 (1890) 433.

[3] SCHILLER, L.: Rauhigkeit und kritische Zahl. Ein experimenteller Beitrag zum Turbulenzproblem. Z. Physik 3 (1920) 412.

9. Übergangsgebiet zwischen laminarer und turbulenter Strömung 113

Eine andere Erscheinung beim Übergang ist das abwechselnde Auftreten von Turbulenz und Laminarströmung, was bei genügend langsamer Steigerung der Reynolds-Zahl beobachtet werden kann. Wird die Übergangszahl etwas überschritten, so tritt nach REYNOLDS' Farbfadenversuchen (S. 109) plötzlich an einer in beträchtlicher Entfernung vom Einlauf gelegenen Stelle des Rohres Turbulenz auf. Dadurch wird der Strömungswiderstand erhöht und fällt die mittlere Strömungsgeschwindigkeit bei unveränderlicher Druckdifferenz. Dieses Abbremsen braucht wegen der Trägheit des Stromes einige Zeit, weshalb λ_R zunächst schnell, dann langsamer ansteigt. Ist dabei die Reynolds-Zahl wieder unter die kritische gesunken, so hört die weitere Turbulenzbildung auf. In dem Maße, wie der wirbelnde Teil der Flüssigkeit das Versuchsrohr verläßt, verringert

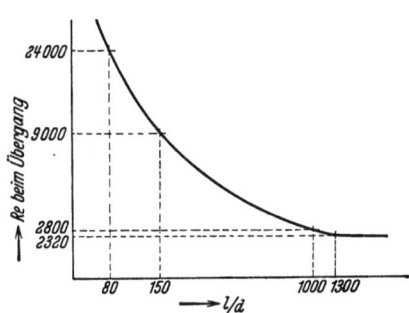

Bild 47. Zusammenhang zwischen Übergangszahl und Anlauflänge nach SCHILLER (Versuchsbereich $l/d = 34$ bis 2635 = Anlauflänge zu Rohrdurchmesser, $d = 0,006$ und $0,012$ m Durchmesser. Messingrohr). Logarithmische Auftragung

Bild 49. Widerstandszahl bei abwechselndem Auftreten von Laminarströmung und Turbulenz im Übergangsgebiet

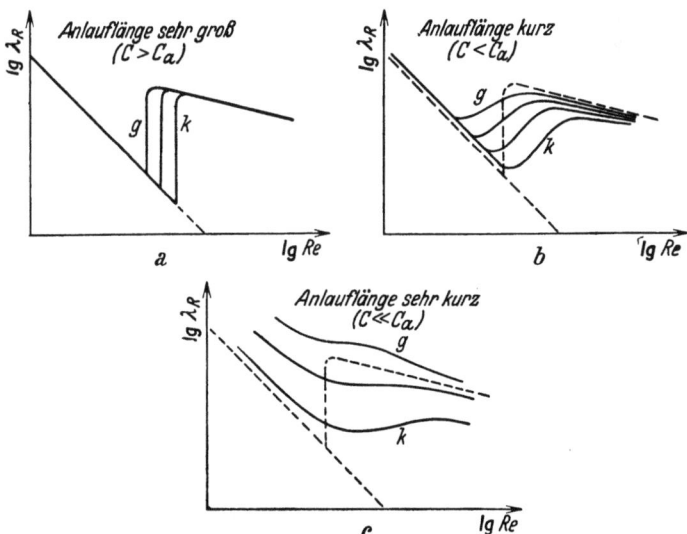

Bild 48. Zusammenhang zwischen Widerstandszahl und Reynolds-Zahl im Übergangsgebiet bei verschiedener Anlauflänge und verschiedenem Störungsgrad nach SCHILLER. (Bild 48a—c; k kleine Störung, g große Störung)

sich der Strömungswiderstand und damit auch λ_R. Gleichzeitig wird die Flüssigkeit wieder beschleunigt und wiederholt sich der Vorgang (siehe Bild 49).

Wie später erläutert wird, ist der Widerstand bei turbulenter Strömung im Gegensatz zur Laminarströmung von der Rauhigkeit der Rohrwand abhängig. Man könnte daher auch vermuten, daß die Rauhigkeit der Rohrwand, die im Verlaufe einer turbulenten Strömung eine ständige Störung hervorruft, den Betrag der kritischen Zahl wesentlich beeinflußt. So behauptete OMBECK[1], die kritische Zahl sei um so kleiner, je rauher das Rohr ist. Nach CHRISTEN[2] hängt Re_{krit} von Rauhigkeit und Rohrdurchmesser ab. Re_{krit} sei um so höher, je glatter und weiter das Rohr ist, z. B. bei $D = 100$ mm sei Re_{krit} bei Messingrohr $= 5230$, bei geteertem Gußeisenrohr $= 1840$ und bei stark verkrustetem Gußeisenrohr $= 389$. SCHNETZLER[3] fand, wie auch noch andere Forscher, Re_{krit} stark von der Rauhigkeit abhängig. Nach SCHILLER[4] gilt: Re_{krit} richtet sich so lange nicht nach der Rauhigkeit der Rohrwand, als irgendwo eine Stelle stärkerer Störung vorhanden ist. Für ein Rohr mit geringer Rauhigkeit muß man unter normalen Verhältnissen den Einlauf als wesentlichste Störungsquelle ansehen, d. h., vom Einlauf in die Strömung gehende Wirbel sind zur Erregung der Turbulenz früher befähigt als durch Rauhigkeit der Rohrwand bedingte Störungen. Vergleichsweise mit einem sehr glatten und einem sehr rauhen Rohr angestellte Versuche unter sonst gleichen Einlaufverhältnissen (scharfkantiger Einlauf) brachten beide als kleinste Übergangszahl $Re = 2320$. Als weiterer Beweis für das Überwiegen der Einlaufstörung kann gelten, daß viele Beobachter gleiche Übergangszahlen in Rohren gleich rauhen Baustoffes aber verschiedener lichter Weite fanden. Re_{krit} hängt nicht gesondert vom Rohrdurchmesser ab.

Aus den umfangreichen Messungen von SCHILLER folgt, daß es *ganz allgemein nur eine* kritische Zahl gibt. Unter Außerachtlassung des Anlaufeffektes wurden vielfach unzutreffende Schlüsse über den Übergang gezogen[5]. Die Gesetzmäßigkeiten, die mit anderen Stoffen als Luft und Wasser auch nachgeprüft wurden, gelten ganz allgemein für alle Fluide. BOSE und RAUERT[6] erhielten z. B. für Alkohol, Chloroform u. a. Flüssigkeiten Re_{krit} immer ≈ 2000. Daraus, daß bei $Re > Re_{krit}$ laminare oder turbulente Strömung angetroffen werden kann, erhellt, daß die REYNOLDS-Zahl zwar ein notwendiges, aber kein hinreichendes Kriterium für die Art der Strömung abgibt. Gleiche Re sagen also nicht ohne weiteres aus, daß die Strömungen in zwei auch geometrisch vollkommen ähnlichen Rohren mechanisch ähnlich sind. Eine einwandfreie Erklärung über den Grund, warum die Laminarströmung von einer turbulenten abgelöst wird, gibt es bis heute noch nicht. Schon REYNOLDS beschäftigte sich eingehend mit diesem Problem. Im Laufe der

---

[1] OMBECK, H.: Druckverlust strömender Luft in geraden zylindrischen Rohrleitungen. VDI-Forsch.-Heft 1914, Nr. 158/159, S. 5.

[2] CHRISTEN, T.: Das Gesetz der Translation des Wassers in regelmäßigen Kanälen, Flüssen und Röhren. Leipzig 1903 und Z. VDI 47 (1903) 1641.

[3] SCHNETZLER, E.: Strömungserscheinungen von Wasser in rauhwandigen Kapillaren innerhalb eines sehr großen Bereiches von Strömungsgeschwindigkeiten. Physik. Z. 11 (1910) 1002; Verh. dtsch. physik. Ges. 1910, S. 817.

[4] SCHILLER, L.: Zit. S. 112. Z. Physik Bd. 3 (1920) S. 412.

[5] Siehe hierzu z. B. die vielumstrittenen Arbeiten von W. SORKAU: Physik. Z. 12 (1911) 582; 13 (1912) 805; 14 (1913) 147, 709, 828; 15 (1914) 582, 768; 16 (1915) 97, 101. — L. SCHILLER u. H. KIRSTEN: Phys. Z. 22 (1921) 523. — S. SCHAEFER u. G. HEISEN: Z. Physik 12 (1922) 165.

[6] BOSE, E., u. D. RAUERT: Experimentalbeitrag zur Kenntnis der turbulenten Flüssigkeitsreibung. Physik. Z. 10 (1909) 406; 12 (1911) 126.

9. Übergangsgebiet zwischen laminarer und turbulenter Strömung

Zeit wurden drei verschiedene Rechenverfahren entwickelt: Verfahren der kleinen Schwingungen (Lord RAYLEIGH), energetische Ansätze (REYNOLDS, LORENTZ, ORR) und Verfahren der endlichen Störungen. Während NOETHER[1] die Turbulenz für einen freien Schwingungsvorgang hielt, glaubte v. MISES, daß die Schwingungen von der technisch unter allen Umständen vorhandenen Rauhigkeit immer neu erregt werden. Außer diesen gibt es noch eine ganze Reihe andere Deutungen. Mit Rechnungen untersuchte man zunächst nur die Stabilität der Laminarströmung. Besonderen Erfolg scheint die Methode der kleinen Schwingungen zu versprechen. Man hält dabei die Störungen als durch mehr oder weniger heftige Schwingungen der einzelnen Flüssigkeitsteilchen gegeben und sucht die Ursachen für die Anfachung und schließt so auf die Bedingungen, unter welchen die laminare Bewegung instabil wird und in turbulente umschlägt. Hier sind besonders TOLLMIENS[2] Arbeiten zu nennen, die u. a. erkennen lassen, daß weniger die Energie als vielmehr die Wellenlänge der Störungsschwingung den Grad der Instabilität der Laminarströmung bestimmt. Zu einem ähnlichen Ergebnis kam auch schon REYNOLDS, der sich mit den Energieänderungen durch eine Überlagerungsströmung befaßte. PRANDTL äußerte sich wie folgt über das Entstehen der Turbulenz[3]: „Die Ursachen für die Entstehung der Turbulenz sind noch nicht hinreichend geklärt. Wahrscheinlich geben schwache Wirbel mit der Achse parallel zur Rohrachse, die durch geringe noch vorhandene Strömungen im Behälter verursacht werden, zunächst Anlaß zu labilen Geschwindigkeitsverteilungen im Rohr; diese führen dann zu einem raschen Zerfall der Strömung unter Bildung heftiger Querwirbel, die dann nicht mehr verschwinden, da sie immer wieder Anlaß zu neuen instabilen Geschwindigkeitsverteilungen geben. Bei scharfkantigem Einlauf bildet sich eine Trennungsschicht, die leicht in Wirbel zerfällt und die dann Turbulenz hervorruft. Ist das Rohr in eine ebene Wand eingesetzt, daß es mit scharfer Kante an diese anschließt, so erhält man den Übergang zur turbulenten Strömung etwa bei $Re = 2800$."[4]

---

[1] NOETHER, F.: Z. angew. Math. Mech. 1 (1921) 125, 218. — A. NAUMANN: Entstehung der turbulenten Rohrströmung. Z. Forsch. Ing.-Wes. 2 (1931) 85.

[2] TOLLMIEN, W.: Über die Entstehung der Turbulenz. Nachr. Ges. Wiss. Göttingen, math.-phys. Kl. 1929, S. 21, ferner Z. angew. Math. Mech. 27 (1947) 33 u. 70 und 33 (1953) 200. — SCHLICHTING, H.: Zur Entstehung der Turbulenz bei der Plattenströmung. Nachr. Ges. Wiss. Göttingen, math.-phys. Kl. 1933 S. 182 u. 1935.

[3] PRANDTL, L.: Abriß der Strömungslehre Braunschweig 1931, S. 119. — Siehe PRANDTL, L.: Führer durch die Strömungslehre. 6. Aufl. Braunschweig 1965.

[4] Im Rahmen einer praktischen Rohrhydraulik würde es zu weit führen, über die verschiedenen neueren Arbeiten zu berichten, die sich mit dem noch ungeklärten Turbulenzproblem befassen. Siehe hierzu z. B. A. BUSEMANN: Hydrodynamik. Vorlesungen über Technische Mechanik von FÖPPL, Bd. IV, München 1942, S. 363. — A. BETZ: Ziele, Wege und konstruktive Auswertung der Strömungsforschung. Z. VDI. 91 (1949) 253. — KAUFMANN, W.: Technische Hydro- und Aeromechanik. 2. Aufl. Abschnitt: Über die Entstehung der Turbulenz. Berlin-Göttingen-Heidelberg: Springer 1958, S. 254. — ECKERT, E.: Einführung in den Wärme- und Stoffaustausch. Berlin-Göttingen-Heidelberg: Springer 1959 (3. Aufl. 1966). — ECK, B.: Technische Strömungslehre. 7. Aufl. Berlin-Göttingen-Heidelberg: Springer 1966. — Über ein neues Modell zur Berechnung turbulenter Strömungen siehe W. RODI und D. B. SPALDING, Brennstoff-Wärme-Kraft 21 (1969) 32. Hinweis auf die Unzulänglichkeiten der bisher verwendeten Turbulenzmodelle insonderheit bei Freistrahlen. — TIETJENS, O.: Strömungslehre. Bd. II. Bewegung der Flüssigkeiten und Gase. Berlin-Heidelberg-New York: Springer 1970.

10. Turbulente Strömung im glatten geraden Kreisrohr

10.1 Vollkommen ausgebildete Strömung

In der Technik gibt es Rohrströmungen mit Reynolds-Zahlen bis $Re = 10^7$ und darüber; in dem weiten Bereich von $Re > Re_{\text{krit}} = 2320$ herrscht *praktisch* immer *turbulente Strömung*. Bei den in der Praxis gebräuchlichen Geschwindigkeiten tritt Laminarströmung nur in sehr engen Rohren oder bei Förderung sehr zäher Flüssigkeiten auf. Rein äußerlich bewirkt die Turbulenz einen größeren Strömungswiderstand. Durch die turbulenten Querbewegungen wird die Flüssigkeit ständig durchgemischt und kinetische Energie ausgetauscht. Das gilt gleicherweise für Gase und Dämpfe, bei welchen die molekularen Bewegungen durch turbulente Impulse verändert werden.

Das *Geschwindigkeitsprofil* in glatten Rohren mit gleichbleibendem Kreisquerschnitt ist bei Turbulenz flacher als bei Laminarströmung, d. h., die Geschwindigkeit ist nahezu gleichmäßig über den Querschnitt verteilt (Bild 50). Bei gleicher mittlerer Geschwindigkeit ist der Höchstwert $w_{l\,\text{max}}$, der auch hier bei der beruhigten Strömung wieder in der Rohrachse liegt, viel geringer als bei Laminarströmung. Erst in unmittel-

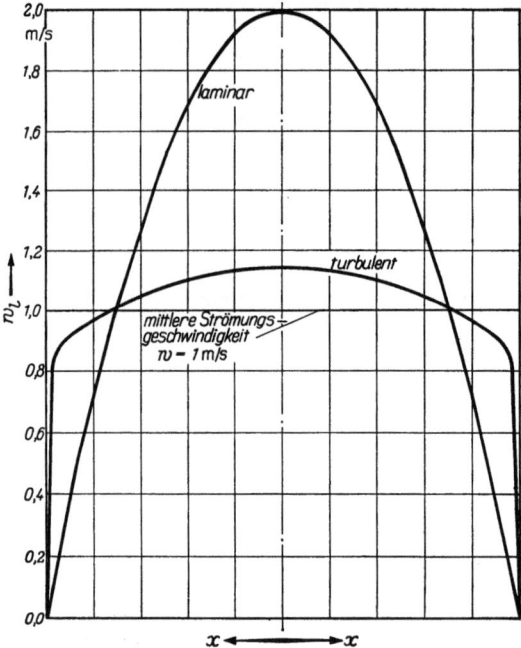

Bild 50. Verteilung der axial gerichteten Geschwindigkeitskomponenten bei laminarer und turbulenter Bewegung, wenn in beiden Fällen dieselbe Flüssigkeitsmenge strömt. Mittlere Strömungsgeschwindigkeit in beiden Fällen $w = 1,0$ m/s

10. Turbulente Strömung im glatten geraden Kreisrohr

barer Nähe der Rohrwand fällt die Geschwindigkeit schnell auf Null herab. *Im Gegensatz zum reinen Reibungswiderstand der stationären Laminarströmung ist der Strömungswiderstand bei Turbulenz hauptsächlich ein Wirbelwiderstand.* Fast der ganze Strom besteht aus *zeitlich veränderlichen Wirbelballen*, die den ganzen Querschnitt durchfahren[1]. Nur in unmittelbarer Nähe der Rohrwand schmiegen sich die Wirbelbahnen allmählich der Rohrwand an, ohne diese zu berühren. Es gibt auch bei turbulenter Strömung eine laminar strömende Schicht, genannt *laminare Grenzschicht*, d. h., bei Fluiden mit geringer Viskosität bewegt sich eine äußerst dünne kreisringförmige Schicht unmittelbar am Rande parallel zur Rohrwand. An der Wand selbst haftet das Fluid, und die laminare Grenzschicht bildet den Übergang von der ruhenden Randschicht zur ungestörten Strömung. Die Turbulenzwirbel dringen nicht in diese Grenzschicht ein, die die Wirkung einer Schmierschicht hat.

Wir befassen uns hier mit einer vollkommen ausgebildeten turbulenten Strömung im glatten Rohr und betrachten sie als quasistationär, wegen ihrer Eigenschaft, daß der zeitliche Mittelwert der Strömungsgeschwindigkeit trotz der turbulenten, ständig neu erregten und wieder abklingenden Querbewegungen unverändert bleibt.

10.1.1 Messung des Strömungswiderstandes. Empirisches Widerstandsgesetz

Technisch glatte Rohre sind nahtlos gezogene *Kupfer-* und *Messing-* sowie *Glasrohre*, auch Rohre aus *Blei* oder *Kunststoff*. Die Strömung in glatten Rohren bedeutet für die praktische Hydraulik einen nicht allzu wichtigen Grenzfall. Zur Klärung des Reibungseinflusses ist ihre Erforschung aber notwendig. Aus Versuchen mit technisch glatten geraden Rohren zeigt sich, daß die Widerstandszahl λ_R nur von der *Reynolds-Zahl* abhängt; $\lambda_R = f(Re)$. Die vorhandene relativ geringe Rauhigkeit, die wahrscheinlich bei verschiedenen Werkstoffen auch verschieden ist, macht sich nicht bemerkbar; $\lambda_R \neq f(\varepsilon)$; irgendwelche Abweichungen liegen innerhalb der Versuchsgenauigkeit. Unter technisch glatten Rohren sind also allgemein solche zu verstehen, bei welchen sich die *Kurven λ_R/Re bei verschiedenen Rohrweiten und Werkstoffen decken*. Nach Gl. (126) kann man die Widerstandszahl λ_R mit dem Ansatz

$$\lambda_R = b\, Re^c, \tag{198}$$

umfassender noch mit

$$\lambda_R = a + b\, Re^c \tag{199}$$

---

[1] Vorzügliche Lichtbilder über den turbulenten Strömungszustand in offenen Rinnen nahm z. B. NIKURADSE auf. Siehe z. B. VDI-Forsch.-Heft Nr. 281, Abb. 45 bis 50. Berlin 1926.

in die Rechnung einführen. Die Konstanten der Gleichung müssen durch Versuche bestimmt werden. Folgende Ergebnisse wurden auf Grund vieler sorgfältiger Versuche erzielt[1].

BLASIUS[2] (1913), Re bis 10^5 (Wasser und Luft), Bearbeitung fremder und eigene Versuche mit $D = 39{,}75$ mm.

$$\lambda_R = 0{,}3164\, Re^{-0,25}. \tag{200}$$

Maßgebend waren vornehmlich die umfangreichen sorgfältigen Versuche von SAPH und SCHODER (Bild 51).

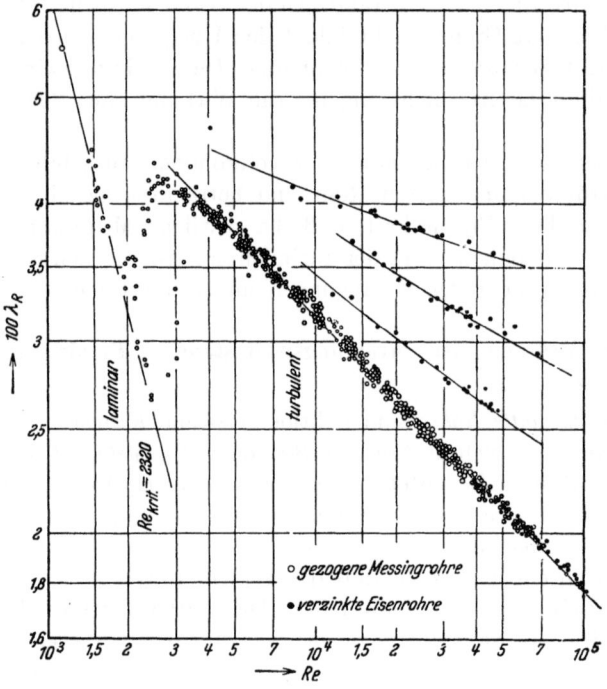

Bild 51. Versuche von SAPH und SCHODER (1903). Logarithmische Auftragung

---

[1] Folgende Aufstellung erhebt nicht den Anspruch darauf, vollständig zu sein.
[2] BLASIUS, H.: Das Ähnlichkeitsgesetz bei Reibungsvorgängen in Flüssigkeiten. VDI-Forsch.-Heft 1913, Nr. 131; Z. VDI 56 (1912) 639. — L. SCHILLER: Über den Strömungswiderstand in Rohren verschiedenen Querschnitts- und Rauhigkeitsgrades. Z. angew. Math. Mech. 3 (1923) 2. — SCHILLER glaubte zuerst, das Gesetz von BLASIUS bis $Re = 10^5$ annehmen zu können, ließ aber diese Annahme später fallen. Physik. Z. 26 (1925) 476. Nach BLASIUS' Versuchen war λ_R für $Re = 10^5$ bis $2 \cdot 10^5$ größer als Gl. (200) angibt. — A. V. SAPH u. E. H. SCHODER: Zit. S. 110 Siehe hierzu S. 136.

OMBECK[1] (1914), Re bis $5 \cdot 10^5$ (Luft), Versuche mit $D = 20$ und 40 mm.

$$\lambda_R = 0{,}241\ Re^{-0,224}. \tag{201}$$

LEES[2] (1915), Re bis $4{,}3 \cdot 10^5$ (Wasser und Luft), Versuche von REYNOLDS, SAPH und SCHODER, STANTON und PANNELL[3] $D = 2{,}72$ bis $53{,}10$ mm.

$$\lambda_R = 0{,}0072 + 0{,}6105\ Re^{-0,35}. \tag{202}$$

CAMICHEL[4] (1918) fand, daß der Widerstand bei turbulenter Strömung bei $Re = 2 \cdot 10^3$ bis $2{,}4 \cdot 10^6$ nach ein und demselben Gesetz geregelt wird.

LEBEAU[5] (1922), Re bis $5 \cdot 10^5$ (Wasser und Luft) nach LEES' Untersuchungen

$$\lambda_R = 0{,}00785 + 0{,}618\ Re^{-0,36}. \tag{203}$$

JAKOB[6] (1922), Re bis $7 \cdot 10^4$ (Wasser und Luft), $D = 10$ und 20 mm.

$$\lambda_R = 0{,}3270\ Re^{-0,254}. \tag{204}$$

JAKOB und ERK[7] (1924), Re bis $4{,}6 \cdot 10^5$ (Wasser), $D = 47{,}09$ bis $99{,}85$ mm.

$$\lambda_R = 0{,}00714 + 0{,}6104\ Re^{-0,35}. \tag{205}$$

KOZENY[8] (1925), Re bis $4 \cdot 10^5$ (Wasser) nach vielen fremden Versuchen.

$$\lambda_R = 0{,}00648 + 0{,}54\ Re^{-1/3}. \tag{206}$$

HERMANN[9] (1930), Re bis $1{,}9 \cdot 10^6$ (Wasser), $D = 50$ und 68 mm.

$$\lambda_R = 0{,}00540 + 0{,}3964\ Re^{-0,300}. \tag{207}$$

LORENZ[10] (1932), Re bis $1{,}2 \cdot 10^6$ (Wasser), $D = 190$ mm.

$$\lambda_R = 0{,}0076 + 0{,}899\ Re^{-0,394}. \tag{208}$$

---

[1] OMBECK, H.: Zit. S. 114. — W. NUSZELT: Der Wärmeübergang in Rohrleitungen. VDI-Forsch.-Heft (1910), Nr. 89. (Messingrohr, Luft, $D = 22$ mm, $l = 2$ m.) OMBECKS Exponenten $-0{,}224$ hatte NUSZELT schon vorgeschlagen.

[2] LEES, C. H.: On the flow of viscous fluids through smooth circular pipes. Proc. Roy. Soc., Lond. (A) 91 (1915) 46.

[3] STANTON, T. E., u. J. R. PANNELL: Zit. S. 111. Dazu: E. PARRY: On a theory of fluid friction and its application to Hydraulics. E. E. Journal (1920) 146.

[4] CAMICHEL, C.: Sur les grandes vitesses de l'eau dans les conduites. C. R. Acad. Sci., Paris 167 (1918) 525.

[5] LEBEAU, V.: Calcul des pertes de charge dans les conduites d'air, de vapeur et d'eau. Revue univ. des mines (6) 12 (1922) 301. Die von CH. HANOCQ ebenda S. 217 angegebenen verschärften Gleichungen nehmen eine so umständliche Form an, daß sie trotz scheinbar guter Übereinstimmung mit Versuchsergebnissen praktisch nicht verwendungsfähig sind.

[6] JAKOB, M.: Bestimmung von strömenden Gas- und Flüssigkeitsmengen aus dem Druckabfall in Rohren. Z. VDI 66 (1922) 178, 862 und Wiss. Abh. phys.-techn. Reichsanst. 5 (1922) 433.

[7] JAKOB, M., u. S. ERK: Der Druckabfall in glatten Rohren und die Durchflußziffer von Normaldüsen. VDI-Forsch.-Heft (1924) Nr. 267.

[8] KOZENY, J.: Über turbulentes Fließen an glatten Wänden. Wiener Sitzungsberichte 137 (1928) 307.

[9] HERMANN, R.: Strömungswiderstand in Rohren. Diss. Leipzig 1930.

[10] LORENZ, F. R.: Über turbulente Strömung durch Rohre mit kreisringförmigem Querschnitt. Mitt. d. Inst. f. Strömungsmaschinen der T. H. Karlsruhe. Herausgegeben von SPANNHAKE (1932) Heft 2, 26.

NIKURADSE[1,2] (1932), Re bis $3{,}24 \cdot 10^6$ (Wasser), $D = 10$ bis 100 mm.

$$\lambda_R = 0{,}0032 + 0{,}221\, Re^{-0{,}237}. \tag{209}$$

RICHTER[3] (1932), Re bis $1{,}14 \cdot 10^6$ (Luft und Wasser) $D = 20$ mm.

$$\lambda_R = 0{,}00700 + 0{,}596\, Re^{-0{,}35}. \tag{210}$$

HARRIS[4] (1949), $Re = 10^5$ bis 10^6 (Wasser), $D = 52$ mm.

$$\lambda_R = 0{,}0061 + 0{,}55\, Re^{-1/3}. \tag{211}$$

Zahlentafel 9. *Werte von* $100\,\lambda_R$ *nach verschiedenen Formeln:*

Re	BLASIUS	OMBECK	LEBEAU	LEES, JAKOB und ERK	KOZENY
10^4	3,164	3,075	3,027	—	3,160
$5 \cdot 10^4$	2,116	2,141	2,041	—	2,180
10^5	1,778	1,836	1,765	1,799	1,810
$5 \cdot 10^5$	—	1,281	1,333	(1,336)	(1,330)

Re	HERMANN	LORENZ	NIKURADSE	RICHTER	GREGORIG	HARRIS
10^4	3,040	3,148	—	(3,075)	—	(3,163)
$5 \cdot 10^4$	2,083	2,028	—	(2,049)	—	(2,103)
10^5	1,794	1,724	1,762	1,760	1,784	1,795
$5 \cdot 10^5$	1,314	1,269	1,306	1,302	1,321	1,303
10^6	1,168	1,149	1,156	1,173	1,183	1,160
$2 \cdot 10^6$	(1,050)	—	1,025	—	—	1,047
$3 \cdot 10^6$	—	—	0,965	—	—	0,991
$5 \cdot 10^6$	—	—	(0,890)	—	—	0,932

Bei $Re > 10^5$ reicht der einfache Ansatz Gl. (198) nicht mehr aus; man muß Gl. (199) für Näherungsgleichungen benutzen. Aber auch mit Ansatz Gl. (199) können die Versuchskurven noch nicht genau genug, sondern nur in besserer Annäherung erfaßt werden.

Zur Veranschaulichung wurde in Bild 52 die Widerstandszahl λ_R über der Reynolds-Zahl aufgetragen.

---

[1] NIKURADSE, J.: Gesetzmäßigkeiten der turbulenten Strömung in glatten Rohren. VDI-Forsch.-Heft (1932) Nr. 356.

[2] R. GREGORIG (Dissertation, Laibach 1933) entwickelte eine Form

$$\lg \lambda_R = 3{,}2530\, Re^{-0{,}140\,26} - 2{,}3956$$

nach Versuchen im Bereich von $Re = 8{,}3 \cdot 10^4$ bis $1{,}177 \cdot 10^6$. Sie gibt etwas höhere Werte als Gl. (209) von NIKURADSE: bei $Re = 10^5$ um 1,25 vH höher, bei $Re = 10^6$ um 2,35 vH höher, dazwischen ist die Abweichung geringer.

[3] RICHTER, H.: Neue Versuche über den Druckverlust im glatten geraden Kreisrohr. Z. VDI 76 (1932) 1269. — Kupferrohr.

[4] HARRIS, C. W.: An engineering concept of flow in pipes. Proc. Amer. Soc. civ. Engrs. 75 (1949). — Messingrohr.

10. Turbulente Strömung im glatten geraden Kreisrohr

Durch Umschlagen von laminarer in turbulente Bewegung geht der Widerstand bei

$Re =$ 2320 auf das 1,6fache
5000 auf das 3,0fache
10000 auf das 5,0fache
100000 auf das 27,5fache

Bei $Re = 54100$, der höchsten Zahl bis zu der Laminarströmung gehalten werden konnte, geht der Widerstand beim Umschlagen auf das 17,5fache!

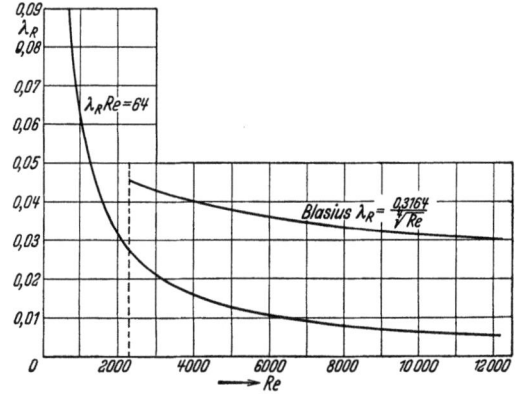

Bild 52. Gesetz der Laminarströmung und der Turbulenz (BLASIUS) in der Umgebung des kritischen Gebietes

Bild 53 gibt die einzelnen Versuchspunkte der letzten Versuchsergebnisse von NIKURADSE wieder. Bei $Re \approx 1,25 \cdot 10^5$ schneiden sich die Kurven Gl. (200) und (209).

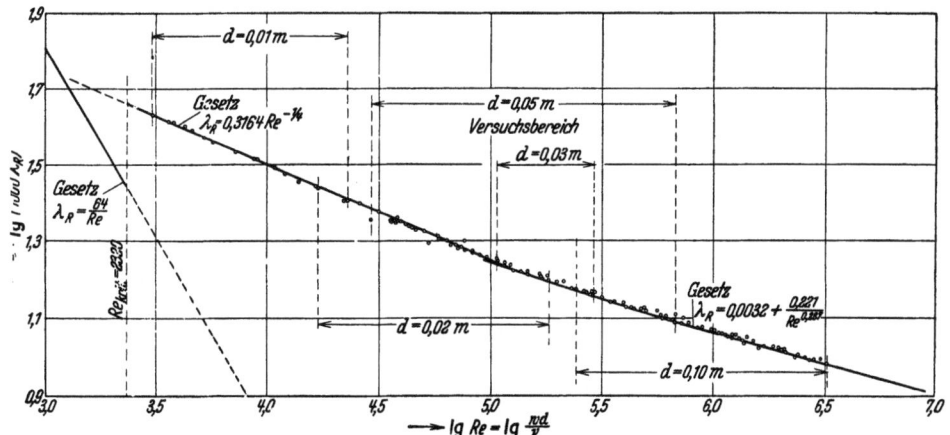

Bild 53. Versuche von NIKURADSE (1932)

10.1.2 Messung des Geschwindigkeitsprofils

Zur Bestimmung der axial gerichteten Komponenten der verschiedenen Strömungsgeschwindigkeiten im Rohrquerschnitt benutzt man entweder sehr feine Staurohre (siehe Bild 13) aus Messing (z. B. STANTON[1], RICHTER[2]), Stahl (z. B. KIRSTEN[3]), Silber (z. B. LORENZ[4]) oder Glas (z. B. NIKURADSE[5,6], RICHTER[2]) oder Meßgeräte für den Wärmeaustausch von sehr feinen Drähten mit vorbeistreichenden Gasen (Heizdrahtanemometer — z. B. v. D. HEGGE-ZIJNEN/BURGERS[7]). STANTON traf 1911 erstmalig die bedeutsame Feststellung, daß das Geschwindigkeitsprofil in glatten Rohren nur von der Reynolds-Zahl abhängt. Bei *derselben* Zahl Re wurde bei *verschiedenen* Rohrdurchmessern, Geschwindigkeiten und Viskositäten, also Drücken und Temperaturen und bei verschiedenen Stoffen (Luft, Wasser, Öl) stets *dasselbe* Profil und *dieselbe* Widerstandszahl λ_R gemessen. Mit zunehmendem Re rücken die großen Geschwindigkeiten immer näher an die Rohrwand und wird die Geschwindigkeitsverteilung immer gleichmäßiger. 1920 bestimmten STANTON und seine Mitarbeiter durch sehr genaue Messungen den wandnahen Teil des Profils bei Luft- und Wasserströmen, indem sie in der Rohrwand Vertiefungen anbrachten, in die sie feine Pitot-Rohre von 0,33 mm Ø legten und so bis auf $^2/_{100}$ mm an die Wand heranmessen konnten. v. D. HEGGE-ZIJNEN und BURGERS wiederholten diese Messungen 1924, indem sie mit Heizdrahtanemometern die Geschwindigkeitsverteilung von Luft an einer ebenen glatten Platte beobachteten. Ein 0,03 mm dicker Draht wurde elektrisch auf konstanter Temperatur gehalten. Die dazu nötige Wärmezufuhr war von der Geschwindigkeit der vorbeistreichenden Luft abhängig, die sich mit 4 bis 24 m/s bewegte. Für die Messungen unmittelbar an der Wand ist es gleichgültig, ob der Strom von einem Rohre oder einer ebenen Platte begrenzt wird. Bild 54 zeigt die Meßergebnisse an einer Platte. Man erkennt, daß die Luft an der Platte haftet und daß in unmittelbarer Nähe der Wand eine laminare Geschwindigkeitsverteilung besteht. Andere genaue Messungen über das Profil unternahm mit ähnlichen Ergebnissen NIKURADSE (1926), die er (1932) wiederholte.

Das Verhältnis der mittleren zur größten Geschwindigkeit im Rohrquerschnitt w/w_{lmax}, siehe Bild 50, wurde zu $0,84 \pm 4$ vH bei $D = 20$ bis 2760 mm lichtem Rohrdurchmesser und bei $Re = 2 \cdot 10^4$ bis $3,3 \cdot 10^6$ festgestellt, und zwar

---

[1] STANTON, T. E., D. MARSHALL u. C. N. BRYANT: On the conditions at the boundary of a fluid in turbulent motion. Proc. Roy. Soc., Lond. (A) 97 (1920) 413 oder Physik. Ber. 2 (1921) 561. — M. BARKER: On the use of very small Pitot-Tubes for measuring wind velocity. Proc. Roy. Soc., Lond. (A) 101 (1922) 435. — Vgl. auch T. E. STANTON: The mechanical viscosity of fluids. Proc. Roy. Soc., Lond. (A) 85 (1911) 366.

[2] RICHTER, H.: Zit. S. 120. Z. VDI 76 (1932) 1270.

[3] KIRSTEN, H.: Exp. Unters. d. Entwicklg. d. Geschwindigkeitsverteilung bei der turbul. Rohrströmung. Dissertation Leipzig 1927.

[4] LORENZ, F. R.: Zit. S. 119.

[5] NIKURADSE, J.: Untersuchungen über die Geschwindigkeitsverteilung in turbulenten Strömungen. VDI-Forsch.-Heft (1926), Nr. 281. ($Re \approx 1,8 \cdot 10^5$, $D = 28$ mm.)

[6] NIKURADSE, J.: Zit. S. 120. VDI-Forsch.-Heft (1932) Nr. 356.

[7] V. D. HEGGE-ZIJNEN, B. G., u. J. M. BURGERS: Messungen der Geschwindigkeitsverteilung in der Grenzschicht längs einer ebenen Oberfläche. Verhdl. d. Kgl. Akad. d. Wiss. Amsterdam I. Sekt. XIII, 3 (1924); XXIX, Nr. 4 oder Z. angew. Math. Mech. 4 (1924) 521. — W. LUDOWICI: Messungen in der Grenzschicht strömender Gase Z. VDI 70 (1926) 1122 (Beschreibung einer Versuchsanlage).

zunehmend (in Richtung gleichmäßiger Geschwindigkeitsverteilung) mit wachsender Reynolds-Zahl, siehe Bild 59. Das Profil plattet sich immer mehr ab, wobei w/w_{lmax} von 0,80 bei $Re = 2 \cdot 10^4$ bis auf 0,88 bei $Re = 3{,}3 \cdot 10^6$ geht (bei Laminarströmung ist $w/w_{lmax} = 0{,}5$). Die mittlere Strömungsgeschwindigkeit w findet sich in etwa $0{,}75 r$ Abstand von der Rohrmitte (bei Laminarströmung $0{,}71 r$).

Die Einzelgeschwindigkeiten bei turbulenter Strömung sind von der Zeit abhängig; sie schwanken um einen Mittelwert. Diese Schwankungen sind mehrfach gemessen worden. Sie betragen etwa ± 5 vH von der Transportgeschwindigkeit[1,2,3] und bleiben nahezu unveränderlich über den Rohrquerschnitt. Nur in der Nähe der Rohrwand nehmen sie schnell auf Null ab. Man begeht daher einen kleinen Fehler bei den Staurohrmessungen, der aber weniger als 5 vT ausmacht und vernachlässigt werden kann[4]. Da die Schwankungen von sehr kurzer Wiederkehr sind, bleibt das Strömungsbild zeitlich nahezu unveränderlich und mißt man bei turbulenter Strömung ein bestimmtes scheinbar unveränderliches Profil. Strenggenommen ist die turbulente Strömung eine nichtstationäre Bewegung doch kann man sie praktisch wie eine stationäre berechnen.

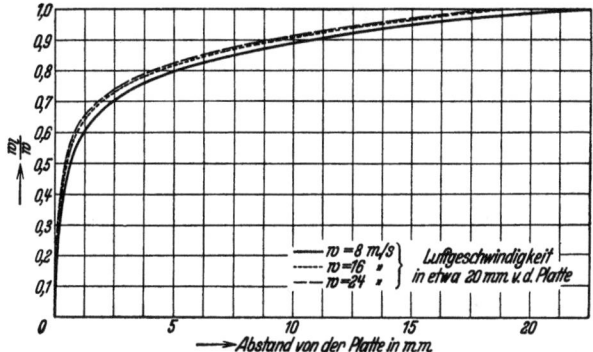

Bild 54. Geschwindigkeitsverteilung an einer ebenen glatten Wand nach V. D. HEGGE-ZIJNEN und BURGERS. Vgl. Bild 58

10.1.3 Rechnerische Erfassung der Geschwindigkeitsverteilung
($\frac{1}{7}$-Gesetz)

Beim Vergleich der äußeren Erscheinungen von laminarer und turbulenter Strömung erkennt man, daß ein enger *Zusammenhang*

---

[1] NIKURADSE, J.: Kinematographische Analyse einer turbulenten Strömung. Z. angew. Math. Mech. 9 (1929) 495.

[2] BURGERS, J. M.: Experiments on the fluctuations of the velocity in a current of air. Proc. XXIX. Nr. 4 d. Kgl. Akad. d. Wiss. Amsterdam 1924.

[3] Das stimmt in gewissem Sinne mit einer rechnerischen Untersuchung von v. MISES überein, der schon 1914 nachwies, daß bereits Pulsationen von 4 vH der Transportgeschwindigkeit genügen, um das Profil der laminaren Bewegung in das bei turbulenter umzuwandeln. — Siehe R. v. MISES: Elemente der Technischen Hydrodynamik. I. Teil, Leipzig 1914, S. 71. — Siehe ferner G. B. SCHUBAUER u. H. K. SKRAMSTADT: Laminar boundary layer oscillations and stability of laminar flow. National Bureau of Standards Research Paper Nr. 1772 (1944). Danach gibt es eine (sehr hoch liegende) obere Grenze für die Reynolds-Zahl beim Übergang von laminarer in turbulente Strömung.

[4] PRANDTL, L., u. O. TIETJENS: Zit. S. 111, dort S. 50.

zwischen Geschwindigkeitsverteilung und Strömungswiderstand bestehen muß (Profil und λ_R sind bei glatten Rohren nur von Re abhängig). Da man den Strömungswiderstand durch einfache Druckabfallmessungen wohl statistisch aber nicht exakt erfassen kann, muß man versuchen, diese Aufgabe über das Geschwindigkeitsprofil zu lösen. Gelingt es, durch gut annähernde Rechnungen das Profil für bestimmte Strömungsfälle vorauszuberechnen, so hat man mit der für Profil und Strömungswiderstand maßgebenden *Randspannung* τ_0 ein Bindeglied zur Beurteilung des Strömungswiderstandes.

Zur rechnerischen Wiedergabe des Geschwindigkeitsprofils eignen sich Parabeln, Ellipsen oder Stücke logarithmischer Linien.

Vorteilhaft ist zunächst die Darstellung des Profils durch Parabeln höherer Ordnung[1], wonach sich die axialen Komponenten der Geschwindigkeiten der einzelnen Flüssigkeitsteilchen, w_l, in der Nähe der Rohrwand bei turbulenter Strömung angenähert mit der n-ten Potenz des Abstandes von der Wand $(r - x)$ ändern. Der Ansatz lautet[2]

$$w_l = m(r - x)^n, \qquad (212)$$

wobei der Faktor m für jedes Profil konstant ist und nur von der absoluten Größe der Geschwindigkeiten abhängt.

Nach Gl. (112) gilt

$$\frac{\tau_0}{\varrho} = \lambda_R \frac{w^2}{8}. \qquad (213)$$

Ersetzt man nun λ_R nach dem Gesetz von BLASIUS Gl. (200), so ist

$$\frac{\tau_0}{\varrho} = 3{,}96 \cdot 10^{-2} w^2 \left(\frac{w \cdot 2r}{\nu}\right)^{-\frac{1}{4}} = 3{,}33 \cdot 10^{-2} w^{\frac{7}{4}} r^{-\frac{1}{4}} \nu^{\frac{1}{4}}. \qquad (214)$$

Gl. (214), nach der mittleren Strömungsgeschwindigkeit w aufgelöst, ergibt

$$w = 6{,}99 \left(\frac{\tau_0}{\varrho}\right)^{\frac{4}{7}} \left(\frac{r}{\nu}\right)^{\frac{1}{7}}. \qquad (215)$$

---

[1] v. KÁRMÁN, TH.: Über laminare und turbulente Reibung. Z. angew. Math. Mech. 1 (1921) 233. — L. PRANDTL: Bericht über Untersuchungen zur ausgebildeten Turbulenz. Z. angew. Math. Mech. 5 (1925) 136. — L. PRANDTL: Über den Reibungswiderstand strömender Luft. Ergebnisse der aerodynamischen Versuchsanst. Göttingen. III. Lieferung 1927, S. 1. — J. NIKURADSE: Zit. S. 117. VDI-Forsch.-Heft Nr. 281, 17 und VDI-Forsch.-Heft Nr. 356. — W. TOLLMIEN: Über das Verhalten einer Strömung längs einer Wand am äußeren Rand ihrer Reibungsschicht. Festschrift 60. Geburtstag A. BETZ 1945.

[2] Mit der Geschwindigkeit sind hier immer zeitliche Mittelwerte in Hauptbewegungsrichtung gemeint, während von den überlagerten wiederkehrenden Werten der turbulenten Mischungsbewegung abgesehen wird. x ist der Abstand von der Rohrachse, bei dem die Geschwindigkeit w_l auftritt, $r - x$ ist der Abstand von der Rohrwand (ähnlich Bild 32/33).

10. Turbulente Strömung im glatten geraden Kreisrohr

Das betrachtete Randgebiet soll im Verhältnis zu r so dünn sein, daß die Strömung nicht von den Vorgängen an der gegenüberliegenden Wand beeinflußt wird, daß also die Schubkraft an einer Wand nur von den Vorgängen in unmittelbarer Umgebung dieser Wand bestimmt wird. Dann kann die Schubspannung τ_0 nur von den Größen ν und ϱ sowie vom Faktor m abhängen: Es stehen also weder Rohrhalbmesser noch Geschwindigkeit im Strömungskern im unmittelbaren Verhältnis zur Wandreibung. Soweit wie das Gesetz von BLASIUS gilt, d. h. solange ein reines Potenzgesetz mit bestimmtem Exponenten zwischen λ_R und Re besteht, ändert sich nach den Versuchserfahrungen das Geschwindigkeitsprofil kaum mit Re. Damit ist auch das Verhältnis der mittleren zur maximalen Geschwindigkeit $w/w_{l\,\mathrm{max}}$ von bestimmter Größe. An Stelle Gl. (215) kann man schreiben

$$w_{l\,\mathrm{max}} = 8{,}56 \left(\frac{\tau_0}{\varrho}\right)^{\frac{4}{7}} \left(\frac{r}{\nu}\right)^{\frac{1}{7}} \tag{216}$$

oder, weil auch alle Verhältnisse von Einzel- zu maximaler Geschwindigkeit $w_l/w_{l\,\mathrm{max}}$ unverändert bleiben, für irgendeine Geschwindigkeit im Querschnitt

$$w_l = f(\nu, \varrho, \tau_0, r - x) = 8{,}56 \left(\frac{\tau_0}{\varrho}\right)^{\frac{4}{7}} \left(\frac{r - x}{\nu}\right)^{\frac{1}{7}}. \tag{217}$$

Bei einer bestimmten Verteilung haben τ_0, ϱ und ν feste Werte. Gl. (217) stimmt mit Gl. (212) überein[1], und zwar mit dem Exponenten $n = \frac{1}{7}$ bei λ_R proportional $Re^{-\frac{1}{4}}$ gemäß Gl. (200).

Da das Gesetz von BLASIUS nur etwa bis $Re = 10^5$ gilt, wird das Verteilungsgesetz mit der $\frac{1}{7}$-ten Potenz auch nur bis $Re = 10^5$ zutreffen. Für beliebigen Exponenten n geschrieben lautet Gl. (217) mit dem Faktor m_n

$$w_l = \mathrm{Zahl} \left(\frac{\tau_0}{\varrho}\right)^{\frac{1+n}{2}} \left(\frac{r - x}{\nu}\right)^n = m_n (r - x)^n. \tag{218}$$

So wird z. B. mit λ_R proportional $Re^{-\frac{1}{5}}$ bei etwa $Re = 2 \cdot 10^5$ nach obiger Rechenweise [Gln. (214) bis (217)] w_l proportional $(r - x)^{\frac{1}{8}}$. Das bedeutet, daß der Exponent des Verteilungsgesetzes $n = \frac{1}{7}$ mit wachsendem Re auf $\frac{1}{8}$, $\frac{1}{9}$, ... abnimmt. Bei der größten von NIKURADSE beobachteten Zahl $Re = 3{,}24 \cdot 10^6$ war n nur noch $\frac{1}{12}$, siehe S. 129. Die Änderung der Exponenten c und n [siehe Gl. (198)] wird mit wachsender Reynolds-Zahl immer schwächer. Natürlich kann die Geschwindigkeitsverteilung durch ein solches Parabelgesetz nur in größerer Entfernung von der Rohrmitte ziemlich genau wiedergegeben werden. In

---

[1] Den Faktor von den Gln. (216) und (217) kann man ermitteln, indem man den Volumenstrom mit Gl. (215) und mit Gl. (217) berechnet. Beim $\frac{1}{7}$-Gesetz ist $w/w_{l\,\mathrm{max}} = 0{,}817$, siehe Gl. (220).

der Rohrmitte versagt der Ansatz. Immerhin erkennt man aus Bild 55, daß das Parabelgesetz nicht nur in unmittelbarer Nähe der Rohrwand

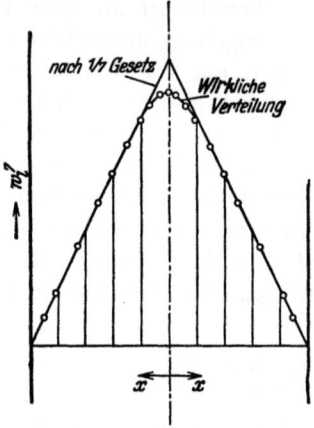

Bild 55. $\tfrac{1}{7}$-Gesetz und wirkliche Geschwindigkeitsverteilung. Vergleich des gemessenen und des rechnerischen Profils

durch den Versuch recht gut bestätigt wird, sondern daß es auch überraschenderweise bis tief in das Innere des Rohres gilt.

Aus den Gln. (216) und (217) erhält man

$$\frac{w_l}{w_{l\,\max}} = \left(\frac{r-x}{r}\right)^n. \tag{219}$$

Da der Volumenstrom $V_s = w\,\pi\,r^2 = 2\pi \int\limits_0^r w_l\,x\,\mathrm{d}x$ ist, ergibt sich für das Verhältnis der Geschwindigkeiten

$$\frac{w_l}{w_{l\,\max}} = \frac{2}{(n+1)(n+2)} = \frac{2\left(\frac{1}{n}\right)^2}{\left(\frac{1}{n}+1\right)\left(\frac{2}{n}+1\right)}, \tag{220}$$

also auch von n und damit von Re abhängig[1]. Das gilt natürlich ebenfalls nur angenähert wegen der Abweichung in der Rohrmitte, trotzdem aber gut mit den Versuchen übereinstimmend. Für den Energiebeiwert ξ findet man mit den Gln. (102) und (219)

$$\xi = \frac{1}{4}\frac{\dfrac{\dfrac{1}{n}}{\dfrac{1}{n}+3} - \dfrac{\dfrac{1}{n}}{\dfrac{2}{n}+3}}{\left(\dfrac{\dfrac{1}{n}}{\dfrac{1}{n}+1} - \dfrac{\dfrac{1}{n}}{\dfrac{2}{n}+1}\right)^3} = \frac{1}{4}\frac{(1+n)^3(2+n)^3}{(1+3n)(2+3n)}. \tag{221}$$

---

[1] SCHILLER, L., u. R. HERMANN: Widerstand von Platte und Rohr bei hohen Reynoldsschen Zahlen. Ing.-Arch. 1 (1930) 391. Man erhält die Gln. (220) und (221) einfach, indem man den Wandabstand mit y einsetzt, also $r - x = y$, $\mathrm{d}x = -\mathrm{d}y$, bei $x = r$ ist $y = 0$, bei $x = 0$ ist $y = r$.

10. Turbulente Strömung im glatten geraden Kreisrohr

Bei

$$n = \frac{1}{7} \quad \frac{1}{7,5} \quad \frac{1}{8} \quad \frac{1}{8,5} \quad \frac{1}{9} \quad \frac{1}{9,5} \quad \frac{1}{10}$$

ist

$$\frac{w}{w_{l\,\text{max}}} = 0{,}817 \quad 0{,}827 \quad 0{,}837 \quad 0{,}845 \quad 0{,}853 \quad 0{,}860 \quad 0{,}866$$

und

$$\xi = 1{,}058 \quad 1{,}052 \quad 1{,}046 \quad 1{,}041 \quad 1{,}037 \quad 1{,}034 \quad 1{,}031$$

gegen $w/w_{l\,\text{max}} = 0{,}5$ und $\xi = 2$ bei laminarer Strömung. Man muß nun nach einem Zusammenhang zwischen dem Exponenten n des Verteilungsgesetzes und der Reynolds-Zahl Re der Strömung suchen, d. h. versuchen, ein allgemeingültiges Gesetz zu entwickeln, in dem von Re abhängige Parameter enthalten sind. Nach PRANDTL legt man zu diesem Zwecke der Rechnung eine Größe

$$\bar{w} = \sqrt{\frac{\tau_0}{\varrho}} = w\sqrt{\frac{\lambda_R}{8}} \tag{222}$$

von der Art einer Geschwindigkeit zugrunde [siehe Gl. (213)], auf die man die einzelnen Geschwindigkeiten im Querschnitt bezieht, und erhält zweckmäßig die dimensionslose Größe

$$\varphi = \frac{w_l}{\bar{w}}. \tag{223}$$

Ferner bildet man mit dem Wandabstand eine der Reynolds-Zahl ähnliche dimensionslose Größe[1]

$$\psi = \bar{w}\,\frac{r-x}{\nu}. \tag{224}$$

NIKURADSE trug nun nach seinen Versuchsergebnissen Werte φ über ψ auf. Wie zu erwarten, lagen diese (im Beobachtungsgebiete von $Re = 4 \cdot 10^3$ bis $3{,}24 \cdot 10^6$) für alle Geschwindigkeitsverteilungen auf *einer* Kurve. Für genügend großen Abstand von der Rohrwand ($\psi > 10$) war dabei ziemlich genau

$$\varphi = 5{,}5 + 5{,}75 \lg \psi. \tag{225}$$

Bei kleinen Abständen ψ muß Laminarströmung angezeigt werden, wie die Messungen von STANTON und V. D. HEGGE-ZIJNEN und BURGERS erkennen ließen. Das trifft auch bei unserer Rechnung zu. Bei laminarer Strömung ist $\tau_0 = -\eta\left(\dfrac{dw_l}{dx}\right)_0$ oder $w_l = \dfrac{\tau_0(r-x)}{\eta}$ nach Gl. (177) und Bild 57. Mit $\tau_0 = \varrho\,\bar{w}^2$ und $\eta = \nu\varrho$ ist dann $\dfrac{w_l}{\bar{w}} = \dfrac{\bar{w}(r-x)}{\nu}$ oder $\varphi = \psi$. Die laminare Grenzschicht klärt auch die Frage der Randspannung bei Annäherung des Profils der turbulenten Strömung mit

---

[1] PRANDTL bezeichnet $\bar{w}$ als Schubspannungsgeschwindigkeit.

Parabeln höherer Ordnung. Bildet man nämlich aus Gl. (217) den Differentialquotienten $\partial w_l/\partial x$ für $x = r$, so erhält man Unendlich. Damit wäre auch die Schubspannung unendlich groß, was natürlich nicht möglich ist. Deshalb, weil die Parabel n-ter Ordnung wegen der laminaren Grenzschicht gar nicht bis $x = r$ reicht, sondern durch die quadratische Parabel des Gesetzes der Laminarströmung abgelöst wird, gibt es tatsächlich am Rande eine endliche Neigung und auch eine endliche Schubspannung, siehe Gl. (177). Die nach NIKURADSES Versuchen aufgezeichneten Kurven zeigen, daß bis etwa $\psi = 10$ Laminarströmung herrscht ($\psi = \varphi$).

Im Bereich des $\frac{1}{7}$-Gesetzes[1] ergibt sich den Dicke δ der laminaren Grenzschicht an der äußersten Stelle $\psi = \varphi = 12{,}5$ mit Gl. (200) sowie den Gln. (222) bis (224) gemäß den Bildern 56 und 57 zu

$$\frac{\delta}{r} = 126\,(Re)^{-\frac{7}{8}} \quad \text{und} \quad \frac{w_{l\delta}}{w} = 2{,}46\,(Re)^{-\frac{1}{8}}. \tag{226}$$

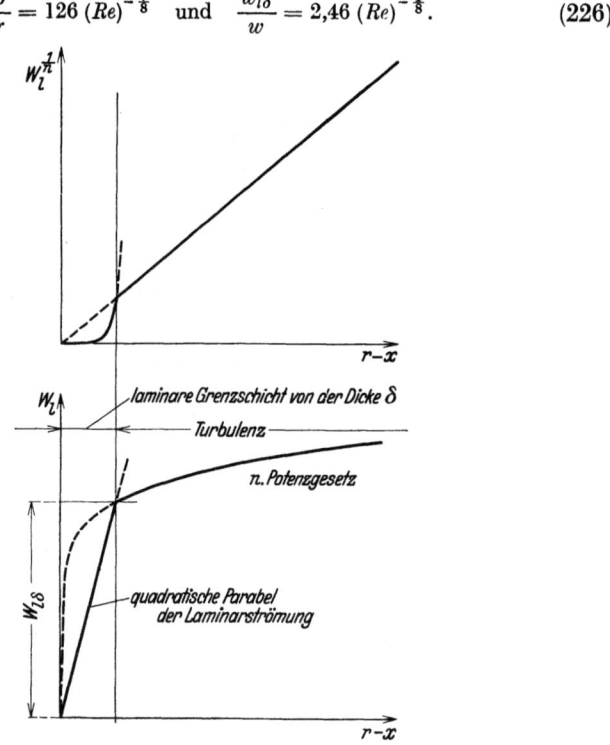

Bild 56 und 57. Geschwindigkeitsverteilung in der laminaren Grenzschicht

---

[1] PRANDTL, L., u. O. TIETJENS: S. 103, dort: Über die laminare Grenzschicht innerhalb turbulenter Reibungsschichten S. 12. — H. SCHMIDT und K. SCHRÖDER: Laminare Grenzschichten, Teil 1, Grundlagen der Grenzschichttheorie. Luftfahrt-Forschung 1942, Bd. 19, S. 65. — H. SCHLICHTING: Grenzschichttheorie, 3. Aufl. Karlsruhe 1958 mit einer Darstellung des umfangreichen Sondergebietes.

10. Turbulente Strömung im glatten geraden Kreisrohr

Ist z. B. $Re = 8 \cdot 10^4$, so ist $\delta/r = 6{,}4 \cdot 10^{-3}$ und $w_{l\delta}/w = 0{,}60$. Auf dem kleinen Abstand δ fällt die Geschwindigkeit bis auf Null mit großer Annäherung geradlinig herab. Die Grenzschichtdicke ist deshalb so gering, weil bei turbulenter Strömung die Viskositätskräfte am Rohrrande einem sehr großen Druckgefälle das Gleichgewicht halten müssen. Mit 10 mm Rohrhalbmesser wäre damit $\delta \approx 60\ \mu\text{m}$. δ/r und $w_{l\delta}/w$ werden mit wachsendem Re immer kleiner. In Wirklichkeit ist der Übergang von Grenzschichtströmung zu Kernströmung nicht unstetig und kann der Grenzschicht keine bestimmte Dicke zugeordnet werden.

Mit Gl. (225) kann man die Geschwindigkeitsverteilung für eine beliebige Reynolds-Zahl Re berechnen, wenn man die zugehörige Widerstandszahl λ_R kennt[1]. Für verschiedene ψ bekommt man das zugehörige φ und mit der Geschwindigkeit $\overline{w}$ die jeweilige Geschwindigkeit $w_l = \varphi\,\overline{w}$ zu $r - x$. Nach diesem Verfahren sind die Verteilungen in Bild 58 berechnet worden, die mit guter Annäherung die wirklichen

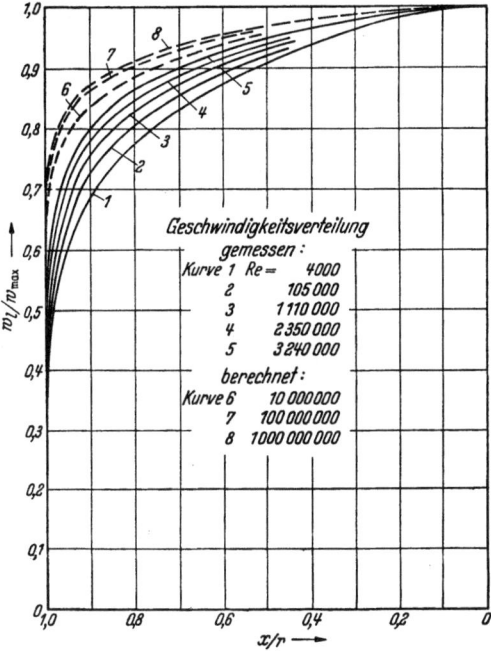

Bild 58. Geschwindigkeitsprofile im glatten geraden Kreisrohr bei verschiedenen Reynolds-Zahlen nach NIKURADSE. Bei $Re = 10^9$ ist nach Gl. (221) der Energiebeiwert $\xi = 1{,}014$

Profile wiedergeben. Man kann annehmen, daß mit wachsendem Re asymptotisch eine bestimmte Verteilung erreicht wird. Natürlich bleibt immer in der Rohrmitte eine geringe Ungenauigkeit, weil die berechneten Kurven bei $x = 0$ keine zur Rohrachse senkrechte Tangente

---

[1] λ_R kann aus Bild 53 entnommen oder mit Gl. (209) berechnet werden.

besitzen[1]. Die Ungenauigkeit ist um so geringer, je kleiner die Exponenten n oder $|c|$ sind oder je größer Re ist. Da die Ungenauigkeit nur in der Achse der Umdrehungsparaboloide liegt, werden Durchfluß und Energiebeiwert ξ auf diese Weise trotzdem gut bestimmt. Je gleichmäßiger die Verteilung ist, desto näher ist ξ an 1, siehe S. 127. Mit dieser Rechnung ist es für das glatte Rohr gelungen, die Profile für beliebige Strömungsfälle vorauszuberechnen.

NIKURADSE berechnete auf diese Weise auch das Verhältnis $w/w_{l\,\max}$ für verschiedene Re. Danach wurde Bild 59 gezeichnet. Die ausgezogenen Kurven entsprechen Versuchsergebnissen von STANTON und NIKU-

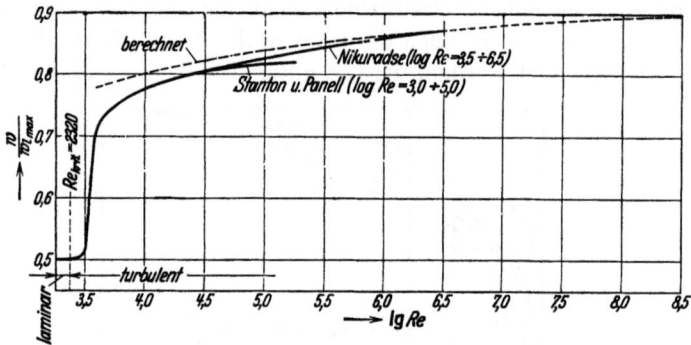

Bild 59. Verhältnis von mittlerer Strömungsgeschwindigkeit w zur Höchstgeschwindigkeit $w_{l\,\max}$ im Querschnitt bei verschiedenen Reynolds-Zahlen

RADSE. Bei Laminarströmung hat $w/w_{l\,\max}$ den Wert 0,5. Mit wachsendem Re steigt der Wert zunächst im Übergangsgebiet schnell auf über 0,7, um sich dann allmählich Werten $>0,9$ zu nähern. Gleichzeitig nimmt ξ von 2 auf etwa 1,02 ab. Die häufig für turbulente Strömung im Mittel angenommene Zahl $w/w_{l\,\max} = 0{,}833$ gilt etwa bei $Re = 1{,}5 \cdot 10^5$. Die gestrichelte berechnete Kurve liegt bei kleinen Reynolds-Zahlen erheblich über der Versuchskurve[2]; bei größerem Re dagegen trifft die Berechnung gut zu.

10.1.4 Rechnerische Form des Widerstandsgesetzes für glattes Rohr

Um eine allgemeingültige Beziehung zwischen Widerstandszahl, Reynolds-Zahl und Schubspannung abzuleiten[3], geht man von der

---

[1] Über einen Ansatz mit Mittenkorrektur siehe W. KRESSER u. H. BREINER, Zit. S. 163, dort S. 335.

[2] Die Abweichung der berechneten von der gemessenen Kurve ist auf den Einfluß der Viskosität zurückzuführen, der im nächsten Abschnitt angedeutet wird, und auf Versagen des Verteilungsgesetzes in der Rohrmitte.

[3] Siehe hierzu auch L. SCHILLER: Prandtls Theorie des Mischungsweges und Kármáns neues Widerstandsgesetz, Abschnitt Strömung in Rohren im Handb. d. Experimentalphysik Bd. 4, Teil 4, Leipzig 1932, S. 98ff.

10. Turbulente Strömung im glatten geraden Kreisrohr

Schubspannung aus. Bei Laminarströmung gilt die Beziehung

$$\tau = -\eta \frac{dw_l}{dx} = -\varrho \nu \frac{dw_l}{dx}. \qquad (227)$$

Es fragt sich nun, welchen Ansatz man bei Turbulenz machen kann. BOUSSINESQ[1] änderte die Navier-Stokesschen Gleichungen (86) unter Einführung der ,,Turbulenz" ε an Stelle des Newtonschen Reibungswertes η ab[2], um sie für die Berechnung von turbulenten Strömungen geeigneter zu machen. Er setzte

$$\tau = -\varrho \varepsilon \frac{dw_l}{dx}. \qquad (228)$$

Dabei ist ε wegen der Eigenart der turbulenten Strömung ein ganz allgemein von Ort zu Ort veränderlicher Widerstandsbeiwert, der dem Betrage nach vom allgemeinen Verlauf der Strömung abhängt. ε hat die Benennung der kinematischen Viskosität m^2/s, wie man beim Vergleich von den Gln. (227) und (228) erkennt. PRANDTL[3] ersetzte ε anschaulicher durch

$$\varepsilon = w_x l_x, \qquad (229)$$

wobei l_x die mittlere freie Weglänge der Wirbelballen ist (bis sie zerfallen) und w_x ihre mittlere Geschwindigkeit quer zur Rohrachse bedeutet. Man denkt sich, daß an irgendeiner Stelle im Leitungsquerschnitt, wo die axial gerichtete Geschwindigkeitskomponente w_l angetroffen wird, in x-Richtung eine Geschwindigkeit w_x herrscht.

PRANDTL erläutert[4]: ,,Der Mischungsweg spielt bei turbulenten Mischungsvorgängen eine ähnliche Rolle wie die mittlere freie Weglänge bei der molekularen Diffusion in einem Gase. Bei diesen beiden Arten von Vorgängen kommen Schubspannungen (oder genauer genommen scheinbare Schubspannungen) dadurch zustande, daß zwischen Schichten der Flüssigkeit, die mit verschiedenen Geschwindigkeiten nebeneinander herströmen, dauernd Bewegungsgröße ausgetauscht wird. Man kann sich von diesen in Wirklichkeit ziemlich verwickelten Vorgängen folgende vereinfachte Vorstellung machen.

Man nimmt an, daß irgendein Teilchen, das auf Grund eines Zusammenstoßes mit seinem Nachbarn eine Geschwindigkeit quer zur Strömung erhalten hat, in der Strömungsrichtung im Mittel die Bewegungsgröße hat, die der Schicht, aus der es stammt, als Mittelwert zukommt, und daß es nun eine Strecke l_x quer zur Strömung zurücklegt, bevor es mit neuen Teilchen zusammenstößt oder

---

[1] BOUSSINESQ, J.: Essai sur la théorie des eaux courantes. Mém. prés. p. div. sav. à l'acad. Sc. Bd. 23 (1877). Théorie de l'écoulement tourbillonant et tumultueux des liquides. Paris 1897. C. R. Acad. Sci., Paris 122 (1896) 1298 und Fortsetzung im 123. Bande.
[2] Die BOUSSINESQsche Turbulenz ε hat nichts mit der relativen Rauhigkeit ε zu tun!
[3] PRANDTL, L.: Fußnote 1, S. 124.
[4] PRANDTL, L.: Neuere Ergebnisse der Turbulenzforschung. Z. VDI 77 (1933) 107.

sich mit ihnen vermengt. Derartige Austauschbewegungen gehen in beiden Richtungen vor sich, und es werden so von der schnelleren Schicht Teile aufgenommen, die aus der langsameren Schicht stammen, wodurch die schnellere Schicht natürlich verzögert wird, und umgekehrt treten in die langsamere Schicht Teile der schnelleren Schicht ein und wirken hier beschleunigend.

Die Wirkung der beiden Flüssigkeitsschichten aufeinander ist also gerade so, als ob zwischen ihnen Reibung bestünde. Der Unterschied zwischen den molekularen Vorgängen und den turbulenten besteht nun darin, daß in dem einen Fall die einzelnen Moleküle, in dem anderen Fall ganze Flüssigkeitsballen die Träger des Austausches sind."

Die Wirbel stammen aus einer mittleren Entfernung $\pm l_x$. Sie bringen eine Geschwindigkeit in Achsrichtung von

$$w_l \pm l_x \frac{dw_l}{dx}$$

mit.

Aus Gründen der Kontinuität muß w_x von der Größenordnung der Geschwindigkeitsänderung in Achsenrichtung sein. Man setzt für Gl. (229)

$$\varepsilon \operatorname{prop} l_x^2 \left| \frac{dw_l}{dx} \right|$$

und für Gl. (228)

$$\tau \operatorname{prop} \varrho \, l_x^2 \left| \frac{dw_l}{dx} \right| \frac{dw_l}{dx}, \qquad (230)$$

entsprechend einem quadratischen Widerstandsgesetz, wobei unter $\left| \frac{dw_l}{dx} \right|$ der absolute Wert des Geschwindigkeitsgefälles verstanden werden möge. Die nebenher vorhandene Wirkung der Viskosität bleibt unberücksichtigt. NIKURADSE[1] ermittelte durch seine Versuche an Wasserströmungen in glatten Messingrohren, daß, ganz ähnlich wie bei laminarer Strömung, die Schubspannung τ bei Turbulenz in zylindrischen Leitungen auf koaxialen Zylinderschichten gleich und dem Abstand von der Rohrmitte proportional ist, $(x \leq r, \tau \leq \tau_0)$, vgl. die Gln. (171) und (177)

$$\tau = \tau_0 \frac{x}{r}. \qquad (231)$$

Nunmehr kann man τ, und dazu aus der Geschwindigkeitsverteilung nach Gl. (230) den *Mischungsweg* l_x und die *Austauschgröße* ε berechnen. Es zeigt sich, daß ε bei $x = 0$ (Rohrmitte) einen Kleinstwert annimmt. Nach dem Rande zu steigt ε zunächst auf einen Größtwert an, um dann schnell auf Null an der Rohrwand abzusinken. Der Mischungsweg l_x dagegen nimmt von $x = r$ (Rohrwand) von Null bis auf einen Höchstwert in der Achse ($x = 0$) stetig zu. Die Art der Verteilung des Mischungsweges über den Rohrquerschnitt hängt ebenso wie die Verteilung der Austauschgröße ε und der Geschwindigkeit w_l von der Reynolds-Zahl ab.

---

[1] NIKURADSE, J.: VDI-Forsch.-Heft Nr. 356, Zit. 120.

10. Turbulente Strömung im glatten geraden Kreisrohr

Vereinfachend kann man nun annehmen, daß der Mischungsweg l_x dem Wandabstand $r - x$ unabhängig von der Reynolds-Zahl proportional ist:

$$l_x = a(r - x) = \text{rd. } 0{,}4(r - x). \tag{232}$$

a ist darin eine universelle Konstante, die nach den Versuchen den Wert von etwa 0,4 hat. Diese Beziehung gilt an sich auch nur für wandnahe Schichten. Wenn man sie bis zur Rohrmitte gelten läßt, so begeht man einen — wie sich zeigen wird, nur geringen — Fehler.

Trifft man ferner entgegen von Gl. (231) die vereinfachende Annahme, daß die (scheinbare) Schubspannung τ über den Querschnitt konstant und gleich τ_0, der Schubspannung an der Rohrwand, ist — wozu ebenfalls das gute Endergebnis berechtigt, siehe auch Bild 55 —, so geht Gl. (230) über in

$$\tau = \tau_0 = \varrho\, l_x^2 \left(\frac{dw_l}{dx}\right)^2,$$

Mit Gl. (222) wurde die Schubspannungsgeschwindigkeit

$$\bar{w} = \sqrt{\frac{\tau_0}{\varrho}} = w\sqrt{\frac{\lambda_R}{8}}$$

eingeführt. Damit und mit Gl. (232) ist

$$-\frac{dw_l}{dx} = \frac{2{,}5}{r - x}\sqrt{\frac{\tau_0}{\varrho}} = 2{,}5\,\frac{\bar{w}}{r - x}. \tag{233}$$

Für das Geschwindigkeitsprofil im glatten geraden Rohr wurde mit Gl. (225) gefunden

$$\frac{w_l}{\bar{w}} = 5{,}5 + 5{,}75 \lg\left(\bar{w}\,\frac{r - x}{\nu}\right).$$

Differenziert man diese Gleichung, wobei $\ln x = 2{,}303 \lg x$ ist, so kommt man ebenfalls auf Gl. (233).

KÁRMÁN[1] entwickelte auf Grund der ähnlichen Vorgänge in verschiedenen turbulenten Strömungen unabhängig von PRANDTL, daß man für den Mischungsweg mit großer Annäherung setzen kann

$$l_x \text{ prop } \frac{\dfrac{dw_l}{dx}}{\dfrac{d^2 w_l}{dx^2}}, \tag{234}$$

wenn man sich die Turbulenz als reine Wirbelbewegung vorstellt und die geringe Wirkung der Viskosität vernachlässigt. Gl. (234) bedeutet einen unmittelbaren Zusammenhang der Geschwindigkeitsverteilung mit dem Mischungsweg und dem Strömungswiderstand. Vom Zutreffen der Gl. (234) konnte man sich durch praktische Geschwindigkeits-

---

[1] v. KÁRMÁN, TH.: Mechanische Ähnlichkeit und Turbulenz. Nachr. Ges. Wiss. Göttingen Math. Kl. 1930, 58.

messungen überzeugen[1]. Zusammen mit Gl. (230) gilt jetzt

$$\frac{\tau}{\varrho} = a^2 \frac{\left(\dfrac{dw_l}{dx}\right)^4}{\left(\dfrac{d^2 w_l}{dx^2}\right)^2},$$

wobei a als universelle Konstante eintritt.

Setzt man diese Konstante a gleich der von Gl. (232), so gelangt man wiederum zu Gl. (233), wenn $\tau = \tau_0$ gesetzt wird. Man bezeichnet daher diese grundlegende Beziehung mit dem runden Zahlenwert 2,5

$$-\frac{dw_l}{dx} = 2{,}5 \frac{\bar{w}}{r-x}$$

oder in der Prandtlschen Schreibweise mit $y = r - x$ als Abstand von der Rohrwand

$$\frac{dw_l}{dy} = \bar{w}\,\frac{2{,}5}{y}$$

und

$$w_l = 2{,}5\,\bar{w}\ln y + C; \quad \frac{w_l}{\bar{w}} = 2{,}5 \ln y + C' \tag{235}$$

als *Prandtl-Kármánsches Gesetz der Geschwindigkeitsverteilung.*

Über

$$w\,\pi\,r^2 = 2\pi \int_0^r w_l\,x\,dx$$

erhält man nunmehr

$$w = \frac{2}{r^2}\,\bar{w} \int_0^r \left(5{,}5 + 2{,}5 \ln \frac{\bar{w}\,r}{\nu} + 2{,}5 \ln \frac{r-x}{r}\right) x\,dx$$

und

$$\frac{w}{\bar{w}} = \sqrt{\frac{8}{\lambda_R}} = \frac{2}{r^2} \left[5{,}5\,\frac{x^2}{2} + 2{,}5\,\frac{x^2}{2} \ln \frac{\bar{w}\,r}{\nu} - 2{,}5\,\frac{3}{2}\,\frac{x^2}{2}\right]_0^r$$

oder

$$\frac{1}{\sqrt{\lambda_R}} = 2{,}035\,\lg \frac{\bar{w}\,r}{\nu} + 0{,}619.$$

Es ist

$$\frac{\bar{w}\,r}{\nu} = \frac{w\,d}{\nu}\,\frac{1}{2}\,\frac{\bar{w}}{w} = Re\,\frac{1}{2}\sqrt{\frac{\lambda_R}{8}}$$

und

$$\frac{1}{\sqrt{\lambda_R}} = 2{,}035\,\lg\left(Re\,\sqrt{\lambda_R}\right) - 0{,}913$$

oder unter Berücksichtigung einer von PRANDTL angedeuteten Korrektur[2] schließlich

$$\frac{1}{\sqrt{\lambda_R}} = 2{,}0\,\lg\left(Re\,\sqrt{\lambda_R}\right) - 0{,}8 = 2{,}0\,\lg\left(Re\,\frac{\sqrt{\lambda_R}}{2{,}51}\right) \tag{236}$$

als *gesetzmäßige Beziehung für die Widerstandszahl λ_R von glatten Rohren.*

---

[1] NIKURADSE, J.: Zit. S. 120. VDI-Forsch.-Heft Nr. 356.
[2] Siehe hierzu auch B. ECK: Technische Strömungslehre. 5. Aufl. Berlin/Göttingen/Heidelberg: Springer (1957) S. 127.

10. Turbulente Strömung im glatten geraden Kreisrohr

Gl. (236) gilt um so genauer, je geringer der Einfluß der Viskosität auf den gesamten Strömungsvorgang ist[1]. Man ist daher berechtigt, nach Gl. (236) bis zu sehr hohen Reynolds-Zahlen zu extrapolieren[2]. Gl. (236) gilt allgemein; alle bisher an luft-, öl- und wasserdurchströmten glatten Rohren gemessenen Werte liegen mit großer Annäherung und ohne systematische Abweichung auf einer Geraden im $1/\sqrt{\lambda_R}$, lg $(Re\sqrt{\lambda_R})$-Diagramm. Zahlenwerte und Vergleichswerte nach den empirischen Formeln finden sich in Zahlentafel 12, S. 138.

10.1.5 Physikalisch begründete Form eines Potenzgesetzes

Die Widerstandsformeln Gln. (200) bis (211) sind nur mathematische Ausdrücke für Versuchskurven. Für die Form

$$\lambda_R = b\, Re^c$$

findet man die Exponenten, deren Größe von der Reynolds-Zahl Re abhängt, theoretisch wie folgt[3]: Nach Gl. (236) ist λ_R nur von Re abhängig, und zwar

sowie
$$\frac{1}{\sqrt{\lambda_R}} = \alpha\, Re^\beta \quad \text{und} \quad \lg\frac{1}{\sqrt{\lambda_R}} = \lg\alpha + \beta \lg Re$$

$$\beta = \frac{d\left(\lg\frac{1}{\sqrt{\lambda_R}}\right)}{d(\lg Re)} = -\frac{c}{2}. \tag{237}$$

Mit
$$\lg Re = x, \quad \lg\frac{1}{\sqrt{\lambda_R}} = y, \quad \lg\sqrt{\lambda_R} = -y$$

findet man mit Gl. (236)
$$f(x,y) = 2{,}303 y - \ln(2x - 2y - 0{,}8) = 0.$$

Da
$$df = \frac{\partial f}{\partial x}dx + \frac{\partial f}{\partial y}dy$$

ist, ist
$$\beta = \frac{dy}{dx} = -\left(\frac{\partial f}{\partial x} \quad \text{durch} \quad \frac{\partial f}{\partial y}\right) = \frac{1}{1 + \frac{1{,}152}{\sqrt{\lambda_R}}}, \tag{238}$$

---

[1] Nach J. LEHMANN: Widerstandsgesetze der turbulenten Strömung in geraden Stahlrohren. Gesundheits-Ing. 82 (1961) 165ff. gilt daher auf Grund eigener Versuche Gl. (236) erst bei $Re > 10^5$. Für den Bereich von $Re = 4\cdot 10^3$ bis 10^5 ist nach LEHMANN eine Beziehung

$$\frac{1}{\sqrt{\lambda_R}} = 2{,}13\lg(Re\sqrt{\lambda_R}) - 1{,}34$$

zutreffend, wegen des Einflusses der Viskosität etwas abweichend von Gl. (236).

[2] Siehe auch H. SCHMIDT: Die Prandtlsche Grenzschichtgleichung als asymptotische Näherung der Navier-Stokesschen Differentialgleichungen bei unbegrenzt wachsender Reynolds-Kennzahl. Dtsch. Math. 6 (1942) 307. Gl. (238) gilt nach LELCHUK bis zur Machschen Zahl $w/w_s = 0{,}9$ [Techn. Phys. USSR 4 (1937) 592] und nach FRÖSSEL [Forsch. Ing.-Wes. 7 (1936) 75] noch darüber hinaus (Zit. S. 81).

[3] Nach O. KIRSCHMER: Kritische Betrachtungen zur Frage der Rohrreibung. Z. VDI 94 (1952) 790.

also von λ_R und damit von Re abhängig. Bei Formeln nach Gl. (199) wird gesucht, dem mit Re veränderlichen Exponenten c durch Zusatz des Gliedes a zu entsprechen. Die Konstanten a, b und c sind dann Mittelwerte.

Zwischen dem Exponenten c der Widerstandsgleichung $\lambda_R = b\,Re^c$ und dem Exponenten n der Profilgleichung $w_l = m_n(r-x)^n$, also den Gln. (198) und (218), besteht der Zusammenhang

$$c = -\frac{2n}{1+n} = -\frac{2}{\frac{1}{n}+1}. \tag{239}$$

Mit den Gln. (236) bis (239) findet man die Werte[1] von Zahlentafel 10.

Zahlentafel 10. *Widerstandszahl λ_R und Exponenten β, c und $1/n$ für glatte gerade Rohre abhängig von der Reynolds-Zahl Re*

Re	λ_R	β	$-c$	$1/n$
10^4	0,03089	0,1324	0,265	6,55
10^5	0,01800	0,1043	0,209	8,59
10^6	0,01165	0,0857	0,171	10,67
10^7	0,00810	0,0725	0,145	12,80
10^8	0,00595	0,0628	0,126	14,93

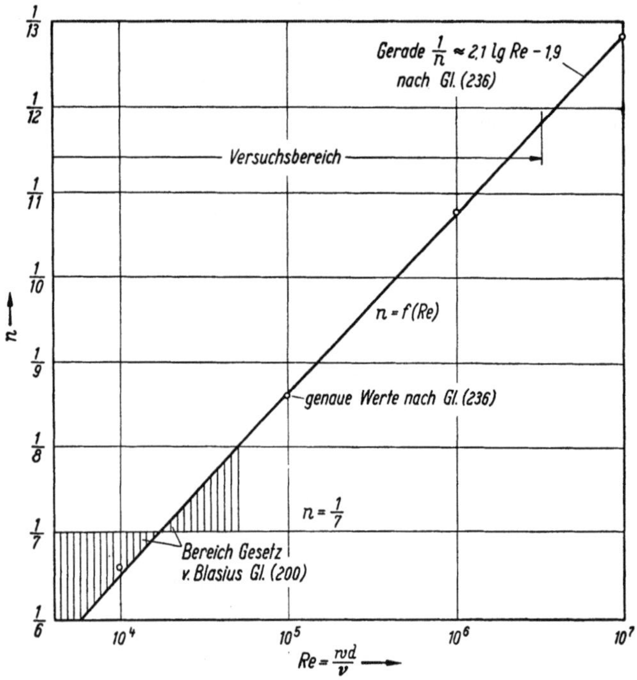

Bild 60. Zusammenhang zwischen dem Exponenten n nach den Gln. (212) bis (218) und der Reynolds-Zahl (Re in logarithmischer Auftragung, Ordinate aufgetragen $1/n$, beschriftet mit n). Ausgezogene Gerade nach den Gl. (236) bis (239)

---

[1] LEHMANN, J.: Zit. S. 135, fand das Blasiussche Gesetz (200) im Bereich von $Re = 1,5 \cdot 10^4$ bis $7 \cdot 10^4$ bestätigt.

10. Turbulente Strömung im glatten geraden Kreisrohr

Dabei besteht zwischen dem Exponenten n und der Reynolds-Zahl Re (bei $Re > 10^4$) annähernd die Beziehung $1/n = 2{,}1 \lg Re - 1{,}9$, was zu Zahlentafel 11 führt, in Ergänzung der Zahlenwerte auf S. 127. Siehe hierzu auch die Bilder 60 bis 62.

Zahlentafel 11
Exponent n der Profilgleichung (218) abhängig von der Reynolds-Zahl Re

$1/n$	Re	$1/n$	Re	$1/n$	Re
6	$5{,}78 \cdot 10^3$	9	$1{,}55 \cdot 10^5$	13	$1{,}25 \cdot 10^7$
7	$1{,}73 \cdot 10^4$	9,5	$2{,}68 \cdot 10^5$	14	$3{,}73 \cdot 10^7$
7,5	$2{,}99 \cdot 10^4$	10	$4{,}64 \cdot 10^5$	15	$1{,}12 \cdot 10^8$
8	$5{,}18 \cdot 10^4$	11	$1{,}39 \cdot 10^6$	20	$2{,}63 \cdot 10^{10}$
8,5	$8{,}96 \cdot 10^4$	12	$4{,}16 \cdot 10^6$	30	$1{,}55 \cdot 10^{15}$

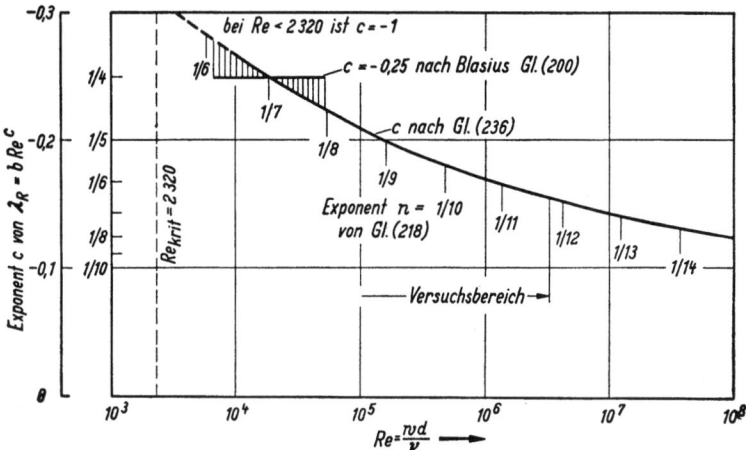

Bild 61. Zusammenhang zwischen dem Exponenten c des Widerstandsgesetzes Gl. (198) nach Gl. (236) und der Reynolds-Zahl Re (Re in logarithmischer Auftragung)

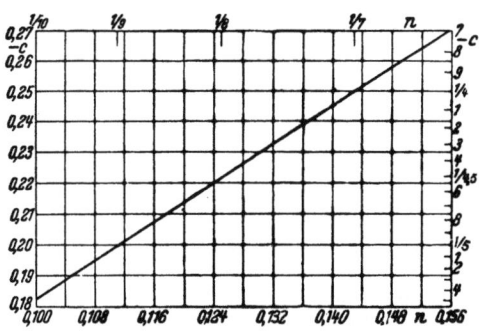

Bild 62. Zusammenhang zwischen den Exponenten c des Widerstandsgesetzes Gl. (198) und n der Profilgleichung (218)

138   II. Theoretische Überlegungen und Versuchserfahrungen

In Zahlentafel 12 sind Werte für die Widerstandszahl λ_R nach dem Prandtl-Kármánschen Widerstandsgesetz Gl. (236) sowie nach den Gln. (200), (209), (211) und nach einer einfachen Näherungsformel

$$\frac{1}{\sqrt{\lambda_R}} = 1{,}8\,\lg\left(\frac{Re}{7}\right) \qquad (240)$$

gegenübergestellt, die COLEBROOK 1937 für den Bereich von $Re = 5 \cdot 10^3$ bis 10^7 angegeben hat[1]. Bereiche der Reynolds-Zahl, in welchen die empirischen

Zahlentafel 12. *Werte für die Widerstandszahl bei glatter Strömung*[2]

lg Re	Re	Werte für $100\,\lambda_R$ nach				
		PRANDTL nach Gl. (236)	BLASIUS (200)	NIKURADSE (209)	HARRIS (211)	COLEBROOK (240)
3,50	$3{,}162 \cdot 10^3$	**4,287**	4,219	3,593	4,359	4,379
3,75	$5{,}623 \cdot 10^3$	**3,617**	**3,654**	3,175	3,703	**3,657**
4,00	10^4	**3,089**	3,164	2,811	3,163	**3,101**
4,25	$1{,}778 \cdot 10^4$	**2,665**	2,737	2,493	2,717	**2,662**
4,50	$3{,}162 \cdot 10^4$	**2,320**	2,373	2,216	2,349	**2,310**
4,75	$5{,}623 \cdot 10^4$	**2,036**	**2,055**	1,974	2,046	2,024
5,00	10^5	**1,800**	1,778	1,762	1,795	1,788
5,25	$1{,}778 \cdot 10^5$	**1,601**	—	1,579	1,588	1,591
5,50	$3{,}162 \cdot 10^5$	**1,432**	—	1,419	1,417	1,424
5,75	$5{,}623 \cdot 10^5$	**1,289**	—	1,279	1,276	**1,283**
6,00	10^6	**1,165**	—	1,156	1,160	1,161
7,00	10^7	**0,810**	—	0,805	0,865	0,815

Formeln um nicht mehr als 1 vH von den theoretischen Werten nach PRANDTL-Kármán abweichen, sind durch Fettdruck hervorgehoben. In Bild 63 sind die beiden Gln. (200) und (236) zum Vergleich gegenübergestellt.

---

[1] COLEBROOK, C. F.: Siehe Fußnote 1, S. 160.

[2] Bei $Re_{krit} = 2320$ ergibt sich nach Gl. (236) $\lambda_R = 0{,}04725$, und bei $Re = 10^8$ ist $\lambda_R = 0{,}00595$. Nach Gl. (200) ergibt sich bei $Re_{krit} = 2320$ ein Wert $\lambda_R = 0{,}04559$. Der Einfluß der Viskosität bewirkt, daß die theoretischen Werte nach Gl. (236) bei $10^4 < Re < 10^5$ zu klein sind und für $Re < 10^4$ nicht mehr gelten. Nach der von LEHMANN angegebenen Beziehung (Zit. S. 135) ist $\lambda_R = 0{,}03202$ bei $Re = 10^4$, $\lambda_R = 0{,}02357$ bei $Re = 3{,}162 \cdot 10^4$ (lg Re = 4,5) und $\lambda_R = 0{,}01801$ bei $Re = 10^5$. — Eine weitere Näherungsformel für Gl. (236) von FILONENKO für $Re > 5000$ lautet: $\lambda_R = 0{,}303/(\lg Re - 0{,}9)^2$ mit Abweichungen von $+2{,}07$ vH bei $Re = 10^4$, $+0{,}11$ bei 10^5, $0{,}0$ bei 10^6, $+0{,}53$ bei 10^7 und $+1{,}02$ bei 10^8; Siehe KASSATKIN, A. G.: Chemische Verfahrenstechnik, 6. Aufl., Bd. I, Leipzig: VEB Deutscher Verlag f. Grundstoffindustrie, 1966, S. 89.

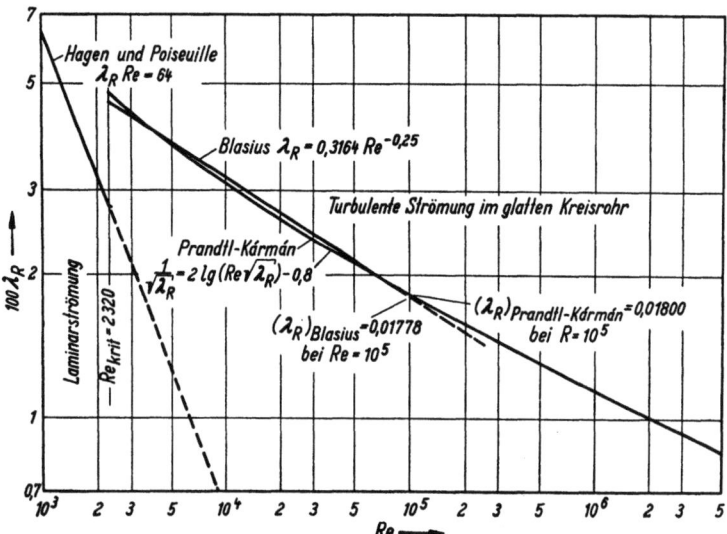

Bild 63. Gesetze von HAGEN u. POISEUILLE, BLASIUS u. PRANDTL-KÁRMÁN, logarithmisches Diagramm

10.2 Vorgänge bei der Ausbildung der turbulenten Strömung

Die turbulente Strömung unterliegt auch einem Anlaufeffekt oder einem Beruhigungseffekt nach Querschnittsänderungen. Allerdings ist hier der Anlaufverlust klein, weil die Geschwindigkeit auch bei endgültigem Profil nahezu gleichmäßig über den Rohrquerschnitt verteilt ist. Die turbulente Anlaufstrecke ist wesentlich kürzer als die laminare und nicht in gleichem Maße von Re abhängig. Die Entwicklung der Geschwindigkeitsverteilung bei turbulenter Strömung untersuchte KIRSTEN[1], der bei Versuchen mit Luft in Zinklutten im Bereiche von $Re = 10^4$ bis $5 \cdot 10^4$ bei Anlauflängen von 2 bis 135 Rohrdurchmessern innerhalb seiner Versuchsgenauigkeit von $l/d = 100$ an keine wesentliche Änderung der Geschwindigkeitsprofile mehr beobachten konnte. Er gab als praktisch ausreichende Anlaufstrecke 50 bis 100 Rohrdurchmesser an.

HERMANN und MÖBIUS[2,3,4] nahmen je nach Art der Rohrmündung Anlauflängen bis 400 Rohrdurchmesser an (siehe Bild 64). Nach NIKURADSE[5] genügen — entsprechend der alten Faustformel von BLASIUS — schon 25 bis 40, höchstens

---

[1] KIRSTEN, H.: Experimentelle Untersuchung der Entwicklung der Geschwindigkeitsverteilung bei der turbulenten Rohrströmung. Dissertation Leipzig 1927, auch Z. f. techn. Physik 10 (1929) 268.
[2] HERMANN, R.: Zit. S. 119.
[3] SCHILLER, L.: Zit. S. 130, dort S. 92.
[4] RICHTER, H.: Zit. S. 120, Z. VDI 76 (1932) 1272.
[5] NIKURADSE, J.: Über die Geschwindigkeitsverteilung im turbulenten Anlauf. Siehe L. PRANDTL u. O. TIETJENS: Zit. S. 111, dort S. 52.

aber 50 Rohrdurchmesser zur endgültigen Ausbildung der Geschwindigkeitsverteilung. Die nach LATZKOS Theorie[1] vom turbulenten Anlauf errechneten Anlauflängen sind zu klein, die für $Re = 4 \cdot 10^4$ eine Anlauflänge von 10 Rohrdurchmessern für ausreichend hielt[2].

In den Bildern 65 und 66 wurden Versuchsergebnisse von NIKURADSE wiedergegeben[3], die bei $Re = 5 \cdot 10^4$ in einem Rohr mit abgerundetem Anlauf aufgenommen wurden. Beim Vergleich mit den Bildern 37 und 38 erkennt man, daß schon

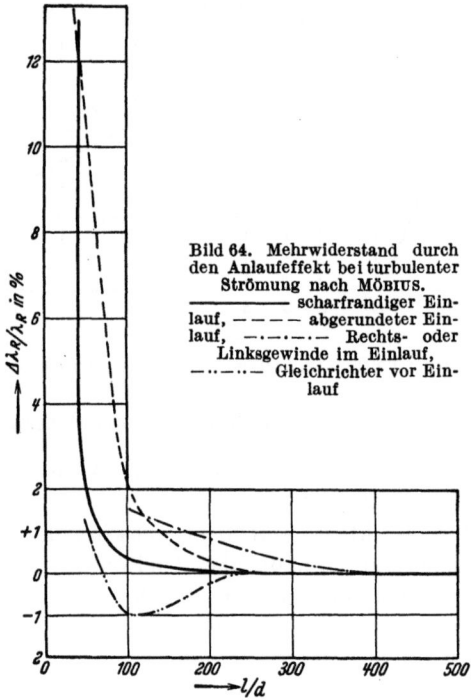

Bild 64. Mehrwiderstand durch den Anlaufeffekt bei turbulenter Strömung nach MÖBIUS.
——— scharfrandiger Einlauf, – – – – abgerundeter Einlauf, —·—·— Rechts- oder Linksgewinde im Einlauf, —··—··— Gleichrichter vor Einlauf

bei $l/d = 2,5$ und $C = l/d\, Re = 5 \cdot 10^{-5}$ ein erheblicher Unterschied zwischen den Profilen im laminaren und turbulenten Anlauf besteht. Das scheint nun nicht ganz mit REYNOLDS' Versuchen übereinzustimmen, der bei der Farbfadenprobe fand, daß die Turbulenz erst in einiger Entfernung vom Einlauf beginnt und daß dieses Umschlagsgebiet zwar mit wachsendem Re näher an den Einlauf rückt, den Einlauf selbst aber nie erreicht, d. h., daß ein beträchtliches Stück am Einlauf immer laminar strömt. Zur Erklärung für diesen Widerspruch dienen z. B.

---

[1] LATZKO, H.: Der Wärmeübergang an einen turbulenten Flüssigkeits- oder Gasstrom. Z. angew. Math. Mech. 1 (1921) 268.

[2] Die Regeln für die Durchflußmessung mit genormten Düsen, Blenden und Venturidüsen, DIN 1952, Ausg. Mai 69, Abschnitt 7, fordern störungsfreie Rohrlängen von 10 bis 80 Rohrdurchmessern vor den Meßgeräten, je nach Stärke der Störung (nach Messungen auf dem Versuchsstand). Siehe hierzu auch S. 315.

[3] Nach PRANDTL-TIETJENS: Zit. S. 111, dort Bild 25/26.

10. Turbulente Strömung im glatten geraden Kreisrohr

russische Versuche mit Farbfäden[1], wobei der mittlere und ein Faden dicht an der Wand gefärbt wurden. Beim Eintritt der Turbulenz fängt die Wirbelung stets

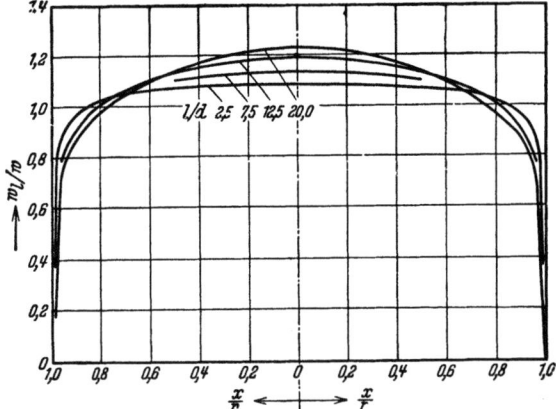

Bild 65. Ausbildung der turbulenten Geschwindigkeitsverteilung in der Anlaufstrecke nach Messungen von NIKURADSE ($Re = 5 \cdot 10^4$)

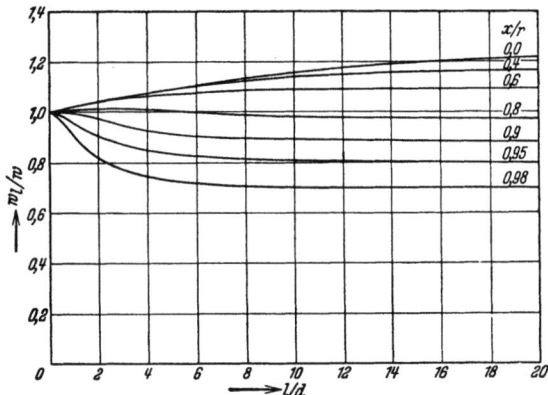

Bild 66. Beschleunigung und Bremsung der einzelnen ,,Schichten" einer turbulenten Strömung mit wachsender Entfernung vom Einlauf nach Messungen von NIKURADSE ($Re = 5 \cdot 10^4$)

am Rande an, während die Verwirbelung der Mitte erst später erfolgt. Da REYNOLDS nur den Achsfaden gefärbt hatte, konnte er den eigentlichen Beginn der Turbulenz nicht erkennen.

Der Druckabfall entspricht bei gut abgerundetem Einlauf dem Geschwindigkeitsdruck $\varrho w^2/2$ (zur Darstellung der Geschwindigkeit)[2]. Bei scharfrandigem Einlauf (Bild 67) kommt noch ein weiterer Abfall dazu, weil sich der Strahl im Eintritt zusammenzieht und erst dann auf den vollen Querschnitt ausbreitet.

---

[1] JOUKOWSKY, N. E.: Versuche von Moroschkin. Z. angew. Math. Mech. Bd. 8 (1928) S. 143.

[2] SHAPIRO, A. H., u. R. D. SMITH: NACA Technical Notes Washington 1785 (1948), unternahmen Messungen über den Widerstand in der Anlaufstrecke bei abgerundetem Anlauf unter Anwendung von Gl. (236).

Nach unten[1] ergibt sich hierfür ein Druckabfall von

$$\varrho \frac{w^2}{2}\left(\frac{1}{\mu}-1\right)^2,$$

wobei μ die Kontraktionszahl bedeutet. Demnach hat man für den gesamten Druckverlust am Einlauf zu setzen

$$\varrho \frac{w^2}{2}\left[\left(\frac{1}{\mu}-1\right)^2+1\right] = \varrho \frac{w^2}{2}\left(\frac{1}{\mu^2}-\frac{2}{\mu}+2\right). \tag{241}$$

Mit $\mu = 0{,}63$ (Annahme) erhält man $1{,}34\,\varrho\,w^2/2$. Bei turbulenter Strömung ist der Energiebeiwert $\xi = 1{,}03$ bis $1{,}06$ (bei $Re = 10^6$ bis 10^4). Da die Strömung

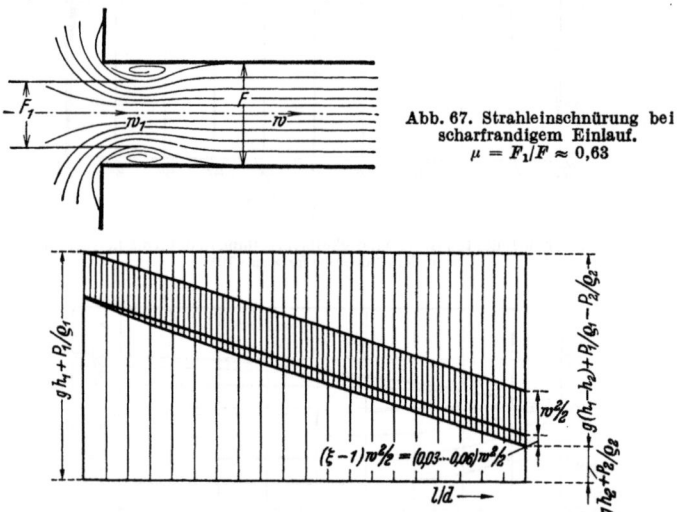

Abb. 67. Strahleinschnürung bei scharfrandigem Einlauf.
$\mu = F_1/F \approx 0{,}63$

Bild 68. Energieumsetzung im turbulenten Anlauf. Abnahme der potentiellen Energie, Zunahme der kinetischen Energie um $(0{,}03$ bis $0{,}06)\,w^2/2$. Der Eintrittsverlust von $0{,}34\,w^2/2$ (bei $\mu = 0{,}63$) ist nicht mit enthalten. Die Abnahme der potentiellen Energie bei ausgebildetem Profil ist der Rohrlänge proportional

im Einlaßquerschnitt zunächst gleichmäßig verteilt ist ($\xi = 1{,}00$), muß bei der Ausbildung die kinetische Energie im Querschnitt noch um $(0{,}03$ bis $0{,}06)\,w^2/2$ vergrößert werden, siehe Bild 68. Nunmehr beträgt der gesamte Verlust an potentieller Energie im Anlauf einschließlich der scharfkantigen Mündung

$$\frac{\Delta P}{\varrho}+g\,\Delta h = \lambda_R \frac{l_a}{d}\frac{w^2}{2}+k\,\frac{w^2}{2}. \tag{242}$$

wobei k je nach Form der Einlaufmündung und der Reynolds-Zahl des Stromes und (bei l an Stelle l_a) der Entfernung vom Einlaufquerschnitt $1 < k < 1{,}4$ bei $\mu = 0{,}63$ und mehr oder weniger bei kleinerem oder größerem Kontraktionskoeffizienten beträgt[2].

---

[1] Abschnitt 14, S. 190 Gln. (288) und (289).
[2] Nach DEISSLER, R. G.: Turbulent Heat Transfer and Friction in the Entrance Regions of Smooth Passages. Paper 54-A-153 Americ. Soc. Mech. Engrs. 1954 und Ross, D.: Turbulent Flow in the Entrance Region of a Pipe. Paper 54-A-89 ist der Druckverlust in der Anlaufstrecke gemäß Gl. (242) etwa doppelt so hoch wie in einer gleich langen geraden Strecke mit ausgebildetem Profil (Versuche mit Wasser $Re = 10^4$ bis 10^5, $l_a = 10$ bis $15\,d$).

11. Turbulente Strömung im rauhen geraden Kreisrohr (vollkommen ausgebildete Strömung)

11.1 Widerstandszahl nach Messungen an Rohren mit natürlicher Rauhigkeit

Bei technischen Anlagen handelt es sich *fast ausschließlich um turbulente Strömungen in rauhen Rohren*. Von hervorragender Bedeutung ist die Strömung in Rohren aus *Stahl*.

Im Laufe der Technikgeschichte wurden — der Bedeutung des Problems entsprechend — eine große Anzahl Messungen vorgenommen. Über viele davon liegen ausführliche Berichte vor. 1923 sichtete HOPF[1] die bis dahin bekannten Versuchsergebnisse an neuen und an mehrjährig in Betrieb befindlichen rauhen (und glatten) Rohren kreisförmigen (und rechteckigen) Querschnitts. Er ermittelte nach den Formeln (87), (88) und (117) bis (119)

$$\left(g\frac{h_1 - h_2}{l} + \frac{P_1 - P_2}{l\varrho}\right)d = J d = \lambda\frac{w^2}{2}$$

und Gl. (116)

$$\lambda = \lambda_R + \lambda_B$$

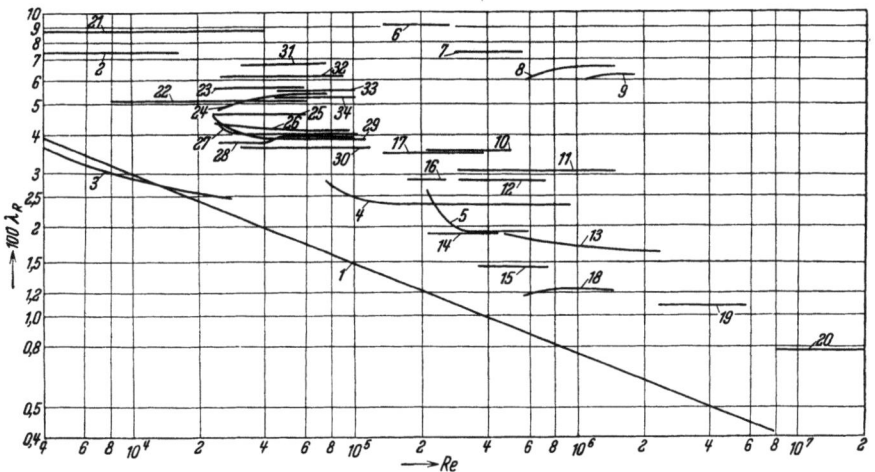

Bild 69. Sehr rauhe Rohre. *1* BLASIUS: glattes Messingrohr, *2* DARCY: Gußeisenrohr, *3—5* DARCY: Gußeisenrohre, *6—12* BAZIN: offenes, sehr rauhes Holzgerinne, *13* MARX, WING, HOSKINS: Holzrohr, *14—15* PETIT: Stahlblechrohr, *16—17* SCOBEY: Zementrohr, *18* BAZIN: Zementrohr, *19* MOORE: Zementrohr, *20* JOHNSTONE: Zementrohr, *21—22* SCHILLER: Messingrohr mit eingeschnittenem Gewinde. *23—30* FROMM: Leitung, Innenwand mit Drahtnetz überzogen, *31—34* FROMM: Rohr aus Waffelblech; (logarithmische Auftragung)

---

[1] HOPF, L.: Die Messung der hydraulischen Rauhigkeit. Z. angew. Math. Mech. 3 (1923) 329.

144 II. Theoretische Überlegungen und Versuchserfahrungen

die Widerstandszahl λ_R und trug sie[1] in $\lg \lambda_R / \lg Re$-Diagramme ein, siehe Bild 69 bis 71.

In Bild 69 ist die Strömung durch *sehr rauhe* Rohre aus Gußeisen, angerostetem Stahlblech, Waffelblech, Zement, Holz oder durch Rohre wiedergegeben, deren Innenwände mit Drahtnetz bespannt waren. λ_R zeigt sich, hier und da nach kurzem Übergang, als unabhängig von Re.

Werte nach Versuchen *mit weniger rauhen* Holzrohren, bituminierten Stahlrohren und Rohren aus gewalztem Waffelblech wurden in Bild 70 eingetragen.

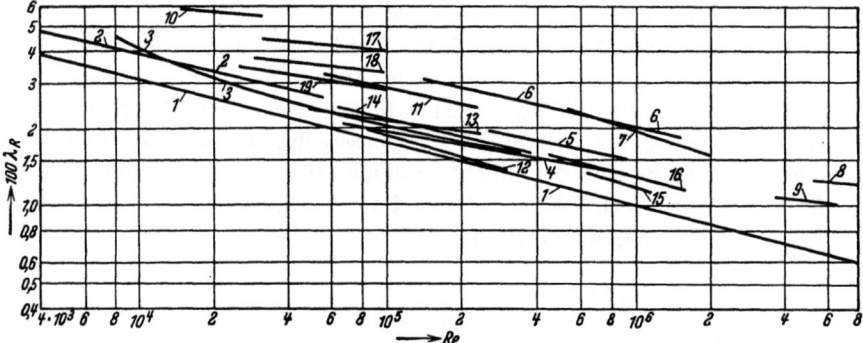

Bild 70. Weniger rauhe Rohre. *1* BLASIUS: glattes Messingrohr, *2—5* DARCY: asphaltiertes Rohr aus Stahlblech *6* BAZIN: offenes Holzgerinne, *7* MARX, WING, HOSKINS: Holzrohr, *8—9* SCOBEY: Holzrohr, *10* H. SMITH: Holzrohr, *11—16* MORITZ: Holzrohr, *17* FROMM: Rohr aus gewalztem Waffelblech, *18* FROMM: Rohr aus stark gewalztem Waffelblech, *19* FROMM: Rohr aus noch stärker gewalztem Waffelblech; (logarithmische Auftragung)

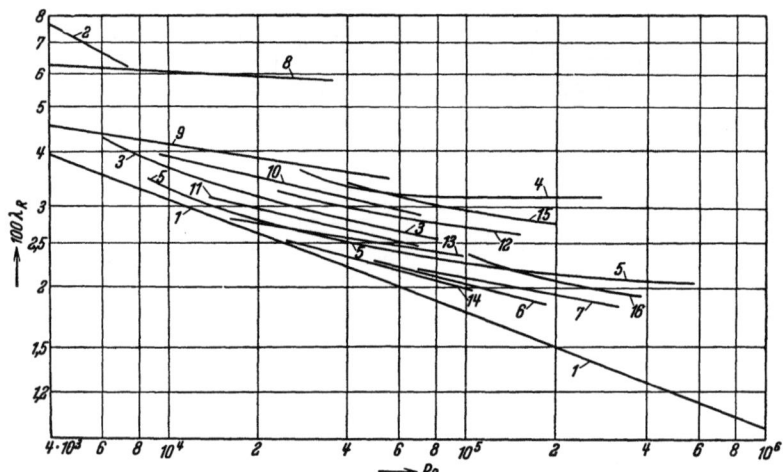

Bild 71. Nicht ganz glatte gezogene Metallrohre. *1* BLASIUS: glattes Messingrohr, *2—3* DARCY: gezogenes Stahlrohr, *4—5* DARCY: neues Gußeisenrohr, *6—7* LANG: Kupferrohr, *8—11* SAPH u. SCHODER: verzinktes Stahlblechrohr, *12* OMBECK: geätztes Stahlrohr, *13—14* FRITZSCHE: Gasrohr, *15—16* PETIT: neues verzinktes Stahlblechrohr; (logarithmische Auftragung)

---

[1] BLASIUS' Kurve steht in den Bildern 69 bis 71 nur zum Vergleich. Zu beachten ist, daß an sich BLASIUS' Kurve für glattes gezogenes Messingrohr nur bis etwa $Re = 10^5$ gilt.

11. Turbulente Strömung im rauhen geraden Kreisrohr

Es ergibt sich ein ganz anderes Verhalten. Hier liegen die Kurven in etwa gleichem Abstand zur Kurve des glatten Rohres.(1), die die untere Grenze bildet. λ_R ist abhängig vom Rohrdurchmesser und von der Reynolds-Zahl. Das Widerstandsgesetz scheint einfach eine Erweiterung des Gesetzes für glattes Rohr mit

$$(\lambda_R)_{\text{rauh}} = \psi(\lambda_R)_{\text{glatt}} \tag{243}$$

zu sein, wobei etwa für Holzrohre $\psi = 1,5$ bis $2,0$ und für bituminierte Stahlrohre $\psi = 1,2$ bis $1,5$ gefunden wurde.

In Bild 71 stehen die Versuchsergebnisse an gezogenen, *nicht ganz glatten* Metallrohren. Die Kurven entfernen sich mit zunehmender Reynolds-Zahl immer mehr von der Kurve des glatten Rohres (1).

Die Messungen wurden zum Teil an ausgeführten Anlagen der Praxis vorgenommen. Solche *Großversuche* sind besonders aufschlußreich, aber nur dann beweiskräftig, wenn im *Beharrungszustand* gemessen werden konnte. Außerdem muß sich vor der Meßstrecke eine genügend lange gerade *Anlaufstrecke* befinden. Es genügen 25 bis 40 Rohrdurchmesser, und zwar um so weniger, je rauher die Rohrwand ist. Der mittlere lichte Rohrdurchmesser muß wenigstens auf der *Meßstrecke* praktisch gleich groß sein; er sollte, wenn möglich, durch Anfüllen der Leitung mit Wasser und Bestimmen des Wasservolumens festgestellt werden. Ferner ist es nötig, daß die Meßstrecke einheitliche Rauhigkeit hat. Der statische Druck kann verhältnismäßig einfach durch Bohrungen senkrecht zur Rohrwand gemessen werden. Schwieriger ist oft die Messung der mittleren Strömungsgeschwindigkeit oder des Durchflusses in der Zeiteinheit. Man muß bedenken, daß in

$$\lambda = \frac{2}{w^2} J d = \frac{2}{V_s^2} \frac{\pi^2 d^5}{16} J$$

der Volumenstrom quadratisch und der lichte Rohrdurchmesser in der 5. Potenz auftreten, und erkennt, mit welchen Schwierigkeiten die exakte Großmessung verbunden ist. Immerhin liegen viele brauchbare Meßergebnisse vor.

Die Betriebswerte von ausgeführten Anlagen können meist nur in beschränktem Umfang verändert werden. Dann ist der Versuchsbereich so eng, wie z. B. die Kurven *14* bis *16* in Bild 69 und viele andere zeigen. Es ist recht unsicher, auf den weiteren Verlauf der Versuchskurven zu schließen, zumal vielfach überhaupt nur Einzelwerte gemessen werden konnten. Jede brauchbare Messung dient aber dazu, das Gesamtbild über die turbulente Strömung in rauhen Rohren abzurunden.

Die übrigen Meßergebnisse der Bilder 69 bis 71 sind durch *Laboratoriumsversuche* gewonnen worden. Während es verhältnismäßig einfach ist, auf dem Prüffeld genau zu messen, haftet solchen Versuchen die Schwierigkeit an, daß die Meßanlage hinsichtlich ihrer Abmessungen und Durchflußmengen nur beschränkt sein kann. Andererseits kann man die Versuchsbedingungen (Drücke, Temperaturen, Geschwindigkeiten) gut variieren, so daß sich systematisch ein weiter Bereich der Reynolds-Zahl selbst und des Einflusses von Durchmesser, Rauhigkeit und Viskosität im besonderen erforschen läßt.

Erst mit Hilfe von *Ähnlichkeitsbetrachtungen* ist es gelungen, sicher vom Kleinversuch auf das Verhalten in der Großanlage zu schließen, so daß *sich Klein- und Großversuch ergänzen*. Vordem erschien die Aufgabe, ein einheitliches Widerstandsgesetz aufzustellen, als unlösbar.

Die Diagramme von HOPF, Bilder 69 bis 71, erheben natürlich nicht Anspruch auf Vollständigkeit. Nach 1923 wurden zudem noch zahlreiche Großversuche vorgenommen, die jedoch nichts grundsätzlich Neues brachten. Was die Messungen aber auszeichnet, das ist die immer größere Sorgfalt und Genauigkeit.

146 II. Theoretische Überlegungen und Versuchserfahrungen

Zu erwähnen sind hier die Messungen im Auftrag der *Bewag, Berlin*, an einer Ferndampfversorgungsanlage und auf dem Versuchsstand[1]. Untersucht wurden *nahtlose Stahlrohre* von 50, 100 und 250 mm Nennweite (angenähert Lichtweite), Meßstrecke 19 bis 235mal Rohrdurchmesser, Anlaufstrecke 38 bis 60 und mehr und Ablaufstrecke 20 bis 35 und mehr mal Rohrdurchmesser. Außerdem wurden in *Magdeburg* Messungen an wassergasgeschweißten Rohren aus Stahlblech von 450 mm Nennweite durchgeführt: Meßstrecke 845mal d, Anlaufstrecke 60 und mehr mal d, Ablaufstrecke 11 und mehr mal d. Das Betriebsmittel war Wasserdampf mit 3,5 bis 5,7 at und 140 bis 290 °C, mittlere Strömungsgeschwindigkeit 2,35 bis 300 m/s, $Re = 2,5 \cdot 10^4$ bis $2,27 \cdot 10^6$. Bei den Rohren NW 50, 100 und 250 wurde der mittlere Durchmesser durch Anfüllen mit Wasser festgestellt, bei NW 450 durch Abtasten. Es wurde sorgfältig und mit geprüften Geräten gemessen, und zwar nach Erreichen des Beharrungszustandes 5 bis 40 Minuten lang.

Als Mittelwerte nach Ausscheiden der Versuchszufälligkeiten ergaben sich für handelsübliche Rohre mit etwa 2 vH Genauigkeit für λ_R die in Bild 72 wiedergegebenen Versuchskurven.

Weiter möge hier noch auf einige besonders sorgfältige Großmessungen des *Laboratoire Dauphinois d'Hydraulique* in *Grenoble*[2] hingewiesen werden an Roh-

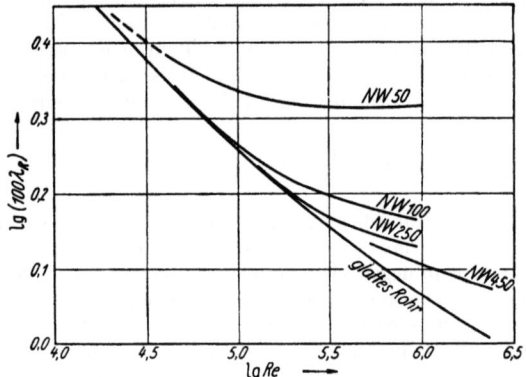

Bild 72. Versuchswerte an Stahlrohren nach ZIMMERMANN (1938)

ren aus Beton, geschweißten Stahlrohren und bituminierten Gußeisenrohren von je rd. 800 mm l. W. bei $Re = 5 \cdot 10^5$ bis $5 \cdot 10^6$. Ferner sind Versuche an den Wasserleitungen verschiedener *schweizerischer Wasserkraftwerke*[3] zu erwähnen[4].

---

[1] ZIMMERMANN, E.: Der Druckabfall in geraden Stahlrohrleitungen. Beitrag zur praktischen Rohrleitungsberechnung. Arch. f. Wärmew. 19 (1938) 243. Siehe auch 17 (1936) 101, ferner W. WELLMANN: Städteheizung. Z. VDI 79 (1935) 763/73.

[2] BARBE, R.: La Mesure dans un laboratoire des pertes de charge de conduits industrielles. Houille bl. — Neue Serie 2 (1947) 191.

[3] HOECK, E.: Druckverluste in Druckrohrleitungen großer Kraftwerke. Zürich (1943).

[4] Weiter sei auf folgende Berichte verwiesen: F. BRADTKE: Gesundheits-Ing. 53 (1930) Sonderheft 1. — L. F. MOODY: Friction factors for pipe flow. Trans. Amer. Soc. Mech. Engrs. 66 (1944) 671. — R. SEIFERTH u. W. KRÜGER: Über-

11.2 Geschwindigkeitsverteilung nach Messungen

In mäßig rauhen Rohren weicht die Geschwindigkeitsverteilung nicht viel von der in glatten Rohren ab. So fanden WILLIAMS, HUBBELL und FENKELL[1] in rauhen Stahlrohren von 305 bis 1070 mm ⌀ für die Kenngröße

$$\frac{w}{w_{l\,\text{max}}} = 0{,}840 \pm 0{,}035.$$

Die mittlere Strömungsgeschwindigkeit w findet man bei etwa $0{,}76\,r$ von der Rohrmitte. STANTON und PANNELL[2] wiesen durch genaue Messungen nach, daß $w/w_{l\,\text{max}}$ um so kleiner ist, je rauher das Rohr ist, und daß die Form des Profils ebenso wie der Strömungswiderstand um so weniger von Re abhängen, je rauher das Rohr ist. Interessante

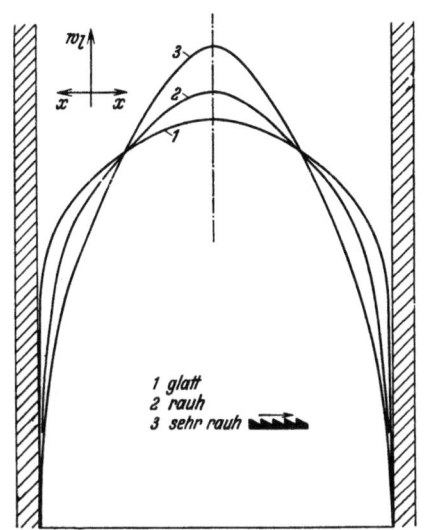

Bild 73. Turbulente Geschwindigkeitsverteilung zwischen verschieden rauhen ebenen Glas- und Zinkplatten bei ein und derselben Durchflußmenge nach FRITZSCH

---

raschend hohe Reibungsziffer einer Fernwasserleitung. Z. VDI 92 (1950) 189. — J. S. BLAIR: New formulae for water flow in pipes. Proc. Instn. mech. Engrs. Hydraulics Group. 165 London (1951) 74. — L. E. PROSSER, R. C. WORSTER u. S. T. BONNINGTON: Friction losses in turbulent pipe-flow. Proc. Instn. mech. Engrs. Hydraulics Group 165 London (1951) 88. — O. KIRSCHMER: Reibungsverluste in geraden Rohrleitungen. MAN-Forschungsheft (1951) S. 81.

[1] WILLIAMS, G. S., C. W. HUBBELL u. G. H. FENKELL: Experiments on the effect of curvature upon the flow of water in pipes. Trans. Amer. Soc. civ. Engrs. 42 (1902) 1. Ähnliche Beobachtungen machten z. B. H. F. MILLS, A. V. SAPH und E. W. SCHODER, ADAMS und WILSON: Ebenda S. 204ff. — G. BELLASIS: Hydraulics London 1914, S. 129.

[2] STANTON, T. E.: The mechanical viscosity of fluids. Proc. Roy. Soc., Lond. (A) 85 (1911) 366.

Beobachtungen machte FRITZSCH[1]. Da die Strömung an rauhen Wänden mehr als an glatten gehemmt wird, muß das Profil in ganz besonders rauhen Rohren vom bisher beschriebenen deutlich abweichen. FRITZSCH untersuchte die Strömung zwischen verschieden rauhen ebenen Zink- und Glasplatten, siehe Bild 73. Kurve *1* gehört zu glattem Spiegelglas, Kurve *2* zu gewöhnlichem Riffelglas und Kurve *3* zu Zinkblech, das sägezahnartig genutet war. Die Wandrauhigkeit beeinflußt besonders den Geschwindigkeitsverlauf in unmittelbarer Wandnähe.

Die Geschwindigkeit steigt bei glatterer Wand schneller an als bei rauherer. Je kleiner $w/w_{l\,max}$ ist, um so größer ist der Energiebeiwert ξ. Nach dem Verfahren gemäß Bild 21 berechnet man ξ zu Kurve *3* in Bild 73 zu $\xi = 1{,}18$, wobei $w/w_{l\,max} = 0{,}581$ ist.

Das Gesetz Gl. (212/218) der Geschwindigkeitsverteilung über den Querschnitt gilt auch weitgehend bei rauhen Rohren. Dabei ist der Exponent n um so größer, je rauher das Rohr und damit je schlanker das Profil ist. Ergänzend errechnet man:

Bei $\qquad n = \dfrac{1}{3} \qquad \dfrac{1}{4} \qquad \dfrac{1}{5} \qquad \dfrac{1}{6} \qquad \dfrac{1}{7}$

ist

$\qquad \dfrac{w}{w_{l\,max}} = 0{,}643 \quad 0{,}711 \quad 0{,}758 \quad 0{,}791 \quad 0{,}817$

und

$\qquad \xi = 1{,}255 \quad 1{,}156 \quad 1{,}106 \quad 1{,}077 \quad 1{,}058.$

Weitere Werte siehe S. 127[2].

11.3 Einfluß der Rohrrauhigkeit auf die Strömung

Aus den Versuchen an Rohren mit natürlicher Rauhigkeit geht hervor:

1. Während sich für Laminarströmung und Turbulenz im glatten geraden Kreisrohr exakte Gesetze oder gut angenäherte Beziehungen auffinden lassen, sind die Eigenarten der turbulenten Strömung in rauhen Rohren ungleich *schwieriger zu erforschen*.

2. Durch den Einfluß der Rauhigkeit sind die Reibungsarbeit und damit *Strömungswiderstand* und Widerstandszahl λ_R in rauhen Rohren wesentlich *größer* als in glatten. Die Rauhigkeit fördert die Wirbelung.

---

[1] FRITZSCH, W.: Der Einfluß der Wandrauhigkeit auf die turbulente Geschwindigkeitsverteilung in Rinnen. Z. angew. Math. Mech. 8 (1928) 199. — M. F. TREER: Der Widerstandsbeiwert bei turbulenter Strömung durch rauhe Kanäle. Physik. Z. 30 (1929) 538 und 543.

[2] Über Messung der mittleren Strömungsgeschwindigkeit w siehe z. B. F. A. L. WINTERITZ und C. F. FIELD: A simplified integration technique for pipe-flow measurement. Water Power 9 (1957) 225/34. — V. STEINECKE und J. ZEHETNER: Zur Bestimmung des Mittelwertes der Geschwindigkeit im Kreisrohr. BWK 12 (1960) 118/21.

11. Turbulente Strömung im rauhen geraden Kreisrohr

Die laminare Grenzschicht, deren Dicke mit wachsender Reynolds-Zahl abnimmt, bildet sich nicht in solcher Stärke aus, daß sie die Wirkung der Rauhigkeitserhebungen auf die Strömung auszuschalten vermag.

3. Strömungen durch verschiedenartige Kreisrohre gleichen Durchmessers sind wegen der praktisch so überaus verschieden möglichen Beschaffenheit rauher Rohrwände *nicht geometrisch* und damit auch *nicht mechanisch ähnlich*. Ebensowenig ist die Forderung geometrischer Ähnlichkeit erfüllt, wenn man Strömungen in gleich rauhen, aber verschieden weiten Rohren vergleicht. So haben z. B. gezogene Stahlrohre mit praktisch gleicher Wandinnenbeschaffenheit für jeden Rohrdurchmesser andere Widerstandszahlen, und zwar um so kleinere, je größer die Lichtweite ist.

4. *Das einfache, bisher benutzte Ähnlichkeitsgesetz reicht nicht mehr aus*. Bei der Erfassung des Strömungswiderstandes in rauhen Rohren ist nicht der absolute Betrag der Rauhigkeitserhebungen maßgebend, wie er durch unsere Sinne erkannt wird, sondern das Verhältnis von Rauhigkeit zu Rohrhalbmesser, genannt *relative Rauhigkeit*[1]. Kennzeichnet man mit e die mittlere Höhe der Rauhigkeitserhebungen und mit $e/r = \varepsilon$ die relative Rauhigkeit, so ist

$$\lambda_R = f(Re, \varepsilon) \qquad (244)$$

ein allgemeines Gesetz für Kreisrohre [wie Gl. (120/125)].

5. Der *Zusammenhang zwischen der Widerstandszahl λ_R und der Reynolds-Zahl Re* im Anwendungsbereich bei glatten und rauhen Rohren geht im Prinzip aus Bild 74 hervor. Da die Grenzschicht durch die

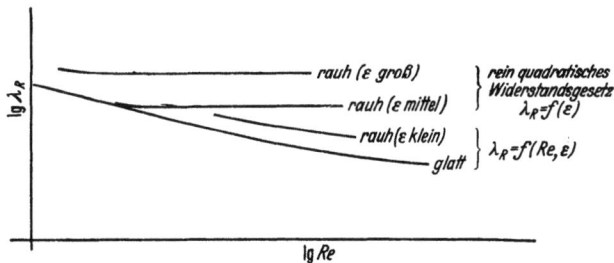

Bild 74. Zusammenhang zwischen Widerstandszahl und Reynolds-Zahl bei glatten und rauhen Rohren

Rauhigkeit gestört wird, hat eine geringe Zunahme der relativen Rauhigkeit schon eine fühlbare Vergrößerung des Druckabfalls zur Folge. Hier tut sich die besondere Schwierigkeit auf: Man kann nicht ohne weiteres für einen Rohrbaustoff bestimmte Zahlenwerte für e angeben, sondern nur Mittelwerte.

---

[1] NUSZELT, W.: VDI-Forsch.-Heft 1910, Nr. 89, 7.

II. Theoretische Überlegungen und Versuchserfahrungen

Selbst bei gleichen Werten von e können Art und Einfluß der *Wandrauhigkeit* noch recht verschieden sein, wie die Bilder 75 bis 78 zeigen. Bild 75 stellt etwa die Oberfläche eines angerosteten Stahlrohres,

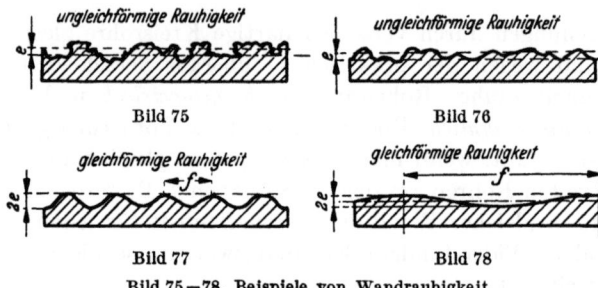

Bild 75—78. Beispiele von Wandrauhigkeit

Bild 76 die eines neuen Gußeisenrohres, Bild 77 die eines Betonrohres mit Bestandteilen gleicher Körnung und Bild 78 die eines Holzrohres dar.

Anhaltswerte über die mittlere Höhe der Rauhigkeitserhebungen neuer Rohre sind:

$e < 0{,}01$ mm Typ glattes Rohr,

$e \approx 0{,}05$ bis $0{,}1$ mm Typ Walzhaut von Stahl,

$e \approx 0{,}2$ bis $0{,}6$ mm Typ Gußeisenhaut.

Bei verschmutzter oder korrodierter Innenoberfläche nimmt e größere Beträge an, wie z. B. 0,3 mm bei einem angerosteten Stahlrohr.

6. Die Bilder 69 bis 71 zeigen ein unterschiedliches Verhalten. Man darf aber nur im technischen Anwendungsbereich von verschiedenartigen Versuchskurven sprechen, über den gesamten Bereich der Reynolds-Zahl haben alle Kurven denselben Charakter.

Die Dicke der laminaren Grenzschicht einer Rohrströmung, δ, nimmt entsprechend Gl. (226) mit der Reynolds-Zahl Re ab, während die mittlere Höhe e der Rauhigkeit des Rohres unverändert bleibt, siehe Bild 79. Die große Schubspannung in der dünnen laminaren

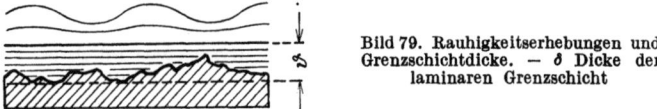

Bild 79. Rauhigkeitserhebungen und Grenzschichtdicke. — δ Dicke der laminaren Grenzschicht

Grenzschicht ist stark von Art und Größe der Rauhigkeit abhängig. Ein rauhes Rohr verhält sich zunächst hydraulisch wie glattes Rohr und wird mit zunehmender Reynolds-Zahl hydraulisch immer rauher. Anfangs nehmen nur die größten Erhebungen und die Art ihrer Verteilung Einfluß, danach sind es auch die mittleren Erhebungen und

11. Turbulente Strömung im rauhen geraden Kreisrohr

schließlich die gesamte Rauhigkeit. Es empfiehlt sich, nach Gl. (244) die Begriffe

praktisch glatt als Grenzfall (die Rauhigkeitserhebungen werden von der laminaren Grenzschicht überdeckt) $\lambda_R = f(Re)$;

nahezu rauh (Übergangsgebiet; die Rauhigkeitserhebungen ragen teilweise durch die laminare Grenzschicht) $\lambda_R = f(Re, \varepsilon)$;

vollständig rauh als anderer Grenzfall (alle Rauhigkeitserhebungen ragen durch die laminare Grenzschicht) $\lambda_R = f(\varepsilon)$

einzuführen, siehe S. 162.

Bei einem bestimmten Rohr ist ε unveränderlich und im vollständig rauhen Bereich $\lambda_R = $ const. Wenn die Widerstandszahl λ_R einen festen Wert annimmt, wie in Bild 69, so gilt ein rein quadratisches Widerstandsgesetz. Die Strömung ist dann praktisch eine reine Wirbelbewegung; der Einfluß der Viskosität ist verschwindend gering.

Die Rohre von den Bildern 70 und 71 zeigen Übergangsverhalten. Zum Zusammenhang zwischen dem Exponenten c des Widerstandsgesetzes Gl. (198) und der Reynolds-Zahl Re bei rauhen Rohren siehe Bild 80.

7. Die Rauhigkeit verschiedenartiger Rohrwände kann nicht allein durch die mittlere Höhe e ihrer Erhebungen und Vertiefungen gekennzeichnet werden; es sind noch weitere Angaben über Art und Verteilung

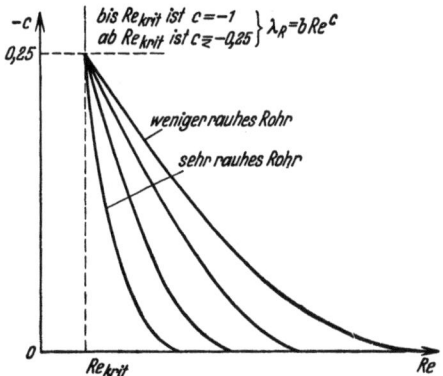

Bild 80. Zusammenhang zwischen dem Exponenten c und der Reynolds-Zahl bei verschiedenem Rauhigkeitsgrad

der Unebenheiten erforderlich. Da sich kaum hinreichend viele Kenngrößen in die Rechnung einführen lassen, hat man einen anderen Weg beschritten, um das Rauhigkeitsproblem systematisch zu studieren, indem man künstlich Rohre innen mit einer genau bekannten Rauhigkeit versah und damit Versuche über weite Bereiche der Reynolds-Zahl anstellte. Für eine künstliche Rauhigkeit eignet sich z. B. Sand gleicher Körnung k.

11.4 Messungen an Rohren mit künstlich aufgebrachter Rauhigkeit

DE MARCHI[1] beobachtete das Übergangsgebiet[2] zwischen laminarer und turbulenter Strömung in sandrauhen Rohren, siehe Bild 81. Er definiert die Rauhigkeit durch

$$\varepsilon = (d_a - d)/d,$$

wobei d_a den lichten Rohrdurchmesser vor Aufbringen der rauhen Schicht und d den nachträglich durch Auffüllen mit Wasser ermittelten bedeuten.

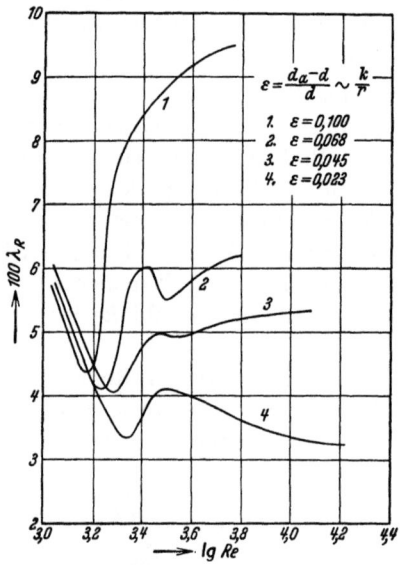

Bild 81. Messungen an künstlich gerauhten Rohren von G. DE MARCHI

SCHILLER[3] untersuchte zum Vergleich eine Reihe von Messingrohren, in die Löwenherzgewinde von 0,3 und 0,6 mm Gangtiefe geschnitten war, siehe Bild 82[4].

---

[1] DE MARCHI, G.: Nuove esperience interno al cambiamento di regime nel movimento dell'acque entro condotti ciscolari. Venezia. Prem. Officine Grafiche di Carlo Ferrari 1917. Rendiconti delle esperience e degli studi esequili nell' Instituto Idrotecnico di Stra. Venezia 1 (1917) 19.

[2] Dabei scheint Re_{krit} etwas von der Rauhigkeit abzuhängen.

[3] SCHILLER, L.: Z. angew. Math. Mech. 3 (1923) 2.

[4] Die Reynolds-Zahl beim Übergang beträgt 2800. Nur beim engsten Rohr (mit feinem und grobem Gewinde) ist λ_R von etwa $Re = 10^4$ ab konstant. Bei den weiteren Rohren schwankt λ_R etwas, scheint sich aber bei großem Re ebenfalls einem konstanten Wert zu nähern. Das 16 mm weite Rohr mit grobem Gewinde sollte theoretisch gleiche λ_R haben wie das 8 mm weite Rohr mit halb so tiefem Gewinde. Das trifft jedoch nicht zu, weil die beiden Gewinde vermutlich nicht streng geometrisch ähnlich waren. Veranlassung zu den Schwankungen der Kurven mag gegeben haben, daß die Wassermenge durch das Gewinde in eine leicht drehende Bewegung versetzt worden war.

11. Turbulente Strömung im rauhen geraden Kreisrohr

Auch hier war es wieder NIKURADSE, der Versuche mit künstlich gerauhten Rohren unternahm, die „hinsichtlich Genauigkeit und Systematik" alles Bisherige übertrafen[1]. Um eine wohldefinierte Rauhigkeit zu erhalten, befestigte er Sand mit bestimmter Körnung ohne Lücke und Anhäufung an der mit Lack klebrig gemachten Innenwand von Messingrohren[2]. Bild 83 zeigt die Versuchsergebnisse[3]. Im laminaren Gebiet ist die Widerstandszahl um ein geringes höher

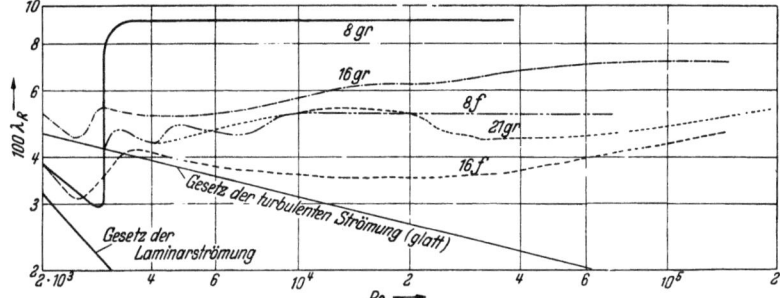

Bild 82. Messungen an Rohren mit eingeschnittenem Gewinde von L. SCHILLER. Zum Beispie 8 gr = grobes Gewinde, 8 mm Durchmesser, 16 f = feines Gewinde in Rohr von 16 mm Durchmesser (logarithmische Auftragung)

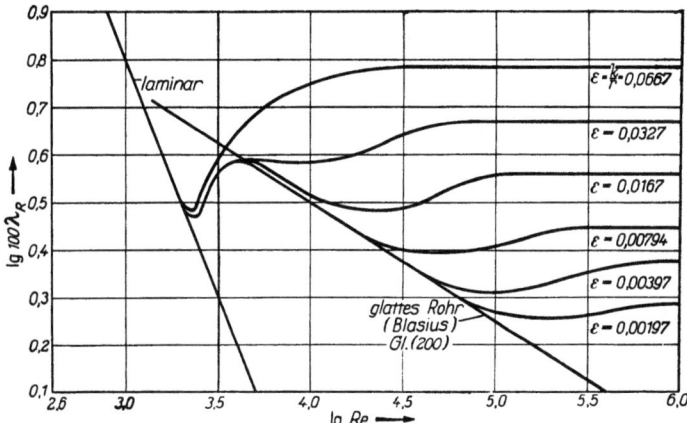

Bild 83. Messungen an Rohren, deren Wände mit Sand bestreut waren, von J. NIKURADSE. k ist die Korndicke des Sandes

---

[1] KIRSCHMER, O.: Kritische Betrachtungen zur Frage der Rohrreibung. Z. VDI 94 (1952) 785.

[2] NIKURADSE, J.: Strömungswiderstand in rauhen Rohren. Z. angew. Math. Mech. 11 (1931) 409. Siehe auch VDI-Forsch.-Heft 361. Berlin (1933).

[3] Die Reproduzierbarkeit der Versuche wurde nachgeprüft, indem zwei gleich weite Rohre mit Sand gleicher Körnung behandelt wurden: Für beide Rohre galt dasselbe Widerstandsgesetz. Ferner wurden Rohrdurchmesser und Korngröße so geändert, daß das Verhältnis zwischen beiden unverändert blieb. Wieder ergab sich dasselbe Gesetz und wurde nachgewiesen, daß tatsächlich die Größe von k/r bei vollständig rauher Strömung in sandrauhen Rohren allein für den Strömungswiderstand maßgeblich ist. Siehe auch L. PRANDTL: Neuere Ergebnisse der Turbulenzforschung. Z. VDI 77 (1933) 111, Bild 9.

II. Theoretische Überlegungen und Versuchserfahrungen

als nach dem Gesetz $\lambda_R Re = 64$, was mit Anlaufstörungen zusammenhängen mag[1]. Im turbulenten Gebiet wird λ_R allmählich unabhängig von Re (vollständig rauhe Strömung). Im Übergangsgebiet, wo das quadratische Gesetz noch nicht gilt, legt sich die Kurve des rauhen Rohres zunächst an die des glatten Rohres an. Sie zweigt um so eher ab, und zwar bei $Re = \text{const}/\varepsilon$, je rauher das Rohr ist. Bis zum Abzweig ist die aufgebrachte Rauhigkeit ohne Einfluß.

Die klassischen Versuche, gemäß Bild 83, sind zum Ausgangspunkt der neueren Anschauung über die Rohrreibung geworden.

11.5 Allgemeingültige Widerstandsformel für sandrauhes Rohr

Jetzt kann man erkennen, welchen praktischen Wert die Erforschung der Strömungsvorgänge in glatten Rohren (S. 116ff.) tatsächlich hat. Nach dem *Prandtl-Kármánschen Gesetz* besteht mit y als Abstand von der Rohrwand bei glattem Rohr für die Einzelgeschwindigkeit im Querschnitt die Gl. (235)

$$w_l = 2{,}5\overline{w}\ln y + C = 2{,}5\overline{w}\ln C_1 y.$$

Diese Beziehung gilt um so genauer, je weniger die Viskosität den gesamten Strömungsvorgang beeinflußt. — Das trifft bei rauhem Rohr mehr zu als bei glattem.

Bei *geometrisch ähnlicher Wandrauhigkeit* verteilt sich auch die *Geschwindigkeit in ähnlicher Weise* über den Querschnitt. Die absolute mittlere Höhe k der Sandrauhigkeit gibt den Maßstab für das Profil ab[2], d. h., die Größe der Einzelgeschwindigkeit w_l im Abstand y von der Rohrwand ist abhängig von y und k, genauer vom Rauhigkeitsverhältnis y/k. Setzt man die Integrationskonstante $C_1 = m/k$, so findet man bei *vollständig rauher Strömung* nach NIKURADSES Versuchen Bild 83 (oberhalb $Re = \text{const}/\varepsilon$) den Wert $m = 30$, wenn k den mittleren Korndurchmesser des zur Erzeugung der Rauhigkeit benutzten Sandes bedeutet. Es ist stark angenähert

$$w_l = 5{,}75\,\overline{w}\lg 30\,\frac{y}{k} = \overline{w}\left(5{,}75\lg\frac{y}{k} + 8{,}50\right) \tag{245}$$

mit gewöhnlichen Logarithmen ($\ln x = 2{,}303\lg x$). Die Zahl 30 charakterisiert darin die Sandrauhigkeit, für andere Art der Rauhigkeit hat sie einen anderen Wert. Aus dieser Gleichung kann man die mittlere Strömungsgeschwindigkeit w über

$$w\pi r^2 = 2\pi \int\limits_r^0 w_l(r-y)\,dy$$

---

[1] Re_{krit} liegt wie beim glatten Rohr zwischen 2160 und 2440.
[2] PRANDTL, L.: Neuere Ergebnisse der Turbulenzforschung. Z. VDI 77 (1933) 105.

11. Turbulente Strömung im rauhen geraden Kreisrohr

ermitteln und erhält
$$w = \bar{w}\left(5{,}75 \lg \frac{r}{k} + 4{,}75\right).$$
Dann ist mit Gl. (222)
$$\lambda_R = 8\,\frac{\bar{w}^2}{w^2} = \frac{8}{\left(5{,}75 \lg \dfrac{r}{k} + 4{,}75\right)^2} = \frac{1}{\left(2{,}03 \lg \dfrac{r}{k} + 1{,}68\right)^2}$$
oder, nach Anpassung des Zusatzgliedes im Nenner an die praktischen Versuchswerte von NIKURADSE,
$$\frac{1}{\sqrt{\lambda_R}} = 2{,}0 \lg \frac{r}{k} + 1{,}74.$$
Will man die Beziehung auf den Rohrdurchmesser d abstellen, so ist
$$\frac{1}{\sqrt{\lambda_R}} = 2 \lg \frac{d}{k} + 1{,}14 = 2 \lg \left(3{,}72\,\frac{d}{k}\right). \tag{246}$$

Diese *Gesetzmäßigkeit* gilt, wie gesagt, nur für *vollständig rauhe Strömung*. Wenn für ein bestimmtes Rohr die Sandrauhigkeit k und der (mittlere) lichte Rohrdurchmesser d konstant sind, dann ist auch $\lambda_R = \text{const}$. Es gilt mit
$$\Delta P = \varrho\,\lambda_R\,\frac{l}{d}\,\frac{w^2}{2} = \text{const}\,w^2$$
ein *rein quadratisches Widerstandsgesetz*.

Mit Einführung der Schubspannungsgeschwindigkeit $\bar{w}$ gelang es, für die Verhältnisse in Wandnähe bei glatter Strömung geeignete dimensionslose Veränderliche [φ und ψ in den Gln. (223) und (224)] zu finden. Damit ließen sich alle Geschwindigkeitsverteilungen in glatten Rohren durch eine Beziehung zwischen *zwei* Veränderlichen, $\varphi = f(\psi)$, erfassen, Gl. (225).

Da der *Strömungswiderstand* wesentlich von den Vorgängen in der *Grenzschicht* abhängt, empfiehlt es sich auch, unter Verwendung der *Schubspannungsgeschwindigkeit* $\bar{w}$ nach einer Beziehung zwischen *zwei* dimensionslosen Ausdrücken zu suchen, mit welchen die Widerstandsgesetze für *alle* Durchmesser und Sandrauhigkeiten über den gesamten Bereich der Reynolds-Zahl in *einer* Kurve wiedergegeben werden können.

Erweitert man Gl. (222) mit k/ν, so findet man mit
$$\frac{k\,\bar{w}}{\nu} = \frac{k}{d}\,\frac{w\,d}{\nu}\sqrt{\frac{\lambda_R}{8}} = 0{,}354\,\frac{k}{d}\,Re\,\sqrt{\lambda_R}, \tag{247}$$
ein Produkt von dimensionslosen Ausdrücken, ferner mit x bezeichnet. Unter $k\bar{w}/\nu$ versteht man die *Reynolds-Zahl der Rauhigkeit* neben $Re = w\,d/\nu$ als *Reynolds-Zahl der Strömung*[1].

---

[1] Mit Reynolds-Zahl ist bisher und später stets die Reynolds-Zahl der Strömung gemeint.

II. Theoretische Überlegungen und Versuchserfahrungen

Das Gesetz Gl. (246) der vollständig rauhen Strömung

$$\frac{1}{\sqrt{\lambda_R}} - 2\lg\frac{d}{k} = \text{const}$$

liefert den anderen dimensionslosen Ausdruck

$$\frac{1}{\sqrt{\lambda_R}} - 2\lg\frac{d}{k},$$

fernerhin mit y abgekürzt.

Über die Funktion $y = f(x)$ unterrichtet Bild 84, wobei die Abszisse logarithmisch ($\lg x$) und die Ordinate (y) von oben nach unten aufgetragen ist. In einem

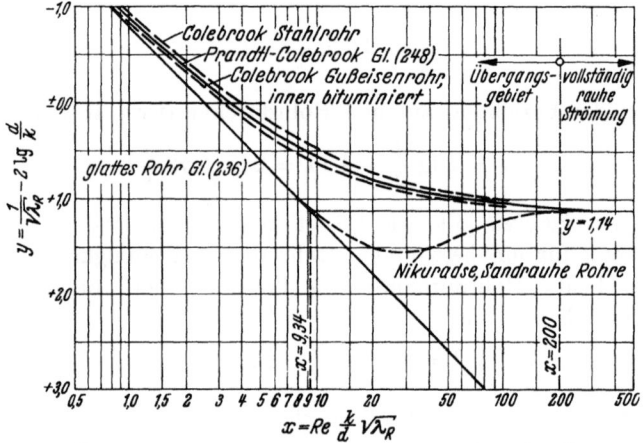

Bild 84. Übergangsgebiet zwischen glatter und vollständig rauher Strömung

solchen Diagramm stellt sich die vollständig rauhe Strömung einheitlich als Gerade $y = 1{,}14$ dar. Ebenso erhält man für das Gesetz der glatten Strömung, Gl. (236), einheitlich eine Gerade, mit einer Neigung $y : \lg x = +2 : 1$.

Nach NIKURADSES Versuchen an den verschiedenen sandrauhen Rohren, Abb. 83, liegen tatsächlich *alle* Versuchspunkte im gesamten Bereich der Reynolds-Zahl auf *einer* Kurve, die die geneigte Gerade für glatte Strömungen und die waagerechte Gerade für vollständig rauhe Strömungen ($y = 1{,}14$) zu Tangenten hat. Im Übergangsgebiet hat die Kurve einen *Wendepunkt* (NIKURADSE, Sandrauhe Rohre, Ausbiegung in Bild 84 nach unten).

11.6 Sandrauhigkeit und natürliche Rauhigkeit

Um aus diesen theoretischen Erkenntnissen praktischen Nutzen zu ziehen, erheben sich jetzt die Fragen:

1. Verhalten sich Flächen mit natürlicher Rauhigkeit hydraulisch ebenso wie sandrauhe Flächen?

2. Wenn ja, lassen sich für die verschiedenen natürlichen Rauhigkeiten äquivalente Sandrauhigkeiten k angeben? k wäre dann die

11. Turbulente Strömung im rauhen geraden Kreisrohr

mittlere Höhe der Rauhigkeitserhebungen bei gleichmäßiger natürlicher Rauhigkeit ähnlich der Sandrauhigkeit. Bei der technisch fast ausschließlich vorkommenden *ungleichmäßigen Rauhigkeit* wäre k die mittlere Höhe einer in der hydraulischen Wirkung vergleichbaren sandrauhen Fläche.

Mit Hilfe von Gl. (246) kann zunächst die *äquivalente Sandrauhigkeit*, also der die gesamte Rauhigkeitswirkung erfassende Rauhigkeitswert k, für die verschiedenen natürlichen Rauhigkeiten ermittelt werden. Hierzu ist es nur nötig, Messungen bei vollständig rauher Strömung durch Rohre mit typischer Rauhigkeit (z. B. Walzhaut, Gußhaut, neu, in gewissem Verschmutzungs- oder Korrosionszustand) vorzunehmen, also bei so hohen Reynolds-Zahlen, daß die Widerstandszahl λ_R nur noch vom Grade der Rauhigkeit abhängt. Aus den Gln. (129) oder (139) folgt λ_R, und aus Gl. (246) folgt k mit

$$\lg k = \lg d + 0{,}57 - \frac{1}{2\sqrt{\lambda_R}}.$$

Vollständig rauhe Strömung ist um so leichter einstellbar, je rauher das Meßrohr ist (siehe Aufg. 7 S. 334).

Zahlenwerte für die äquivalente Sandrauhigkeit k finden sich in Zahlentafel 13. Die absolute Sandrauhigkeit k ist an sich eine Größe in m. Um bequemere Zahlenwerte zu erhalten ist k für sich allein in diesem Buch stets in mm angegeben. Als relative äquivalente Sandrauhigkeit k/d ist k stets in denselben Einheiten wie der Durchmesser d einzusetzen. Bequemer rechnet man mit dem Kehrwert d/k.

In Bild 84 sind die Meßergebnisse an gewalztem Stahlrohr und an innen bituminiertem Gußeisenrohr (zwei gestrichelte Kurven[1]) eingetragen, nachdem die äquivalente Sandrauhigkeit (beide etwa gleiche k-Werte) ermittelt wurde. Es zeigt sich nun, daß sich diese Rohre mit natürlicher Rauhigkeit wohl bei glatter und vollständig rauher Strömung wie sandrauhe Rohre verhalten, nicht aber im Übergangsgebiet, wo die Kurven *ohne Wendepunkt* verlaufen.

Das *Übergangsgebiet* ist von besonderer technischer Bedeutung, siehe die Bilder 70 und 71. Tatsächlich sind die Vorgänge in der *Grenzschicht* bei *gleichmäßiger Sandrauhigkeit* und bei *unregelmäßiger natürlicher Rauhigkeit* beim Übergang von glatter zu vollständig rauher Strömung so verschieden, daß die Sandrauhigkeit nur einen Sonderfall darstellen kann. Bei der unregelmäßigen natürlichen Rauhigkeit wird die laminar strömende Grenzschicht zunächst nur hier und da durch die größten Erhebungen gestört, dann nehmen mit wachsender Reynolds-Zahl und abnehmender Grenzschichtdicke allmählich immer mehr der Erhebungen

---

[1] COLEBROOK, C. F.: Turbulent flow in pipes with particular reference to the transition region between the smooth and rough pipe laws. J. Instn. civ. Engrs. London 11 (1938/39) 133/56. Siehe auch M. HANSEN: Zur Druckverlust-Ermittlung. Z. Stahl u. Eisen 71 (1951) 629 und W. TOUSSAINT: Die Ermittlung des wirtschaftlichsten Rohrdurchmessers betriebsrauher Rohre. Z. Stahl u. Eisen 71 (1951) 612.

II. Theoretische Überlegungen und Versuchserfahrungen

Zahlentafel 13. *Rauhigkeitswerte k in mm von verschiedenen Rohrwerkstoffen und Oberflächen. Bei vollständig rauher Strömung ist k die äquivalente Sandrauhigkeit*

Werkstoff und Rohrart[1]	Zustand	k in mm
Gezogene und gepreßte Rohre aus Kupfer und Messing, Glasrohre, Kunststoffrohre, neu	technisch glatt, auch Rohre mit Metallüberzug (Kupfer, Nickel, Chrom), glatt	0,00135 bis 0,00152 0,0015 bis 0,0070
Gummidruckschlauch	glatt	0,00162
Nahtlose Stahlrohre gewalzt oder gezogen (handelsüblich), neu	typische Walzhaut gebeizt ungebeizt bei engen Rohren gelegentlich rostfreier Stahl, mit Metall-Spritzüberzug sauber verzinkt (Tauchverf.) handelsübliche Verzinkung	0,02 ⋯ 0,06 0,03 ⋯ 0,04 0,03 ⋯ 0,06 bis 0,1 0,08 ⋯ 0,09 0,07 ⋯ 0,10 0,10 ⋯ 0,16
Aus Stahlblech geschweißte Rohre, neu	typische Walzhaut, Längsschweißen bituminiert zementiert galvanisiert, für Belüftungsrohre	0,04 ⋯ 0,10 0,01 ⋯ 0,05 etwa 0,18 etwa 0,008
Stahlrohre, gebraucht	gleichmäßige Rostnarben mäßig verrostet, leichte Verkrustung mittelstarke Verkrustung starke Verkrustung nach längerem Gebrauch gereinigt	etwa 0,15 0,15 ⋯ 0,4 etwa 1,5 2 ⋯ 4 0,15 ⋯ 0,20

[1] Zum Teil nach E. NEUMANN: Gas- u. Wasserf. 82 (1939) 217 und 232. — C. W. HARRIS: Proc. Amer. Soc. Civ. Engrs. 75 (1949) 555. — R. T. S. PIGOTT: Trans. Amer. Soc. Mech. Engrs. 72 (1950) 679. — F. HERNING: Die Rohrreibungszahl. Brennst. Wärme, Kraft 4 (1952) 412. — F. HERNING: Stoffströme in Rohrleitungen. Dtsch. Ing. Verlag Düsseldorf 1961 S. 37ff., 1966 S. 41ff. — F. HERNING: Bisherige praktische Erfahrungen über Druckverluste in Ferngasleitungen. Siehe gesammelte Berichte aus Betrieb und Forschung der Ruhrgas AG, Essen. 1939, S. 46/55. Siehe auch Gas- u. Wasserf. 92 (1951) 289. — O. KIRSCHMER: Kritische Betrachtungen zur Frage der Rohrreibung. Z. VDI 94 (1952) 785. Ferner: Reibungsverluste in geraden Rohrleitungen. MAN-Forschungsheft 1951. — W. DEHNE: Untersuchungen über den Druckverlust bei wirbelnder Strömung in Rohrkrümmern, -wendeln und -schlangen. Bergakademie 5 (1957) 255. — I. B. CAPEDEVILLE: Les différentes formules des pertes de charge dans les pipelines. Rev. Inst. Français Pétr. 13 (1958) 71/82. An der 111 km langen Rohrleitung von 260 mm Durchmesser zwischen Le Havre und Paris wurde Gl. (248) nachgewiesen mit $k = 0,05$ mm für neues Stahlrohr. — Siehe hierzu auch J. LEHMANN, Zit. S. 135, dort S.278/279. Die höchsten Spitzen der Rauhigkeit von Stahlrohren sind etwa drei- bis fünfmal so groß wie die äquivalente Sandrauhigkeit. Dort Angaben $k = 0,016$ bis $0,048$ mm für neue und länger betriebene Stahlrohre in Warmwasserheizungsanlagen. LEHMANN empfiehlt zur Berechnung $k = 0,03$ mm für Stahlrohre einzusetzen. Bei walzblanken Rohren könne $k = 0,02 \pm 10$ vH gelten. — Siehe ferner S. 339 und S. 352.

11. Turbulente Strömung im rauhen geraden Kreisrohr

Zahlentafel 13. (Fortsetzung)

Werkstoff und Rohrart	Zustand	k in mm
Stahlrohre, gebraucht	bituminiert, Bitumen z. T. gelöst, Roststellen	etwa 0,1
	nach mehrjährigem Betrieb (Mittelwert für Ferngasleitungen)	etwa 0,5
	Ablagerungen in blättriger Form, Ferngasleitung nach 20jähr. Betrieb	etwa 1,1
	25 Jahre in Betrieb, unregelmäßige Teer- und Naphthalinablagerungen	etwa 2,5
Aus Stahlblech gefalzte oder genietete Rohre	neu, gefalzt	etwa 0,15
	neu, je nach Nietart und Ausführung	
	leichte Nietung	etwa 1
	schwere Nietung	bis 9
	25 Jahre altes, stark verkrustetes, genietetes Rohr	12,5
Gußeiserne Rohre	neu, typische Gußhaut	0,2 ··· 0,6
	neu, bituminiert	0,1 ··· 0,13
	gebraucht, angerostet	1 ··· 1,5
	verkrustet	1,5 ··· 4
	nach mehrjährigem Betrieb gereinigt	0,3 ··· 1,5
	Mittelwert in städtischen Kanalisationsanlagen	1,2
	stark verrostet	4,5
Holzrohre	neu	0,2 ··· 1
	nach langem Betrieb (Wasser)	0,1
Betonrohre	neu, handelsüblich, Glattstrich	0,3 ··· 0,8
	neu, handelsüblich, mittelrauh	1 ··· 2
	neu, handelsüblich, rauh	2 ··· 3
	neu, Stahlbeton, sorgfältig geglättet	0,1 ··· 0,15
	neu, Schleuderbeton, glatter Verputz	0,1 ··· 0,15
	neu, Schleuderbeton ohne Verputz	0,2 ··· 0,8
	Rohre mit glattem Verputz nach mehrjährigem Betrieb (Wasser)	0,2 ··· 0,3
	Mittelwert Rohrstrecken ohne Stöße	0,2
	Mittelwert Rohrstrecken mit Stößen	2,0
Rohre aus Asbest-Zement	neu, glatt	0,03 ··· 0,1
Tonrohre	neu, gebrannt, Drainagerohre	etwa 0,7
	neu, aus rohen Tonziegeln	etwa 9

teil; natürliches Rohr wird allmählich hydraulisch rauh. Gleichmäßig sandrauhe Rohre hingegen werden erst später, dann aber schnell hydraulisch rauh, weil alle Erhebungen gleichzeitig einzuwirken beginnen, wenn die Dicke der Grenzschicht entsprechend abgenommen hat.

In Anpassung an die Meßergebnisse bei natürlicher Rauhigkeit empfahlen COLEBROOK und WHITE[1] die Formel[2]

$$\frac{1}{\sqrt{\lambda_R}} = -2\lg\left[\frac{2{,}51}{Re\sqrt{\lambda_R}} + \frac{k}{3{,}72\,d}\right], \qquad (248)$$

worin die Gl. (236) der glatten Strömung und die Gl. (246) der vollständig rauhen Strömung enthalten sind.

Der Rauhigkeitswert k in Gl. (248) ist wieder die äquivalente Sandrauhigkeit, nur daß er im Übergangsgebiet kein äquivalentes Verhalten der Rauhigkeit bezeichnet. Wenn der Rauhigkeitswert k für eine bestimmte natürliche Rauhigkeit ermittelt ist, lassen sich die Widerstandsgesetze von *allen* Rohrströmungen mit dieser Rauhigkeit durch Gl. (248) mit ziemlicher Genauigkeit wiedergeben[3]. In Bild 84 ist eine Kurve nach Gl. (248) eingezeichnet, die mitten zwischen den beiden Kurven für die natürliche Rauhigkeit *nach Messungen* an Stahlrohr und bituminiertem Gußrohr verläuft und erkennen läßt, mit welcher Genauigkeit die Näherungsformel (248) mit der äquivalenten Sandrauhigkeit k zutrifft (für λ_R auf $\pm 0{,}2$ vH).

Die mittlere Höhe der Rauhigkeitserhebungen e unterscheidet sich von dem die gesamte hydraulische Wirkung erfassenden Rauhigkeitswert k um so mehr, je unregelmäßiger die Rohrinnenwand beschaffen ist. Während z. B. die Werte e und k für die Stahlrauhigkeit nahezu gleich groß sind, wurden bei stark verkrusteten Wänden erhebliche Abweichungen festgestellt. Bei einer Fernwasserleitung[4] mit wellenartigen Ablagerungen von etwa $e = 0{,}7$ mm mittlerer Dicke wurden Werte k von 6,2 bis 14,6 mm für die äquivalente Sandrauhigkeit ermittelt, bedingt durch die ungünstige riffelartige Oberfläche mit scharfkantigen Graten quer zur Strömungsrichtung (Gratabstand 3 bis 8 mm). An Gasleitungen[5] aus Stahlrohr andererseits wurden blättrige Ablagerungen von 1,5 bis 2 mm Dicke beobachtet, wozu eine äquivalente Sandrauhigkeit von nur $k = 0{,}97$ mm gehörte. In einem anderen Rohr fand man starke unregelmäßige Verkrustungen von Teer

---

[1] COLEBROOK, C. F., u. C. M. WHITE: The reduction of carrying capacity of pipes with age. J. Instn. civ. Engrs. London (1937/38) Heft 1, Paper Nr. 5137, 99/118.

[2] Näherungsformel $\lambda_R = (\lambda_R)_{\text{glatt}} + 0{,}11 (\lambda_R^2)_{\text{glatt}} Re \frac{k}{d}$, siehe B. ECK: Technische Strömungslehre, 5. Aufl. Berlin/Göttingen/Heidelberg: Springer 1957, 133.

[3] Gl. (248) gilt nur für die übliche unregelmäßige natürliche Rauhigkeit. Wenn die Rauhigkeit eines Versuchsrohres so gering ist, daß man nicht bei vollständig rauher Strömung messen kann, so läßt sich der Rauhigkeitswert k auch im Übergangsgebiet mit Gl. (248) bestimmen. — LEHMANN (Zit. S. 135) hat mit Versuchen an Stahlrohren für Gl. (248) genauer gefunden

$$\frac{1}{\sqrt{\lambda_R}} = -1{,}94 \lg\left[\left(\frac{4{,}26}{Re\sqrt{\lambda_R}}\right)^{1{,}1} + \left(\frac{k}{3{,}71\,d}\right)^{1{,}03}\right],$$

und zwar besser zutreffend bei kleineren Reynolds-Zahlen (Viskositätseinfluß bei Gl. 236). — Für den Faktor 3,72 in Gl. (248) kann man nach COLEBROOK auch genauer 3,71 setzen.

[4] SEIFERTH, R., u. W. KRÜGER: Überraschend hohe Reibungsziffer einer Fernwasserleitung. Z. VDI 92 (1950) 189.

[5] HERNING, F.: Stoffströme in Rohrleitungen. Dtsch. Ing. Verlag Düsseldorf 2. Aufl. 1957, S. 33/34. 3. Aufl. 1961 S. 39, 4. Aufl. 1966 S. 38/39.

11. Turbulente Strömung im rauhen geraden Kreisrohr

und Naphthalin in einer Stärke von 1 bis 8 mm und einen Rauhigkeitswert von $k = 2,5$ mm.

Die Abschätzung des Rauhigkeitswertes k nach Zahlentafel 13 für eine bestimmte Wandbeschaffenheit kann nur grob sein. Weitere Forschung zwecks Verfeinerung der Aufstellung ist notwendig. Der Schätzfehler ist aber klein, weil in Gl. (246) bzw. Gl. (248) nur $\lg k$ vorkommt. Bei neuem Rohr aus geschweißtem Stahlblech z. B. wurde der Rauhigkeitswert k zwischen 0,04 und 0,10 mm festgestellt. Dann folgt aus Abb. 85 für ein Rohr mit 200 mm l. W. und $Re = 10^6$

und
$$\lambda_R = 0,0147 \quad \text{bei} \quad \frac{d}{k} = \frac{200}{0,04} = 5000$$
$$\lambda_R = 0,0171 \quad \text{bei} \quad \frac{d}{k} = \frac{200}{0,10} = 2000.$$

Wählt man als Mittelwert $k = 0,07$ mm, so ist der Fehler im ungünstigsten Falle $\pm 7,5$ vH.

Durch Umformung von Gl. (248) erhält man

$$y = -2\lg\left(\frac{9,34}{x} + 1\right) + 1,14. \qquad (249)$$

Die beiden Tangenten in Bild 84 schneiden sich bei $x = 9,34$.

Im vollständig rauhen Gebiet haben die Kurven für natürliche und künstliche Rauhigkeit dieselbe Tangente, in die sie bei $k\bar{w}/\nu =$ rd. 70 oder rd.

$$x = Re \frac{k}{d} \sqrt{\lambda_R} = 200 \qquad (250)$$

einmünden. Diese Beziehung ist also ein Kriterium dafür, ob man sich im Übergangsgebiet ($x < 200$) oder im vollständig rauhen Gebiet ($x > 200$) befindet[1].

In Bild 85 ist die *allgemeine Widerstandsformel* (248) dargestellt. Links von der *Grenzkurve* nach Gl. (250) liegt das Übergangsgebiet, rechts davon das vollständig rauhe Gebiet. Im gesamten ist die allgemeine Funktion $\lambda_R = f\left(Re, \frac{k}{d}\right)$ sowohl für glatte als auch für natürlich rauhe Rohre und beliebige turbulente Rohrströmungen wiedergegeben. Man erkennt jetzt auch die Bedeutung, die der Beziehung für glattes Rohr als Gleichung für eine *Grenzkurve* zukommt, die nicht unterschritten wird. Ergeben sich bei praktischen Messungen Widerstandszahlen $\lambda_R < \lambda_{R\,\text{glatt}}$, so können diese nicht richtig sein. Für Bild 85 sind die Werte von den Zahlentafeln 12, 14 und 15 maßgebend.

Zahlentafel 14. *Werte für die Widerstandszahl λ_R bei vollständig rauher Strömung, nach Gl. (246)*

$\frac{d}{k}$	λ_R	$\frac{d}{k}$	λ_R	$\frac{d}{k}$	λ_R
20	0,07142	100	0,03785	1000	0,01961
25	0,06457	150	0,03280	2000	0,01669
30	0,05966	200	0,03033	5000	0,01371
40	0,05299	300	0,02693	10000	0,01197
50	0,04858	400	0,02485	20000	0,01054
70	0,04285	500	0,02339	50000	0,00901

[1] ROUSE, H.: Evaluation of Boundary Roughness. Proc. of the Second Hydr. Conference, University of Iowa, Bull. 27 (1943)

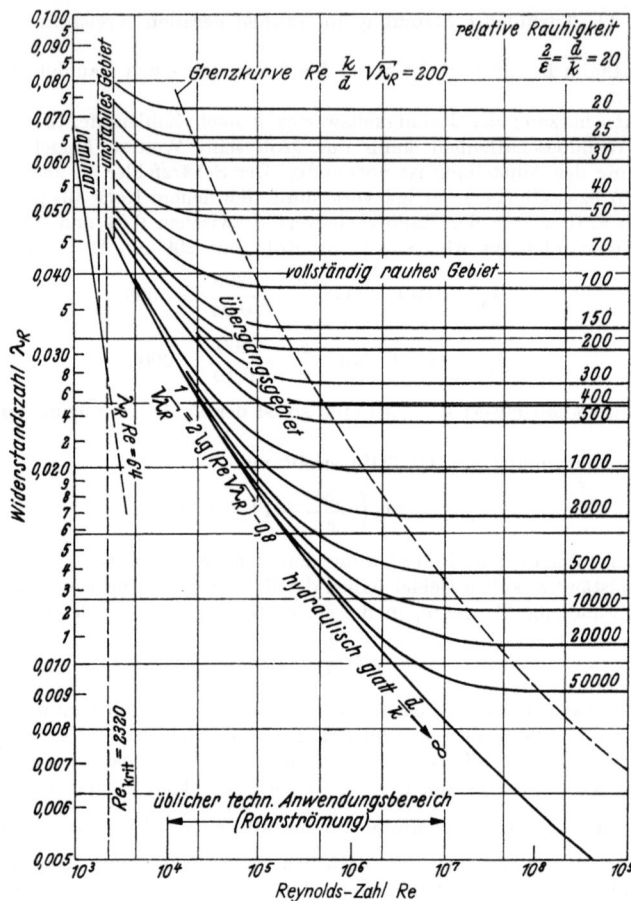

Bild 85. Zeichnerische Darstellung der allgemeinen Widerstandsformel nach PRANDTL-COLEBROOK Gl. (248). Logarithmische Auftragung

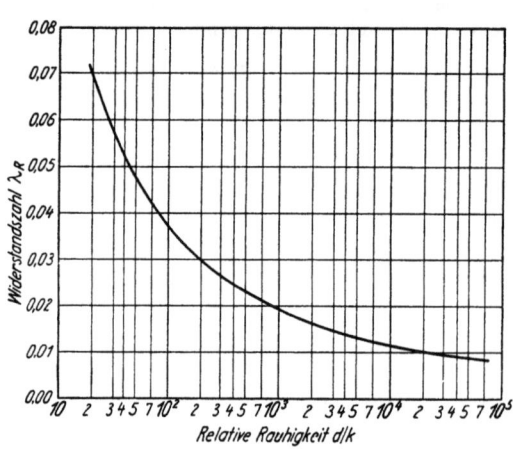

Bild 86. Widerstandszahl λ_R für vollständig rauhe Strömung; d/k in logarithmischer Auftragung. Hierzu Zahlentafel 14/15

11. Turbulente Strömung im rauhen geraden Kreisrohr

Zahlentafel 15. *Werte für die Grenze der vollständig rauhen Strömung nach Gl. (250)*

$$\frac{1}{\sqrt{\lambda_R}} = \frac{Re}{200}\frac{k}{d}.$$

$\dfrac{d}{k}$	λ_R	lg Re	Re
20	0,0714	4,175	$1,5 \cdot 10^4$
30	0,0597	4,390	$2,5 \cdot 10^4$
50	0,0486	4,657	$4,5 \cdot 10^4$
100	0,0379	5,012	10^5
200	0,0303	5,361	$2,2 \cdot 10^5$
300	0,0269	5,563	$3,7 \cdot 10^5$
500	0,0234	5,815	$6,5 \cdot 10^5$
1000	0,0196	6,155	$1,4 \cdot 10^6$
2000	0,0167	6,491	$3,1 \cdot 10^6$
5000	0,0137	6,931	$8,5 \cdot 10^6$
10000	0,0120	7,262	$1,8 \cdot 10^7$
20000	0,0105	7,591	$3,9 \cdot 10^7$
50000	0,0090	8,023	10^8

Der Zusammenhang zwischen der Widerstandszahl λ_R und der relativen Rauhigkeit für vollständig rauhe Strömung nach Gl. (246) ist aus Bild 86 ersichtlich.

Im gesamten Gebiet der Rohrströmung[1] bestehen also für die Funktion $\lambda_R = f\left(Re, \dfrac{k}{d}\right)$ folgende Zusammenhänge:

1. Laminarströmung $\lambda_R = \dfrac{64}{Re}$ bis $Re_{krit} = 2320$;

2. Turbulente Strömung oberhalb von $Re_{krit} = 2320$

   a) hydraulisch glatt
   $$\frac{1}{\sqrt{\lambda_R}} = 2\lg\left(\frac{Re\sqrt{\lambda_R}}{2,51}\right);$$

   b) im Übergangsgebiet
   $$\frac{1}{\sqrt{\lambda_R}} = -2\lg\left(\frac{2,51}{Re\sqrt{\lambda_R}} + \frac{k}{3,72\,d}\right);$$

   c) hydraulisch rauh
   $$\frac{1}{\sqrt{\lambda_R}} = 2\lg\left(3,72\,\frac{d}{k}\right);$$

---

[1] Siehe hierzu W. Kresser u. H. Breiner: Die Gesetzmäßigkeiten der turbulenten Rohrströmung im Bereich großer Reynoldsscher Zahlen. Die Wasserwirtschaft Bd. 9 (1967) S. 327 bis 336. Nachweis der Allgemeingültigkeit mit Berechnung in dimensionslosen Größen und einer formal an die Meßwerte angepaßten Verteilungsfunktion für die Scheinviskosität bei turbulenter Strömung über den gesamten Rohrquerschnitt.

II. Theoretische Überlegungen und Versuchserfahrungen

d) mit der Grenze zwischen b) und c)

$$\frac{1}{\sqrt{\lambda_R}} = \frac{Re}{200}\frac{k}{d}.$$

Diese allgemeinen fundierten Formeln für die Widerstandszahl sind — abgesehen von der unsicheren Rauhigkeitsgröße k — kompliziert im Aufbau, zumal sie λ_R implizit enthalten. Man muß aber bedenken, daß diese Formeln nicht zum praktischen Rechnen aufgestellt wurden. Dazu können zeichnerische Darstellungen in geeignetem Maßstab dienen; für Sonderfälle kann man einfache Interpolationsformeln entwickeln.

Das große Verdienst v. KÁRMÁNs und PRANDTLs (und ihrer Mitarbeiter) besteht darin, daß sie ,,das Problem der Rohrreibung aus der bisherigen Empirie herausgelöst und durch Erforschung der physikalischen Zusammenhänge zu einer theoretisch gut begründeten Lösung geführt haben. Die reine Empirie, die sich darauf beschränkt, Versuchsergebnisse zu sammeln und daraus Faustformeln zu entwickeln oder zu verbessern, führt in der Erkenntnis der Grundlagen nicht weiter — schon deshalb nicht, weil alle empirischen Formeln nur im Bereich der erfaßten Versuche gültig und Extrapolationen meist unstatthaft sind''[1].

11.7 Geltungsbereich von Potenzformeln

Für die Widerstandszahl λ_R bei *vollständig rauher Strömung* kann man für Gl. (246) schreiben[2]

$$\frac{1}{\sqrt{\lambda_R}} = \alpha \left(\frac{k}{d}\right)^\beta \tag{251}$$

und

$$\beta = \frac{d\lg\left(\dfrac{1}{\sqrt{\lambda_R}}\right)}{d\lg\left(\dfrac{k}{d}\right)} = -0{,}87\sqrt{\lambda_R} \tag{252}$$

wenn man $x = \lg\left(\dfrac{d}{k}\right)$ und $y = \lg\left(\dfrac{1}{\sqrt{\lambda_R}}\right)$ setzt, also mit Gl. (246)

$$y = \lg(2x + 1{,}14)$$

$$\frac{dy}{dx} = \frac{1}{2x+1{,}14}\frac{2}{2{,}303}; \quad \frac{dy}{-dx} = -0{,}868\sqrt{\lambda_R}$$

mit $\ln x = 2{,}303 \lg x$ und $d\lg\left(\dfrac{k}{d}\right) = -d\lg\left(\dfrac{d}{k}\right)$. Der Exponent ist von λ_R und damit von k/d abhängig (nicht aber von Re).

So hatte z. B. HOPF[3] eine Näherungsformel empirisch auf Grund vieler Versuchsergebnisse aufgestellt mit

$$\lambda_R = \text{const}\left(\frac{k}{d}\right)^{0{,}314}. \tag{253}$$

---

[1] KIRSCHMER, O.: Kritische Betrachtungen zur Frage der Rohrreibung. Z. VDI 94 (1952) 786.
[2] Nach O. KIRSCHMER: wie Fußnote 1, S. 790, siehe auch S. 135.
[3] HOPF, L.: Die Messung der hydraulischen Rauhigkeit. Z. angew. Math. Mech. 3 (1923) 329. — Hütte, Taschenbuch des Ingenieurs, 28. Aufl., Bd. 1, 1955, S. 780/82.

11. Turbulente Strömung im rauhen geraden Kreisrohr

Aus den Gln. (251) und (252) folgt $-2\beta = 1{,}74\sqrt{\lambda_R} = 0{,}314$. Dieser Exponent gilt nun aber nur bei $\lambda_R = 0{,}0326$ bzw. bei $\dfrac{d}{k} \approx 160$. Bei

$\lambda_R = 0{,}03$ müßte der Exponent sein   0,301
  0,04   0,348
  0,05   0,389.

Reine Potenzformeln lassen sich nur für enge Bereiche aufstellen.

11.8 Nachprüfung der neueren Erkenntnisse für Stahlrohre im Übergangsgebiet

GALAVICS[1] faßte die Gleichungen für glattes Rohr (236) und rauhes Rohr (246) in anderer Weise als COLEBROOK zusammen in

$$\frac{1}{\sqrt{\lambda_R}} - 2\lg\frac{d}{k} = f\left(\lg Re\sqrt{\lambda_R} - \lg\frac{d}{k}\right). \tag{254}$$

Bei vollständiger Rauhigkeit nimmt die rechte Seite von Gl. (254) einen Festwert an, der charakteristisch für die Art der Rauhigkeit ist. Von besonderer Bedeutung in der Technik sind *gezogene Stahlrohre* und Rohre aus *Stahlblech*. Nimmt man nun an, daß die Wandoberfläche dieser Stahlrohre absolut genommen eine bestimmte mittlere Rauhigkeit $k \approx 0{,}04$ mm und von gleicher Form hat, so kann man den Wert der rechten Seite von Gl. (254) aus Versuchen mit Stahlrohren ermitteln. Mit anderen Worten, die absolute Rauhigkeit von Stahlrohren in neuem Walzzustand wird als geometrisch gleich angenommen (nicht als ähnlich), gleichviel, wie groß der Rohrdurchmesser ist, was einleuchtet, wenn es sich um Rohre aus Stahlblech handelt, aus dem man ja enge und weite Rohre herstellen kann. Man vermag jetzt mit guter Annäherung für Gl. (254) mit Rohrdurchmesser D in mm zu setzen

$$\frac{1}{\sqrt{\lambda_R}} - 2\lg\frac{D}{100} = f\left(\lg Re\sqrt{100\lambda_R} - \lg\frac{D}{100}\right). \tag{255}$$

Dann ergibt sich in einem Diagramm

$$\frac{1}{\sqrt{\lambda_R}} - 2\lg\frac{D}{100} \quad \text{über} \quad \lg Re\sqrt{100\lambda_R} - \lg\frac{D}{100} \tag{256}$$

für jeden beliebigen Rohrdurchmesser D dieselbe Kurve. Für eine andere ähnliche, aber wiederum für alle Durchmesser gleich große absolute Rauhigkeit würde sich eine ähnliche, nur parallel längs der Geraden für glattes Rohr verschobene Kurve ergeben. Wäre die Rauhigkeit andersartig und nicht ähnlich, aber wiederum absolut gleich für alle Rohrdurchmesser, so erhielte man eine anders geformte Kurve.

---

[1] GALAVICS, F.: Die Methode der Rauhigkeitscharakteristik zur Ermittlung der Rohrreibung in geraden Stahlrohr-Fernleitungen. Schweiz. Arch. angew. Wiss. Techn. 55 (1939) 337/54, siehe auch Feuerungstechn. 28 (1940) Nr. 6.

Eine Fundgrube für solche Überlegungen sind die genauen und systematischen Versuche von NIKURADSE an sandrauhem Rohr. Die Versuchswerte ergeben ein Diagramm wie Bild 87. Die mit $d/k = 30, 61, 120, 252, 504$ und 1014 vorgenommenen Versuche führen für dieselbe absolute Rauhigkeit $k = 0,1$ oder

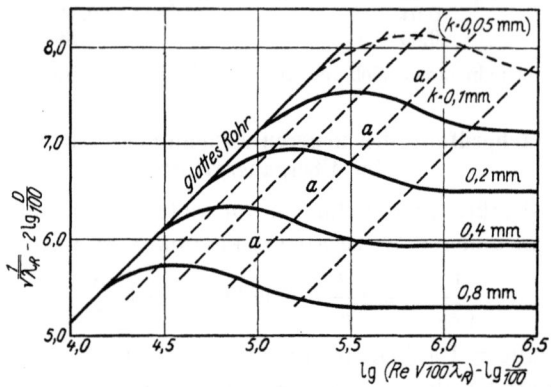

Bild 87. Kurven gleicher Sandrauhigkeit, Werte k nach NIKURADSE

0,2 oder 0,4 oder 0,8 mm bei verschiedenen mittleren Rohrdurchmessern je zu ein und derselben Kurve, die alle parallel verschoben sind. Bei Sand handelt es sich bei gleicher Korngröße k um eine geometrisch gleiche und bei anderer Korngröße k um eine geometrisch ähnliche Rauhigkeit.

Unter Berücksichtigung der Versuchszufälligkeiten stellte GALAVICS Meßergebnisse an handelsüblichen Stahlrohren[1] im Diagramm Bild 88 zusammen. Die einzelnen Werte liegen tatsächlich mit geringer Streuung (etwa 2 vH für die Ordinate) auf *einer* Kurve. Der nicht durch Versuchspunkte belegte Teil ist gestrichelt. Als Näherungsform gibt GALAVICS eine Gleichung

$$\lambda_R = \lambda_{R\,\text{glatt}} + f(Re, d) \tag{257}$$

an, mit der sich Gebrauchsdiagramme entwerfen lassen.

---

[1] Versuche von E. ZIMMERMANN S. 146 sowie: Neue Ergebnisse der Druckabfallberechnung gerader Stahlrohrleitungen. Arch. f. Wärmew. 21 (1940) 133. Ferner nach B. BAUER und F. GALAVICS: Experimentelle und theoretische Untersuchungen über die Rohrreibung von Heißwasserleitungen. Zürich 1936. ($D = 180$ und 352 mm.) Über zeichnerische Verfahren zur Ermittlung der Funktion $\lambda_R = f(Re)$ im Übergangsgebiet siehe ferner M. WIERZ: Die Ermittlung der Rauhigkeiten bei Strömung von Flüssigkeiten und Gasen in technischen Rohren. Gesundheitsingenieur (1952) 73 sowie Heizg.-Lüftg.-Haustechn. (1953) S. 1, und H. TONN: Graphische Ermittlung der Rauhigkeitscharakteristik von Rohren. Gesundheitsing. (1952) 337. — Ferner M. PEČORNIK: Ein Beitrag zur Bestimmung des Reibungsbeiwertes bei stationärer, gleichförmiger, turbulenter Rohrströmung im Übergangsgebiet. Mašinsto Belgrad Bd. 6, 1963, S. 1073/1079.

11. Turbulente Strömung im rauhen geraden Kreisrohr

Zum Vergleich wurden in Bild 88 Kurven von NIKURADSE mit eingetragen. Man erkennt, wie sich die natürliche Stahlrauhigkeit und die Sandrauhigkeit unterscheiden. Verdoppelt man die Korngröße, so verschieben sich in Bild 87

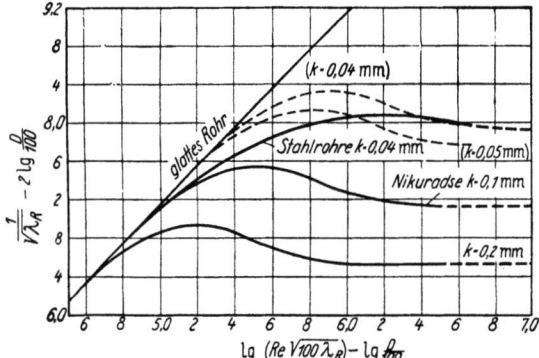

Bild 88. Kurven gleicher Rauhigkeit handelsüblicher Stahlrohre nach Messungen von ZIMMERMANN, BAUER und GALAVICS. (Kurven von NIKURADSE für sandrauhes Rohr zum Vergleich)

die sandrauhen Kurven jeweils um dasselbe Maß a. In Bild 88 sind die extrapolierten Kurven für sandrauh $k = 0,04$ und $0,05$ mm (gestrichelt) eingetragen. Sowohl die sandrauhe als auch die stahlrauhe Kurve $k = 0,04$ mm streben demselben von Re unabhängigen Wert

$$\frac{1}{\sqrt{\lambda_R}} - 2\lg\frac{D}{100} = 7{,}90 \tag{258}$$

zu. Die Kurven unterscheiden sich nur im Übergangsgebiet, wie schon aus Bild 84 hervorgeht. Zur Annahme von $D/100$ in Gl. (255) gehört ein Wert $k = 0{,}0417$ mm für Stahlrohre.

Ergänzend sind in Bild 89 Messungen[1] an 5 Jahre in Betrieb befindlichen Wasserleitungsrohren aus Stahl angegeben, verglichen mit neuem Stahlrohr. Es

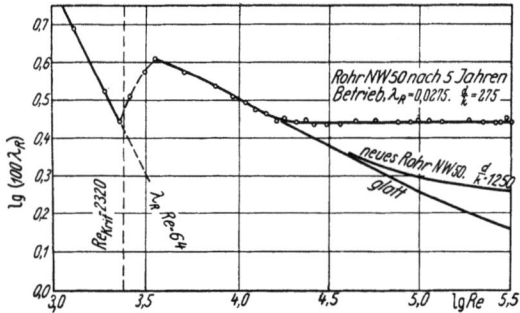

Bild 89. Widerstandszahl von Stahlrohr NW 50 neu (nach GALAVICS) und nach 5 Jahren Betrieb mit Wasser (nach JAESCHKE)

---

[1] Nach R. JAESCHKE: Neues amerikanisches Berechnungsverfahren für den Druckabfall in Rohrleitungen. Z. VDI 92 (1950) 237. Beachte die Versuchspunkte auf der laminaren Geraden in Bild 89 trotz der Ablagerungen.

wird gezeigt, wie sich die Widerstandszahl in diesem Fall mit der Zeit ändert. Bei der Berechnung ist von $d/k = 275$ an Stelle von $d/k = 50/0{,}04 = 1250$ auszugehen. Von Zeit zu Zeit müßte die Leitung gereinigt werden, um den Wert d/k wieder zu heben.

12. Strömung in geraden Rohren mit anderem als Kreisquerschnitt

12.1 Turbulente Strömung

Vorstehend (S. 116ff.) wurden die Gesetze für den Druckabfall in geraden Rohren[1] ohne Rücksicht auf die Form des Querschnitts abgeleitet, wobei an Stelle des Rohrdurchmessers das Vierfache des Verhältnisses von Querschnittsfläche F zu Querschnittsumfang U gesetzt wurde (hydraulischer Durchmesser):

$$d = 4\frac{F}{U} \text{ in m.} \tag{259}$$

Es ist nachzuweisen, inwieweit diese einfache Umformung brauchbar ist.

Zunächst sollen die Ergebnisse von Versuchen mit turbulenter Strömung betrachtet werden, wobei es sich zeigt, daß die mit Gl. (259) aufgestellten Beziehungen für den Druckabfall mit großer Annäherung zutreffen, solange es sich nicht um sehr gestreckte oder krummlinig begrenzte Querschnitte handelt.

SCHILLER[2] untersuchte die Strömung in Messingrohren mit gleichseitig-dreieckigem, quadratischem und rechteckigem Querschnitt, für die das Gesetz von BLASIUS Gl. (200) mit $d = 4\dfrac{F}{U}$ ziemlich genau stimmte und bemerkte: „Es muß dies mehr als ein Spiel des Zufalls sein, und man wird nicht fehlgehen in der Annahme, daß hier ein theoretischer Zusammenhang aufzudecken sein muß", siehe Bild 90. FROMM[3] wies die Zulässigkeit, d allgemein durch $4F/U$ zu ersetzen, mit einigen Rohren rechteckigen Querschnitts nach, die er aus zwei gegenüberliegenden ebenen Platten und dazwischen geschobenen Randleisten verschiedener Dicke bildete. Er benutzte glatte Zinkplatten, mit Draht überzogene Platten und Bleche mit sägezahnartigen Querriefen von sehr verschiedener Rauhigkeit,

---

[1] Die folgenden Ausführungen dienen zur Ergänzung. Für die weitere Vertiefung sind zahlreiche Literaturhinweise gemacht.

[2] SCHILLER, L.: Zit. S. 152. Z. angew. Math. Mech. 3 (1923) 2. Z. VDI 67 (1923) 623. Außerdem untersuchte SCHILLER noch ein Wellrohr mit Kreisquerschnitt, bei dem das Gesetz von BLASIUS auch zutraf. Dagegen bot ein dreigängig gewundenes Schraubenrohr von großer Ganghöhe der Windungen einen 2,5fachen Widerstand, der durch die Drehbewegung der Flüssigkeit hervorgerufen wurde.

[3] FROMM, K.: Strömungswiderstand in rauhen Rohren. Z. angew. Math. Mech. 3 (1923) 329. — NAUMANN fand, daß das Konzept des hydraulischen Durchmessers $4F/U$ auch für kompressible Mittel in beliebig umrandeten Rohrleitungen bis zur Schallgeschwindigkeit gilt. NAUMANN, A.: Brennstoff-Wärme-Kraft 8 (1956) 28. — RUMPF, H.: Über das Ansetzen von Teilchen an festen Wandungen. Z. VDI 99 (1957) 576.

12. Strömung in geraden Rohren mit anderem als Kreisquerschnitt   169

die er durch Gipsabgüsse der Messung zugänglich machte. Ähnliche Beobachtungen stammen von NIKURADSE[1] mit gezogenen Messingprofilrohren, deren Querschnitte gleichschenklige, gleichseitige und ungleichseitige Dreiecke, Trapeze, Rechtecke und andere Formen waren. Re_{krit} lag dabei immer zwischen 2000 und 2360. Er

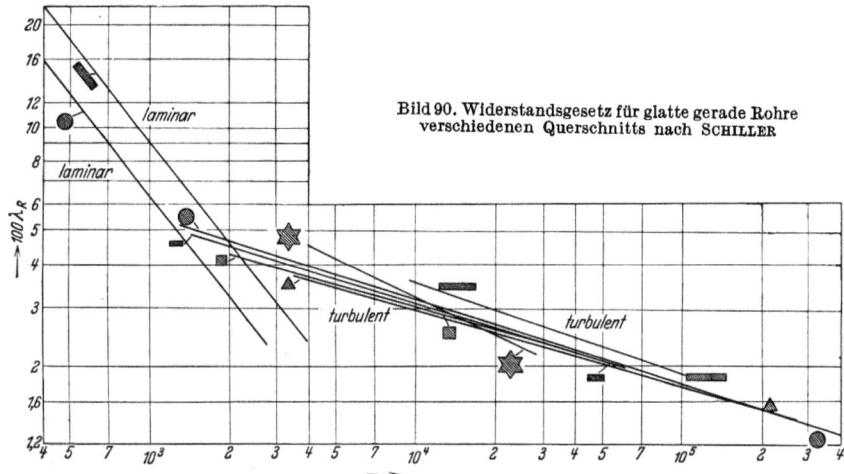

Bild 90. Widerstandsgesetz für glatte gerade Rohre verschiedenen Querschnitts nach SCHILLER

fand das $\frac{1}{7}$-Gesetz bei Rechteck- und Dreieckquerschnitten vorzüglich bestätigt[2], womit er gleichzeitig nachweisen konnte, daß die Reibungsvorgänge und Grenzschichtbildung unmittelbar an der Wand nicht von den Vorgängen an der gegenüberliegenden Wand abhängen. Zum Vergleich fand er zu der zu Gl. (217) ermittel-

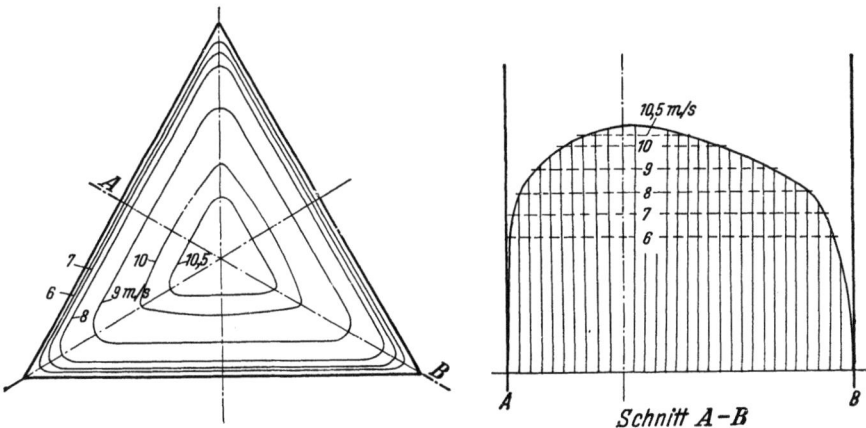

Bild 91. Geschwindigkeitsverteilung im Dreikantrohr nach NIKURADSE

---

[1] NIKURADSE, J.: Turbulente Strömungen in nichtkreisförmigen Rohren. Ing.-Arch. 1 (1930) 326.
[2] NIKURADSE, J.: Untersuchungen über die Geschwindigkeitsverteilung in turbulenten Strömungen. VDI-Forsch.-Heft (1926) Nr. 281.

ten Konstanten 8,56 für Kreisrohre für ein Rechteckrohr mit Seiten von 8 und 28 mm den Wert 8,65, für Rechteckrohr, bei dem ein Seitenpaar sehr groß war 8,25, für ein gleichseitiges Dreieckrohr mit 27 mm Seitenlänge 8,41 und endlich für ein Kreisrohr von 28 mm Ø 8,59. Die Bilder 91 und 92 zeigen die Geschwindigkeitsverteilung bei turbulenter Strömung durch Dreieck- und Rechteckrohre[1].

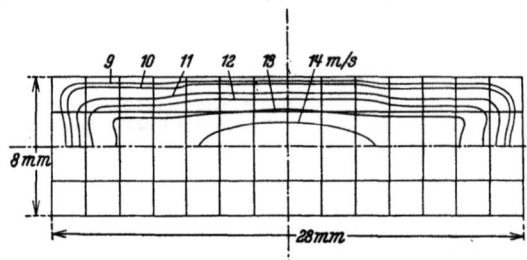

Bild 92. Geschwindigkeitsverteilung im Vierkantrohr nach NIKURADSE

Bei Rohren mit Kreisringquerschnitt beobachtete LORENZ[2] dagegen Abweichungen (gezogene Messingrohre von 190 mm Außen- und 10 und 35 und 100 mm Kerndurchmesser, Re bis $1,2 \cdot 10^6$). Er setzte zur Auswertung die Formel $\lambda_R = a + b\, Re^c$ an und fand

Kern-durchmesser	0	10	35	100 mm
a	0,0076	0,100	0,100	0,112
b	0,899	1,311	1,983	3,790
$-c$	0,394	0,435	0,484	0,559

siehe Bild 93. r_a bedeutet den Außenradius (= Innenradius des Mantelrohres) und r_i den Innenradius (= Außenradius des Kernrohres). λ_R ist hier eine Funktion $f(Re, r_a/r_i)$. Dabei wurden Geschwindigkeitsverteilungen nach Bild 94 gemessen. Am Kern bildet sich eine Grenzschicht aus, die mit r_i/r_a wächst und den Größtwert w_{lmax} nach außen schiebt, bis schließlich bei $r_a \sim r_i$ (enge Ringspalte) der Größtwert bei $0,5\,(r_a + r_i)$ liegt. Die Verlagerung kommt durch die turbulente Mischungsbewegung zustande, wobei die verschiedensinnigen Krümmungen der Wände eine Rolle spielen. Bei ebenen Spalten ist $r_i = r_a$.

TIEDT[3] gibt für glatte konzentrische Kreisringrohre übereinstimmend Werte nach Bild 95 an. Er weist für die turbulente Strömung in glatten und rauhen Kreisringrohren mit konzentrischer und exzentrischer Lage des Kernrohres die allgemeine Gültigkeit der gesetzmäßigen Beziehungen (235), (236) und (245) nach.

---

[1] Über Querströmung in geraden Rohren mit dreieckigem Querschnitt siehe Bild 123.

[2] LORENZ, F. R.: Über turbulente Strömung durch Rohre mit kreisringförmigem Querschnitt. Mitt. Inst. Strömungsmaschinen T. H. Karlsruhe, Hrsg.: v. SPANNHAKE 1932, Heft 2, 26. Über turbulente Strömung durch quadratische Ringspalte siehe G. H. KEULEGAN: J. Res. Nat. Bur. Stand. 43 (1949) 487.

[3] TIEDT, W.: Berechnung des laminaren und turbulenten Reibungswiderstandes konzentrischer und exzentrischer Ringspalte. Techn. Ber. Nr. 4 aus dem Inst. f. Hydraulik und Hydrologie der TH Darmstadt, März 1966. Mit zahlreichen Literaturangaben, s. a. Chemiezeitung/Chemische Apparatur, 90 (1966) und 91 (1967).

12. Strömung in geraden Rohren mit anderem als Kreisquerschnitt

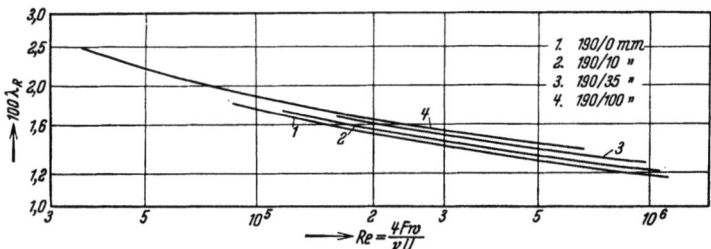

Bild 93. Widerstandsgesetz von glatten konzentrischen Kreisringrohren bei verschiedenen Rohrdurchmessern nach LORENZ

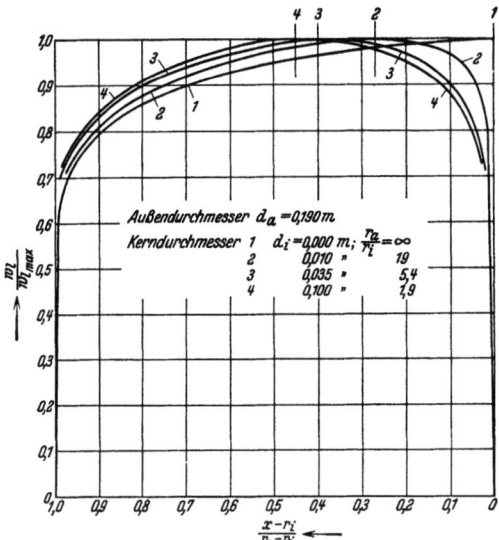

Bild 94. Geschwindigkeitsverteilung in glatten Kreisringrohren bei turbulenter Strömung nach LORENZ

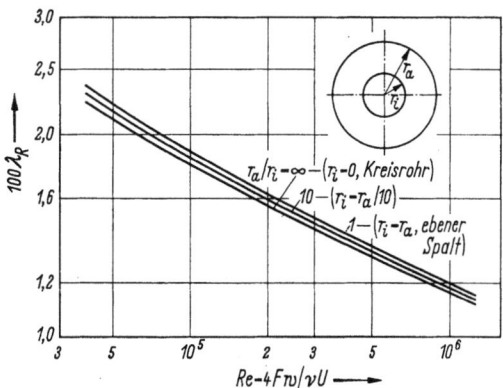

Bild 95. Widerstandsgesetz von glatten konzentrischen Kreisringrohren bei verschiedenen Rohrdurchmessern nach TIEDT

Während bei *turbulenter* Strömung die Druckabfallgleichungen mit Einführung des hydraulischen Durchmessers $4F/U$ fast immer gute Ansätze liefern, trifft dies bei *Laminarströmung* nicht zu, siehe Bild 90. Da hier die laminare Grenzschicht den ganzen Rohrquerschnitt erfüllt, beeinflussen die Reibungsvorgänge an einer Wand die an den anderen Wänden. Die Widerstandszahl λ_R steht jetzt mit der Reynolds-Zahl in einer Beziehung

$$\lambda_R = \varphi \, \frac{64}{Re} = \varphi \, \frac{16 \nu \, U}{w \, F}, \qquad (260)$$

wobei die Vorzahl φ nur von F und U abhängt. Die Widerstandszahl λ_R ändert sich mit der Querschnittsform[1]. Für $F/U = d/4$ ist $\varphi = 1$. Später zeigen sich ähnliche Verhältnisse bei der Laminarströmung durch gekrümmte Rohre, siehe S. 217. Man kann die Größe φ für regelmäßige Querschnitte berechnen, wie für die beiden wichtigsten, den Kreisring und den Rechteckquerschnitt, folgt.

12.2 Laminarströmung in Rohren mit Kreisringquerschnitt

Man findet das Gesetz der Laminarströmung in Kreisringrohren, indem man die Konstanten A und B von Gl. (183) mit den Bedingungen: $w_i = 0$ bei $x = r_i$ und $x = r_a$ berechnet.

$$w_l = \frac{P_1^2 - P_2^2}{8 l \eta P} \left(r_a^2 - x^2 + \frac{r_a^2 - r_i^2}{\ln \dfrac{r_a}{r_i}} \ln \frac{x}{r_a} \right) \qquad (261)$$

und

$$w = \frac{P_1^2 - P_2^2}{16 l \eta P} \left(r_a^2 + r_i^2 - \frac{r_a^2 - r_i^2}{\ln \dfrac{r_a}{r_i}} \right). \qquad (262)$$

Für tropfbare Flüssigkeiten ist dabei $\dfrac{P_1^2 - P_2^2}{2P} = P_1 - P_2$. Aus Gl. (262) erhält man

$$\lambda_R = \frac{64}{Re} \varphi = \frac{64}{Re} f\!\left(\frac{r_a}{r_i}\right) = \frac{64}{Re} \, \frac{\left(\dfrac{r_a}{r_i} - 1\right)^2 \ln \dfrac{r_a}{r_i}}{\left(\dfrac{r_a^2}{r_i^2} + 1\right) \ln \dfrac{r_a}{r_i} - \left(\dfrac{r_a^2}{r_i^2} - 1\right)}. \qquad (263)$$

Bild 96 gibt Aufschluß über den Zusammenhang zwischen φ und dem Radienverhältnis r_a/r_i, und zwar hier bei $E = 0$. Zum Vergleich wurden in Bild 97 Kurven w_l über $\dfrac{x - r_i}{r_a - r_i}$ entsprechend Bild 94 eingetragen. Bei Laminarströmung ergeben sich die Grenzfälle: bei $r_a/r_i = \infty$, $\varphi = 1{,}0$ ist $w/w_{l\max} = 0{,}5$ und $x_{\max} = 0$ (Rohr mit vollem Kreisquerschnitt); bei $r_a/r_i \approx 1$, $\varphi = 1{,}5$ ist $w/w_{l\max} = 0{,}667$ und $x_{\max} = 1/2\,(r_a + r_i)$ (sehr enger Ringspalt, ebener Spalt). In Bild 98 wurden die Profile bei laminarer und turbulenter Strömung für $r_a/r_i = 19$ übereinander gezeichnet. Das Profil in Kreisringrohren weicht bei Laminarströmung stärker als bei turbulenter vom Profil des Kreisrohres ab.

---

[1] SCHLICHTING, H.: Z. angew. Math. Mech. 14 (1934) 368.

12. Strömung in geraden Rohren mit anderem als Kreisquerschnitt

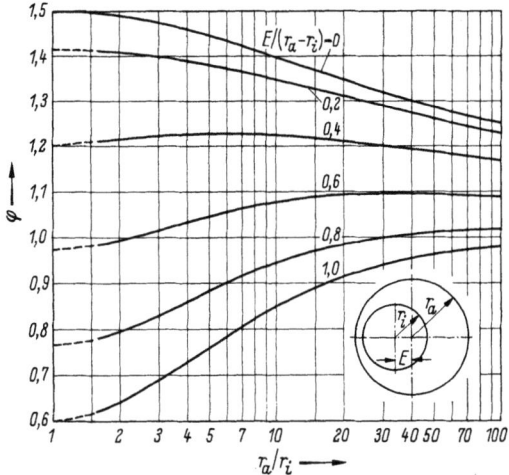

Bild 96. Zusammenhang zwischen φ und r_a/r_i in Rohren mit Kreisringquerschnitt und mit konzentrischer Lage des Kernrohres $E/(r_a - r_i) = 0$ und exzentrischer Lage $E/(r_a - r_i) > 0$ bei Laminarströmung. Für $r_a/r_i = \infty$ ist $\varphi = 1,0$

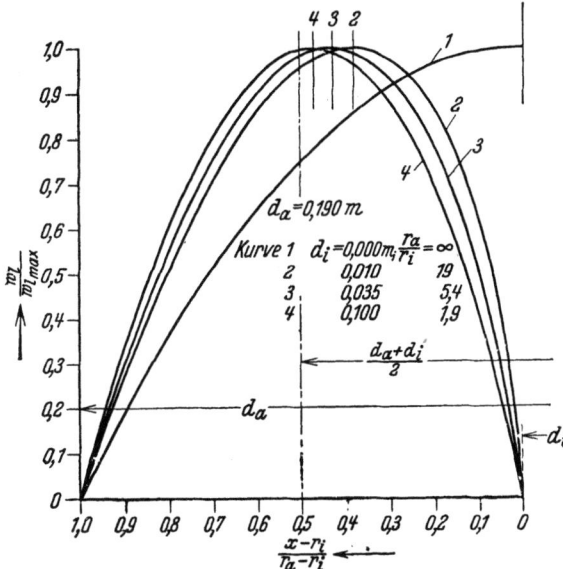

Bild 97. Geschwindigkeitsverteilung bei Laminarströmung in Rohren mit kreisringförmigem Querschnitt

Man kann sich die Rechnung, die praktisch z. B. an Ringspalt-Wärmetauschern eine Rolle spielt, wesentlich vereinfachen. Auf demselben Wege wie bei Ableitung der Gl. (171) erhält man für die Laminarströmung zwischen zwei

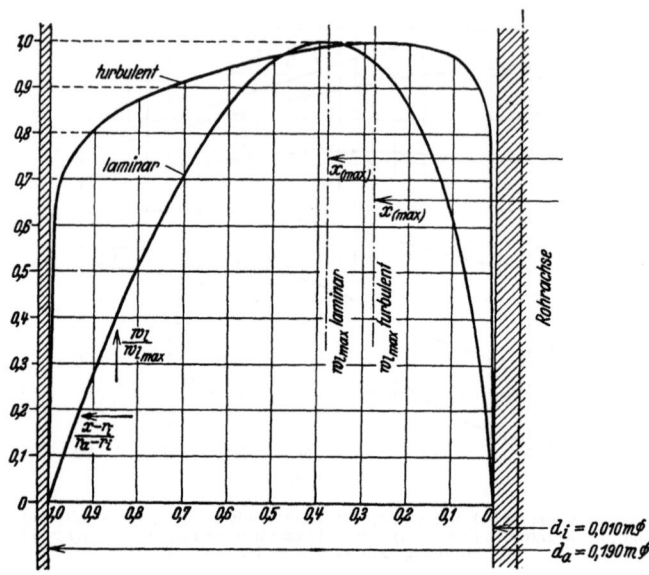

Bild 98. Vergleich zwischen laminarem und turbulentem Geschwindigkeitsprofil im Rohr mit Kreisringquerschnitt bei $r_a/r_i = 19$

ebenen Platten, die der Strömung durch enge Ringspalte nahekommt, mit s als Spaltbreite und b als Plattenbreite die Gleichung

$$w_l = \frac{P_1 - P_2}{\eta l}\left(\frac{s^2}{8} - \frac{x^2}{2}\right). \tag{264}$$

x ist dabei die Entfernung der betrachteten Schicht von der Spaltmitte, siehe Bild 99. Ferner gelten die Gleichungen

$$w_{l\max} = \frac{P_1 - P_2}{\eta l}\frac{s^2}{8};$$

$$w = \frac{2}{3}w_{l\max} = \frac{P_1 - P_2}{\eta l}\frac{s^2}{12};$$

$$\frac{P_1 - P_2}{\varrho} = \frac{12\nu}{s^2}lw;$$

$$\frac{F}{U} = \frac{bs}{2(b+s)} = \frac{s}{2\left(1+\frac{s}{b}\right)} \approx \frac{s}{2};$$

$$\lambda_R = 48\frac{\nu}{sw} = \frac{96}{Re} = \frac{64}{Re}\varphi; \quad \varphi = 1,5.$$

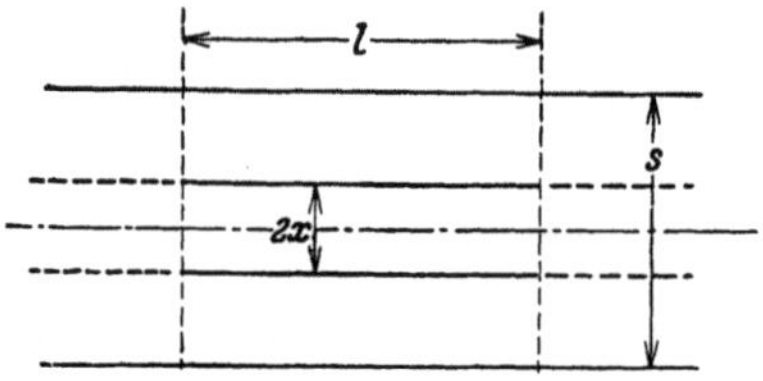

Bild 99. Zur Berechnung der Laminarströmung zwischen sehr großen ebenen parallelen Platten

12. Strömung in geraden Rohren mit anderem als Kreisquerschnitt

Bei ringförmigen Spalten ist s durch $r_a - r_i = \frac{1}{2}(d_a - d_i)$ zu ersetzen. Der Volumenstrom ist

$$V_s = w\,s\,b = w\,\pi\,\frac{1}{4}(d_a^2 - d_i^2)$$

$$= \frac{P_1 - P_2}{\eta\,l}\,\frac{1}{48}(d_a - d_i)^2\,\frac{\pi}{4}(d_a^2 - d_i^2) \quad \text{für Flüssigkeiten,}$$

$$= \frac{P_1^2 - P_2^2}{\eta \cdot 2Pl}\,\frac{1}{48}(d_a - d_i)^2\,\frac{\pi}{4}(d_a^2 - d_i^2) \quad \text{für Gase.}$$

Diese vereinfachte Rechnung wird in vielen Fällen ausreichen. Bild 100 gibt über den Fehler Aufschluß, den man gegenüber der exakten Rechnung begeht. m ist das Verhältnis der genauen zur angenäherten Geschwindigkeit und n das der genauen zu den angenäherten φ-Werten. Für den genauen Strömungswiderstand gilt dann

$$\frac{P_1 - P_2}{\varrho} = n\,\frac{12\,\nu\,w\,l}{(r_a - r_i)^2}. \tag{265}$$

Hat man z. B. ein Kreisringrohr mit $d_a = 0{,}250$ und $d_i = 0{,}100$ m $\varnothing$, also $d_a/d_i = r_a/r_i = 2{,}5$, so ist nach Bild 100 die genaue mittlere Strömungsgeschwindig-

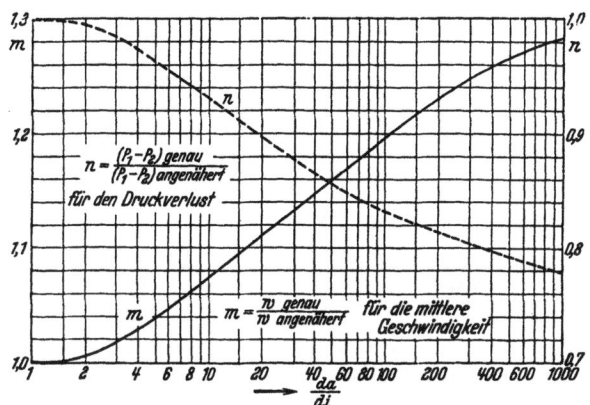

Bild 100. Fehler bei der Annäherung der Kreisringrohrströmung an die Strömung zwischen parallelen Platten

keit nur 1 vH größer als die angenäherte und der genaue Druckabfall nur 1,4 vH kleiner als nach Näherung.

Für den besonderen Fall, daß der Kern nicht zentrisch im Rohre sitzt, ergibt sich durch ähnliche Rechnung nach Gl. (260)

$$\lambda_R = \frac{64}{Re}\,\varphi\!\left(\frac{r_i}{r_a},\,\frac{E}{r_a - r_i}\right) = \frac{64}{Re}\,\frac{1}{\dfrac{2}{3} + \left(\dfrac{E}{r_a - r_i}\right)^2}$$

und

$$\frac{(\lambda_R)_{\text{konz}}}{(\lambda_R)_{\text{exz}}} = \frac{w_{\text{exz}}}{w_{\text{konz}}} = 1 + \frac{3}{2}\left(\frac{2E}{d_a - d_i}\right)^2, \tag{266}$$

wobei E die Exzentrizität (gegenseitiger Abstand der Rohrachsen) bedeutet, siehe Bild 96. Dieser einfache Ansatz ist für geringe relative Exzentrizitäten $E/(r_a - r_i)$ und für Radienverhältnisse r_a/r_i nahe 1 brauchbar. Für relative

Exzentrizitäten von 0 (konzentrischer Ringspalt) bis 1 (vollexzentrischer Ringspalt) und für Radienverhältnisse r_a/r_i von 1 (ebener Ringspalt) bis ∞ (Kreisrohr) berechnete TIEDT die in Bild 96 wiedergegebenen Werte[1] für φ.

Nach Gl. (266) ergäbe sich[2] für $E = \frac{1}{2}(d_a - d_i)$, Anliegen an einer Wand,

$$\frac{(\lambda_R)_{\text{konz}}}{(\lambda_R)_{\text{exz}}} = \frac{\varphi_{\text{konz}}}{\varphi_{\text{exz}}} = \frac{1,5}{0,6} = \frac{w_{\text{exz}}}{w_{\text{konz}}} = 2,5,$$

was nur bei $r_a \approx r_i$ zutrifft. Bei $r_a/r_i = 10$ z. B. erhält 1,64 gemäß Bild 96.

12.3 Laminarströmung in Rohren mit Rechteckquerschnitt

Zur Ableitung des Gesetzes für vollständig ausgebildete Laminarströmung in geraden Rohren mit Rechteckquerschnitt[3] kann man die Navier-Stokessche Gleichung (86) mit der Bestimmung, daß der Druck im Querschnitt gleichmäßig verteilt, d. h. konstant, ist $\left(\frac{\partial P}{\partial x} = 0, \frac{\partial P}{\partial y} = 0\right)$ und die Strömungsgeschwindigkeiten nur Achsrichtung haben und nicht mit der Rohrlänge veränderlich sind $\left(\frac{\partial w_l}{\partial l} = 0\right)$, schreiben

$$\frac{\partial P}{\partial l} = \eta \left(\frac{\partial^2 w_l}{\partial x^2} + \frac{\partial^2 w_l}{\partial y^2}\right). \tag{267}$$

Bei Strömung von Flüssigkeiten ist $\varrho =$ const und der Druckabfall dem Wege verhältnisgleich. Nimmt man also an, daß die Temperatur der Flüssigkeit und damit ihre Viskosität unveränderlich ist, so kann man

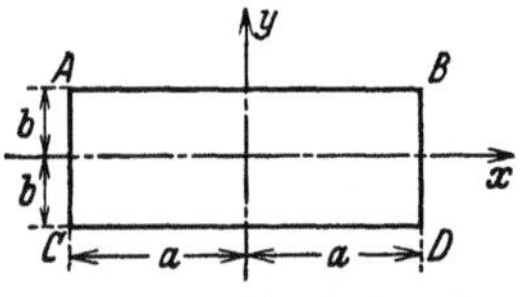

$$-\frac{\partial P}{\partial l}\frac{1}{\eta} = \text{const} = 2C \tag{268}$$

setzen. Zur Vereinfachung führt man noch ein $w_l = \psi + C(b^2 - y^2)$, siehe Bild 101. Dann ist

$$\frac{\partial^2 \psi}{\partial x^2} + \frac{\partial^2 \psi}{\partial y^2} = 0. \tag{269}$$

Bild 101. Zur Berechnung der Laminarströmung in Rohren mit rechteckigem Querschnitt

Am Umfang des Rohres ist $w_l = 0$. Danach ist $\psi = -C(b^2 - y^2)$ entlang AC und BD, $x = \pm a$, und $\psi = 0$ entlang den Wänden AB und CD, weil dort $y = \pm b$ ist. Wenn $y = \pm b$ ist, müssen alle Ausdrücke mit ψ verschwinden. Diese Bedingung wird durch Ausdrücke wie

$$\psi = \vartheta \cos\frac{(2n+1)\pi y}{2b} = \vartheta \cos m y$$

erfüllt, wobei ϑ eine Funktion von x allein und n eine ganze Zahl ist. Mit dieser Einführung erhält man für Gl. (269)

$$\frac{\partial^2 \vartheta}{\partial x^2} - \vartheta m^2 = 0, \tag{270}$$

---

[1] Siehe auch A. SOMMERFELD: Zur hydrodynamischen Theorie der Schmiermittelreibung. Z. Math. Phys. 50 (1904) 97.

[2] Siehe hierzu weiter R. HEINZE: Untersuchungen zum Lawaczek-Viskosimeter. Dissertation T. H. Berlin 1925.

[3] Siehe hierzu auch J. BOUSSINESQ: Mém. sur l'influence des frottements dans les mouvements reguliers des fluides. J. Math. pures appl. (2) 3 (1868) 377. — CORNISH, R. J.: Flow in a pipe of rectangular cross-section. Proc. Roy. Soc., Lond. (A) 120 (1928) 691. — LEA, F. C., u. A. G. TADROS: Phil. Mag. (7) 11 (1931) 1235.

12. Strömung in geraden Rohren mit anderem als Kreisquerschnitt

wobei man ϑ darstellen kann durch $\vartheta = A_n \cosh m x + B_n \sinh m x$. Da die Geschwindigkeit symmetrisch um die y-Achse verteilt sein wird, ist $B_n = 0$ und

$$\vartheta = A_n \cosh m x.$$

Danach besteht $\psi = f(x, y)$ aus Ausdrücken $\psi = \vartheta \cos m y = A_n \cosh m x \cos m y$. Diese Ausdrücke müssen so entwickelt werden, daß sie die Randbedingung $\psi = -C(b^2 - y^2)$ erfüllen. Man setzt $\dfrac{y\pi}{2b} = y_1$ und erhält

$$\psi = \sum_{n=0}^{n=\infty} A_n \cosh \frac{(2n+1)\pi x}{2b} \cos(2n+1) y_1. \qquad (271)$$

Die Randbedingung für $x = \pm a$ lautet mit y_1

$$\psi = -C(b^2 - y^2) = \frac{C \cdot 4 b^2}{\pi^2}\left(y_1^2 - \frac{\pi^2}{4}\right). \qquad (272)$$

Mit dieser Gleichung muß Gl. (271) für $x = \pm a$ übereinstimmen. Entwickelt man Gl. (272) in einer Fourierschen Reihe und vergleicht man diese mit Gl. (271), so kann man die Konstanten A_n bestimmen. Man bekommt mit $y = (2/\pi) b y_1$

$$\psi = -\frac{32 C b^2}{\pi^3}\left\{\frac{\cosh\left(\dfrac{\pi x}{2b}\right)}{\cosh\left(\dfrac{\pi a}{2b}\right)}\cos\frac{\pi y}{2b} - \frac{1}{3^3}\frac{\cosh\left(\dfrac{3\pi x}{2b}\right)}{\cosh\left(\dfrac{3\pi a}{2b}\right)}\cos\frac{3\pi y}{2b} + \cdots\right\}$$

und mit $w_l = \psi + C(b^2 - y^2)$ das Gesetz der Geschwindigkeitsverteilung

$$w_l = -\frac{32 C b^2}{\pi^3}\{\quad\} + C(b^2 - y^2). \qquad (273)$$

Der Volumenstrom wird durch

$$V_s = \int_{y=-b}^{y=+b}\int_{x=-a}^{x=+a} w_l\, dx\, dy$$

gegeben[1]:

$$V_s = -\frac{4}{3}\frac{a b^3}{\eta}\frac{dP}{dl}\left[1 - \frac{192}{\pi^5}\frac{b}{a}\left(\tanh\frac{\pi a}{2b} + \frac{1}{3^5}\tanh\frac{3\pi a}{2b} + \cdots\right)\right]. \qquad (274)$$

Zur Beurteilung dieser Gleichung werden zwei Sonderfälle untersucht.

1. *Quadratischer Querschnitt*, $a = b$. Für diesen Fall erhält man

$$V_s = -0{,}5623\,\frac{a^4}{\eta}\frac{dP}{dl} = 4 a^2 w$$

für den Volumenstrom und für die mittlere Strömungsgeschwindigkeit mit $\eta = \nu \varrho$

$$w = 0{,}1406\,\frac{a^2}{\nu}\,J.$$

Mit Rücksicht auf $4 F/U = 2a$ ergibt sich endlich

$$\lambda_R = \frac{57}{Re} = 0{,}89\,\frac{64}{Re}\left(\text{genauer} = \frac{56{,}8}{Re}\right).$$

2. *Sehr flaches Rechteck* (ebener Spalt), a oder $b \to \infty$. Für diesen Fall erhält man für den Volumenstrom angenähert, wenn z. B. a sehr groß wird,

$$V_s = -\frac{4}{3}\frac{a b^3}{\eta}\frac{dP}{dl}\left(1 - 0{,}630\,\frac{b}{a}\right) \qquad (275)$$

---

[1] dP/dl ist negativ.

und nimmt w den Wert

$$w = -\frac{1}{3}\frac{b^2}{\eta}\frac{dP}{dl}$$

an. Der hydraulische Durchmesser $4F/U$ erreicht gleichzeitig den Wert $4b$. Danach gilt für diesen Sonderfall, nämlich Strömung zwischen zwei unendlich großen ebenen Platten, die Beziehung

$$w = \frac{1}{3}\frac{\left(\frac{F}{U}\right)^2}{\nu} J \qquad (276)$$

und

$$\lambda_R = \frac{96}{Re} = 1{,}5\,\frac{64}{Re}.$$

Die Betrachtung der Sonderfälle lehrt, daß die Größe φ von Gl. (260) für den quadratischen Querschnitt einen Kleinstwert annimmt. Der quadratische Querschnitt bietet den geringsten Durchflußwiderstand von allen Rechteckquerschnitten oder der Volumenstrom wird beim Quadrat unter Wirkung eines bestimmten Druckes am größten. Der quadratische mit $\varphi = 0{,}89$ erscheint günstiger als der Kreisquerschnitt mit $\varphi = 1$. Leitet man aber *dieselbe* Flüssigkeitsmenge einmal durch ein quadratisches und einmal durch ein Kreisrohr von gleichem Querschnitt fort, so bietet das Quadrat einen größeren Widerstand als das Kreisrohr (≈ 13 vH

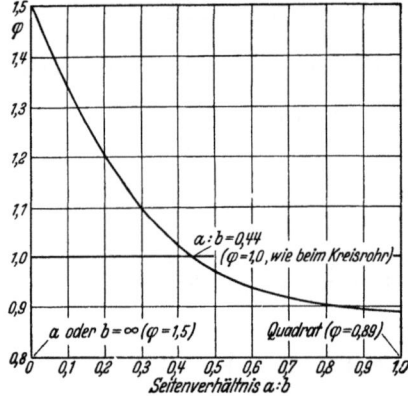

Bild 102. Beiwert φ bei Laminarströmung in Rohren mit Rechteckquerschnitt

mehr). Der Wert $\varphi = 1{,}5$ für das Strömen zwischen Platten von großer Breite wurde schon früher gefunden [Gl. (264)]. In Bild 102 stehen die φ-Werte für verschiedene Rechteckquerschnitte. Mit der Einführung

$$\frac{P_1^2 - P_2^2}{2P} = J\varrho l$$

gelten die obenstehenden Gleichungen auch für zusammendrückbare Flüssigkeiten (ohne Rücksicht auf das verschwindend kleine Beschleunigungsglied). BOUSSINESQ[1] stellte ähnliche Gleichungen auch für elliptische und für Querschnitte von gleichseitigen Dreiecken auf.

Ein versuchsmäßiger Nachweis der obigen Gleichungen gelang durch Arbeiten von SCHILLER[2] an Rohren mit quadratischem und rechteckigem (Seiten-

---

[1] BOUSSINESQ, J.: Zit. S. 176.
[2] SCHILLER, L.: Zit. S. 152, Fußnote 1, dort S. 124.

verhältnis 3,52 : 1) Querschnitt und Arbeiten von CORNISH[1] an Rohren mit rechteckigem Querschnitt (Seitenverhältnis 2,92 : 1). Für sehr flache Rechtecke (Seitenverhältnisse 37 : 1 bis 170 : 1) fanden DAVIS und WHITE[2] etwa den Wert $\varphi = 1,5$, wie er für ein Seitenverhältnis $1 : \infty$ berechnet wurde. Siehe hierzu Bild 103.

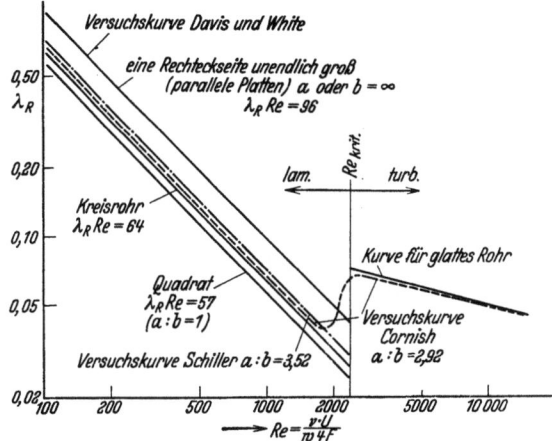

Bild 103. Nachweis der berechneten φ-Werte mit verschiedenen Versuchen

II.2 Strömung in geraden Rohren mit veränderlichem Querschnitt

13. Leitungen mit stetig veränderlichem Querschnitt

13.1 Laminarströmung

Bei Laminarströmung in einem geraden Rohr mit gleichbleibendem Querschnitt verfolgen alle Flüssigkeitsteilchen parallele Bahnen. Dagegen strömen die Teilchen in Rohren mit stetig veränderlichem Querschnitt auch in verschiedenen Richtungen. Fraglich ist nun, ob man auch in diesem Fall von einer fadenartigen Strömung sprechen darf, oder ob eine Vermischung etwa durch Querströmungen eintritt. Klarheit brachten Arbeiten von HELE-SHAW[3] und WYSZOMIRSKI[4] in Ver-

---

[1] CORNISH, J. R.: Zit. S. 176.
[2] DAVIS, S. C., u. C. M. WHITE: An experimental study of the flow of water in pipes of rectangular section. Proc. Roy. Soc., Lond. (A) 119 (1928) 92.
[3] HELE-SHAW, H. S.: Investigation of the nature of surface resistance of water and streamline motion under certain experimental conditions. Inst. Naval Archit., Lond. 1898 oder Z. VDI 42 (1898) 1389.
[4] WYSZOMIRSKI, A.: Stromlinien und Spannungslinien. Dissertation. Dresden 1914.

allgemeinerung der Reynolds-Farbfadenversuche. Beide Forscher ließen fadenweise gefärbtes Wasser durch enge Kanäle von rechteckigem Querschnitt strömen, die sich beliebig erweiterten oder verengten (siehe

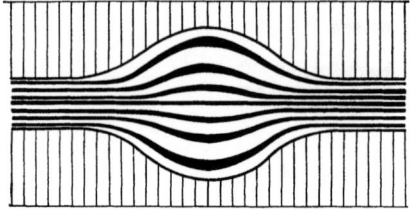

Bild 104. Fadenströmung bei veränderlichem Querschnitt

z. B. Bild 104). Die Farbfäden waren deutlich erkennbar: die einzelnen Teilchen strömten in Fäden, die einander nicht durchdrangen. Diese Strömungsform nennen wir *Fadenströmung*.

Es kann sich hier um erweiterte Rohre mit Umsetzung von Geschwindigkeit in Druck (Bild 105) und um verengte Rohre mit Um-

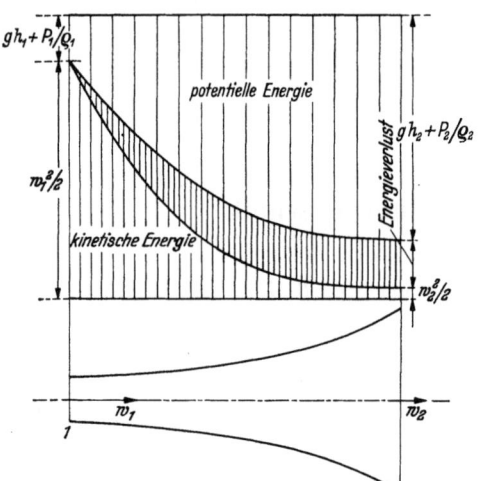

Bild 105. Energieumsetzungen im erweiterten Rohr mit gerader Achse. (Diffusor oder divergentes Rohr)[1]

setzung von Druck in Geschwindigkeit (Bild 106) handeln. Wegen der Viskosität der Flüssigkeit werden die einzelnen Schichten um so stärker abgebremst, je näher sie an der Rohrwand liegen. Die Verzögerung der gesamten Strömung, die im Falle einer Rohrerweiterung eintritt, wirkt gleichmäßig im ganzen Querschnitt[2]. Bei einem bestimmten

---

[1] Bei der Umsetzung wird der Teil der mechanischen Energie Energieverlust genannt, der zur Verrichtung der Reibungsarbeit erforderlich ist.

[2] Messungen haben ergeben, daß der Druckzuwachs und damit auch die verzögernden Kräfte gleichmäßig über den Querschnitt verteilt sind.

13. Leitungen mit stetig veränderlichem Querschnitt

Erweiterungsgrade der Leitung werden die langsamsten Schichten zum Stillstand kommen und bei noch stärkerer Erweiterung umkehren[1] (Bild 107). Inzwischen geht die Kernströmung — aus Gründen der

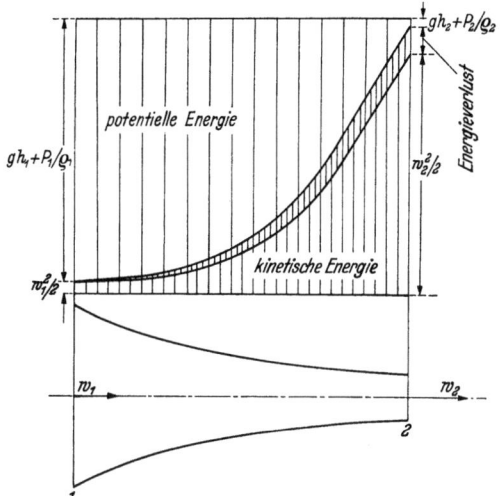

Bild 106. Energieumsetzungen im verengten Rohr mit gerader Achse. (Konfusor oder konvergentes Rohr)[2]

Kontinuität — in der alten Richtung weiter. Eine solche Umkehr (Rückströmung an der Rohrwand) nennt man *Strahlablösung*. Bei Strömung durch ein sich verengendes Rohr kann eine solche Ablösung nicht eintreten.

Die hydrodynamischen Gleichungen für die Laminarströmung in geraden Rohren mit beliebig veränderlichem Querschnitt wurden u. a. von BLASIUS[3] abgeleitet. Ihre Wiedergabe führte hier zu weit, da es praktisch im Rahmen dieser Rohrhydraulik kaum Beispiele für diesen Strö-

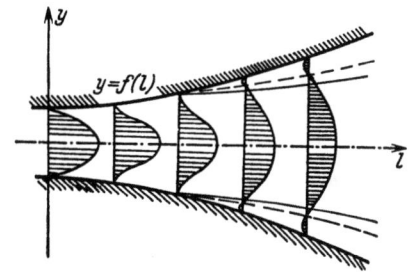

Bild 107. Verteilung der Strömungsgeschwindigkeit über den Querschnitt gerader Rohre von veränderlicher Weite bei Laminarströmung nach BLASIUS

---

[1] Wenn der Druck im Anfangsquerschnitt gleich groß ist und infolge von Verzögerungen im stromab liegenden Querschnitt ein höherer Druck herrscht, dann büßen alle Teilchen gleich viel an Geschwindigkeitsenergie ein. Gewisse Teilchen werden dabei gerade zur Ruhe kommen, weiter nach der Wand zu strömende werden umkehren. Bei Laminarströmung löst sich der Strahl schon bei geringeren Öffnungswinkeln ab als bei Turbulenz mit ihrer ständigen Mischungsbewegung. Näheres hierzu siehe B. ECK: Technische Strömungslehre. 5. Aufl., Berlin-Göttingen-Heidelberg: Springer (1957), S. 188ff., 7. Aufl., 1966.

[2] Siehe Fußnote 1, S. 180.

[3] BLASIUS, H.: Laminare Strömung in Kanälen von wechselnder Breite. Z. Math. Phys. 58 (1910) 225.

mungsvorgang gibt. Grundsätzlich von Interesse ist nur die Bedingung für den Eintritt der Rückströmung. BLASIUS betrachtete Kanäle von rechteckigem Querschnitt mit bestimmter Breite b und veränderlicher Höhe h. $Re' = hw/\nu$ ist dann eine von der Rohrlänge l unabhängige Reynolds-Zahl. Die veränderliche Begrenzung folge einer Funktion $y = f(l)$, siehe Bild 107. BLASIUS fand für den Eintritt der Rückströmung als maßgebend

$$Re' \frac{dy}{dl} = \frac{35}{2}. \tag{277}$$

In einem kegelförmig erweiterten Rohr von 1 m Länge und Durchmesservergrößerung um 35 mm (Öffnungswinkel $\alpha = 2°$) würde sich demnach der Strahl bei $Re' \geq 1000$ ablösen. (Neuere Beobachtungen lassen es allerdings als wahrscheinlich sein, daß die Ablösung schon bei geringeren Öffnungswinkeln beginnt.)

Eine Querschnittsänderung, wenn sie auch nur gering ist, wirkt sich auf die Geschwindigkeitsverteilung aus. Bild 108 zeigt, daß sich das Profil bei Rohrverengung, also Beschleunigung, abplattet. Bei Strö-

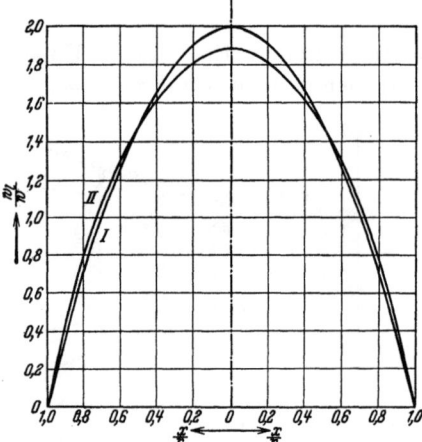

Bild 108. Laminare Geschwindigkeitsverteilung nach PRANDTL-TIETJENS. I Rohr von unveränderlichem Kreisquerschnitt. II in Strömungsrichtung schwach verengtes Rohr $\left(Re'\dfrac{dy}{dl} = 2;\right.$ z. B. $Re' = 2000$ und $\dfrac{dy}{dl} = \dfrac{1}{1000}\bigg)$

mung in erweiterten Rohren dagegen, also bei Verzögerung, wird das Profil spitzer als beim geraden Rohr von unveränderlichem Querschnitt. Der Anstieg oder Abfall des statischen Drucks mit der Veränderung des Rohrquerschnitts überlagert sich dem Reibungsdruckabfall.

13.2 Übergangsgebiet
zwischen laminarer und turbulenter Strömung

Die kritische Reynolds-Zahl hängt in starkem Maße mit der Änderung des Rohrquerschnitts zusammen. Je schneller sich das Rohr verengt, bei um so höherer

Reynolds-Zahl liegt der Übergang. So fand z. B. GIBSON[1], daß in einem verengten Rohr mit Kegelwinkel $\alpha = 15°$ Re_{krit} auf das 5,7fache gesteigert wird (α wie in Bild 109). Umgekehrt liegt Re_{krit} um so tiefer, je mehr sich ein Rohr erweitert.

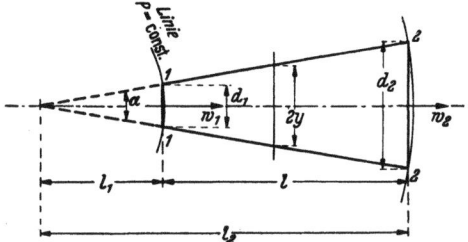

Bild 109. Bezeichnungen für das konische Rohr. Bei geraden Stromfäden herrscht gleichmäßige Druckverteilung

13.3 Turbulente Strömung

Die turbulente Strömung von Flüssigkeiten durch verengte oder durch erweiterte gerade Rohre und die damit verbundenen Druck- und Geschwindigkeitsänderungen sind von technischer Bedeutung. Wie bei Turbulenz im geraden zylindrischen Rohr bildet sich eine Grenzschicht aus, deren Dicke mit zunehmendem Grade der Rohrerweiterung abnimmt. Bei turbulenter Strömung führt die *Strahlablösung* zu besonders großen Verlusten, wobei kräftige Wirbelballen entstehen. Mit abnehmender Grenzschichtdicke wird der Strömungsverlust größer und stellt sich bald ein quadratisches Widerstandsgesetz ein (nahezu reine Wirbelströmung). Bei Rohrverengung löst sich der Strahl nicht ab.

Bemerkenswert ist wieder die Frage nach dem größten zulässigen Erweiterungswinkel, bei dem noch keine Ablösung eintritt, und welche Vorgänge sich einstellen, wenn dieser größte Winkel überschritten wird.

Versuche zur Beobachtung der Bewegungsvorgänge[2] wurden meist in den versuchstechnisch leichter zu beherrschenden Rohren mit Recht-

---

[1] GIBSON, A. H.: On the flow of water through pipes and passages having converging or diverging boundaries. Proc. Roy. Soc., Lond. (A) 83 (1910) 366. — Siehe auch W. MEISSNER u. G. SCHUBERT: Kritische Reynolds-Zahl für Rohrströmung und Entropieprinzip. Ann. Phys. 3 (1948) 163.

[2] Zum Beispiel A. FLIEGNER: Versuche über das Ausströmen von Luft durch konisch divergente Rohre. Schweiz. Bauztg. 31 (1898) 68, 78, 84. — R. PROELL: Abhandlungen über kegelförmige Rohre. Z. ges. Turbinenwesen 1904, 161; 1905, 151. — K. ANDRES: Versuche über die Umsetzung von Wassergeschwindigkeit in Druck. VDI-Forsch.-Heft 1909, Nr. 76. — H. HOCHSCHILD: Versuche über Strömungsvorgänge in erweiterten und verengten Kanälen. VDI-Forsch.-Heft 1912, Nr. 114. — R. KRÖNER: Versuche über Strömungen in stark erweiterten Kanälen. VDI-Forsch.-Heft 1915, Nr. 222. — A. RIFFART: Über Versuche mit Verdichtungsdüsen. VDI-Forsch.-Heft 1922, Nr. 257. — F. DÖNCH: Divergente und konvergente turbulente Strömungen mit kleinen Öffnungswinkeln. VDI-Forsch.-Heft 1926, Nr. 282. — A. N. WEDERNIKOFF: Luftströmung im flachen erweiterten Kanal. Ber. d. Zentr. Aero-Hydrodyn. Inst. Moskau 21 (1926). — J. NIKURADSE: Untersuchungen über die Strömungen des Wassers in konvergenten und divergenten Kanälen. VDI-Forsch.-Heft 1929, Nr. 289.

eckquerschnitt, seltener in Rohren mit Kreisquerschnitt angestellt (Holz-, seltener Metallrohre). Versuche mit Wasser und Luft ergaben die (hinreichende) Gültigkeit des Ähnlichkeitsgesetzes.

Der statische Druck wurde als nahezu gleichmäßig verteilt über den Rohrquerschnitt gefunden (Bild 109). Auch die Geschwindigkeitsverteilung wurde mehrfach gemessen. Bild 110 bis 112 zeigen von NIKURADSE aufgenommene Profile. Aus Bild 110 ist ersichtlich, daß

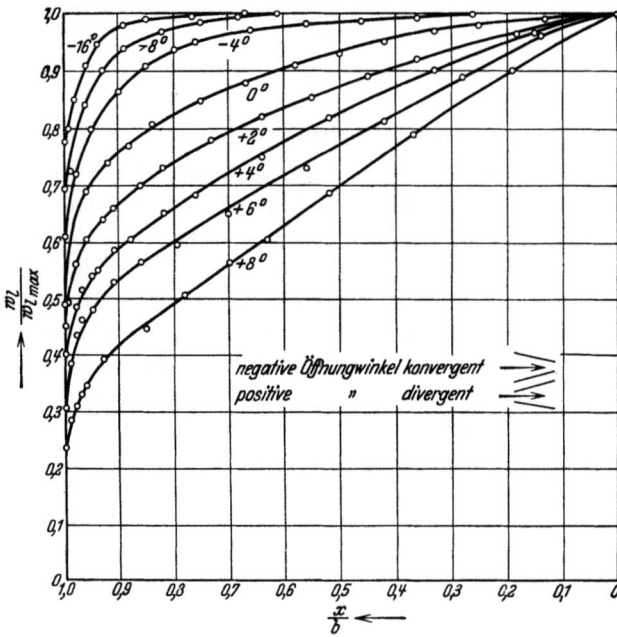

Bild 110. $w_l/w_{l\,\mathrm{max}}$ i n Abhängigkeit von x/b (b = Kanalbreite) bei verschiedenen Öffnungswinkeln α und $Re_1 = 6{,}1 \cdot 10^4$ nach Messungen von NIKURADSE

die Profile in erweiterten Kanälen grundsätzlich nach der Rohrmitte zu (verzögerte Strömung) immer steiler, dagegen in verengten Kanälen (beschleunigte Strömung) immer flacher werden als das Profil bei Strömung im zylindrischen Rohr. Es zeigte sich bei $Re_1 = 6{,}1 \cdot 10^4$, daß alle Profile bis zu $+8°$ Öffnungswinkel symmetrisch liegen (Re_1 bezieht sich auf den Anfangsquerschnitt 1). Bei $\alpha = +10°$ ergab sich das Profil von Bild 111. Der Strahl löste sich nach Überschreiten eines bestimmten Öffnungswinkels oder einer bestimmten Reynolds-Zahl nicht an der ganzen Innenwand des Rohres ab, sondern bevorzugte eine Seite. Seine Lage war unstabil, er konnte leicht hin- und herpendeln. Bei $Re_1 = 6{,}1 \cdot 10^4$ löste sich der Strahl im Bereiche von $\alpha = 9{,}6$ bis $10{,}2°$, also schon bei kleinen Winkeln, ab. Als größten Erweiterungswinkel

13. Leitungen mit stetig veränderlichem Querschnitt

ohne Strahlablösung kann man bis etwa $Re_1 = 10^5$ $\alpha = 8°$ ansprechen[1]. Schon WEISBACH hatte den Winkel von 8° für den größten gehalten.

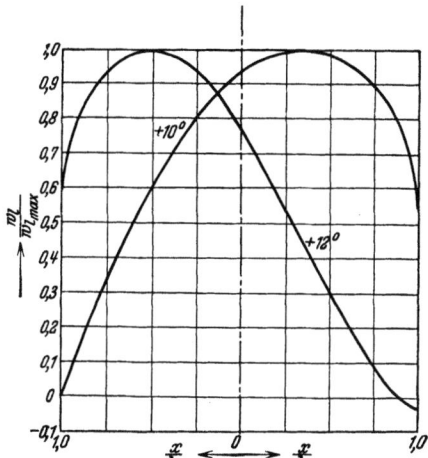

Bild 111. Geschwindigkeitsverteilung bei Öffnungswinkeln α von 10 und 12° (Erweiterung) und $Re_1 = 6,1 \cdot 10^4$ nach Messungen von NIKURADSE

Bild 111 wurde andernteils bei 12° und Bild 112 bei 16° Öffnungswinkel aufgenommen. Je größer α war, um so schneller pendelte der Strahl hin und her. Für die Ablösung in glatten keilförmigen Kanälen

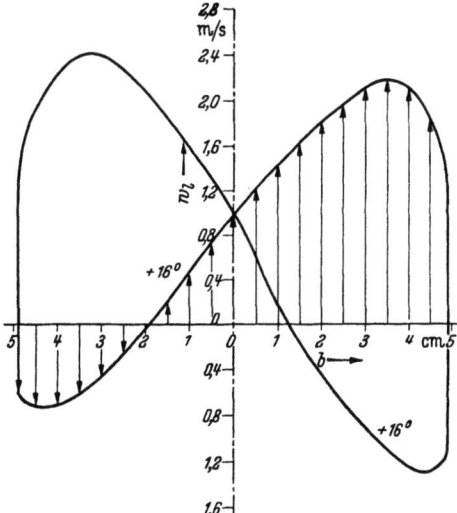

Bild 112. Geschwindigkeitsverteilung bei Öffnungswinkel α von 16° (Erweiterung) und $Re_1 = 6,1 \cdot 10^4$ nach Messungen von NIKURADSE. Der Strahl legte sich regellos an eine Seite der Rohrwand an

---

[1] Bei mittlerer Rauhigkeit (glatt $\approx 7°$, rauh $\approx 9°$). $\alpha = 10°$ bei $Re_1 = 5 \cdot 10^4$; $\alpha = 6,5°$ bei $Re_1 = 2 \cdot 10^5$. Nach Hütte, Taschenbuch des Ingenieurs, 28. Aufl., Bd. 1 (1955) S. 787. — Bei $Re_1 = 2 \cdot 10^6$ ist $\alpha = 5,5°$ (nach B. ECK: Zit. S. 181).

II. Theoretische Überlegungen und Versuchserfahrungen

fand NIKURADSE die Grenze

$$\frac{\alpha}{2}\sqrt[4]{Re_1} \approx 75 \qquad (\alpha = 9{,}6° \text{ bei } Re_1 = 6{,}1 \cdot 10^4). \tag{278}$$

In Rohren mit verschiedenem Erweiterungswinkel und bei verschiedenen Reynolds-Zahlen stellte sich ein ähnliches Geschwindigkeitsprofil ein, wenn der Kennwert $\frac{\alpha}{2}\sqrt[4]{Re_1}$ dieselbe Größe hatte (gültig bis etwa $Re = 2 \cdot 10^5$). Für die Profile selbst traf das Prandtlsche $\frac{1}{7}$-Verteilungsgesetz, wenigstens für die Randgebiete, zu.

Wegen der beschränkten Länge von konischen oder keilförmigen Versuchsleitungen enthalten die meisten der gemessenen Strömungsverluste noch eine Reihe nicht nachprüfbarer Störungseinflüsse. In stark erweiterten Kanälen übersteigen die Ablösungsverluste die Reibungsverluste mehrfach. Wegen der starken Wirbelung sind die Verluste praktisch immer dem Quadrate der mittleren Strömungsgeschwindigkeit verhältnisgleich. Die Größe der Verluste nimmt erheblich mit dem Rauhigkeitsgrade der Rohrwand zu.

Manche Strömungsfälle in Rohren mit regelmäßigen Querschnitten kann man bei Verengung oder geringer Erweiterung näherungsweise nach Ansätzen von BAASHUUS[1] berechnen.

Wir wollen uns hier auf Kreisrohre mit konischen Querschnittsänderungen beschränken.

Die Widerstandszahl steht in Zusammenhang mit dem Geschwindigkeitsprofil, siehe Bild 110. Wenn man aber einen Durchschnittswert für die Widerstandszahl λ_R angeben kann, läßt sich der Druckabfall durch Reibung bei raumbeständiger Strömung ohne Strahlablösung wie folgt berechnen[2]. Mit $2y$ als veränderlicher Rohrweite gilt nach Bild 109 für den Druckabfall durch Reibung

$$\Delta P = -\lambda_R \varrho \int_2^1 \frac{w^2}{2} \frac{1}{2y} dl \tag{279}$$

und mit der Kontinuitätsbedingung

$$4w\,y^2 = w_1 d_1^2 = w_2 d_2^2 \quad \text{weiter} \quad \frac{dl}{dy} = \frac{2l}{d_2 - d_1}$$

bei Kreiskegelrohr. Nun ist nach Integration

$$\frac{\Delta P}{\varrho} = \lambda_R \frac{l}{d_1} \frac{1}{4}\left[1 + \frac{d_2}{d_1} + \left(\frac{d_2}{d_1}\right)^2 + \left(\frac{d_2}{d_1}\right)^3\right] \frac{w_2^2}{2} = \zeta_2 \frac{w_2^2}{2}. \tag{280}$$

Für den Strömungswiderstand beliebig geformter Rohrstücke setzt man

$$\frac{\Delta P}{\varrho} = \zeta_1 \frac{w_1^2}{2} = \zeta_2 \frac{w_2^2}{2}. \tag{281}$$

Der Faktor ζ heißt Widerstandsbeiwert[3]; er ist bei geradem Kreisrohr $\zeta = \lambda \frac{l}{d}$.

---

[1] BAASHUUS, N.: Druckhöhenverlust in Leitungen mit kontinuierlich veränderlichem Querschnitt. Z. Forschung Berlin 1 (1930) 202.

[2] WEISBACH, J.: Ingenieur- und Maschinenmechanik, 2. Aufl. Teil 1, S. 535. Braunschweig 1850. — D. BANKI: Energieumwandlungen in Flüssigkeiten Teil 1, S. 74. Berlin 1921.

[3] Zur Unterscheidung von der Widerstandszahl λ_R (nach DIN 5492 auch Rohrreibungszahl genannt) wird in diesem Buch die Widerstandszahl ζ mit Widerstandsbeiwert bezeichnet.

13. Leitungen mit stetig veränderlichem Querschnitt

In erster Annäherung kann man auch mit Mittelwerten

$$d = \frac{d_1 + d_2}{2} \quad \text{und} \quad w = \frac{w_1 + w_2}{2}$$

rechnen. Dann ist (gleich oder) etwas größer als nach Gl. (280)

$$\zeta_2 = \frac{\lambda_R l}{2} \frac{1}{d_1 + d_2} \left[\left(\frac{d_2}{d_1}\right)^2 + 1\right]^2. \tag{282}$$

Für Rohrverengungen mit Kreisquerschnitt können folgende Werte a für den Widerstandsbeiwert $\zeta_2 = a \lambda_R$ angegeben werden:

α	4°	6°	8°	20°
$d_1/d_2 = 1,2$	1,85	1,23	0,93	0,37
1,4	2,65	1,76	1,32	0,52
1,6	3,03	2,02	1,51	0,60
1,8	3,24	2,16	1,62	0,64
2,0	3,36	2,24	1,68	0,66

In den Gln. (280) und (282) ist für Kreiskegelrohr bei Verengung

$$l = \frac{d_1 - d_2}{2 \tan\alpha/2} \quad \text{und} \quad \frac{l}{d_1} = \frac{1}{2 \tan\alpha/2} \left(1 - \frac{d_2}{d_1}\right) \tag{283}$$

und bei Erweiterung

$$\frac{l}{d_1} = \frac{1}{2 \tan\alpha/2} \left(\frac{d_2}{d_1} - 1\right)$$

einzusetzen, wie aus Bild 109 hervorgeht. Außer durch Reibung ändert sich die potentielle Energie nach dem Bernoullischen Gesetz noch durch Zu- oder Abnahme der kinetischen Energie gemäß Gl. (52), siehe die Bilder 105, 106 und 116, und zwar um

$$\frac{w_2^2 - w_1^2}{2} = \left(1 - \frac{w_1^2}{w_2^2}\right) \frac{w_2^2}{2} = \left(1 - \frac{d_2^4}{d_1^4}\right) \frac{w_2^2}{2} = \zeta_2' \frac{w_2^2}{2}. \tag{284}$$

Bei verengten Rohren ist damit der Druckabfall

$$P_1 - P_2 = (\zeta_2 + \zeta_2') \varrho \frac{w_2^2}{2} \tag{285}$$

mit ζ_2 nach den Gln. (280) und (282) und ζ_2' nach Gl. (284), siehe Aufgabe 14, S. 341. Gl. (285) gilt auch zur Berechnung des Druckunterschiedes (Druckanstiegs) in erweiterten Rohren ohne Strahlablösung. Das Reibungsglied ζ_2 in Gl. (285) ist verhältnismäßig klein gegen ζ_2' in Gl. (284). Bei $\alpha = 8°$ Erweiterungswinkel z. B. erhält man bei $\lambda_R = 0,025$ für den

Druckabfall durch Reibung $\quad \zeta_2 = 0,05 \quad 0,13 \quad 0,71$
Druckanstieg durch Verzögerung $\quad \zeta_2' = 1,1 \quad 2,8 \quad 15,0$
bei $d_2/d_1 \qquad\qquad\qquad\qquad\quad = 1,2 \quad 1,4 \quad 2,0$.

Wenn sich aber bei erweiterten Rohren mit $\alpha > 8°$ der Strahl ablöst, so tritt zusätzlich ein Stoßverlust nach Gl. (288)

$$\varphi \left[\frac{d_2^2}{d_1^2} - 1\right]^2 \tag{286}$$

auf, der ζ_2 erhöht. In Bild 113 sind Widerstandsbeiwerte ζ_2 von Rohrerweiterungen mit Kreisquerschnitt bei Erweiterungswinkeln von $\alpha = 8°$ bis $24°$ aufgetragen[1],

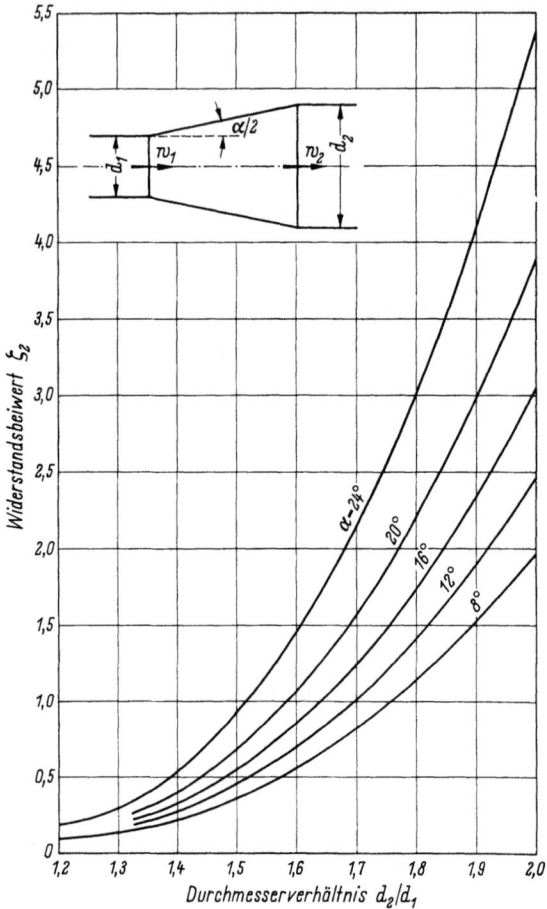

Bild 113. Praktische Werte für den Widerstandsbeiwert ζ_2 von Rohrerweiterungen bei Öffnungswinkeln $\alpha = 8°$ und mehr (mit Strahlablösung)

belegt durch Versuchswerte. Danach ergeben sich Werte φ von Gl. (286) bei $\lambda_R = 0{,}025$ zu

$$\varphi = 0{,}14 \quad \text{bei} \quad \alpha = 8°,$$
$$\varphi = 0{,}30 \quad \text{bei} \quad \alpha = 16°,$$
$$\varphi = 0{,}57 \quad \text{bei} \quad \alpha = 24°$$

im Mittel, d. h. nahezu unabhängig von d_2/d_1. Bei $\alpha > 60°$ ist[2] $\varphi = 1$.

---

[1] Nach F. HERNING: Zit. S. 160, 4. Aufl. S. 58.
[2] Siehe Arbeitsblatt 42, Z. Brennst. Wärme Kraft v. Dez. 1953, 2.

14. Leitungen mit unstetig veränderlichem Querschnitt

Es sollen hier nur turbulente Strömungen betrachtet werden, über Laminarströmung siehe die Bilder 114a und 114b.

Bild 114a und 114b. Fadenströmung in Rohren beliebigen Querschnitts nach HELE-SHAW und WYSZOMIRSKI

Bei plötzlichen *Verengungen* löst sich der Strahl immer ab. Bei Wiederausbreitung des Strahls auf den vollen Querschnitt F_2 treten Energieverluste auf, die sich mit dem Impulssatz berechnen lassen (Bild 115)[1].

	Querschnitt F_0	Querschnitt F_2
Impulszufuhr (Massenstrom × Geschwindigkeit)	$\varrho\, F_0\, w_0^2$	$-\varrho\, F_2\, w_2^2$
Druckkräfte[2]	$P_0 F_2$	$-P_2 F_2$

Impulsänderung + Druckänderung = 0 zusammen mit $w_0 F_0 = w_2 F_2$ ergibt
$$P_2 - P_0 = \varrho\, w_2(w_0 - w_2)$$

bei verlustloser Strömung wäre
$$P_2' - P_0 = (w_0^2 - w_2^2)\frac{\varrho}{2}$$

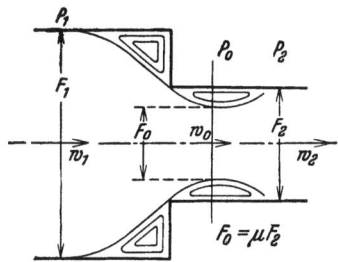

Bild 115. Rohr mit plötzlicher Querschnittsänderung (Verengung)

---

[1] Siehe Hütte, Taschenbuch des Ingenieurs 28. Aufl. 1 (1955) 772 und 786. Zwischen den Druckkräften und den Impulsen je Zeiteinheit herrscht Gleichgewicht.

[2] Bei Strömungsrichtung von F_1 nach F_2 Ableitung ohne Rücksicht auf die Kraftwirkung am Querschnitt (Kreisring) $F_1 - F_2$.

190 II. Theoretische Überlegungen und Versuchserfahrungen

Mehrverlust $\qquad P_2' - P_2 = (w_0 - w_2)^2 \dfrac{\varrho}{2}$

Wirkungsgrad der Druckumsetzung hinsichtlich Stoßverlust
$$\eta = \frac{P_2 - P_0}{P_2' - P_0} = \frac{2w_2}{w_2 + w_0} = \frac{2}{1 + \dfrac{F_2}{F_0}} \qquad (287)$$

Widerstandsbeiwert aus Mehrverlust
$$\zeta_2 = \left(\frac{F_2}{F_0} - 1\right)^2 \qquad (288)$$

Verlust an potentieller Energie
$$\frac{\Delta P}{\varrho} + g\,\Delta h = \left(\frac{F_2}{F_0} - 1\right)^2 \frac{w_2^2}{2}. \qquad (289)$$

Bei plötzlichen *Erweiterungen* löst sich der Strahl ebenfalls ab, siehe Bild 116. Die Stoßverluste lassen sich in gleicher Weise wie zu Bild 115 berechnen, wobei in den Gln. (287) bis (289) nur w_1 an Stelle w_0 und F_1 an Stelle F_0 treten. Es kommt hier zu größeren Stoßverlusten als bei

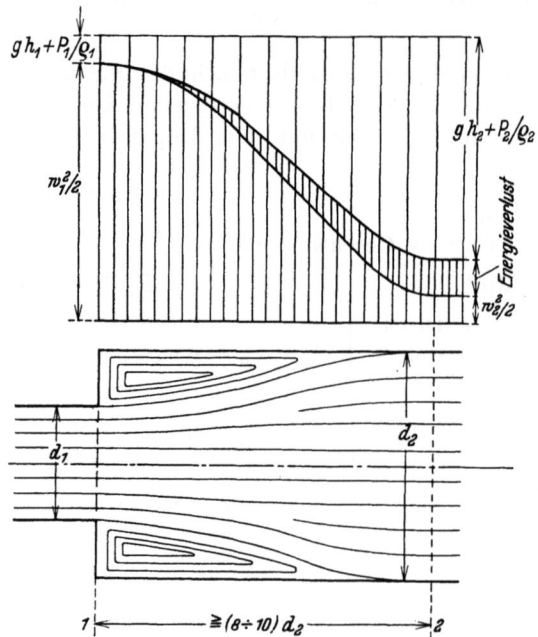

Bild 116. Energieumsetzungen bei plötzlicher Querschnittsänderung (Erweiterung)

Verengungen. Zu diesem Stoßverlust kommt noch der Reibungsdruckverlust. Zur vollständigen Wiederausbreitung des Strahls ist das 8- bis 10fache des Rohrdurchmessers erforderlich[1], siehe hierzu Bild 116.

---

[1] SCHÜTT, H.: Versuche zur Bestimmung der Energieverluste bei plötzlicher Rohrerweiterung. Mitt. d. Hydraul. Inst. d. T. H. München Heft 1 (1927) 42.

14. Leitungen mit unstetig veränderlichem Querschnitt

Die Kontraktionszahl μ, die bei Rohrverengungen wie Bild 115 das Verhältnis vom engsten Querschnitt F_0 zum Durchlaß F_2 angibt, kann aus Bild 117 entnommen werden (nach WEISBACH). Für $F_2 \leq 0{,}1 F_1$ gilt

$\mu = 0{,}62$ bis $0{,}64$ bei scharfer Durchflußkante (Bild 118a),
$\mu = 0{,}7$ bis $0{,}8$ bei ganz schwacher Kantenbrechung,
$\mu = 0{,}9$ bei wenig abgerundeter Kante,
$\mu = 0{,}99$ bei starker glatter Abrundung (runder Einlauf, Bild 45).

Als Überschlagswert kann man für den scharfrandigen Einlauf $\zeta_2 = 0{,}50$ und bei leicht gebrochener Kante $\zeta_2 = 0{,}25$ ansetzen. Ragt das Rohr

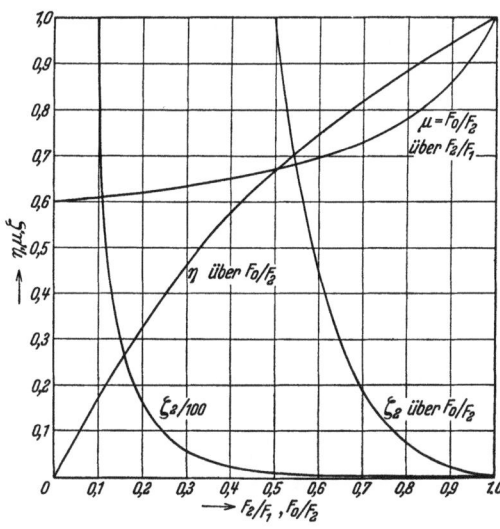

Bild 117. Kontraktionszahl μ, Wirkungsgrad η und Widerstandsbeiwert ζ bei verschiedenen Querschnittsverhältnissen (zu Bild 115). Von wesentlicher Bedeutung Bereich $F_0/F_2 = \mu = 0{,}6$ bis $1{,}0$.
$\eta = 2\mu/(1 + \mu)$ und
$\zeta_2 = (1 - \mu)^2/\mu^2 = (F_2/F_0 - 1)^2$.
Für $F_0/F_2 \geq 0{,}5$ gilt ζ_2 über F_0/F_2, für $F_0/F_2 < 0{,}5$ gilt $\zeta_2/100$ über F_0/F_2

noch ein Stück in das Auslaufgefäß hinein (Bild 118b), so ist bei scharfer Kante $\zeta_2 = 3{,}0$ und bei um 90° abgefaster Kante $\zeta_2 = 0{,}55$. Bei scharfrandigem Einlauf unter einem Winkel δ (Bild 119) ist $\zeta_2 = 0{,}5 + 0{,}3 \cos \delta + 0{,}2 \cos^2 \delta$. Außer diesen finden sich in WEISBACHS Lehrbuch noch eine ganze Reihe Angaben für Sonderfälle.

Bild 118a. Scharfrandiger Einlauf   Bild 118b. Eingetauchter Einlauf

Für den abgeblendeten Einlauf (Bild 120) erhält man einen Widerstandsbeiwert

$$\zeta_2 = 0{,}04 \left(\frac{F_2}{F_B}\right)^2 + \left(\frac{F_2}{\mu F_B} - 1\right)^2, \tag{290}$$

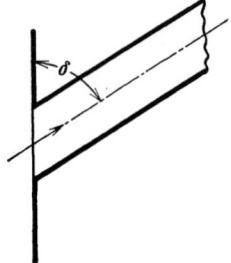

Bild 119. Schiefwinkliger Einlauf

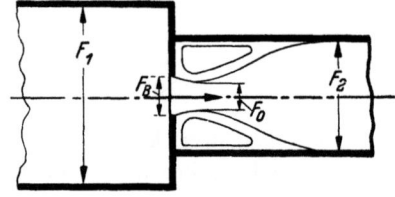

Bild 120. Abgeblendeter Einlauf. Wie an jeder scharfen Kante löst sich auch hier der Strahl ab

siehe Gl. (288), erweitert um den Einlaufverlust. Die Kontraktionszahl μ ist hier das Verhältnis vom Querschnitt des eingeschnürten Strahls F_0 zum Durchlaß F_B (F_B = lichter Querschnitt der Blende). Es ergibt sich

für $F_B < 0{,}1 F_1$

zu $F_B/F_2 =$	0,1	0,2	0,3	0,4	0,5	0,6	0,7	0,8	0,9	1,0
$\zeta_2 =$	232	51	20	9,6	5,2	3,1	1,9	1,2	0,7	0,5

für $F_B \geqq 0{,}1 F_1$ (scharfe Durchflußkante)

zu $F_B/F_1 =$	0,1	0,2	0,3	0,4	0,5	0,6	0,7	0,8	0,9	1,0
$\mu =$	0,63	0,64	0,65	0,67	0,69	0,72	0,77	0,85	0,92	1,00

Wenn $F_B > 0{,}1 F_1$ wird, so vergrößert sich μ infolge der wesentlichen Zuflußgeschwindigkeit zur Verengung (unvollkommene Kontraktion). Mit (zeichnerisch interpolierten) Werten erhält man

für $F_1 = F_2$ (scharfe Durchflußkante), $F_B/F_1 = F_B/F_2 = m$

zu $F_B/F_1 =$	0,1	0,2	0,3	0,4	0,5	0,6	0,7	0,8	0,9	1,0
$\zeta_1 = \zeta_2 =$	225	47,4	17,3	7,78	3,73	1,81	0,80	0,30	0,10	0,00

Der Fall mit $F_1 = F_2$ liegt vor bei Mengenmeßblenden. Nach den Regeln[1] gelten für Normblenden auf Grund präziser Messungen etwas höhere Widerstandsbeiwerte

zu $F_B/F_1 =$	0,1	0,2	0,3	0,4	0,5	0,6
$\zeta_1 = \zeta_2 =$	248	52,8	19,2	8,54	4,09	1,97

Man bezeichnet den Unterschied der Drücke unmittelbar vor und hinter der Meßblende als Wirkdruck ΔP_W. Für den (bleibenden) Druckverlust einer solchen Meßblende, vom Rohrquerschnitt 1 mal d_1 vor bis 6 mal d_1 (= 6 mal d_2) hinter der Meßblende (oder auch Normdüse) genommen, gilt angenähert[2]

$$\Delta P = (1 - F_B/F_1)\,\Delta P_W. \tag{291}$$

---

[1] Nach Regeln für die Durchflußmessung DIN 1952, Ausg. 1943, S. 12/13. Genauere Angaben DIN 1952, Ausg. 1948, S. 14, Bild III. — Siehe ferner S. 313.

[2] Wie Fußnote 1, Mai 69, S. 8 mit $\zeta_1 = \zeta_2 = (1-m)/\alpha^2 m^2$ bei $Re = 10^5$ in glatten Rohren, Durchflußzahl α nach Tab. 5 für $D = 50$ mm bis $D = 1000$ mm. α und ζ hängen bei $d/k \leqq 1600$ geringfügig von der Rauhigkeit der Rohrleitung ab (zunehmend mit dem Öffnungsverhältnis m).

II.3 Strömung in anderen als geraden Rohren

15. Richtungsänderungen

15.1 Strömung in gekrümmten Rohren

15.1.1 Einwirkung der Krümmung auf die Strömungsform, Druck- und Geschwindigkeitsverteilung in gekrümmten Rohren

Bisher handelte es sich nur um Strömungen mit geradliniger Hauptbewegungsrichtung. Es entsteht jetzt die Frage, wie sich die Strömung in einem gekrümmten Rohre ausbildet, wo sich die Hauptbewegungsrichtung im allgemeinen ständig ändert. Als einfachster Anwendungsfall soll die Strömung in einem Bogen mit kreisförmig gekrümmter Achse untersucht werden, der zwischen zwei gerade Rohre geschaltet sein möge. Wenn man von den turbulenten Querbewegungen absieht, so handelt es sich im geraden Rohr um eine Parallelbewegung. Würden die einzelnen Flüssigkeitsteilchen auch im Bogen dauernd in gleichem Abstand von der Rohrachse strömen, so wären die zurückzulegenden Wege um so größer, je näher sich die Teilchen an der Außenseite des Bogens bewegen (Bild 121). Auf der gekrümmten Bahn kommen nun aber *Fliehkräfte* zur Wirkung, die einen Druckanstieg nach der Außenseite des Bogens zu verursachen.

Da die Strömungsgeschwindigkeit der einzelnen Flüssigkeitsteilchen im geraden Zulaufrohr verschieden groß ist, entstehen unterschiedliche Fliehkräfte. Die im Kern strömenden Teilchen erreichen den Bogen mit

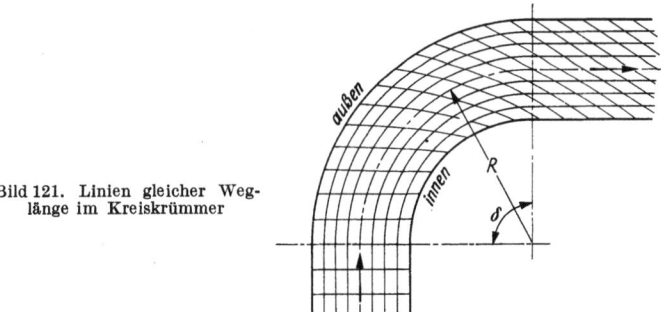

Bild 121. Linien gleicher Weglänge im Kreiskrümmer

größerer Geschwindigkeit als Teilchen in Wandnähe – an der Wand selbst haftet die Flüssigkeit. Sobald die Teilchen eine gekrümmte Bahn einschlagen, werden Fliehkräfte ausgelöst, deren Betrag vom Quadrat der Geschwindigkeit bestimmt wird. Es entsteht zunächst ein Druck quer zur Bewegungsrichtung, der von den außen strömenden Teilchen aufzunehmen ist. Druckanstieg vermindert, Druckabfall vermehrt die

194 II. Theoretische Überlegungen und Versuchserfahrungen

kinetische Energie nach Gl. (54), was zur Folge hat, daß die innen strömenden Teilchen beschleunigt und die außen strömenden verzögert werden. Nach dem Krümmerauslauf zu (hinter dem Krümmerscheitel) verringert sich die Geschwindigkeit auf der Innenseite. Dabei kommt es zu mehr oder weniger heftigen Ablösungserscheinungen (außer bei sehr schlanken Krümmern mit großem Innenradius R_i). Soweit die kinetische Energie nicht von den Ablösungswirbeln gebunden und über Reibungsarbeit zu Reibungswärme wird, steigt der Druck an. Dagegen sind an der Außenseite Beschleunigung und Druckabfall zu beobachten, siehe Bild 125.

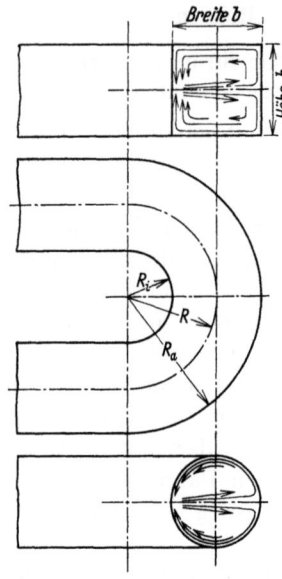

Bild 122. Querströmung in Krümmern

Wegen der Reibung in der Grenzschicht sind die Geschwindigkeiten und Fliehkräfte in Wandnähe geringer als in der Mitte. Die mittleren Teilchen drängen nach außen. Die dort strömenden Teilchen wandern seitlich nach Gebieten minderen Druckes ab, Teilchen aus dem Kern folgen nach. Bei symmetrischem Rohrquerschnitt bildet sich dabei eine durch Bild 122 verdeutlichte *Querströmung* aus, die sich der Hauptbewegung überlagert[1,2] und mit einem zusätzlichen Reibungsverlust verbunden ist.

Außer bei Stromablenkungen bilden sich auch in geraden Rohren solche Querbewegungen aus, siehe z. B. Bild 123[3]. Bei regelmäßigen Querschnitten strömt die Flüssigkeit längs der Winkelhalbierenden in die Ecken des Profils, weicht

---

[1] Siehe z. B. J. LELL: Beitrag zur Kenntnis der Sekundärströmung in gekrümmten Kanälen. Diss. Darmstadt 1913. — A. HINDERKS: Nebenströmungen in gekrümmten Kanälen. Z. VDI 71 (1927) 1779; 72 (1928) 86, 388. — H. NIPPERT: Über den Strömungsverlust in gekrümmten Kanälen. VDI-Forsch.-H. 1929, Nr. 320. — H. RICHTER: Der Druckabfall in glatten gekrümmten Rohrleitungen. VDI-Forsch.-H. 1930, Nr. 338. — W. SPALDING: Versuche über den Strömungsverlust in gekrümmten Leitungen. Z. VDI 77 (1933) 143. — Dem Sprachgebrauch folgend wird ein kreisförmig gekrümmter Bogen mit Krümmer bezeichnet, siehe hierzu auch S. 299.

[2] Voraussetzung dafür, daß eine solche Querströmung zustande kommt, ist das Vorhandensein einer Grenzschicht längs der Breiten b. Entfernt man diese Grenzschicht — etwa durch Absaugen —, so unterbleibt die Querströmung und stellt sich längs der Höhe h in Bild 122 oben ein gleich großer Flüssigkeitsdruck ein. — Der Strömungsvorgang in Krümmern mit Kreisquerschnitt ist grundsätzlich ebenso wie bei Rechteckquerschnitt.

[3] Nach J. NIKURADSE: Turbulente Strömungen in nichtkreisförmigen Rohren. Ing.-Arch. 1 (1930) 306.

dort seitlich aus und gelangt dann wieder in den Kern der Strömung zurück. Neben der Hauptbewegung in Achsrichtung findet ein Impulstransport längs den Linien gleicher Geschwindigkeit statt, die am Schnitt mit den Winkelhalbierenden besonders scharf gekrümmt sind (siehe Bild 91). Dieser Längstransport unterliegt der Fliehkraftwirkung, wobei eine Querbewegung hervorgerufen wird.

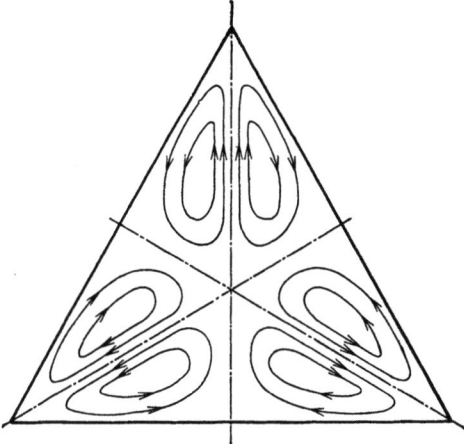

Bild 123. Querströmung in geraden Rohren mit dreieckigem Querschnitt nach Untersuchungen von NIKURADSE. (Zu den Bildern 91/92)

Während im geraden Rohre der Druck mit der Rohrlänge ständig abnimmt, steigt er also im Krümmer an der Außenseite zunächst an und fällt dann wieder (siehe die Bilder 124 und 125). Für die Innenseite

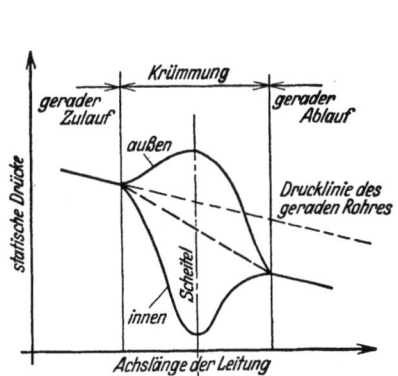

Bild 124. Druckverteilung im Krümmer (Prinzipskizze, ohne Rücksicht auf die Wirkung in dem anschließenden geraden Rohr)

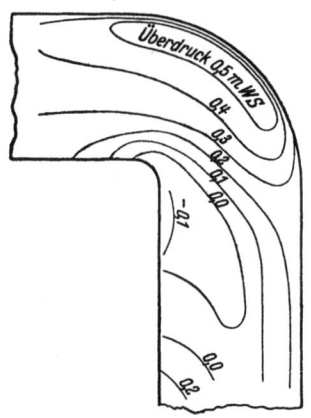

Bild 125. Im Rohrkrümmer gemessene Druckverteilung nach CORDIER[1], $w = 2,4$ m/s, $Re \sim 100000$. An diesem Bild kann auch die Druckverteilung in den geraden Zu- und Ablaufstrecken beurteilt werden. Strömungsrichtung von links oben nach unten.
1 m WS = 0,1 at = 0,098 bar

---

[1] v. CORDIER, W.: Strömungsuntersuchungen an einem Rohrkrümmer. Dissertation Berlin 1910.

gilt das Umgekehrte. Im nachgeschalteten geraden Rohr (weiter stromab als es Bild 124 zeigt) ist der Druck im Leitungsquerschnitt wieder ausgeglichen.

Der Druckunterschied am Krümmerscheitel läßt sich der Größenordnung nach berechnen. Jedes Flüssigkeitsteilchen von der Masse m und der Geschwindigkeit w_k am Krümmungsradius k der Bahn entwickelt eine Fliehkraft $m\,w_k^2/k$. Für die gesamte Strömung durch einen Kreiskrümmer läßt sich abschätzen:

$$\text{Kräfte} \quad \frac{\pi}{4} d^2 a\, \varrho\, \frac{w^2}{R}$$

oder Kräfte durch Angriffsfläche, also

$$\text{Drucksteigerungen} \quad \Delta P = \frac{\pi}{4} d \varrho\, \frac{w^2}{R}$$

(a = Länge der Krümmerachse, R = Krümmungsradius, a d = Angriffsfläche). Für den Krümmer in Bild 125 ermittelt man bei $R/d = 0{,}7$ wie gemessen $\Delta P = 640$ mm WS oder rund 0,6 m WS (bzw. 6280 N).

Ändert man den Rohrquerschnitt in Krümmern, siehe Bild 126, so ändert sich auch der Druck in anderer Weise. Stellen mit Druck-

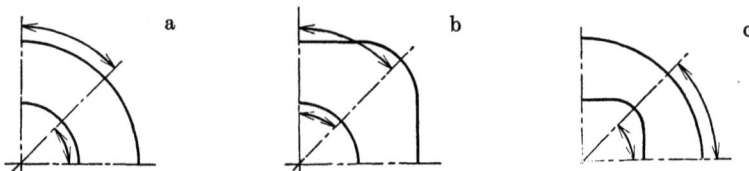

Bild 126a—c. Pfeilbogen: Druckanstieg in Krümmern mit verschiedener Querschnittsfolge nach NIPPERT. Strömungsrichtung von links oben nach rechts unten

anstieg, die zur verlustreichen Strömungsablösung neigen, sind gekennzeichnet.

Die größte Geschwindigkeit im Endquerschnitt gekrümmter Rohre liegt nach der Krümmungsaußenseite zu. Bild 127a, b zeigen Linien gleicher Geschwindigkeit im Rohrquerschnitt nach WILLIAMS, HUBBELL und FENKELL[1] und NIPPERT[2]. In Kreis- und Rechteckquerschnitten bilden sich ähnliche Verteilungen aus, wobei das Höchstgeschwindigkeitsgebiet geschlossen ist, siehe die Bilder 127a, b und 128a. Ist die Krümmung aber sehr scharf, so ist nahezu der ganze Querschnitt mit langsam strömender Flüssigkeit ausgefüllt, und es bilden sich nur zwei Kuppen hoher Geschwindigkeit (Bild 128b). Aus Bild 129 erkennt man, wie sich das Geschwindigkeitsprofil mit der Achslänge des Rohres ändert. Die größte Geschwindigkeit schiebt sich bis zum Krümmerende allmählich nach außen und nach der Krümmung wieder in die Rohrmitte. Nach v. CORDIER[3] bleiben Art der Druck- und Geschwindig-

---

[1] WILLIAMS, G. S., C. W. FENKELL u. G. H. HUBBELL: Zit. S. 147.
[2] NIPPERT, H.: Zit. S. 194.
[3] Zum Beispiel W. v. CORDIER, H. NIPPERT, u. H. RICHTER: Zit. S. 194 und 295.

15. Richtungsänderungen

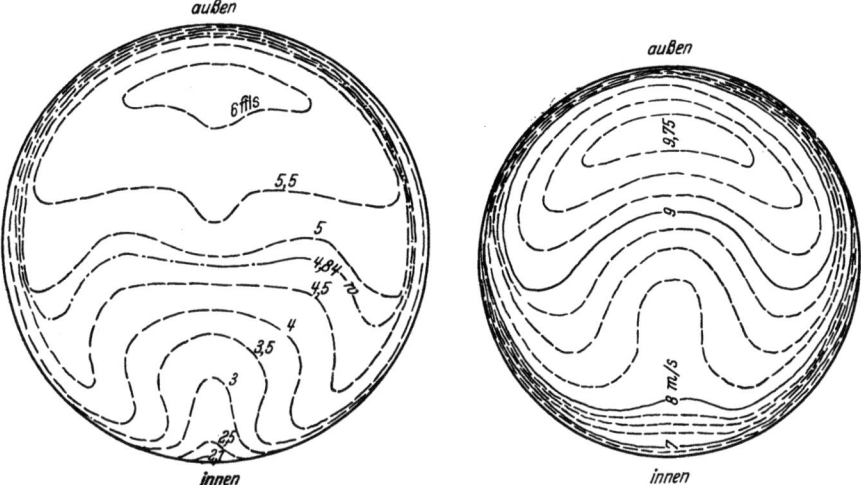

Bild 127a u. b. Geschwindigkeitsverteilung über den Querschnitt in gekrümmten Rohren nach WILLIAMS, HUBBELL und FENKELL (Bild 127a) und NIPPERT (Bild 127b) (gemessen an Krümmerende)

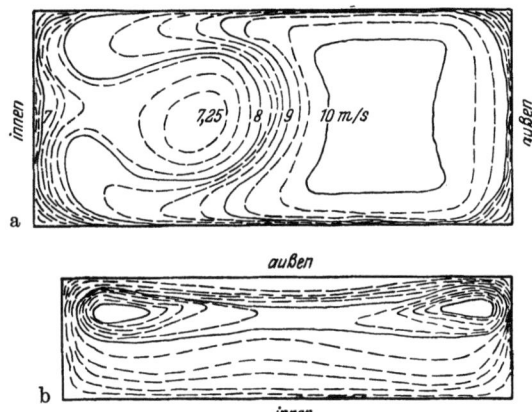

Bild 128a u. b. Geschwindigkeitsverteilung in Hochkantkrümmern (Bild 128a, sanfte Krümmung, $R/r = 7$) und Flachkantkrümmern (Bild 128b, sehr scharfe Krümmung, Knie) nach NIPPERT (gemessen an Krümmerende)

keitsverteilung an einer bestimmten Stelle des Krümmers bei wechselnder Reynolds-Zahl im wesentlichen unverändert.

Die Querbewegung wird *nach* den Krümmern im geraden Ablaufrohr allmählich wieder aufgehoben (siehe Bild 129). Nach früherem (siehe S. 102ff.) ist die nötige Rückbildungsstrecke von Krümmerströmung zu *laminarer* Strömung im geraden Rohr sehr groß. Bei *Turbulenz* sind etwa 50 Rohrdurchmesser anzusetzen, siehe S. 139 und S. 209. Zur Profilrückbildung bemerkt NIPPERT[1]:

---

[1] NIPPERT, H.: Zit. S. 194.

198   II. Theoretische Überlegungen und Versuchserfahrungen

„Die Unterschiede in den Geschwindigkeiten sind unmittelbar hinter der Krümmung am größten, im weiteren Verlauf der Strömung werden sie langsam durch Geschwindigkeitsaustausch verringert. Das Gebiet der kleinsten Geschwindigkeit, das hinter der Krümmung unmittelbar an der Innenwand liegt, wird von den

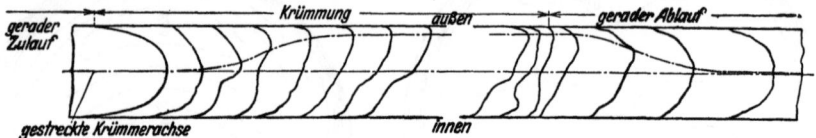

Bild 129. Änderung des Geschwindigkeitsprofils mit der Achslänge in Krümmern nach SAPH und SCHODER[1]

Ausläufern des Geschwindigkeitsmaximums, unterstützt durch die Drallwirkung des Doppelquerwirbels, eingewickelt und in das Innere hineingedrängt. Hierdurch wird wiederum der Geschwindigkeitsaustausch beschleunigt und die Annäherung an das Geschwindigkeitsprofil für das gerade Rohr herbeigeführt." Auch *vor* einem Krümmer setzt schon allmählich eine Umbildung der Strömung in die spätere Krümmerströmung ein. Bei turbulenter Strömung macht sich das, je nach Schärfe der Krümmung und Größe der Reynolds-Zahl, allerdings nur etwa bei 1 bis 2 Rohrdurchmesser vor Krümmerbeginn bemerkbar.

15.1.2 Druckabfall in gekrümmten Rohren

1. *Turbulente Strömung in Krümmern.* Neben dem geraden Rohr ist das (kreisförmig) gekrümmte das wichtigste Leitungselement. Es ist üblich, anstatt mit der Widerstandszahl λ mit dem Widerstandsbeiwert ζ zu rechnen. Dabei unterscheidet man rein formal zwischen *Gesamt-* und *Umlenkverlust*[2]. Mißt man den Druckverlust einmal im gekrümmten Rohr mit genügend langen geraden Zu- und Ablaufstrecken (ΔP_{ges}), und einmal in einem gleichartigen geraden Rohr mit derselben Achslänge (ΔP_w), so entfällt der Unterschied $\Delta P_{ges} - \Delta P_w$ auf den Verlust durch Umlenkung im Krümmer (ΔP_u), siehe hierzu Bild 130. Es werden also folgende Gleichungen angesetzt:

$$\left. \begin{array}{l} \text{Wandungsverlust} \quad \Delta P_w = \varrho\, \zeta_w\, \dfrac{w^2}{2}, \\[4pt] \text{Umlenkverlust} \quad \Delta P_u = \varrho\, \zeta_u\, \dfrac{w^2}{2} = \varrho\,(\zeta_{ges} - \zeta_w)\, \dfrac{w^2}{2}. \\[4pt] \text{Gesamtverlust} \quad \Delta P_{ges} = \varrho\, \zeta_{ges}\, \dfrac{w^2}{2g} = \varrho\,(\zeta_w + \zeta_u)\, \dfrac{w^2}{2}. \end{array} \right\} \quad (292)$$

Die Größe des Umlenkverlustes hängt ab von der Strahlablösung und der Querströmung, siehe Bild 135. Genau genommen setzt sich der Wandungsverlust im Krümmer nicht nur aus der Wandreibung des geraden gleichlangen Rohres vom selben Baustoff, sondern noch aus der Änderung der Wandreibung infolge

---

[1] SAPH, A. V., u. E. W. SCHODER: Zit. S. 147. Trans. Amer. Soc. civ. Engr. 47 (1902) 295.

[2] FRITZSCHE, O., u. H. RICHTER: Beitrag zur Kenntnis des Strömungswiderstandes gekrümmter rauher Rohrleitungen. Mollier-H. Forschg. Ing.-Wes., Berlin November 1933.

15. Richtungsänderungen

Änderung der Wandinnenbeschaffenheit bei Herstellung des Krümmers zusammen z. B. Oberflächenänderung beim Biegen[1].

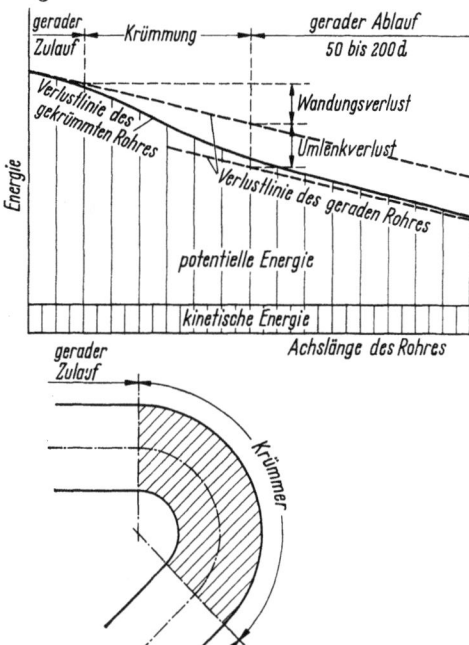

Bild 130. Schematische Darstellung der Energieumwandlungen bei der Strömung durch einen Krümmer (ohne Rücksicht auf die Wirkung in den anschließenden geraden Rohrstrecken)

Die Widerstandsbeiwerte ζ_u und ζ_{ges} richten sich nach der Reynolds-Zahl Re, nach dem Krümmungsverhältnis R/r, nach dem Ablenkungswinkel δ und nach der Rohrrauhigkeit, siehe Bild 121 (Rohrdurchmesser $d = 2r$).

Bild 131 zeigt den Zusammenhang der Umlenkwerte ζ_u mit dem Krümmungsverhältnis R/r nach älteren Versuchen[2]. Dort wurden ver-

---

[1] RICHTER, H.: Zit. S. 194. VDI-Forsch.-Heft Nr. 338. — Siehe auch PADMA-RAJAIAK, T. P.: Strömungswiderstand in gekrümmten Rohrleitungen. Sonderheft des Inst. f. Wasserbau u. Wasserwirtschaft der Technischen Universität Berlin 1961.

[2] WEISBACH, J.: Experimentalhydraulik Freiberg 1855, 154. — G. S. WILLIAMS, C. W. HUBBELL u. G. H. FENKELL: Zit. S. 147. — A. V. SAPH u. E. H. SCHODER: An experimental study of the resistance to the flow of water in pipes. Trans. Amer. Soc. civ. Engr. 51 (1903) 253. — E. SCHODER: Curve resistance in water pipes. Trans. Amer. Soc. civ. Engr. 62 (1909) 67. — J. D. DAVIS: On some experiments on curve resistance in water pipes. Trans. Amer. Soc. civ. Engr. 62 (1909) 97. — A. W. BRIGHTMORE: Loss of pressure in water flowing through straight and curved pipes. Minut. Proc. Instn. civ. Engr. 169 (1906/07) 315. — C. W. L. ALEXANDER: The resistance offered to the flow of water in pipes by bends and elbows. Minut. Proc. Instn. civ. Engr. 159 (1905) 341. — A. BALCH: Investigation of hydraulic curve resistance. Bull. Univ. Wisconsin Nr. 578. Madison 1913.

schieden rauhe Rohre aus Messing, Gußeisen, Stahl und Holz mit 10 bis 762 mm ⌀ und $R/r = 1$ bis 40 untersucht. Es strömte Wasser ($w = 0{,}01$ bis 15,2 m/s) und Luft ($w = 10$ bis 181 m/s)[1]. Der Ablenkungswinkel betrug $\delta = 90°$ (außer bei SAPH und SCHODER, $\delta = 180°$).

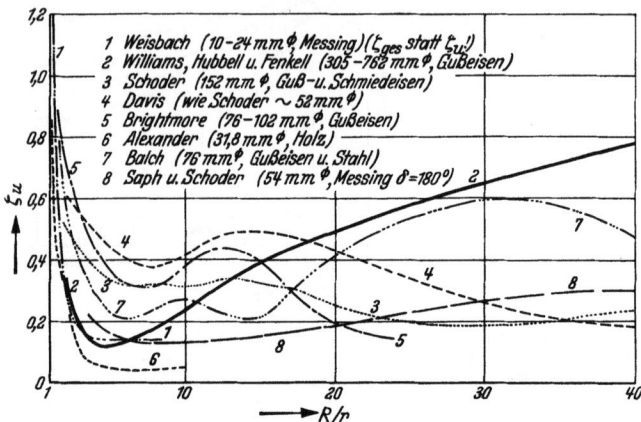

Bild 131. Zusammenhang zwischen ζ_u und R/r nach verschiedenen Forschern bei rechtwinkligen Krümmern ($\delta = 180°$ bei Kurve 8)

Nach WEISBACHS Versuchsniederschrift konnte nur der Wert ζ_{ges} aufgetragen werden, der aber praktisch unter $R/r = 5$ mit ζ_u zusammenfällt. Die Darstellung beginnt mit $R/r = 1$: Die schärfste Krümmung, die man noch als Krümmer bezeichnen kann, hat das Verhältnis $R/r = 1$, siehe Bild 132; ein Rohrstück nach Bild 155c mit $R/r = 0$ wird Knie genannt.

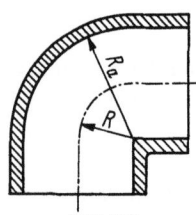

Bild 132.
Schärfster Krümmer mit $R/r = 1$, mit Innenradius $R_i = 0$ und Außenradius $R_a = d$

Die in Bild 131 zusammengestellten Versuchsergebnisse weichen erheblich voneinander ab, wofür man folgende Gründe anführen kann: Unterschiedliche REYNOLDS-Zahl und Wandbeschaffenheit, Einflüsse der An- und Ablaufstrecken, Abweichungen im Kreisbogen. Ferner ist auf die Schwierigkeiten der Messung hinzuweisen. Es ist ΔP_{ges} zu messen und ΔP_w entweder durch Messung vor dem Biegen zu bestimmen oder zu berechnen. Fehler bei der Ermittlung von ΔP_{ges} oder ΔP_w fälschen die meist verhältnismäßig kleine Druckdifferenz durch die Umlenkung $\Delta P_u = \Delta P_{\text{ges}} - \Delta P_w$. Um den An- und Ablaufeffekt zu erfassen, müssen ΔP_{ges} und ΔP_w genügend weit vor und hinter dem Bogen abgenommen werden. Je länger die Meßstrecke wird, um so größer werden ΔP_{ges} und ΔP_w, aber anteilig um so kleiner (und ungenauer) wird $\Delta P_u = \Delta P_{\text{ges}} - \Delta P_w$. Für die Rückbildungsstrecke nach der Krümmung müssen bei rauhen Rohren mindestens $50d$, bei glatten bis etwa $200d$ angesetzt werden.

---

[1] Den in Bild 131 wiedergegebenen Versuchskurven liegen Mittelwerte der Messungen zugrunde.

15. Richtungsänderungen

Im wesentlichen steigen in Bild 131 die ermittelten ζ_u-Werte nach Erreichen eines Kleinstwertes bei $R/r = 4$ bis 8 wieder an und nähern sich schließlich — manchmal nach mehrmaligem Auf- und Abschwanken — dem Wert Null[1]. (Für $R/r \to \infty$, gerades Rohr, muß $\zeta_u \to 0$ gehen.) Es bietet also z. B. die sanftere Krümmung mit $R/r = 20$ einen größeren Umlenkwiderstand als die schärfere mit $R/r = 5$. Dazu ist allerdings zu bemerken, daß der geringste Druckabfall in Krümmern

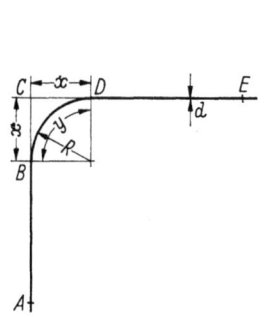

Bild 133. Längenbezeichnungen beim Krümmer   Bild 134. Widerstandsbeiwert ζ_u über Krümmungsverhältnis R/r für rechtwinklige Krümmer

nicht genau bei dem Verhältnis R/r auftritt, wo der Widerstandsbeiwert ζ_u einen Kleinstwert annimmt. Nach Bild 133 erhält man z. B. den Gesamtverlust in einem rechtwinkligen Krümmer zwischen den Stellen A und E aus

$$\frac{\Delta P_{ges}}{\varrho} = \left[\frac{\lambda_R}{d}\left(AC + CE - 2R + \frac{\pi}{2}R\right) + \zeta_u\right]\frac{w^2}{2}.$$

Mit Rücksicht auf Bild 134 gilt für den mindesten Druckverlust zwischen A und E

$$\frac{d(\Delta P_{ges}/\varrho)}{d(R/r)} = 0$$

oder

$$\frac{d(\zeta_u)}{d(R/r)} = \lambda_R\left(1 - \frac{\pi}{4}\right).$$

Damit ist das günstigste Krümmungsverhältnis nicht 5, sondern etwa 8.

NIPPERT[2] untersuchte die Strömungsvorgänge in Flußstahlkrümmern (R/r bis 7, $\delta = 90°$ und $180°$) mit Rechteck- und Kreisquerschnitt. Dabei wurde auch

---

[1] Nach neueren Messungen unter Beachtung aller Einflüsse bildet sich nur ein flaches Minimum bei etwa $R/r = 12$ bis 14 aus, siehe S. 205.
[2] NIPPERT, H.: Zit. S. 194. Bestwert $R_i/d = 7$ bis 8. Bei $R_i/d < 3$ überwiegen Ablösungsverluste, bei $R_i/d > 3$ Reibungsverluste und Verluste durch Querströmung. B. ECK: Zit. S. 160, dort S. 213.

202 II. Theoretische Überlegungen und Versuchserfahrungen

der Einfluß der Querschnittsänderung beobachtet (siehe die Bilder 126a bis c), um möglichst günstige Krümmerformen zu entwickeln. Es zeigte sich ganz allgemein, daß die Strömungsverluste herabgesetzt werden können, wenn man einen großen Krümmungsradius R_i vorsieht[1] und die Rohrweite im Krümmerscheitel vergrößert (Bild 126b). Ferner soll Breite zu Höhe im Rechteckquerschnitt etwa 1 zu 2 sein (Bild 122). — WEISBACH schlug ein anderes Mittel zur Verminderung des Strömungswiderstandes in Krümmern vor: Einbau dünner Scheidewände als Leitschaufeln (Einschränkung der Doppelquerströmung). Diese Anregung wurde später vielfach beachtet[2].

Der Ablösungs- oder Formwiderstand hängt von der Größe der Fliehkraft oder der Drucksteigerung (Pfeilbogen Bild 126) ab. Die Querströmung, die nur einen geringen Anteil am Gesamtverlust ausmacht (1 bis 2, höchstens bis 10 vH[3]), richtet sich nach der Form des Zuströmprofils. Sie ist um so heftiger, je größer $w/w_{l\,max}$ und der Absolutbetrag der Geschwindigkeiten ist. Es gelang NIPPERT, die einzelnen Verluste angenähert in ihrer verhältnismäßigen Zusammensetzung zu erfassen. In Bild 135 wurde der Widerstandsbeiwert für den Gesamtverlust (ζ_{ges}) für verschiedene Krümmungsverhältnisse R/r gleich 100 vH gesetzt und der anteilige Wandungsverlust (ζ_w), Umlenkverlust (ζ_u), Ablösungsverlust (ζ_{Abl}) und Querströmungsverlust (ζ_{Qu}) aufgetragen. ζ_{Qu} ist sehr klein und bei unveränderlicher Strömungsgeschwindigkeit

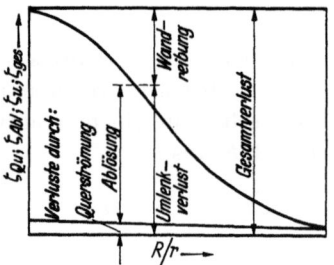

Bild 135. Anteil von Wandungs-, Umlenk-, Ablösungs- und Querströmungsverlust am Gesamtverlust in Krümmern nach NIPPERT

nahezu unabhängig von R/r. ζ_w für den Wandungsverlust beim Knie (dargestellt mit $R/r = 0$) ist $= 0$, während bei großem R/r der Ablösungsverlust allmählich verschwindet.

Die neueren Strömungsversuche an gekrümmten Rohren nehmen sorgfältig Rücksicht auf die Wandeinflüsse und die Effekte in den An- und Ablaufstrecken bei verschiedenen Reynolds-Zahlen.

HOFMANN[4] untersuchte mehrere rechtwinklige sehr glatte *Bronzekrümmer* von $D = 43$ mm l. W., die zwischen glatte, gerade Messing-

---

[1] Siehe Fußnote 2, S. 201.
[2] Siehe z. B. Escher Wyss. Mitt. 4 (1931) 84; Z. VDI 72 (1928) 1867. Siehe auch S. 194 und BIOLLEY: Zit. S. 308.
[3] LELL, J.: Zit. S. 194.
[4] HOFMANN, A.: Der Verlust in 90°-Rohrkrümmern mit gleichbleibendem Kreisquerschnitt. Mitt. Hydraul. Inst. T. H. München (1929) Heft 3, 45.

rohre eingebaut waren (Ablaufstrecke 50 d). Später gab er diesen Rohren mit einem Anstrich aus Ölfarbe und *Sand* eine große Rauhigkeit. Die Ergebnisse zeigt Bild 136. Der Druckabfall in technisch rauhen Rohren

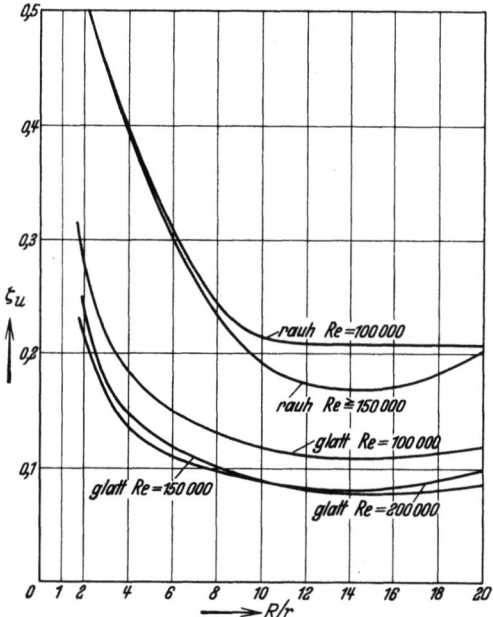

Bild 136. Widerstandsbeiwert ζ_u in sehr glatten und sehr rauhen rechtwinkligen Krümmern in Abhängigkeit vom Krümmungsverhältnis und von der Reynolds-Zahl nach HOFMANN

muß zwischen dem in sehr glatten und sehr rauhen Rohren gemessenen liegen. ζ_u rauh im Krümmer war etwa doppelt so groß wie ζ_u glatt, während in den geraden Anschlußstrecken der Anteil von ζ_u rauh nur etwa das 1,5fache von ζ_u glatt war. Das Minimum von ζ_u lag erst bei $R/r = 12$ bis 16, etwa wie bei Kurve *8* in Bild 131. Bei $Re > 1,5 \cdot 10^5$ scheint der Widerstandsbeiwert ζ_u nicht mehr von Re abzuhängen (vollständig rauhe Strömung).

ZIMMERMANN[1] berichtete über *Stahlkrümmer* mit $D \approx 50$, 100 und 250 mm l. W., siehe Bild 137. Die An- und Ablaufstrecken waren so lang[2], daß der Umlenkverlust „praktisch" vollständig erfaßt wurde.

---

[1] ZIMMERMANN, E.: Der Druckabfall in 90°-Stahlrohrbogen. Arch. f. Wärmew. Bd. 19 (1938) 265, siehe auch D. HAASE: Untersuchungen über Strömungen in 90°-Knien. Z. VDI 97 (1955) 1209/10.

[2] Bei NW 50 war die Ablaufstrecke 19,5 bis 43 d, bei NW 250 war sie 50 d. Bei NW 100 war sie mit 13 bis 28 d zu kurz, siehe S. 209. Mit zunehmender NW verringert sich die Widerstandsziffer ζ_u etwas entsprechend der geringeren relativen Rauhigkeit.

In Bild 138 wurden die Meßergebnisse von HOFMANN und ZIMMERMANN nebeneinandergestellt, womit sich die Einflüsse von Re und ε^1 abschätzen lassen. Es ist naturgemäß schwieriger, die Strömungsverhältnisse in gekrümmten Rohren zu untersuchen, weil neben Re

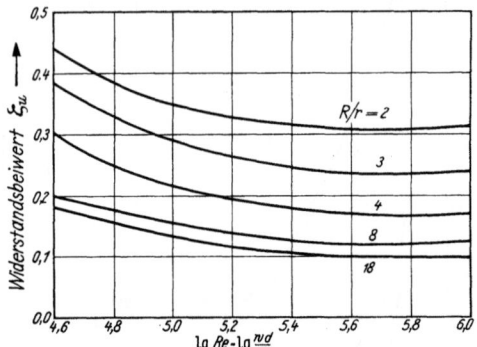

Bild 137. Widerstandsbeiwert ζ_u von handelsüblichen rechtwinkligen Stahlrohrbögen NW 50 in Abhängigkeit vom Krümmungsverhältnis R/r und von der Reynolds-Zahl nach ZIMMERMANN, gemessen an Dampfleitungen. NW 50 ist rund $D = 50$ mm

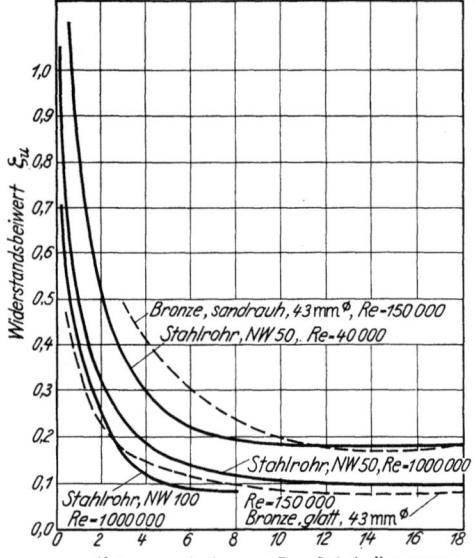

Bild 138. Widerstandsbeiwert ζ_u von rechtwinkligen Krümmern, abhängig vom Krümmungsverhältnis. Bronzerohr nach HOFMANN, Stahlrohr nach ZIMMERMANN

und ε auch noch das Krümmungsverhältnis R/r und der Ablenkungswinkel δ Einfluß nehmen. Bei etwa gleicher Reynolds-Zahl Re ergibt sich der in Bild 139 dargestellte Zusammenhang. Während sich bei den

---

[1] Siehe S. 149.

15. Richtungsänderungen

Bronzekrümmern ein Minimum zwischen $R/r = 12$ und 16 andeutet, ist bei Stahlkrümmern kaum ein Wiederanstieg der Kurve zu erkennen.

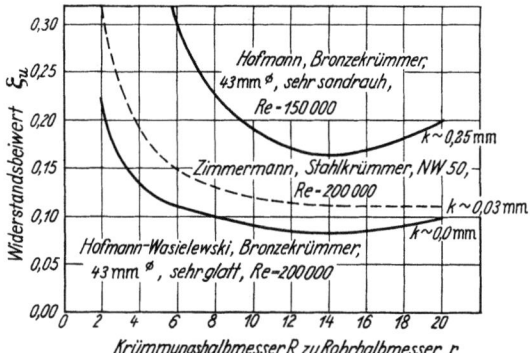

Bild 139. Widerstandsbeiwert ζ_u von verschieden rauhen Krümmern bei nahezu gleicher Reynolds-Zahl ($\delta = 90°$)

Die Beiwerte ζ_u für den stahlrauhen Krümmer NW 50 liegen zwischen den Beiwerten für die sehr rauhen und sehr glatten Bronzekrümmer mit 43 mm lichtem Durchmesser.

Über die Abhängigkeit der ζ_u-Werte vom *Ablenkungswinkel* δ berichtete BOUCHAYER[1], der die Versuchsergebnisse von DU BUAT[2]

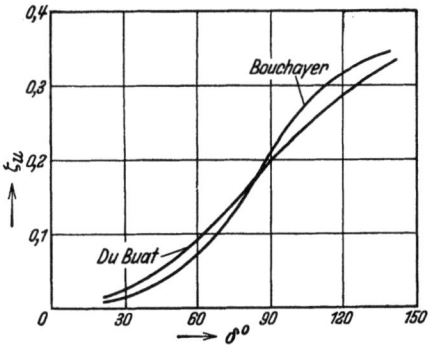

Bild 140. Zusammenhang zwischen Widerstandsbeiwert ζ_u und Ablenkungswinkel δ nach DU BUAT und BOUCHAYER (nach NIPPERT). ($R/r = 4$ bis 8)

nachprüfte und mit Bild 140 wiedergab. Dabei war $R/r = 4$ bis 8. Zu grundsätzlich gleichen, im einzelnen jedoch abweichenden Ergebnissen

---

[1] BOUCHAYER, A.: Les pertes des charges dans les conduites coudes et embranchements. Engineering 120 (1921) 241.
[2] DU BUAT, L. G.: Principes d'Hydraulique. Paris 1786.

kam WASIELEWSKI[1] mit Bronzekrümmern, siehe Bild 141. Danach scheint die Funktion $\zeta_u = f(\delta, R/r)$ recht verwickelt zu sein.

Rechnet man die Versuchsergebnisse von HOFMANN und WASIELEWSKI für glatte Bronzekrümmer auf $Re \approx 2 \cdot 10^5$ um, unter Verwendung

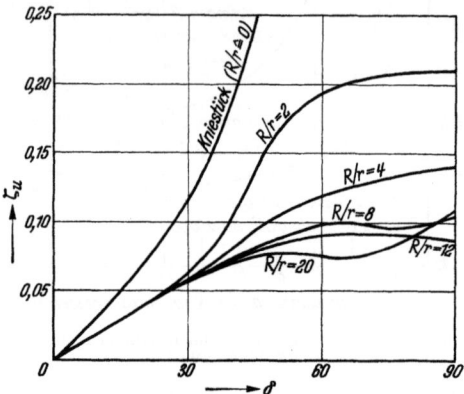

Bild 141. Zusammenhang zwischen Widerstandsbeiwert ζ_u und Ablenkungswinkel δ bei verschiedenen Krümmungsverhältnissen R/r nach WASIELEWSKI. Glatte Bronzekrümmer, $Re \approx 2 \cdot 10^5$, Ablaufstrecke $47\,d$

der Werte für 180°-Messingkrümmer nach SAPH und SCHODER (Kurve 8 in Bild 131), so gelangt man zu Bild 142. Es zeigt sich, daß der Umlenkverlust bei mittleren Werten von $R/r = 4$ bis 8, auch 12, von $\delta = 90°$ bis 180° (fast) nicht mehr zunimmt. Bei kleineren oder größeren Krümmungsverhältnissen R/r steigt ζ_u bis auf 180° noch an.

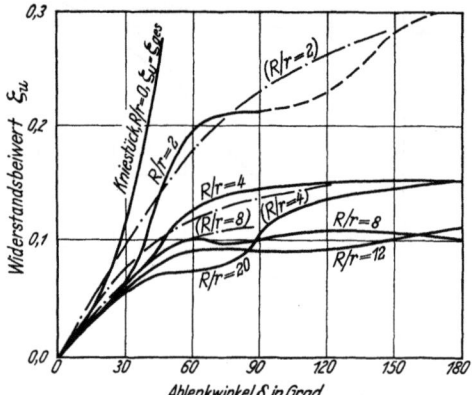

Bild 142. Widerstandsbeiwert ζ_u für glatte Bronze- und Messingkrümmer $Re \approx 2 \cdot 10^5$ abhängig vom Ablenkungswinkel nach HOFMANN, WASIELEWSKI, SAPH und SCHODER. (Strichpunktiert Mittelkurven) Nach ITO, siehe S. 214, geht ζ_u bei $\delta = 360°$ auf 0,32 bei $R/r = 20$ und auf etwa 0,26 bei $R/r = 12$

---

[1] WASIELEWSKI, R.: Verluste in glatten Rohrkrümmern mit kreisrundem Querschnitt bei weniger als 90° Ablenkung. Mitt. Hydraul. Inst. T. H. München 1932, Heft 5.

15. Richtungsänderungen

Tatsächlich ist der *Umlenkverlust* davon abhängig, inwieweit die *Krümmerströmung* ausgebildet ist. Wenn sich die Krümmerströmung voll ausgebildet hat, wird der Umlenkverlust, das ist nach der Definition der Unterschied zwischen dem Gesamtverlust im Anlaufrohr, Krümmer und Ablaufrohr und dem Verlust im gleich langen geraden Rohr, nur noch zum Teil des erhöhten Wandungsverlustes durch Querströmung vom Ablenkungswinkel δ abhängig sein, d. h. zunehmen. Dieser Anteil ist bei turbulenter Strömung offensichtlich klein. Damit findet man eine Erklärung für die unerwartete Beobachtung, daß ζ_u bei $R/r = 4$ bis 12 für 90°- und 180°-Krümmer (nahezu) gleich groß ist. Das gilt nicht für Krümmer mit $R/r < 4$ mit erheblicher Strahlablösung. ZIMMERMANN[1] stellte Messungen an verschiedenartigen Formstücken aus zwei 90°-Bogen an, wie in S-Bogen, Raumkrümmern und U-Bogen, wobei er bei $R/r = 8$ und NW 50 für ζ_u kaum mehr als für einen einzelnen 90°-Bogen aus Stahlrohr fand. Er gab mehrere Diagramme an, die die schwierigen Verhältnisse bei der Strömung durch Mehrfachkrümmungen aufzeigen, siehe S. 306. Befinden sich bei solchen Formstücken zwischen den einzelnen Krümmungen gerade Rohrstrecken, so wird der Umlenkwiderstand immer größer, je länger diese geraden Zwischenrohre werden. Bei Zwischenlängen von mehr als etwa $20d$ beeinflussen sich die einzelnen Krümmungen fast nicht mehr. Diese Erscheinung wird noch erklärt werden, siehe S. 211.

RAUSS[2] hat den Einfluß der geraden Zwischenrohre bei U- und S-Bogen sowie Raumkrümmern mit 8″ Lichtweite (rd. 200 mm) gemessen. Wenn ζ_u der Umlenkverlust eines 90°-Krümmers ist und $(\zeta_u)_F$ der gemessene Umlenkverlust des gesamten, aus zwei 90°-Krümmern mit gerader Zwischenstrecke bestehenden Rohrformstückes, so ist η in

$$(\zeta_u)_F = \eta(2\zeta_u)$$

ein Maß für die Verminderung des Umlenkverlustes, siehe hierzu Bild 143. Danach hat ein 180°-Krümmer den 1,2fachen Umlenkverlust eines 90°-Krümmers.

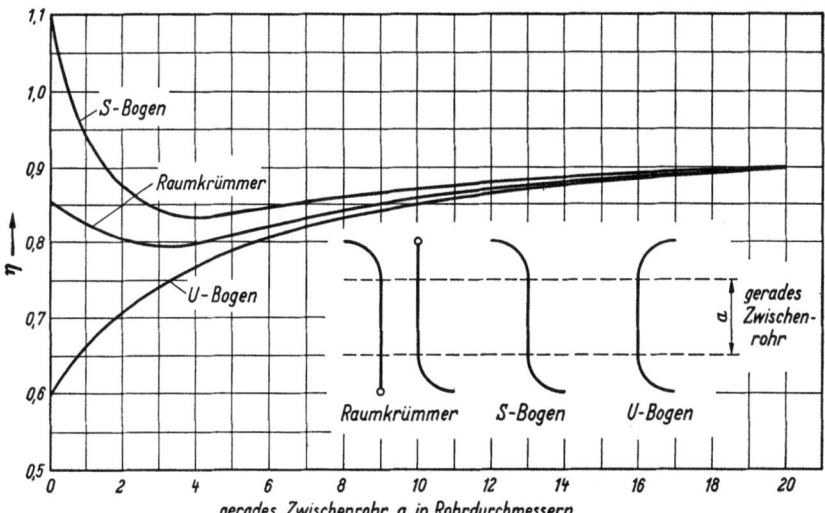

Bild 143. Verminderung des Umlenkverlustes in verschiedenen Rohrformstücken bei zwischengeschalteten geraden Rohren nach RAUSS

---

[1] ZIMMERMANN, E.: Siehe Fußnote 1, S. 203, dort S. 267/9.
[2] RAUSS, J.: Contribution à l'étude de la perte de charge des coudes. Chaleur et Industrie 40 (1959) 287.

Der Umlenkverlust hängt mit einiger Annäherung in etwa derselben Weise von der Reynolds-Zahl ab wie der Gesamtverlust und der Wandungsverlust. Man kann deshalb beim praktischen Rechnen für Krümmer und Formstücke eine *äquivalente gerade Rohrstrecke* einsetzen, siehe S. 300ff., die denselben Strömungswiderstand bietet. In Bild 144 sind Umlenkverlust und Wandungsverlust eines glatten 90°-Krümmers addiert zum Gesamtverlust dargestellt. Das Minimum von ζ_{ges} liegt bei kleineren Werten von R/r (etwa 5) als das des Umlenkverlustes (etwa 12).

Mit

$$\zeta_w = \lambda_R \frac{l}{d} = \lambda_R \frac{2\pi R}{4 \cdot 2r} = \lambda_R \frac{\pi}{4} \frac{R}{r}$$

ergibt sich

$$\frac{\Delta P_{ges}}{\varrho} = (\zeta_w + \zeta_u)\frac{w^2}{2}$$

$$= \left[\lambda_R \frac{\pi}{4} \frac{R}{r} + \zeta_u\right] \frac{w^2}{2}.$$

Beim geringsten Gesamtverlust ist

$$\frac{d(\Delta P_{ges}/\varrho)}{d(R/r)} = 0$$

und

$$\frac{d(\zeta_u)}{d(R/r)} = -\lambda_R \frac{\pi}{4} = \tan\alpha.$$

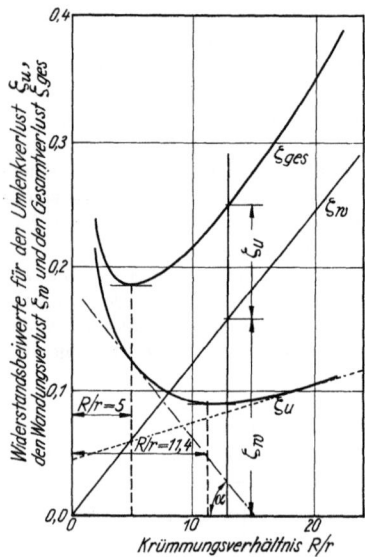

Bild 144. Addition von Umlenkverlust und Wandungsverlust ergibt Gesamtverlust. Bronzekrümmer $\delta = 90°$, $Re = 2 \cdot 10^5$

λ_R ist für glatte Bronzerohre $= 0,0155$ bei $Re = 2 \cdot 10^5$. Damit folgt $\tan\alpha = -0,0122$, wie in Bild 144 strichpunktiert eingetragen ist.

In der Praxis wird die Aufgabe aber entsprechend Bild 133 gestellt: Es ist eine Rohrleitung von A nach E zu verlegen, und es wird gefragt (sofern die Räumlichkeit das zuläßt), welches Krümmungsverhältnis R/r den geringsten Gesamtwiderstand von A bis E gibt. Der Kleinstwert liegt dort, wo

$$\frac{d(\zeta_u)}{d(R/r)} = \lambda_R\left(1 - \frac{\pi}{4}\right) = 0,0155 \cdot 0,215 = 0,00333$$

ist. Die Kurve $\zeta_u = f(R/r)$ in Bild 144 hat diese Neigung erst bei $R/r > 20$ (punktiert gezeichnete Tangente). Es heißt dies: Da man praktisch kaum Rohrbögen mit $R/r > 10$ oder $R > 5d$ anwendet (von Ausnahmefällen abgesehen sicher nicht über $R/r = 20$ oder $R = 10d$), ist der Gesamtwiderstand um so kleiner, je schlanker der Bogen gewählt wird.

STACH[1] befaßte sich mit Krümmern etwa nach NIPPERTS Anweisungen, wie mit den Bildern 145a bis c angedeutet, für folgende Fälle:
a normal $R/r = 6$; *b* mit geringer und *c* mit starker kreisförmiger Ausbauchung in der Mitte; *d* mit elliptischer Ausbauchung mit der großen Achse in Richtung

---

[1] STACH, E.: Druckverlust in Formstücken für Preßluftleitungen. Glückauf 67 (1931) 1400. Druckverlust in Formstücken und Absperrungen. Arch. f. Wärmew. 13 (1932) 259.

15. Richtungsänderungen

des Krümmungsradius; e längliche Ausbauchung; f sanftere Krümmung als a und schließlich g wie f mit Ausbauchung in der Krümmermitte. Die Versuche mit Preßluft von 3 bis 5 at Überdruck ergaben folgende Widerstandsbeiwerte:

Form	a	b	c	d	e	f	g
ζ_{ges}	0,28	0,30	0,25	0,28	0,32	0,37	0,32

Form c mit $R/r = 6$ und stärkerer kreisförmiger Ausbauchung in der Rohrmitte erschien hydraulisch am günstigsten.

Bei allen Druckverlustmessungen an gekrümmten Rohren ist darauf zu achten, daß eine ausreichende Ablaufstrecke enthalten ist. Hier ist auf die Arbeiten von GREGORIG[1] hinzuweisen, der den Widerstandsbeiwert ζ_u für rechtwinklige Stahlrohrkrümmer ($R/r = 4{,}5$ bis $22{,}4$) von 94 mm lichter Weite bei verschiedener Ablauflänge (5 bis $50\,d$) ermittelte, siehe Bild 146. Aus Bild 147 ist zu erkennen,

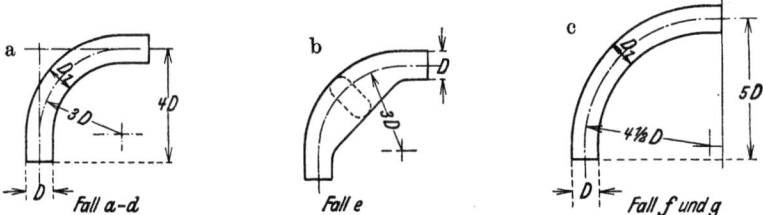

Bild 145a—c. Von STACH untersuchte Krümmer

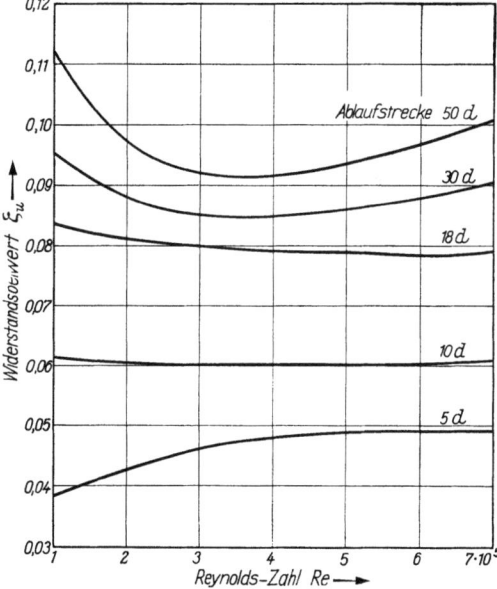

Bild 146. Widerstandsbeiwert ζ_u von 90°-Krümmern aus Stahlrohr mit 94 mm Lichtweite nach GREGORIG. Krümmungsverhältnis $R/r = 8{,}96$. Veränderlich Ablaufstrecke und Reynolds-Zahl

---

[1] GREGORIG, R.: Diss. T. H. Zürich, Laibach 1933. — Siehe auch JUNG, R.: Die Strömungsverluste in 90°-Umlenkungen beim pneumatischen Staubtransport. Z. Brennst.-Wärme-Kraft 19 (1967) 430/435. Messungen an 90°-Krümmern (Stahlrohr $D = 150$ mm, $R/r = 2{,}88$; $6{,}66$; 10, $Re = (2{,}4$ bis $4{,}7) \cdot 10^5$, Luft, Anlaufstrecke rd. $24\,d$, Ablaufstrecke rd. $49\,d$, $\zeta_u = 0{,}17$; $0{,}15$; $0{,}13$, im Meßbereich unabhängig von Re).

welche gerade Ablaufstrecke zur Rückbildung der Strömung nach rechtwinkligen Stahlrohrkrümmern erforderlich ist. Auch nach einer Strecke von $50d$ ist der Widerstandsbeiwert ζ_u noch im Ansteigen begriffen. Bild 148 zeigt $\zeta_u = f(R/r, Re)$

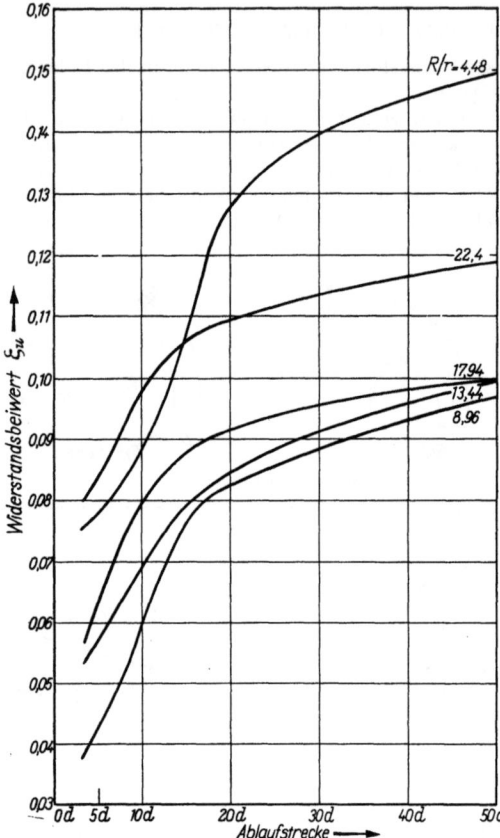

Bild 147. Widerstandsbeiwert ζ_u von 90°-Krümmern aus Stahlrohr mit 94 mm Lichtweite nach GREGORIG bei $Re = 2 \cdot 10^5$ in Abhängigkeit von der Länge der Ablaufstrecke, gemessen in lichten Rohrdurchmessern d. ζ_u nimmt auch über $50d$ hinaus noch zu

bei $50d$ Ablaufstrecke. Während bei glatten Krümmern ζ_u einen Kleinstwert bei etwa $R/r = 14$ annimmt, findet man für stahlraue Krümmer etwa $R/r = 8$. Vgl. im Prinzip Bild 139 und 148!

Die rechnerische Erfassung des Widerstandsgesetzes für Krümmer ist recht schwierig. LORENZ[1] führte Näherungsrechnungen durch, unter Ansatz des 2. Keplerschen Gesetzes, das für reibungslose Flüssigkeiten genau gelten würde[2]. Er fand

$$\zeta_u = \left(\frac{r}{R} + \frac{\pi \varepsilon}{2} \frac{R}{r}\right) \frac{\delta^0}{90}, \tag{293}$$

---

[1] LORENZ, H.: Die Energieverluste in Rohrerweiterungen und Krümmern. Z. ges. Kälteind. 36 (1929) 129; STODOLA-Festschrift S. 308. Zürich u. Leipzig 1929; Physik Z. 30 (1929) 228.

[2] Nach dem zweiten Keplerschen Gesetz ist das Produkt aus Krümmungsradius und Geschwindigkeitskomponente senkrecht zum Radius (Tangentialgeschwindigkeit) von unveränderlicher Größe.

wobei $\varepsilon = \dfrac{k}{r} \approx 0{,}01$ die relative Rauhigkeit bedeutet. Bei $\delta = 90°$ ist

bei $\dfrac{R}{r} = 1 \quad 2 \quad 4 \quad 6 \quad 8 \quad 10$

$\zeta_u = 1{,}0 \quad 0{,}53 \quad 0{,}31 \quad 0{,}26 \quad 0{,}25 \quad 0{,}26$

etwa den Kurven von BRIGHTMORE (5) und SCHODER (3) von Bild 131 entsprechend. Bei $\delta > 90°$ kann Gl. (293) nicht mehr zutreffen.

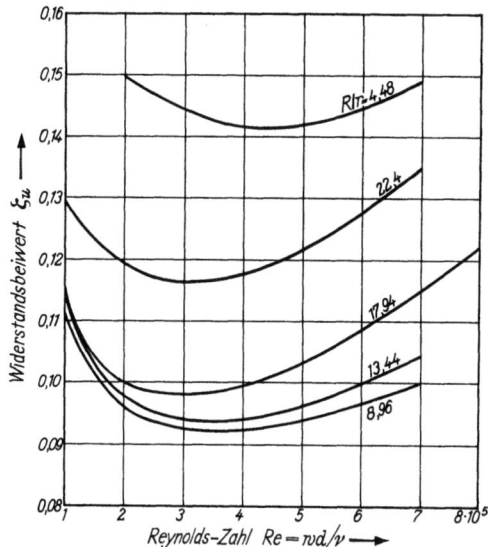

Bild 148. Widerstandsbeiwert ζ_u von 90°-Krümmern aus Stahlrohr mit 94 mm Lichtweite nach GREGORIG, Ablaufstrecke $50\,d$ lang, bei verschiedenen Krümmungsverhältnissen R/r und Reynolds-Zahlen $Re = wd/\nu$

2. Turbulente Strömung in Rohrschlangen. In Bild 149 ist der Umlenkverlust über der gestreckten Länge einer kreisförmig gekrümmten Rohrleitung aufgetragen. Die Krümmung beginnt bei a, bis dahin erstreckt sich gerades Rohr (Anlaufstrecke). Wenn sich die Krümmerströmung in a momentan ausbilden würde, wäre bis a im geraden Rohr $\zeta_u = 0$ und käme in a eine Unstetigkeit von a nach b zustande, indem ζ_u plötzlich auf ζ_2 anwächst. Die Umwandlung der voll ausgebildeten

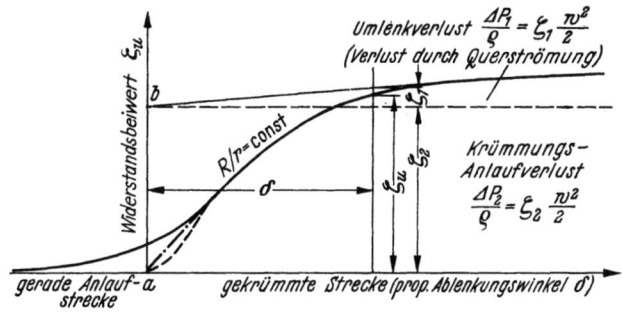

Bild 149. Krümmungsanlaufeffekt und Effekt durch die Querströmung, vgl. hierzu Bild 141

Strömung im geraden Rohr in die voll ausgebildete Krümmerströmung erfordert eine Energieumsetzung (Verlust an potentieller Energie)

$$\frac{\Delta P_2}{\varrho} = \zeta_2 \frac{w^2}{2},$$

die mit Krümmungsanlaufeffekt bezeichnet wird. Im weiteren Verlauf der Krümmung von b aus, macht sich nur noch der Mehrverlust durch Querströmung

$$\frac{\Delta P_1}{\varrho} = \zeta_1 \frac{w^2}{2}$$

gegenüber dem Verlust im gleich langen geraden Rohr bemerkbar (in dem auch der etwaige Mehrverlust durch geänderte Oberflächenbeschaffenheit beim Biegen steckt), der reiner Umlenkverlust genannt sei[1].

Tatsächlich beginnt sich die Krümmerströmung aber schon vor Anfang der Krümmung (vor a) auszubilden. Am Anfang der Krümmung (bei a) ist die Umwandlung der Strömung schon im Gange. Die Verlustlinie $R/r = $ const nähert sich erst allmählich der Geraden (der Tangente von b aus an die Verlustlinie), in die sie nach genügend langer Krümmung übergeht. Stellt man nun den Umlenkverlust in einzelnen Krümmern fest, beginnend mit $\delta = 1°, 2°, \ldots$, so findet man einen Kurvenanfang wie in Bild 149 gestrichelt, entsprechend Bild 140. Mißt man in größeren Sprüngen, $\delta = 30°, 60°, 90°, \ldots$, so ergibt sich der strichpunktierte (unstetige) Kurvenanfang, wie auch in Bild 141.

Wenn man nun den Zusammenhang zwischen dem Widerstandsbeiwert ζ_u und dem Ablenkungswinkel δ so weit kennt, daß man die Tangente an die Kurve $R/r = $ const zeichnen kann, so läßt sich der Strömungswiderstand in einer beliebig langen *Rohrschlange* berechnen. Die Rückwandlung der Strömung vollzieht sich in ähnlicher Weise zum Teil schon vor Krümmungsende, zum übrigen Teil im anschließenden geraden Rohr. Der Einfluß der Windungshöhe kann bei nicht allzu großer Steigung berücksichtigt werden, indem man $g\,\Delta h + \dfrac{\Delta P}{\varrho}$ für $\dfrac{\Delta P}{\varrho}$ setzt.

Für einen 90°-Krümmer ($\delta = 90°$) ergab sich zu Bild 149 $\zeta_1 = 0{,}33\zeta_u$ und $\zeta_2 = 0{,}78\zeta_u$, also $\zeta_1 + \zeta_2 = 1{,}11\zeta_u$. Die Krümmungsanlaufstrecke reichte weiter als bis zum Krümmungsende. Tatsächlich wurden für den Anlaufeffekt nur $100 - 33 = 67$ vH statt 78 vH verbraucht, denn die Umbildung der Strömung im geraden Rohr in die *reine Krümmerströmung* war noch nicht vollständig vollzogen. Erst von $\delta = 315°$ an hätte sich reine Krümmerströmung eingestellt.

Da der Anlaufeffekt ζ_2 und ein Auslaufeffekt ζ_3 bei kleinen Anlenkungswinkeln (etwa bis 180°) den größten Teil von ζ_u ausmachen, d. h. der reine Umlenkverlust ζ_1 durch *Querströmung* von untergeordneter Bedeutung ist, kann man verstehen, daß der Widerstandsbeiwert ζ_u von 180°-Bögen als U- oder Raumkrümmer geringer als in zwei einzelnen 90°-Bögen sein muß. Besteht ein *Rohrformstück* z. B. aus zwei 90°-Bögen und einem dazwischengeschalteten geraden Rohr von der Länge l, so sind zweimal Anlaufverlust ζ_2 und Auslaufverlust ζ_3 zu rechnen, wenn $l > 20d$ (genauer $50d$ nach Bild 147) ist. Je mehr $l < 20d$ ist, werden die Umwandlungsverluste immer weniger als $2\,(\zeta_2 + \zeta_3)$ ausmachen,

---

[1] Rohrschlangen sind gewöhnlich Gebilde mit großem Krümmungsverhältnis ($R/r = 20$ und mehr), wobei nur geringe oder keine Verluste durch Ablösung auftreten. Bei kleineren Krümmungsverhältnissen sind Ablösungsverluste im Umlenkverlust mit enthalten.

so daß das Rohrformstück einen geringeren Umlenkverlust ζ_w als zwei Einzelbögen hat. Wenn die beiden Rohrbögen nicht in einer Ebene liegen, also einen Raumkrümmer bilden, so geht die sich wie eine doppelte Flechte durch das Formstück schraubende Krümmerströmung ohne nennenswerten Mehrverlust von der einen Hauptbewegungsrichtung in die andere über.

DEHNE[1] hat die Strömungserscheinungen in Rohrschlangen mit einem Gummidruckschlauch untersucht. Er ermittelte zunächst an *kreisförmig gewendelten Rohrschlangen* mit $R/r = 15$ bis 40 den reinen Umlenkverlust ζ_1, der dem Ablenkungswinkel δ proportional ist, sowie den An- und Auslaufverlust $\zeta_2 + \zeta_3$, und zwar abhängig von der Steigung der Schlangen. Nach zeichnerischer Extrapolation auf die Steigung Null kam er zum reinen Umlenkverlust ζ_1 im waagerechten Kreisring. Bezeichnet man mit a das Verhältnis des Strömungswiderstandes im Kreisring zu dem im gleich langen geraden Rohr, so ist

$$a = \frac{\zeta_w + \zeta_1}{\zeta_w} = \frac{\zeta_{ges}}{\zeta_w} = \frac{\lambda_{ges}}{\lambda_R}.$$

Bei $Re > 8 \cdot 10^4$ kann für a gelten

$$a = 1 + \left(\frac{35{,}25}{R/r + 37{,}6}\right)^2, \tag{294a}$$

wobei $a \to 1$ bei $R/r \to \infty$ geht. Werte für diese Beziehung sind

$a =$ (1,69) (1,55) 1,45 1,38 1,27 1,21 (1,06) bei
$R/r =$ (5) (10) 15 20 30 40. (100)

Demnach hat ein Rohr mit $R/r = 20$ Krümmung 38 vH mehr Widerstand als gerades Rohr. Bis $Re = 10^4$ herunter nehmen die Werte a um durchschnittlich 3 vH ab (bei $R/r = 15$ um 4 vH, bei $R/r = 40$ um 2 vH).

Bei $R/r = 20$ und $Re = 4 \cdot 10^4$ zeigte sich für eine Schlange mit fast 7 Windungen bei 0,031 m Windungshöhe, daß $\zeta_1 = 0{,}52$ je Windung und daß $\zeta_2 + \zeta_3 = 0{,}45$ war. Solange nicht ergänzende Messungen vorliegen, kann man danach den gesamten An- und Auslaufverlust $\zeta_2 + \zeta_3$ etwa gleich dem reinen Umlenkverlust ζ_1 in einer halben ganzen Windung ansetzen.

Ferner ergab sich, daß der reine Umlenkverlust mit zunehmender Steigung kleiner wird, was ja auch zu erwarten ist, denn bei Steigung $\to \infty$ (gerades Rohr), geht $\zeta_1 \to 0$.

---

[1] DEHNE, W.: Untersuchungen über den Druckverlust bei wirbelnder Strömung in Rohrkrümmern, -wendeln und -schlangen. Bergakademie (Freiberg) 9 (1957) 255/260. Gummidruckschlauch, 12 m lang, $D = 19{,}5$ mm, nahezu glatt $k = 0{,}00162$ mm. Wasser $Re = 1{,}3 \cdot 10^4$ bis $4 \cdot 10^4$; Luft $Re = 7{,}5 \cdot 10^4$ bis $2{,}5 \cdot 10^5$. Kleinstes Krümmungsverhältnis $R/r = 15$. Klammerzahlen für a außerhalb Versuchsbereich.

Ito[1] hat den Strömungswiderstand in gezogenen Kupferrohren mit Ablenkungswinkel δ fast 360° (fast ein Ring) und vergleichsweise in geradem Kupferrohr gemessen. Seine Versuche bestätigen gut die Angaben von Dehne und ergeben den Zusammenhang zwischen dem Wert a von Gl. (294a) und der Reynolds-Zahl Re gemäß Zahlentafel 16, womit man den Druckabfall in gewendelten Rohrschlangen in weitem Bereich ermitteln kann.

Dehne stellte auch Messungen an *waagerechten, hin- und hergehenden Rohrschlangen* ohne zwischengeschaltete gerade Rohrstrecken an. Hier ergab sich a zu

$$a = 1 + \left(\frac{35{,}25}{R/r + 53{,}2}\right)^2 \qquad (294\,\mathrm{b})$$

Zahlentafel 16. $a = \zeta_{ges}/\zeta_w = \lambda_{ges}/\lambda_R$ nach Gl. (294a) abhängig von der Reynolds-Zahl Re

R/r	15	20	30	40	100	250	648
$Re = 10^4$	1,22	1,17	1,11	1,09	1,03	1,01	1,00
$2 \cdot 10^4$	1,28	1,23	1,18	1,15	1,07	1,03	1,01
10^5	1,35	1,30	1,24	1,20	1,11	1,06	1,03
$3 \cdot 10^5$	1,40	1,35	1,29	1,25	1,15	1,09	1,05
(10^6)	1,54	1,48	1,42	1,37	1,24	1,15	1,10

mit Werten

$a = (1{,}37) \quad (1{,}31) \quad 1{,}27 \quad 1{,}23 \quad 1{,}18 \quad 1{,}14 \quad (1{,}05)$ bei
$R/r = (5) \quad (10) \quad 15 \quad 20 \quad 30 \quad 40 \quad (100)$

Es mag überraschen, daß der Strömungswiderstand in hin- und hergehenden ebenen Schlangen [Gl. (294b)] geringer ist als in kreisringförmigen [Gl. (294a)]. Der Grund ist: In einer gleichsinnig gekrümmten Rohrschlange bildet sich die Querströmung voll aus. Bei einer abwechselnd in der einen und anderen Richtung gekrümmten ebenen Schlange hingegen bildet sich die Querströmung nach der einen oder anderen Richtung nur teilweise aus, siehe Bild 149. Im ersten Falle ist der Flüssigkeitsdruck auf der Außenseite der Krümmung erhöht, im zweiten Falle wechselt er, wobei der Überdruck im Wendepunkt Null wird. Man findet hier allerdings keine Begründung dafür, daß der Strömungswiderstand in einem S-Krümmer größer ist als in einem 180°-Krümmer, siehe Bild 143.

3. *Strömung in Krümmern bei kleinen Reynoldsschen Zahlen.* Über die Art der Geschwindigkeitsverteilung in Krümmern bei kleinen

---

[1] Ito, H.: Friction Factors for Turbulent Flow in Curved Pipes. Trans. ASME, Series D, J. of Basic Engg. 81 (1959) Nr. 2, 123/134. Siehe auch Z. Konstruktion 12 (1960) 90/91. — Wasser, $D = 16$ bis 35 mm, $R = 0{,}129$ bis 5,200 m, $R/r = 16{,}4$ bis 648, $Re = 1400$ bis $3 \cdot 10^5$.

15. Richtungsänderungen 215

Reynolds-Zahlen unterrichten Versuche von EUSTICE[1], der fadenweise gefärbtes Wasser durch Glaskrümmer mit Kreisquerschnitt schickte und die gefärbten Fäden beobachtete (Bild 150). Beim Durchgang durch Krümmer mit sehr gestrecktem Querschnitt blieb die Geschwindigkeits-

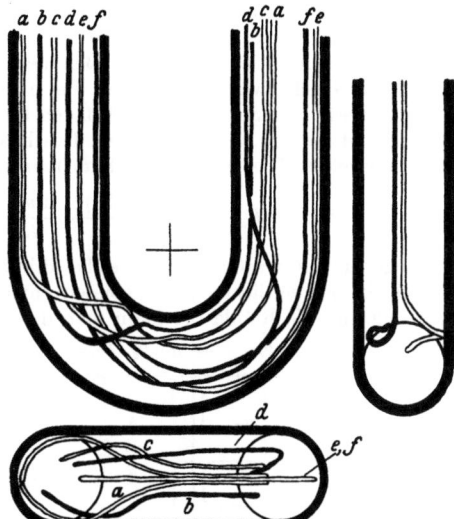

Bild 150. Gefärbte Wasserfäden in Glaskrümmern bei Fadenströmung nach EUSTICE

verteilung ungeändert (Bild 151)[2]. Da sich die gefärbten Fäden nicht mit der übrigen Flüssigkeit mischten, muß es auch in gekrümmten

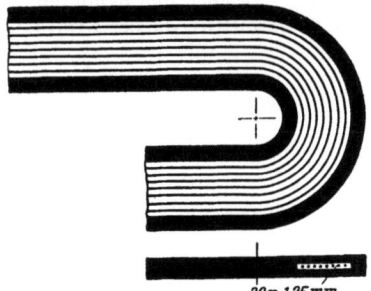

Bild 151. Strömung in gekrümmten Rohren mit sehr gestrecktem Querschnitt bei kleiner Reynolds-Zahl nach EUSTICE

Rohren neben der turbulenten eine Fadenströmung geben. Bei einer bestimmten Übergangszahl Re geht diese Fadenströmung in turbulente über.

Die Doppelquerströmung tritt bei Fadenströmung genauso wie bei Turbulenz in Krümmern auf. Man hat daher ein vorzügliches Mittel,

---

[1] EUSTICE, J.: Flow of fluids in curved passages. Engineering 120 (1925) 604. Water and Water Engineering (1924) 270.
[2] Siehe auch die Arbeiten von HELE-SHAW und WYSZOMIRSKI: Zit. S. 179.

um den Mechanismus der Querströmung zu studieren, wenn man einzelne Flüssigkeitsfäden einer laminaren Strömung färbt und ihren Lauf beobachtet.

Zur überschlägigen Beurteilung[1] des Strömungsvorganges bei parabolischer Geschwindigkeitsverteilung im Zuflußrohr (Laminarströmung) kann man für den Fall $R \gg r$ kommen, wenn man bedenkt, daß der durch Fliehkraftwirkung im Krümmer bedingte Druck nach außen dem bei der Querströmung wirkenden Druck das Gleichgewicht halten muß. Bei parabolischer Verteilung ist $w_{l\max} = 2w$ und der Kraftanstieg quer zum Achsfaden für die Raumeinheit $\varrho(2w)^2/R$. In der Randschicht werden bei den kleinen Geschwindigkeiten nur kleine Zentrifugalkräfte ausgelöst. Die gesamte Fliehkraftwirkung möge durch

$$(P_a - P_i)\, b = \frac{(2r)^2}{4} \frac{(2w)^2}{R} \varrho = 4\varrho\, w^2 \frac{r}{R}\, r$$

je Längeneinheit ersetzt werden, siehe Bild 152. Dieser Kraftunterschied wirkt sich, da in den seitlichen Randgebieten entsprechende Kräfte fehlen, zur Querströmung aus. Nach Bild 152 kann man die dabei wirkenden Kräfte abschätzen.

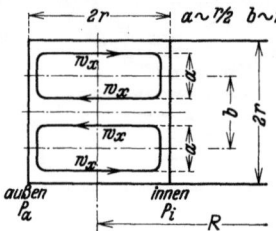

Bild 152. Zur überschlägigen Berechnung der Krümmerströmung. Zur Vereinfachung quadratischer Querschnitt

Die nach außen und zurückströmenden Fäden reiben aneinander, wobei eine Schubspannung τ zweimal und damit eine nach innen gerichtete Kraft je Längeneinheit von $2\tau\, 2r$ auftritt, die der Kraft $(P_a - P_i)\, b$ das Gleichgewicht hält. Dabei ist mit

$$a \approx \frac{r}{2} \quad \text{und} \quad b \approx r,$$

$$\tau = \eta\, \frac{\partial w_x}{\partial y} \approx \eta\, \frac{2 w_x}{a} \approx \eta\, \frac{4 w_x}{r},$$

$$2\tau \cdot 2r = 16 \eta\, w_x = 4\varrho\, w^2 \frac{r}{R}\, r$$

oder

$$\frac{w_x}{w} = \frac{1}{4}\, \frac{w\, r}{\nu}\, \frac{r}{R} = \frac{1}{8}\, Re\, \frac{r}{R}. \tag{295}$$

Man erkennt daraus, daß für den Strömungsvorgang die Dimensionslosen Re und R/r maßgebend sind.

WHITE[2] stellte auf Grund eigener Versuche ($D = 6{,}3$ bis $29{,}8$ mm, $R/r = 15$ und 2050, $Re = 0{,}06$ bis $4{,}1 \cdot 10^4$) mit Öl und Wasser und

---

[1] Nach W. R. DEAN: The stream-line motion of fluid in a curved pipe. Philos. Mag. (7) 4 (1927) 208; (7) 5 (1928) 673. — L. PRANDTL: Abriß der Strömungslehre S. 120. Braunschweig 1931.

[2] WHITE, C. M.: Streamline flow through curved pipes. Proc. Roy. Soc., Lond. (A) 123 (1929) 645.

15. Richtungsänderungen

von Versuchen von GRINDLEY und GIBSON[1] ($D = 3{,}17$ mm, $R/r = 112$, $Re = 25$ bis 1400) mit Luft fest, daß man für den Widerstand bei Fadenströmung in gekrümmten Rohren nach Gl. (175) bzw. Gl. (260) ansetzen kann:

$$\frac{\Delta P}{\varrho} = \varphi \left(\frac{\Delta P}{\varrho}\right)_{\text{laminar}} = 32\,\varphi\,\frac{w\,v\,l}{d^2},$$

wobei nach Gl. (295) die Vorzahl $\varphi = f(Re, r/R)$, und zwar genauer in der Form $f(Re \sqrt{R/r})$ ist[2]. Bild 153 zeigt die Versuchskurven. Für schwache Krümmung und sehr kleine Reynolds-Zahl gilt das Gesetz der Laminarströmung ($\varphi = 1$). Bei größerem $Re \sqrt{r/R}$ wird $\varphi > 1$. Die ausgezogene Stammkurve gilt zunächst für alle Krümmerströmungen. Von bestimmten Stellen ab, und zwar um so eher, je größer das Krümmungsverhältnis R/r ist, zweigt die Versuchskurve von der Stammkurve ab. Die Abzweigstelle meldet den Eintritt der Turbulenz. Danach geht Fadenströmung um so eher in turbulente über, je größer

Zahlenwerte zur Stammkurve

$Re \sqrt{r/R}$	φ
0 bis 12	1,00
15	1,02
20	1,045
25	1,08
40	1,19
60	1,31
100	1,50
200	1,90
400	2,48
600	2,85
1000	3,61
2000	4,93

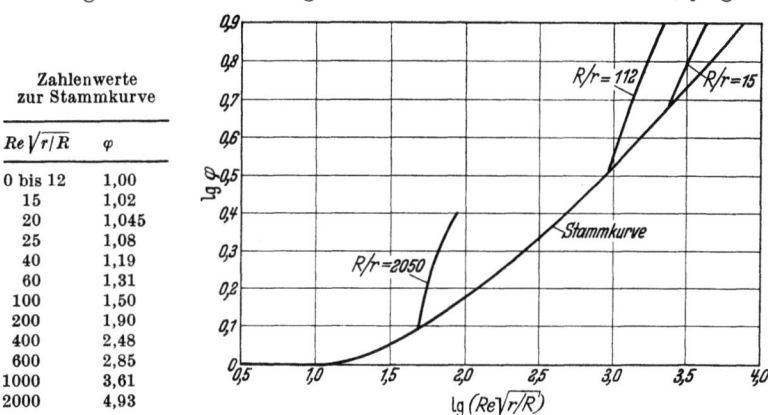

Bild 153. Zum Fadenströmungswiderstand in gekrümmten Rohrleitungen. Abhängigkeit der Vorzahl φ von der Kenngröße $Re \sqrt{r/R}$, nach WHITE

R/r ist, d. h. umgekehrt, je stärker der Krümmer gebogen ist, um so stabiler ist auch die Fadenströmung[3]. Dieses Ergebnis war von vornherein nicht zu erwarten.

---

[1] GRINDLEY, H., u. H. A. GIBSON: Flow of air through curved pipes. Proc. Roy. Soc., Lond. (A) 80 (1907) 114.
[2] Für turbulente Strömungen fand ITO (Zit. S. 214) $\lambda_{\text{ges}}/\lambda_R = f[Re, (R/r)^2]$.
[3] Die gleichen Beobachtungen machten: G. J. TAYLOR: The criterion for turbulence in curved pipes. Proc. Roy. Soc., Lond. (A) 124 (1929) 243 und neuerdings ITO (Zit. S. 214) mit $Re_{\text{krit}} = 2 \cdot 10^4 (r/R)^{0,32}$ für $15 < R/r < 860$; bei $R/r > 860$ ist $Re_{\text{krit}} = 2320$ wie beim geraden Rohr. Zu Bild 153: Bei $R/r = 15$ ergibt sich $Re_{\text{krit}} = 8400$ und $\lg(Re \sqrt{r/R}) = 3{,}34$. Bei $R/r = 112$ heißen die Zahlen 4420 und 2,62. Bei $Re_{\text{krit}} = 2320$ ist $\lg(Re \sqrt{r/R}) = 1{,}71$.

Für $Re\sqrt{\dfrac{r}{R}} < 10$ ist $\varphi \approx 1$, siehe Bild 153.

Nach PRANDTL gilt für $20 < Re\sqrt{r/R} < 2000$ annähernd die Formel

$$\varphi = 0{,}37\left(Re\sqrt{\dfrac{r}{R}}\right)^{0{,}36},$$

so daß allgemein zur Berechnung des Druckverlustes bei Fadenströmung mit Gl. (175) etwa angesetzt werden kann

$$g\,\Delta h + \dfrac{\Delta P}{\varrho} = 32\,\dfrac{w\,\nu\,l}{d^2}\,0{,}37\left(Re\sqrt{\dfrac{r}{R}}\right)^{0{,}36}. \tag{296}$$

In dieser Gleichung kommt der Ablenkungswinkel δ nur in l vor, weil sie nach Versuchserfahrungen mit mehrfach gewundenen Rohrschlangen mit großen Krümmungsverhältnissen aufgestellt wurde, wo zwischen den Druckmeßstellen nahezu reine Krümmerströmung herrschte. An sich müßten bei nicht zu langen gekrümmten Rohren noch der Krümmungsanlauf- und -auslaufeffekt berücksichtigt werden.

15.2 Strömung in Knierohren

Die Strömung durch Knierohre verläuft ähnlich wie die durch gekrümmte Rohre, nur löst sich hier der Strahl noch stärker als in Krümmern ab, was einen größeren Widerstand verursacht.

Die ersten genaueren Messungen führte wieder WEISBACH[1] aus; Er ließ Wasser und Luft durch Kniestücke aus Messing strömen ($D = 10$ bis $24{,}4$ mm, $\delta = 90°$ und andere Winkel, $w = 0{,}2$ bis $11{,}9$ m/s bei Wasser und 6 bis 140 m/s bei Luft). Bei Kniestücken ist der Widerstandsbeiwert $\zeta_{ges} = \zeta_u = \zeta$. Für ζ gab er die Gleichung an

$$\zeta = 0{,}946\sin^2\dfrac{\delta}{2} + 2{,}047\sin^4\dfrac{\delta}{2}, \tag{297}$$

wobei δ wie bisher den Ablenkungswinkel bedeutet, siehe die Bilder 154 und 155c. Beim rechtwinkligen Knie ist $\zeta \approx 1$, d. h. der Druckverlust entspricht etwa dem

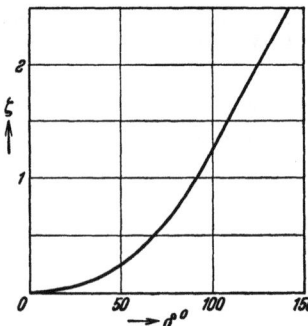

Bild 154. Zusammenhang zwischen Widerstandsbeiwert ζ und Ablenkungswinkel δ bei Kniestücken nach WEISBACH

Staudruck. WEISBACHS Zahlen sind Mittelwerte. Gleichungen zur Berechnung des Verlustes nach BORDA-CARNOTS Satz über den Stoßverlust (S. 189) kann man

---

[1] WEISBACH, J.: Zit. S. 199.

nicht ansetzen, da die wirkliche Strömung wegen der Ablösungserscheinungen nahezu stoßfrei verläuft. Solche Gleichungen würden bei unveränderlichem Rohrquerschnitt zu hohe Verluste ergeben[1]. Tatsächlich formt sich die Flüssigkeit selbst einen Krümmer, siehe die Bilder 155a bis c. BRIGHTMORE[2] bestimmte für

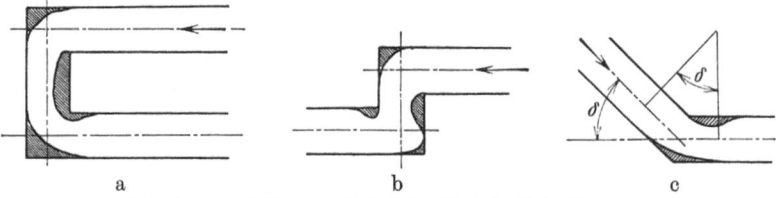

Bild 155a—c. Ablösungsgebiete (schraffiert) in Kniestücken

90°-Knie aus Gußeisen von 76,2 und 101,6 mm $\varnothing$ ζ zu 1,17. WEISBACHS Werte sind zu klein, weil er den Druckverlust nicht genügend weit vor und nach den Versuchsstücken bestimmte und daher den Verlust beim An- und Auslauf im geraden Anschlußrohr nicht vollständig mit erfaßte. Die Formel von GIBSON[3]

$$\zeta = 67{,}6 \cdot 10^{-6} \, \delta^{2,17} \qquad (298)$$

gibt brauchbare Werte für technisch rauhe Knie. Bei $\delta = 45°$ ist ζ nach GIBSON um rund 40 vH größer als nach WEISBACH, bei $\delta = 90°$ um rund 20 vH, bei $\delta = 120°$ um rund 18 vH größer, was mit den Erfahrungen einiger anderer Forscher übereinstimmt, siehe Zahlentafel 17.

Zahlentafel 17. *ζ-Werte für glatte Kniestücke nach* WEISBACH [Gl. (297)]

$\delta =$	20°	40°	60°	80°	90°	100°	110°	120°	130°
$\zeta =$	0,046	0,139	0,364	0,740	0,984	1,26	1,56	1,86	2,16

ζ-Werte für technisch rauhe Kniestücke nach GIBSON [Gl. (298)][4]

| $\zeta =$ | 0,043 | 0,202 | 0,488 | 0,911 | 1,18 | 1,48 | 1,82 | 2,20 | 2,61 |

ζ-Werte nach KIRCHBACH *(glatt) und* SCHUBART *(rauh, $k = 0{,}25$ mm), Rohrdurchmesser 43 mm l. W.*

$\delta =$	5°	10°	15°	22,5°	30°	45°	60°	90°
$\zeta_{glatt} =$	0,016	0,028	0,042	0,066	0,110	0,236	0,471	1,129
$\zeta_{rauh} =$	0,024	0,044	0,062	0,104	0,165	0,320	0,580	1,265

Später ermittelte KIRCHBACH[5] den Strömungswiderstand in einer Anzahl von Kniestücken und verschiedenen durch Aneinanderreihen von Kniestücken gebildeten Formstücken. Bei solchen Leitungen handelt es sich meist um Stahlblechrohr von so großem Durchmesser, daß ihre relative Rauhigkeit sehr klein ist. Da KIRCHBACH zu seinen Versuchen Rohre von nur 43 mm l. W. benutzen konnte,

---

[1] Siehe die Versuche von D. BANKI: Energieumwandlungen in Flüssigkeiten I, S. 172 ff. Berlin 1921.
[2] BRIGHTMORE: Zit. S. 199.
[3] GIBSON, A. H.: Trans. Roy. Soc., Edinbourgh 48 (1913) 799.
[4] GIBSON, A. H.: s. oben JUNG, R.: Zit. S. 209, Stahlrohrknie 90°, $\zeta = 1{,}14$.
[5] KIRCHBACH, H.: Der Energieverlust in Kniestücken. Mitt. Hydraul. Inst. T. H. München (1929) Heft 3, 68.

wählte er sehr glatte Bronzestücke, um den wirklichen Verhältnissen entsprechende zu schaffen ($Re = 1{,}89 \cdot 10^4$ bis $2{,}65 \cdot 10^5$). Ab Re etwa $6{,}5 \cdot 10^4$ (genauer erst ab $Re = 2 \cdot 10^5$) war ζ praktisch unabhängig von Re (vgl. Bild 157). Bei $Re = 3 \cdot 10^4$ ergaben sich um rund 50 vH höhere Werte für ζ als bei $6{,}5 \cdot 10^4$. KIRCHBACH fand, daß sich bei Kniestücken von der Form Bild 156 bei $a = 1{,}5$ bis $1{,}7d$ die günstig-

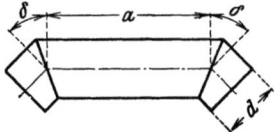

Bild 156. Kniestück, aus einzelnen Kniestücken zusammengesetzt

sten Strömungsverhältnisse, also der geringste Durchflußwiderstand einstellten. Der Gesamtwiderstand eines Leitungsteils durch Aneinanderreihen von mehreren Kniestücken (2, 3 oder mehr) war kleiner als die Summe der Widerstandswerte der einzelnen Kniestücke, solange die Länge des Knickstellenabstandes unterhalb gewisser Grenzen blieb.

Danach untersuchte SCHUBART[1] dieselben Kniestücke noch einmal, nachdem er sie mit einem Gemisch aus Ölfarbe und Sand bestrichen hatte. Mit diesen sehr rauhen Rohren wurden grundsätzlich dieselben Beobachtungen wie mit den

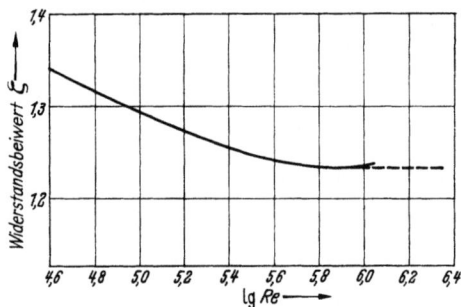

Bild 157. Widerstandsbeiwert ζ eines 90°-Knies aus handelsüblichem Stahlrohr NW 50, abhängig von der Reynolds-Zahl. Ab $Re \approx 6 \cdot 10^5$ ist $\zeta =$ konst. NW 50 ist rund $D = 50$ mm. Nach ZIMMERMANN

glatten gemacht. Dabei war der Energieverlust in den rauhen Kniestücken etwa doppelt so groß wie in den glatten; dieses Verhältnis hing nicht wesentlich von der Reynolds-Zahl ab. Der günstigste Knickstellenabstand[2] war wiederum rund $1{,}5d$. Bemerkenswert ist noch, daß die Strömung nach Kniestücken mit kleinem Ablenkungswinkel längere Strecken im nachfolgenden geraden Rohre zur Rückbildung des Geschwindigkeitsprofils braucht als bei größerem Ablenkungswinkel.

Über die Versuchsergebnisse unterrichten die Bilder 158 und 159. Form B (Bild 158b) z. B. bietet bei a/d rund 2 nur einen um rund 50 vH größeren Umlenkwiderstand als ein Kreisrohrkrümmer. Form C (glatt, Bild 158c) hat etwa 150 vH mehr Umlenkwiderstand als Krümmer, Form A (Bild 158a) ist ziemlich un-

---

[1] SCHUBART, W.: Der Energieverlust in Kniestücken bei glatter und rauher Wandung. Mitt. Hydraul. Inst. T. H. München (1929) Heft 3, 121.
[2] Siehe hierzu die Erfahrungen von E. ZIMMERMANN, S. 203.

15. Richtungsänderungen

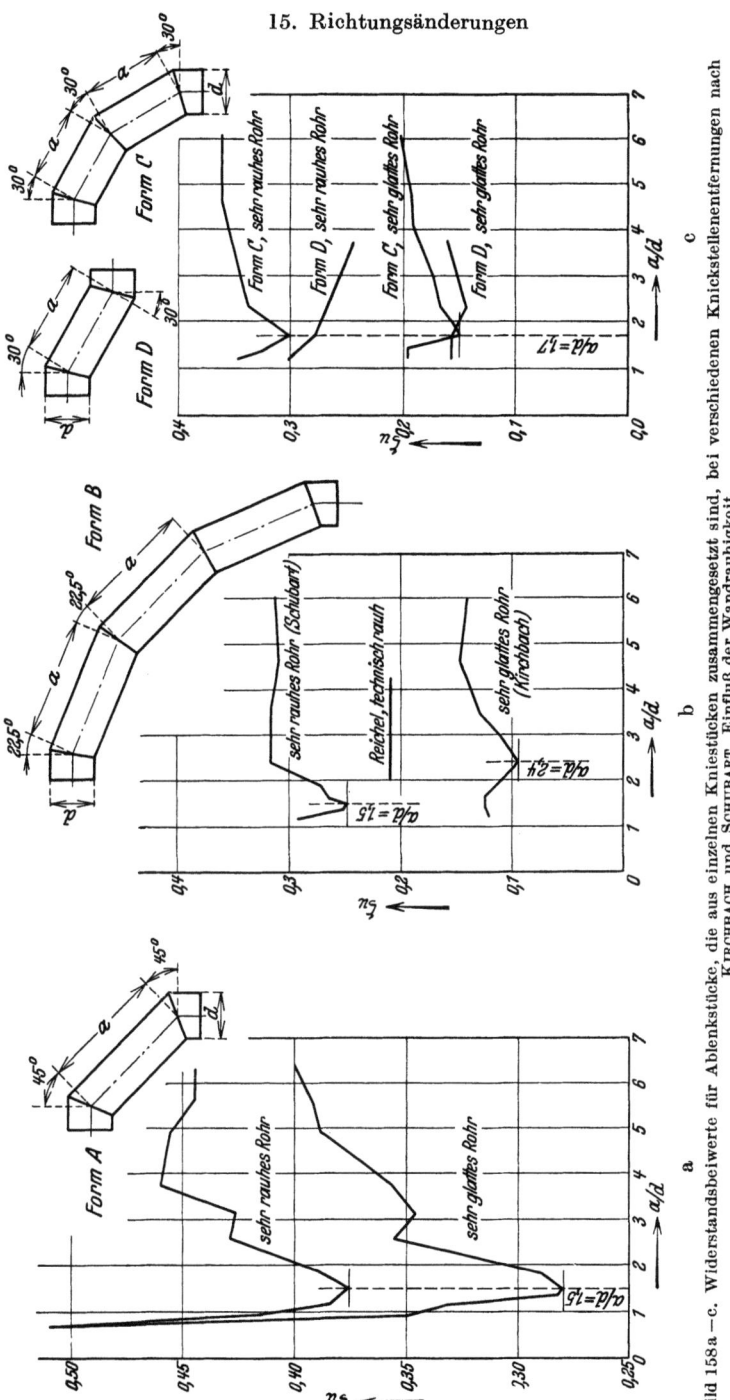

Bild 158a—c. Widerstandsbeiwerte für Ablenkstücke, die aus einzelnen Kniestücken zusammengesetzt sind, bei verschiedenen Knickstellenentfernungen nach KIRCHBACH und SCHUBART. Einfluß der Wandrauhigkeit

222 II. Theoretische Überlegungen und Versuchserfahrungen

günstig. Die Widerstandsbeiwerte für technisch rauhe Rohre liegen etwa in der Mitte zwischen ζ sehr glatt und ζ sehr rauh, wie Bild 158b zeigt[1].

ZIMMERMANN[2] erstreckte seine Versuche an Dampfleitungen auch auf Knie. Bild 157 zeigt den Zusammenhang zwischen dem Widerstandsbeiwert ζ und der Reynolds-Zahl Re bei der Strömung durch rechtwinklige *Stahlrohrknie* NW 50 als Beispiel. Der Kurvenverlauf ist ähnlich wie bei Krümmern, nur daß die Widerstandsbeiwerte ζ größer sind, siehe Bild 137.

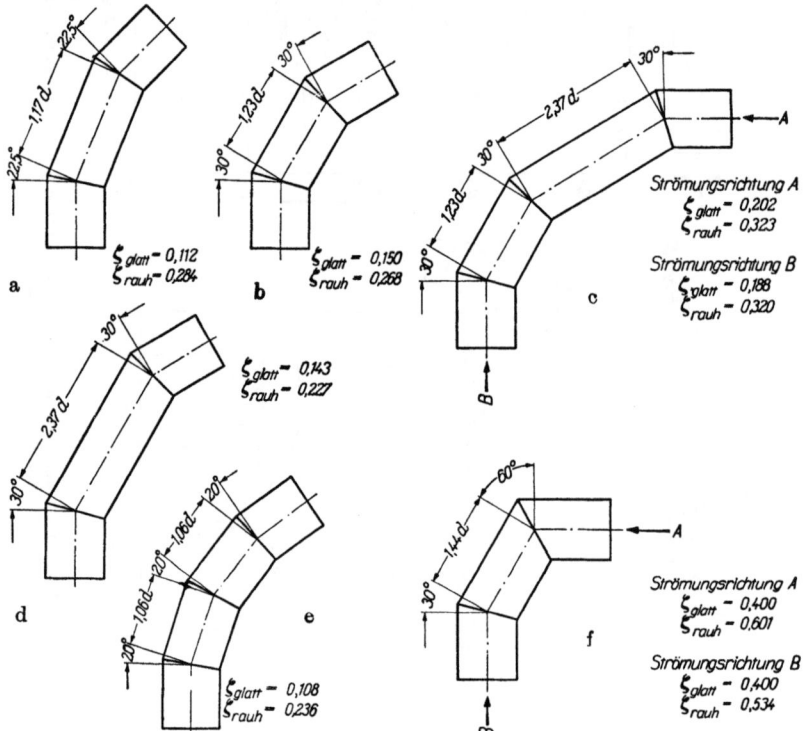

Bild 159a—f. Widerstandsbeiwerte für Ablenkstücke, die aus einzelnen Kniestücken zusammengesetzt sind, nach KIRCHBACH und SCHUBART. Einfluß der Wandrauhigkeit

16. Abzweige

16.1 Strömung in T-Stücken

Der Strömungsvorgang in Abzweigstücken ist ziemlich verwickelt und bisher noch wenig untersucht worden. Je nachdem, ob der Abzweig recht- oder schiefwinklig angebracht ist und in welcher Richtung das Abzweigstück durchflossen wird und in welchem Verhältnis die Durchmesser der einzelnen Rohrenden zueinander stehen, werden ver-

---

[1] REICHEL, E.: Versuche an der Wasserkraftanlage der AS Tyssefaldene in Tyssadal bei Odde im Hardangerfjord. Z. VDI. 55 (1911) 1411 — 1420.
[2] ZIMMERMANN, E.: Siehe Fußnote 1, S. 203.

16. Abzweige — Strömung in T-Stücken

schiedene Durchflußwiderstände gemessen. Wird der Strom getrennt, so entstehen im allgemeinen geringere Verluste als bei Stromvereinigungen. Bei den verschiedensten Messungen war der Strömungswiderstand praktisch immer nahezu proportional dem Quadrat der Durchflußgeschwindigkeit, weshalb der Widerstandsbeiwert ζ als von Re unabhängig angesehen werden kann.

Der Zeiger d möge auf Stromdurchgang, a auf Stromabzweig und z auf beide Strömungen zusammen hinweisen (siehe die Bilder 160 und 161). Dann kann man auf Grund von Erfahrungen[1] für den Fall

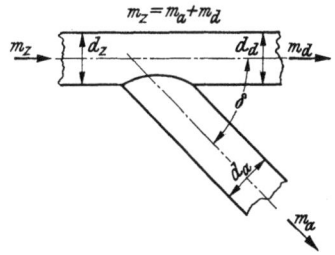
Bild 160. Stromtrennung

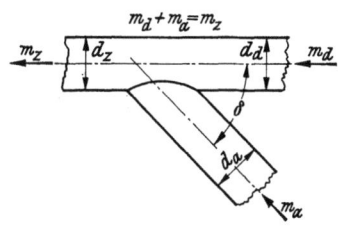
Bild 161. Stromvereinigung

der *Stromtrennung* (Bild 160) die Werte der Zahlentafel 18a für das günstigste Durchmesserverhältnis ansetzen:

Zahlentafel 18a. *Stromtrennung*

	$\dfrac{m_a}{m_z} = 0{,}3$			$\dfrac{m_a}{m_z} = 0{,}5$			$\dfrac{m_a}{m_z} = 0{,}7$		
$\delta =$	90°	60°	45°	90°	60°	45°	90°	60°	45°
günstigstes d_a/d_z	1	0,61	0,58	1	0,79	0,75	1	1	1
günstigstes w_a/w_z	0,3	0,8	0,9	0,5	0,8	0,9	0,7	0,7	0,7
günstigstes ζ_a	0,76	0,59	0,35	0,74	0,54	0,32	0,88	0,52	0,30

Es handelt sich dabei nur um Kreisrohre. Die Durchdringungskanten in den Abzweigstücken sind mit Radius $0{,}1 d_a$ abgerundet. Die Werte gelten für glatte Rohre, werden aber für rauhe Rohre nur um ein geringes anders liegen.

Im Falle der *Stromvereinigung* (Bild 161, Zahlentafel 18b) empfiehlt es sich, mit der relativen Verlustleistung zu rechnen. Die Ströme bringen

---

[1] VOGEL, G.: Untersuchungen über den Verlust in rechtwinkligen Rohrverzweigungen. Mitt. Hydraul. Inst. T. H. München (1926) Heft 1, 75; 1928, Heft 2, 61. — F. PETERMANN: Der Verlust in schiefwinkligen Rohrverzweigungen. Ebenda 1929, Heft 3, 98. — E. KINNE: Beiträge zur Kenntnis der hydraulischen Verluste in Abzweigstücken. Ebenda 1931, Heft 4, 70. (Alle Versuche im Münchener Institut wurden mit Wasser angestellt.)

die kinetische Energie
$$E_{\text{zugeführt}} = m_a \frac{w_a^2}{2} + m_d \frac{w_d^2}{2}$$
mit. Verloren geht die Energie
$$E_{\text{Verlust}} = m_a \left(\frac{\Delta P}{\varrho}\right)_a + m_d \left(\frac{\Delta P}{\varrho}\right)_d.$$
Mit relativer Verlustleistung bezeichnet man das Verhältnis
$$\chi = \frac{E_{\text{Verlust}}}{E_{\text{zugeführt}}}. \tag{299}$$
Für Abzweige unter 45° und 60° wurde ermittelt:

Zahlentafel 18 b. *Stromvereinigung*

	$\frac{m_a}{m_z} = 0{,}3$		$\frac{m_a}{m_z} = 0{,}5$		$\frac{m_a}{m_z} = 0{,}7$		$\frac{m_a}{m_z} = 1{,}0$	
$\delta =$	60°	45°	60°	45°	60°	45°	60°	45°
günstigstes d_a/d_z	1	0,58	0,58	0,58	0,58	1	1	1
günstigstes w_a/w_z	0,3	0,9	1,5	1,5	2,0	0,7	1,0	1,0
günstigstes χ	0,33	0,20	0,56	0,43	0,66	0,53	0,53	0,38

Zu den Strömungsvorgängen bei der Stromvereinigung bemerkt VOGEL: „Wir haben hinter dem T-Stück zwei Vorgänge zu unterscheiden: Einerseits wirkt die Mischung der langsamer und schneller fließenden Wasserteilchen auf eine Zunahme des statischen Druckes in der Fließrichtung hin. Andererseits ist aber, als Folge der durch das T-Stück erhöhten Turbulenz, die Wandreibung größer. Dieser Umstand wirkt auf die Abnahme des statischen Druckes in der Fließrichtung hin. Die beiden Vorgänge überlagern und beeinflussen sich gegenseitig. Die Beobachtung zeigt, daß hinter dem T-Stück zunächst der Mischungsvorgang, dann, in größerer Entfernung, die Erhöhung der Wandreibung überwiegt. Die Art, in der sich die beiden Strömungsvorgänge überlagern, ist nicht

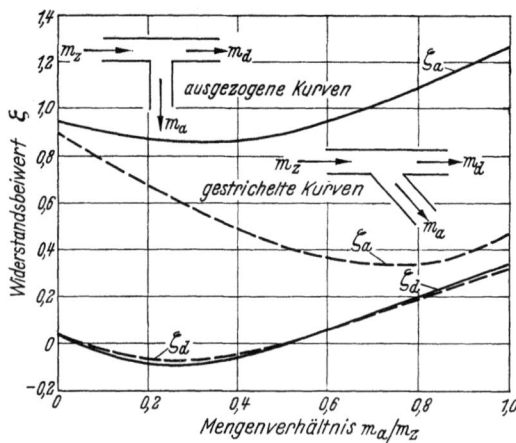

Bild 162. Widerstandsbeiwerte für T-Stücke mit Stromtrennung nach VOGEL

16. Abzweige — Strömung in T-Stücken

nur vom Verhältnis m_a/m_z, sondern auch von der Form des T-Stückes abhängig. Der Punkt, an dem die Wirkung der erhöhten Turbulenz zu überwiegen beginnt, rückt um so weiter vom T-Stück weg, je besser die Menge m_a in geschlossenem Strahl in das T-Stück hineingeführt wird."

Die Widerstandsbeiwerte für rechtwinklige T-Stücke und für Abzweige unter 45° aus Kreisrohren mit scharfen Durchdringungskanten ($d_z = d_a$, bei VOGEL

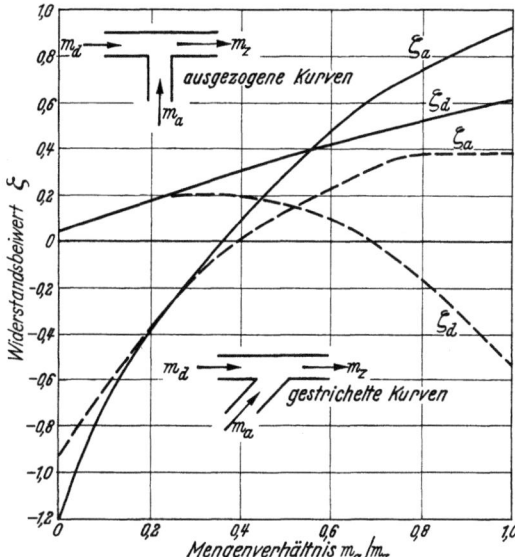

Bild 163. Widerstandsbeiwerte für T-Stücke mit Stromvereinigung nach VOGEL

43 mm ⌀) können aus den Bildern 162 und 163 entnommen werden. Der Widerstand der geraden Rohre ist für sich bis an die Durchdringung zu rechnen. ζ gibt nur die Stoßverluste und Reibung bei der Trennung oder Vereinigung selbst an. Dabei gilt

$$\left(\frac{\Delta P}{\varrho}\right)_a = \zeta_a \frac{w_z^2}{2} \quad \text{und} \quad \left(\frac{\Delta P}{\varrho}\right)_d = \zeta_d \frac{w_z^2}{2}, \qquad (300)$$

also auf w_z bezogen. Den beiden Bildern 162 und 163 liegen folgende Werte zugrunde:

Zahlentafel 19. *Werte für die Widerstandsbeiwerte nach Gl. (300)*

$\dfrac{m_a}{m_z}$	Stromtrennung				Stromvereinigung			
	senkrecht		schräg		senkrecht		schräg	
	ζ_a	ζ_d	ζ_a	ζ_d	ζ_a	ζ_d	ζ_a	ζ_d
0,0	0,96	0,05	0,90	0,04	−1,20	0,06	−0,90	0,05
0,2	0,88	−0,08	0,68	−0,06	−0,40	0,18	−0,37	0,18
0,4	0,89	−0,04	0,50	−0,04	0,10	0,30	0,00	0,19
0,6	0,96	0,07	0,38	0,07	0,47	0,40	0,22	0,06
0,8	1,10	0,21	0,35	0,20	0,72	0,50	0,37	−0,18
1,0	1,29	0,35	0,48	0,33	0,92	0,60	0,38	−0,54

positive Werte: Druckabfall; negative Werte: Druckanstieg.

Durch Abrunden der Durchdringungskanten können die Verluste etwas verringert werden (bei starken Abrundungen bis 30 vH). Abzweigstücke mit weniger als $\delta = 90°$ sind hydraulisch günstiger als solche mit 90°. Man kann die Druckverluste noch weiter senken, wenn man das abzweigende Rohr konisch ausführt. Dabei ist der beste Verjüngungswinkel 12° bis 14°. Günstig ist, bei 90°-Ablenkung ein Abzweigstück mit 45°-Ablenkung und nachfolgend einen 45°-Bogen anzuordnen.

STACH untersuchte auch eine Reihe T-Stücke besonderer Form[1] (ähnlich VOGELS Untersuchungen), siehe die Bilder 164a bis g: a altes scharfkantiges T-Stück; b altes kugelförmiges T-Stück; c kugelförmiges T-Stück mit nach innen abgerundetem Hals; d wie c mit dachförmigem Hals; e abgerundetes T-Stück mit geradem Boden; f T-Stück mit kugelförmigem Hals und geringen Abrundungen. Er fand bei Stromtrennung:

Form	a	b	c	d	e	f
ζ_{ges}	1,30	4,87	0,87	0,82	0,73	0,75

Die alte kugelförmige (Fall b) und die scharfkantige Ausführung (Fall a), die man heute noch antrifft, sind recht ungünstig. Am besten schneiden die einfachen Formen e und f ab. Die in der Technik für hochwertige Rohrleitungen üblichen ausgehalsten und eingezogenen geschweißten T-Stücke (Fall g) mit Anschweißenden entsprechen Fall e. Für T-Stücke nach Bild 164g gelten die Werte von Zahlentafel 20 für den Widerstandsbeiwert ζ.

Zahlentafel 20. *Widerstandsbeiwerte für erweiterte T-Stücke nach Bild 164g*

	Stromtrennung			Stromvereinigung		
m_a/m_d	0	1/2	1	0	1/2	1
m_a/m_z	0	1/3	1/2	0	1/3	1/2
ζ_a	—	1,0	1,4	—	0,7	1,3
ζ_d	0,2	0	—	0,2	0	—

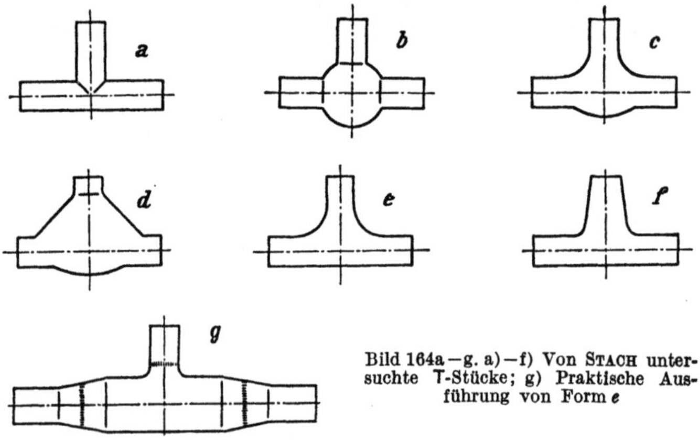

Bild 164a—g. a)—f) Von STACH untersuchte T-Stücke; g) Praktische Ausführung von Form e

---

[1] STACH, E.: Zit. S. 208. — Weitere Meßwerte an T-Stücken siehe LANDOLT-BÖRNSTEIN: Zit. S. 246, dort S. 689/690. — Über Meßwerte an Hosenrohren, Abzweigstücken und Verteilleitungen siehe W. E. MÜLLER: Zit. S. 339, dort S. 145ff. — Siehe ferner W. E. MÜLLER und H. STRATMANN: Druckverluste in Abzweigrohren und Verteilleitungen. T. R. SULZER Bd. 3 (1968).

III. Praktische Berechnung von Rohrleitungen

III.1 Vorbemerkungen

17. Bedeutung der Strömungsrechnung

In den voraufgehenden Abschnitten wurde ein *Überblick* über den heutigen *Stand der Rohrhydraulik* gegeben. Das Studium der wichtigsten *Versuchsergebnisse* und die *theoretischen Überlegungen* gewinnen erst *praktischen Wert*, wenn sie für technische Berechnungen in genügend einfacher Form nutzbar gemacht werden können. Grundlage sind hierbei die allgemeinen Druckabfallgleichungen für Flüssigkeiten, Gase und Dämpfe Gln. (129) und (139), das Widerstandsgesetz nach PRANDTL/KÁRMÁN und COLEBROOK Gln. (246) und (248) mit Zahlentafel 13 sowie die Meßergebnisse an Strömungen bei Richtungsänderungen. Die folgenden Abschnitte wenden sich der *praktischen Rohrleitungsberechnung* zu. Dazu werden handliche Berechnungsunterlagen gegeben, die auf den Ausführungen in den Abschnitten I und II beruhen. Im Abschnitt III wird das Technische Maßsystem bevorzugt[1]. Daneben sind aber alle nötigen Angaben zum Rechnen im SI gemacht.

Zahlreiche industrielle Anlagen sind mit *umfangreichen Rohrleitungsnetzen* ausgestattet, gedacht sei hier nur an Kraftwerke, Hüttenwerke oder chemische Fabriken sowie an Versorgungsbetriebe und Fernleitungsunternehmen für Wasser, Gas, Dampf und Öl. Solche Rohrleitungsanlagen erfordern einen *erheblichen Aufwand* an *Kapital und Werkstoff*. Ihre zuverlässige *Berechnung* und *zweckmäßige Bemessung* sind daher von großer *wirtschaftlicher Bedeutung*.

Der *wirtschaftlich günstigste Rohrdurchmesser* ist derjenige, bei dem die Summe aus *Anlage- und Betriebskosten* ein Minimum annimmt. Die Anlagekosten umfassen die Verzinsung und Abschreibung der Kosten für die Lieferungen und Montagen der Rohrleitungen, ihrer Einbauten samt Unterstützungen und Isolierungen sowie den baulichen Anteil. Die Betriebskosten bestehen neben dem Aufwand für Wartung und Reparaturen aus den Kosten für die *Energie* zum Betrieb der Rohrleitungsanlage, d. h. zur Überwindung des *Strömungswiderstandes*. Weite Rohre haben einen geringeren Widerstand, sind aber in der Anlage

---

[1] Mit Rücksicht auf den derzeitigen Übergangszustand. Dabei tritt die Wichte γ in kp/m³ anstelle der zahlenmäßig gleichgroßen Dichte ϱ in kg/m³ auf, wenn man ein gemischtes Einheitensystem vermeiden will.

kostspieliger. Außerdem sind sie im Wärmeaustausch mit der Umgebung (Wärmeverluste oder Wärmeeinbrüche bei isolierten Leitungen) ungünstiger. Für enge Rohre gilt das Gegenteil. Addiert man alle Einzelkosten, so findet man die *wirtschaftlich günstigste Rohrweite*[1], siehe hierzu Bild 165. Von der Wahl der Rohrdurchmesser hängt auch die

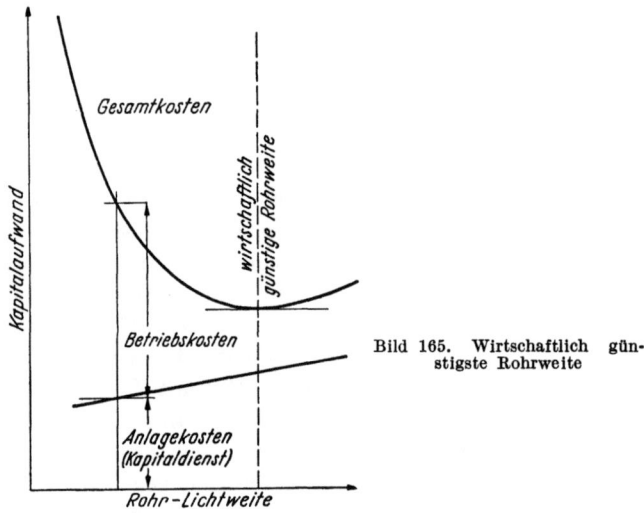

Bild 165. Wirtschaftlich günstigste Rohrweite

Auslegung der Kraft- und Arbeitsmaschinen, von Kesseln, Turbinen, von Pumpen, Kompressoren und deren Antriebsmaschinen mit Energieversorgungsanlagen, ab. Die *Bedeutung der Strömungsrechnung* für die wirtschaftliche Bemessung der Anlagen ist damit geklärt.

Bei den weiter unten angeführten Rechenbeispielen werden die für den betreffenden Anwendungsfall üblichen mittleren Strömungsgeschwindigkeiten genannt. Diese sind erfahrungsgemäß wirtschaftlich günstig. Es sei aber darauf hingewiesen, daß der wirtschaftlich günstige Rohrdurchmesser nur nach genauer Untersuchung des Einzelfalles mit allen Begleitumständen ermittelt werden kann.

18. Über die Genauigkeit der Rechnung

Zur Berechnung des Strömungswiderstandes oder des Durchflusses wurden auf Grund von praktischen, mehr oder weniger genauen und

---

[1] Über diese Frage gibt es verschiedene Ausarbeitungen, z. B. R. BIEL: Die wirtschaftlich günstigsten Rohrweiten für die Fortleitung von Wasser, Dampf und Gas. München und Berlin 1930. — H. RUETZ: Die wirtschaftlich günstigsten Rohrleitungen für Heißwasser und Dampf. Brennst., Wärme, Kraft 2 (1950) 311/313. — BOLTE, W.: Die wirtschaftlichste Auslegung von Dampfrohrleitungen. Brennst., Wärme, Kraft 6 (1954) 73/81. — W. ULLMANN: Wirtschaftlicher Durchmesser und Verdichtungsdruck bei Ferngasleitungen. Energietechnik 7 (1957) 77/89.

18. Über die Genauigkeit der Rechnung

richtigen Messungen zahlreiche *Gebrauchsformeln* aufgestellt. Es besteht in der Praxis bislang keine einheitliche Auffassung darüber, ob und inwieweit diese Interpolationsformeln zuverlässig und empfehlenswert sind. Außerdem wird ihr *Geltungsbereich* oft nicht beachtet, vielfach findet man ihn gar nicht angegeben. Vergleicht man die Zahlenwerte nach solchen verallgemeinerten Formeln, so trifft man auf eine unbrauchbar große *Streuung*.

Nach dem Begriff der „*anerkannten Regeln der Technik*", den man als Maßstab für die Verantwortlichkeit des Ingenieurs heranzieht, und nach den allgemeinen *Richtlinien*[1] fordert man wohl die richtige Berechnung; es ist aber dem Ingenieur überlassen, welcher der Formeln er sich bedient.

Im folgenden werden *Rechenunterlagen* an Hand gegeben, die auf dem allgemeinen *Prandtl-Kármánschen Widerstandsgesetz* beruhen, womit der physikalisch als richtig erkannte Zusammenhang gewahrt wird. Diese Berechnungsweise sollte *allgemeine Anerkennung* finden. Mit dieser Empfehlung soll natürlich nicht gesagt werden, daß alle die in jahrzehntelangem Bemühen aufgestellten Berechnungsformeln unbrauchbar wären – im Gegenteil –, das allgemeine Gesetz konnte ja erst auf den vielen zuverlässigen Versuchsergebnissen begründet werden. Für Sonderfälle sind durchaus einfachere Interpolationsformeln am Platze, aber nur insoweit, als sie dem allgemeinen Gesetz nicht widersprechen.

Bei industriellen Rohrleitungen handelt es sich fast ausschließlich um handelsübliche, mehr oder weniger *rauhe Rohre*. Neben die Frage nach der richtigen Formel tritt noch die nach der Rohrrauhigkeit im neuen Rohr und nach der Änderung dieser Rauhigkeit mit der Betriebszeit. Mit allgemeinen Beschreibungen, wie neu, länger betrieben, gereinigt, erneut betrieben oder mittelrauh, verkrustet usw., kommt man hier nicht weiter. Es ist verfänglich, Zuschläge für erhöhte Rauhigkeit nach Gutdünken zu machen. Man muß schon die absolute Rauhigkeit abschätzen, die sich am Ende der vorgesehenen Betriebsperiode einstellen wird, also den Umfang etwaiger Ablagerungen, Anfressungen oder Auswaschungen berücksichtigen. Natürlich ist es mangels ausreichender Erfahrungen meist schwierig, zuverlässige Angaben über die mittlere Form, Höhe und Häufigkeit der zu erwartenden Rauhigkeitserhebungen zu machen. Damit wird die Genauigkeit der Rechnung herabgesetzt. Man muß sich darüber klar sein, daß Fehler[2]

---

[1] Zum Beispiel nach den Richtlinien für den Bau und die Bestellung von Heißdampfrohrleitungen, herausgegeben von der Vereinigung der Großkesselbetreiber Essen 6. Ausg. 1965, S. 92, 105 und 113/114.

[2] Der Fehler ist nach DIN 1319, Ausg. Dez. 63, definiert: Fehler = Falsch – Richtig. Für anzeigende Meßgeräte gilt: Fehler der Anzeige gleich Istanzeige minus Sollanzeige. Istanzeige ist die am Meßgerät abgelesene Anzeige. Sollanzeige ist die Anzeige, die ein fehlerfreies Meßgerät angeben würde. – Der relative Fehler ist gleich dem Verhältnis des Fehlers zum richtigen Wert: (Falsch – Richtig) zu Richtig. Der relative Fehler kann positiv oder negativ sein.

bis 10 vH, ungünstigenfalls bis 20 vH, auftreten können. Größere Abweichungen dürften wohl immer durch sorgfältige Beurteilung des Rauhigkeitsgrades vermeidbar sein, siehe S. 158/159.

19. Über zeichnerische Darstellungen

Es ist zuzugeben, daß das *allgemeine Widerstandsgesetz* Gl. (248) für das praktische Rechnen zu *kompliziert* ist. Man ermittelt die Widerstandszahl λ_R in Abhängigkeit von der Reynolds-Zahl Re und vom Kehrwert der relativen Rauhigkeit d/k (also auf den Rohrdurchmesser bezogen) am besten aus gut ablesbaren *Diagrammen*.

Formeln haben den Vorzug, daß man zahlenmäßig beliebig genau rechnen kann, wobei man sich allerdings vor übertriebener Genauigkeit und unzulässiger Extrapolation hüten muß. Schwierigere Formeln sind jedoch wenig anschaulich und schließen die Gefahr von Rechenfehlern (Kommafehlern) ein.

Demgegenüber sind *Diagramme* anschaulicher, klar im Geltungsbereich und sicher in der Stellenrechnung, beschränkt aber in der zahlenmäßigen Genauigkeit. *Nomogramme* sind weniger anschaulich, haben aber den Vorteil, daß ihre Leitern in verschiedenen Maßsystemen, z. B. Technisches und Internationales Einheitensystem beschriftet werden können.

Man kann die Vorteile beider Berechnungsarten verbinden. Soweit einfache Formeln angewandt werden, empfiehlt sich der *Rechenschieber*. Zur Erleichterung der Stellenrechnung entwirft man sich dazu ein *Übersichtsdiagramm* — besonders bei häufig wiederkehrenden Rechnungen — bei dem eine grobe Ordinatenteilung genügt.

Interpolations- oder Näherungsformeln sind nur brauchbar, wenn Geltungsbereich, Genauigkeit und Quelle (Versuchsberichte) angegeben sind. Dasselbe gilt für zeichnerische Darstellungen. Im Gebrauch sind häufig Formeln und Darstellungen, die auf zweifelhaften oder überholten Grundlagen beruhen.

Fluchtlinientafeln und Rohrleitungsrechenschieber lassen sich nur mit Hilfe von hierfür geeigneten Formeln aufstellen. Leider sind die allgemeinen Formeln für das Widerstandsgesetz so beschaffen, daß man den Werten beim Ansatz von Näherungsformeln einigen Zwang antun muß, wodurch sich die mögliche Genauigkeit weiter vermindert. Wohl sind einfache Tafeln für Überschlagsrechnungen nötig, aber man sollte kostspielige Rohrleitungen in jedem Fall vor endgültiger Festlegung der Abmessungen genau nachrechnen. Die Mühe lohnt sich, wenn man sich mit Bild 165 vor Augen hält, mit welchen Unkosten Fehler in der Bemessung verbunden sein können. Im übrigen läßt sich der gesamte Rechnungsgang rechnerisch und zeichnerisch durchführen. Für Planungsarbeiten braucht man Diagramme, um schnell zu erkennen, wie sich die Änderung der beteiligten Größen (Durchfluß, Durchmesser, Druckverlust) auswirkt.

III.2 Allgemeine Beziehungen für den Druckabfall

20. Geschwindigkeit, Menge, Rohrdurchmesser

Die durch den Rohrquerschnitt in der Zeiteinheit strömende *Menge* ist mit Gl. (39) dem *Raum* nach bei Kreisrohren

$$V_s = F w = \frac{\pi}{4} d^2 w \tag{301}$$

20. Geschwindigkeit, Menge, Rohrdurchmesser

in m³/s oder

$$V_h = 3600 F w = 2827 d^2 w \qquad (302)$$

in m³/h. Dabei gilt der Rohrdurchmesser d in m. Für die Rechnung bequemer ist

$$V_h = 28{,}27 (10d)^2 w \quad \text{oder} \quad V_h = 0{,}2827 (100d)^2 w. \qquad (303)$$

Die Klammerausdrücke erleichtern die Stellenrechnung. Je nach den Werten der beteiligten Größen kann man sich geeignete Formeln zusammenstellen.

Die Beziehungen in den linken Spalten gelten fernerhin in Einheiten des SI, in den rechten Spalten in Einheiten des Technischen Maßsystems. Bei der Normfallbeschleunigung $g = 9{,}80665$ m/s² haben *Massenströme* (m_s, m_h) in kg/Zeiteinheit und *Gewichtsdurchflüsse* (G_s, G_h) in kp/Zeiteinheit ebenso wie *Dichten* ϱ in kg/m³ und *Wichten* γ in kp/m³ gleiche Zahlenwerte. Man findet mit Gl. (36)

$m_s = F w \varrho = \dfrac{\pi}{4} d^2 w \varrho$	$G_s = F w \gamma = \dfrac{\pi}{4} d^2 w \gamma \qquad (304)$
in kg/s oder	in kp/s oder
$m_h = 3600 F w \varrho = 2827 d^2 w \varrho$	$G_h = 3600 F w \gamma = 2827 d^2 w \gamma$
$\quad = 28{,}27 (10d)^2 w \varrho$	$\quad = 28{,}27 (10d)^2 w \gamma$
$\quad = 0{,}2827 (100d)^2 w \varrho$	$\quad = 0{,}2827 (100d)^2 w \gamma \qquad (305)$
in kg/h.	in kp/h.

In der Praxis rechnet man häufig mit größeren Mengen. Mit $\dot M$ in (Mg/h oder) t/h und mit $\dot G$ in Mp/h erhält man

$\dot M = 3600 \dfrac{F w \varrho}{1000} = 2{,}827 d^2 w \varrho$	$\dot G = 3600 \dfrac{F w \gamma}{1000} = 2{,}827 d^2 w \gamma$
$\quad = \dfrac{1}{353\,700} D^2 w \varrho$	$\quad = \dfrac{1}{353\,700} D^2 w \gamma$
$\quad = \dfrac{1}{3537} \left(\dfrac{D}{10}\right)^2 w \varrho$	$\quad = \dfrac{1}{3537} \left(\dfrac{D}{10}\right)^2 w \gamma$
$\quad = \dfrac{1}{35{,}37} \left(\dfrac{D}{100}\right)^2 w \varrho,$	$\quad = \dfrac{1}{35{,}37} \left(\dfrac{D}{100}\right)^2 w \gamma, \qquad (306)$

wobei $D = 1000 d$ in mm ist und gilt

$$V_h \varrho = m_h = 1000 \dot M \qquad | \qquad V_h \gamma = G_h = 1000 \dot G$$

Der *Rohrdurchmesser* d in m ergibt sich zu

$$d = 1{,}881 \cdot 10^{-2} \sqrt{\frac{V_h}{w}} = \frac{1}{53{,}17} \sqrt{\frac{V_h}{w}} \quad \text{und}$$

$d = \dfrac{1}{53{,}17} \sqrt{\dfrac{m_h}{w \varrho}} = 0{,}5947 \sqrt{\dfrac{\dot M}{w \varrho}}.$	$d = \dfrac{1}{53{,}17} \sqrt{\dfrac{G_h}{w \gamma}} = 0{,}5947 \sqrt{\dfrac{\dot G}{w \gamma}}.$

$$(307)$$

Wenn die Festwerte zu einer vierstelligen Zahl zusammengezogen sind, so heißt das nicht, daß eine solche zahlenmäßige Genauigkeit allgemein vertretbar wäre. Je nach der Genauigkeit, mit der die übrigen Größen bekannt sind, ist die Vorzahl abzurunden. Mit D als Rohrdurchmesser in mm gilt

$$D = \frac{1000}{53{,}17}\sqrt{\frac{V_h}{w}} = 18{,}81\sqrt{\frac{V_h}{w}} = \sqrt{353{,}7\,\frac{V_h}{w}}$$

$$D = 594{,}7\sqrt{\dot{M}\,\frac{v}{w}} \qquad\qquad D = 594{,}7\sqrt{\dot{G}\,\frac{v}{w}}$$

$$= 59{,}47\sqrt{\dot{M}\,\frac{(100v)}{w}} \qquad\qquad = 59{,}47\sqrt{\dot{G}\,\frac{(100v)}{w}} \qquad (308)$$

mit v in m³/kg gleich $\frac{1}{\varrho}$. $\qquad\qquad$ mit v in m³/kp gleich $\frac{1}{\gamma}$.

Schließlich erhält man die *mittlere Strömungsgeschwindigkeit* in m/s aus

$$w = 3{,}537\,\frac{V_h}{(100d)^2} = 353{,}7\,\frac{V_h}{D^2} \quad \text{und}$$

$$w = 353{,}7\,\frac{m_h}{\varrho\,D^2} \qquad\qquad w = 353{,}7\,\frac{G_h}{\gamma\,D^2}$$

$$= 1{,}273\,\frac{m_s}{\varrho\,d^2} \qquad\qquad = 1{,}273\,\frac{G_s}{\gamma\,d^2}$$

$$= \frac{1}{2827}\,\frac{m_h}{\varrho\,d^2} \qquad\qquad = \frac{1}{2827}\,\frac{G_h}{\gamma\,d^2}$$

$$= \frac{1}{2{,}827}\,\frac{\dot{M}\,v}{d^2} \qquad\qquad = \frac{1}{2{,}827}\,\frac{\dot{G}\,v}{d^2}$$

$$= \frac{1}{2{,}827}\,\frac{\dot{M}(100v)}{(10d)^2} \qquad\qquad = \frac{1}{2{,}827}\,\frac{\dot{G}(100v)}{(10d)^2}$$

$$= 3537\,\frac{\dot{M}(100v)}{D^2} \qquad\qquad = 3537\,\frac{\dot{G}(100v)}{D^2} \qquad (309)$$

V_h, ϱ bzw. γ, v und w beziehen sich auf denselben Zustand, beispielsweise auf Normzustand von 0 °C und 1,013 bar bzw. 760 Torr bzw. 1,0332 kp/cm² (Zeichen n) oder einen anderen

$$w_n = 353{,}7\,\frac{V_{hn}}{D^2} \quad \text{und} \quad D = 18{,}81\sqrt{\frac{V_{hn}}{w_n}} \qquad (310)$$

$$w_n = 353{,}7\,\frac{m_h}{\varrho_n D^2} \qquad\qquad w_n = 353{,}7\,\frac{G_h}{\gamma_n D^2}$$

$$D = 18{,}81\sqrt{\frac{m_h}{\varrho_n w_n}} \qquad\qquad D = 18{,}81\sqrt{\frac{G_h}{\gamma_n w_n}} \qquad (311)$$

Die zahlenmäßige Auswertung der Formeln mit dem Rechenschieber ist so einfach, daß sich Diagramme zur Auffindung des Zahlenwertes nicht lohnen. Wohl aber ist ein *Übersichtsdiagramm* wie Bild 166 zweckmäßig, an dem man die Stellenzahl nachprüfen kann. Wenn z. B. $D = 250$ mm und $w = 7$ m/s ist, so ergibt sich zahlenmäßig nach Gl. (302) V_h prop. $283 \cdot 25^2 \cdot 7$ prop. 124, und die Stellenzahl ist den Bild 166 gleich $V_h = 1240$ m³/h.

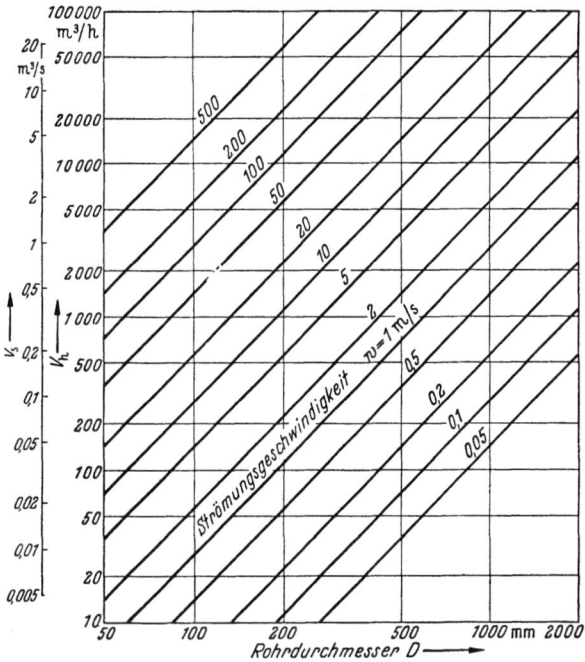

Bild 166. Übersichtsdiagramm zu $V_h = 3600 \, (\pi/4) \, (D/100)^2 \, w$

21. Beziehungen für tropfbare Flüssigkeiten

Bei Strömung durch Kreisrohre geht die allgemeine Druckabfallgleichung (87) in die Form (119) über, die gemäß den Gln. (118) und (129) für tropfbare Flüssigkeiten mit unveränderlicher Dichte/Wichte und gleichbleibender mittlerer Geschwindigkeit w mit

$$g \, \mathrm{d}h + \frac{\mathrm{d}P}{\varrho} = -\lambda_R \frac{1}{d} \frac{w^2}{2} \, \mathrm{d}l \qquad \bigg| \qquad \mathrm{d}h + \frac{\mathrm{d}P}{\gamma} = -\lambda_R \frac{1}{d} \frac{w^2}{2g} \, \mathrm{d}l$$

oder

$$g(h_1 - h_2) + \frac{P_1 - P_2}{\varrho} = \lambda_R \frac{l}{d} \frac{w^2}{2} \qquad \bigg| \qquad h_1 - h_2 + \frac{P_1 - P_2}{\gamma} = \lambda_R \frac{l}{d} \frac{w^2}{2g}$$
(312)

in m²/s² oder J/kg $\qquad\qquad\qquad$ in m Flüssigkeitssäule (FS)

III. Praktische Berechnung von Rohrleitungen

oder mit

$$g(h_1 - h_2)\varrho + P_1 - P_2 = \lambda_R \varrho \frac{l}{d} \frac{w^2}{2} \quad \bigg| \quad (h_1 - h_2)\gamma + P_1 - P_2 = \lambda_R \gamma \frac{l}{d} \frac{w^2}{2g} \tag{313}$$

in N/m² oder J/m³ $\quad\bigg|\quad$ in kp/m² oder mm WS

angegeben werden kann, wobei $l = l_2 - l_1$ ist[1].

Man kann daraus folgende *Gebrauchsformeln* entwickeln: **Grundaufgabe 1.** Gesucht ist der *Druckabfall*.

$$\begin{aligned}
P_1 - P_2 &= \lambda_R \varrho \frac{l}{d} \frac{w^2}{2} - (h_1 - h_2)\varrho g \\
&= 0{,}8103\, \lambda_R \varrho \frac{l}{d^5} V_s^2 - (h_1 - h_2)\varrho g \\
&= 625{,}3\, \lambda_R \varrho \frac{l}{(100 d)^5} V_h^2 \\
&\quad - (h_1 - h_2)\varrho g \\
&= 0{,}8103\, \lambda_R \frac{1}{\varrho} \frac{l}{d^5} m_s^2 \\
&\quad - (h_1 - h_2)\varrho g \\
&= 625{,}3\, \lambda_R \frac{1}{\varrho} \frac{l}{(100 d)^5} m_h^2 \\
&\quad - (h_1 - h_2)\varrho g \\
&= 625{,}3 \cdot 10^6 \lambda_R \frac{1}{\varrho} \frac{l}{(100 d)^5} \dot{M}^2 \\
&\quad - (h_1 - h_2)\varrho g
\end{aligned}
\quad
\begin{aligned}
P_1 - P_2 &= \lambda_R \gamma \frac{l}{d} \frac{w^2}{2g} - (h_1 - h_2)\gamma \\
&= 0{,}08263\, \lambda_R \gamma \frac{l}{d^5} V_s^2 - (h_1 - h_2)\gamma \\
&= 63{,}76\, \lambda_R \gamma \frac{l}{(100 d)^5} V_h^2 \\
&\quad - (h_1 - h_2)\gamma \\
&= 0{,}08263\, \lambda_R \frac{1}{\gamma} \frac{l}{d^5} G_s^2 \\
&\quad - (h_1 - h_2)\gamma \\
&= 63{,}76\, \lambda_R \frac{1}{\gamma} \frac{l}{(100 d)^5} G_h^2 \\
&\quad - (h_1 - h_2)\gamma \\
&= 63{,}76 \cdot 10^6 \lambda_R \frac{1}{\gamma} \frac{l}{(100 d)^5} \dot{G}^2 \\
&\quad - (h_1 - h_2)\gamma \tag{314}
\end{aligned}$$

in N/m² oder J/m³. $\qquad\qquad\quad$ in kp/m² oder mm WS.

Dabei gelten V_s in m³/s und V_h in m³/h und

m_s in kg/s, m_h in kg/h $\qquad\qquad G_s$ in kp/s, G_h in kp/h
und $\dot{M}$ in t/h $\qquad\qquad\qquad\qquad$ und $\dot{G}$ in Mp/h.

Die 5. Potenz beim Rohrdurchmesser besagt, daß ΔP stark anwächst, wenn d kleiner wird.

---

[1] Man könnte an sich in diesen Formeln überall λ für λ_R schreiben, denn $\lambda = \lambda_R + \lambda_B$ nach Gl. (116), und $\lambda_B = 0$ bei raumbeständiger Strömung. Um Irrtümer zu vermeiden, wird aber das Zeichen λ_R für die Widerstandszahl (durch Reibung bedingter Teil) beibehalten, schon deshalb, weil λ_R sowohl bei raumbeständiger als auch bei raumveränderlicher Strömung aus denselben Diagrammen zu entnehmen oder mit denselben Formeln zu berechnen ist.

Der zahlenmäßige Wert von Gl. (314) läßt sich gut mit dem Rechenschieber feststellen. Zur Erleichterung der Stellenrechnung zeichnet man sich wieder ein *Übersichtsdiagramm* wie z. B. Bild 167, in dem die Gleichung

$$\frac{\Delta P}{\gamma} = 63{,}76\, \lambda_R \frac{100}{(100d)^5}\, V_h^2$$

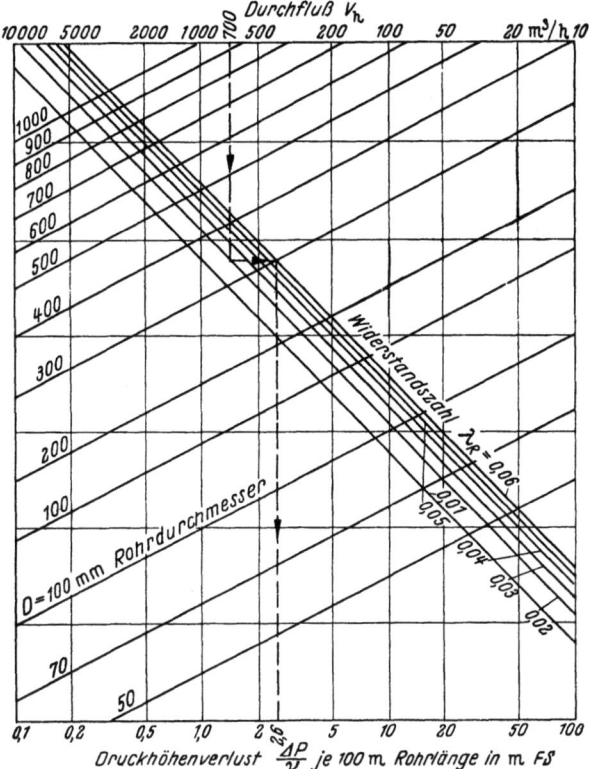

Bild 167. Übersichtsdiagramm zu Gl. (314c)

in m FS/100 m Rohr vertafelt wurde. Es ist folgendes Beispiel eingetragen: $V_h = 700 \text{ m}^3/\text{h}$, $\lambda_R = 0{,}02$ und $D = 300$ mm. Rechnerisch ergibt sich

$$\frac{\Delta P}{\gamma} \text{ prop. } 638 \cdot 2\, \frac{7^2}{3^5} \text{ prop. } 257.$$

Mit Bild 167 ergibt sich dann $\Delta P/\gamma = 2{,}57$ m FS/100 m Rohr.

Mit $\varrho/1000 = \varrho'$ in g/cm³ oder t/m³ bzw. $\gamma/1000 = \gamma'$ in p/cm³ oder Mp/m³ und D in mm findet man

$$P_1 - P_2 = 10^6\, \lambda_R\, \varrho'\, \frac{l}{D}\, \frac{w^2}{2} - (h_1 - h_2)\, \varrho'\, g \cdot 10^3 \qquad \Big|\qquad P_1 - P_2 = 10^6\, \lambda_R\, \gamma'\, \frac{l}{D}\, \frac{w^2}{2g} - (h_1 - h_2)\, \gamma' \cdot 10^3, \quad (315)$$

III. Praktische Berechnung von Rohrleitungen

und mit Gl. (305)

$$0{,}3537\, m_h = \varrho'\, w\, D^2 \quad | \quad 0{,}3537\, G_h = \gamma'\, w\, D^2$$

folgt

$$P_1 - P_2 = 62530\, \lambda_R \frac{1}{\varrho'} \frac{l}{D^5} m_h^2 - \quad | \quad P_1 - P_2 = 6376\, \lambda_R \frac{1}{\gamma'} \frac{l}{D^5} G_h^2 -$$

$$- (h_1 - h_2)\, \varrho'\, g \cdot 10^3 \quad | \quad - (h_1 - h_2)\, \gamma' \cdot 10^3.$$

in N/m² oder J/m³ $\quad | \quad$ in kp/m² oder mm WS. $\qquad$ (316)

Für den Druckabfall in bar bzw. at sind die Gleichungen mit 10^{-5} bzw. 10^{-4} zu vervielfachen. Zum Beispiel ist

$$p_1 - p_2 \quad | \quad p_1 - p_2$$

$$= 6253\, \lambda_R \frac{1}{\varrho} \frac{l}{(100 d)^5} \dot{M}^2 - \quad | \quad = 6376\, \lambda_R \frac{1}{\gamma} \frac{l}{(100 d)^5} \dot{G}^2 -$$

$$- (h_1 - h_2)\, \varrho\, g \cdot 10^{-5} \quad | \quad - (h_1 - h_2)\, \gamma \cdot 10^{-4}$$

$$= 0{,}6253\, \lambda_R \frac{1}{\varrho'} \frac{l}{D^5} m_h^2 - \quad | \quad = 0{,}6376\, \lambda_R \frac{1}{\gamma'} \frac{l}{D^5} G_h^2 -$$

$$- \frac{1}{10} (h_1 - h_2)\, \varrho'\, g \cdot 10^{-2} \quad | \quad - \frac{1}{10} (h_1 - h_2)\, \gamma'$$

$$= 625{,}3\, \lambda_R \frac{1}{\varrho'} \frac{L}{D^5} m_h^2 - \quad | \quad = 637{,}6\, \lambda_R \frac{1}{\gamma'} \frac{L}{D^5} G_h^2 -$$

$$- \frac{1}{10} (h_1 - h_2)\, \varrho'\, g \cdot 10^{-2} \quad | \quad - \frac{1}{10} (h_1 - h_2)\, \gamma' \qquad (317)$$

mit L in km.

Grundaufgabe 2. Gesucht ist der *Durchfluß*. Man setzt wieder

$$g \frac{h_1 - h_2}{l} + \frac{P_1 - P_2}{\varrho\, l} = J \quad | \quad \frac{h_1 - h_2}{l} + \frac{P_1 - P_2}{\gamma\, l} = J$$

gemäß Gl. (88). Dann ist nach Gl. (117) z. B.:

$$w = 1{,}414 \sqrt{\frac{J d}{\lambda_R}} \quad | \quad w = 4{,}429 \sqrt{\frac{J d}{\lambda_R}}$$

$$V_s = 1{,}111\, d^2 \sqrt{\frac{J d}{\lambda_R}} \quad | \quad V_s = 3{,}479\, d^2 \sqrt{\frac{J d}{\lambda_R}}$$

$$m_h = 1{,}265\, D^2 \sqrt{\frac{\varrho'\, D}{\lambda_R\, l}} \times \quad | \quad G_h = 1{,}252\, D^2 \sqrt{\frac{\gamma'\, D}{\lambda_R\, l}} \times$$

$$\times \sqrt{p_1 - p_2 + \frac{1}{10}(h_1 - h_2)\, \varrho'\, g \cdot 10^{-2}} \quad | \quad \times \sqrt{p_1 - p_2 + \frac{1}{10}(h_1 - h_2)\, \gamma'}$$

Grundaufgabe 3. Gesucht ist der *Rohrdurchmesser*.

$$d = 0{,}5 \lambda_R \frac{w^2}{J}$$
$$= 0{,}9589 \sqrt[5]{\lambda_R} \sqrt[5]{\frac{V_s^2}{J}};$$
$$100 d = 3{,}626 \sqrt[5]{\lambda_R} \sqrt[5]{\frac{V_h^2}{J}};$$
$$D = 500 \lambda_R \frac{w^2}{J}$$
$$= 958{,}9 \sqrt[5]{\lambda_R} \sqrt[5]{\frac{V_s^2}{J}}$$
$$= 36{,}26 \sqrt[5]{\lambda_R} \sqrt[5]{\frac{V_h^2}{J}}$$
$$= 958{,}9 \sqrt[5]{\lambda_R} \sqrt[5]{\frac{m_s^2}{\varrho^2 J}}$$
$$= 574{,}4 \sqrt[5]{\lambda_R} \sqrt[5]{\frac{\dot{M}^2}{\varrho^2 J}}$$

$$d = 0{,}05097 \lambda_R \frac{w^2}{J}$$
$$= 0{,}6073 \sqrt[5]{\lambda_R} \sqrt[5]{\frac{V_s^2}{J}};$$
$$100 d = 2{,}296 \sqrt[5]{\lambda_R} \sqrt[5]{\frac{V_h^2}{J}};$$
$$D = 50{,}97 \lambda_R \frac{w^2}{J}$$
$$= 607{,}3 \sqrt[5]{\lambda_R} \sqrt[5]{\frac{V_s^2}{J}}$$
$$= 22{,}96 \sqrt[5]{\lambda_R} \sqrt[5]{\frac{V_h^2}{J}}$$
$$= 607{,}3 \sqrt[5]{\lambda_R} \sqrt[5]{\frac{G_s^2}{\gamma^2 J}}$$
$$= 363{,}8 \sqrt[5]{\lambda_R} \sqrt[5]{\frac{\dot{G}^2}{\gamma^2 J}}. \quad (319)$$

Bei den Formeln (318) und (319) ist zu berücksichtigen, daß mit $\lambda_R = f(Re, d/k)$ Geschwindigkeit w und Rohrdurchmesser d implizit enthalten sind. Es empfehlen sich zeichnerische Lösungen, auf die später für besondere Anwendungsfälle hingewiesen wird, siehe S. 328 und S. 378. Wenn man eine genügend annähernde Gleichung $w = f(d, \varrho, \nu, k)$ bzw. $w = f(d, \gamma, \nu, k)$ aufstellen kann, so lassen sich die Gln. (318) und (319) auch vertafeln. Derartige Hilfsmittel sind für Überschlagsrechnungen notwendig, wie für Wasser- oder Dampfleitungen. Es sollte aber immer angegeben werden, wie groß die Abweichungen gegenüber der genauen Rechnung sind.

22. Beziehungen für Gase und Dämpfe[1]

Bei der Strömung von Gasen und Dämpfen kann die Höhenänderung fast immer vernachlässigt werden ($dh \approx 0$). Wenn der statische Druck nur wenig im Verhältnis zum absoluten statischen Druck selbst, $\Delta P/P$, abnimmt, läßt sich die Strömung mit Annäherung als raumbeständig ansehen.

22.1 Bei verhältnismäßig großem Druckabfall

Aus der allgemeinen Gl. (119)

$$\frac{dP}{\varrho} = -(\lambda_R + \lambda_B) \frac{1}{d} \frac{w^2}{2} dl \quad \Big| \quad \frac{dP}{\gamma} = -(\lambda_R + \lambda_B) \frac{1}{d} \frac{w^2}{2g} dl$$

---
[1] Siehe hierzu S. 66 ff.

erhält man für den gewöhnlichen Fall der *isothermen Strömung* gemäß den Gln. (137) und (138)

$$\frac{P_1^2 - P_2^2}{2P_n} = \lambda_R \varrho_n \frac{T}{T_n} \frac{l}{d} \frac{w_n^2}{2}, \quad \Big| \quad \frac{P_1^2 - P_2^2}{2P_n} = \lambda_R \gamma_n \frac{T}{T_n} \frac{l}{d} \frac{w_n^2}{2g}, \quad (320)$$

wobei n mit $P_n \varrho_n w_n^2/T_n = \text{const}$ bzw. $P_n \gamma_n w_n^2/T_n = \text{const}$ auf einen beliebigen Zustand des Gases hindeutet. Dadurch, daß erst Änderungen der mechanischen Energie um 4187 J bzw. um 427 kpm einer Änderung der inneren Energie um 1 kcal äquivalent sind, gehen Strömungsvorgänge im technisch üblichen Bereich bei *praktisch gleichbleibender Temperatur* vor sich, siehe S. 73. Das Beschleunigungsglied λ_B ist in Gl. (320) gleich Null gesetzt. Man kann die *Beschleunigungsarbeit* in der Form

$$\lambda_R + \lambda_B = \lambda_R \left(1 + \frac{\lambda_B}{\lambda_R}\right) \quad (321)$$

durch einen Korrekturfaktor berücksichtigen, siehe Abschnitt 23.

Für $n = 1$ (Anfangszustand) und $T = T_1 = T_2$ lautet Gl. (320)

$$P_1^2 - P_2^2 = 2\lambda_R P_1 \varrho_1 \frac{l}{d} \frac{w_1^2}{2} = 2P_1 \Delta P_1 \quad \Big| \quad P_1^2 - P_2^2 = 2\lambda_R P_1 \gamma_1 \frac{l}{d} \frac{w_1^2}{2g} = 2P_1 \Delta P_1 \quad (322)$$

oder

$$P_1 - P_2 = \Delta P_1 \frac{P_1}{P_m} \quad \text{mit} \quad P_m = \frac{P_1 + P_2}{2}, \quad (323)$$

wobei ΔP_1 den Druckabfall bedeutet, der bei raumbeständiger Strömung vom Anfangszustand 1 (P_1, ϱ_1 bzw. γ_1, w_1) nach den Gln. (129) und (312) bis (317) entstehen würde. Man erhält aus Gl. (322)

$$\frac{P_1 - P_2}{P_1} = 1 - \sqrt{1 - 2\frac{\Delta P_1}{P_1}}. \quad (324)$$

ΔP_1 ist verhältnismäßig einfach zu berechnen. Der Ausdruck $(P_1 - P_2)/P_1$ bei raumveränderlicher Strömung kann aus einem Diagramm $(P_1 - P_2)/P_1$ über $\Delta P_1/P_1$ entnommen werden[1].

Ist der Endzustand ($n = 2$) bei $T = T_1 = T_2$ gegeben, so gilt entsprechend

$$P_1^2 - P_2^2 = 2\lambda_R P_2 \gamma_2 \frac{l}{d} \frac{w_2^2}{2g} = 2P_2 \Delta P_2$$

oder

$$P_1 - P_2 = \Delta P_2 \frac{P_2}{P_m}. \quad (325)$$

---

[1] SCHMIDT, D.: Die Druckabfallberechnung für kompressible Medien. Rohre. Rohrleitungsbau·Rohrtransport, Heft 2 (1966) S. 84 bis 86. Siehe auch H. HIEDL: Zur Berechnung des Druckabfalls in langen Rohrleitungen bei expandierenden Medien. Maschinenbau u. Wärmewirtsch. Bd. 10 (1955) S. 275/276.

22. Beziehungen für Gase und Dämpfe

Die Gln. (322) bis (325) eignen sich zur Anfertigung zeichnerischer Hilfsmittel, auch zur Anwendung von Diagrammen wie Bild 167 für expandierende Strömungen.

Aus Gl. (322) lassen sich z. B. folgende *Gebrauchsformeln* entwickeln:
Grundaufgabe 1. Gesucht ist der *Druckabfall*. Mit Gl. (139) ist

$$P_1 - P_2 = P_1 \left[1 - \sqrt{1 - 2\lambda_R \frac{\varrho_1}{P_1} \frac{l}{d} \frac{w_1^2}{2}}\right]$$

$$= P_1 \left[1 - \sqrt{1 - 1{,}621\lambda_R \frac{\varrho_1}{P_1} \frac{l}{d^5} V_{s1}^2}\right]$$

$$= P_1 \left[1 - \sqrt{1 - 1251\lambda_R \frac{\varrho_1}{P_1} \frac{l}{(100d)^5} V_{h1}^2}\right]$$

$$= P_1 \left[1 - \sqrt{1 - 1{,}621\lambda_R \frac{1}{\varrho_1 P_1} \frac{l}{d^5} m_s^2}\right]$$

$$= P_1 \left[1 - \sqrt{1 - 1251\lambda_R \frac{1}{\varrho_1 P_1} \frac{l}{(100d)^5} m_h^2}\right]$$

in N/m² oder J/m³.

$$P_1 - P_2 = P_1 \left[1 - \sqrt{1 - 2\lambda_R \frac{\gamma_1}{P_1} \frac{l}{d} \frac{w_1^2}{2g}}\right]$$

$$= P_1 \left[1 - \sqrt{1 - 0{,}1653\lambda_R \frac{\gamma_1}{P_1} \frac{l}{d^5} V_{s1}^2}\right]$$

$$= P_1 \left[1 - \sqrt{1 - 127{,}5\lambda_R \frac{\gamma_1}{P_1} \frac{l}{(100d)^5} V_{h1}^2}\right]$$

$$= P_1 \left[1 - \sqrt{1 - 0{,}1653\lambda_R \frac{1}{\gamma_1 P_1} \frac{l}{d^5} G_s^2}\right]$$

$$= P_1 \left[1 - \sqrt{1 - 127{,}5\lambda_R \frac{1}{\gamma_1 P_1} \frac{l}{(100d)^5} G_h^2}\right]$$

in kp/m² oder mm WS. (326)

Die Wurzel ist positiv zu nehmen, weil $P_1 - P_2$ nicht größer als P_1 sein kann. Da nach Gl. (138) bei einer anderen Temperatur T_n als $T = T_1 = T_2$ (beliebiger anderer Zustand n des Gases)

$$P\varrho w^2 = P_1\varrho_1 w_1^2 = P_n\varrho_n w_n^2 T/T_n \quad | \quad P\gamma w^2 = P_1\gamma_1 w_1^2 = P_n\gamma_n w_n^2 T/T_n$$

ist, und

$$P\varrho V^2 = P_1\varrho_1 V_1^2 = P_n\varrho_n V_n^2 T/T_n \quad | \quad P\gamma V^2 = P_1\gamma_1 V_1^2 = P_n\gamma_n V_n^2 T/T_n$$

und

$$\frac{P}{\varrho} = \frac{P_1}{\varrho_1} = \frac{P_n}{\varrho_n} \frac{T}{T_n} \quad \bigg| \quad \frac{P}{\gamma} = \frac{P_1}{\gamma_1} = \frac{P_n}{\gamma_n} \frac{T}{T_n}$$

ist, gilt für einen beliebigen Zustand n z. B.

$$P_1 - P_2 = P_1 \left[1 - \sqrt{1 - 1251 \lambda_R \frac{1}{P_1^2} \varrho_n P_n \frac{T}{T_n} \frac{l}{(100d)^5} V_{hn}^2} \right]$$

$$P_1 - P_2 = P_1 \left[1 - \sqrt{1 - 127{,}5 \lambda_R \frac{1}{P_1^2} \gamma_n P_n \frac{T}{T_n} \frac{l}{(100d)^5} V_{hn}^2} \right] \quad (327)$$

oder mit p in bar

oder mit p in at,

$$p_1 - p_2 = p_1 \left[1 - \sqrt{1 - 1251 \lambda_R \frac{1}{p_1^2} \varrho_n p_n \frac{T}{T_n} \frac{l}{D^5} V_{hn}^2} \right]$$

$$p_1 - p_2 = p_1 \left[1 - \sqrt{1 - 1275 \lambda_R \frac{1}{p_1^2} \gamma_n p_n \frac{T}{T_n} \frac{l}{D^5} V_{hn}^2} \right] \quad (328)$$

mit D in mm. Für den Anfangszustand 1 ist z. B.

$$p_1 - p_2 = p_1 \times \left[1 - \sqrt{1 - 1251 \lambda_R \frac{1}{p_1 \varrho_1} \frac{l}{D^5} m_h^2} \right]$$

$$p_1 - p_2 = p_1 \times \left[1 - \sqrt{1 - 1275 \lambda_R \frac{1}{p_1 \varrho_1} \frac{l}{D^5} G_h^2} \right]$$

oder, wenn der Enddruck p_2 gegeben ist,

$$p_1 - p_2 = p_2 \times \left[\sqrt{1 + 1251 \lambda_R \frac{1}{p_2 \gamma_2} \frac{l}{D^5} m_h^2} - 1 \right].$$

$$p_1 - p_2 = p_2 \times \left[\sqrt{1 + 1275 \lambda_R \frac{1}{p_2 \gamma_2} \frac{l}{D^5} G_h^2} - 1 \right]. \quad (329)$$

Bei langen Gasleitungen kann es sich empfehlen, L in km ($= l/1000$) zu nehmen. Rechnet man auf den Normzustand n (0 °C, 1013 bar bzw. 1,033 at) um und setzt man

$$\varrho_n = \varrho_{nL} d_v \qquad \qquad \gamma_n = \gamma_{nL} d_v$$

mit $\varrho_{nL} = 1{,}293 \text{ kg/m}_n^3$ \qquad mit $\gamma_{nL} = 1{,}293 \text{ kp/m}_n^3$

(Zeiger L für Luft) und dem Dichteverhältnis d_v (relative Masse, Luft $= 1$) gemäß Gl. (21) und Zahlentafel 37 oder

$$\varrho = \varrho_n \frac{T_n}{T} = \varrho_{nL} d_v \frac{T_n}{T} \qquad \qquad \gamma = \gamma_n \frac{T_n}{T} = \gamma_{nL} d_v \frac{T_n}{T}$$

bei gleichem Druck von annähernd P_n aber anderer als Normtemperatur T_n, so findet man aus Gl. (320)

$$\frac{p_1^2 - p_2^2}{L} = 0{,}02 \lambda_R p_n \varrho_n \frac{T}{T_n} \frac{1}{d} \frac{w_n^2}{2} \quad \bigg| \quad \frac{p_1^2 - p_2^2}{L} = 0{,}2 \lambda_R p_n \gamma_n \frac{T}{T_n} \frac{1}{d} \frac{w_n^2}{2g}$$

das ist bei $T = T_n$ gleich

$$\frac{p_1^2 - p_2^2}{L} = 16{,}39 \frac{d_v \lambda_R}{(100d)^5} V_{hn}^2 \quad \bigg| \quad \frac{p_1^2 - p_2^2}{L} = 17{,}04 \frac{d_v \lambda_R}{(100d)^5} V_{hn}^2$$

$$= 9{,}803 \frac{\lambda_R}{(100d)^5 d_v} m_h^2 \quad \bigg| \quad = 10{,}19 \frac{\lambda_R}{(100d)^5 d_v} G_h^2 \quad (330)$$

in bar²/km, \qquad\qquad in at²/km.

22. Beziehungen für Gase und Dämpfe

Bei $T \neq T_n$ gilt das T/T_n fache, siehe die Gln. (138) und (331) bis (336). Gl. (330) gilt für beliebige Drücke, solange das Gasgesetz $Pv = RT$ erfüllt ist.

Man kann nun in derselben Weise wie Bild 167 Übersichtsdiagramme entwerfen. Zweckmäßiger sind Diagramme, auf besondere Anwendungsfälle abgestellt, wie die Bilder 212 und 215, um die Zahl der Veränderlichen zu verringern.

Grundaufgabe 2. Gesucht ist der *Durchfluß*. Es ist

$$V_{sn} = \frac{\pi}{4}\sqrt{\frac{2}{2\lambda_R}\frac{R_L}{T_n}\frac{T_n}{p_n}}\sqrt{\frac{d^5(p_1^2 - p_2^2)}{d_v l}} \quad \Big| \quad V_{sn} = \frac{\pi}{4}\sqrt{\frac{2g}{2\lambda_R}\frac{R_L}{T_n}\frac{T_n}{p_n}}\sqrt{\frac{d^5(p_1^2 - p_2^2)}{d_v l}} \quad (331)$$

in m_n^3/s, wenn die Temperatur des Stromes $T = T_n = 273\,°K$ ist. Für den allgemeinen Fall, daß $T \neq T_n$ ist, gilt wegen

$$\frac{wP}{T} = \frac{w_n P_n}{T_n}$$

die Beziehung

$$V_{sn} = \frac{\pi}{4}\sqrt{\frac{2}{2\lambda_R}\frac{R_L}{T}\frac{T_n}{p_n}}\sqrt{\frac{d^5(p_1^2 - p_2^2)}{d_v l}} \quad \Big| \quad V_{sn} = \frac{\pi}{4}\sqrt{\frac{2g}{2\lambda_R}\frac{R_L}{T}\frac{T_n}{p_n}}\sqrt{\frac{d^5(p_1^2 - p_2^2)}{d_v l}}. \quad (332)$$

Mit $T_n = 273\,°K$ und

$R_L = 287{,}0$ J/kg grd	$R_L = 29{,}27$ kp m/kp grd
$p_n = 1{,}013$ bar	$p_n = 1{,}033$ at

folgt

$$V_{sn} = \frac{217{,}0}{\sqrt{\lambda_R}}\sqrt{\frac{d^5(p_1^2 - p_2^2)}{d_v l}} \quad \Big| \quad V_{sn} = \frac{212{,}8}{\sqrt{\lambda_R}}\sqrt{\frac{d^5(p_1^2 - p_2^2)}{d_v l}} \quad (333)$$

bei $T \approx T_n$ in m_n^3/s und

$$V_{hn} = \frac{7{,}811}{\sqrt{\lambda_R}}\sqrt{\frac{(100d)^5(p_1^2 - p_2^2)}{d_v l}} \quad \Big| \quad V_{hn} = \frac{7{,}661}{\sqrt{\lambda_R}}\sqrt{\frac{(100d)^5(p_1^2 - p_2^2)}{d_v l}} \quad (334)$$

bei $T \approx T_n$ in m_n^3/h. Ferner ist

$$V_{sn} = \frac{3585}{\sqrt{\lambda_R}}\sqrt{\frac{d^5(p_1^2 - p_2^2)}{T d_v l}} \quad \Big| \quad V_{sn} = \frac{3516}{\sqrt{\lambda_R}}\sqrt{\frac{d^5(p_1^2 - p_2^2)}{T d_v l}} \quad (335)$$

bei $T \neq T_n$ in m_n^3/s oder

$$V_{hn} = \frac{129{,}1}{\sqrt{\lambda_R}}\sqrt{\frac{(100d)^5(p_1^2 - p_2^2)}{T d_v l}} \quad \Big| \quad V_{hn} = \frac{126{,}6}{\sqrt{\lambda_R}}\sqrt{\frac{(100d)^5(p_1^2 - p_2^2)}{T d_v l}} \quad (336)$$

bei $T \neq T_n$ in m³$_n$/h. Rechnet man mit L in km statt l in m, so werden die Vorzahlen

0,2470	0,2423 bei	(334)
4,082	4,002 bei	(336)

Die mittlere Strömungsgeschwindigkeit ergibt sich zu

$$w_n = \frac{276{,}3}{\sqrt{\lambda_R}} \sqrt{\frac{d(p_1^2 - p_2^2)}{d_v l}} \quad \Big| \quad w_n = \frac{271{,}0}{\sqrt{\lambda_R}} \sqrt{\frac{d(p_1^2 - p_2^2)}{d_v l}} \quad (337)$$

bei $T \approx T_n$ und schließlich

$$w_n = \frac{4565}{\sqrt{\lambda_R}} \sqrt{\frac{d(p_1^2 - p_2^2)}{T d_v l}} \quad \Big| \quad w_n = \frac{4477}{\sqrt{\lambda_R}} \sqrt{\frac{d(p_1^2 - p_2^2)}{T d_v l}} \quad (338)$$

bei $T \neq T_n$. Mit L in km statt l in m heißen die Vorzahlen

8,737	8,568 bei	(337)
144,4	141,6 bei	(338)

Zu bemerken ist, daß w_n in λ_R und damit implizit enthalten ist.

Grundaufgabe 3. Gesucht ist der *Rohrdurchmesser*. Man findet bei $T \approx T_n$ für d in m und D in mm

$$d = 1{,}310 \cdot 10^{-5} \lambda_R \frac{w_n^2 d_v l}{p_1^2 - p_2^2} \quad \Big| \quad d = 1{,}362 \cdot 10^{-5} \lambda_R \frac{w_n^2 d_v l}{p_1^2 - p_2^2}$$

$$d = 1310 \lambda_R \frac{w_n^2 d_v l}{P_1^2 - P_2^2} \quad \Big| \quad d = 1362 \lambda_R \frac{w_n^2 d_v l}{P_1^2 - P_2^2}$$

$$D = 13{,}10 \lambda_R \frac{w_n^2 d_v L}{p_1^2 - p_2^2} \quad \Big| \quad D = 13{,}62 \lambda_R \frac{w_n^2 d_v L}{p_1^2 - p_2^2}. \quad (339)$$

Ferner ist

$$D = 4{,}395 \sqrt[5]{\lambda_R} \sqrt[5]{\frac{d_v l}{p_1^2 - p_2^2} V_{hn}^2} \quad \Big| \quad D = 4{,}429 \sqrt[5]{\lambda_R} \sqrt[5]{\frac{d_v l}{p_1^2 - p_2^2} V_{hn}^2} \quad (340)$$

bei $T \approx T_n$ und

$$D = 1{,}431 \sqrt[5]{\lambda_R} \sqrt[5]{\frac{T d_v l}{p_1^2 - p_2^2} V_{hn}^2} \quad \Big| \quad D = 1{,}442 \sqrt[5]{\lambda_R} \sqrt[5]{\frac{T d_v l}{p_1^2 - p_2^2} V_{hn}^2} \quad (341)$$

bei $T \neq T_n$. Wenn L in km statt l in m eingesetzt wird, so ist die Vorzahl

17,50	17,63 bei	(340)
5,697	5,742 bei	(341)

Diese Beziehungen gelten für Gase. Man kann sie auf die Strömung von Dämpfen mit um so besserer Annäherung anwenden, je größer die Überhitzung ist. Bei schwacher Überhitzung benutzt man besser ein i, s-Diagramm. Über Strömung mit erheblichem Wärmeaustausch siehe S. 83, und S. 90, ferner die Beispiele 34 bis 36 und 39, S. 386ff.

22.2 Bei verhältnismäßig geringem Druckabfall

Bei schwachem Druckabfall, wie z. B. in Verteilungsnetzen für Stadtgas, kann man meist Geschwindigkeit w und Dichte ϱ bzw. Wichte γ als unveränderlich ansehen, siehe S. 70. Man führt den mittleren Leitungsdruck $p_m = (p_1 + p_2)/2$ ein und erhält z. B. mit Gl. (330) über

$$\frac{(p_1 - p_2)(p_1 + p_2)}{2L} = \frac{p_1 - p_2}{L} p_m \qquad (342)$$

$$= \frac{P_1 - P_2}{100\,l} p_m \qquad \bigg| \qquad = \frac{P_1 - P_2}{10\,l} p_m$$

die einfachere Form

$$\frac{P_1 - P_2}{l} = \lambda_R \frac{p_n}{p_m} \frac{\varrho_n}{d} \frac{w_n^2}{2} \quad \bigg| \quad \frac{P_1 - P_2}{l} = \lambda_R \frac{p_n}{p_m} \frac{\gamma_n}{d} \frac{w_n^2}{2g}$$

$$= 625{,}3 \lambda_R \frac{p_n}{p_m} \frac{\varrho_n V_{hn}^2}{(100d)^5} \quad \bigg| \quad = 63{,}76 \lambda_R \frac{p_n}{p_m} \frac{\gamma_n V_{hn}^2}{(100d)^5}$$

in N/m² je m, $\qquad\qquad\qquad\bigg|\qquad$ in kp/m² je m. $\qquad$ (343)

Zur Umrechnung gilt

$$\frac{P_1 - P_2}{l} \frac{p_m}{p_n} = \frac{50}{1{,}013} \frac{p_1^2 - p_2^2}{L} \quad \bigg| \quad \frac{P_1 - P_2}{l} \frac{p_m}{p_n} = \frac{5}{1{,}033} \frac{p_1^2 - p_2^2}{L}$$

$$= 49{,}35 \frac{p_1^2 - p_2^2}{L} \qquad\quad \bigg| \qquad = 4{,}839 \frac{p_1^2 - p_2^2}{L}. \quad (344)$$

Mit $p_m \approx p_n$ gelten praktisch die für Flüssigkeiten aufgestellten Beziehungen. Im übrigen sind die Gleichungen mit p_n/p_m zu erweitern.

23. Einfluß des Beschleunigungsgliedes

Das Beschleunigungsglied λ_B, das wegen der Ausdehnung bei fallendem statischem Druck bei der Strömung von Gasen und Dämpfen zu berücksichtigen ist, kann für isotherme Zustandsänderung mit Gl. (136) ermittelt werden. Dabei ist zu Gl. (321)

$$\frac{\lambda_R}{\lambda_R} = f(R, T, w, \xi).$$

Wenn man auch für den Energiebeiwert ξ genügend genau einen mittleren Betrag einsetzen kann, so bleiben doch für ein allgemeines Diagramm noch drei Veränderliche übrig. Es empfiehlt sich daher, spezielle Diagramme für jede Gassorte zu verwenden, in welchen $\lambda_B/\lambda_R = f(T, w)$ dargestellt werden kann, siehe S. 353 und 379.

24. Überschlagsformeln

In den genauen Formeln der Abschnitte 21 und 22 ist die Widerstandszahl λ_R noch unbekannt. Praktische Angaben hierüber befinden sich im Abschnitt 27. Für Überschlagsrechnungen genügen einfache Annahmen mit festen Werten von

$$\lambda_R = 0{,}05;\ 0{,}04;\ 0{,}03;\ 0{,}025;\ 0{,}02;\ 0{,}015.$$

Wenn man einen Überblick über die ganze Rechnung gewonnen hat, kann man das Ergebnis mittels der genauen Formeln verbessern. Es ist zu berücksichtigen, daß man für die Strömung von Gasen und Dämpfen, raumbeständig vom Anfangszustand gerechnet, wegen der Beschleunigung zu kleine Druckverluste ermittelt.

Zahlentafel 21. *Zahlenwerte*[1] *für die Überschlagsformeln Gl.* (345)

λ_R	0,05	0,04	0,03	λ_R	0,05	0,04	0,03
A	4080	3270	2450	A	416	333	250
B	31,5	25,1	18,88	B	3,21	2,57	1,925
C	2,50	2,00	1,500	C	0,255	0,204	0,1530
D	22,2	17,72	13,29	D	2,26	1,807	1,355
E	52,7	50,4	47,6	E	33,4	32,0	30,2
F	1,991	1,904	1,797	F	1,261	1,207	1,139
G	112,9	112,9	112,9	G	112,9	112,9	112,9
H	0,633	0,708	0,817	H	1,981	2,22	2,56
I	127,3	127,3	127,3	I	127,3	127,3	127,3
K	4,59	5,02	5,64	K	11,45	12,51	14,04
L	15,71	17,56	20,3	L	49,2	55,0	63,6
M	491	315	177	M	5,11	3,27	1,833

λ_R	0,025	0,02	0,015	λ_R	0,025	0,02	0,015
A	2040	1631	1224	A	208	166,4	124,5
B	15,74	12,59	9,44	B	1,605	1,284	0,963
C	1,250	1,000	0,750	C	0,1275	0,1020	0,0765
D	11,08	8,86	6,65	D	1,130	0,904	0,678
E	45,9	43,9	41,4	E	29,1	27,8	26,3
F	1,733	1,657	1,565	F	1,098	1,050	0,992
G	112,9	112,9	112,9	G	112,9	112,9	112,9
H	0,895	1,000	1,155	H	2,81	3,14	3,62
I	127,3	127,3	127,3	I	127,3	127,3	127,3
K	6,06	6,63	7,43	K	15,10	16,51	18,48
L	22,3	24,9	28,7	L	69,6	77,8	89,9
M	122,8	78,6	44,2	M	1,274	0,816	0,464

[1] 3. Zahl erhöht, wenn 4. Zahl 0. Im Bereich 1. Zahl zwischen 1 und 2 gilt das sinngemäß für die 4. Zahl (Zahl außer Null).

24. Überschlagsformeln

Für *Flüssigkeiten* gilt mit dem Leitungsgefälle

$$J = g\frac{h_1 - h_2}{l} + \frac{P_1 - P_2}{\varrho\, l} \qquad\Big|\qquad J = \frac{h_1 - h_2}{l} + \frac{P_1 - P_2}{\gamma\, l},$$

oder für annähernd waagerechte Leitungen mit

$$J = \frac{P_1 - P_2}{\varrho\, l} \qquad\Big|\qquad J = \frac{P_1 - P_2}{\gamma\, l}$$

als Verlust an potentieller Energie je Mengeneinheit und je lfd. m Rohr | als Druckhöhenverlust in m Flüssigkeitssäule je lfd. m Rohr

$$\left.\begin{aligned}
J &= A\,\frac{V_s^2}{(10d)^5} = B\,\frac{V_h^2}{(100d)^5} = C\,\frac{w^2}{(100d)} = D\cdot 10^{-3}\sqrt{\frac{w^5}{V_s}}\,;\\
100\,d &= E\,\sqrt[5]{\frac{V_s^2}{J}} = F\,\sqrt[5]{\frac{V_h^2}{J}} = C\,\frac{w^2}{J} = G\,\sqrt{\frac{V_s}{w}}\,;\\
w &= H\,\sqrt{(100d)\,J} = I\,\frac{V_s}{(10d)^2} = K\,\sqrt[5]{V_s\,J^2}\,;\\
V_s &= L\cdot 10^{-3}\sqrt{(10d)^5\,J} = \frac{1}{I}\,(10d)^2\,w = M\cdot 10^{-6}\,\frac{w^5}{J^2}.
\end{aligned}\right\} \quad (345)$$

Die Zahlenwerte für $A \ldots M$ stehen in Zahlentafel 21.

Für *Gase und Dämpfe* kann man dieselben Gleichungen anwenden. Dabei ist der Verlust an Druckhöhe im Technischen Maßsystem

$$\frac{\Delta P}{\gamma} = J\,l \quad \text{in m}$$

und der Druckabfall selbst

$$\Delta P = \gamma\,J\,l \quad \text{in kp/m}^2 \text{ oder mm WS}.$$

Für $\lambda_R \approx 0{,}02$ ergeben sich die bekannten einfachen Überschlagsformeln

$$\Delta p = \frac{w^2}{(100v)\,D}\,\text{in at/100 m} \tag{346}$$

mit $v = 1/\gamma$ in m³/kp und D in mm, ferner

$$\Delta P = \frac{1}{8}\,\frac{V_h^2}{(100v)\,(10d)^5} \tag{347}$$

und

$$\Delta P = 1{,}25\,\frac{(100v)}{(100d)^5}\,G_h^2 \tag{348}$$

und

$$\Delta P = 1{,}25\,\frac{(100v)}{(100d)^5}\,\dot{G}^2 \tag{349}$$

in mm WS/100 m mit G_h in kp/h und $\dot{G}$ in Mp/h.

III.3 Allgemeine Berechnungsunterlagen

25. Zahlentafeln für Dichte und Viskosität

25.1 Allgemeines

Die folgenden Zahlentafeln, deren Herkunft nicht aus besonderen Angaben hervorgeht, wurden nach den Physikalisch-Chemischen Tabellen von LANDOLT und BÖRNSTEIN (Berlin)[1] aufgestellt. Alle Einzelwerte sind im SI und im Technischen Maßsystem angegeben[2,3].

Die besonders bei Gasen häufig erheblich streuenden Versuchspunkte wurden durch Kurven ausgeglichen und die nicht mit diesen Versuchspunkten zusammenfallenden Temperaturen oder Drücke durch Kurven interpoliert. Die Zahlenwerte gelten, wenn nicht anders vermerkt ist, bei Normdruck, also $p_n = 1$ atm $= 760$ Torr $= 1,033$ at $= 1,013$ bar. Die Viskosität (Zähigkeit) nimmt Einfluß bei der Strömung von Flüssigkeiten, Gasen und Dämpfen in Rohrleitungen. Der Strömungswiderstand kann wie vorbeschrieben unter Ansatz von Widerstandszahlen (λ_R) und Widerstandsbeiwerten (ζ) berechnet werden. Diese Größen hängen nach der Ähnlichkeitsmechanik von der Reynolds-Zahl $Re = w\,d/\nu$ der Rohrströmung ab. Die maßgebende Stoffgröße ν, die kinematische Viskosität, ergibt sich aus der dynamischen Viskosität η über $\nu = \eta/\varrho = \eta\,g/\gamma$. Um Mißverständnisse zu vermeiden, soll der Zusatz „dynamisch" oder „kinematisch" nicht weggelassen werden.

Bei *Flüssigkeiten*[4] ist die dynamische Viskosität im Anwendungsbereich fast unabhängig vom Druck, ebenso die Dichte. Die Viskosität richtet sich praktisch nur nach der Temperatur und wird deshalb genau genug für alle vorkommenden

---

[1] LANDOLT-BÖRNSTEIN: Zahlenwerte und Funktionen, 6. Aufl. IV. Bd., Technik 1. Teil, Berlin/Göttingen/Heidelberg: Springer 1955, S. 585ff.

[2] Dabei ist zu beachten: Früher bezeichnete man in der Physik mit dynamischer Viskosität η eine Größe in dyn s/cm², bestimmt durch diejenige (Schub-) Kraft in Dyn (dyn), die erforderlich ist, um zwei parallele Platten, zwischen welchen sich eine Flüssigkeit befindet, von 1 cm² Oberfläche und 1 cm Abstand relativ zueinander mit einer Geschwindigkeit von 1 cm/s zu bewegen. Die Einheit der so definierten Viskosität nennt man Poise (abgekürzt P, zu Ehren von POISEUILLE, Zit. S. 96). Die Umrechnung ist: $1\,P = 1$ dyn s/cm² $= 1$ g/cm s $= 10^{-1}$ kg/m s und 1 kg/m s $= 10$ P sowie 1 kp s/m² $= 98,1$ P $= 9,81$ Ns/m² $= 9,81$ kg/m s, wobei 9,81 die Abrundung von 9,806 65 ist. Entsprechend galt als Einheit der kinematischen Viskosität das Stokes (abgekürzt St, zu Ehren des englischen Physikers SIR STOKES 1819—1903), mit der Umrechnung: 1 St $= 1$ cm²/s $= 10^{-4}$ m²/s und 1 m²/s $= 10^4$ cm²/s $= 10^4$ St. Gelegentlich findet man auch den Kehrwert der dynamischen Viskosität η angegeben, den man *Fluidität* nennt und mit φ bezeichnet, $\varphi = 1/\eta$.

[3] Siehe hierzu S. 4ff.

[4] Die mit Gl. (32/33) und Bild 3 definierte Viskosität gilt für eine „NEWTONsche Flüssigkeit" oder normalviskose Flüssigkeit, das sind die molekulardispersen Flüssigkeiten, die für die Strömungstechnik von Bedeutung sind. Bei kolloiddispersen und grobdispersen Systemen zeigen sich Abweichungen, indem die Geschwindigkeit nicht linear von der einen zur anderen Platte anwächst. Siehe hierzu H. UMSTÄTTER: Fußnote 1, S. 253, dort S. 5. Nach DIN 1342 sind Flüssigkeiten, die ein anderes Verhalten als nach Bild 3 zeigen, „Nicht-Newtonsche Flüssigkeiten".

25. Zahlentafeln für Dichte und Viskosität

Drücke sofort durch die kinematische Viskosität $\nu = f(t)$ angegeben. ν hat in beiden Einheitensystemen gleiche Einheit (m²/s) und Zahlenwerte.

Die dynamische Viskosität der technischen *Gase* hängt zwar stärker vom Druck als bei Flüssigkeiten ab, was aber vielfach vernachlässigbar ist. Sie richtet sich dann praktisch ebenfalls nur nach der Temperatur. Dagegen ist die Dichte der Gase stark von Druck und Temperatur abhängig. Soweit man den Einfluß des Druckes auf die dynamische Viskosität vernachlässigen kann, hängt die kinematische Viskosität *linear* vom Druck ab, außerdem von der Temperatur, $\nu = f(p, t)$. Für Gase wird deshalb die dynamische Viskosität angegeben, mit der im Einzelfall die kinematische Viskosität zu berechnen ist. Die Zahlentafeln für Gase enthalten η in kg/m s. Die Werte sind zahlengleich mit η im Technischen Maßsystem, vervielfacht mit der Fallbeschleunigung g, also ηg in kp/m s. Die kinematische Viskosität wird einfach so ermittelt, daß man im SI die Werte durch die Dichte ($\nu = \eta/\varrho$) und im Technischen Maßsystem durch die Wichte ($\nu = \eta g/\gamma$) teilt, wobei Dichte und Wichte gleiche Zahlenwerte haben.

Wenn der Druckeinfluß auf η nicht vernachlässigt werden kann, wie bei Gasen unter hohem Druck und bei Dämpfen, müssen die Werte η bzw. ηg in Abhängigkeit von Druck und Temperatur angegeben werden — man könnte dann auch sofort Tafeln für die kinematische Viskosität aufstellen, diese lassen sich jedoch weniger gut interpolieren. Die üblichen Gase werden bei gewöhnlicher Temperatur um so dampfartiger, unter je höheren Druck sie geraten.

Zur Übersichtlichkeit wurden alle Tafelwerte von ν und η bzw. ηg mit 10^6 vervielfacht[1].

Die Viskosität der gasförmigen und der flüssigen Körper hängt grundsätzlich in verschiedenem Sinn von der Temperatur ab. Während Flüssigkeiten mit zunehmender Temperatur dünnflüssiger werden, siehe z. B. Öle, werden Gase und Dämpfe mit der Temperatur immer zäher,

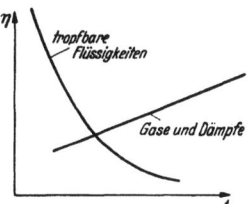

Bild 168.
Grundsätzlicher Zusammenhang zwischen Viskosität und Temperatur

siehe die Bilder 168 und 184. Letzteres steht auch zu erwarten, weil die Eigenbewegungen der Moleküle je wärmer um so energischer werden.

Die Zahlentafeln 25, 27 und 46 bis 48 geben Aufschluß über das Maß, in dem η vom Druck abhängt. Man erkennt, daß sich die dynamische Viskosität von *Wasser* praktisch nicht nach dem Drucke richtet. Andere Flüssigkeiten verhalten

---

[1] Der 10^6fache Zahlenwert wird als $10^6\eta$ bzw. $10^6\nu$ geschrieben, gleichbedeutend mit $\eta \cdot 10^6$ in kg/ms oder $\nu \cdot 10^6$ in m²/s oder η in 10^{-6} kg/ms oder ν in 10^{-6} m²/s. — Zahlenangaben ν in cSt (Zentistokes) sind gleich Zahlenangaben $10^6\nu$ in m²/s. — Um Werte $10^6\eta$ in kg/ms zu erhalten, ist eine Angabe η in cP (Zentipoise) mit 10^3 zu vervielfachen.

sich ähnlich. Bei wirklichen *Gasen* ist diese Änderung bei größeren Drücken nicht mehr ohne weiteres zu vernachlässigen; so nimmt z. B. die dynamische Viskosität von Luft nach Zahlentafel 46 bei 20 °C und Drucksteigerung von 1 at auf

40	80	120	160	200	300 at um rd.
6	11	17	24	31	51 vH zu.

Bei Dämpfen, besonders in der Nähe des Sättigungsgebietes, ist die Veränderlichkeit von η mit dem Drucke ebenfalls erheblich, wie die Zahlentafeln 51 und 52 zeigen. Nach Bild 183 wird η mit zunehmender Überhitzung immer weniger vom Drucke abhängig (Annäherung an das Verhalten der Gase)[1].

Zur formelmäßigen Erfassung des Zusammenhanges zwischen der Viskosität und der Temperatur t wurden zahlreiche Ansätze entwickelt:

Für die kinematische Viskosität der tropfbaren Flüssigkeiten eignet sich die Form

$$\nu_t = \frac{\nu_0}{1 + \alpha\,t + \beta\,t^2};\qquad(350)$$

für die dynamische Viskosität der Gase kann man u. a. folgende Gleichungen ansetzen:

$$\eta_t = \eta_1(1 + \alpha_1\,t) = \eta_0(1 + \alpha_0\,t),\qquad(351)$$

$$\eta_t = \eta_1(1 + \beta_1\,t)^n = \eta_0(1 + \beta_0\,t)^n,\qquad(352)$$

$$\eta_t = \eta_1\sqrt{\frac{T}{T_1}}\,\frac{1 + C/T_1}{1 + C/T} = \eta_0\sqrt{\frac{T}{T_0}}\,\frac{1 + C/T_0}{1 + C/T}.\qquad(353)$$

Dabei gehören $\eta_0, \nu_0, \alpha_0, \beta_0, T_0$ zu $t_0 = 0$ °C und $\eta_1, \nu_1, \alpha_1, \beta_1, T_1$ zu einer bestimmten Temperatur t_1 °C. Während die Gln. (351) und (352) im allgemeinen nur für einen engen Temperaturbereich brauchbare Annäherungen darstellen, gibt Form (353) für sehr verschiedene Temperaturen brauchbare Werte.

Die Formel (353) wurde von SUTHERLAND (siehe Fußnote 2, S. 266) vorgeschlagen. Man kommt zu dieser Beziehung durch folgende Überlegung: Die dynamische Viskosität η ist proportional der mittleren Geschwindigkeit der Gasmoleküle w, der mittleren Weglänge zwischen den Molekülen l sowie der Dichte ϱ des Gases.

$$\eta = \text{prop. } w\,l\,\varrho.$$

Bei idealen Gasen gilt für die mittlere Strömungsgeschwindigkeit w nach der kinetischen Gastheorie[2]

$$w = \sqrt{3\,R\,T} = \sqrt{3\,\frac{8314}{M_r}\,T} = \text{prop}\sqrt{\frac{T}{M_r}}.$$

M_r ist die relative Molmasse, und es gilt $M_r\,R = 8314$ J/kmol grd (Gesetz von AVOGADRO). Die freie Weglänge l ist der relativen Molmasse M_r verhältnisgleich

---

[1] Bei idealen Gasen ist die dynamische Viskosität unabhängig vom Druck (MAXWELL 1876).

[2] RICHTER, H.: Leitfaden der Technischen Wärmelehre. Berlin/Göttingen/Heidelberg: Springer 1950, S. 47 u. 59. — Die relative Molmasse, früher Molekulargewicht, (oder relative Atommasse, früher Atomgewicht), ist das Verhältnis der Masse des Moleküls (des Atoms) des betreffenden Stoffes zu einer bestimmten atomaren Masse. Letztere ist so definiert, daß man der Masse des reinen Kohlenstoff-Nuklids mit der Massenzahl 12, also ^{12}C, die relative Atommasse von genau 12 zuordnet.

25. Zahlentafeln für Dichte und Viskosität

und der Dichte ϱ umgekehrt proportional, also

$$l = \text{prop} \frac{M_r}{\varrho}.$$

Daraus folgt

$$\eta = \text{prop}\, \varrho \sqrt{\frac{T}{M_r}} \frac{M_r}{\varrho} = \text{prop}\, \sqrt{M_r T}.$$

Vergleicht man die dynamische Viskosität eines Gases bei verschiedener Temperatur, so findet man die einfache Beziehung

$$\frac{\eta}{\eta_0} = \sqrt{\frac{T}{T_0}}. \tag{354}$$

Bei wirklichen Gasen nimmt η allerdings stärker mit der Temperatur zu. Es sind Korrekturglieder anzubringen, was zu Gl. (353) führt[1].

Die kinematische Viskosität idealer Gase berechnet sich mit Gl. (34) zu

$$\nu = \frac{\eta}{\varrho} = \text{prop}\, \frac{\sqrt{M_r T}}{P} RT,$$

und für ein bestimmtes Gas ist ν prop. $T^{3/2}/P$. Danach nimmt die kinematische Viskosität mit der Temperatur stärker zu als linear und umgekehrt proportional zum Druck zu (siehe die Bilder 176/177 und 179).

Teilbereiche lassen sich gut mit reduzierten dimensionslosen Größen durch Funktionen

$$\eta = f\left(\frac{p}{p_k},\ \frac{v}{v_k},\ \frac{T}{T_k}\right) \tag{355}$$

erfassen, wobei p_k, v_k, T_k die Zustandsgrößen im kritischen Zustand des Stoffes sind.

Zur Bestimmung der Viskosität gibt es zahlreiche Möglichkeiten, die im wesentlichen auf zwei Meßverfahren beruhen:

1. Durchflußmethode,
2. Beobachtung der Dämpfungswirkung der inneren Reibung.

Ein vorzügliches Mittel hat man in der Untersuchung des Ausflusses durch Haarröhrchen. Verschieden zähe Stoffe strömen durch dasselbe Rohr verschieden schnell aus. Bei anderen Meßanordnungen befindet sich der zu untersuchende Stoff im wesentlichen in Ruhe; in ihm werden feste Körper bewegt. Entweder läßt man einen Körper in der Flüssigkeit oder dem Gas schwingen oder sich drehen, oder man läßt einen Körper durch den Versuchsstoff fallen. Dabei gibt die Bremsung des schwingenden, umlaufenden oder fallenden Körpers ein Maß für die Viskosität. Nach einem anderen Verfahren beobachtet man die Schwingung der zu untersuchenden (tropfbaren) Flüssigkeit in einem U-Rohr. Auch aus der Schallgeschwindigkeit oder der Deformationsgeschwindigkeit unter Druck kann man auf die Größe der Viskosität schließen. Ganz allgemein dürfen bei Viskositäts-

---

[1] SUTERLAND berücksichtigte die Anziehungskräfte zwischen den Molekülen, was auf eine von der Temperatur abhängige Vergrößerung der Stoßzahl und damit Verkleinerung der mittleren Weglänge hinausläuft (Fußnote 2 von S. 266). Gl. (353) trifft gut zu bei nicht zu kleinen und nicht zu großen Drücken.

250   III. Praktische Berechnung von Rohrleitungen

messungen turbulente Strömungen, bei welchen die Viskosität scheinbar erhöht ist, nicht auftreten[1].

Die Viskosität von *Flüssigkeiten* pflegt man in der Technik für einfache Betriebszwecke mit dem auf der Ausflußmethode beruhenden *Englerschen Viskosimeter*[2] zu bestimmen und in *Engler-Graden* anzugeben. Es besteht aus einem Gefäß (Bild 169), aus dem die zu untersuchende Flüssigkeit F, die anfangs bis zu den Marken M stand, durch ein Haarröhrchen A in ein Auffanggefäß tropft. Bei Füllung

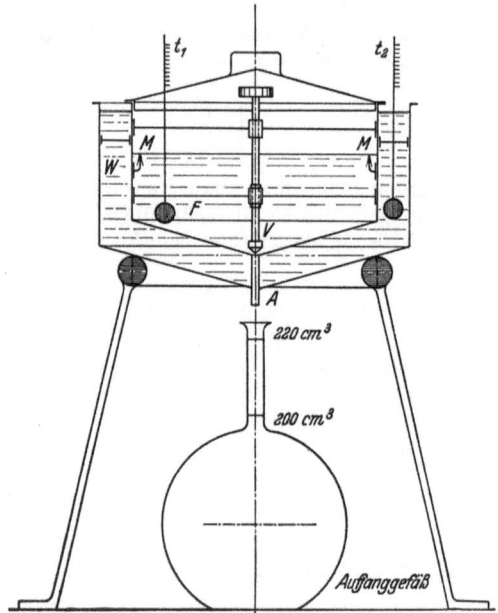

Bild 169. Englerscher Viskositätsmesser: A Ausflußröhrchen, F zu untersuchende Flüssigkeit. M Füllmarken, V Ventilspindel und Ventil, W Wasserbad, t_1 Thermometer für die Versuchsflüssigkeit, t_2 Thermometer für das Wasserbad

bis M wirkt eine Druckhöhe von 52 mm, die während des Ausflusses ständig kleiner wird. Nach ENGLER gilt die Zahl als Viskosität, die angibt, um wievielmal größer die Ausflußzeit der Versuchsflüssigkeit bei der Prüftemperatur, z. B. 20 °C oder 50 °C, als die der gleichen Menge destilliertem Wasser von 20 °C ist. Die Ausflußzeit von 200 cm³ Wasser von 20 °C wurde als Viskosität von 1 Englergrad verabredet. Normalerweise ist das Haarröhrchen A 20 mm lang und am Ausflußende 2,8 mm im Lichten. Beim vorschriftsmäßigen Instrument fließen 200 cm³ Wasser in 50 bis 52 Sekunden aus; es ist bei einer Prüftemperatur von 15 bis 30 °C mit einem Fehler von ±2 vH (bei ≧50 °C mit ±4 vH) als Wiederholungsstreubereich (ein Beobachter, ein Gerät) zu rechnen. Das Viskosimeter ist in der Praxis wegen seiner Einfachheit (vornehmlich auf dem europäischen Festland — in

---

[1] Siehe hierzu S. ERK: Abschnitt Zähigkeitsmessungen im Handbuch d. Experimentalphysik Bd. 4, Teil 4, Leipzig 1932. S. 464ff., ferner die DIN-Blätter 51550, 51560/3, 53012/15/16, die sich mit Fragen der Messung befassen.

[2] Engler-Viskosimeter, genormt mit DIN DVM 3655 und DIN 51560, Ausg. Jan. 65, für 1,2 bis 50 E (bis 300 E). Für genaue Messungen sind diese Geräte wegen konstruktiver Unzulänglichkeiten nicht geeignet.

anderen Ländern benutzt man ähnliche Instrumente — in England nach REDWOOD, in USA nach SAYBOLT) eingeführt. Insbesondere wird die Viskosität von zähen tropfbaren Flüssigkeiten (Ölen) in Englergraden angegeben. Da die Flüssigkeit unter Wirkung ihres eigenen Gewichts ausfließt, handelt es sich hier um eine kinematische Viskosität. Flüssigkeiten von gleicher dynamischer Viskosität η, aber verschiedener Dichte ϱ haben Viskositäten von verschiedenem Englergrad.

Die Umrechnung der ermittelten Engler-Grade in Zahlenwerte mit der Einheit m²/s ist nicht zulässig, weil dabei eine höhere Genauigkeit vorgetäuscht würde, als mit dem Engler-Gerät erzielbar ist. Gegen eine Umrechnung der Zahlenwerte der kinematischen Viskosität in Engler-Grad bestehen keine Bedenken. Dabei gilt für $10^6 \nu \geqq 60$ m²/s die Zahlenwertgleichung $E = 0{,}1320 (10^6 \nu)$. Bei $10^6 \nu < 60$ m²/s besteht kein konstantes Verhältnis.

Zahlentafel 22. *Umrechnungstafel*

Kinematische Viskosität	Relative Ausflußzeit	Redwood Nr. 1 Viscosity (70 °F)	Saybolt Universal Viscosity (100 °F)
m²/s	E	Sekunde (R)	Sekunde (S)
2	1,120	30,22	32,62
5	1,394	37,94	42,35
10	1,834	51,80	58,91
20	2,876	85,64	97,77
30	4,08	124,1	141,3
40	5,35	163,7	186,3
50	6,64	203,9	232,1
60	7,95	244,2	278,3
100	13,20	406,1	463,5

Zuverlässiger sind folgende Viskosimeter: das Vogel-Ossag-Viskosimeter[1] für Flüssigkeiten mit $10^6 \nu = 2$ bis $2 \cdot 10^4$ m²/s, das Ubbelohde-Viskosimeter[2] für 1 bis 10^4 m²/s und das Freifluß-Viskosimeter[3] für 0,4 bis $5 \cdot 10^3$ m²/s, 0 bis 100 °C, Prüffehler $\pm 0{,}2$ vH. Das Meßprinzip dieser Geräte beruht ebenfalls auf der laminaren Strömung der zu prüfenden Flüssigkeit durch Kapillaren. Aus den Meßergebnissen kann man die kinematische Viskosität errechnen.

Ferner ist das Kugelfall-Viskosimeter[4] geeignet. Dabei wird die rollende und gleitende Bewegung einer Kugel aus Glas oder Stahl in einem geneigten zylindrischen Rohr, das mit der zu prüfenden Flüssigkeit gefüllt ist, beobachtet; Meßbereich $10^6 \eta = 6 \cdot 10^2$ bis $2{,}5 \cdot 10^8$ kg/m s, $t = -20$ °C bis $+120$ °C, Prüffehler je nach Kugel $\pm 0{,}5$ bis $\pm 1{,}5$ vH. Aus dem Meßergebnis kann die dynamische Viskosität berechnet werden.

Die Viskosität von *gasförmigen Stoffen* kann man vorteilhaft nach dem Maxwellschen Verfahren[5] messen, bei dem eine geschliffene Glasscheibe an einem Torsionsfaden aufgehängt ist und zwischen zwei ihr parallelen festen Scheiben

---
[1] Nach DIN 51561, Ausg. Juli 67.
[2] Nach DIN 51562, Ausg. März 67.
[3] Nach DIN 53016, Ausg. Mai 59.
[4] Kugelfall-Viskosimeter nach HÖPPLER, DIN 53015, Ausg. Febr. 59.
[5] MAXWELL, J. C.: On the dynamical Theory of Gases. Phil. J. Sci. 4, 35 (1868) 134.

Zahlentafel 23. *Dichte (Wichte) und kinematische Viskosität[1] verschiedener Flüssigkeiten bei t = 15 °C und Normdruck*

Stoff	ϱ kg/m³	$10^6 \nu$ m²/s
Äthylalkohol	794	1,65
Spiritus 95 vH	809	1,94
Spiritus 90 vH	823	2,19
Spiritus 85 vH	836	2,46
Diäthyläther	717	0,346
Benzol rein	884	0,796
Toluol rein	870	0,717
Xylol rein	868	0,792
Handelsbenzol I	882	≈0,792 (0,84 Benzol, 0,13 Toluol, 0,03 Xylol)
Handelsbenzol II	876	≈0,790 (0,43 Benzol, 0,46 Toluol, 0,11 Xylol)
Ammoniak	617	0,378
Kohlendioxid	771	0,095 (bei 20 °C)
Kohlendioxid	596	0,083 (bei 30 °C)
Schwefeldioxid	1485	0,339 (bei −20 °C)
Schwefeldioxid	1435	0,279 (bei 0 °C)
Schwefeldioxid	1383	0,204 (bei +20 °C)
Naphthalin rein	979	0,905 (bei 80 °C)
Tetralin	975	2,36
Pentan ⎫	627	0,373
Hexan ⎬[2]	658	0,512
Heptan ⎪	683	0,640
Oktan ⎭	700	0,827
Benzin	700 ··· 740	0,80 ··· 0,76
Olivenöl	920	117
Rizinusöl	970	1480
Terpentinöl	875	1,86
Salpetersäure 25 vH	1150	1,16
Salpetersäure 40 vH	1250	1,31
Salpetersäure 91 vH	1500	0,95
Schwefelsäure 25 vH	1182	1,66
Schwefelsäure 50 vH	1399	3,06
Schwefelsäure 75 vH	1674	10,00
Schwefelsäure 100 vH	1836	14,66
Glyzerin	1255	680 (bei 20 °C)
Quecksilber	13546	0,115 (bei 20 °C)
Bier	1020 ··· 1040	≈1,15
Milch	1030	≈2,90
Wein	990 ··· 1000	≈1,15

[1] Nach verschiedenen Quellen. — Siehe auch VERNET D. und V. KNIAZEFF: Einige physikalische Eigenschaften von flüssigem Erdgas (75 bar, −150 °C bis +4 °C) Gas- und Wasserf. 107 (1966) 8/9.

[2] Diese und weitere Glieder der Methanreihe bilden die Hauptbestandteile des amerikanischen und galizischen Benzins.

Drehschwingungen im Versuchsstoff ausführt, die durch die innere Reibung gedämpft werden. Man braucht dabei nicht kleine Druckunterschiede zu messen wie bei der Durchflußmethode. Außerdem benötigt man nur eine geringe Gasmenge, an der die Messung beliebig oft wiederholt werden kann. Für Messungen an Dämpfen mit höheren Drücken und Temperaturen hat sich allerdings das Durchflußverfahren als geeigneter erwiesen (siehe S. 97)[1].

25.2 Flüssigkeiten

Die folgenden Zahlentafeln enthalten Angaben, die für die technische Rohrströmung von Bedeutung sind. Sie geben vom heutigen Standpunkt zuverlässige Messungen wieder. Die einzelnen Werte sind bei Flüssigkeitsgemischen nur Mittelwerte, weil deren Zusammensetzung stark verschieden sein kann (z. B. bei Erdölen oder Schmierölen).

Die Viskositätswerte von Wasser wurden in den Bildern 170 und 171 in Abhängigkeit von der Temperatur aufgetragen, siehe hierzu Zahlentafel 24.

Zahlentafel 24. *Dichte (Wichte) und kinematische Viskosität von reinem luftfreiem Wasser (bis 100 °C bei atmosphärischem Druck, darüber von siedendem Wasser), bis 100 °C nach DIN 51550, Ausg. März 60, über 100 °C nach VDI-Wasserdampftafeln 7. Aufl., 1968*

t °C	ϱ kg/m^3	$10^6\,\nu$ m^2/s	t °C	ϱ kg/m^3	$10^6\,\nu$ m^2/s
0	999,8	1,792	25	997,1	0,893
1	999,9	1,731	26	996,9	0,873
2	999,9	1,763	27	996,6	0,854
3	999,9	1,619	28	996,3	0,836
4	1000,0	1,568	29	996,0	0,818
5	1000,0	1,520	30	995,7	0,801
6	1000,0	1,472	32	994,0	0,768
7	999,9	1,427	35	994,0	0,724
8	999,9	1,384	40	992,2	0,658
9	999,8	1,345	45	990,2	0,604
10	999,7	1,307	50	988,1	0,554
11	999,7	1,270	55	985,7	0,512
12	999,6	1,235	60	983,2	0,475
13	999,4	1,201	65	980,6	0,443
14	999,3	1,169	70	977,8	0,413
15	999,1	1,139	75	974,9	0,388
16	999,0	1,110	80	971,8	0,365
17	998,8	1,082	85	968,6	0,345
18	998,6	1,055	90	965,3	0,326
19	998,4	1,029	95	961,9	0,310
20	998,2	1,004	100	958,4	0,295
21	998,0	0,980	150	916,8	0,197
22	997,8	0,957	200	864,7	0,155
23	997,6	0,935	250	799,2	0,134
24	997,4	0,914	300	712,2	0,127

[1] Eine zusammenfassende Darstellung über die absoluten Viskosimeter findet sich bei H. UMSTÄTTER: Einführung in die Viskosimetrie und Rheometrie. Berlin Göttingen/Heidelberg: Springer 1952, S. 81—125.

III. Praktische Berechnung von Rohrleitungen

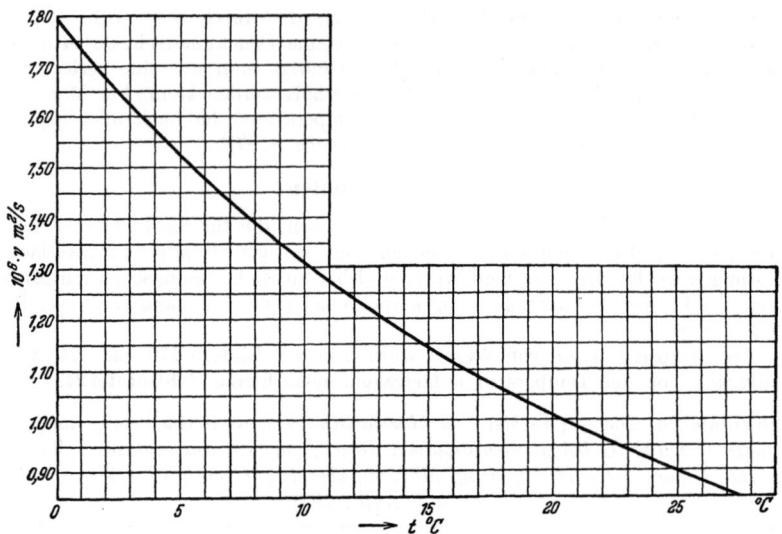

Bild 170. Kinematische Viskosität $10^6\,\nu$ von Wasser in Abhängigkeit von der Temperatur nach Zahlentafel 24

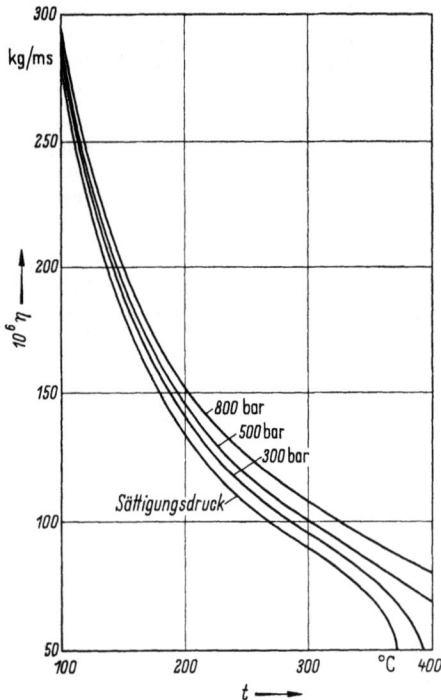

Bild 171. Dynamische Viskosität $10^6\,\eta$ von Wasser abhängig von Temperatur und Druck. Nach VDI-Wasserdampftafeln 7. Aufl. 1968

Die in den VDI-Wasserdampftafeln von 1968 angegebenen Werte „basieren auf allen bis zu diesem Zeitpunkt vorliegenden und als zuverlässig angesehenen Meßwerten". Die Werte für Dichte und Viskosität weichen von den obigen bis dahin allgemein anerkannten Werten etwas ab, bei Werten für die Viskosität zunehmend bei $t \leq 10$ °C, wie nachstehende Übersicht zeigt.

t °C	ϱ kg/m³	$10^6\, \nu$ m²/s
0	999,8	1,750
10	999,7	1,300
20	998,3	1,002
30	995,7	0,800
40	992,3	0,656
50	988,0	0,551
60	983,2	0,471
70	977,7	0,409
80	971,6	0,361
90	965,2	0,322
100	958,1	0,291

Diese Zahlentafel 25 enthält die Änderung der dynamischen Viskosität η von Wasser bei einem Überdruck von 400 und 800 bar in Prozenten. In der Nähe von 30 °C wird η durch solche Drucksteigerungen nicht geändert. Unterhalb von 30 °C wird η durch Druckzunahme verkleinert, oberhalb davon vergrößert.

Zahlentafel 25. *Abhängigkeit der dynamischen Viskosität η des Wassers vom Druck bei verschiedenen Temperaturen, nach VDI-Wasserdampftafeln, 7. Aufl., 1968*

t °C	$\dfrac{\eta_{400\,\text{bar}} - \eta_{1\,\text{bar}}}{\eta_{1\,\text{bar}}} 100$	$\dfrac{\eta_{800\,\text{bar}} - \eta_{1\,\text{bar}}}{\eta_{1\,\text{bar}}} 100$
0	−1,1	−2,3
10	−0,8	−1,8
20	−0,3	−0,8
30	0	−0,1
40	+0,5	+0,9
50	+0,7	+1,5
60	+1,3	+2,4
70	+1,7	+3,3
80	+2,0	+4,0
90	+2,6	+4,8

In technischen Rechnungen genügt es meistens, für die Dichte von Wasser $\varrho = 1000$ kg/m³ zu setzen, was jedoch genau nur für reines Wasser von 4 °C bei atmosphärischem Druck gilt. Der Einfluß des Druckes auf die Dichte des Wassers ist nur sehr gering: Bei einer Drucksteigerung um 1000 at = 981 bar vergrößert sich ϱ nur um etwa 4 vH, siehe Zahlentafel 26.

III. Praktische Berechnung von Rohrleitungen

Zahlentafel 26. *Dichte von Wasser ϱ in kg/m^3*

t °C		0	30	75
Druck	1 at	999,9	995,6	974,8
	1 000 at	1044,0	1034,8	1013,2
	2 000 at	1079,8	1067,8	1045,8
	5 000 at	1156,7	1142,6	1119,4
	8 000 at	—	1201,9	1177,0
	10 000 at	—	1233,3	1207,3

Zahlentafel 27. *Relative dynamische Viskosität des Wassers bez. auf 1 at und 0 °C in Abhängigkeit von Temperatur und Druck*

t °C		0	30	75
Druck	1 at	1,000	0,488	0,222
	1 000 at	0,921	0,514	0,239
	2 000 at	0,957	0,550	0,258
	5 000 at	1,218	0,720	0,333
	8 000 at	—	0,923	0,445
	10 000 at	—	1,058	—

Flußwasser oder verschmutztes Wasser ist meist etwas zäher als reines und luftfreies Wasser. Die Frage des Luftgehaltes im Wasser kann für die Beurteilung der Strömungsvorgänge wichtig sein. Steht Wasser (oder eine andere tropfbare Flüssigkeit) mit Luft oder einem anderen chemisch nicht reagierenden Gas durch freie Oberfläche genügend lange Zeit in Verbindung, so löst sich ein gewisses *Gasvolumen* im Wasser. Da bei Gasen, gleichbleibende Temperatur vorausgesetzt, das Volumen mit abnehmendem Druck anwächst, vermindert sich gleichzeitig das Lösungsvermögen des Wassers, d. h., es kann nur eine kleinere Gasmenge gelöst werden. Der Überschuß wird in Form von Gasblasen abgegeben. Bei unveränderlichem Druck nimmt das Volumen eines Gases mit abnehmender Temperatur ab, daraus folgt größere Lösungsfähigkeit bei geringerer Temperatur. Wasser kann bei Normdruck je m^3 folgende Luftmengen in m^3 (auf $t_n = 0$ °C und $p_n = 1,013$ bar $= 760$ Torr umgerechnet) aufnehmen:

t °C	0	10	20	30	50	70	100
V m³/m³	0,029	0,023	0,019	0,016	0,013	0,012	0,011

Gelöste Luft beeinflußt den Strömungsvorgang nur unerheblich, dagegen wirken ausperlende oder mitgerissene Luftmengen und Luftsäcke störend.

Zahlentafel 28. *Dichte des Meerwassers ϱ in kg/m^3*

Wenn die Dichte ϱ bei 15 °C beträgt kg/m³	dann ist die Dichte bei t °C					
	0	5	10	20	25	30
1000,0	1000,8	1000,9	1000,6	999,1	998,0	996,6
1010,0	1011,3	1011,2	1010,8	1009,0	1007,7	1006,3
1020,0	1021,8	1021,5	1020,9	1018,9	1017,5	1016,0
1030,0	1032,3	1031,8	1031,0	1028,8	1027,3	1025,7

25. Zahlentafeln für Dichte und Viskosität

Zahlentafel 29. *Kinematische Viskosität des Meerwassers $10^6\,\nu$ in m^2/s*

t °C	Salzgehalt in Masseteilen (Gewichtsteilen)				
	0 vT	10 vT	20 vT	30 vT	40 vT
0	1,789	1,804	1,815	1,825	1,834
1	1,725	1,732	1,742	1,752	1,763
2	1,670	1,674	1,688	1,700	1,709
3	1,615	1,621	1,635	1,647	1,656
4	1,565	1,575	1,589	1,601	1,611
5	1,516	1,530	1,544	1,556	1,566
10	1,306	1,320	1,334	1,348	1,360
15	1,142	1,152	1,165	1,179	1,192
20	1,007	1,019	1,032	1,045	1,058
25	0,897	0,905	0,917	0,930	0,944
30	0,805	0,816	0,827	0,838	0,849

Zahlentafel 30. *Dichte in kg/m^3 und kinematische Viskosität in m^2/s von Kochsalzlösungen in Wasser in Masseteilen (Gewichtsteilen)*[1]

t °C	5 vH NaCl		10 vH NaCl		20 vH NaCl	
	ϱ	$10^6\,\nu$	ϱ	$10^6\,\nu$	ϱ	$10^6\,\nu$
−10	—	—	—	—	1160	3,25
− 5	—	—	1078	2,20	1158	2,71
0	1038	1,79	1077	1,87	1156	2,31
5	1038	1,54	1076	1,62	1154	1,98
10	1037	1,31	1074	1,41	1152	1,73
15	1036	1,17	1073	1,25	1150	1,64
20	1034	1,05	1071	1,11	1147	1,36
25	1032	0,98	1069	1,01	1145	1,21

Zahlentafel 31. *Dichte und kinematische Viskosität von verschiedenen Ölen (Übersicht)*

Sorte	ϱ (15 °C) kg/m^3	$10^6\,\nu$ (20 °C) m^2/s
Dieselkraftstoff	857	4,14
Petroleum	802	2,60
Heizöl	930	51,8
Spindelöl	912	16,5
Motorenöl	911	94,0
Zylinderöl	969	940
Burma-Erdöl dunkelbraun	888	18,90
Argentinisches Öl	968	67,7
Rohöl von Nienhagen	891	49,0
Rohöl aus Venezuela	899	55,0

[1] Siehe hierzu auch: Kältemaschinenregeln, Karlsruhe, 5. Aufl., 1958, S. 84, mit leicht abweichenden Werten, dort auch Angaben über Lösungen von Magnesiumchlorid und Kalziumchlorid, ferner S. 67: Viskosität von Kältemitteln.

Zahlentafel 32. *Dichte und kinematische Viskosität von Petroleum verschiedener Herkunft* (15,6 °C = 50 °F)

Benennung des Petroleums		ϱ (15,6 °C) kg/m³	$10^6 \nu$ (20 °C) m²/s
Deutsches Petroleum		816	1,790
Desgleichen		810	2,831
Amerikanisches wasserhelles Petroleum		790	2,566
Amerikanisches Standard White Petroleum		800	2,970
Russisches Meteor Petroleum		800	2,094
Russisches Nobel Petroleum		824	2,568
Nobelpetroleum		823	2,199
Galizisches Petroleum		809	2,789
Petroleum verschiedener Art Benennung	A	808	1,305
	B	808	1,765
	C	799	2,031
	D	809	2,341
	E	799	2,371
	F	817	2,771
		ϱ (15,0 °C)	$10^6 \nu$ (20 °C)
St. W. Kerosin — Texas Co.		801	1,935
W. W. Kerosin — Texas Co.		802	1,925
W. W. Kerosin — Standard Oil Co.		807	1,896
Kerosin — The Kanotex Ref. Co.		824	2,858
Russisches Baku-Kerosin		825	2,170
Export Baku-Kerosin		822	2,260
Emba-Kerosin		826	2,390
Grosny-Kerosin		813	2,380

Zahlentafel 33. *Dichte und kinematische Viskosität (Werte $10^6 \nu$ in m²/s) von Gasolin verschiedener Art und von Petroleum* (15,6 °C = 50 °F)

Gasolin Nr.	ϱ (15,6 °C) kg/m³	Temperatur °C					
		5	15	25	35	45	55
1	748	1,029	0,887	0,787	0,690	0,625	0,551
2	743	1,044	0,863	0,728	0,664	0,594	—
3	737	0,936	0,818	0,703	0,640	0,578	0,518
4	726	0,682	0,591	0,522	0,470	0,426	0,383
5	722	0,733	0,633	0,568	0,499	0,450	0,406
6	717	0,792	0,671	0,583	0,504	0,473	—
7	716	0,710	0,644	0,546	0,483	0,436	0,410
8	708	0,697	0,614	0,550	0,475	0,425	0,393
9	702	0,611	0,546	0,481	0,445	0,398	0,356
10	701	0,620	0,545	0,498	0,428	0,382	0,358
11	699	0,614	0,532	0,468	0,428	0,385	0,338
12	694	0,575	0,504	0,457	0,408	0,373	0,337
13	680	0,510	0,456	0,403	0,356	0,334	0,310
Petroleum	813	3,16	2,62	2,02	1,74	1,47	—

25. Zahlentafeln für Dichte und Viskosität

Zahlentafel 34. *Dichte und kinematische Viskosität (Werte $10^6 \nu$ in m^2/s) von Heizölen und von Heizteeren* (Mittlg. Bayer, Leverkusen 1951)

Sorte	ϱ (15 °C) kg/m³	Temperatur °C				
		40	50	75	100	125
Steinkohlen-Heizöl	1000 ⋯ 1100	5,12	3,66	—	—	—
Mineralöl K	1030	398	220	77,5	34,9	19,3
Mineralöl O	960	—	266	60,6	25,3	11,8
Braunkohlen-Teer W	980	—	152	37,3	6,25	2,00
Cumaronöl O	960	14,8	9,38	4,50	2,60	1,48
Desgleichen	1250	77,5	29,3	7,75	3,30	1,80
Steinkohlen-Teer S	1000	150	76,0	21,1	10,7	5,00

Sorte	$10^6 \nu$ in m^2/s bei t °C						
	50	100	150	200	250	300	350
Mineralöl	500	35	7,0	2,6	1,2	—	—
Diphyl[1]	2,30	1,05	0,63	0,43	0,31	0,24	0,20
HT-Öl C[2] (Bayer)	9,81	3,40	1,79	1,25	1,01	0,88	0,79

Rohe Erdöle. In ganz besonders starkem Maße hängt die Viskosität der technischen rohen Erdöle von der Temperatur ab. Nach WATKINS[3] nimmt die kinematische Viskosität bei

Mexikanischem Öl zwischen 10 und 50 °C von 100 vH auf 3 vH (!),
Trinidadöl zwischen 10 und 50 °C von 100 vH auf 9 vH,
Persischem Öl zwischen 10 und 50 °C von 100 vH auf 2 vH (!),
Kimmeridge Shale zwischen 10 und 50 °C von 100 vH auf 8 vH,
Texasöl zwischen 10 und 50 °C von 100 vH auf 10 vH,
Borneoöl zwischen 10 und 50 °C von 100 vH auf 25 vH,
Scotch Shale zwischen 10 und 50 °C von 100 vH auf 38 vH,
(zum Vergl. Wasser zwischen 10 und 50 °C von 100 vH auf 43 vH)

ab. Aus Bild 172 kann die Dichte und aus Bild 173 die kinematische Viskosität dieser Öle entnommen werden. Wegen der sehr verschiedenen Absolutwerte der Viskosität und der starken Temperaturabhängigkeit ist ein logarithmisches Diagramm zweckmäßig. Es handelt sich um Übersichtswerte. Im Einzelfall sind Dichte und Viskosität zu messen.

Nach anderen gilt für dunkelbraunes Erdöl aus Burma und schwarzes Erdöl aus Rumänien für die kinematische Viskosität $10^6\nu$ in m^2/s:

Zahlentafel 35

Sorte	ϱ_0 °C	15°	20°	25°	30°	35°	40°	45°	50°	55°
Burma	889	24,30	18,90	15,20	16,30	10,40	8,83	7,59	6,64	5,79
Rumänien	949	—	—	543	385	282	208	152	105	—

[1] Gemisch aus Diphenyl und Diphenyloxyd.
[2] Isomerengemisch, Siedebereich 420 bis 435 °C.
[3] WATKINS, W. G.: The design of oil fuel pipe lines. Engineering 118 (1924) 793.

260   III. Praktische Berechnung von Rohrleitungen

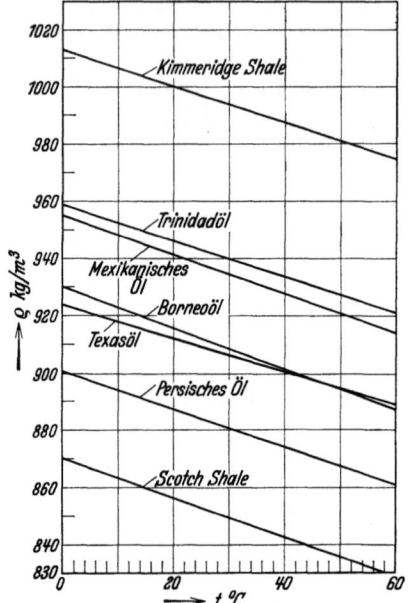

Bild 172. Dichte von rohen Erdölen. (Nach WATKINS)

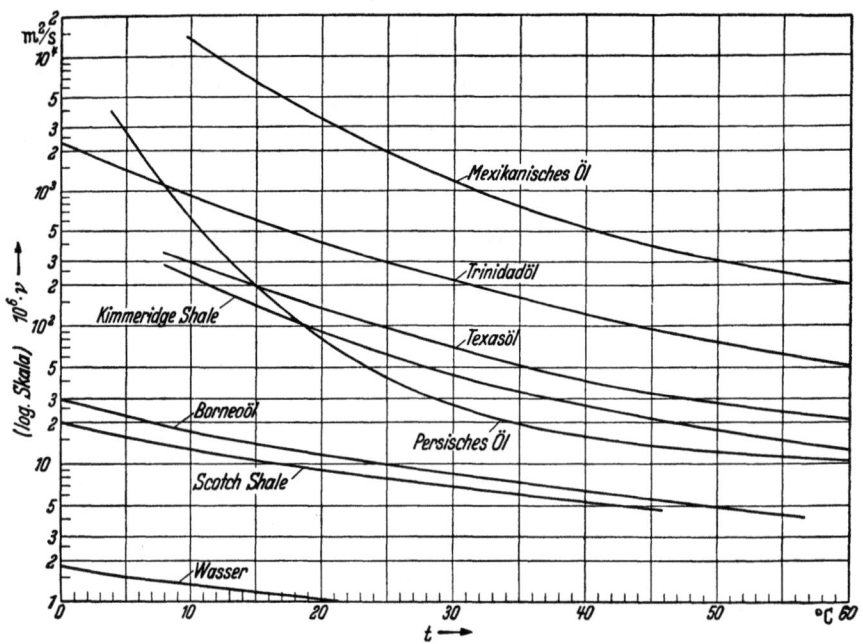

Bild 173. Kinematische Viskosität von rohen Erdölen. (Nach WATKINS)

Ferner gilt etwa

Zahlentafel 36. *Kinematische Viskosität $10^6 \nu$ in m^2/s von Heizölen*

Temperatur °C	0	20	40	60	80
Bunker-C-Öl (Nr. 6)	—	—	830	200	70
Bunker-B-Öl (Nr. 5)	—	1600	270	72	27
Mittelöl (Nr. 4)	480	80	24	10,2	5,2
Leichtöl (Nr. 3)	39	10,8	4,5	—	—
Teeröl aus Steinkohle	—	27	11,4	5,9	—
Mittelöl aus Braunkohle	—	15,5	5,9	—	—
Heizteer (Dünnteer)	—	42	8,0	2,7	1,8
Schwerer Braunkohlenteer[1]	—	—	1000	121	60
Steinkohlen-Kokereiteer	—	689	226	74	24
Schwelteer aus Ruhr-Kokskohle	—	675	168	42	10
Leichter Braunkohlenteer	309	117	44	17	6,3
Heizöl aus Steinkohlenteer	100	46	21	9,6	4,4
Leichtes Heizöl	13	9,1	5,5	3,3	2,0

Maschinenöle ($\varrho_{0°C} = 890$ bis 900 kg/m^3). Die Viskosität kann aus Bild 174 entnommen werden. Die Diagrammwerte sind nur als Anhaltszahlen zu betrachten,

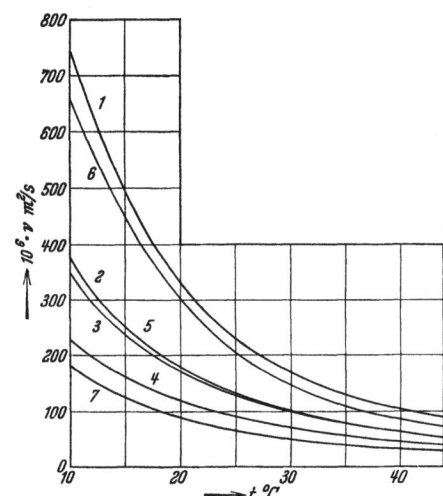

Bild 174. Kinematische Viskosität von handelsüblichen Maschinenölen. *1* Maschinenöl Deutz, *2* Valvolöl (wie *5*), *3* Vakuumöl, *4* Championöl, *5* Championöl extra (wie *2*), *6* helles Maschinenöl, *7* helles dünnes Maschinenöl

weil zur genauen Berechnung der kinematischen Viskosität die Dichte nicht genügend genau bekannt war.

Chlorkalziumsole. Die Kehrwerte der kinematischen Viskosität von Chlorkalziumsole ($\varrho = 1000$ bis 1200 kg/m^3 bei 0 °C) können aus Bild 175 ermittelt

---

[1] Diese und die folgenden Werte gelten nach HERNING, zit. S. 160, 1966 dort S. 16.

Zahlentafel 37. Gas-

Gas	Zeichen	relative Molmasse (Molekulargewicht) M_r angenähert	Normdichte (Normwichte) bei $t_n\,p_n$ (0 °C, 760 Torr) ϱ_n kg/m³	Dichteverhältnis (Luft = 1) d_v —
Luft	—	(29)	1,293	1,000
Helium	He	4	0,1785	0,138
Wasserstoff	H_2	2	0,0899	0,0695
Stickstoff	N_2	28	1,251	0,968
Sauerstoff	O_2	32	1,429	1,105
Kohlenoxid	CO	28	1,250	0,967
Stickoxid	NO	30	1,340	1,037
Stickoxydul	N_2O	44	1,988	1,538
Kohlendioxid	CO_2	44	1,977	1,530
Schwefeldioxid	SO_2	64	2,927	2,264
Methan	CH_4	16	0,717	0,554
Äthan	C_2H_6	30	1,356	1,049
Propan	C_3H_8	44	2,019	1,152
Butan-n	C_4H_{10}	58	2,703	2,091
Äthylen	C_2H_4	28	1,260	0,975
Azetylen	C_2H_2	26	1,171	0,906
Benzoldampf[1]	C_6H_6	78	(3,48)	(2,69)
Ammoniak	NH_3	17	0,771	0,596
Chlorwasserstoff	HCl	36,5	1,639	1,268
Schwefelwasserstoff	H_2S	34	1,539	1,191
Wasserdampf[2]	H_2O	18	(0,804)	(0,622)

werden, reine Sole nach SIMEON und WALKER[4], handelsübliche nach GOULD und LEVY[5,6]. Die Zusammensetzung der handelsüblichen Sole war: $CaCl_2$ 98,09 vH; NaCl 1,68 vH; $CaSO_4$ 0,08 vH; $Ca(OH)_2$ 0,09 vH; H_2O 0,06 vH. Die Viskosität von handelsüblicher weicht bis 60 vH von der der reinen Sole ab.

---

[1] Klammerwerte sind unsicher.
[2] Wasserdampf kann nicht in den Normzustand übergeführt werden.
[3] Neueste Bestwerte differieren geringfügig, siehe BAEHR, D., H. HARTMANN, H.-C. POHL, H. SCHMÄKER; Thermodynamische Funktionen idealer Gase für Temperaturen bis 6000 °K. Berlin/Heidelberg/New York: Springer 1968, 72.
[4] SIMEON, F.: On the viscosity of Calcium Chloride solutions. Philos. Mag. 27 (1914) 95. — J. W. WALKER: On the relationship between the viscosity, density und temperature of salt solutions. Philos. Mag. 27 (1914) 288.
[5] GOULD, R. E., u. M. J. LEVY: Flow of brine in pipes. Univ. Illinois Bull. Engng. Exp. Stat. (1928), Nr. 182, 2.
[6] Siehe ferner: H. STAKELBECK u. R. PLANK: Über die Zähigkeit von Chlormagnesium-, Chlorkalzium-, Chlornatriumlösungen in Abh. v. d. Temperatur und Konzentration. Z. ges. Kälteind. 36 (1929) 105, 133. — W. BÜCHE: Die Zähigkeit von Salzlösungen in Abh. v. d. Temperatur und Konzentration. Z. ges. Kälteind. 34 (1927) 143.

tafel, reine Gase

individuelle Gaskonstante R		wahre spezifische Wärme[3] bei 0 °C $p \to 0; p \approx p_n$				Verhältnis der spezifischen Wärmen $\varkappa = c_p/c_v$
$\dfrac{J}{\text{kg grd}}$	$\dfrac{\text{kp m}}{\text{kp grd}}$	c_p	c_v	c_p	c_v	
		kJ/kg grd		kcal/kp grd		
287,0	29,27	1,005	0,716	0,240	0,171	1,40
2078	211,9	5,240	3,160	1,251	0,755	1,66
4124	420,6	14,250	10,120	3,403	2,417	1,41
296,8	30,26	1,038	0,741	0,248	0,177	1,40
259,8	26,49	0,913	0,653	0,218	0,156	1,40
296,8	30,27	1,038	0,741	0,248	0,177	1,40
277,0	28,25	0,996	0,720	0,238	0,172	1,39
188,9	19,36	0,892	0,703	0,213	0,168	1,27
188,9	19,26	0,821	0,632	0,196	0,151	1,30
129,8	13,24	0,607	0,477	0,145	0,114	1,27
518,8	52,89	2,156	1,635	0,515	0,390	1,32
276,7	28,22	1,730	1,444	0,413	0,345	1,20
188,6	19,24	1,680	1,490	0,401	0,356	1,13
143,1	14,60	1,59	1,47	0,38	0,35	1,1
296,6	30,25	1,612	1,290	0,385	0,308	1,25
319,6	32,59	1,511	1,214	0,361	0,290	1,26
(107)	(10,9)	(1,11)	(1,01)	(0,27)	(0,24)	(1,1)
488,3	49,78	2,056	1,566	0,491	0,374	1,31
228,0	23,25	0,800	0,569	0,191	0,136	1,40
243,9	24,88	0,996	0,749	0,238	0,179	1,33
(462)	(47,1)	(1,86)	(1,39)	(0,443)	(0,333)	(1,33)

25.3 Gase

Wegen der starken Abhängigkeit der Dichte vom Druck ist in den folgenden Zahlentafeln die dynamische Viskosität angegeben.

Zahlentafel 37 enthält zunächst allgemeine Angaben über reine Gase. Um die spezifischen Wärmen (spezifischen Wärmekapazitäten) für 1 m_n^3 zu erhalten, sind die Werte für c_p und c_v mit der Normdichte zu vervielfachen. Der Hinweis Druck $p \to 0$ bedeutet, daß die Werte strenggenommen bei sehr kleinen Drücken gelten daß aber der Einfluß des Druckes so gering ist, daß sie auch bei gewöhnlichen Drücken angesetzt werden können. Zu beachten ist, daß Gase, wie Luft, Wasserstoff, Kohlenoxid, bei gewöhnlichen Temperaturen und Drücken hochüberhitzte Dämpfe sind, während Kohlendioxid, Ammoniak, Benzoldampf und andere geringer überhitzt sind. Wenn solche Dämpfe in Gasgemischen unter kleinen Teildrücken vorhanden sind, können sie praktisch auch wie ideale Gase betrachtet werden.

Der ideale Gaszustand, bei dem das allgemeine Gasgesetz $Pv = RT$ gemäß Gl. (19) gilt, ist ein *Grenzzustand*. Das Verhalten der realen Gase weicht um so mehr von dem der idealen Gase ab, je höher ihr Druck ist. Setzen wir

$$\frac{Pv}{RT} \gtreqless 1 \quad \text{oder} \quad v \gtreqless \frac{RT}{P},$$

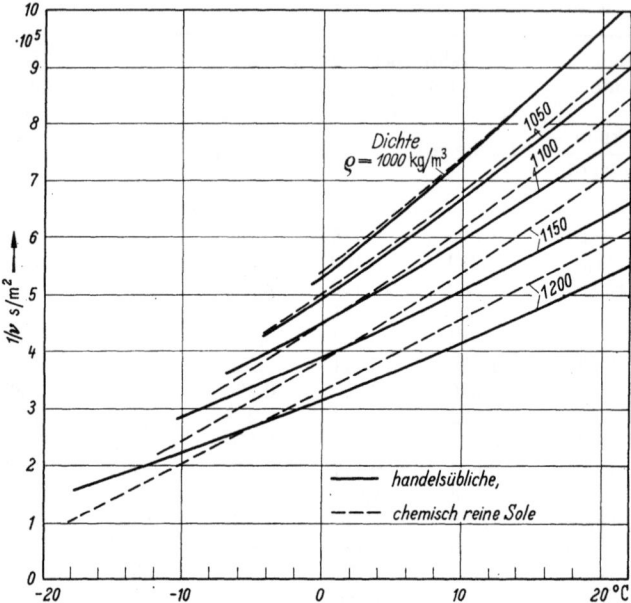

Bild 175. Kehrwerte der kinematischen Viskosität von chemisch reiner und handelsüblicher Chlorkalziumsole. (Nach SIMEON, WALKER, GOULD, und LEVY)

so gilt das Gleichheitszeichen für den idealen Gaszustand, im übrigen ist das spezifische Volumen größer oder kleiner. Für Gase, die dem allgemeinen Gasgesetz (19) im Normzustand praktisch genau folgen, kann $R \approx P_n v_n/T_n$ gesetzt werden. In der Form

$$v = Z \frac{RT}{P} \approx Z \frac{P_n v_n}{T_n} \frac{T}{P} \quad \text{oder} \quad \varrho = \frac{1}{Z} \frac{P}{RT} \approx \frac{1}{Z} \varrho_n \frac{P}{P_n} \frac{T_n}{T}$$

bezeichnen wir $Z \gtreqless 1$ als Realgasfaktor, wobei $Z \to 1$ bei $p \to 0$ geht. Werte für den Realgasfaktor Z einiger Gase stehen in Zahlentafel 38.

Für die dynamische Viskosität der reinen Gase unter Normdruck gilt angenähert bei $-20\ °C < t < 500\ °C$ nach Gl. (354) eine Beziehung

$$\eta = \eta_n \left(\frac{t + 273}{273}\right)^m. \tag{356}$$

Genauer und über einen breiteren Temperaturbereich kann die dynamische Viskosität mit den Gln. (353) und (357) erfaßt werden, siehe Zahlentafel 40.

Die Werte gelten nur für trockene Gase. Tatsächlich ändert sich z. B. die Viskosität der Luft aber nur wenig mit zunehmender Feuchtigkeit, so daß die oben angeführten Werte auch für feuchte Luft gelten können. So ist die kinematische Viskosität von vollständig mit Wasserdampf gesättigter Luft bei atmosphärischem Druck und Zimmertemperatur (18 °C) nur um 0,8 vH *größer* als bei trockener Luft[1]. Die dynamische Viskosität von feuchter Luft ist um einen noch geringeren

(Fortsetzung s. S. 268)

---

[1] Nach G. ZEMPÉLN: Untersuchungen über die innere Reibung der Gase. Ann. Physik (4) 29 (1909) 895.

25. Zahlentafeln für Dichte und Viskosität

Zahlentafel 38. *Werte für den Realgasfaktor Z einiger Gase*

t	Druck p in at (1 at = 0,981 bar)				
°C	20	40	60	80	100
			Luft[1]		
0	0,990	0,981	0,975	0,971	0,970
50	0,998	0,998	0,999	1,002	1,006
100	1,003	1,007	1,011	1,017	1,024
150	1,005	1,011	1,017	1,024	1,032
200	1,006	1,013	1,021	1,028	1,036
			Wasserstoff[1]		
−150	1,007	1,018	1,032	1,049	1,070
−100	1,013	1,027	1,042	1,058	1,076
− 50	1,013	1,027	1,040	1,055	1,070
0	1,012	1,025	1,037	1,050	1,063
50	1,011	1,022	1,033	1,044	1,055
100	1,010	1,020	1,030	1,039	1,049
200	1,008	1,016	1,024	1,031	1,039
			Sauerstoff[2]		
0	0,984	0,968	0,953	0,939	0,928
50	0,994	0,988	0,983	0,979	0,975
100	0,999	0,999	0,999	0,999	1,000
			Stickstoff[2]		
0	0,993	0,988	0,983	0,982	0,985
50	1,000	1,001	1,005	1,010	1,018
100	1,005	1,010	1,017	1,024	1,033
			Methan[2]		
0	0,953	0,907	0,865	0,824	0,785
50	0,975	0,954	0,934	0,916	0,900
100	0,987	0,978	0,969	0,961	0,953

[1] Nach HOLBORN und OTTO: Z. Physik 33 (1935) 1. — Siehe auch BAEHR, H. D.: Thermodynamische Eigenschaften der Gase und Flüssigkeiten. 1. Bd. Springer-Verlag, Berlin-Göttingen-Heidelberg 1961. Bei 1 at ist im Rahmen von Zahlentafel 38 bei Luft $0{,}9994 \leq Z \leq 1{,}0003$ und bei Wasserstoff $1{,}0004 \leq Z \leq 1{,}0007$, also praktisch $Z = 1$.

[2] Näherungswerte für die Kompressibilitätszahl K. Es gilt genau

$$\varrho = \frac{1}{K} \varrho_n \frac{P}{P_n} \frac{T_n}{T}.$$

Verhält sich nämlich das Gas im Normzustand nicht ideal, so ist mit der Kompressibilitätszahl zu rechnen. Bei Gasen ist $K \approx Z$. — Siehe hierzu: HERNING, F. u. E. WOLOWSKI: Kompressibilitätszahl und Realgasfaktor von technischen Gasen. Gas- u. Wasserf. 105 (1964) 64/69 u. 450/56. SIMMLER, W.: Über die Kompressibilität von Erdgas. Gas- u. Wasserf. 109 (1968) 724/30.

Zahlentafel 39. *Beiwerte m von Gl. (356)*[1]. η_n *ist die dynamische Viskosität im Normzustand* $(0\ °C,\ 1{,}013\ bar = 760\ Torr)$

Gas	Ammoniak	Luft	Kohlendioxid	Sauerstoff	Stickstoff	Wasserdampf	Wasserstoff
$10^6\ \eta_n$	9,12	17,20	13,98	19,28	16,51	9,04	8,36
m	1,05	0,76	0,866	0,702	0,694	1,09	0,67

Zahlentafel 40. *Dynamische Viskosität verschiedener Gase und Dämpfe (nach* SUTHERLAND[2]) *bei Normdruck* $(1{,}013\ bar = 760\ Torr)$

$$\eta = \eta_n \sqrt{\frac{T}{T_n}} \frac{1 + C/T_n}{1 + C/T} = B \frac{\sqrt{T}}{1 + C/T}. \tag{357}$$

C und B sind dabei universelle Konstanten. Statt T_n und η_n können auch andere zusammengehörige Werte von T und η eingesetzt werden.

Stoff[3]	$10^6\ \eta_n$	C	$B\ 10^6$	Temperaturbereich in Celsiusgraden
Äthyläther	6,86	325	0,91	0° bis + 200°
Äthylen	9,61	225,9	1,052	− 75° bis 300°
Äthylen	9,46	238,9	1,074	− 40° bis + 252°
Ammoniak	9,05	626	1,801	+ 20° bis 450°
Azetylen	9,74	198,2	0,998	+ 20° bis + 120°
Benzol	6,99	700	1,384	+100° bis + 213°
Benzol	6,86	380	0,994	+ 15° bis + 250°
Helium	18,76	78,2	1,459	− 70° bis + 100°
Kohlenoxid	16,89	100	1,396	−130° bis + 20°
Kohlenoxid	16,65	101	1,377	− 78° bis + 250°
Kohlendioxid	13,66	274	1,655	0° bis + 100°
Luft	17,19	172,6	1,698	+250° bis 1000°
Luft	17,10	123,6	1,503	0° bis 400°
Luft[4]	17,16	110,4	1,458	−173° bis 1527°
Sauerstoff	19,26	138	1,747	− 79° bis + 200°
Stickstoff	16,65	103	1,378	− 78° bis + 250°
Methan	10,00	198	1,082	0° bis + 100°
Schwefeldioxid	11,68	416	1,784	0° bis + 100°
Wasserdampf	8,19	961	2,53	+ 20° bis 400°
Wasserdampf $p = 1$ at abs	12,53 (99°)	673	1,823	+100° bis 350°
Wasserstoff	8,50	83	0,671	− 40° bis + 250°

---

[1] Nach Hütte, I, 28. Aufl. (1955) 765.

[2] SUTHERLAND, W.: The viscosity of gases and molecular force. Philos. Mag. 36 (1893) 507.

[3] Die Viskosität der technischen Gase hängt im allgemeinen wohl in gleichem Sinne, nicht aber auch in gleichem Maße von der Temperatur ab (2 Beiwerte η_n und C oder B und C der SUTHERLAND-Gleichung).

[4] Nach diesen Werten für Luft von 1954 sind die Zahlentafeln 41 und 44 aufgestellt.

Zahlentafel 41. *Dynamische Viskosität*[1] $10^6 \eta$ *in kg/m s und kinematische Viskosität* $10^6 \nu$ *in m²/s von trockener Luft bei Normdruck*

t °C	$10^6 \eta$	$10^6 \nu$	t °C	$10^6 \eta$	$10^6 \nu$
−40	15,08	10,28	60	19,96	19,45
−20	16,14	11,95	65	20,18	19,96
0	17,16	13,71	70	20,40	20,48
1	17,21	13,80	75	20,63	21,01
2	17,26	13,89	80	20,85	21,54
3	17,31	13,98	85	21,07	22,08
4	17,36	14,08	90	21,29	22,62
5	17,41	14,17	95	21,51	23,16
6	17,46	14,26	100	21,72	23,70
7	17,51	14,35	110	22,14	24,82
8	17,56	14,44	120	22,56	25,95
9	17,61	14,54	130	22,97	27,10
10	17,66	14,63	140	23,38	28,26
11	17,71	14,72	150	23,78	29,44
12	17,76	14,81	160	24,17	30,63
13	17,80	14,90	180	24,94	33,07
14	17,85	15,00	200	25,71	35,59
15	17,90	15,09	250	27,50	42,10
16	17,95	15,18	300	29,29	49,12
17	17,99	15,27	350	30,91	56,37
18	18,04	15,36	400	32,45	63,92
19	18,08	15,45	450	33,96	71,87
20	18,13	15,55	500	35,44	80,19
21	18,18	15,65	550	36,87	88,82
22	18,23	15,74	600	38,24	97,71
23	18,27	15,83	650	39,57	106,9
24	18,32	15,92	700	40,85	116,3
25	18,36	16,01	750	42,09	126,0
26	18,41	16,11	800	43,31	136,0
27	18,46	16,21	850	44,50	146,3
28	18,50	16,30	900	45,66	156,8
29	18,55	16,40	950	46,78	167,5
30	18,59	16,49	1000	47,87	178,4
35	18,83	16,98	1100	50,01	201,0
40	19,06	17,46	1200	52,07	224,5
45	19,28	17,95	1300	54,07	249,0
50	19,51	18,45	1400	55,97	274,1
55	19,73	18,95	1600	59,62	326,9

[1] HILSENRATH, J. und Y. S. TOULOUKIAN: The Viscosity, Thermal Conductivity, and Prandtl Number for Air, O_2, N_2, NO, H_2, CO, CO_2, H_2O, He and A. Trans. ASME 76 (1954) 6, 967ff. nach Berichten des National Bureau of Standards in Zusammenarbeit mit dem National Advisory Committee for Aeronautics (NBS-NACA-Tafeln). Die dortigen von 100 °K zu 100 °K (100 ··· 2000 °K) gegebenen Tafeln wurden auf Celsiusgrade umgestellt. — Bei 20 °C ergibt sich $10^6 \eta = 18,13$ kg/ms gegen 18,19 nach VOGELPOHL (1955), siehe Zahlentafel 42.

268   III. Praktische Berechnung von Rohrleitungen

Zahlentafel 42. *Viskosität*[1] *trockener Luft $10^6\eta$ in $kg/m\,s$ und $10^6\,v$ in m^2/s bei Normdruck.* * Werte interpoliert.

$t\,°C$	$10^6\eta$	$10^6\,v$	$t\,°C$	$10^6\eta$	$10^6\,v$	$t\,°C$	$10^6\eta$	$10^6\,v$
−100	11,50	5,52	50*	19,62	17,94	200	25,86	34,65
− 80	12,69	6,94	60	20,08	18,92	250	27,77	41,12
− 60	13,86	8,36	70*	20,53	19,91	300	29,6	48,0
− 40	15,00	9,89	80	20,97	20,92	350	31,3	55,2
− 20	16,10	11,53	90*	21,41	21,96	400	33,0	62,9
0	17,17	13,28	100	21,84	23,04	450	34,7	71,1
10	17,68	14,18	120	22,67	25,22	500	36,2	79,2
20	18,19	15,10	140	23,49	27,45	550	37,8	88,1
30	18,67	16,03	160	24,30	29,80	600	39,4	97,4
40	19,15	16,98	180	25,08	32,16	700	42,5	117,2

Wahrscheinlichster Wert bei $t = 20\,°C$ ist $10^6\eta = 18{,}192 \pm 0{,}002$.

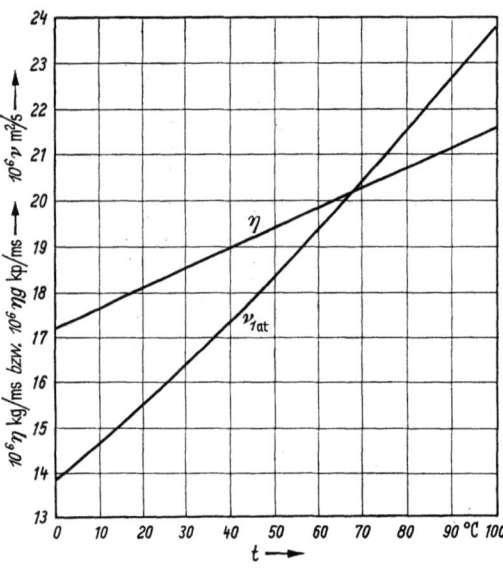

Bild 176. Dynamische und kinematische Viskosität bei atmosphärischem Druck von trockener Luft im Bereiche 0 bis 100 °C

(Fortsetzung von S. 264)

Prozentsatz *kleiner* als die von trockener Luft. Die Viskosität von trockener und bis zu 60 vH feuchter Luft (60 vH relative Feuchtigkeit) unterscheiden sich nicht meßbar[2,3].

Aus den Kurven Bild 176 (Bereich 0 °C bis 100 °C) und Bild 177 (Bereich −50 °C bis 1000 °C) kann man die dynamische Viskosität für Luft entnehmen

(Fortsetzung s. S. 272)

---

[1] Nach LANDOLT-BÖRNSTEIN, Fußn. 1, S. 246, dort S. 604, Verfasser VOGELPOHL.

[2] Nach L. GILCHRIST: Physik Z. 14 (1913) 160; Physic. Rev. (2) 1 (1913) 124 ist die dynamische Viskosität um 0,2 bis 0,3 vH kleiner bei 20 °C.

[3] Nach J. C. STEARNS: Physic. Rev. (2) 27 (1926) 116 verkleinert der Wasserdampfgehalt die dynamische Viskosität um 0,3 vH.

25. Zahlentafeln für Dichte und Viskosität

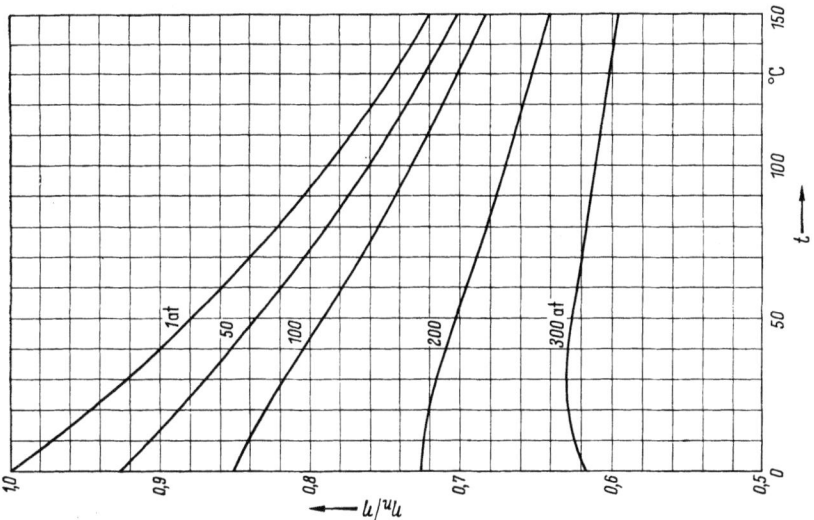

Bild 178. Zusammenhang zwischen (relativer) dynamischer Viskosität, Temperatur und Druck für (trockene) Preßluft, siehe Gl. (371), $10^6 \eta_n = 17{,}16$ kg/ms

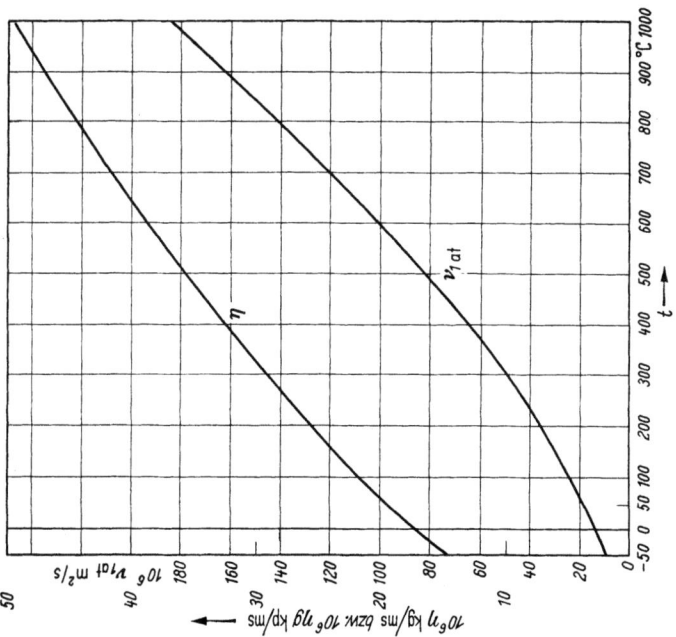

Bild 177. Dynamische und kinematische Viskosität bei atmosphärischem Druck von trockener Luft im Bereiche -50 bis $+1000$ °C

Zahlentafel 43. *Dynamische Viskosität $10^6 \eta$ in kg/m·s von einigen Gasen (alle Stoffe in gasartigem Zustand) bei Normdruck*

Stoff	Ammoniak NH_3	Äthan C_2H_6	Äthylen C_2H_4	Azetylen C_2H_2	Benzol C_6H_6	Kohlenoxid CO	Kohlendioxid CO_2	Methan[1] CH_4	Sauerstoff[2] O_2	Schwefeldioxid SO_2	Stickstoff N_2	Stickoxid NO	Stickoxydul N_2O	Wasserstoff H_2
$t = -75\ °C$	6,5	—	7,26	—	—	12,79	9,94	—	14,6	—	12,89	—	—	6,68
-50	7,3	—	7,90	—	—	14,13	11,22	—	16,1	—	14,10	—	—	7,28
-25	8,1	—	8,62	—	—	15,40	12,46	—	17,6	—	15,32	—	—	7,82
0	9,00	—	9,45	—	—	16,61	13,70	10,01	19,16	—	16,52	—	—	8,35
10	9,40	—	9,77	—	—	17,06	14,17	10,24	19,68	12,00	16,98	—	—	8,56
20	9,80	9,09	10,10	10,20	7,46	17,50	14,63	10,50	20,22	12,50	17,45	18,76	14,56	8,77
30	10,20	9,39	10,42	10,50	7,72	17,94	15,10	10,84	20,76	13,00	17,89	19,31	15,05	8,97
40	10,60	9,69	10,74	10,79	7,98	18,37	15,56	11,18	21,30	13,50	18,32	19,85	15,53	9,17
50	11,00	9,98	11,06	11,08	8,23	18,80	16,02	11,52	21,84	13,98	18,75	20,36	16,00	9,37
60	11,45	10,27	11,38	11,37	8,48	19,24	16,48	11,87	22,37	14,46	19,17	20,85	16,46	9,57
70	11,85	10,56	11,69	11,66	8,73	19,66	16,94	12,22	22,89	14,92	19,59	21,33	16,92	9,77
80	12,30	10,85	12,00	11,95	8,98	20,06	17,40	12,56	23,40	15,38	20,01	21,80	17,37	9,96
90	12,70	11,14	12,32	12,24	9,22	20,46	17,84	12,90	23,90	15,84	20,42	22,27	17,82	10,15
100	13,10	11,42	12,64	12,53	9,45	20,84	18,28	13,24	24,40	16,30	20,82	22,72	18,27	10,34
150	15,00	12,78	14,07	—	10,68	22,78	20,42	—	26,71	18,50	22,78	24,74	20,42	11,26
200	16,90	14,08	15,46	—	11,88	24,62	22,50	—	29,03	20,70	24,59	26,82	22,49	12,14
250	18,80	15,26	16,80	—	13,11	26,36	24,51	—	31,23	22,70	26,29	28,70	24,50	12,99
300	20,70	—	17,80	—	14,33	28,00	26,45	—	33,27	24,61	27,96	—	—	13,81
400	—	—	—	—	—	—	29,88	—	36,86	28,24	31,12	—	—	15,35
500	—	—	—	—	—	—	33,03	—	40,23	31,50	34,00	—	—	16,82
600	—	—	—	—	—	—	36,02	—	43,40	34,61	36,60	—	—	18,25
700	—	—	—	—	—	—	38,79	—	46,45	37,55	39,05	—	—	19,65
800	—	—	—	—	—	—	41,35	—	49,43	40,39	41,34	—	—	21,02

[1] Die Werte [BWK 11 (1959) 541] liegen niedriger als die bis dahin bekannten (bei 0 °C 10,28, 100 °C 13,31) von 1930/31. — Es werden Angaben über die Viskosität des Methans im Bereich von −161,4 °C bis +100 °C und 1 bis 200 at gemacht.
[2] Nach HODGMAN, WEAST, SELBY: Handbook of Chemistry and Physics. 42. Aufl., Cleveland (Ohio) 1960/61.

25. Zahlentafeln für Dichte und Viskosität

Zahlentafel 44.1. *Dynamische Viskosität $10^6 \eta$ in kg/m s von einigen Gasen[1] bei Normdruck*

t °C	Luft	Stickstoff N_2	Sauerstoff O_2	Wasserstoff H_2	Kohlenoxid CO	Kohlendioxid CO_2	Stickoxid NO
−50	14,56	14,27	16,00	7,30	13,81	11,27	15,18
0	17,16	16,62	19,19	8,41	16,57	13,70	17,92
+50	19,51	18,85	21,93	9,40	18,85	15,95	20,50
100	21,72	20,94	24,36	10,37	21,00	18,14	22,90
200	25,71	24,75	28,81	12,18	25,09	22,24	27,34
300	29,29	28,20	32,87	13,85	28,69	25,88	31,29
400	32,45	31,46	36,66	15,44	32,03	29,27	34,99
500	35,44	34,57	40,23	16,93	35,19	32,41	38,45
600	38,24	37,41	43,63	18,37	38,15	35,35	41,73
700	40,85	40,15	46,86	19,74	41,00	38,12	44,81
800	43,31	42,82	50,00	21,08	43,75	40,78	47,80
900	45,66	45,39	53,03	—	46,37	43,34	50,75
1000	47,87	47,84	55,87	—	48,93	45,81	—
1100	50,01	50,26	58,69	—	51,37	48,25	—
1200	52,07	52,62	61,36	—	53,78	50,61	—

Zahlentafel 44.2. *Kinematische Viskosität $10^6 \nu$ in m^2/s von einigen Gasen[1] ($p = 1$ at $= 0,98$ bar) zu Zahlentafel 44.1*

t °C	Luft	Stickstoff N_2	Sauerstoff O_2	Wasserstoff H_2	Kohlenoxid CO	Kohlendioxid CO_2	Stickoxid NO
−50	9,5	9,6	9,5	68,5	9,3	4,8	9,6
0	13,7	13,7	13,9	96,6	13,7	7,2	13,8
+50	18,5	18,4	18,8	127,8	18,4	9,9	18,7
100	23,7	23,6	24,1	162,8	23,7	13,0	24,1
200	35,6	35,4	36,1	242,4	35,9	30,3	36,5
300	49,1	48,9	49,9	334,0	49,8	28,5	50,6
400	63,9	64,1	65,4	437,3	65,3	37,9	66,5
500	80,2	80,9	82,4	550,7	82,4	48,2	84,0
600	97,7	98,8	100,9	674,8	100,8	59,4	102,9
700	116,3	118,2	120,8	808,2	120,8	71,4	123,2
800	136,0	139,0	142,1	951,8	142,2	84,2	144,9
900	156,8	161,1	164,8	—	164,7	97,9	168,2
1000	178,4	184,3	188,4	—	188,6	112,3	—
1100	201,0	208,8	213,5	—	213,6	127,5	—
1200	224,5	234,5	239,4	—	239,9	143,5	—

[1] Nach NBS-NACA-Tafeln, Fußnote 1 S. 267 und Fußnote 4 S. 266.
Streubereiche: Luft bis 500 °C ± 2 vH, darüber ±1 vH; Wasserstoff bis 350 °C ±5 vH, darüber ±2 vH; O_2, N_2 und CO_2 ±2 vH, CO ±3 vH. — Bei einem Druck von 1 bar sind die Werte durch 1,02 zu teilen.

Zahlentafel 45. *Werte für die relative dynamische Viskosität η_n/η einiger Gase abhängig von der Temperatur, siehe Gl. (371), nach Zahlentafel 43 und 44.1. bei Normdruck*

Gas	Luft	N_2	O_2	H_2	CO	CO_2	CH_4
$10^6 \eta_n$	17,16	16,62	19,19	8,41	16,57	13,70	10,01
$t = 0$ °C	1,000	1,000	1,000	1,000	1,000	1,000	1,000
10	0,972	0,972	0,971	0,975	0,972	0,967	0,975
20	0,946	0,947	0,944	0,952	0,946	0,937	0,953
30	0,923	0,925	0,920	0,932	0,923	0,910	0,924
40	0,900	0,902	0,896	0,912	0,899	0,883	0,895
50	0,880	0,882	0,875	0,895	0,879	0,859	0,868
60	0,860	0,862	0,856	0,877	0,859	0,836	0,843
70	0,841	0,844	0,837	0,859	0,840	0,814	0,820
80	0,823	0,826	0,820	0,842	0,822	0,793	0,797
90	0,806	0,810	0,803	0,826	0,805	0,773	0,776
100	0,790	0,794	0,788	0,811	0,789	0,755	0,756
120	0,761	0,766	0,759	0,783	0,759	0,723	—
140	0,734	0,739	0,732	0,756	0,731	0,693	—
160	0,710	0,715	0,709	0,733	0,706	0,666	—
180	0,688	0,693	0,687	0,711	0,683	0,641	—
200	0,667	0,672	0,666	0,691	0,660	0,616	—
250	0,624	0,628	0,623	0,647	0,617	0,570	—
300	0,586	0,589	0,584	0,607	0,578	0,529	—
400	0,529	0,528	0,523	0,545	0,517	0,468	—
500	0,484	0,481	0,477	0,497	0,471	0,423	—

Werte $10^6 \eta_n$ der obersten Zeile von Zahlentafel 44.1., bei Methan von Zahlentafel 43.

(Fortsetzung von S. 268)

und die kinematische Viskosität berechnen, wenn man die Dichte/Wichte kennt: $\nu = \eta/\varrho$ bzw. $\nu = \eta\, g/\gamma$. Ist nicht γ, sondern der Druck p der Luft bekannt, so teilt man die Werte von Zahlentafel 44.2 oder der $\nu_{1\text{at}}$-Kurven durch p; $\nu = \nu_{1\text{at}}/p$ in m²/s, bzw. durch $1,02 p$ bei p in bar. Zahlentafel 45 dient zur praktischen Ermittlung[1] der Reynolds-Zahl, siehe Gl. (371).

Bis 10 at abs bleiben die Abweichungen der dynamischen Viskosität von Luft und Sauerstoff unter 1 vH², siehe Zahlentafel 46 und 47. In Bild 178 ist das Verhältnis η_n/η für (trockene) Preßluft bei verschiedenen Drücken und Temperaturen dargestellt zur Auswertung von Gl. (371). Zahlentafel 48 zeigt den Zusammenhang zwischen dynamischer Viskosität, Temperatur und Druck in größerem Bereich für Stickstoff und Kohlendioxid. Siehe hierzu Aufgabe 21, S. 355.

Die kinematische Viskosität verschiedener Gase ist in Bild 179 aufgetragen, um einen Überblick über die Zunahme mit der Temperatur zu vermitteln.

---

[1] HANSEN, M.: Die Viskosität von Gasen und Wasserdampf. BWK 8 (1956) 214/215.

[2] Über die Viskositätsänderung von Kohlendioxid mit dem Druck s. a. H. STAKELBECK: Dissertation Karlsruhe 1930.

25. Zahlentafeln für Dichte und Viskosität

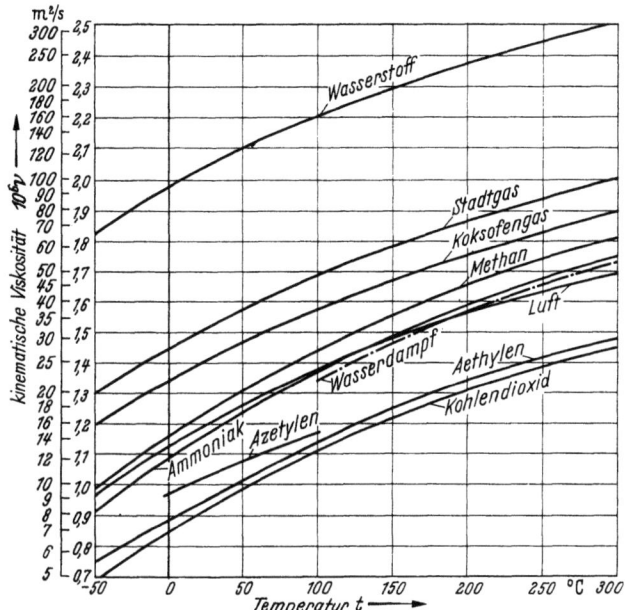

Bild 179. Kinematische Viskosität $10^6\,\nu$ einiger Gase bei Normdruck in logarithmischer Auftragung abhängig von der Temperatur

Zahlentafel 46. *Abhängigkeit der dynamischen Viskosität η vom Druck bei Luft, Stickstoff und Kohlendioxid. Werte $10^6\eta$ in kg/m s (1 at = 0,981 bar)*

p at	Luft $t = 16-20\,°C$	Stickstoff $t = 30\,°C$	Kohlendioxid $t = 30\,°C$
1	18,15	17,89	15,30
40	19,08	19,45	26,80
80	20,16	20,60	56,50
120	21,29	22,15	71,30
160	22,52	24,20	—
200	23,84	—	—
300	27,34	—	—

Zahlentafel 47. *Zunahme der dynamischen Viskosität der Luft mit dem Druck bei verschiedenen Temperaturen, Werte $\dfrac{\eta_p - \eta_{1\,\mathrm{at}}}{\eta_{1\,\mathrm{at}}} 100$ in vH*

Druck p in at (1 at = 0,981 bar)

$t\,°C$	20	40	60	100	200	300
0	2,9	6,1	9,6	17,2	37,5	61,6
10	2,7	5,6	8,9	15,5	34,2	55,6
20	2,6	5,1	8,1	14,0	31,3	50,6
50	2,2	4,2	6,5	11,0	25,0	40,0
100	1,6	2,9	4,2	7,6	17,5	28,9
150	1,0	1,9	2,9	5,4	12,3	20,6

Zahlentafel 48. *Abhängigkeit der dynamischen Viskosität $10^6\eta$ in kg/ms bei Stickstoff und Kohlendioxid von Druck und Temperatur nach* HILSENRATH *und* TOULOUKIAN[1]

Stickstoff

Druck in at (1 at = 0,981 bar)

t °C	1	20	40	60	80	100
20	17,5	17,8	18,4	19,0	19,7	20,6
50	18,8	19,0	19,3	19,7	20,1	20,6
100	21,1	21,1	21,3	21,6	22,0	22,3
200	24,7	24,9	25,1	25,3	25,5	25,8
400	31,4	31,6	31,7	31,9	32,0	32,2

Kohlendioxid

Druck in at (1 at = 0,981 bar)

t °C	1	20	40	60	80
50	16,0	16,8	18,1	20,5	24,2
100	18,3	18,7	19,7	22,0	25,5
150	20,5	20,9	21,6	23,7	26,1
200	22,5	23,1	23,9	25,2	27,0
250	24,5	25,0	25,7	26,6	28,0
300	26,4	26,8	27,5	28,2	29,1

25.4 Gasmischungen

Die technisch bedeutungsvollen Gase sind fast ausschließlich *Gasgemische*; auch Luft gehört dazu. Gemische von Dämpfen spielen nur eine untergeordnete Rolle.

Die Normdichte der Gasgemische ergibt sich genau genug nach der *Mischungsregel* aus

$$\varrho_n = r_1 \varrho_{n1} + r_2 \varrho_{n2} + \cdots \tag{358}$$

mit den Raumteilen $r_1 + r_2 + \cdots = 1$ in m³/m³ und den Normdichten $\varrho_{n1}, \varrho_{n2}, \ldots$ der beteiligten Gase. Die Dichte ϱ bei einem anderen Zustand p, t folgt aus

$$\varrho = \varrho_n \frac{p}{p_n} \frac{T_n}{T}. \tag{359}$$

Man kann die dynamische Viskosität von Gasgemischen im allgemeinen nicht mit der *Mischungsregel*

$$\eta_n = r_1 \eta_{n1} + r_2 \eta_{n2} + \cdots \tag{360}$$

mit den Viskositäten $\eta_{n1}, \eta_{n2}, \ldots$ der beteiligten Gase berechnen. Bei Gemischteilen mit nahezu gleicher Dichte, wie bei Sauerstoff und Stickstoff in der Luft, ergeben sich noch hinreichend genaue Werte[2]. Sobald aber Gase von anderer Dichte,

---

[1] Fußnote S. 267, dort S. 971.
[2] Bei Luft zwischen −50 und +200 °C Fehler von −1,3 bis +0,6 vH.

wie Wasserstoff, beteiligt sind, versagt die Mischungsregel, was z. B. aus Bild 180 mit Kurven der gemessenen und der mit Gl. (360) berechneten Viskosität von Kohlenoxid/Wasserstoff-Gemischen hervorgeht[1].

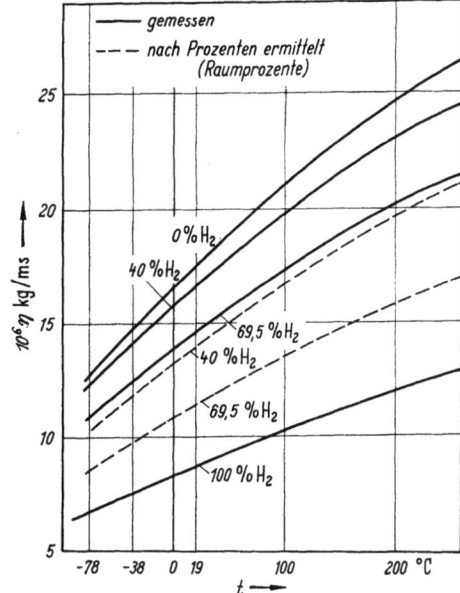

Bild 180. Dynamische Viskosität von Kohlenoxid/Wasserstoff-Gemischen bei verschiedenen Temperaturen und Mischungsverhältnissen, bei Normdruck. Nach LANDOLT-BÖRNSTEIN, Zit. S. 246

Es wurden mehrfach Gesetze zur Berechnung der Viskosität von Gasgemischen aus theoretischen Erwägungen heraus entwickelt, doch kam man kaum über das Zweistoffgemisch hinaus und konnte praktisch handliche Formeln nicht aufstellen[2].

Die kinematische Viskosität ν ist bei Gasen mit Annäherung um so kleiner, je dichter die Gase sind. Das gilt für die hier in Betracht kommenden reinen Gase Wasserstoff H_2, Stickstoff N_2, Sauerstoff O_2 und die gasförmigen Oxide Kohlenoxid CO, Stickoxid NO, Kohlendioxid CO_2 und Schwefeldioxid SO_2 sowie für Schwefelwasserstoff H_2S. Für sich gilt das auch für Methan CH_4 und die gasförmigen schwereren Kohlenwasserstoffe sowie für Ammoniak NH_3.

BIEL[3] trug gemessene Viskositätswerte über dem Dichteverhältnis d_v auf, siehe Bild 181. Dieses Diagramm kann zur groben Orientierung dienen, besonders dann, wenn von einem Gasgemisch nur das Dichteverhältnis bekannt ist.

---

[1] Eine Formel $\nu_n = \varrho_1 \nu_{n1} + \varrho_2 \nu_{n2} + \cdots$ mit den kinematischen Viskositäten $\nu_{n1}, \nu_{n2}, \ldots$ der Gemischanteile ist nicht brauchbar.

[2] Siehe S. ERK: Fußnote 1, S. 250. — F. G. KEYES: A Summary of Viscosity and Heat-Conduction. Trans. ASME 73 (1951), 591/593. — Über den Stand der Theorie unterrichtet JOBST, W.: Vorausberechnung von Viskosität und Wärmeleitfähigkeit von Gasen und Gasgemischen. Technische Rundschau Zürich Nr. 14 vom 5. 4. 63.

[3] BIEL, R.: Umrechnung des Druckabfalls in Rohrleitungen auf verschiedene Fördermittel. Gas- u. Wasserfach 70 (1927) 623.

Zur *näherungsweisen Berechnung* der Viskosität technischer Gasgemische aus der Gasanalyse wurden verschiedene empirische Verfahren empfohlen.

MANN[1] stellte eine reziproke Mischungsformel auf. Sind $v_1, v_2, \ldots$ die kinematischen Viskositäten der Gemischteile und v die des Gesamtgemisches, so gelte

$$\frac{1}{v} = \frac{r_1}{v_1} + \frac{r_2}{v_2} + \cdots \tag{361}$$

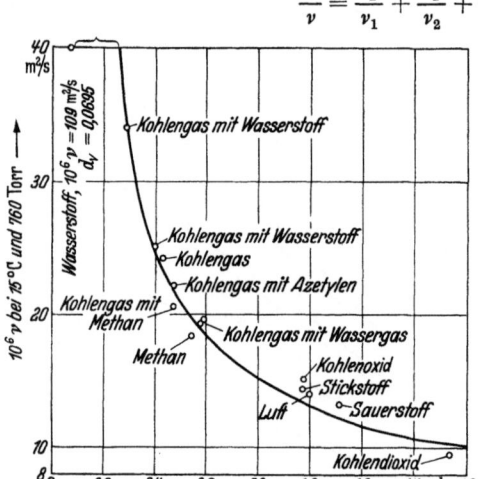

Bild 181. Empirischer Zusammenhang zwischen dem Dichteverhältnis d_v und der kinematischen Viskosität (hier bei Normdruck und 15 °C) bei Gasen nach BIEL

ZIPPERER[2] vereinfachte diese Formel. Im Anwendungsbereich von -10 °C $\leq t \leq 40$ °C ist die kinematische Viskosität von O_2, N_2, CO und CH_4 wenig voneinander verschieden. Der O_2-Gehalt ist meist untergeordnet. Bei Normdruck ergeben sich für N_2, CO und CH_4 aus Zahlentafel 43 folgende arithmetische Mittelwerte

$10^6 (v_m)_t$	12,67	13,49	14,34	15,26	16,21	17,17 m²/s
bei t	-10	0	10	20	30	40 °C.

Ist der O_2-Gehalt zu berücksichtigen, so sind die Mittelwerte um 0,02 niedriger. Die kinematische Viskosität von CO_2 und von den höheren Kohlenwasserstoffen C_nH_m ist rund halb so groß, die von H_2 rund siebenmal so groß. Bei nicht zu hohem CO_2- und C_nH_m-Gehalt kann man dann für die Viskosität beliebiger Gasgemische etwa ansetzen:

$$v_t = \frac{100 (v_m)_t}{(CO + CH_4 + N_2 + O_2) + 2 (CO_2 + C_nH_m) + \frac{1}{7} H_2} \tag{362}$$

wobei die chemischen Zeichen jeweils den Raumanteil in vH bedeuten.

MÜLLER[3] bestimmte systematisch die dynamische Viskosität einer Anzahl auf dem Prüfstand hergestellter Mischungen von trockenen Gasen mit verschiede-

---

[1] MANN, V.: Die Zähigkeit der technischen Gase. Gas- u. Wasserfach 73 (1930) 570.

[2] ZIPPERER, L.: Reynolds-Zahl für Blendenmessung. Gas- u. Wasserfach 74 (1931) 1101 Verfeinert nach HERNING-ZIPPERER, Gas- u. Wasserfach 79 (1936) H. 4 u. 5 (Genauigkeit ± 2 vH in größerem Temperaturbereich).

[3] ZIPPERER, L., u. G. MÜLLER: Beitrag zur Bestimmung und Berechnung der Zähigkeit von Gasgemischen. Gas- u. Wasserfach 75 (1932) 623ff. H_2/CO_2-Gemisch bestätigt bei 26,9 °C von TRAUTZ und KURZ. Siehe F. C. KEYES, Fußnote 2, S. 275.

nen Gehalten an H_2, CO, N_2, O_2, CO_2 und CH_4 sowie von Proben industrieller Gasgemische. Dabei verglich er die laminare Strömung von Luft bekannter Viskosität mit der der betreffenden Gasgemische durch eine Kapillare aus V2A-Stahl mit 0,52 mm Weite und 650 mm Länge. Bei einer zweiten Versuchsreihe benutzte er eine Glaskapillare von 0,33 mm Weite und 1,12 m Länge. Ein bestimmtes Volumen V strömt bei Luft und bei anderen Gasen bei gleichem Druckabfall in einer verschiedenen Zeit z, die gemessen wird. Nach Gl. (173) gilt

$$V = \frac{\pi\, d^4 z}{128\, \nu} \frac{\Delta P}{\varrho\, l} = \text{const}\, \frac{z}{\eta}.$$

Die dynamische Viskosität η_G des Gasgemisches folgt bei gleichem Volumen V mit η_L der Luft aus

$$\eta_G = \eta_L \frac{z_G}{z_L}.$$

Unter besonderer Berücksichtigung der An- und Ablaufeffekte wurde die Genauigkeit dieses Verfahrens mit Sauerstoff bekannter Viskosität nachgeprüft; die maximalen Abweichungen lagen zwischen $+0{,}2$ und $+0{,}4$ vH.

Die Prüfung der reziproken Mischungsformel von MANN ergab, daß Werte nach Gl. (361) bei verschiedenen Gasgemischen aus H_2, CO, N_2, CO_2 und 2 bis 6 vH CH_4 zwischen $-0{,}5$ und $-2{,}3$ vH von den gemessenen Werten abwichen. Bei Gemischen mit rund 21 vH CH_4 betrug die Abweichung $+0{,}7$ vH. Wurde nach ZIPPERER Gl. (362) gerechnet, so ergaben sich bei Gemischen mit 2 bis 6 vH CH_4 Abweichungen zwischen $-1{,}5$ und $+1{,}8$ vH, bei rund 21 vH CH_4 dagegen nur $-0{,}1$ vH. Für Gemische ohne CH_4 wichen die Werte nach den Gln. (361) und Gl. (362) unbrauchbar ab. Hier empfiehlt MÜLLER ein anderes Verfahren, bei dem die Maximalabweichungen zwischen $-1{,}3$ und $+0{,}5$ vH bleiben.

Zu diesem Zweck bestimmte er die dynamische Viskosität von CO/H_2-, CO_2/H_2- und N_2/H_2-Gemischen durch Messung, siehe Bild 182. Man sucht entsprechend

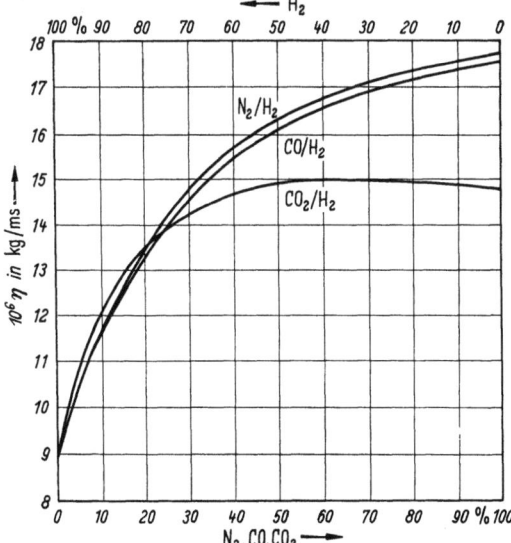

Bild 182. Dynamische Viskosität von Kohlenoxid/Wasserstoff-, Kohlendioxid/Wasserstoff- und Stickstoff/Wasserstoff-Gemischen in verschiedenem Mischungsverhältnis bei 20 °C und bei Normdruck nach Messungen von MÜLLER

dem H_2-Gehalt die Werte für die Teilgemische und bildet den Wert für das Gesamtgemisch nach der Mischungsregel Gl. (360). Der O_2-Gehalt wird zum N_2-Gehalt geschlagen.

Beispiel: $CO = 4,9$ vH, $H_2 = 82,9$ vH, $CO_2 = 6,3$ vH, $N_2 = 5,7$ vH, $O_2 = 0,2$ vH. Der Anteil von CO an $CO + CO_2 + N_2 + O_2$ ist 28,7 vH, der von CO_2 ist 36,8 vH, der von $N_2 + O_2$ ist 34,5 vH. Man entnimmt aus Abb. 182 (vergrößert) zu $H_2 = 82,9$ vH

CO/H_2-Kurve $10^6 \eta = 12{,}85$ kg/m s,

CO_2/H_2-Kurve $10^6 \eta = 13{,}22$ kg/m s,

N_2/H_2-Kurve $10^6 \eta = 12{,}95$ kg/m s

und bildet für das Gesamtgemisch

$$10^6 \eta = 0{,}287 \cdot 12{,}85 + 0{,}368 \cdot 13{,}22 + 0{,}345 \cdot 12{,}95 = 13{,}03 \text{ kg/m s}.$$

Der Meßwert für dieses Gemisch ist $10^6 \eta = 13{,}10$ kg/m s. Hiervon weicht der Rechenwert um $-0{,}5$ vH ab.

Dieses Rechenverfahren eignet sich mit Maximalabweichungen von $-0{,}9$ bis $+0{,}1$ vH für Gasgemische von 2 bis 6 vH CH_4, wenn man den CH_4-Gehalt mit der Mischungsformel einbringt. Bei höheren CH_4-Gehalten sind die Gln. (361) und (362) vorzuziehen.

HERNING und ZIPPERER[1] entwickelten später eine Berechnungsmethode für die dynamische Viskosität technischer Gasgemische im Normzustand nach dem Ansatz η prop. $\sqrt{M_r T}$ der kinetischen Gastheorie und nach Gl. (355) und empfehlen die empirische Näherungsformel

$$\eta_n = \frac{\eta_{n1} r_1 \sqrt{M_{r1} T_{k1}} + \eta_{n2} r_2 \sqrt{M_{r2} T_{k2}} + \cdots}{r_1 \sqrt{M_{r1} T_{k1}} + r_2 \sqrt{M_{r2} T_{k2}} + \cdots} \tag{363}$$

Zahlentafel 49. *Rechenwerte[2] zu Gl. (363).*
Dynamische Viskosität η_n bei 0 °C und 1,013 bar = 760 Torr

Gas	$10^6 \eta_n$ kg/m s	$\sqrt{M_r T_k}$	$10^6 \eta_n \sqrt{M_r T_k}$
Wasserstoff H_2	8,44	8	68
Stickstoff N_2	16,58	59	978
Sauerstoff O_2	19,23	70	1346
Kohlenoxid CO	16,58	62	1028
Kohlendioxid CO_2	13,83	116	1604
Methan CH_4	10,20	55	561
Schwere KWSt $C_n H_m$	9,12	96	876
Äthan $C_2 H_6$	8,60	96	828
Propan $C_3 H_8$	7,50	128	958
Butan $C_4 H_{10}$	6,90	157	1085

---

[1] HERNING, F.: Stoffströme in Rohrleitungen. 4. Aufl. VDI-Verlag Düsseldorf 1966, S. 19.

[2] Die von HERNING benutzten Werte für η_n weichen etwas von denen der Zahlentafeln 43 und 44.1 ab. — $C_n H_m$ wird als Gemisch aus 80 vH Äthylen $C_2 H_4$ und 20 vH Propylen $C_3 H_6$ betrachtet mit $\varrho_n = 1{,}392$ kg/m³. — Äthan, Propan und Butan zur Berechnung kohlenwasserstoffreicher Gasgemische, insbesondere von Erdgasen.

25. Zahlentafeln für Dichte und Viskosität

Zahlentafel 50.1. *Dichteverhältnis d_v, dynamische Viskosität $10^6 \eta_n$ in kg/m s und kinematische Viskosität $10^6 \nu_n$ in m^2/s von technischen Gasgemischen, aus der Analyse berechnet mit Gl. (358), Gl. (363) und Zahlentafel 49*

Gas	d_v	$10^6 \eta_n$	$10^6 \nu_n$
Kokereigas, Generatorgas, Schwelgas, Gichtgas			
$10^6 \nu_n \approx 12{,}91 d_v^{-0{,}62}$; Maximalabweichungen $-4/+6$ vH			
Kokereigas	0,349	11,36	25,20
Kokereigas	0,372	11,82	24,58
Stadtgas	0,405	11,74	22,40
Koksofengas	0,421	11,74	21,55
Halbwassergas/Koks	0,720	14,80	15,88
Schwelgas/Braunkohle	0,774	14,24	14,23
Schwelgas/Steinkohle	0,799	15,94	15,41
Mondgas/Steinkohle	0,817	15,09	14,28
Mischgas/Steinkohle	0,849	16,14	14,70
Generatorgas/Anthrazit	0,855	16,28	14,74
Generatorgas/Koks	0,861	15,90	14,29
Generatorgas/Eßkohle	0,864	16,06	14,39
Luftgas/Braunkohle	0,870	15,69	13,92
Generatorgas/Braunkohle	0,872	16,01	14,20
Mischgas/Braunkohle	0,880	16,04	14,10
Luftgas/Holz	0,889	15,75	13,70
Klargas/Steinkohle	0,890	16,34	14,21
Luftgas/Torf	0,901	15,38	13,20
Luftgas/Steinkohle	0,902	16,11	13,81
Luftgas/Koks	0,967	16,41	13,14
Gichtgas	0,971	16,17	12,88
Gichtgas	0,978	16,12	12,77
Gichtgas	0,986	16,15	12,67
Wassergas $10^6 \nu_n \approx 33{,}0 - 21{,}2 d_v$: Maximalabweichungen ± 1 vH			
Wassergas/Steinkohle	0,493	14,24	22,32
Wassergas/Koks	0,529	15,01	21,90
Wassergas/Koks	0,544	15,22	21,62
Wassergas/Koks	0,561	15,19	20,94
Wassergas/Koks	0,590	15,41	20,20
Erdgas und *Ölgas* $10^6 \nu_n \approx 7{,}93/d_v$; Maximalabweichungen ± 2 vH			
Erdgase			
Ravenna	0,557	10,20	14,17
Sahara	0,569	10,20	13,84
Turin	0,589	10,11	13,29
Alpenvorland	0,590	10,22	13,41
Birmingham USA	0,602	10,42	13,41
Klein-Burgwedel	0,626	10,14	12,53
Kansas City	0,632	10,68	13,04
Plön	0,740	10,05	10,51
Ölgas	0,695	9,97	11,09

mit Raumteilen r, relativen Molmassen (Molekulargewichten) M_r und kritischen Temperaturen T_k der Gasanteile. Siehe hierzu die mit Zahlentafel 49 gegebene Hilfstafel. Die Genauigkeit von Gl. (363) wird mit ± 2 vH angegeben.

Zur Umrechnung der dynamischen Viskosität von technischen Gasgemischen auf andere Temperaturen schlug HERNING Gl. (357) mit $C = 120$ vor. Für die kinematische Viskosität besteht nach MÜLLER im Bereich von -10 °C bis $+40$ °C mit großer Genauigkeit eine Zahlenwertgleichung $\nu_t = \nu_{20} [1 + 0{,}006 \ (t - 20)]$ mit ν_{20} bei $t = 20$ °C. Gl. (363) ist mit Werten η_t statt η_n auch für höhere Temperaturen brauchbar.

Es ist die Frage, inwieweit und mit welcher Genauigkeit bei technischen Gasgemischen, in breiterem Bereich als in Bild 181 vermerkt, ein zahlenmäßiger Zusammenhang zwischen dem Dichteverhältnis d_v und der kinematischen Viskosität ν_n besteht, damit man die Viskosität bereits an Hand der Dichte abschätzen kann. Nach den Gln. (363) und (358) wurden für eine größere Anzahl von einschlägigen Industriegasen aus ihren Analysen die Werte für $d_v = \varrho_n / \varrho_{nL}$, η_n und $\nu_n = \eta_n / \varrho_n$ berechnet. Ein Teilergebnis ist in Zahlentafel 50.1 angegeben. Aus der Vielzahl der Werte läßt sich auf zeichnerischem Wege für die Gruppe der *Kokerei-, Generator-, Schwel- und Gichtgase* im Bereich von $d_v = 0{,}35$ bis $1{,}00$ eine Zahlenwertgleichung

$$10^6 \nu_n \approx 12{,}91 \, d_v^{-0{,}62} \tag{364}$$

mit maximalen Abweichungen zwischen -4 und $+6$ vH aufstellen. Speziell für *Wassergase* gilt $10^6 \nu_n \approx 33{,}0 - 21{,}2 d_v$ mit ± 1 vH Streuung, Bereich $d_v = 0{,}49$

Zahlentafel 50.2. *Kinematische Viskosität technischer Gase $10^6 \nu$ in m^2/s. Vergleich der Werte nach den Gln. (360) bis (364)*

Gasart		Gicht-gas	Genera-torgas	Wasser-gas	Misch-gas	Stadt-gas
Spalte		1	2	3	4	5
Analyse in vH	CO	29,2	28,5	38,5	21,5	7,1
	H_2	2,5	12,8	49,5	51,5	48,2
	CH_4	—	0,3	0,2	17,0	23,8
	C_nH_m	—	—	—	2,0	2,3
	CO_2	7,3	5,9	6,8	4,0	2,3
	N_2	61,0	52,5	5,0	4,0	16,1
	O_2	—	—	—	—	0,2
Dichte ϱ_n	kg/m³	1,275	1,144	0,725	0,594	0,585
Dichteverhältnis d_v		0,986	0,884	0,561	0,460	0,452
Gl. (361) MANN $10^6 \nu_n$		12,67	14,03	20,82	21,87	21,41
Gl. (362) ZIPPERER		12,84	14,21	20,95	21,81	21,31
Gl. (363) HERNING-Z.		12,67	14,07	20,94	22,25	21,77
Mittelwert (Meßwert)		12,73	14,10	20,89	22,20	(21,73)
Gl. (364)[1] $10^6 \nu_n$		12,67	13,94	21,10	—	20,56
Gl. (360) Mischungsregel		11,90	13,40	16,95	18,45	17,70

[1] $10^6 \nu_n = 12{,}91 \, d_v^{-0{,}62}$ für Gichtgas, Generatorgas und Stadtgas, $10^6 \nu_n = 33{,}0 - 21{,}2 d_v$ für Wassergas. Mit Mischgas ist hier ein Koksofengas/Wassergas-Gemisch gemeint, kein Wert.

25. Zahlentafeln für Dichte und Viskosität

bis 0,59. Schließlich kann man für *Erdgase* und für *Ölgase* eine Gleichung $10^6 v_n \approx 7{,}93/d_v$ mit Abweichungen bis ± 2 vH im Bereich von $d_v = 0{,}55$ bis $0{,}70$ angeben.

Zum Vergleich wurde in Zahlentafel 50.2 die kinematische Viskosität einiger Gasgemische mit den verschiedenen Näherungsformeln aus der Gasanalyse berechnet. Die Werte nach den Formeln von MANN Gl. (361), ZIPPERER Gl. (362) und HERNING-ZIPPERER Gl. (363) liegen dicht beisammen. Bildet man den Mittelwert für Spalte 1 bis 4 aus der Bandbreite der Toleranzen und nimmt man diese Mittelwerte als die richtigen an, so erkennt man, wie gut die Näherungsformeln Gl. (364) bei diesen Gasen zutreffen. Für das Stadtgas Spalte 5 ist ein Meßwert bekannt. Hiervon weichen die Werte nach Gl. (361) um -1 vH, Gl. (362) um -2 vH und Gl. (363) nur um $+0{,}2$ vH ab; Gl. (364) aber um $-5{,}3$ vH. Ferner zeigt sich, daß die Mischungsregel Gl. (360) zu niedrige Werte gibt und hier nicht brauchbar ist.

In Zahlentafel 50.3 sind noch einige experimentell bestimmte Werte für typische Gasgemische aufgeführt.

Zahlentafel 50.3. *Gemessene dynamische Viskosität verschiedener technischer Gasgemische bei Normdruck*[1]. Werte $10^6 \eta$ in kg/m s

Gas	ϱ_n kg/m³	d_v	Temperatur °C -10	0	$+20$	40	60	80	100
Kokereigas (Ferngas)	0,50	0,386	12,07	12,46	13,15	13,83	14,52	15,21	15,79
Generatorgas	1,15	0,89	15,79	16,19	17,17	18,05	18,93	19,82	20,60
Hochofengas	1,27	0,98	15,99	16,48	17,46	18,34	19,33	20,11	20,99
Wassergas	0,69	0,53	14,62	15,01	15,89	16,78	17,56	18,34	19,13
Erdgas	0,78	0,60	10,10	10,40	11,08	11,67	12,36	12,94	13,53

Rechnet man damit, daß aus der Gasanalyse zwar die Dichte praktisch genau, aber die Viskosität nur auf ± 2 vH genau berechnet werden kann, so bestimmt man die Reynolds-Zahl Re ebenfalls auf ± 2 vH genau, aber die Widerstandszahl λ_R und damit den Druckabfall ΔP auf 0 bis $\pm 0{,}5$ vH genau. $\pm 0{,}5$ vH ist die Abweichung bei glatter Strömung, 0 ist sie bei rauher Strömung.

25.5 Wasserdampf

Über die Viskosität von Wasser und Wasserdampf liegen neuerdings ebenso wie über die Dichte (Wichte) recht genaue Werte vor[2]. Im folgenden sind Übersichtswerte für die dynamische und kinematische Viskosität von Dampf mit 1 bar und von trockengesättigtem Dampf sowie für die dynamische Viskosität von Wasser und Dampf angegeben. Man berechnet die kinematische Viskosität zweckmäßig mit Hilfe der Wasserdampftafeln über

$$10^6 \nu = 10^6 \eta\, v \text{ (bzw. } 10^6 \nu = 10^6 \eta\, g\, v\text{).}$$

---

[1] Nach HERNING, F. in: SCHWAIGERER, S.: Rohrleitungen; Abschnitt Berechnung von Rohrleitungen. Berlin/Heidelberg/New York: Springer 1967, S. 248.

[2] VDI-Wasserdampftafeln, 6. Aufl. (Joule, bar) 1963 und 7. Aufl. (kcal, at) 1968. Bereich 0 bis 700 °C, 1 bis 800 bar. Springer-Verlag Berlin/Heidelberg/New York und R. Oldenbourg München.

282   III. Praktische Berechnung von Rohrleitungen

Über den gesamten technischen Anwendungsbereich von Wasser und Wasserdampf gibt Bild 183 Auskunft. Während die dynamische

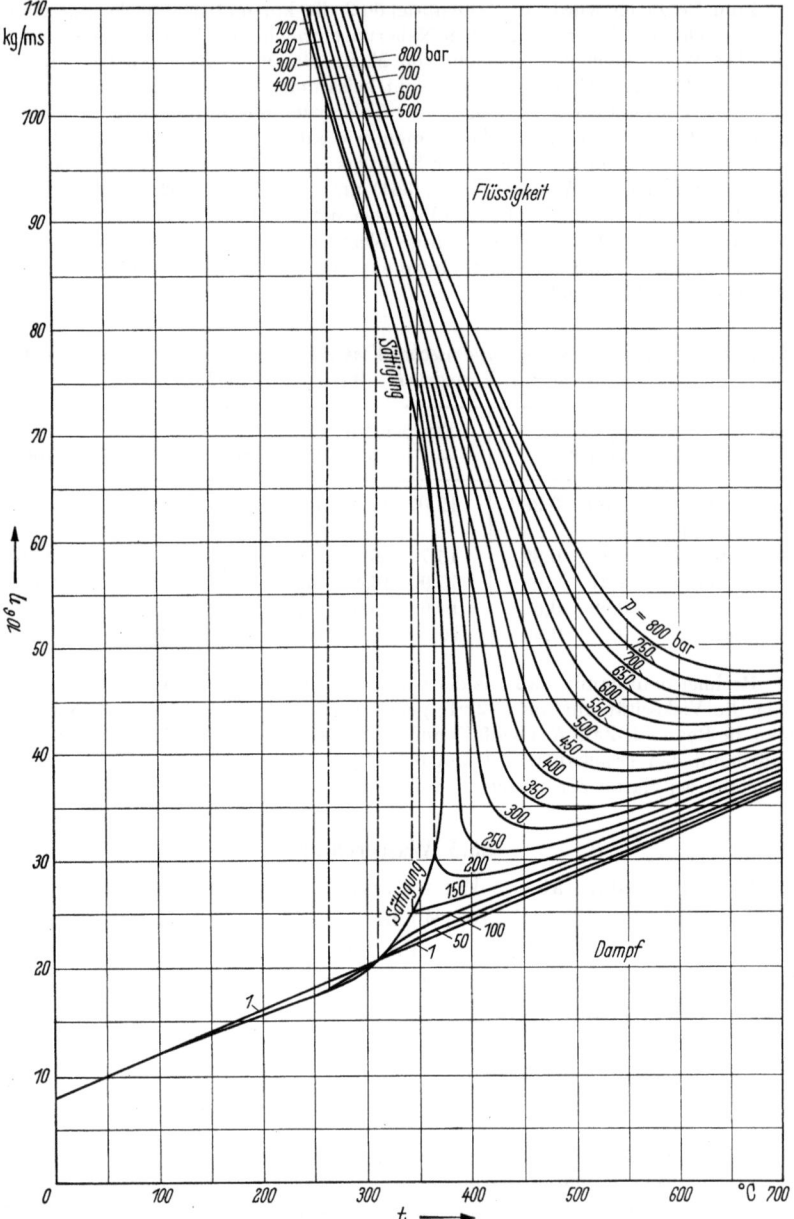

Bild 183. Dynamische Viskosität $10^6 \eta$ in kg/m s von Wasser und Wasserdampf, abhängig von Temperatur und Druck. Nach VDI-Wasserdampftafeln, 7. Auflage 1968

Viskosität η von Wasser mit zunehmender Temperatur absinkt, steigt sie bei Dampf mit der Temperatur an, vgl. Bild 168. Vermutlich verhalten sich alle reinen Stoffe ähnlich, wenn auch unterschiedlich in der Größenordnung (nachgewiesen z. B. an Kohlendioxid und Methan).

Zahlentafel 51. *Viskosität von Wasserdampf bei atmosphärischem Druck (1 bar), Werte $10^6 \eta$ bzw. $10^6 \nu$*

t	$10^6 \eta$	$10^6 \nu$	t	$10^6 \eta$	$10^6 \nu$
°C	kg/m s	m²/s	°C	kg/m s	m²/s
100	12,22	20,5	450	26,4	88,0
150	14,15	27,4	500	28,4	101
200	16,18	35,1	550	30,4	115
250	18,22	43,8	600	32,5	131
300	20,25	53,4	700	36,5	164
350	22,3	64,0	800	40,4	200
400	24,3	75,4	900	44,1	(235)

Zahlentafel 52. *Viskosität von siedendem Wasser und von trockengesättigtem Wasserdampf*

t	p	p	$10^6 \eta'$	$10^6 \nu'$	$10^6 \eta''$	$10^6 \nu''$
°C	bar	at	kg/m s	m²/s	kg/m s	m²/s
0	0,0061	0,0062	1750	1,750	8,02	1655
50	0,1234	0,1258	544	0,551	10,02	121
100	1,0133	1,0332	279	0,291	12,02	20,1
150	4,760	4,854	181	0,197	13,90	5,45
200	15,55	15,86	134	0,155	15,65	1,99
250	39,78	40,56	107	0,134	17,45	0,873
300	85,93	87,62	90,1	0,127	19,84	0,430
350	165,4	168,6	70,9	0,123	26,6	0,234
374	221,2	225,6	45,0	0,143	45,0	0,143

Trägt man[1] die dynamische Viskosität von Wasser und Wasserdampf in einem Druck-Temperatur-Diagramm auf, siehe Bild 184, so erhält man eine sehr anschauliche Wiedergabe der komplizierten Funktion $\eta = f(p\,t)$.

Übersichtswerte für Wasser und Wasserdampf sind in Zahlentafel 53 angegeben. Das Sättigungsgebiet ist abgeteilt. In den VDI-Wasserdampftafeln ist die Temperatur von 10 zu 10° und der Druck noch enger gestuft. Man erkennt, daß die dynamische Viskosität verhältnismäßig leicht nach dem Druck interpoliert werden kann. Bild 185 gibt unmittelbar die kinematische Viskosität für das technisch wichtige Gebiet von 400 bis 550 °C und 100 bis 250 bar (102 bis 255 at) als Aus-

---

[1] Nach U. GRIGULL, F. MAYINGER und J. BACH: Viskosität, Wärmeleitfähigkeit und Prandtl-Zahl von Wasser und Wasserdampf. Wärme- u. Stoffübertragung 1968 Bd. 1, 15—34.

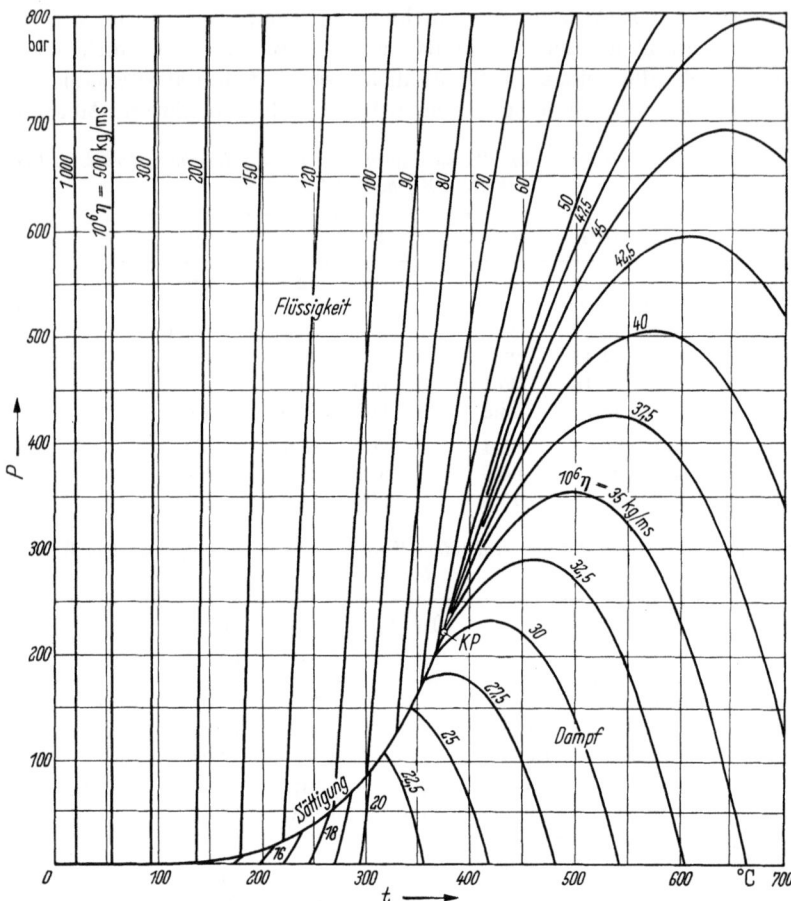

Bild 184. Druck-Temperatur-Diagramm von Wasser und Wasserdampf mit Linien gleicher dynamischer Viskosität. η KP bedeutet kritischer Punkt

schnitt an. Dieses Diagramm ist weniger gut nach dem Druck zu interpolieren, weshalb man zweckmäßig die dynamische Viskosität und das spezifische Volumen aus den VDI-Wasserdampftafeln entnimmt und die kinematische Viskosität mit $10^6 \nu = 10^6 \eta \, v$ (bzw. $10^6 \eta \, g \, v$) berechnet.

Die Werte der VDI-Wasserdampftafeln für die dynamische Viskosität $10^6\eta$ (die in Zahlentafel 53 stellenweise abgerundet sind) gelten mit folgenden Toleranzen:

im Bereich *Druckwasser* von 0 bis 300 °C und vom Sättigungsdruck bis 800 bar: $\pm 2{,}5$ vH bei Sättigung, $\pm 2{,}5$ vH für $1 \text{ bar} \leq p \leq 350$ bar, und ± 4 vH für $350 \leq p \leq 800$ bar,

für *überhitzten Dampf* bei $p = 1$ bar und Temperaturen von 100 bis 700 °C: ± 1 vH für $100 \text{ °C} \leq t \leq 300 \text{ °C}$ und ± 3 vH für $300 \text{ °C} \leq t \leq 700 \text{ °C}$,

für Drücke von 1 bar bis zum Sättigungsdruck und Temperaturen von 100 bis 300 °C: ± 1 vH,

für Drücke von 1 bar bis 800 bar und Temperaturen von 375 bis 800 °C: ± 4 vH.

Zahlentafel 53. *Dynamische Viskosität von Wasser und Wasserdampf* $10^6 \eta$ *in* kg/m s

t °C	Druck p in bar, Wert darunter in at							
	1 1,02	10 10,20	25 25,5	50 51,0	100 102,0	200 203,9	300 305,9	500 509,9	800 815,8
0	1750	1750	1750	1750	1750	1740	1740	1720	1710
20	1000	1000	1000	1000	1000	999	998	996	992
50	544	544	544	545	545	546	547	549	552
100	12,1	279	279	280	281	283	285	289	295
150	14,2	181	182	182	183	185	188	192	199
200	16,2	15,9	134	135	136	138	141	145	152
300	20,3	20,2	20,2	20,1	91	93	96	101	108
400	24,3	24,4	24,6	25,0	25,8	28,6	45,7	69,3	80,3
500	28,4	28,5	28,7	28,9	29,5	31,1	32,7	42,2	59,6
600	32,5	32,6	32,7	32,9	33,4	34,6	35,7	40,1	49,1
700	36,5	36,6	36,7	36,9	37,4	38,4	39,2	42,3	47,8

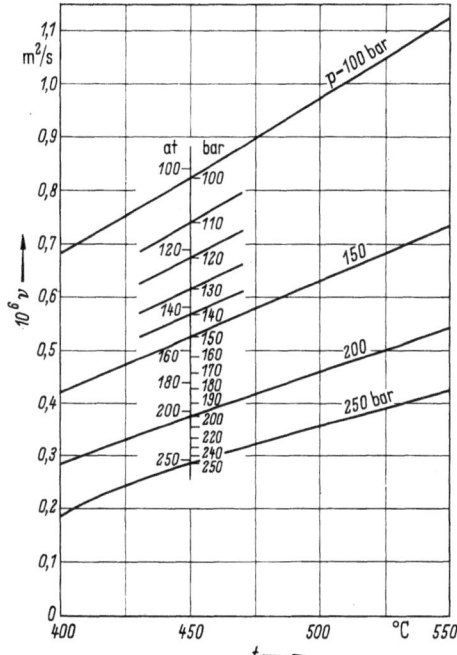

Bild 185. Kinematische Viskosität $10^6 \nu$ in m²/s von überhitztem Wasserdampf (Teilgebiet)

26. Beziehungen für die Reynolds-Zahl

Die Widerstandszahl λ_R ist eine Funktion der Reynolds-Zahl Re und der relativen Rohrrauhigkeit. Es ist üblich, Gebrauchsdiagramme λ_R über Re mit der relativen Rauhigkeit d/k als Parameter zu verwenden.

III. Praktische Berechnung von Rohrleitungen

Die Viskosität wird praktisch mit 10^6 multipliziert, um mit übersichtlichen Zahlenwerten zu rechnen. Man erhält dann die Reynolds-Zahl Re aus folgenden Gleichungen

$$Re = \frac{wd}{\nu} = \frac{wd}{(10^6\nu)} \cdot 10^6 = \frac{wD}{(10^6\nu)} \cdot 10^3,$$

$$Re = \frac{wd\varrho}{(10^6\eta)} \cdot 10^6 = \frac{wD\varrho}{(10^6\eta)} \cdot 10^3 \quad \Big| \quad Re = \frac{wd\gamma}{(10^6\eta g)} \cdot 10^6 = \frac{wD\gamma}{(10^6\eta g)} \cdot 10^3. \tag{365}$$

Daraus folgt

$$Re = 1{,}273 \cdot 10^6 \frac{V_s}{d(10^6\nu)} = 353{,}7 \frac{V_h}{d(10^6\nu)} = 3{,}537 \cdot 10^5 \frac{V_h}{D(10^6\nu)}$$

$$Re = 353{,}7 \frac{V_h \varrho}{d(10^6\eta)} \quad\Big|\quad Re = 353{,}7 \frac{V_h \gamma}{d(10^6\eta g)}$$

$$= 1{,}273 \cdot 10^6 \frac{V_s \varrho}{d(10^6\eta)} \quad\Big|\quad = 1{,}273 \cdot 10^6 \frac{V_s \gamma}{d(10^6\eta g)} \tag{366}$$

und ferner

$$Re = 1{,}273 \cdot 10^6 \frac{m_s}{d(10^6\eta)} \quad\Big|\quad Re = 1{,}273 \cdot 10^6 \frac{G_s}{d(10^6\eta g)}$$

$$= 1{,}273 \cdot 10^6 \frac{m_s}{d\varrho(10^6\nu)} \quad\Big|\quad = 1{,}273 \cdot 10^6 \frac{G_s}{d\gamma(10^6\nu)}$$

$$= 353{,}7 \frac{m_h}{d(10^6\eta)} = 353{,}7 \frac{m_h}{d\varrho(10^6\nu)} \quad\Big|\quad = 353{,}7 \frac{G_h}{d(10^6\eta g)} = 353{,}7 \frac{G_h}{d\gamma(10^6\nu)}$$

$$= 353{,}7 \frac{m_h(100\nu)}{(100d)(10^6\nu)} \quad\Big|\quad = 353{,}7 \frac{G_h(100\nu)}{(100d)(10^6\nu)} \tag{367}$$

sowie

$$Re = 3{,}537 \cdot 10^5 \frac{\dot{M}}{d(10^6\eta)} \quad\Big|\quad Re = 3{,}537 \cdot 10^5 \frac{\dot{G}}{d(10^6\eta g)}$$

$$= 3{,}537 \cdot 10^8 \frac{\dot{M}}{D(10^6\eta)} \quad\Big|\quad = 3{,}537 \cdot 10^8 \frac{\dot{G}}{D(10^6\eta g)}$$

$$= 3{,}537 \cdot 10^8 \frac{\dot{M}}{D\varrho(10^6\nu)} \quad\Big|\quad = 3{,}537 \cdot 10^8 \frac{\dot{G}}{D\gamma(10^6\nu)}$$

$$= 3{,}537 \cdot 10^5 \frac{\dot{M}(100\nu)}{(100d)(10^6\nu)} \quad\Big|\quad = 3{,}537 \cdot 10^5 \frac{\dot{G}(100\nu)}{(100d)(10^6\nu)}. \tag{368}$$

Aus Gl. (365) folgt für die Reynolds-Zahl Re_n bei Normzustand (0 °C und 1,013 bar = 1,033 at), Zeiger n

$$Re_n = \frac{w_n d \varrho_n}{(10^6\eta_n)} \cdot 10^6 \quad\Big|\quad Re_n = \frac{w_n d \gamma_n}{(10^6\eta_n g)} \cdot 10^6 \tag{369}$$

und nach Gl. (41) über

$$\varrho w = \varrho_n w_n \quad\Big|\quad \gamma w = \gamma_n w_n$$

$$Re = \frac{wd\varrho}{(10^6\eta)} \cdot 10^6 = Re_n \frac{\eta_n}{\eta} \quad\Big|\quad Re = \frac{wd\gamma}{(10^6\eta g)} \cdot 10^6 = Re_n \frac{\eta_n}{\eta} \tag{370}$$

oder

$$Re = 353{,}7 \frac{V_{hn}\varrho_n}{d(10^6\eta_n)} \frac{\eta_n}{\eta} \qquad Re = 353{,}7 \frac{V_{hn}\gamma_n}{d(10^6\eta_n g)} \frac{\eta_n}{\eta} \quad (371)$$

unter Benutzung von Zahlentafel 45 und Bild 178 zur einfachen Ermittlung der Reynolds-Zahl bei Betriebszustand.

Beispiel. $V_{hn} = 10000$ m³/h Kohlenoxid strömen unter normalem Druck (p_n) durch eine Rohrleitung von $d = 0{,}600$ m Lichtweite bei $t = 120$ °C. Dann ist mit $\varrho_n = 1{,}25$ kg/m³ (nach Zahlentafel 37 und 45) nach Gl. (371)

$$Re = 354 \frac{10000 \cdot 1{,}25}{0{,}600 \cdot 16{,}6} \cdot 0{,}759 = 3{,}37 \cdot 10^5.$$

Die Gleichungen sind so einfach, daß man den Zahlenwert bequem mittels Rechenschieber feststellen kann. Übersichtsdiagramme lohnen sich nicht, weil Re im allgemeinen nur zwischen 10^4 und 10^6 liegt, also Re eine 5- oder 6 stellige Zahl ist. Bei Dämpfen empfehlen sich Diagramme wegen der verwickelten Funktion $v = f(p, t)$, siehe Bild 220.

27. Widerstandszahlen für gerades Kreisrohr

27.1 Diagramme für gerades Stahlrohr

Für *neues nahtloses Stahlrohr*, mit üblicher Sorgfalt hergestellt, kann man mit einer mittleren absoluten Rauhigkeit (äquivalente Sandrauhigkeit) von $k = 0{,}03$ bis $0{,}05$ mm rechnen.

Nach den Untersuchungen von ZIMMERMANN und GALAVICS[1] hat nahtlos gewalztes und längsgeschweißtes Stahlrohr einen k-Wert zwischen 0,01 bis 0,04 mm. Die Verhältnisse werden mit Bild 186 erläutert. Für Stahlrohre mit $k = 0{,}03$ mm würden bei Rohrweiten von $D = 50$, 100, 250 und 600 mm die Kurven $d/k = 1670$,

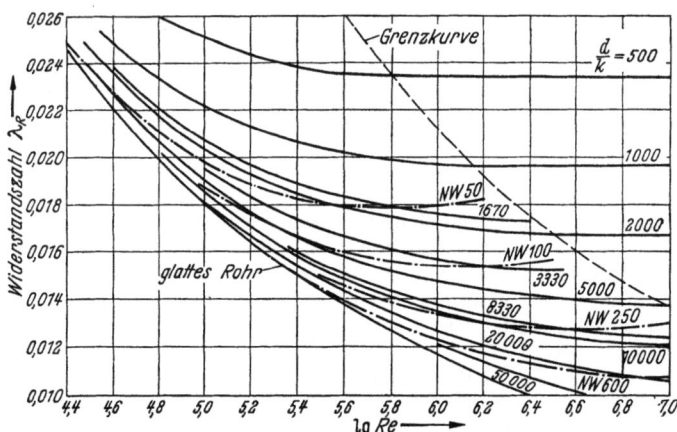

Bild 186. Allgemeines Widerstandsdiagramm nach PRANDTL-COLEBROOK Gl. (248). Eingetragen sind Versuchskurven nach ZIMMERMANN (Werte für NW 600 extrapoliert)

---

[1] Siehe Fußnote 1, S. 166.

3330, 8330 und 20000 = const gelten. Es sind die strichpunktierten Linien für NW 50, 100, 250 und 600 nach ZIMMERMANN eingetragen[1], die von den Linien $k = 0{,}03$ mm = const wie folgt abweichen:

Zahlentafel 54

NW	$Re = 4 \cdot 10^4$	$Re = 10^5$	$Re = 10^6$
50	−4,2 vH	−4,3 vH	+2,0 vH
100	(−1,6)	−4,1	−1,9
250	(unter −1)	(−3,2)	−2,5
600	(unter −1)	(−0,6)	−2,8

Eingeklammerte Zahlen außerhalb Versuchsbereich

Die Linien nach ZIMMERMANN fallen zunächst weniger stark ab und steigen dann wieder etwas an, etwa wie bei sandrauhen Rohren nach den Bildern 83 und 84. Es sei hier dahingestellt, ob dies eine Eigenart der Walzrauhigkeit ist oder ob es sich um Versuchszufälligkeiten handelt[2]. Die k-Werte mit 0,02 mm und darunter dürften außergewöhnlich klein sein. Wenn man einheitlich mit $k = 0{,}03$ mm rechnet, so wird man den tatsächlichen Verhältnissen bei der vertretbaren Genauigkeit durchaus gerecht. Da das vollständig rauhe Gebiet bei Stahlrohren außerhalb vom üblichen technischen Anwendungsbereich liegt, kann die von ZIMMERMANN beobachtete Zunahme von k bis auf 0,04 mm unerörtert bleiben[3]. Messungen[4] der Rauhigkeitstiefe an nahtlos gewalztem ferritischen Stahlrohr NW 400 mit etwa 50 μm im Anlieferungszustand ergaben

a) nach Strahlen mit Stahlsand Nr 13 (gröberer) und Nr 16 (feinerer) Körnung,
b) nach dem Beizen,
c) ¼ Jahr später auf der Baustelle, gebeizt mit Rostanflug.

Werte nach Zahlentafel 55.

---

[1] Nach dem neueren berichtigten Diagramm 5 in: Neue Ergebnisse der Druckfallberechnung gerader Stahlrohre. Arch. f. Wärmew. 21 (1940) 134. NW 50 hat 51,2 mm lichte Rohrweite, NW 100 hat 100,8 mm, NW 250 hat 254,4 mm (DIN-Abmessungen), wodurch die Abweichungen in Bild 186 noch etwas verringert werden.

[2] Nach DIN 1629/25 gilt für nahtlose Stahlrohre: Die Rohre müssen eine der Herstellungsart entsprechende glatte äußere und innere Oberfläche haben. Geringfügige durch das Herstellungsverfahren bedingte Erhöhungen, Vertiefungen oder flache Längsriefen sind gestattet, soweit die Schwächung der Wanddicke innerhalb des zulässigen Untermaßes bleibt. Die Beseitigung von Walzsplittern, Schalen, Schiefern und Rissen von geringer Tiefe ist unter Anwendung geeigneter Mittel gestattet. Die Rohre sollen möglichst kreisrund und nach dem Auge gerichtet sein.

[3] Die Ergebnisse bei NW 50 sind lt. ZIMMERMANN unsicher.

[4] Im Mannesmann-Forschungsinstitut — Rauhigkeitstiefe gleich Unterschied zwischen den Tälern und Erhebungen des Rauhigkeitsprofils. — Arithmetische Mittenwandrauhigkeit bei ferritischen Stählen rund 5 μm, bei austenitischen Stählen rund 2,5 μm. Mittenwandrauhigkeit gleich mittlerer Erhebung über einer Linie durch die Profilkurve, wobei die Flächen oberhalb und unterhalb dieser Linie gleich sind.

27. Widerstandszahlen für gerades Kreisrohr

Zahlentafel 55. *Messungen der Rauhigkeit in μm von Stahlrohr*

Rauhigkeit	a) gestrahlt mit Stahlsand	b) gebeizt	c) gebeizt mit Rostanflug
Überwiegend	30 ⋯ 50	40 ⋯ 75	30 ⋯ 35
Vereinzelt	⋯ 70	⋯ 85	⋯ 48
Arithm. Mittel	4,6 ⋯ 7,7	8 ⋯ 10	5,1 ⋯ 6,4
Geom. Mittel	6,4 ⋯ 10	9,8 ⋯ 12,7	7,6 ⋯ 8,1

Zwischen den Rauhigkeitsmessungen und der äquivalenten Sandrauhigkeit ($k = 0,03$ bis $0,05$ mm $= 30$ bis 50μ) besteht kein unmittelbarer Zusammenhang. Man kann aber schließen, daß gebeiztes Rohr, bei welchem offenbar mit Zunder und Rost ausgefüllte Rauhigkeitstäler freigelegt werden, etwas rauher ist ($k = 0,03$ bis $0,04$ mm) als ungebeiztes Stahlrohr (etwa $0,03$ mm, allerdings mit Werten bis $0,10$ mm).

Bild 187 zeigt ein *Diagramm* mit gut ablesbarer Ordinatenteilung für die Ermittlung der Widerstandszahl λ_R neuer Stahlrohre.

Neben blankem Stahlrohr mit $k = 0,03$ bis $0,05$ mm hat innen *bituminiertes Stahlrohr* technische Bedeutung, wobei erfahrungsgemäß $k = 0,05$ mm angesetzt werden kann, siehe Bild 188.

Um den *Gebrauchtzustand* der Rohre nach einer gewissen Betriebszeit zu berücksichtigen, ist die zu erwartende Wandbeschaffenheit an Hand von Zahlentafel 13, S. 158, zu schätzen. Die Widerstandszahl λ_R kann dann für den betreffenden Parameter d/k mit den Bildern 187–191 ermittelt werden.

27.2 Lichtweite und Nennweite

ZIMMERMANN hat sein Diagramm für die Widerstandszahl λ_R in möglichst weitgehender Anpassung an die praktischen Belange auf Nennweiten (NW) abgestellt. Um Irrtümer zu vermeiden, gibt man in Diagrammen besser lichte Rohrweiten D in mm an. Man muß berücksichtigen, daß im Programm der (deutschen) Walzwerke DIN 2448 der Fertigungsweise entsprechend der Außendurchmesser der Rohre festgelegt ist und die Lichtweiten je nach den aus Gründen der Festigkeit zu wählenden Wanddicken verschieden sind[1]. Bei geringer Wanddicke (Normalwand) stimmen die Begriffe Nennweite (NW) und Lichtweite (D) etwa überein, nicht aber bei größeren Wanddicken. Geht man bei der Berechnung von der Durchflußmenge aus, so geht der Durchmesser D in die Berechnungsformeln in der 5. Potenz ein.

Es leuchtet ein, daß man auch Gebrauchsdiagramme besser auf Lichtweite als auf Nennweite abstellt, und daß man das Ordinatennetz so einrichtet, daß man interpolieren kann.

27.3 Überschlagsformeln für gerades Stahlrohr

Für *Überschlagsrechnungen* benötigt man Fluchtlinientafeln oder andere Rechenhilfsmittel, aus welchen der Druckabfall unmittelbar

---
[1] Bei nahtlos gezogenem Rohr hingegen liegt der Innendurchmesser fest.

290 III. Praktische Berechnung von Rohrleitungen

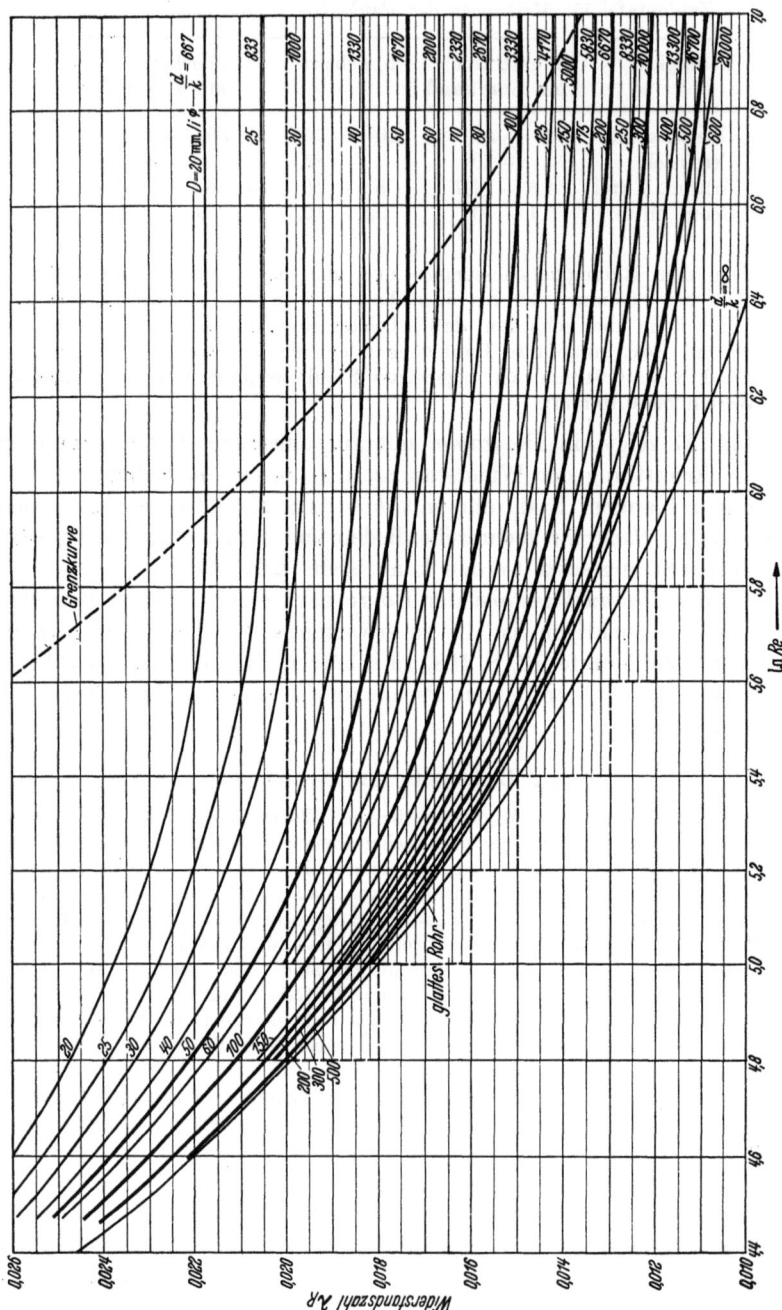

Bild 187. Gebrauchsdiagramm für neue, blanke, gerade *Stahlrohre*, aufgestellt mit der Formel (248) nach PRANDTL-COLEBROOK mit der absoluten Rauhigkeit $k = 0{,}03$ mm. (d/k, beide Werte in gleicher Dimension: m oder mm)

27. Widerstandszahlen für gerades Kreisrohr

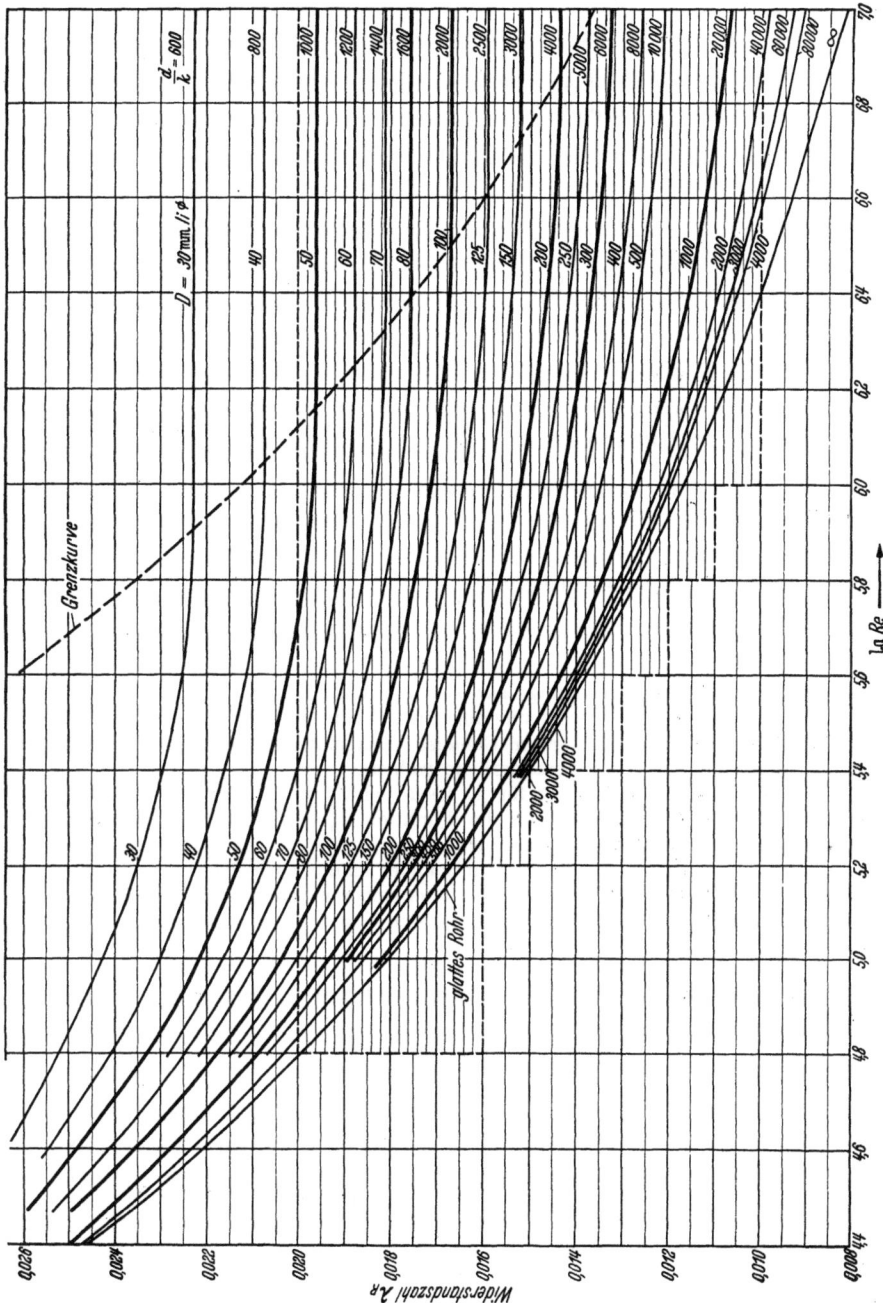

Bild 188. Gebrauchsdiagramm für neue, blanke oder innen bituminierte, gerade *Stahlrohre*, aufgestellt mit der Formel (248) nach PRANDTL-COLEBROOK mit der absoluten Rauhigkeit $k = 0{,}05$ mm. (d/k, beide Werte in gleicher Dimension: m oder mm)

abzulesen ist. Die allgemeine Formel (248) ist hierfür nicht geeignet. Für $k = $ const läßt sich die Funktion $\lambda_R = f(Re, d)$ wohl verhältnismäßig gut in eine Form $\lambda_R = a + \dfrac{b}{\sqrt{d}} + \dfrac{c\sqrt{d}}{Re}$ bringen[1], erwünscht ist aber eine Form $\lambda_R = a\, d^b\, Re^c$.

Man kann dann z. B. mit den Gln. (314) und (367) für waagerechte Leitungen bilden

$$\Delta P = 625{,}3\,\lambda_R \frac{1}{\varrho} \frac{l}{(100 d)^5} m_h^2$$
$$= 625{,}3\, a\, d^b \left(354\, \frac{m_h}{d(10^6 \eta)}\right)^c \times$$
$$\times \frac{1}{\varrho} \frac{l}{(100 d)^5} m_h^2$$
$$= \mathrm{const}\, \frac{m_h^{2+c}\, l}{d^{5+c-b}(10^6 \eta)^c \varrho}$$

$$\Delta P = 63{,}76\,\lambda_R \frac{1}{\gamma} \frac{l}{(100 d)^5} G_h^2$$
$$= 63{,}76\, a\, d^b \left(354\, \frac{G_h}{d(10^6 \eta g)}\right)^c \times$$
$$\times \frac{1}{\gamma} \frac{l}{(100 d)^5} G_h^2$$
$$= \mathrm{const}\, \frac{G_h^{2+c}\, l}{d^{5+c-b}(10^6 \eta g)^c \gamma} \qquad (372)$$

und daraus dann für besondere Fälle, beispielsweise für Luft von 20 °C und einen Widerstand je 100 m Rohrlänge

$$\Delta P = C\, \frac{m_h^{2+c}}{d^{5+c-b}\, p} \quad \text{in kg/m s}^2 \qquad \Delta P = C_1\, \frac{G_h^{2+c}}{d^{5+c-b}\, p}$$

in kp/m² oder mm WS. (373)

Mit Hilfe dieser Potenzgleichung läßt sich ein logarithmisches Diagramm wie Bild 167 zeichnen. Das Beschleunigungsglied kann mit Zahlentafel 2, S. 69, oder Bild 213 berücksichtigt werden. Genauso kann man auch die Geschwindigkeit w oder das Volumen V als Veränderliche wählen.

Eine solche Potenzbeziehung für λ_R kann jedoch nur mit gröberer Annäherung aufgestellt werden, weil sich die Funktion $\lambda_R = f(Re)$ für ein Stahlrohr bestimmter Weite nicht durch eine Form $\lambda_R = \mathrm{const}\, Re^c$ ausdrücken läßt. Wenn man aber bedenkt, daß man die Rechnung außer schnell auch sicher überschlagen möchte, so kann man Abweichungen nach der sicheren Seite zu in Kauf nehmen. Vor endgültiger Festlegung empfiehlt es sich sowieso, die Abmessungen der Leitung nochmals genau nachzurechnen.

Bei Abweichungen für die Widerstandszahl λ_R bis $+10$ vH läßt sich eine Gleichung[2]

$$\lambda_R = 0{,}094\, d^{-0{,}055}\, Re^{-0{,}14} \qquad (374)$$

---

[1] So gibt z. B. die Formel $\lambda_R = 0{,}00942 + 0{,}00283/\sqrt{d} + 1115\,\sqrt{d}/Re$ für Stahlrohre mit $k = 0{,}08$ mm nach BIEL die Werte der allgemeinen Formel (248) für $k = 0{,}08$ mm mit bemerkenswerter Annäherung wieder. — BIEL, R.: Über den Druckhöhenverlust bei der Fortleitung tropfbarer und gasförmiger Flüssigkeiten. Diss. Charlottenburg 1907; Z. VDI 52 (1908) 1053; VDI-Forsch.-Heft Nr. 44, Berlin 1907; Strömungswiderstand in Rohrleitungen. Sonderheft Mechanik der Z. VDI 1925, 39.

[2] In Anlehnung an F. SCHWEDLER u. H. v. JÜRGENSONN in: Handbuch der Rohrleitungen. Berlin/Göttingen/Heidelberg: Springer 1953, 90.

aufstellen, was für Überschlagsrechnungen durchaus vertretbar sein dürfte, siehe hierzu die Zahlentafeln 56, 58 und 59.

Zahlentafel 56

Gerades Stahlrohr $k = 0{,}03$ mm. *Fehlertafel zu Gl. (374). Verglichen sind die Widerstandszahlen nach* PRANDTL-COLEBROOK *Gl. (248) mit denen nach Gl. (374), Abweichungen in vH, wobei* + *bedeutet: höhere Werte nach Gl. (374) gegen Gl. (248)*

D	$\lg Re$				
mm	4,5	5,0	5,5	6,0	6,5
50	+5	+7	+ 2	—	—
100	+4	+8	+ 7	−2	—
150	+3	+9	+ 9	+2	—
200	+2	+8	+ 9	+5	—
300	0	+8	+10	+7	0
400	0	+7	+10	+8	+2
500	−1	+7	+10	+9	+3

27.4 Diagramme für gerades Rohr aus Gußeisen

Es ist in der Praxis vielfach üblich, die umfangreichen Messungen an Stahlrohren zu benutzen und für Gußeisenrohre mit einem Zuschlag von 20 vH, gegebenenfalls gestaffelt von 30 bis 10 vH, fallend mit dem Durchmesser, gelten zu lassen. Das ist jedoch nicht zulässig — der Zuschlag müßte im Rahmen von Zahlentafel 56 zwischen 100 und 15 vH liegen.

BIEL[1] empfahl für *neues Gußrohr* $k = 0{,}4$ mm anzusetzen. Die älteren Versuchsergebnisse können hier ohne weiteres mit herangezogen werden[2], weil sich in der Herstellung und Verlegung der Gußrohre seitdem kaum etwas geändert hat. Man findet den k-Wert zwischen 0,3 und 0,4 mm gelegen, wenn man die Meßwerte mit der allgemeinen Formel (248) vergleicht. Es ist zweckmäßig, $k = 0{,}4$ mm für neue, mit üblicher Sorgfalt verlegte Gußrohre zu wählen, vielleicht mit dem Hinweis, daß für größere Rohrdurchmesser eher etwas kleinere absolute Rauhigkeiten k als 0,4 mm (0,4 ··· 0,3) angenommen werden können.

Das *Gebrauchsdiagramm* Bild 189 gilt mit $k = 0{,}4$ mm für neues, gerades Gußrohr mit handelsüblicher Beschaffenheit. Bei bituminiertem Gußrohr ist $k = 0{,}1$ mm zu setzen, siehe hierzu Bild 190.

---

[1] Siehe Fußnote 1, S. 292.
[2] Zum Beispiel R. MANNING: On the flow of water in open channels and pipes. Engineer 69 (1890) 80; Trans. Inst. civ. Engr. Ireland 12 (1890) 68. — L. PERRY: New tests of loss of head in 2-in. black wrought-iron pipe. Engng. News Rec. 94 (1925) 272. — J. O. JONES: New tables for computing loss of head in Pipes. Engng. News Rec. 94 (1925) 240.

294   III. Praktische Berechnung von Rohrleitungen

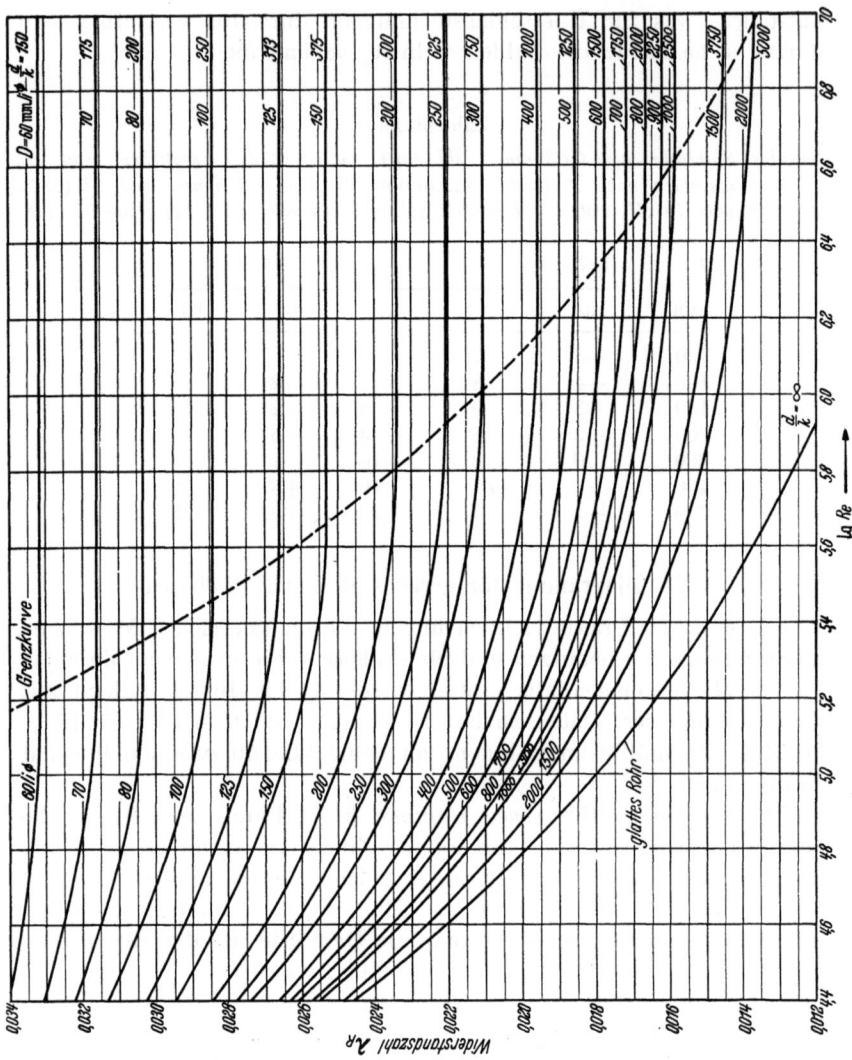

Bild 189. Gebrauchsdiagramm für neues, blankes, gerades Rohr *aus Gußeisen*, aufgestellt mit der PRANDTL-Formel (248) nach der absoluten COLEBROOK mit der absoluten Rauhigkeit $k = 0{,}4$ mm. (d/k, beide Werte in gleicher Dimension: m oder mm)

27. Widerstandszahlen für gerades Kreisrohr

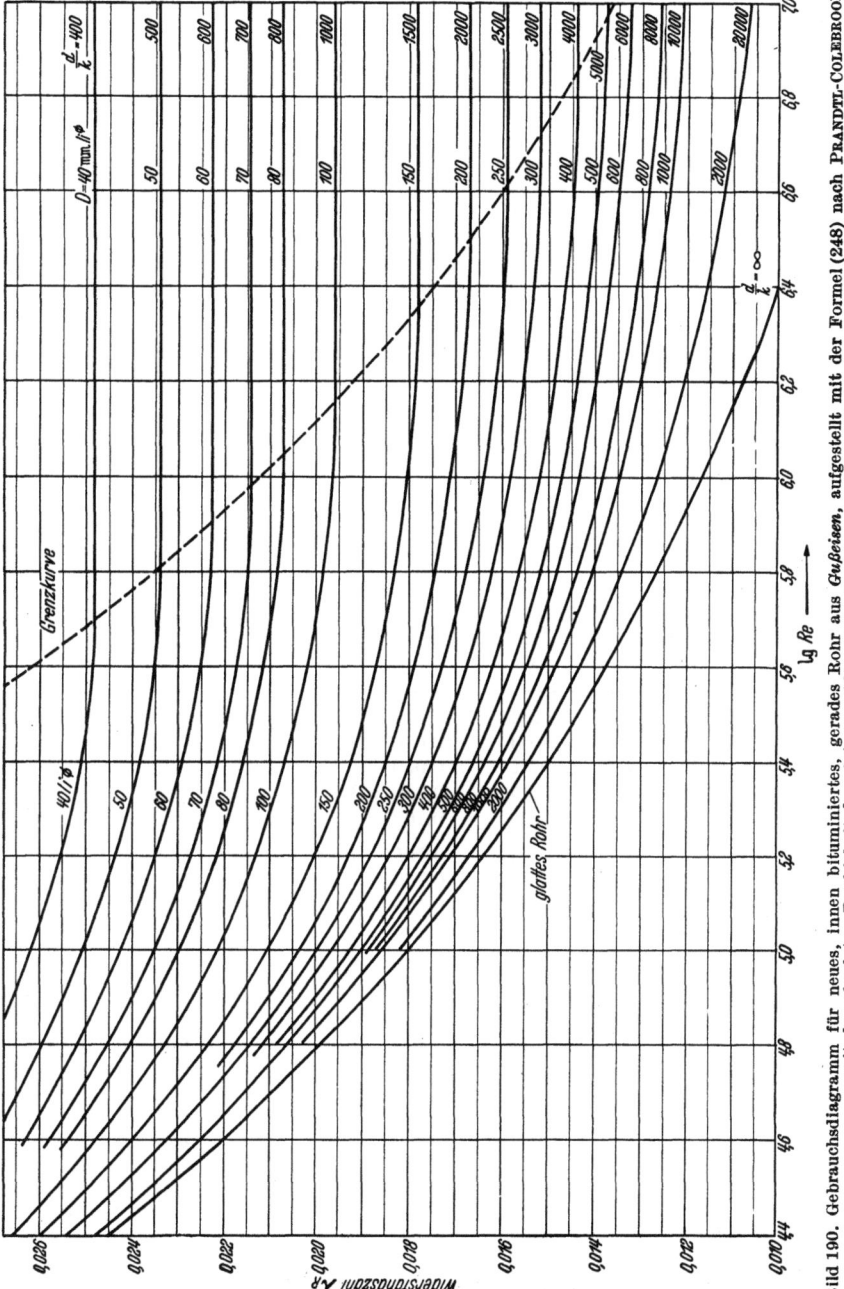

Bild 190. Gebrauchsdiagramm für neues, innen bituminiertes, gerades Rohr aus Gußeisen, aufgestellt mit der Formel (248) nach PRANDTL-COLEBROOK mit der absoluten Rauhigkeit $k = 0,1$ mm. (d/k, beide Werte in gleicher Dimension; m oder mm)

27.5 Überschlagsformel für gerades Gußrohr

Eine von WEGMANN und AERYNS[1] angegebene Formel für neues gerades Gußeisenrohr läßt sich umformen in

$$\lambda_R = 0{,}053\, d^{-0{,}2}\, Re^{-0{,}08} \tag{375}$$

Zahlentafel 57

Gerades Gußeisenrohr $k = 0{,}4$ mm. Fehlertafel zu Gl. (375). Verglichen sind die Widerstandszahlen nach PRANDTL-COLEBROOK *Gl. (248) mit denen von Gl. (375), Abweichungen in vH, wobei $+$ bedeutet: höhere Werte nach Gl. (375) gegen Gl. (248)*

D	$\lg Re$				
mm	4,5	5,0	5,5	6,0	6,5
100	+19	+15	+ 7	−2	—
200	+16	+16	+13	+3	—
300	+11	+15	+13	+6	−3
500	+ 6	+13	+13	+8	0
700	+ 2	+11	+12	+8	0
1000	—	+ 6	+ 9	+7	0
2000	—	− 3	+ 4	+4	0

Zahlentafel 58. *Potenzen von Re zu Gln. (374, 375, 376, 378)*

Re	$Re^{0,08}$	$Re^{0,14}$	$Re^{0,21}$
10^4	2,09	3,63	6,92
$2 \cdot 10^4$	2,21	4,00	8,00
$3 \cdot 10^4$	2,28	4,23	8,71
$4 \cdot 10^4$	2,33	4,41	9,25
$5 \cdot 10^4$	2,38	4,55	9,70
$7 \cdot 10^4$	2,44	4,77	10,40
10^5	2,51	5,01	11,21
$1,5 \cdot 10^5$	2,60	5,30	12,22
$2 \cdot 10^5$	2,65	5,52	12,96
$3 \cdot 10^5$	2,74	5,84	14,13
$4 \cdot 10^5$	2,81	6,09	15,00
$5 \cdot 10^5$	2,86	6,28	15,75
$7 \cdot 10^5$	2,94	6,57	16,83
10^6	3,02	6,92	18,20
$2 \cdot 10^6$	3,19	7,62	21,03
$3 \cdot 10^6$	3,30	8,05	22,90

Zahlentafel 59. *Potenzen von d zu Gln. (374 bis 377)*

d in m	$d^{-0,055}$	$d^{-0,15}$	$d^{-0,2}$	$d^{-0,25}$
0,020	1,24	1,80	2,19	2,66
0,040	1,20	1,62	1,90	2,24
0,060	1,17	1,53	1,76	2,02
0,080	1,15	1,46	1,66	1,88
0,100	1,14	1,41	1,59	1,78
0,125	1,12	1,37	1,52	1,68
0,150	1,11	1,33	1,46	1,61
0,175	1,10	1,30	1,42	1,55
0,200	1,09	1,27	1,38	1,50
0,250	1,08	1,23	1,32	1,42
0,300	1,07	1,20	1,27	1,35
0,350	1,06	1,17	1,23	1,30
0,400	1,05	1,15	1,20	1,26
0,500	1,04	1,11	1,15	1,19
0,600	1,03	1,08	1,11	1,14
0,700	—	1,05	1,07	1,09
1,000	—	1,00	1,00	1,00
2,000	—	0,901	0,871	0,842
4,000	—	0,812	—	0,708

Genauere Zahlenangaben sind nicht vertretbar

---

[1] WEGMANN, E. u. A. N. AERYNS: New formula for flow of water in clean cast-iron pipes. Engng. News Rec. 95. (1925) 100; 96 (1926) 287.

und kann mit Abweichungen nach Zahlentafel 57 bis +19 vH zur Herstellung von Rechenhilfsmitteln für Überschlagszwecke verwandt werden.

Die Potenzen von Re und d zur Anlegung von Diagrammen können aus den Zahlentafeln 58 und 59 entnommen werden.

27.6 Allgemeines Gebrauchsdiagramm

Mit Bild 191 wird noch ein allgemeines Diagramm nach PRANDTL-COLEBROOK Gl. (248) angegeben, geeignet zur Entnahme der Widerstandszahl λ_R für Zwischenwerte von d/k. Über k-Werte siehe Zahlentafel 13, S. 158.

27.7 Weitere Überschlagsformeln

Zur Anfertigung von Rechenhilfsmitteln für überschlägige Berechnungen können noch folgende Formeln angewandt werden:

Holzrohre. Für Holzrohre kann nach BIEL[1] die mittlere absolute Rauhigkeit $k = 0{,}7$ mm gesetzt werden. Nach SCOBEY[2] liegt k zwischen 0,5 und 0,8 mm, festgestellt an hölzernen Leitungen von 32 bis 4115 mm Lichtweite. Für Überschlagsrechnungen kann man mit $k = \tfrac{2}{3}$ mm ansetzen

$$\lambda_R = 0{,}058\, d^{-0,15}\, Re^{-0,08} \tag{376}$$

mit Abweichungen nach Zahlentafel 60, siehe auch die Zahlentafeln 58 und 59.

Zahlentafel 60. *Gerades Holzrohr* $k = \tfrac{2}{3}$ *mm. Fehlertafel zu Gl.* (376). *Verglichen mit Gl.* (248) *für* $k = \tfrac{2}{3}$ *mm, Werte in vH wie bei den Zahlentafeln 56 und 57*

D	lg Re				
mm	4,5	5,0	5,5	6,0	6,5
100	+ 2	0	—	—	—
500	+ 6	+10	+ 8	+1	—
1000	+ 1	+10	+11	+7	− 2
4000	—	0	+ 8	+9	+ 4

Betonrohre. Nach SCOBEY[3] berechnet man überschlägig Betonrohre nach der Formel

$$\lambda_R = C\, d^{-\tfrac{1}{4}}. \tag{377}$$

---

[1] Siehe Fußnote 1, S. 292.
[2] SCOBEY, F. C.: U. S. Department of Agriculture Bull. 1916, Nr. 376 oder Wasserkr. 16 (1921) 341.
[3] SCOBEY, F. C.: U. S. Department of Agriculture Bull. 1920, Nr. 852. The flow of water in concrete pipes. Dazu ferner: E. PARRY: The frictional coefficient of concrete surfaces in pipes and channels. Engineering 114 (1922) 285 (Versuche über Rohre mit 0,20 bis 5,48 m Lichte Weite).

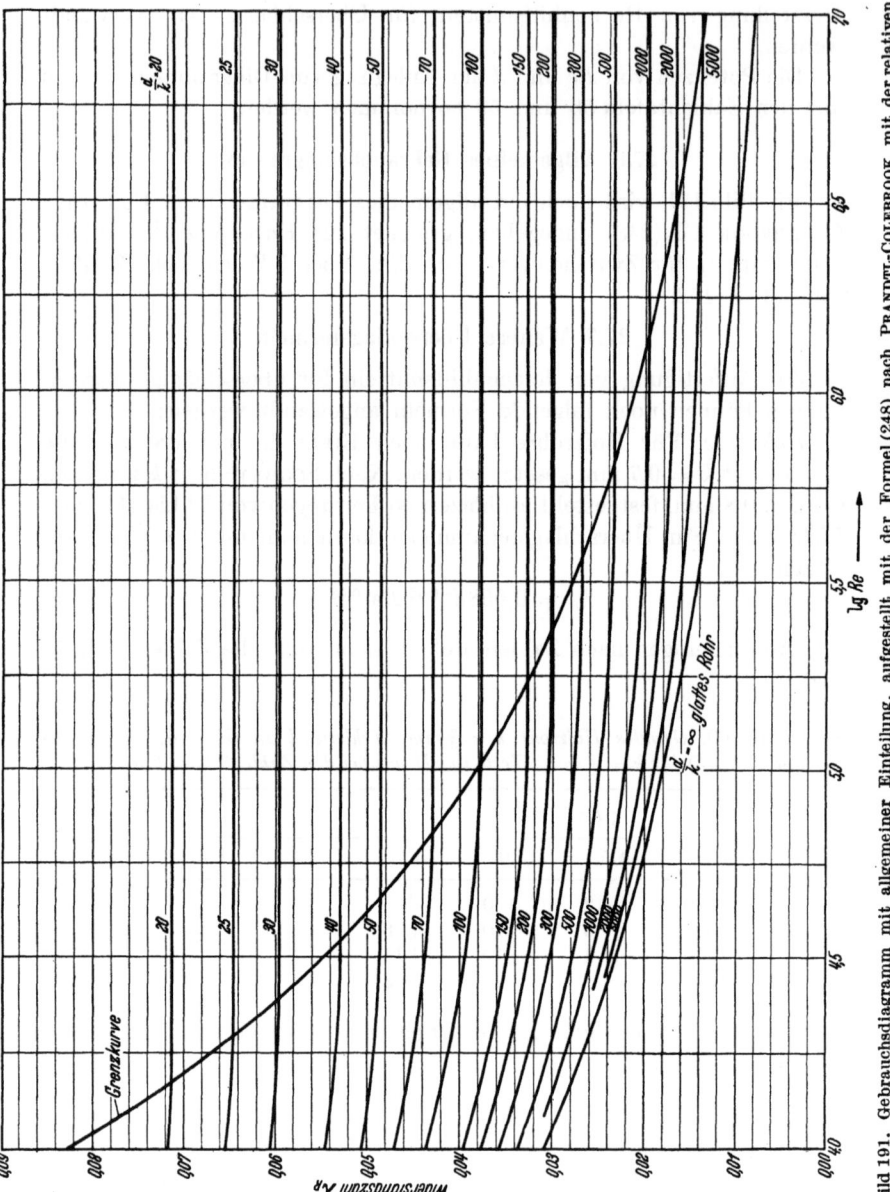

Bild 191. Gebrauchsdiagramm mit allgemeiner Einteilung, aufgestellt mit der Formel (248) nach PRANDTL-COLEBROOK mit der relativen Rauhigkeit d/k (beide Werte in gleicher Dimension: m oder mm) als Parameter

Dabei ist im Mittel, verglichen mit Gl. (248), bei Wasserleitungen

$C = 0{,}0156$; k etwa 0,4 mm für monolithische Stränge, geschliffen, größtmögliche Glätte;

$C = 0{,}0180$; k etwa 0,7 mm für monolithische Stränge, über geölte Eisenformen gestampft;

$C = 0{,}0218$; k etwa 1,5 mm für aus Einzelrohren zusammengesetzte, einige Jahre betriebene Stränge;

$C = 0{,}0290$; k etwa 4 mm für mit wenig Sorgfalt verlegte Stränge.

Diese Werte gelten für vollständig rauhe Strömung, siehe Zahlentafel 14 oder Bild 86 sowie Zahlentafel 59.

Eternitrohre. Für Rohre aus Eternit (Asbestzementschiefer) schlug SCIMEMI[1] die Überschlagsformel vor

$$\lambda_R = 0{,}22\, Re^{-0{,}21} \qquad (378)$$

für $10^4 < Re < 10^6$ entsprechend k rund 0,05 mm, siehe Zahlentafel 58.

Neuere Werte stammen von SCHICHT[2]. Nach modernen Verfahren hergestellte Asbestzementrohre mit glatter Innenwand weisen in fabrikneuem Zustand Widerstandszahlen λ_R wie glattes Rohr auf. Solche Rohre werden in Europa durchweg in Längen von $a = 4$ m hergestellt. Der Einfluß der Kupplungsstellen kann durch einen Zuschlag erfaßt werden, was zu einer Beziehung für die Widerstandszahl einer Asbestzementleitung von

$$\lambda_R = (\lambda_R)_{\text{glatt}} \left(1 + \frac{d}{a}\right)$$

oder bei $a = 4$ m zu $\lambda_R = f(Re, d)$ führt (Anwendungsbereich $Re = 2 \cdot 10^4$ bis $3 \cdot 10^5$ und $D = 100$ bis 200 mm).

28. Anhaltswerte für Rohrformstücke und Armaturen

Für die praktische Berechnung von Rohrleitungen kann man folgende Anhaltswerte zur Berücksichtigung von Einzelwiderständen benützen.

28.1 Rechtwinklige Krümmer und Rohrbogen

In der Praxis ist es üblich, kurze Rohrformstücke aus Stahl- oder Grauguß, die von Anfang bis Ende der Krümmung reichen und einbaufertig zu beziehen sind, *Krümmer* zu nennen. Sind diese aus Stahlrohr gerundet, so spricht man auch von Bogen, z. B. Hamburger Bogen (Größe 2 S bis 5 S, $R/d = 1$ bis 2,5, NW 20 bis 500, in Sonderfällen bis

---

[1] SCIMEMI, E.: Druckverlustmessungen in Eternitrohren. Ann. R. Scuola Ing. Padova 1 (1925) 1, Nr. 1. — Siehe hierzu auch B. PFEIFFER: Eternitrohre, Gas- u. Wasserf. 76 (1933) 580. — A. LUDIN: Mitt. 13 d. Inst. f. Wasserbau a. d. Techn. Hochsch. Berlin (1932).

[2] SCHICHT, H. H.: Reibungsdruckverluste in Asbestzement — Rohrleitungen. Schweiz. Bauztg. 82 (1964) H. 30 — Versuche mit Luft und Vergleiche mit anderen Versuchsergebnissen.

NW 800). Für gewöhnlich versteht man unter *Rohrbogen* Biegungen mit längeren geraden Rohrenden (Paßlängen), die insgesamt aus einem geraden Rohr hergestellt wurden [Möglichkeit kalt zu biegen auf Biegemaschinen (R/d etwa 3 bis 5, mit verstärkter Wand auch R/d etwa 2 bis 3) und warm zu biegen auf Biegeplatten ($R/d = 3$ und mehr, mit verstärkter Wand R/d etwa 1,5 bis 3)]. Daneben verwendet man Faltenrohrbögen, bei welchen zwecks größerer Elastizität die Bogeninnenseite in Falten gelegt ist ($R/d = 2$ und mehr, üblich 2 bis 4). Rohrformstücke, die aus Segmenten zusammengeschweißt sind, bezeichnet man bei kurzen Umlenkungen als Segmentkrümmer, bei schlanken Formen als Segmentbogen. Weiterhin wird nur von Krümmern gesprochen, weil die Art der Rohrformstücke hydraulisch ohne Belang ist, wenn man vom Widerstand der Rohrverbindungen absieht. In der Rohrleitungstechnik wendet man — von Ausnahmefällen abgesehen — Krümmungsverhältnisse von $R/r = 2$ bis 10 oder $R/d = 1$ bis 5 an.

Um den Gesamtverlust, den Krümmer in der Rohrleitung hervorrufen, zu erfassen, empfiehlt es sich, die „*äquivalente Länge*" von *gleichartigem geradem Kreisrohr* zu ermitteln, die denselben Druckverlust verursachen würde. Man ist dazu berechtigt, weil der Widerstandsbeiwert ζ_u für die Umlenkung und die Widerstandszahl λ_R praktisch gleicherweise und nahezu im selben Maße von der Reynolds-Zahl und der Rohrrauhigkeit abhängen. Der Druckabfall für x m Rohr ist

$$\Delta P = \varrho\, \lambda_R \frac{x}{d} \frac{w^2}{2}, \qquad \Delta P = \gamma\, \lambda_R \frac{x}{d} \frac{w^2}{2g},$$

und für einen rechtwinkligen Krümmer ist mit dem Widerstandsbeiwert $\zeta_{ges} = \zeta_w + \zeta_u$ nach Gl. (292)

$$\Delta P = \varrho \left(\lambda_R \frac{\pi}{2} \frac{R}{d} + \zeta_u\right) \frac{w^2}{2}. \qquad \Delta P = \gamma \left(\lambda_R \frac{\pi}{2} \frac{R}{d} + \zeta_u\right) \frac{w^2}{2g}.$$

Danach findet man für die äquivalente Rohrlänge

$$x = \frac{\pi}{2} R + \frac{\zeta_u}{\lambda_R} d \qquad (379)$$

oder für die relative äquivalente Rohrlänge

$$\frac{x}{d} = \frac{\pi}{2} \frac{R}{d} + \frac{\zeta_u}{\lambda_R}. \qquad (380)$$

Beim Krümmungsverhältnis wird aus praktischen Gründen R/d statt R/r eingesetzt.

Für *Stahlkrümmer* findet man nach den Messungen von ZIMMERMANN[1] bei $Re = 10^5$ die Werte der Zahlentafel 61. Nach diesen Versuchen ist bei derselben Reynolds-Zahl der Beiwert $\zeta_u = f(R/d)$ nur

---
[1] Siehe Fußnote 1, S. 203.

28. Anhaltswerte für Rohrformstücke und Armaturen 301

wenig abhängig von d (mit größeren Werten von d etwas abnehmend). Die gleichen Werte sind für *bituminierte Stahl- und Gußeisenkrümmer* anzuwenden. Für nichtbehandelte *gewöhnliche Gußkrümmer* gelten die Werte von Zahlentafel 62. Wegen der Bedeutung für die praktische Berechnung sind die Werte für Stahlkrümmer von Zahlentafel 61 übersichtlich in Bild 192 dargestellt[1]. Die in Zahlentafel 61 aufgeführten

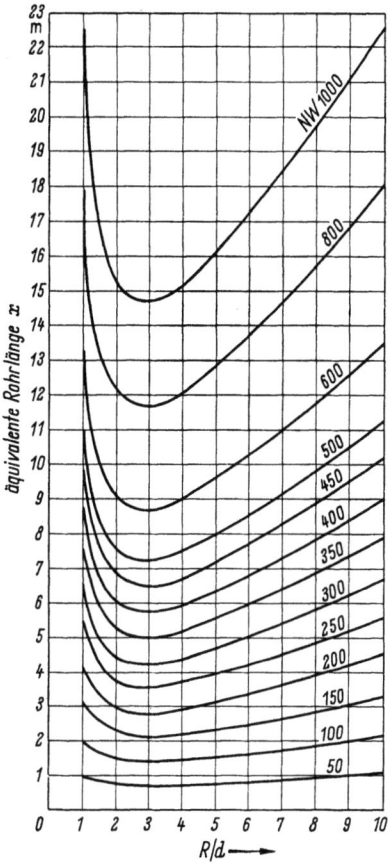

Bild 192. Äquivalente Rohrlängen x für rechtwinklige Stahlrohrkrümmer bei $Re > 4 \cdot 10^4$ und $k = 0{,}05$ mm. Für Umlenkwinkel $\delta < 90°$ sind anteilige Werte einzusetzen

äquivalenten Rohrlängen entsprechen im Mittel den Widerstandsbeiwerten ζ_{ges} mit etwa ± 8 vH Streuung, die am Fuße der Tafel mit (ζ_{ges}) angegeben sind. Würde man den Gesamtwiderstand von Krümmern einheitlich mit mittleren Werten von ζ_{ges} etwa gleich 0,3 bis 0,4 berechnen, so würde die mögliche Rechengenauigkeit herabgesetzt.

---

[1] Siehe hierzu VDI, Wärmetechnische Arbeitsmappe 1967, Arbeitsblatt 7.11, von H. RICHTER u. K. ZIEGLER.

Zahlentafel 61. *Äquivalente Rohrlängen x für rechtwinklige Stahlkrümmer bei $Re = 10^5$ in m. Glattrohrkrümmer, $k = 0,05$ mm, angenähert bei $Re > 4 \cdot 10^4$, siehe die Bilder 137 und 192*

R/d	1	2	3	4	6	8	10
$D =$ 50 mm	0,94	0,66	0,65	0,68	0,80	0,93	1,07
100	2,02	1,39	1,36	1,41	1,65	1,90	2,19
150	3,12	2,14	2,09	2,16	2,51	2,89	3,32
200	4,24	2,90	2,82	2,91	3,37	3,88	4,45
250	5,62	3,67	3,56	3,67	4,24	4,87	5,59
300	6,50	4,43	4,30	4,43	5,11	5,86	6,73
350	7,62	5,19	5,04	5,18	5,98	6,85	7,86
400	8,76	5,96	5,78	5,94	6,85	7,85	9,00
450	9,93	6,75	6,53	6,71	7,73	8,86	10,15
500	11,03	7,50	7,26	7,46	8,59	9,84	11,28
600	13,24	9,00	8,71	8,95	10,31	11,81	13,53
800	17,82	12,10	11,70	12,00	13,82	15,80	18,10
1000	22,45	15,23	14,71	15,07	17,33	19,81	22,68
(ζ_{ges})	0,41	0,29	0,27	0,28	0,33	0,38	0,44

Die Zahlenwerte sind auf ganze oder auf $^1/_{10}$ m beschränkt einzusetzen, je nach der Genauigkeit der übrigen Rechnung.

Über die Abhängigkeit der äquivalenten Rohrlänge x von der Reynolds-Zahl Re gibt folgende Zusammenstellung für das meistgebrauchte Krümmungsverhältnis $R/d = 4$ Auskunft: Es ist x in m bei

Re	$4 \cdot 10^4$	10^5	$4 \cdot 10^5$	10^6
$D =$ 100 mm	1,48	1,41	1,30	1,39
200	3,01	2,91	2,74	2,97
300	4,54	4,43	4,21	4,61
400	6,08	5,94	5,69	6,28
500	7,63	7,46	7,20	7,97
1000	15,33	15,07	14,67	16,52
mittlere Abweichung	$+3,2$ vH	± 0 vH	$-5,0$ vH	$+5,0$ vH

Bei $R/d = 4$ gelten die Werte von Zahlentafel 61 bei $4 \cdot 10^4 < Re < 10^6$ etwa auf ± 5 vH genau.

Beispiel zu Zahlentafel 61 und Bild 192. Eine Leitung aus nahtlosem Stahlrohr mit $D = 200$ mm besteht aus $l = 42,4$ m geradem Rohr, 2 Rohrbogen mit $R = 4d$ und 1 Rohrbogen mit $R = 3d$. Wie groß ist die äquivalente Rohrlänge x? Bei $Re > 4 \cdot 10^4$ und $D = 200$ mm ist $x = 2 \cdot 2,9 + 2,8 = 8,6$ m auf $\pm 0,4$ m genau. Man erhält
$$l + x = 42,4 + 2 \cdot 2,9 + 2,8 \pm 0,4 = 51,0 \pm 0,4 \text{ m.}$$

Der Druckverlust wird nun für 51,4 m gerades Rohr errechnet.

28. Anhaltswerte für Rohrformstücke und Armaturen

Wenn man die Leitungslänge eckenrecht (über C, Bild 133) ermittelt hat, so ist in gleicher Weise zu verfahren, nur ist dann die rechnerische Rohrlänge je Bogen um $2R$ zu verringern, um $l + x$ zu erhalten.

Bei Einschweißkrümmern ist noch der Widerstand durch die Schweißnähte zu berücksichtigen (bei sog. Hamburger Bogen). Wegen des etwaigen Strömungswiderstandes durch die Schweißnähte wird empfohlen, die Werte von Zahlentafel 61 bei Einschweißbögen um 10 vH größer zu nehmen — ebenso bei Gußkrümmern wegen der Flanschverbindungen. Je Rundschweiße ist mit $\zeta = 0{,}02 \cdots 0{,}05$ zu rechnen.

Zahlentafel 61 gilt für Glattrohrbögen mit kreisförmigem Querschnitt. Für Faltenrohrbögen kann man nach Messungen von ZIMMERMANN für ζ_u das 2- bis 3fache ansetzen. Faltenrohrbögen werden bis NW 1200 angefertigt.

Zahlentafel 62. *Äquivalente Rohrlängen x für rechtwinklige gußeiserne Krümmer $(Re > 4 \cdot 10^4)$ in m, $k = 0{,}4$ mm*

R/d	1	2	3	4	6	8	10
$D =$ 50 mm	0,80	0,71	0,67	0,66	0,76	0,91	1,08
100	1,95	1,69	1,54	1,49	1,67	1,95	2,29
150	3,17	2,73	2,45	2,35	2,60	3,01	3,54
200	4,46	3,82	3,41	3,25	3,56	4,11	4,81
250	5,81	4,95	4,41	4,18	4,54	5,22	6,11
300	7,16	6,09	5,41	5,10	5,53	6,34	7,41
350	8,57	7,27	6,43	6,05	6,53	7,48	8,73
400	10,04	8,50	7,50	7,04	7,56	8,64	10,08
450	11,43	9,67	8,52	7,99	8,57	9,78	11,40
500	12,88	10,87	9,57	8,96	9,60	10,93	12,74
600	15,80	13,31	11,68	10,91	11,65	13,15	15,42
800	21,65	18,20	15,93	14,83	15,77	17,89	20,79
1000	27,57	23,14	20,21	18,78	19,92	22,56	26,20

Die Zahlenwerte sind auf ganze oder auf $^1/_{10}$ m beschränkt einzusetzen, je nach der Genauigkeit der übrigen Rechnung.

28.2 Mehrfachkrümmer

Nach den Bildern 188 und 189 kann man das Verhältnis des Umlenkbeiwertes ζ_u zur Widerstandszahl λ_R für verschiedene Rohrdurchmesser D und Krümmungsverhältnisse R/d angeben[1], siehe die Zahlentafeln 63 und 64, zur Auswertung der Gln. (380) bis (383). Um den Strömungswiderstand in Mehrfachkrümmern einigermaßen zuverlässig überschlagen zu können, ist es ratsam, den Umlenkverlust annähernd bis zur ausgebildeten Krümmerströmung zu rechnen und bei $R/d = 2$ bis 6 gleich dem Umlenkverlust in einem 90°-Bogen zu setzen. Bei $R/d = 1$ und 10 nimmt man das 1,5fache, bei $R/d = 8$ das 1,3fache, siehe Bild 142. Die Summe von Wandungs- und Umlenkverlust ist dann ohne Rücksicht auf den Ablenkungswinkel δ beim zweiten Glied

$$\frac{x}{d} = \frac{\delta}{360} 2\pi \frac{R}{d} + a \frac{\zeta_u}{\lambda_R}, \qquad (381)$$

---

[1] Unter Berücksichtigung der Versuchsergebnisse von ZIMMERMANN, HOFMANN u. a. Beobachtern.

III. Praktische Berechnung von Rohrleitungen

Zahlentafel 63. *Werte ζ_u/λ_R für rechtwinklige Stahlkrümmer bei $Re = 10^5$, $k = 0{,}05$ mm, angenähert bei $4 \cdot 10^4 < Re < 3 \cdot 10^5$, siehe Bild 137. Bei $Re > 3 \cdot 10^5$ wird ζ_u praktisch unabhängig von Re*

R/d	1	2	3	4	6	8	10
$D =$ 50 mm	17,20	9,96	8,24	7,24	6,52	5,97	5,75
100	18,63	10,78	8,92	7,84	7,06	6,47	6,23
150	19,24	11,14	9,21	8,10	7,29	6,68	6,43
200	19,64	11,37	9,41	8,27	7,44	6,82	6,56
250	19,89	11,52	9,53	8,38	7,54	6,91	6,65
300	20,11	11,64	9,63	8,47	7,62	6,98	6,72
350	20,21	11,70	9,68	8,51	7,66	7,02	6,76
400	20,32	11,77	9,73	8,56	7,70	7,06	6,79
450	20,42	11,82	9,78	8,60	7,74	7,10	6,83
500	20,49	11,86	9,81	8,63	7,76	7,12	6,85
600	20,56	11,90	9,84	8,66	7,78	7,14	6,87
800	20,71	11,99	9,92	8,72	7,85	7,19	6,92
1000	20,88	12,09	10,00	8,79	7,91	7,25	6,98

Zahlentafel 64. *Werte ζ_u/λ_R für rechtwinklige Gußkrümmer ($Re > 4 \cdot 10^4$), $k = 0{,}4$ mm*

R/d	1	2	3	4	6	8	10
$D =$ 50 mm	14,44	11,11	8,61	6,95	5,83	5,55	5,83
100	17,93	13,79	10,69	8,62	7,24	6,90	7,24
150	19,55	15,04	11,65	9,40	7,89	7,52	7,89
200	20,72	15,94	12,35	9,96	8,37	7,97	8,37
250	21,67	16,67	12,92	10,42	8,75	8,33	8,75
300	22,31	17,16	13,31	10,73	9,01	8,58	9,01
350	22,91	17,62	13,66	11,01	9,25	8,81	9,25
400	23,53	18,10	14,03	11,31	9,50	9,05	9,50
450	23,85	18,35	14,22	11,47	9,63	9,17	9,63
500	24,19	18,60	14,42	11,63	9,77	9,30	9,77
600	24,76	19,05	14,76	11,91	10,00	9,52	10,00
800	25,49	19,61	15,20	12,26	10,29	9,80	10,29
1000	26,00	20,00	15,50	12,50	10,50	10,00	10,50

und der Druckverlust ergibt sich zu

$$\Delta P = \varrho \, \lambda_R \frac{x}{d} \frac{w^2}{2} \qquad \Delta P = \gamma \, \lambda_R \frac{x}{d} \frac{w^2}{2g} \qquad (382)$$

mit $a = 1{,}5$ bzw. $1{,}0$ bzw. $1{,}3$ bzw. $1{,}5$.

Damit ermittelt man z. B. für einen stählernen Glattrohrkompensator nach Bild 193 folgende relative äquivalente Rohrlänge:

Man setzt

$$\frac{x}{d} = m \frac{\delta}{360} 2\pi \frac{R}{d} + \frac{n\,d}{d} + m\,a\,\frac{\zeta_u}{\lambda_R}. \qquad (383)$$

28. Anhaltswerte für Rohrformstücke und Armaturen

Die Zahl der Bögen ist $m = 4$ mit $\delta = 90°$. Bei $R/d = 4$ ist $a = 1$. Die geraden Zwischenlängen sind $n\,d = 60\,d$. Damit erhält man über

$$\frac{x}{d} = 4 \cdot \frac{90}{360} \cdot 2\pi \cdot 4 + 60 + 4 \cdot 1 \cdot 8{,}3 = 118{,}3$$

mit $\zeta_u/\lambda_R = 8{,}3$ für $R/d = 4$ und $D = 200$ mm nach Zahlentafel 63

$$x = 118{,}3\,d = 118{,}3 \cdot 0{,}2 = 23{,}7 \approx 24 \text{ m}$$

als äquivalente gerade Rohrlänge.

Nach RAUSS[1] wird der Umlenkverlust verhältnismäßig wenig erhöht, wenn statt eines rechtwinkligen Krümmers mehrere Krümmer aufeinander folgen,

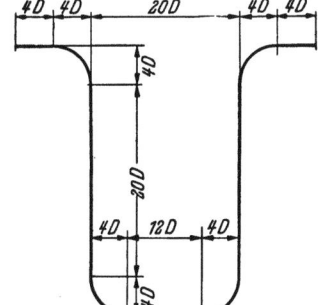

Bild 193. Glattrohrkompensator, $D = 200$ mm l. W.

besonders wenn sich zwischen zwei in gleichen oder verschiedenen Ebenen liegenden rechtwinkligen Krümmern ein gerades Rohrstück bis $20\,d$ gerader Länge befindet, siehe Bild 143.

Wäre bei einem Formstück gemäß Bild 193 Ausladung und Spreizung $12\,D$, so wäre der Umlenkverlust nur 3- statt 4mal zu nehmen.

Druckverlustmessungen von RAUSS ergaben für die Widerstandsbeiwerte ζ_{ges} und ζ_u *eines* 90°-Bogens in verschiedenartigen *Formstücken* die Werte von Bild 194. Der Einfluß von zwischengeschalteten geraden Rohrstrecken von 0 bis $10\,d$ Länge ist bei den Werten zu Form 5 bis 7 zu ersehen. Man kann annehmen, daß dieses Ergebnis praktisch auch für andere Weiten als NW 200 gilt

Beispiel: Ein Raumkrümmer mit $R/d = 1$ besteht aus zwei aneinandergeschweißten rechtwinkligen Hamburger Bogen von $D = 500$ mm. Man findet nach Bild 194 (Form 3 und 6) mit Gl. (383)

$$\frac{x}{d} = 2 \cdot \frac{1}{4} \cdot 2\pi \cdot 1 + \frac{2 \cdot 0{,}113}{0{,}133} \cdot 1{,}5 \cdot 20{,}5 = 55{,}3$$

$$x = 55{,}3 \cdot 0{,}5 = 27{,}7 \text{ m}.$$

Für einen 180°-Krümmer ist $x = 20$ m. Dazu kommen gegebenenfalls noch bis 2 m für vorstehende Schweißnähte.

---

[1] Siehe Fußnote 2, S. 207. — DEHNE kommt nach Versuchen mit einem Gummischlauch ($D = 19{,}5$ mm) auch zu der Ansicht, daß Form 3 bei $Re = 2 \cdot 10^5$ günstiger ist als Form 2, allerdings bei $R/d = 7{,}5$. ($\zeta_u = 0{,}083$ bei Form 3, 0,123 bei Form 2 und 0,10 bei Form 1.) Weitere Messungen sind erforderlich. — W. DEHNE: Zit. S. 213.

III. Praktische Berechnung von Rohrleitungen

Form	1	2	3	4
ζ_{ges}	0,253	0,265	0,233	0,200
ζ_u	0,133	0,145	0,113	0,080

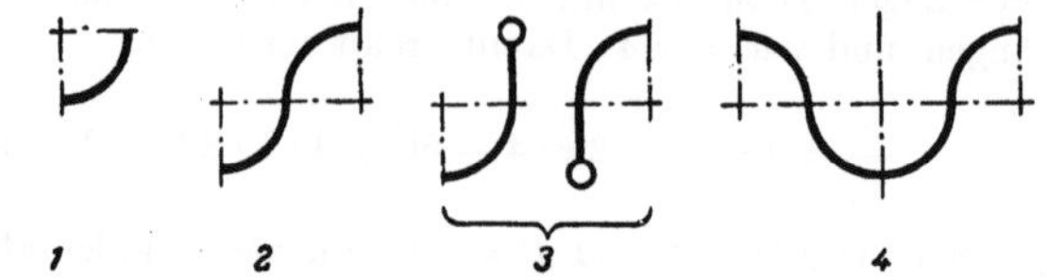

Form 1: $\delta = 180°$, $\zeta_u = 0,160$,
Form 2: beide Bögen, $\zeta_u = 0,290$,
Form 3: beide Bögen, $\zeta_u = 0,226$.

a	0	2 d	5 d	10 d
5 ζ_{ges}	0,265	0,235	0,232	0,236
ζ_u	0,145	0,117	0,112	0,116
6 ζ_{ges}	0,233	0,226	0,228	0,235
ζ_u	0,113	0,106	0,108	0,115
7 ζ_{ges}	0,200	0,215	0,225	0,231
ζ_u	0,080	0,095	0,105	0,113

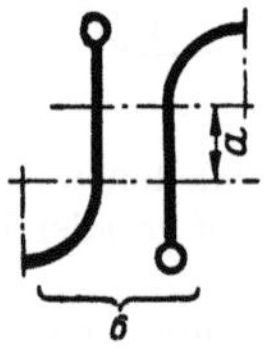

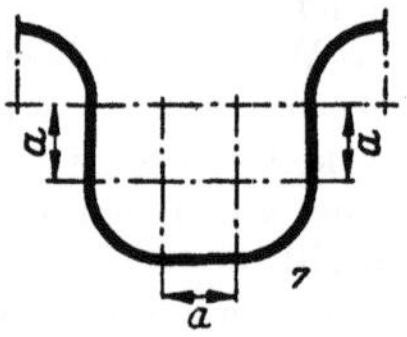

Bild 194. Widerstandsbeiwerte ζ_{ges} und ζ_u von *einem* 90°-Bogen in verschiedenen Formstücken aus Stahlrohr NW 200, $R/d = 4$ bei $Re = 2 \cdot 10^5$, nach RAUSS. Form 1 90°-Bogen allein, $a =$ gerade Zwischenstrecken. Glattrohrbögen

Oder: Zwei gußeiserne 90°-Krümmer mit $R/d = 10$ sind S-förmig angeordnet. Das dazwischenliegende gerade Rohr sei 1000 mm, das ist bei $D = 100$ mm gleich $10 D$ lang, siehe Bild 195. Dann ist nach Gl. (383)

$$\frac{x}{d} = 2 \cdot \frac{90}{360} \cdot 2\pi \cdot 10 + 10 + \frac{2 \cdot 0,116}{0,133} \cdot 1,5 \cdot 7,2 = 60,1$$

und

$$x = 60,1 \cdot 0,1 \approx 6,0 \text{ m}.$$

Bei $\delta < 90°$ können die Werte für den gesamten Umlenkverlust ($a\, \zeta_u/\lambda_R$ von den Zahlentafeln 63 und 64) anteilig verringert werden, ebenfalls die Werte von den Zahlentafeln 61 und 62, gemäß Bild 142.

28. Anhaltswerte für Rohrformstücke und Armaturen

Für *segmentgeschweißte Rohrbogen* aus Stahlrohr oder Stahlblech gibt SCHWEDLER[1] für mittlere Reynolds-Zahlen für praktische Berechnungen die Werte von Zahlentafel 65 an.

Zahlentafel 65. *Widerstandsbeiwert ζ_u für einen Segmentbogen aus Stahlrohr, siehe die Bilder 158b und c*

$\dfrac{a}{d} = \dfrac{\text{Segmentlänge}}{\text{Durchmesser}} =$	1,5	2	4	6
Abbiegung $\delta = 90°$	0,24	0,26	0,28	0,29
60°	0,19	0,20	0,22	0,23
45°	0,14	0,15	0,16	0,17
30°	0,095	0,10	0,11	0,11
15°	0,055	0,06	0,065	0,07
Etage	0,25	0,23	0,21	0,19

Es handelt sich dabei nur um den Umlenkverlust. Der Wandungsverlust ist hinzuzuzählen. Gemeint sind Bogen, die aus mehreren Segmenten bestehen. Für einzelne Segmente gelten die ζ-Werte für Knie nach Zahlentafel 17 und Erläuterung dazu. Im übrigen siehe hierzu auch die Bilder 157, 158a und 159a bis f.

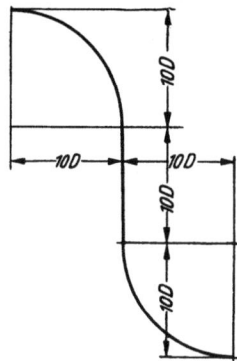

Bild 195.
S-Krümmer, $D = 100$ mm l. W.

Der Gesamtwiderstand einer Rohrleitung ist bei Krümmern $R < 2,5 d$ um so geringer, je schlanker die Biegung ist (je größer R/d ist), genauer, je größer der Innenradius R_i ausgebildet werden kann. In der Praxis sind oft kleine Innenradien nicht vermeidbar. Möglichkeiten zur Verminderung des Druckabfalls bestehen im Einbau von *Leitblechen*. Was erreichbar ist[2], läßt grundsätzlich Bild 196 erkennen. Der Vergleich von Form 9 mit 14 zeigt, daß durch Einbau von Leitschaufeln der Druckverlust auf $1/6$ bis $1/7$ zu senken ist. Einzelne Leitbleche sollten möglichst nahe an der Krümmerinnenseite angeordnet werden (Form 4 und 5). Die Ausrundung der äußeren Ecken (Form 9, 10 und 11) bringt weniger als ein möglichst großer Innenradius (Form 2, 3 und 9). Unterteilte Leit-

---

[1] SCHWEDLER, F.: Handbuch der Rohrleitungen, Berlin/Göttingen/Heidelberg: Springer 1953, 99. — Siehe auch VDI, Wärmetechnische Arbeitsmappe 1967, Arbeitsblatt 7.13 von H. RICHTER u. K. ZIEGLER.
[2] Siehe Fußnote 1, S. 308.

308   III. Praktische Berechnung von Rohrleitungen

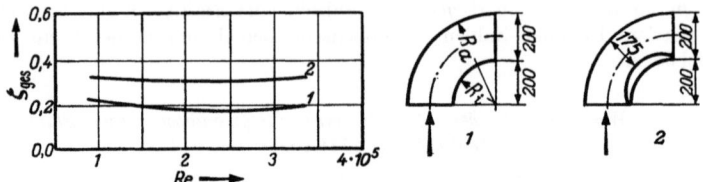

1 Kreiskrümmer mit R_i zu R_a = 1 zu 2,   *2* desgl., auf Innenseite Leitblech eingebaut,

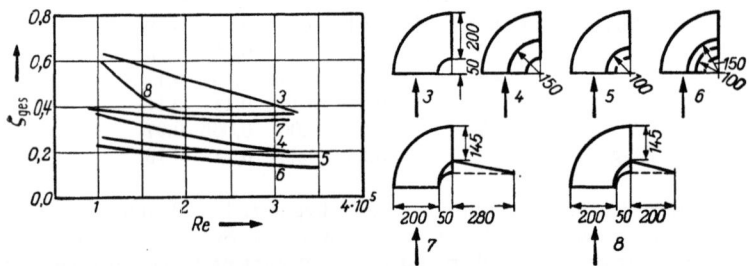

3 Kreiskrümmer R_i/R_a = 1/5, *4* desgl., mit Leitblech auf Mittellinie (R_L = 150 mm), *5* desgl., mit Leitblech auf der Mittellinie (R_L = 100 mm), *6* desgl., mit zwei Leitblechen wie *4* und *5*, *7* desgl., mit Leitblech längs Ablösungsgrenze 280 mm lang, *8* desgl., mit Leitblech längs Ablösungsgrenze 200 mm lang,

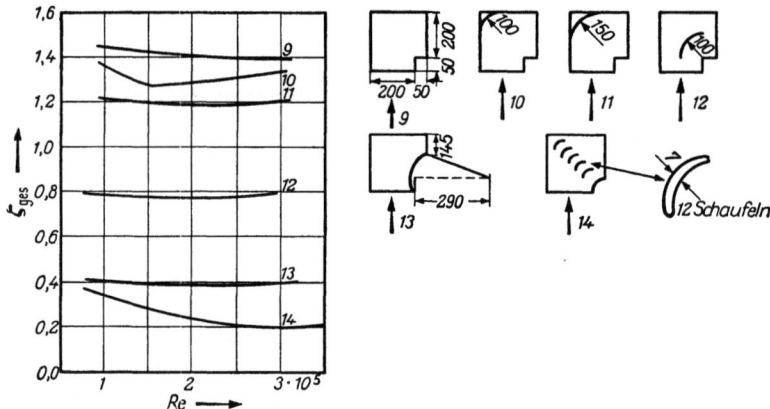

9 Krümmer mit scharfer Umlenkung, *10* desgl., kleine Abrundung Außenecke, *11* desgl., größere Abrundung Außenecke, *12* desgl., mit Leitblech R_L = 100 mm, *13* desgl., mit Leitblech Ablösungsgrenze, *14* desgl., Außenecke scharf, R_i = 50 mm, mit 12 diagonalen, profilierten Leitschaufeln

Bild 196. Widerstandsbeiwert ζ_{ges} von 90°-Krümmern mit quadratischem Querschnitt nach BOILLEY[1] (Luft, Sperrholz mit gut geglätteten Fugen). $Re = \dfrac{4F}{U}\dfrac{w}{\nu} = \dfrac{a\,w}{\nu}$ (a = Seitenlänge, Quadrat). R_i = Innenradius, R_a = Außenradius, R = mittlerer Radius, R/a = Krümmungsverhältnis (entsprechend R/d bei Kreisrohrkrümmern)

---

[1] BOILLEY, A.: Hilfsmittel zur Verringerung der Verluste in scharfen Krümmern. Schweiz. Bauztg. 118 (1941) 85/86. — Siehe auch R. JUNG, Zit. S. 209, Messungen an verschiedenartigen Vierkantkrümmern.

28. Anhaltswerte für Rohrformstücke und Armaturen

schaufeln[1] nach Bild 197 führen zur Verminderung der Gesamtwiderstandsbeiwerte ζ_{ges} auf $1/3$ bis $1/5$.

Bild 197. Einbau von unterteilten Leitschaufeln nach FREY[2]

28.3 Andere Rohrformstücke und Armaturen[2]

Für praktische Berechnungen benötigt man *Widerstandsbeiwerte* oder *äquivalente Rohrlängen* auch für andere Rohrformstücke wie T-Stücke und Einbauteile wie Armaturen, also Schieber, Ventile, Rückschlagklappen. Aus

$$\frac{\Delta P}{\varrho} = \zeta \frac{w^2}{2} \qquad \frac{\Delta P}{\gamma} = \zeta \frac{w^2}{2g}$$

mit ζ als Gesamtwiderstandsbeiwert ($= \zeta_{ges}$) folgt[3]

$$\Delta P = \varrho\,\zeta\,\frac{w^2}{2} = 0{,}5\,\varrho\,\zeta\,w^2 \qquad \Delta P = \gamma\,\zeta\,\frac{w^2}{2g} = 0{,}05097\,\gamma\,\zeta\,w^2$$

$$= 0{,}8103\,\zeta\,\frac{\varrho\,V_s^2}{d^4} \qquad = 0{,}08263\,\zeta\,\frac{\gamma\,V_s^2}{d^4}$$

$$= 6{,}253\,\zeta\,\frac{\varrho\,V_h^2}{(100d)^4} \qquad = 0{,}6376\,\zeta\,\frac{\gamma\,V_h^2}{(100d)^4}$$

$$= 6{,}253\,\zeta\,\frac{m_h^2}{\varrho(100d)^4} \qquad = 0{,}6376\,\zeta\,\frac{G_h^2}{\gamma(100d)^4}$$

$$= 62530\,\zeta\,\frac{m_h^2}{\varrho\,D^4} \qquad = 6376\,\zeta\,\frac{G_h^2}{\gamma\,D^4}$$

$$= 625{,}3\,\zeta\,\frac{\dot{M}^2}{\varrho(10d)^4} \qquad = 63{,}76\,\zeta\,\frac{\dot{G}^2}{\gamma(10d)^4} \qquad (384)$$

in N/m² oder J/m³ mit $\dot{M}$ in t/h | in kp/m² oder mmWS mit $\dot{G}$ in Mp/h und D in mm.

Der Widerstandsbeiwert $\zeta_{ges} = \zeta$ wird gebildet mit

$$\zeta = \zeta_w + \zeta_u = \lambda_R\,\frac{l}{d} + \zeta_u. \qquad (385)$$

Über Abzweigungen und Knierohre siehe S. 218 bis 226.

---

[1] Siehe hierzu S. 218 ff.
[2] FREY, K.: Forsch.-Arb. Ing.-Wes. 5 (1934) 105. — Ferner z. B. DIEDERICH, H.: Versuche zur strömungstechnischen Gestaltung eines unsymmetrischen Hosenrohres. Techn. Ber. KSB Frankenthal Nr. 1 (Okt. 60) 20/23.
[3] Nach Gl. (7a) ist bei zusammendrückbaren Fluiden die Veränderlichkeit von Dichte (Wichte) zu berücksichtigen. Im normalen Anwendungsbereich ist dieser Einfluß aber vernachlässigbar klein.

Für Hosenrohre gilt[1]

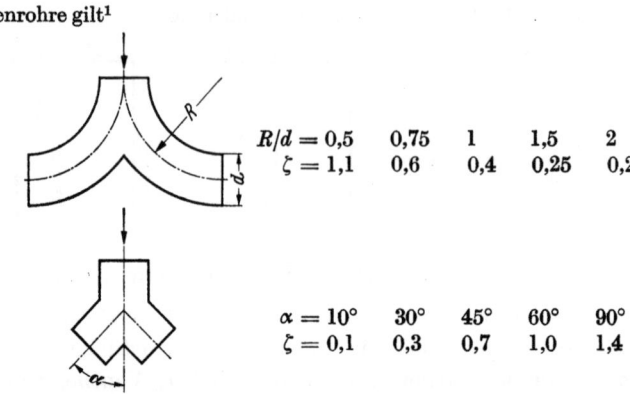

$R/d =$ 0,5   0,75   1   1,5   2
$\zeta =$ 1,1   0,6   0,4   0,25   0,2

$\alpha =$ 10°   30°   45°   60°   90°
$\zeta =$ 0,1   0,3   0,7   1,0   1,4

Es ist naturgemäß schwierig, zuverlässige Angaben über den Strömungswiderstand in *Armaturen* zu machen. Für derartige Rohrleitungsteile gelten praktisch rein quadratische Widerstandsgesetze

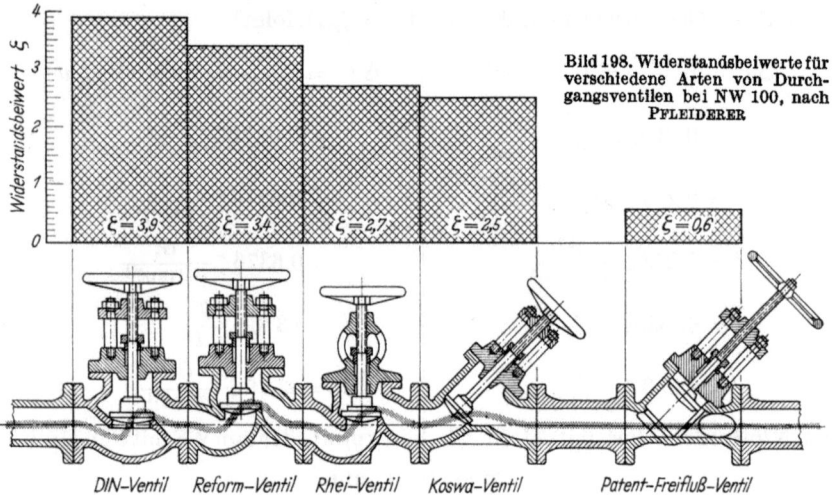

Bild 198. Widerstandsbeiwerte für verschiedene Arten von Durchgangsventilen bei NW 100, nach PFLEIDERER

(vollrauhe Strömung), d. h., der Widerstandsbeiwert ζ ist nicht von der Reynolds-Zahl abhängig.

Bild 198 gibt eine Übersicht über die Widerstandsbeiwerte von verschiedenartigen *Ventilen*, und zwar im vollgeöffneten Zustand. Aus Bild 199 können praktische Widerstandsbeiwerte für verschiedene Armaturen entnommen werden[2]. Für Schieber ohne Einschnürung finden sich praktische Widerstandsbeiwerte in Bild 200. Ein Wasserschieber NW 200 ohne Leitrohr z. B. mit $D + 200 = 400$ mm Baulänge hat danach mit Baulänge/NW $= 2$ einen ζ-Wert zwischen 0,14 und 0,24 je nach Ausführung.

---

[1] Nach F. H. STRADTMANN: Stahlrohrhandbuch, 5. Aufl., Essen 1956.
[2] Weitere Angaben siehe Arbeitsblatt 42 von Z. Brennst.-Wärme-Kraft (Dez. 1953). — VDI, Wärmetechnische Arbeitsmappe, 1967, Arbeitsblatt 7.15.

28. Anhaltswerte für Rohrformstücke und Armaturen

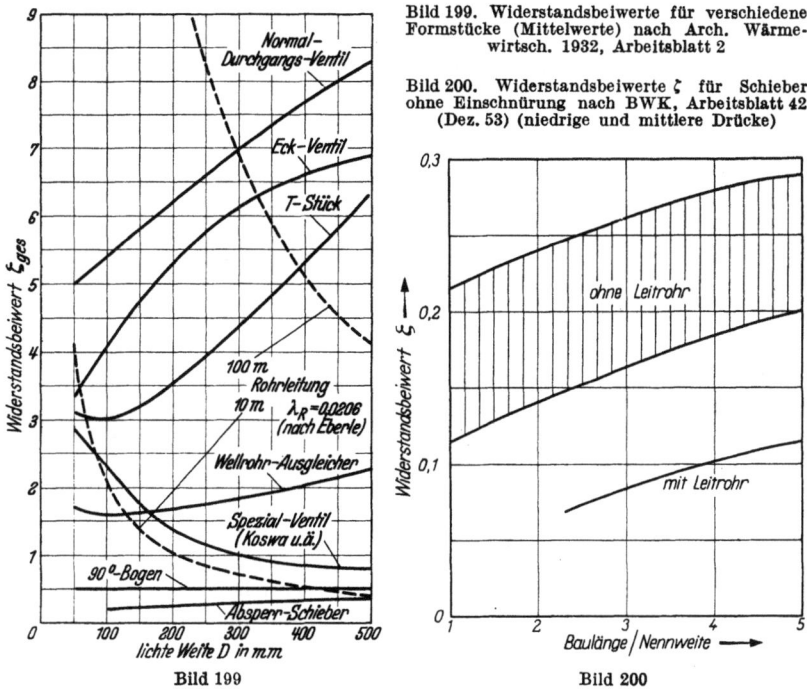

Bild 199. Widerstandsbeiwerte für verschiedene Formstücke (Mittelwerte) nach Arch. Wärmewirtsch. 1932, Arbeitsblatt 2

Bild 200. Widerstandsbeiwerte ζ für Schieber ohne Einschnürung nach BWK, Arbeitsblatt 42 (Dez. 53) (niedrige und mittlere Drücke)

Folgende Angaben runden die Übersicht ab.

Zahlentafel 66. *Widerstandsbeiwerte ζ von Ventilen und Klappen in vollgeöffnetem Zustand*[1]. *Anhaltswerte, siehe hierzu Bild 198*

NW	25	32	40	50	65	80	100	125	150	200
Durchgangsventile										
Freifluß	1,7	1,4	1,2	1,0	0,9	0,8	0,7	0,6	0,6	0,6
Bauart S	2,1	2,2	2,3	2,3	2,4	2,5	2,4	2,3	2,1	2,0
DIN	4,0	4,2	4,4	4,5	4,7	4,8	4,8	4,5	4,1	3,6
Freifluß, Panzer	1,5	1,4	1,3	1,0	1,0	1,0	1,3	1,3	1,3	1,6
geschmiedet, Panzer	6,5	6,5	6,5	6,5	—	—	—	—	—	—
Stahlguß, Panzer	—	—	—	—	3,0	3,0	3,0	3,5	3,5	4,0
Eckventile										
Bauart S	1,6	1,6	1,7	1,9	2,0	2,0	1,9	1,7	1,5	1,3
DIN	2,8	3,0	3,3	3,5	3,7	3,9	3,8	3,3	2,7	2,0
Rückschlagventile										
Freifluß	2,5	2,4	2,3	2,0	2,0	2,0	1,6	1,6	2,0	2,5
Bauart S	2,7	2,8	3,0	3,3	3,6	3,9	4,1	3,9	3,3	2,6
DIN	4,5	4,8	5,3	6,0	6,6	7,4	7,6	7,2	6,0	4,5
Rückschlagklappen	1,9	1,6	1,5	1,4	1,4	1,3	1,2	1,0	0,9	0,8

[1] Nach Angaben der Firma KSB-Amag Frankenthal/Nürnberg 1962. Bauart S = Bauart Boa. Siehe auch Armaturen-Handbuch von KSB, Jan. 1965, 38.

III. Praktische Berechnung von Rohrleitungen

Bauart S bedeutet Geradsitzventile mit senkrechter Spindel und mit strömungsgünstiger Ausbildung (siehe Bild 198). Freiflußventile (oberste Zeile) mit mehr als NW 200 $\zeta = 0{,}5$. Rückschlagklappen ohne Hebel und Gewicht haben einen Druckverlust von mindestens 0,2 m Flüssigkeitssäule, mit Hebel und Gewicht von 0,5 m zur Folge. Saugkörbe mit Fußventil $\zeta = 2{,}5$ bis 2,2. Nach anderen Veröffentlichungen gilt ferner für Durchgangsventile bei Bauart (Bild 198)

NW	50	65	80	100	125	150	200	300	400	500
Koswa	2,7	2,6	2,6	2,5	2,5	2,5	2,4	2,3	2,2	2,1
Rhei	2,9	2,9	2,8	2,7	2,3	2,0	1,4	1,0	0,8	0,7

Hähne mit vollem Durchgang, alle Nennweiten, $\zeta \approx 0{,}1$ bis 0,15.

Praktische Werte streuen durch den Einfluß der An- und Ablaufstrecken, durch Unterschiede in der Wandrauhigkeit, besonders bei kleinen Nennweiten, und durch Abweichungen in der Form vom Musterstück. Verschiedene Fabrikate weichen in den Bauformen mehr oder weniger ab. Gegen die obigen Widerstandsbeiwerte wird eingewandt, daß sie praktisch zu niedrig sind. Für strömungsgerecht konstruierte Druchgangsventile (Bauart S) mit senkrechter Spindel (Bild 198) sollten Widerstandsbeiwerte $\zeta = 4{,}2$ bis 3,5 angesetzt werden, gleichmäßig fallend von NW 15 bis NW 300 (nach BWK Arbeitsblatt 42 $\zeta = 3{,}4$ bis 2,6).

Schieber haben in vollgeöffnetem Zustand verhältnismäßig geringen Durchflußwiderstand, siehe Bild 200. Für Hochdruckschieber liegen verschiedene Meßergebnisse vor. Bei Schiebern für Dampf- und Speiseleitungen ohne Leitrohr gibt Zahlentafel 67 Anhaltswerte[1].

Unter NW 65 werden solche Schieber nicht hergestellt. Neuerdings vermeidet man die stärkeren Einziehungen (auf unter 60 vH des Rohrquerschnitts), um Neigung zu Geräuschen zu vermindern.

Die Werte sind auf 1/10 abzurunden. Für die bevorzugt angewandten Schieber mit geradem Durchgang ohne Leitrohr kann man $\zeta = 0{,}2$ setzen.

Zahlentafel 67. *Widerstandsbeiwerte ζ von Panzer-Hochdruckschiebern in vollgeöffnetem Zustand mit konisch ausgebildeten Rohrstutzen, ohne Leitrohr*[2]

NW	m	ζ	NW	m	ζ
65/50	0,593	0,50	250/200	0,640	0,42
80/65	0,660	0,40	300/200	0,444	1,20
100/80	0,640	0,42	300/250	0,694	0,36
125/100	0,640	0,42	350/250	0,510	0,80
150/100	0,444	1,20	400/300	0,563	0,60
150/125	0,694	0,36	450/300	0,444	1,20
175/150	0,735	0,30	450/350	0,605	0,48
200/150	0,563	0,60	500/350	0,490	0,91
200/175	0,766	0,27	500/400	0,640	0,42

Die ζ-Werte gelten unter der Voraussetzung einer geraden Ablaufstrecke von mindestens $12d$ hinter den Armaturen und sind auf den nichteingeschnürten

---

[1] Nach Angaben von DINGLER, Zweibrücken. Schieber mit geradem Durchgang haben $\zeta = 0{,}1 \cdots 0{,}2$. — Siehe auch C. H. HÄFELE: Konstruktion von Absperrschiebern für hohe Drücke und Temperaturen Brennst.-Wärme-Kraft 5 (1953) 412.

[2] Nach Fußnote 1, S. 311. — Siehe hierzu: Neugestaltung von DIN 2303 über Schieber, Zuordnung und Einschnürung. BWK 7 (1955) 530.

28. Anhaltswerte für Rohrformstücke und Armaturen

Querschnitt (d) bezogen. Bei den Absperrschiebern hängen die ζ-Werte fast nur vom Grad der Einschnürung (Öffnungsverhältnis m) und vom Öffnungswinkel α der konischen Anschlußstutzen ab (siehe Bild 109). Die Schieber von Zahlentafel 67 gelten für $\alpha \approx 30°$. Vermindert man α (schlankere Anschlußstutzen), so wird ζ kleiner. Man kann ζ angenähert als Summe von ζ_a für die Einziehung beim Eintritt nach Gl. (280) und von ζ_b für die Erweiterung beim Austritt mit Bild 113 bestimmen. Der günstigste Erweiterungswinkel ist $\alpha = 8°$. Vergrößert man α, so nimmt ζ zu, wobei ζ_b höchstens bis auf $[(d/d_0)^2 - 1]^2$ gemäß Gl. (289) — plötzliche Erweiterung — anwachsen kann $[\Delta P/\varrho = \frac{1}{2}(w_0 - w)^2]$.

Bei kürzeren geraden Ablaufstrecken als $12 d$ ist ζ größer. Wenn keine Ablaufstrecke anschließt (z. B. Schieber vor Sammler), so geht der in Geschwindigkeit umgesetzte Druck fast vollständig verloren [voller Stoßverlust, $\Delta P/\varrho = \frac{1}{2}(w_0^2 - w^2)$ und $\zeta_b = (d/d_0)^4 - 1$ gemäß Gl. (284)].

Als Beispiel berechnet man für einen Schieber NW 150/100 mit $\zeta = 1,2$ bei mindestens $12 d$ Ablaufstrecke Werte $\zeta = 1,0$ bei $\alpha = 24°$, $\zeta = 0,4$ bei $\alpha = 8°$, andererseits $\zeta = 1,6$ bei $\alpha > 60°$. Ohne Ablaufstrecke ergibt sich maximal $\zeta = 4,1$.

Für den besonderen Fall von Preßluftleitungen mit Schläuchen können für die Einzelwiderstände folgende Widerstandsbeiwerte benutzt werden:

Normale Absperrventile	$\zeta = 4$ bis 10
Eckventile	$\zeta = 2$ bis 3
Absperrschieber	$\zeta = 0,3$ bis 1
Hähne	$\zeta = 1$
Schlauchkupplungen mit Gummidichtung	$\zeta = 2$ bis 3
Schlauchkupplungen mit Metallhülsen	$\zeta = 1,5$ bis 2
Schlauchverschraubungen	$\zeta = 1,5$ bis 2
Verbindungsstücke	$\zeta = 0,5$ bis 1

Zur Kontrolle der Zahlenrechnung dient Bild 201.

Ergänzend kann angeführt werden: Für *Wasserabscheider* gilt je nach Ausbildung $\zeta = 3$ bis 10 entsprechend einer äquivalenten Rohrlänge bei $D = 200$ mm und $Re = 2 \cdot 10^5$ von 36 bis 120 m.

Über den Widerstandsbeiwert eines *Metallschlauches* von NW 150 und Baulänge 2000 mm wird berichtet[1]:

ohne Innenspirale	mit Innenspirale
$Re = 10^6$; $\zeta = 0,98$;	$Re = 2 \cdot 10^6$; $\zeta = 0,38$;
$Re = 2 \cdot 10^6$; $\zeta = 0,93$;	$Re = 3 \cdot 10^6$; $\zeta = 0,35$.

Staugeräte zur Mengenmessung. Besonders große Strömungswiderstände werden von *Meßblenden* verursacht, günstiger verhalten sich *Venturidüsen*. Es gilt nach Bild 120 bei $Re = 10^5$ mit $m = F_B/F_1 = F_B/F_2$:

bei $m =$	0,1	0,2	0,3	0,4	0,5	0,6
für Normblenden[2]						
$\zeta =$	248	53	19	8,5	4,1	2,0
für Normventuridüsen[3]						
$\zeta =$	17	3	1	0,5	0,3	(0,2)

---

[1] Von Metallschlauchfabrik Pforzheim (1953).

[2] Siehe hierzu S. 192 und VDI-Wärmetechnische Arbeitsmappe 1967, Arbeitsblatt 7.16. — Ferner: Einfluß der Rohrrauhigkeit auf Normblenden in Brennst.-Wärme-Kraft 13 (1961) 125—134, 17 (1965) 26—29; dazu 10 (1958) 219—223 und 12 (1960) 262—263; ferner Z. Konstruktion 11 (1959) 141.

[3] Nach F. Herning, Zit. S. 160, 4. Aufl., 60.

oder

bei $d_B/d_1 = $ 0,5 0,6 0,7 0,8

und $m = $ 0,25 0,36 0,49 0,64

für Normblenden

$\zeta = $ 30,8 11,6 4,4 1,5

für Normventuridüsen

$\zeta = $ 1,7 0,6 0,3 0,2

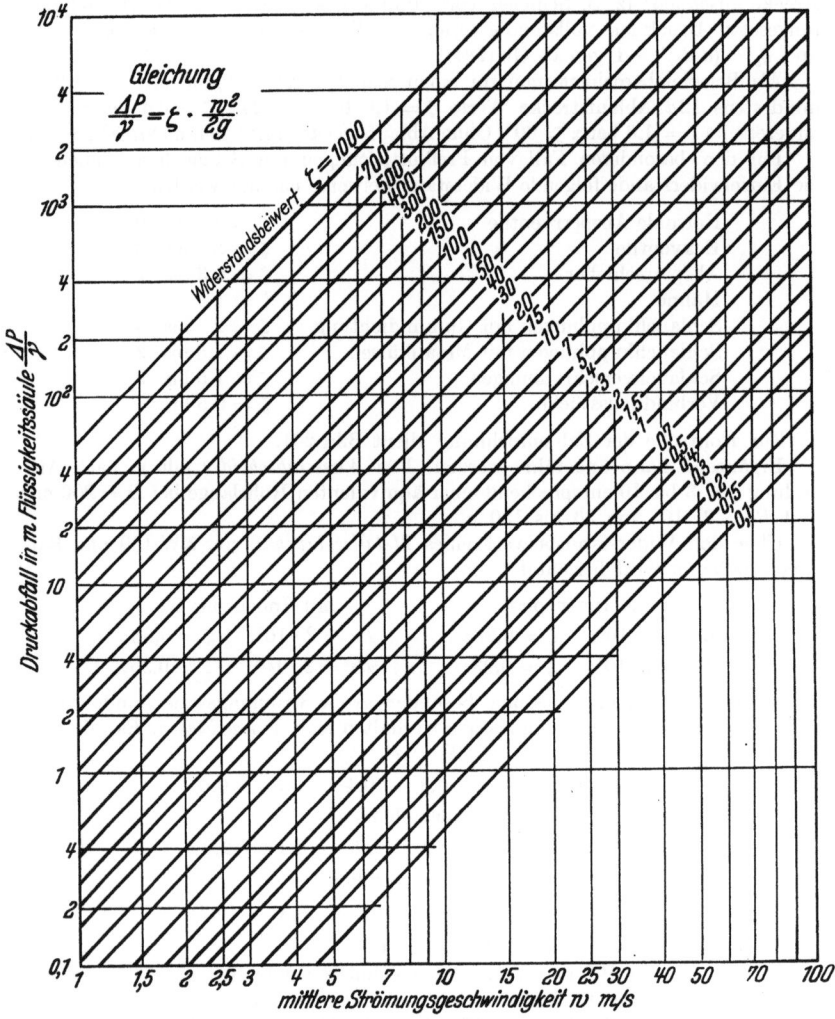

Bild 201. Übersichtsdiagramm zur Berechnung des Druckverlustes mit dem Widerstandsbeiwert ζ.
Ordinate: Für die Abnahme an potentieller Energie $\Delta P/\varrho$ in Nm/kg dder J/kg gelten rd. 10fache Werte

28. Anhaltswerte für Rohrformstücke und Armaturen

Vor Staugeräten soll sich eine gerade Rohrstrecke von $\geq 10d$, dahinter von etwa $5d$ befinden. Besser hält man die Anlaufstrecke bei

$$m = 0{,}25 \quad \text{auf} \quad \geq 10d,$$

$$m = 0{,}36 \quad \text{auf} \quad \geq 12d,$$

$$m = 0{,}49 \quad \text{auf} \quad \geq 15d,$$

$$m = 0{,}64 \quad \text{auf} \quad \geq 20d.$$

Raumkrümmer sollen vor Staugeräten vermieden werden, andernfalls erhöhen sich die nötigen Anlaufstrecken um 50 vH. Im übrigen siehe hierzu DIN 1952.

Es ist bequem, mit äquivalenten Rohrlängen, die denselben Strömungswiderstand wie die Armaturen bieten, zu rechnen. Solche Angaben sind freilich wenig genau, weil der Widerstandsbeiwert kaum von Re abhängt, während der Rohrwiderstand veränderlich ist. Immerhin kann man für mittlere Verhältnisse ($Re \approx 2 \cdot 10^5$) überschlägig mit den Werten von Zahlentafel 68 rechnen. Bei höheren Reynolds-Zahlen sind die angegebenen Längen zu klein, bei geringerem Re zu groß. Es ist

$$x = \zeta \frac{d}{\lambda_R} \tag{386}$$

mit x als äquivalenter Rohrlänge in m.

Gefragt ist z. B.: Wie groß ist die äquivalente Rohrlänge x von Einbauten in einer Stahlrohrleitung NW 200 ($D = 200$ mm) mit einer äquivalenten Sandrauhigkeit $k = 0{,}05$ mm bei $Re = 4 \cdot 10^4$, $2 \cdot 10^5$ und 10^6? Die Leitung besteht aus 18 Krümmern $R/d = 4$, 2 Koswaventilen, 1 Rückschlagventil DIN und 1 Meßblende $m = 0{,}51 = F_B/F_1$.

Krümmer, $\zeta = f(Re)$

es ist bei	Re	$4 \cdot 10^4$	$2 \cdot 10^5$	10^6
aus Bild 188	λ_R	0,0228	0,0174	0,0152
aus Bild 137	ζ_u	0,20	0,13	0,12

Die Werte ζ_u gelten für NW 50. Bei NW 200 sind sie etwas zu groß, siehe Bild 138.

mit Gl. (379) x in m	3,0	2,8	2,8
$x_K = 18x$ in m	54	50	50

andere Einbauten, $\zeta \neq f(Re)$, die ζ-Werte sind zu addieren

aus Zahlentafel 66	2 Koswaventile	$\zeta = 2 \cdot 2{,}4 =$	4,8
desgl.	1 Rückschlagventil	$\zeta =$	4,5
von S. 313	1 Meßblende	$\zeta =$	4,0
		$\Sigma \zeta =$	13,3

Zahlentafel 68. Äquivalente Rohrlänge x für Einzelwiderstände (Gesamtverlust) in lfd. m neuem Stahlrohr. Bei gußeisernen Rohren gilt gegebenenfalls das λ_{St}/λ_G-fache. Mittlere Reynolds-Zahl $Re = 2 \cdot 10^5$ ($k = 0{,}05$ mm)

NW D in mm	50	100	150	200	250	300	350	400	500	600
Glatter U-Ausgleicher Ausladung $10d$; Krümmer $R/d = 4$	4	8	12	16	20	24	28	33	41	49
Faltenrohr-U-Ausgleicher Ausladung $6d$; Krümmer $R/d = 3$	6	13	20	26	33	40	47	54	68	82
Glattrohr-90°-Krümmer										
$R = 3d$	0,7	1,4	2,1	2,8	3,6	4,3	5,0	5,8	7,3	8,7
$R = 4d$	0,7	1,4	2,2	2,9	3,7	4,4	5,2	5,9	7,5	9,0
Faltenrohrbogen 90°										
$R = 3d$	1,5	3,2	4,8	6,6	8,3	10,1	11,8	13,6	17,1	20,5
$R = 4d$	1,4	3,0	4,6	6,2	7,9	9,5	11,1	12,8	16,1	19,4
Normales Durchgangsventil[1]	12	29	48	70	97	125	156	186	253	320
Normales Eckventil[1]	8	22	40	61	85	109	135	160	211	260
DIN-Ventil[2]	11	26	34	41	—	—	—	—	—	—
Koswa-Ventil[2]	6,5	13	20	27	35	41	47	53	64	—
Rhei-Ventil[2]	7	15	17	17	17	18	18	19	21	—
Freifluß-Ventil[2]	3	7	11	18	—	—	—	—	—	—
Absperrschieber[3] $m = 0{,}64$	1,0	2,2	3,6	4,8	6,3	7,6	8,9	10	12,5	15
$m = 0{,}49$	2,2	4,9	7,6	10,4	13,4	16	19,5	22	28	34
Meßblende $m = 0{,}64$	4	8	12,5	17	22	27	32	37	46	56
λ_{St}/λ_G	0,60	0,66	0,70	0,73	0,75	0,77	0,78	0,79	0,81	0,83
Gußkrümmer $R/d = 1$	0,8	2,0	3,2	4,5	5,8	7,2	8,6	10,0	12,9	15,8

Dampfsammler 10 bis 60 m, Wasserabscheider 60 bis 120 m

[1] nach Bild 199   [2] Siehe Bild 198 und Zahlentafel 66   [3] Bei geradem Durchgang ($m = 1$) ist $x = 0{,}6$ m.

28. Anhaltswerte für Rohrformstücke und Armaturen

mit Gl. (386) $x_E = (\sum \zeta)\, d/\lambda_R$

| x_E in m | 117 | 153 | 175 |

zusammen

| $x_K + x_E$ in m | 171 | 203 | 225 |

Aus diesen Zahlen ist ersichtlich, daß die äquivalente Rohrlänge für Rohrformstücke und Armaturen ein Mehrfaches der geraden Rohrlänge sein kann.

28.4 Widerstand von Leitungen mit vielen Abzweigen

Bei einer großen Zahl von Abzweigen auf einer verhältnismäßig kurzen Leitungsstrecke (z. B. Verteilungsleitungen für Wasser oder Stadtgas) kann man annähernd so rechnen, als ob längs der Leitung stetig Flüssigkeit (oder Gas) entnommen wird.

Die Leitung möge mit einer Menge V_1 beaufschlagt werden; am Ende sei noch die Menge V_2 vorhanden. Bei stetiger Abgabe fließt im Abstand l_x vom Rohranfang die Menge V_x:

$$\frac{V_1 - V_x}{V_1 - V_2} = \frac{l_x}{l} \quad \text{und} \quad V_x = V_1 - \frac{l_x}{l}(V_1 - V_2);$$

$$V_x = V_1 \left[1 - \frac{l_x}{l}\left(1 - \frac{V_2}{V_1}\right)\right]$$

mit l als ganzer Rohrlänge von 1 nach 2. Ist λ_R unabhängig von Re — also mit gewisser Annäherung nur $f(d)$ — und ändert sich im betrachteten Leitungsstück der Rohrdurchmesser d nicht, so gilt für die Stelle V_x mit Gl. (314)

$$g\,dh + \frac{dP}{\varrho} = -0{,}81\, \lambda_R \frac{V_{sx}^2}{d^5}\,dl \qquad \Big| \qquad dh + \frac{dP}{\gamma} = -0{,}083\, \lambda_R \frac{V_{sx}^2}{d^5}\,dl.$$

Mit der Gleichung für V_x erhält man für raumbeständige Strömung daraus

$$g(h_1 - h_2) + \frac{P_1 - P_2}{\varrho} = 0{,}81\, \lambda_R \frac{l}{d^5} V_{s1}^2 \cdot \frac{1}{3}\left[1 + \frac{V_{s2}}{V_{s1}} + \left(\frac{V_{s2}}{V_{s1}}\right)^2\right]$$

bzw.

$$h_1 - h_2 + \frac{P_1 - P_2}{\gamma} = \underbrace{0{,}083\, \lambda_R \frac{l}{d^5} V_{s1}^2}_{\text{Widerstand ohne Abzweig}} \cdot \underbrace{\frac{1}{3}\left[1 + \frac{V_{s2}}{V_{s1}} + \left(\frac{V_{s2}}{V_{s1}}\right)^2\right]}_{\text{Berichtigungsglied für Abzweig}}. \qquad (387)$$

Diese Gleichung stellt natürlich nur eine grobe Annäherung dar. Bei genauerer Rechnung müßte man die Leitungsstücke zwischen den einzelnen Abzweigen getrennt untersuchen[1].

Auf die Endmenge V_{s2} bezogen erhält man

$$h_1 - h_2 + \frac{P_1 - P_2}{\gamma} = 0{,}0826\, \lambda_R \frac{l}{d^5} V_{s2}^2 \cdot \frac{1 + \dfrac{V_{s1}}{V_{s2}} + \left(\dfrac{V_{s1}}{V_{s2}}\right)^2}{3}. \qquad (388)$$

wobei wiederum $l = l_2 - l_1$ ist.

---

[1] Über Berechnungen mit Hilfe elektrischer Analogieverfahren siehe POHLE, R.: Möglichkeiten zur Bestimmung der Mengenstrom- und Druckverteilung in stark verzweigten Luftleitungssystemen. Heiz.-Lüft.-Haustechn. 14 (1963) 355—360.

III.4 Allgemeine Angaben

29. Wirkungsgrad einer Rohrleitung

Man kann unter dem Wirkungsgrad einer Rohrleitung den Ausdruck

$$\eta_{\text{Rohr}} = \frac{E_2}{E_1} = 1 - \frac{E_1 - E_2}{E_1} \tag{389}$$

verstehen, wobei E_1 den Gehalt an potentieller und kinetischer Energie nach Gl. (17) am Anfang und E_2 den am Ende der Leitung bezeichnet. $E_1 - E_2$ ist gleich der bei dem nichtumkehrbaren Vorgang verrichteten Reibungsarbeit.

Beim hydraulischen Wirkungsgrad einer Rohrleitung gleichen Querschnitts kann man den Gehalt an potentieller Energie zu Anfang und Ende vergleichen.

Kraftleitungen (für Dampfmaschinen, Dampf- und Wasserturbinen). Wenn man z. B. die am Anfang einer Leitung mit unveränderlichem Durchmesser vorhandene Energie wie beim Betrieb einer Wasserturbine ausnützen will, so gilt für den Wirkungsgrad

$$\eta_h = \frac{e_1 - |a_R|}{e_1} = 1 - \frac{|a_R|}{e_1}. \tag{390}$$

Darin ist

$$e_1 = g(h_1 - h_0) + \frac{P_1 - P_0}{\varrho} = g(h_1 - h_0) + 10^5 \frac{p_1 - p_0}{\varrho}$$

in m²/s² oder J/kg bzw.

$$e_1 = h_1 - h_0 + \frac{P_1 - P_0}{\gamma} = h_1 - h_0 + 10^4 \frac{p_1 - p_0}{\gamma}$$

in kp m/kp. h_0 ist die geodätische Höhe und P_0 der Druck der Umgebung in N/m² bzw. kp/m² (oder p_0 in bar bzw. at), Temperaturänderungen sind nur gering und werden vernachlässigt. Mit

$$|a_R| = \lambda_R \frac{l}{d} \frac{w^2}{2} \qquad \qquad |a_R| = \lambda_R \frac{l}{d} \frac{w^2}{2g}$$

$$= 0{,}810 \lambda_R \frac{l}{d^5} V_s^2 \qquad \qquad = 0{,}0826 \lambda_R \frac{l}{d^5} V_s^2$$

als Reibungsarbeit findet man

$$\eta_h = 1 - \frac{1}{e_1} \lambda_R \frac{l}{d} \frac{w^2}{2} \qquad \qquad \eta_h = 1 - \frac{1}{e_1} \lambda_R \frac{l}{d} \frac{w^2}{2g}$$

$$= 1 - \frac{0{,}810}{e_1} \lambda_R \frac{l}{d^5} V_s^2 \qquad \qquad = 1 - \frac{0{,}0826}{e_1} \lambda_R \frac{l}{d^5} V_s^2. \tag{391}$$

29. Wirkungsgrad einer Rohrleitung

Die mittlere Strömungsgeschwindigkeit w ist bei einem bestimmten Wirkungsgrad

$$w = \sqrt{(1-\eta_h)\frac{e_1}{\lambda_R} 2 \frac{d}{l}} \qquad \Big| \qquad w = \sqrt{(1-\eta_h)\frac{e_1}{\lambda_R} 2g \frac{d}{l}}$$

$$= \left[(1-\eta_h)\cdot 2{,}26 \frac{e_1}{l\,\lambda_R}\sqrt{V_s}\right]^{\frac{2}{5}} \qquad \Big| \qquad = \left[(1-\eta_h)\cdot 22{,}1 \frac{e_1}{l\,\lambda_R}\sqrt{V_s}\right]^{\frac{2}{5}}. \tag{392}$$

Beispiel. Bezugsebene sei die Talsohle eines Wasserkraftwerks. Die Druckleitung aus Stahlrohr von $d = 0{,}3$ m l. W. und mit $k = 0{,}06$ mm äquivalenter Rauhigkeit sei gerade und beginne $h_1 - h_0 = 100$ m über der Talsohle und sei $l = 400$ m lang. Der Druck am Anfang p_1 sei gleich dem Umgebungsdruck p_0, also $p_1 - p_0 = 0$ bar. Wassertemperatur $t = 12\,°C$, kinematische Viskosität $10^6\,\nu = 1{,}235$ m²/s nach Zahlentafel 24, mittlere Strömungsgeschwindigkeit $w = 1{,}5$ m/s.

Damit ist

$$\frac{d}{k} = \frac{0{,}3}{0{,}06}\cdot 10^3 = 5000; \qquad Re = \frac{w\,d}{\nu} = \frac{1{,}5 \cdot 0{,}3}{1{,}235}\cdot 10^6 = 364\,000;$$

$\lg Re = 5{,}56$; $\lambda_R = 0{,}0159$ nach Bild 187 für $d/k = 5000$. Es ist üblich, k in mm anzugeben. Um die dimensionslose relative Rauhigkeit zu bilden, muß k in d/k in m eingesetzt werden.

Nunmehr folgt

$$|a_R| = \lambda_R \frac{l}{d}\frac{w^2}{2} = 0{,}0159 \cdot \frac{400}{0{,}3}\cdot \frac{2{,}25}{2} = 23{,}9\ \text{J/kg};$$

$$e_1 = g(h_1 - h_0) = 981\ \text{J/kg} \quad \text{bei}\quad p_1 = p_0;$$

$$\eta = 1 - \frac{|a_R|}{e_1} = 1 - \frac{23{,}9}{981} = 0{,}976 \quad \text{oder}\quad 97{,}6\ \text{vH}.$$

Der hydraulische Wirkungsgrad ist hier nahezu gleich 1. Wenn die Druckleitung nicht gerade ist, sondern Biegungen enthält, so ist die äquivalente Rohrlänge für l einzusetzen.

Welche Wassergeschwindigkeit führt zu einem hydraulischen Wirkungsgrad von $\eta_h = 95$ vH? Geschätzt $w = 3$ m/s. Dann ist $Re = 728\,000$, $\lg Re = 5{,}68$ und $\lambda_R = 0{,}0150$ bei $d/k = 5000$. Mit Gl. (392) ergibt sich $w = 2{,}22$ m/s. Die Schätzung war also zu hoch. Verbesserte Schätzung $w = 2{,}2$ m/s. Man findet auf dieselbe Weise $\lambda_R = 0{,}0153$ und $w = 2{,}2$ m/s, wenn $\eta_h = 0{,}95$ ist.

Bei raumbeständiger Strömung in einer waagerechten Leitung gleichen Querschnitts erhält man

$$\eta_h = \frac{p_2 - p_0}{p_1 - p_0}$$

für den hydraulischen Wirkungsgrad.

Arbeitsleitungen (für Pumpen und Verdichter). Beim Betriebe einer Arbeitsleitung gleichen Querschnitts, z. B. einer Pumpendruckleitung, möchte man möglichst wenig potentielle Energie aufwenden. Ist

$$e_2 = g(h_2 - h_0) + \frac{P_2 - P_0}{\varrho} \qquad \Big| \qquad e_2 = h_2 - h_0 + \frac{P_2 - P_0}{\gamma}$$

III. Praktische Berechnung von Rohrleitungen

die potentielle Energie am Ende, so ist $e_2 + |a_R|$ die Energie am Anfang der Leitung. Der hydraulische Wirkungsgrad ist

$$\eta_h = \frac{e_2}{e_2 + |a_R|} = \frac{1}{1 + \frac{|a_R|}{e_2}}$$

oder

$$\eta_h = \frac{1}{1 + \frac{\lambda_R \frac{l}{d} \frac{w^2}{2}}{e_2}} = \frac{1}{1 + 0{,}810 \frac{\lambda_R \frac{l}{d^5} V_s^2}{e_2}} \qquad \eta_h = \frac{1}{1 + \frac{\lambda_R \frac{l}{d} \frac{w^2}{2g}}{e_2}} = \frac{1}{1 + 0{,}0826 \frac{\lambda_R \frac{l}{d^5} V_s^2}{e_2}}. \quad (393)$$

Damit erhält man für einen bestimmten Wirkungsgrad die Fördergeschwindigkeit

$$w = \sqrt{\frac{1-\eta_h}{\eta_h} \frac{e_2}{\lambda_R} 2 \frac{d}{l}} \qquad w = \sqrt{\frac{1-\eta_h}{\eta_h} \frac{e_2}{\lambda_R} 2g \frac{d}{l}}$$

$$= \left[\frac{1-\eta_h}{\eta_h} 2{,}26 \frac{e_2}{l\,\lambda_R} \sqrt{V_s}\right]^{\frac{2}{5}} \qquad = \left[\frac{1-\eta_h}{\eta_h} 22{,}1 \frac{e_2}{l\,\lambda_R} \sqrt{V_s}\right]^{\frac{2}{5}}. \quad (394)$$

Beispiel. Es sind $V_h = 7200$ m³/h Kühlwasser von 17,7 °C und $10^6\,\nu = 1{,}060$ m²/s durch eine $l = 750$ m lange gerade Stahlrohrleitung mit $k = 0{,}04$ mm äquivalenter Rauhigkeit auf eine geodätische Höhe h_2 zu pumpen; $h_2 - h_0 = 14{,}5$ m. Am Ende der Leitung herrscht ein Gegendruck von $p_2 - p_0 = 2{,}2$ at. Mit $\gamma = 1000$ kp/m³ ergibt sich

$$e_2 = 14{,}5 + 10^4 \cdot \frac{2{,}2}{1000} = 35{,}5 \text{ kpm/kp} \quad \text{oder} \quad 36{,}5 \text{ m WS.}$$

Nach Bild 166 wird Rohr von $D = 1000$, 1200 und 1400 mm Durchmesser zur Wahl gestellt. Rechnungsergebnis mit $V_s = 2$ m³/s; gefragt ist nach dem hydraulischen Wirkungsgrad η_h und der aufzuwendenden Energie an der Pumpe $e_1 = e_2 + |a_R|$. $h_0 = $ Pumpenmitte, $p_0 = 1$ at.

D mm	Re Gl. (366)	lg Re	$\frac{d}{k}$	λ_R Abb. 188	η_h Gl. (393)	e_1 kpm/kp
1000	$2{,}41 \cdot 10^6$	6,38	25 000	0,0115	92,76 vH	39,4
1200	$2{,}00 \cdot 10^6$	6,30	30 000	0,0115	96,95	37,7
1400	$1{,}72 \cdot 10^6$	6,24	35 000	0,0115	98,57	37,0

Der Höhenunterschied ist bei Gasleitungen ohne Belang. Wir vergleichen die technische Arbeit $a_{t\,10}$ und $a_{t\,20}$, die das offene System im Anfangszustand *1* und im Endzustand *2* beim Übergang auf Um-

29. Wirkungsgrad einer Rohrleitung

gebungszustand leisten könnte. Nach Gl. (16) ist das ohne Rücksicht auf Höhenunterschiede und Änderungen der kinetischen Energie

$$a_{t10} = q_{10} + i_{10} \quad \text{und} \quad a_{t20} = q_{20} + i_{20}.$$

Die höchstmögliche Arbeit wird bei umkehrbarem Übergang auf den Umgebungszustand verrichtet. Dabei kann Wärme nur ohne Temperaturgefälle, also bei Umgebungstemperatur T_0 abgegeben und aufgenommen werden. Gemäß Gl. (8) ist

$$q_{10} = T_0(s_0 - s_1) \quad \text{und} \quad q_{20} = T_0(s_0 - s_2).$$

Damit folgt

$$\eta_{\text{Rohr}} = \frac{i_2 - i_0 - T_0(s_2 - s_0)}{i_1 - i_0 - T_0(s_1 - s_0)}. \tag{395}$$

Beispiel. Preßluft von genau $p_1 = 7$ bar und $t_1 = t_2 = 30\ °C$ strömt mit $w_1 = 10$ m/s isotherm durch eine Stahlrohrleitung $k = 0,03$ mm mit $d = 0,2$ m l. W. und $l = 200$ m äquivalenter Rohrlänge. Wie groß ist der Wirkungsgrad der Rohrleitung, wenn der Umgebungszustand mit $p_0 = 1$ bar und $T_0 = 273\ °K$ angenommen wird?

$$Re = \frac{w\, d\, \varrho}{(10^6\, \eta)} \cdot 10^6 = \frac{10 \cdot 0,2 \cdot 8,05}{18,59} \cdot 10^6 = 866\,000; \quad \lg Re = 5,94;$$

mit $(10^6 \eta) = 18,59$ kg/ms nach Zahlentafel 41 und

$$\varrho = \frac{P}{RT} = \frac{7,00 \cdot 10^5}{287,0 \cdot 303} = 8,050\ \text{kg/m}^3$$

im Zustand 1. Aus Bild 187 folgt $\lambda_R = 0,0143$ zu $k = 0,03$ mm und $D = 200$ mm. Damit findet man mit Gl. (139)

$$\Delta P = P_1 \left[1 - \sqrt{1 - 2 \lambda_R \frac{\varrho_1}{P_1} \frac{l}{d} \frac{w_1^2}{2}} \right]$$

$$= 7 \cdot 10^5 \left[1 - \sqrt{1 - 2 \cdot 0,0143 \cdot \frac{8,050}{7 \cdot 10^5} \cdot \frac{200}{0,2} \cdot \frac{100}{2}} \right] = 5775\ \text{N/m}^2$$

Das Beschleunigungsglied berücksichtigt man nach Gl. (136) mit einem Zuschlag von 0,12 vH, wobei $\xi = 1,04$ zu setzen ist.

$$P_1 = 7 \cdot 10^5\ \text{N/m}^2; \quad P_2 = 7 \cdot 10^5 - 5775 - 7 = 6{,}942\,18 \cdot 10^5\ \text{N/m}^2.$$

$$i_1 - i_0 = i_2 - i_0 = c_p(t - t_0) = 1{,}005 \cdot 30 = 30{,}150\ \text{kJ/kg}$$

nach Zahlentafel 37a; und nach Gl. (25)

$$s_1 - s_0 = c_p \ln\left(\frac{T_1}{T_0}\right) - R \ln\left(\frac{P_1}{P_0}\right) = -453{,}70\ \text{J/kg grd};$$

$$s_2 - s_0 = c_p \ln\left(\frac{T_2}{T_0}\right) - R \ln\left(\frac{P_2}{P_0}\right) = -451{,}32\ \text{J/kg grd};$$

$$\eta_{\text{Rohr}} = \frac{30\,150 + 273 \cdot 451{,}32}{30\,150 + 273 \cdot 453{,}70} = 0{,}9958\ \text{oder}\ 99{,}58\ \text{vH}.$$

Der Wirkungsgrad ist nahezu gleich 1.

30. Größtmögliche Energieentnahme aus einer Leitung

Die Frage ist, mit welcher Geschwindigkeit eine Rohrleitung von unveränderlichem Durchmesser durchströmt werden muß, damit die Leistungsfähigkeit der ausströmenden Menge einen Größtwert annimmt.

Wenn bei einer *Kraftleitung* P_1 gleich dem atmosphärischen Druck und statisch

$$P_2 = \varrho\, g(h_1 - h_2) + P_1 \qquad | \qquad P_2 = \gamma(h_1 - h_2) + P_1$$

ist, so hat der austretende Wasserstrahl ein Leistungsvermögen von

$$N = [g(h_1 - h_2) - |a_R|]\, m_s \qquad | \qquad N = (h_1 - h_2 - |a_R|)\, G_s$$

$$= \left[g(h_1 - h_2) - \lambda_R \frac{l}{d} \frac{w^2}{2}\right] \frac{\pi d^2}{4} w\, \varrho \quad | \quad = \left(h_1 - h_2 - \lambda_R \frac{l}{d} \frac{w^2}{2g}\right) \frac{\pi d^2}{4} w\, \gamma .$$

in J/s = W = kg m²/s³. $\qquad\qquad |$ in kp m/s.

Angenommen, es handelt sich um eine rauhe Strömung, $\lambda_R \neq f(Re)$. Das Leistungsvermögen nimmt in Abhängigkeit von der Geschwindigkeit einen Größtwert an, wenn

$$\frac{dN}{dw} = 0 = g(h_1 - h_2) - 3\lambda_R \frac{l}{d} \frac{w^2}{2} \quad | \quad \frac{dN}{dw} = 0 = h_1 - h_2 - 3\lambda_R \frac{l}{d} \frac{w^2}{2g}$$

oder

$$|a_R| = \tfrac{1}{3} g(h_1 - h_2) \qquad\qquad | \qquad |a_R| = \tfrac{1}{3}(h_1 - h_2)$$

in J/kg $\qquad\qquad\qquad\qquad\qquad\quad |$ in kp m/kp

ist. Die zugehörige Geschwindigkeit ist

$$w = \sqrt{2g\, \frac{h_1 - h_2}{3\lambda_R}\, \frac{d}{l}}. \tag{396}$$

Man muß durch ein Drosselorgan (dessen hydraulische Wirkung hier vernachlässigt sei) am Ende der Druckleitung diese Geschwindigkeit einstellen, wenn man N_{max} haben will. Läßt man größere oder kleinere Geschwindigkeiten zu, so ist N immer kleiner als N_{max} (soweit man im Bereich der rauhen Strömung bleibt). Die größte verfügbare Leistung ist

$$N_{max} = \frac{1}{102}\, \frac{2}{3}\, (h_1 - h_2)\, \frac{\pi}{4}\, d^2\, w\, \varrho \tag{397}$$

in kW, d. h., die Hälfte von N_{max} geht durch Reibung in Wärme über. Damit erhält man einen Wirkungsgrad der Leitung von

$$\eta_h = \frac{g(h_1 - h_2) - |a_R|}{g(h_1 - h_2)} = \frac{2}{3}. \quad | \quad \eta_h = \frac{h_1 - h_2 - |a_R|}{h_1 - h_2} = \frac{2}{3}. \tag{398}$$

Für den Rohrdurchmesser ergeben sich im Falle von $N = N_{max}$ in kW die Gleichungen

$$d = 3\lambda_R \frac{l}{h_1 - h_2} \frac{w^2}{2g} = \sqrt[5]{3\lambda_R \frac{l}{h_1 - h_2} \frac{16}{\pi^2} \frac{V_s^2}{2g}} = 0{,}357 \sqrt[5]{\frac{N_{max}^2\, l\, \lambda_R}{(h_1 - h_2)^3}}. \tag{399}$$

Im rechten Glied von Gl. (399) ist $\varrho = 1000$ kg/m³ bzw. $\gamma = 1000$ kp/m³ gesetzt. Mit $\lambda_R = 0{,}025$ als Überschlagszahl ergibt sich

$$d = 0{,}171 \sqrt[5]{\frac{N_{\max}^2 l}{(h_1 - h_2)^3}}.$$

Jener Durchmesser ist allerdings nur in bezug auf N der günstigste. Praktisch sind für die Wahl des Durchmessers noch andere Gesichtspunkte, wie verfügbare Wassermenge, Art der aufzustellenden Turbinen, Anlage- und Unterhaltungskosten maßgebend, siehe z. B. Aufgabe 15, S. 342.

III.5 Wasserleitungen, besondere Strömungsfälle, Aufgaben

31. Spezielle Berechnungsunterlagen

31.1 Rechenhilfsmittel

Der Zusammenhang zwischen Rohrweite, mittlerer Strömungsgeschwindigkeit, Durchfluß und Wassertemperatur kann aus den Bildern 202a und 202b entnommen werden.

Hierzu wurde Gl. (303) in der Form

$$V_h = 2{,}83 \cdot 10^{-3} D w$$

benutzt. Der Durchfluß ist

$$\dot{M} = 2{,}83 \cdot 10^{-6} D^2 w \varrho \qquad \dot{G} = 2{,}83 \cdot 10^{-6} D^2 w \gamma$$
$$\text{in t/h.} \qquad\qquad\qquad \text{in Mp/h.}$$

Für Temperaturen bis 45 °C kann $\dot{M}$ bzw. $\dot{G} \approx V_h$ auf 1 vH genau, bis $t = 65$ °C auf 2 vH genau gesetzt werden. Bild 202a enthält eine Korrekturskala für höhere Wassertemperaturen. Bei Kalt- und Warmwasserleitungen pflegt man mit V_h zu rechnen, bei Heißwasserleitungen (Speiseleitungen) mit $\dot{M}$ bzw. $\dot{G}$.

Bild 203 dient zur zeichnerischen Ermittlung der Reynolds-Zahl (als $\lg Re$) nach Gl. (366) für Wasserleitungen:

$$Re = f(d, V, t) = 3{,}54 \cdot 10^5 \frac{V_h}{D(10^6 \nu)}.$$

Dabei kann wie oben $\dot{M}$ bzw. $\dot{G} \approx V_h$ gesetzt werden. Im übrigen ist $V_h = 1000 \dot{M}/\varrho = 1000 \dot{G}/\gamma$ (siehe Zahlentafel 24).

Aus Bild 188 ist die Widerstandszahl λ_R für neues Stahlrohr mit $k = 0{,}05$ mm, aus den Bildern 187 und 189 bis 191 für andere äquivalente Sandrauhigkeiten k nach Zahlentafel 13, zu $\lg Re$ zu entnehmen. Den Druckverlust je lfd. m Rohr für waagerechte Leitungen nach Gl. (314)

$$\Delta P/l = f(d, V, \lambda_R, t) = 63{,}8 \lambda_R \gamma \frac{1}{(100 d)^5} V_h^2$$

findet man zeichnerisch mit Bild 204.

Für Überschlagszwecke besteht Bedarf nach einem einfachen Diagramm für neue Stahlrohre mit $k = 0{,}05$ mm, aus dem man sofort

21*

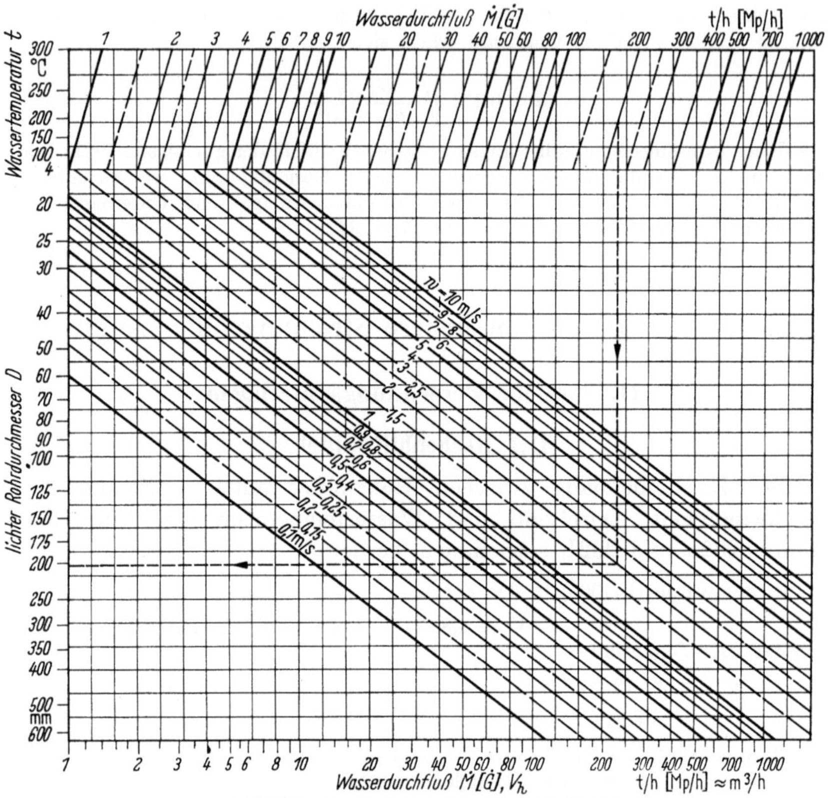

Bild 202a. Geschwindigkeit in Wasserleitungen.
Beispiel: $\dot{M} = 200\ t/h$, $\dot{G} = 200\ Mp/h$, $t = 200\ °C$, $w = 2\ m/s$;
Ergebnis: D = rd. 200 mm, d. i. NW 200 (genau 202 mm)

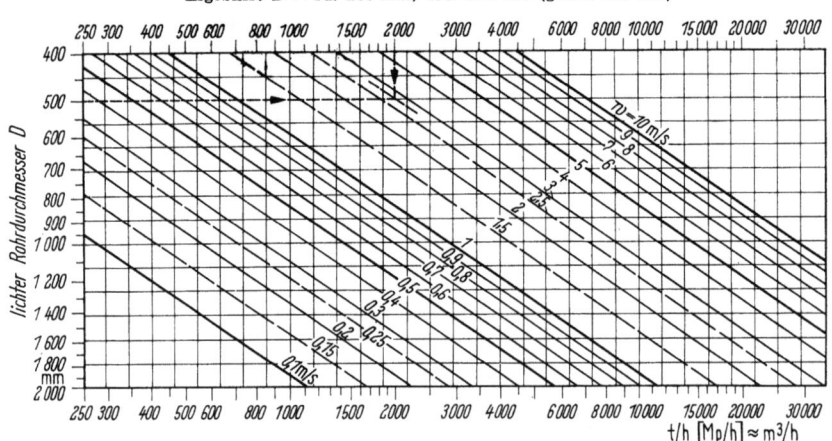

Bild 202b. Geschwindigkeit in Wasserleitungen.
Beispiel: $V_h = 2000\ m^3/h$, $D = 500\ mm$;
Ergebnis: w = rd. 2,8 m/s (genau 2,83 m/s)

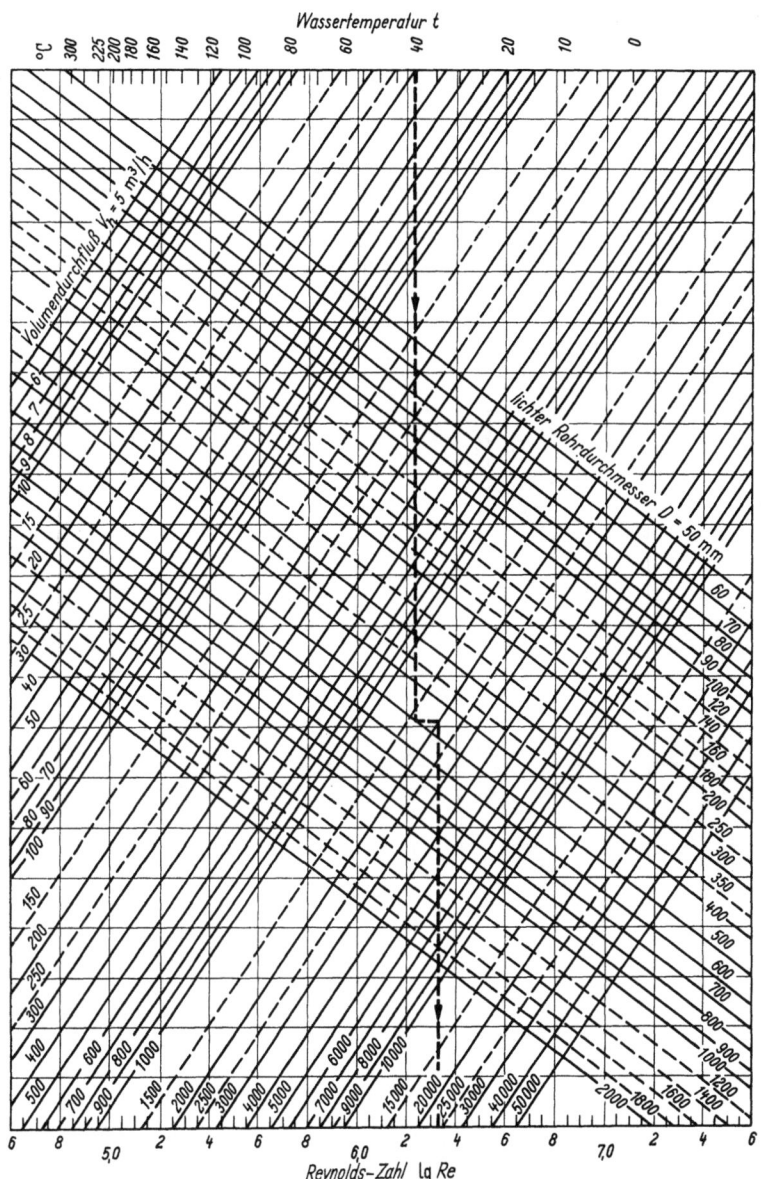

Bild 203. Reynolds-Zahl Re in Wasserleitungen. Wasserdruck: bis 100 °C 1 bar ≈ 1 at, über 100 °C Sättigungsdruck.
Beispiel: $t = 40$ °C, $D = 500$ mm, $V_h = 2000$ m³/h;
Ergebnis: $\lg Re = 6{,}33$ (s. Berechnungsaufgabe 12)

326   III. Praktische Berechnung von Rohrleitungen

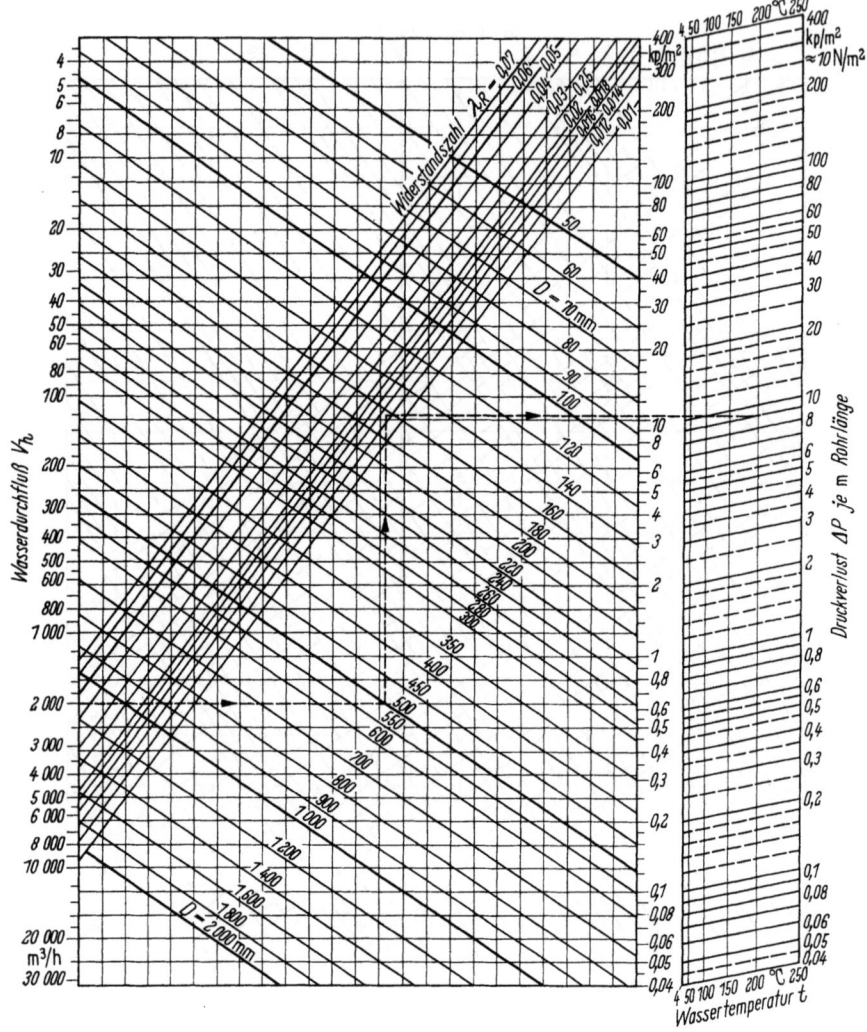

Bild 204. Druckverlust in Wasserleitungen.
Beispiel: $V_h = 2000$ m³/h, $D = 500$ mm, $\lambda_R = 0{,}013$, $t = 200$ °C;
Ergebnis: $\Delta P/l \approx 9$ kp/m² bzw. ≈ 90 N/m² je m Rohrlänge (bei t bis 45 °C ist
$\Delta P/l \approx 10{,}5$ kp/m² bzw. ≈ 105 N/m² je m Rohrlänge) (s. Aufg. 12)

zum Durchflußvolumen V_h und zur Lichtweite D den Druckverlust ablesen kann. Als Grundlage eignet sich die Näherungsformel[1]

$$\lambda_R = 0{,}0320 \sqrt[9]{V_h} \tag{400}$$

---

[1] Über andere Überschlagsformeln siehe z. B. BREINER, H.: Vergleichende Betrachtungen zur Bemessung von Wasserversorgungsleitungen. Österr. Ing. Z. 1 (1958) 231—237.

für Wasser von 12 °C. Gl. (400) gilt im üblichen technischen Anwendungsbereich ($D = 50$ bis 2000 mm, $w = 0,5$ bis 3 m/s) mit Abweichungen von 0 bis $+6$ vH, verglichen mit der allgemeinen Widerstandsformel (248).

Abweichungen in vH bei

D in mm	k in mm	$w = 0,5$	1,0	2,0	3,0 m/s
50	0,05	+1	+4	+5	+5
100	0,05	+1	+6	+6	+6
500	0,05	+2	+5	+6	+3
1000	0,05	+1	+2	+2	+1
2000	0,05	−3	−1	−1	−2
2000	0,04	−1	0	0	0
2000	0,03	0	+2	+2	+2

Mit Gl. (314) folgt für waagerechte Leitungen

$$\Delta P = f(l, V_h, d)$$

$$\frac{\Delta P}{l} = 20 \cdot 10^8 \frac{V_h^{1,889}}{D^5} \quad \bigg| \quad \frac{\Delta P}{l} = 2,04 \cdot 10^8 \frac{V_h^{1,889}}{D^5} \quad (401)$$

in N/m² $\quad\quad$ in kp/m² = mm WS

je m Rohrlänge. Es gilt wie oben $\dot{M}$ bzw. $\dot{G} \approx V_h$.

In Bild 205 ist ein Diagramm für Gl. (401) wiedergegeben. Für andere Temperaturen gilt etwa

bei $t = 0 \quad\quad 12 \quad\quad 20 \quad\quad 40 \quad\quad 60 \quad\quad 100$ °C

das $\quad\quad 1,05 \quad 1,00 \quad 0,97 \quad 0,93 \quad 0,91 \quad 0,88$fache.

Als Faustformeln kann man anwenden:

für enge Stahlrohre mit kaltem Wasser (etwa 20 mm Dmr.)

$$\frac{P_1 - P_2}{l} = 1,5 \frac{w^2}{d} \text{ entsprechend } \lambda_R \approx 0,03;$$

für Wasserleitungen mit etwa 100 mm Dmr.

$$\frac{P_1 - P_2}{l} = \frac{w^2}{d} \text{ entsprechend } \lambda_R \approx 0,02; \quad (402)$$

für Rohre mit etwa 1 m Dmr.

$$\frac{P_1 - P_2}{l} = (0,6 \cdots 0,8) \frac{w^2}{d} \text{ entsprechend } \lambda_R \approx 0,012 \text{ bis } 0,016$$

in mm WS/m mit l in m, w in m/s und d in m. Will man den Druckabfall in N/m² überschlagen, so heißen die Faktoren 15, 10 und $6 \cdots 8$.

31.2 Wirtschaftlich günstige Geschwindigkeiten

Im üblichen technischen Anwendungsbereich pflegt man folgende mittlere Geschwindigkeiten in m/s zu wählen:

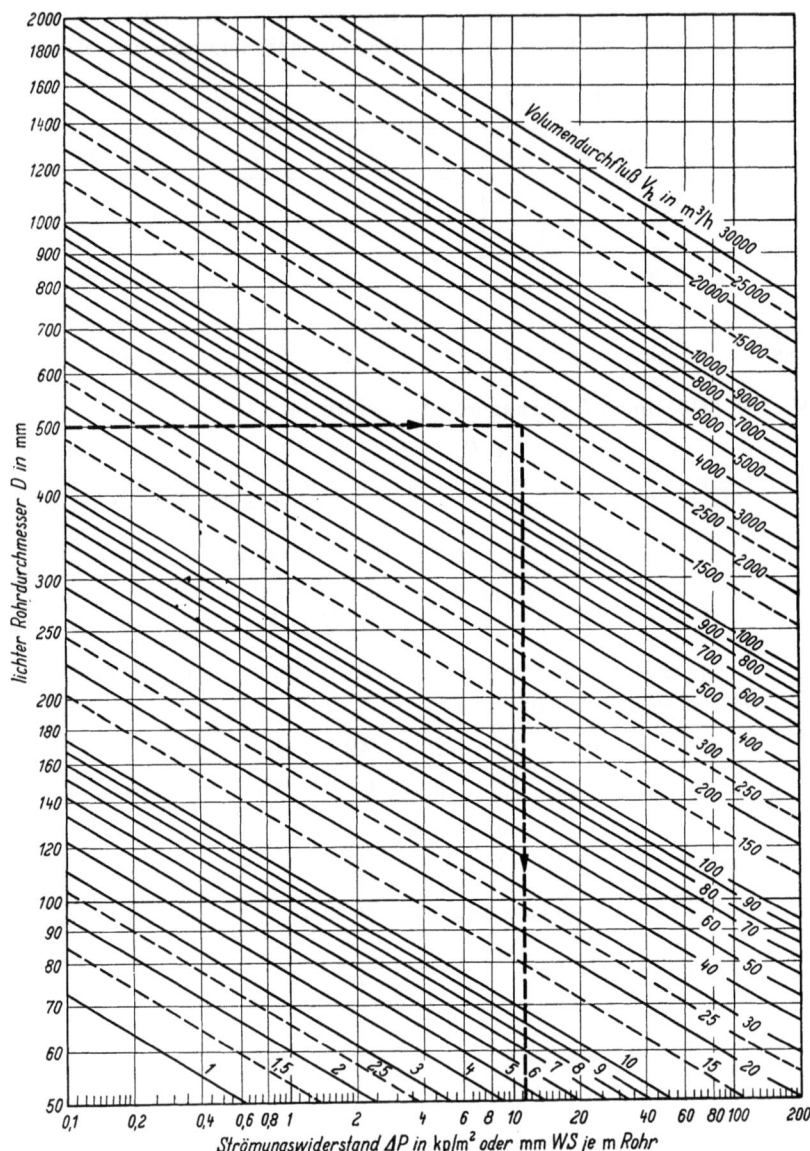

Bild 205. Druckverlust in Wasserleitungen, Überschlagsdiagramm für 12 °C Wassertemperatur.
Beispiel: $D = 500$ mm, $V = 2000$ m³/h, $t = 40$ °C, $l = 400$ m;
Ergebnis: Für 12 °C findet man $\Delta P/l \approx 11$ kp/m² ≈ 110 N/m² je m Rohrlänge. Bei $t = 40$ °C ist $\Delta P/l \approx 0{,}93 \cdot 11 \approx 10{,}2$ kp/m² ≈ 102 N/m² je m Rohrlänge. Demnach ist $\Delta P \approx 10{,}2 \cdot 400 \approx 4080$ kp/m² oder mm WS. 1 kp/m² ≈ 10 N/m². Siehe hierzu Berechnungsaufgabe 12

Zahlentafel 69. *Wirtschaftlich günstige mittlere Strömungsgeschwindigkeit w in m/s in Wasserleitungen*

Saugleitungen von Pumpen je nach Saughöhe, Länge, Wassertemperatur (<70 °C) — bei Kreiselpumpen und kaltem Wasser bis 2 m/s	0,5 ～ 1
Pumpendruckleitungen — bei lufthaltigem Wasser mit Korrosionsgefahr bis 4 m/s	1,5 ～ 2
Verteilungsnetze für Trink- und Brauchwasser	
Hauptleitungen	1 ～ 2
Nebenleitungen	0,5 ～ 0,7
Fernwasserleitungen	1,5 ～ 3
Kraftleitungen für Wasserturbinen	
steile Anordnung, kleine Durchmesser	2 ～ 4
desgl., große Durchmesser — Durchmesser über 1 m bis 10 m/s	3 ～ 6 ～ 8
lange, flache Anordnung	1 ～ 3
Speisewassersaugleitungen — bei $t > 70$ °C Zulauf, Zulaufhöhe bei 100 °C Richtzahl 4 ～ 8 m je nach Konstruktion der Pumpe —	
im Festdruckbetrieb	0,6 ～ 1
im Gleitdruckbetrieb	1,5 ～ 3
Speisewasserdruckleitungen — in Störungsfällen[1] bis 5 m/s	2 ～ 4
Preßwasserdruckleitungen	15 ～ 20
desgl., kurze Anschlüsse	20 ～ 30
Steigleitungen von Wasserhaltungen	1 ～ 1,5
Druckleitungen von Heißwasserheizungen	2 ～ 3

Bei dieser Aufstellung kann es sich nur um Anhaltswerte handeln. Die wirtschaftlich günstigste Geschwindigkeit kann nur für jeden Anwendungsfall gesondert ermittelt werden[2].

31.3 Ablagerungen in Wasserleitungen

Die Veränderungen der blanken Rohrinnenwand können chemischer oder mechanischer Art sein.

Ablagerungen enthalten im allgemeinen pflanzliche, tierische oder mineralische Bestandteile.

In erster Linie sind Stahl- und Gußleitungen für Rohwasser starker Verschmutzung ausgesetzt. Schon nach kurzem Gebrauch pflegt die Innenfläche eine 2 bis 3 mm starke Schicht anzunehmen, in der Kalk, Magnesia und verschiedene Eisenverbindungen (z. B. Brauneisenstein) enthalten sein können. Dadurch wird der lichte Querschnitt verringert. Gelegentlich[3] nimmt der Belag eine riffelartige Oberfläche an, was eine erhebliche Zunahme des k-Wertes und des Strömungswiderstandes zur Folge hat. Allmählich kann eine dicke Kruste anwachsen, die durch Sinterung (z. B. bei hartem Wasser), Muschelansatz, Algen

---

[1] Wenn eine von mehreren Leitungen ausfällt oder bei Umgehungsleitungen, z. B. von Hochdruckvorwärmern. Man ist heute bestrebt, die Strömungsgeschwindigkeit in Speisewasserdruckleitungen über 4—5 m/s zu erhöhen, indem man Erosionsangriffe an Formstücken — besonders an Hochdruckvorwärmern — durch strömungsgerechte Formgebung vermindert.

[2] Siehe z. B. M. ROTHER: Zur Berechnung der wirtschaftlichen Lichtweiten von Wasserhauptleitungen. Gas- u. Wasserf. 56 (1913) 321 ff.

[3] Siehe z. B. R. SEIFERTH u. W. KRÜGER: Zit. S. 160.

und Wasserpilze (deren Lebensfähigkeit nicht an Tageslicht gebunden sein muß) schließlich zu starker Knollenbildung führen kann. Besonders scheint sauer reagierendes Wasser bei Anwesenheit von freier Kohlensäure zur Knollenbildung zu neigen. Die Schnelligkeit, mit der sich solche Verkrustungen herausbilden, hängt vom Grade der Verunreinigung und Art und Herkunft des Wassers einerseits und von der Rauhigkeit der Rohrwand andererseits ab. Mit der Oberflächenänderung kann sich die benetzte Wandfläche, besonders bei unregelmäßigen Ablagerungen, erheblich vergrößern. Die Ablagerungen bilden teilweise nur eine dünne Schicht, an anderen Stellen haben sie aber bis zur Rohrmitte reichende sanft ansteigende oder steile Höcker. Krustenbildung verringert den Durchlaßquerschnitt und vermehrt die benetzte Fläche, damit steigt der Druckverlust und die zu verrichtende Förderarbeit. Die Ablagerungsfähigkeit richtet sich vielfach nach der Durchflußgeschwindigkeit, besonders wenn das Wasser grobe Fremdkörper mitführt (Sand, Rostplättchen usw.). Da mit wachsender Verkrustung das Rohr enger wird, nimmt die Durchflußgeschwindigkeit bei wenig veränderlicher Durchflußmenge zu, womit die Ablagerungen von selbst aufhören. In den meisten Fällen aber, wie bei unfiltriertem eisenhaltigem Wasser, richtet sich die Ablagerungsfähigkeit nicht nach der Geschwindigkeit[1]. Dann wächst das Rohr allmählich ganz zu (auch bei bituminierten Leitungen). Rohre mit ungleichmäßigem Durchmesser, Walznähten usw. neigen besonders zu Ablagerungen und Verstopfungen.

Störungen in der Förderung können auch durch Einfrieren von Leitungen kommen. Metallrohre sind wegen der besseren Wärmeleitfähigkeit einer Vereisung leichter ausgesetzt als Holz- oder Kunststoffrohre, wenn die Kälte von außen eindringt.

Bei geringen Anschwemmungen bewirken die pflanzlichen und tierischen Bestandteile häufig eine größere Glätte der Rohre als im Neuzustand. Das macht sich günstig bei wasserführenden Holzrohren bemerkbar.

Chemische Einflüsse sind vornehmlich in Anrostungen (Korrosionen) zu erblicken[2]. In dauernd gefüllten Wasserleitungen tritt infolge Luftmangels (bei absorbiert bleibender Luft) keine Oxydation ein. Aber nur teilweise gefüllt betriebene oder häufig entleerte Wasserleitungen rosten schnell, wodurch die Rohre meist erheblich rauher werden. Wenn der Flüssigkeitsdruck in Wasserleitungen abnimmt (Verengungen, Saugleitungen, Heberscheitel, Drosselvorrichtungen), wobei Teile der vom Wasser aufgenommenen Gase (Luft, Kohlensäure, Chlorwasserstoff, schweflige Säure) frei werden, wird der Angriff auf ungeschützte Wandstellen verschärft.

Einflüsse, wie durch saure oder salzige Beschaffenheit des Wassers oder andere chemische Eigenschaften, bewirken auch eine Veränderung der Rohrwand. Bei Hausleitungen der Wasserversorgung bildet sich jedoch selbst nach vieljährigem Betrieb in der Regel beim Durchfluß von kaltem Wasser kein oder nur ein unbeträchtlicher Niederschlag, der meist weißlich oder grünlich aussieht und glatt ist (Blei-, Kupfer- oder Messingrohre). Er besteht aus Blei- oder Kupfer-

---

[1] Aus eisenhaltigem Wasser fällt Eisenschlamm bei Durchmischung mit angesaugter Luft aus (Verfahren bei Enteisenungsanlagen). Man kann die Verkrustung von Wasserleitungen durch Enteisenung und Entgasung des Wassers vor der Leitung herabsetzen.

[2] Siehe Hütte, des Ingenieurs Taschenbuch, 28. Aufl. Berlin 1955, I, 783. Über den Einfluß der Strömungsgeschwindigkeit bei der Korrosion durch Meerwasser siehe: Werkstoffe für Meerwasseranlagen, International Nickel, 1968, 18—20.

karbonaten oder -oxiden und übt auf den Strömungswiderstand kaum einen Einfluß aus[1].

Allgemein sind im Sinne von Betriebseinflüssen Holzrohre günstig. Sie neigen nur zu Pilzwucherungen. Günstig verhalten sich auch glatte Betonrohre (bei Abwesenheit von freier Kohlensäure), die im allgemeinen für größere Wasserleitungen verwendet werden und sich dabei mit einer dünnen schmierenden Schicht überziehen. Gußeisenrohre neigen wegen ihrer größeren Rauhigkeit mehr zur Verkrustung als Stahlrohre. Die zahlreichen Verbindungen, die wegen der kurzen Baulänge der Gußeisenrohre nötig sind, geben Ansätzen guten Halt. Rostgefahr besteht bei Stahlblechleitungen, doch neigen diese wiederum weniger zu Verkrustungen als Gußeisenrohre. Verhältnismäßig günstig verhalten sich gezogene Stahlrohre in bezug auf Rosten und Ablagerungen. Dagegen verkrusten rauhverzinkte und genietete Eisenblechrohre leichter, ebenso Rohre mit Schweißnähten. Mittel zur Verringerung von chemischem Angriff hat man, indem man die Rohre asphaltiert, verzinkt oder andere widerstandsfähige Überzüge anbringt. Von Vorteil sind Kunststoffrohre.

Für das Verhältnis der Fördermengen vor (1) und nach (2) der Verschmutzung gilt ganz allgemein, wenn λ_R (praktisch) = const ist (rauhe Rohre) bei gleichem Durchflußwiderstand (ΔP oder J) nach Gl. (318)

$$\frac{V_1}{V_2} = \left(\frac{d_1}{d_2}\right)^{5/2}. \qquad (403)$$

Der Strömungswiderstand vergrößert sich nach Gl. (314) auf das

$$a = \left(\frac{d_1}{d_2}\right)^5 \text{-fache,} \qquad (404)$$

das ist in ungünstigen Fällen das 25- und Mehrfache, wenn immer dieselbe Flüssigkeitsmenge durch das Rohr gedrückt werden soll. Siehe hierzu folgende Zusammenstellung.

Bei $\frac{d_2}{d_1} =$	0,50	0,55	0,60	0,65	0,70	0,75	0,80
ist $\left(\frac{d_1}{d_2}\right)^5 =$	32,0	19,9	12,9	8,62	5,95	4,21	3,05
bei $\frac{d_2}{d_1} =$	0,80	0,85	0,90	0,93	0,95	0,98	1,00
ist $\left(\frac{d_1}{d_2}\right)^5 =$	3,05	2,25	1,69	1,44	1,29	1,11	1,00

Bei Verminderung des lichten Rohrdurchmessers um z. B. 10 vH ($d_2/d_1 = 0{,}90$) geht also der Strömungswiderstand auf das 1,7fache.

32. Wasserleitungen, Aufgaben

Aufgabe 1. Durch eine waagerechte gerade Stahlrohrleitung von $D = 300$ mm l. W. und $l = 555$ m Länge sind $V_h = 100$ m³/h Brauchwasser bei $t = 12$ °C im

---

[1] VIESOHN beobachtete z. B. an einer 18 Jahre alten Bleileitung eine Druckverluststeigerung gegenüber dem neuen Rohr um nur rd. 4 vH. — G. VIESOHN: Untersuchungen über Druckverluste in Rohrleitungen und Armaturen für die Hausleitungen der Wasserversorgung. Gas- u. Wasserf. 75 (1932) 679. Siehe auch U. SCHWING: Rauhigkeitsmessungen in Wasserversorgungsleitungen als Grundlage exakter Rohrnetzberechnungen. Gas- u. Wasserf. 108 (1967) 198–202.

Mittel zu fördern. In der Leitung befindet sich ein normales Absperrventil. Wie groß ist der Druckverlust bei neuem Stahlrohr ($k = 0{,}05$ mm)?
$10^6 \nu = 1{,}24$ m²/s nach ZT 24[1];

$$Re = 354 \frac{V_h}{D(10^6 \nu)} \cdot 10^3 = 354 \frac{100}{300 \cdot 1{,}24} \cdot 10^3 = 95\,200 \quad \text{mit Gl. (366);}$$

$\lg Re = 4{,}98$; $\lambda_R = 0{,}0189$ nach Bild 188.
Ventil: $x \approx 125$ m äquivalente Rohrlänge nach ZT 68.

$$\Delta P = 63{,}76 \gamma \, \lambda_R \frac{l}{(100d)^5} V_h^2 \quad \text{mit Gl. (314)}$$

$$= 63{,}76 \cdot 1000 \cdot 0{,}0189 \, \frac{555 + 125}{30^5} \cdot 100^2 = 336 \text{ mm WS}$$

mit der widerstandsgleichen Länge von $555 + 125 = 680$ m;

Überschlag mit Bild 205 gibt $\Delta P/l = 0{,}51$ mm WS/m; $\Delta P = 347$ mm WS.

Aufgabe 2. Wie groß wäre der Druckverlust bei Gußrohr $k = 0{,}4$ mm? (Zu Aufg. 1). $\lambda_R = 0{,}0234$ nach Bild 189 mit $\lg Re = 4{,}98$. Über $\lambda_{St}/\lambda_G = 0{,}0189/0{,}0234 = 0{,}8$ folgt die widerstandsgleiche Länge für das Absperrventil $x = 125 \cdot 0{,}8 = 100$ m und $\Delta P = 402$ mm WS mit Gl. (314).

Aufgabe 3. Zu ermitteln ist der Druckhöhenunterschied bei $t = 0$ °C, 12 °C, 20 °C und 100 °C für Stahlrohr, Gußrohr und verkrustetes Rohr im Zustand nach der veranschlagten Betriebsperiode bis zur Reinigung mit $k = 1$ mm, $d/k = 300$. (Zu Aufg. 1.)

t	°C	0	12	20	100	nach
$10^6 \nu$	m²/s	1,79	1,24	1,00	0,295	ZT 24
Re	—	66 000	95 000	118 000	400 000	Gl. (366)
Stahlrohr $k = 0{,}05$ mm						
λ_R	—	0,0204	0,0189	0,0183	0,0155	Bild 188
$\Delta P/\gamma$	m WS	0,359	0,337	0,328	0,288	Gl. (314)
Überschlag Stahlrohr $k = 0{,}05$ mm						
$\Delta P/l$	mm WS/m	0,53	0,50	0,49	0,41	Bild 205
$\Delta P/\gamma$	m WS	0,358	0,342	0,334	0,288	—
Gußrohr $k = 0{,}4$ mm						
λ_R	—	0,0242	0,0234	0,0230	0,0214	Bild 189
$\Delta P/\gamma$	m WS	0,414	0,402	0,397	0,373	Gl. (314)
Verkrustetes Rohr $k = 1$ mm, $d/k = 300$						
λ_R	—	0,0283	0,0277	0,0275	0,0269	Bild 191
$\Delta P/\gamma$	m WS	0,474	0,465	0,463	0,454	Gl. (314)
Mehr bei Gußrohr gegen Stahlrohr in vH						
$+\Delta P/\gamma$	vH	15	19	21	30	—
Mehr bei Rohr $k = 1$ mm gegen Stahlrohr $k = 0{,}05$ mm in vH						
$+\Delta P/\gamma$	vH	32	38	41	57	—

Man beachte an den beiden letzten Zeilen, in welchem Maß der Druckabfall $\Delta P/\gamma$ zunimmt, wenn sich die äquivalente Sandrauhigkeit erhöht.

---

[1] Abkürzung ZT bedeutet Zahlentafel.

Aufgabe 4. Welche Leistung ist an der Pumpenwelle aufzubringen ($\eta_P = 0{,}64$), wenn die Leitung von Aufgabe 1 mit $k = 1$ mm absoluter Rauhigkeit berechnet wird? Die Leitung soll je 100 m Rohrlänge um 1,080 m ansteigen Das Wasser fließt in einen großen Behälter, in den die Leitung durchschnittlich 1,5 m unter dem Wasserspiegel einmündet. Die Saughöhe sei 2 m.

Bei 2 m Saughöhe beträgt die gesamte Druckhöhe = geodätische Höhe (2,0 + 6,0 + 1,5 m) + Widerstandshöhe (0,47 m) + Geschwindigkeitshöhe zur Beschleunigung des Wasser (0,01 m)

$$h_P = 9{,}5 + 0{,}5 + (0{,}01) = 10{,}0 \text{ m}.$$

Das Druckmanometer der Pumpe zeigt einen Druck von 8 m WS oder $p_{\ddot{u}} = 0{,}8$ at an. Pumpenleistung

$$N_P = \frac{V_h h_R \gamma}{3600 \cdot 102 \eta_P} = \frac{100 \cdot 10{,}0 \cdot 1000}{3600 \cdot 102 \cdot 0{,}64} = 4{,}26 \text{ kW}.$$

Erforderliche Motorleistung $N_M \approx 1{,}15 N_P \approx 5$ kW.

Aufgabe 5. Eine Kondensatleitung von $D = 100$ mm l. W. besteht aus 422,6 m geradem Rohr, 12 rechtwinkligen Krümmern ($R/d = 4$), 3 Freiflußventilen sowie 1 Meßblende ($m = F_B/F_1 = F_B/F_2 = 0{,}515$). Sie verläuft mit insgesamt 8,4 m Gefälle. Der Anfangsdruck ist $p_{\ddot{u}1} = 4{,}00$ at. Wie groß ist der Enddruck $p_{\ddot{u}2}$ bei Stahlrohr ($k = 0{,}05$ mm) bei $w = 2$ m/s und $t = 90$ °C? ($p_{\ddot{u}} =$ Überdruck über Umgebungsdruck)

$$10^6 \nu = 0{,}326 \text{ m}^2/\text{s}; \quad Re = \frac{w d}{\nu} = \frac{2 \cdot 0{,}1 \cdot 10^6}{0{,}326} = 613500;$$

$\lg Re = 5{,}79$; $\lambda_R = 0{,}0175$ aus Bild 188; $\gamma = 965$ kp/m³.

Blende $\zeta = 3{,}76$ nach S. 192 und S. 333. Äquivalente Rohrlänge nach Gl. (386)

$$x = \frac{\zeta d}{\lambda_R} = \frac{3{,}76 \cdot 0{,}1}{0{,}0175} = 21{,}5 \text{ m},$$

Krümmer $x = 1{,}4$ nach ZT 61, Freiflußventil $x = 7{,}5$ m nach S. 311 und Gl. (386). Gesamte äquivalente Rohrlänge

$$l = 422{,}6 + 12 \cdot 1{,}4 + 3 \cdot 7{,}5 + 21{,}5 = 483{,}4 \approx 484 \text{ m};$$

$$\Delta P = \lambda_R \gamma \frac{l}{d} \frac{w^2}{2g} - \Delta h \gamma = 0{,}0175 \cdot 965 \frac{484}{0{,}1} \frac{4}{19{,}6} - 8{,}4 \cdot 965$$

$$= 16660 - 8100 = 8560 \text{ kp/m}^2; \quad \Delta p = 0{,}86 \text{ at}; \quad p_{\ddot{u}2} = 3{,}14 \text{ at}.$$

Aufgabe 6. Durch eine waagerechte Gußleitung $D = 500$ mm von $l = 1000$ m Länge soll Trinkwasser von $t = 10$ °C mit $w = 1{,}5$ m/s gefördert werden. Wie steigt der Strömungswiderstand an, wenn der Rauhigkeitswert k im Laufe der Betriebszeit bis auf $k = 4$ mm anwächst?

k mm	0,2	0,4	0,6	2	3	4
d/k	2500	1250	833	250	167	125
$100 \lambda_R$	1,69	1,91	2,07	2,84	3,21	3,52
Strömung	Übergangsgebiet			rauhes Gebiet		
ΔP mm WS	3880	4380	4750	6520	7360	8080

Neues Gußrohr hat eine absolute äquivalente Sandrauhigkeit von $k = 0{,}2$ bis $0{,}6$ mm. Die Unsicherheit beim k-Wert ist nicht bedeutend. ΔP wird auf etwa ± 10 vH genau bestimmt. Siehe hierzu Bild 206. Mit Zunahme von k bis auf 4 mm (auf das rd. 10fache) geht ΔP auf etwa das Doppelte.

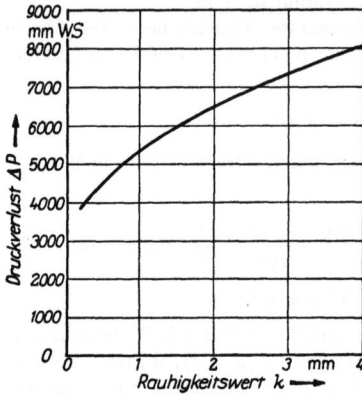

Bild 206.
Abhängigkeit des Druckverlustes von dem k-Wert (zu Aufg. 6)

Aufgabe 7. An einer 400 m langen, geraden, waagerechten Kühlwasserleitung $D = 1200$ mm wird der Druckabfall auf $l = 160$ m Länge mit $\Delta P = 370$ kp/m² gemessen, wobei $w = 1{,}8$ m/s und $t = 40$ °C ist (Anlaufstrecke = Ablaufstrecke $= 100 d = 120$ m). Wie groß ist der Rauhigkeitswert k?

$$10^6 \nu = 0{,}658 \text{ m}^2/\text{s}; \quad \gamma = 992 \text{ kp/m}^3; \quad Re = 3{,}28 \cdot 10^6;$$

$$\lambda_R = \frac{\Delta P}{\gamma} \frac{d}{l} \frac{2g}{w^2} = \frac{370}{992} \frac{1{,}2}{160} \frac{19{,}6}{3{,}24} = 0{,}0169; \quad \sqrt{\lambda_R} = 0{,}130.$$

Nach Gl. (248)

$$-\frac{1}{2\sqrt{\lambda_R}} = -\frac{1}{2 \cdot 0{,}130} = -3{,}840; \quad 10^{-3{,}840} = 144{,}5 \cdot 10^{-6};$$

$$\frac{2{,}51}{Re\sqrt{\lambda_R}} = \frac{2{,}51}{3{,}28 \cdot 0{,}130} \cdot 10^{-6} = 5{,}88 \cdot 10^{-6};$$

$$144{,}5 \cdot 10^{-6} = 5{,}88 \cdot 10^{-6} + \frac{k}{3{,}72 d};$$

$$\frac{k}{d} = 3{,}72 \cdot 138{,}6 \cdot 10^{-6}; \quad \frac{d}{k} = 1940; \quad k = 0{,}62 \text{ mm}.$$

Strömungszustand: nahe Rauhigkeitsgrenze, noch im Übergangsgebiet. Mit Gl. (246) ermittelt man $d/k = 1860$ und $k = 0{,}64$ mm, also etwas zu hoch. [Die Zahl 200 in Gl. (250) ist abgerundet].

Aufgabe 8. Eine waagerechte gußeiserne Wasserleitung von $d = 0{,}2$ m l. W. wird mit $V_{h1} = 150$ m³/h beaufschlagt. Nach einer $l = 1000$ m langen geraden Strecke fließen noch $V_{h2} = 50$ m³/h. $V_h = V_{h1} - V_{h2} = 100$ m³/h sind annähernd gleichmäßig auf der 1000 m langen Strecke abgegeben worden. Wie groß ist der Strömungswiderstand der 1000 m langen Strecke, wenn $\lambda_R = 0{,}03 \neq f(Re)$ anzunehmen ist?

$$\frac{P_1 - P_2}{\gamma} = 0{,}083 \cdot 0{,}03 \frac{1000}{0{,}2^5} \frac{150^2}{3600^2} \frac{1 + \frac{1}{3} + \frac{1}{9}}{3} = 6{,}5 \text{ m WS}$$

oder $P_1 - P_2 = 6500$ mm WS oder 0,65 at ergibt sich nach Gl. (387).

Aufgabe 9. In einer Kühleinrichtung wird Wasser durch eine Rohrschlange aus Stahlrohr von $D = 40$ mm l. W. und mit $n = 30$ Windungen bei $D_1 = 600$ mm mittlerem Windungsdurchmesser und $h = 50$ mm Windungshöhe geschickt. Die Schlange steht senkrecht und wird mit $w = 1{,}4$ m/s bei einer mittleren Temperatur von $t = 49{,}8$ °C von oben nach unten durchflossen. Wie groß ist das Druckgefälle zwischen Anfang und Ende der Schlange?

Die geodätische Höhe ist $h_1 - h_2 = n \dfrac{h}{1000} = 30 \cdot 0{,}05 = 1{,}50$ m, und die gestreckte Länge der Schlange beträgt

$$l = \text{rd.} \frac{1}{1000} (\pi D_1 n + nh) = 58 \text{ m.}$$

Krümmungsverhältnis

$$\frac{R}{r} = \frac{D_1}{D} = \frac{600}{40} = 15.$$

Reynolds-Zahl mit $10^6 \nu = 0{,}556$ m²/s bei 49,8 °C nach ZT 24.

$$Re = \frac{w d}{\nu} = 1{,}4 \cdot 0{,}04 \frac{10^6}{0{,}556} = 10^5; \quad \lg Re = 5{,}0.$$

Neues Rohr $k = 0{,}03$ mm, Bild 187, $D = 40$ mm, $\lambda_R = 0{,}0213$; gebrauchtes Rohr $k = 0{,}1$ mm, Bild 190, $D = 40$ mm, $\lambda_R = 0{,}0262$.

Nach ZT 16 ist bei $R/r = 15$ und $Re = 10^5$ der Wert

$$a = \frac{\lambda_{\text{ges}}}{\lambda_R} = 1{,}35$$

und

$$\frac{\Delta P}{\gamma} \approx a \lambda_R \frac{l}{d} \frac{w^2}{2g} + (\zeta_2 + \zeta_3) \frac{w^2}{2g} - (h_1 - h_2) \approx a \lambda_R \frac{n+1}{n} \frac{l}{d} \frac{w^2}{2g} - (h_1 - h_2),$$

wenn der An- und Auslaufverlust gleich dem Druckverlust in einer Windung angenommen wird.

$$\frac{\Delta P}{\gamma} \approx 1{,}35 \cdot 0{,}0213 \frac{31}{30} \frac{58}{0{,}04} \frac{1{,}96}{19{,}6} - 1{,}50 \approx 4{,}3 - 1{,}5 = 2{,}8 \text{ m WS.}$$

Für Rohr im Gebrauchszustand mit $k = 0{,}1$ mm erhält man entsprechend rd. $5{,}3 - 1{,}5 = 3{,}8$ m WS, wobei angenommen ist, daß der Verhältniswert a bei rauhem Rohr etwa ebenso groß ist wie bei glattem.

Aufgabe 10. Im Tiefbaubetrieb einer Steinkohlenzeche soll mit vorhandenen Mitteln eine Wasserhaltung eingerichtet werden. Es sind 4 m³/min Grubenwässer von im Mittel 24 °C um 204 m zu heben. Eine vorhandene Pumpanlage drückt 212 m, gemessen am Druckstutzen. Die Druckleitung muß nach den örtlichen Verhältnissen 312 m lang sein, sie gießt auf einer höheren Sohle frei aus. An die Pumpe schließt zunächst eine waagerechte Leitung mit $D = 200$ mm l. W. mit zwei Absperrventilen ($\zeta = 4{,}0$) und einer Rückschlagklappe ($\zeta = 1{,}6$) an, siehe Bild 207. Dann folgt ein Übergangsstück, dessen Strömungswiderstand als unbedeutend vernachlässigt werde. Welcher Rohrdurchmesser ist für die senkrechte Druckleitung zu wählen, wenn Rohr mit 200, 250 und 300 mm l. W. zur Verfügung steht und 18 rechtwinklige Krümmer notwendig sind?

Wirtschaftliche Geschwindigkeit etwa 1 bis 1,5 m/s nach ZT 69.

D in mm	200	250	300	Nach
w in m/s	2,13	1,36	0,95	Gl. (309)
Re	465000	371000	311000	Gl. (365)
$\lg Re$	5,67	5,57	5,49	—
λ_R	0,0160	0,0159	0,0159	Bild 188
x in m	2,82	3,56	4,30	ZT 61

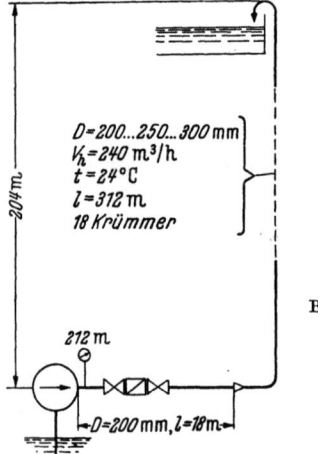

Bild 207. Skizze zu Aufgabe 10
Wasserhaltung

mit $10^6 \nu = 0{,}914$ m²/s nach ZT 24. k gewählt 0,05 mm. λ_R ist praktisch unabhängig von $w \cdot d$. x ist die äquivalente Rohrlänge je eines der 18 Krümmer, angenommen $R/d = 3$.

Widerstand von Pumpe bis Übergangsstück

$$\left(\frac{\Delta P}{\gamma}\right)_1 = \lambda_R \frac{l}{d} \frac{w^2}{2g} + \zeta \frac{w^2}{2g}$$

$$= 0{,}0160 \frac{18}{0{,}2} \frac{2{,}13^2}{20} + (4{,}0 + 4{,}0 + 1{,}6) \frac{2{,}13^2}{20} = 2{,}51 \text{ m WS.}$$

Widerstand von Übergangsstück bis Ausgußstelle

$$\left(\frac{\Delta P}{\gamma}\right)_2 = \lambda_R \frac{l}{d} \frac{w^2}{2g} + (h_2 - h_1), \quad \text{mit } l = 312 + 18x \text{ und } h_2 - h_1 = 204 \text{ m,}$$

D in mm	200	250	300	Nach
l in m	363	376	390	ZT 61
$\left(\dfrac{\Delta P}{\gamma}\right)_2$ in m WS	210,6	206,8	205,4	Gl. (314)
$\left(\dfrac{\Delta P}{\gamma}\right)_1 + \left(\dfrac{\Delta P}{\gamma}\right)_2$	213,1	209,3	207,9	Gl. (314)

Die Druckleitung kann in Rohr mit 250 mm l. W. ausgeführt werden.

32. Wasserleitungen, Aufgaben

Aufgabe 11. Wieviel Wasser von 12 °C kann unter Wirkung eines Druckunterschiedes von 10 m WS durch eine waagerechte bituminierte Rohrleitung aus Stahlblech von $D = 1000$ mm l. W., $k = 0,1$ mm und $l = 2000$ m Länge gedrückt werden?

Annahme. $\lambda_R = 0,015$ nach ZT 21. Mit Gl. (345) ist

$$J = \frac{\Delta P}{l\gamma} = \frac{10}{2000} = 0,005; \quad V_s = \frac{89,9}{1000}\sqrt{10^5 \cdot 0,005} = 2,01 \text{ m}^3/\text{s};$$

$$V_h = 3600 \cdot 2,01 = 7240 \text{ m}^3/\text{h}.$$

$$w = \frac{V_s \, 4}{\pi \, d^2} = \frac{2,01 \cdot 4}{\pi \, 1} = 2,55 \text{ m/s}; \quad 10^6 \nu = 1,235 \text{ m}^2/\text{s} \quad \text{nach ZT 24};$$

$$Re = \frac{2,55 \cdot 1}{1,235} 10^6 = 2,06 \cdot 10^6; \quad \lg Re = 6,315; \quad \lambda_R = 0,0128$$

nach Bild 190, also erheblich kleiner als 0,0150, wie angenommen.

Überschlag mit Bild 205 oder Gl. (401) bei $k = 0,05$ mm:

$$\frac{\Delta P}{\gamma} = 10 \text{ m WS}; \quad \Delta P = 10000 \text{ mm WS}; \quad \frac{\Delta P}{l} = \frac{10000}{2000} = 5 \text{ mm WS/m};$$

$$V_h = 8000 \text{ m}^3/\text{h}; \quad J = \frac{\Delta P}{\gamma l} = 0,005;$$

$$Re = 354 \frac{V_h}{d(10^6 \nu)} = 354 \frac{8000}{1 \cdot 1,235} = 2,29 \cdot 10^6; \quad \lg Re = 6,36;$$

$\lambda_R = 0,0127$ nach Bild 190, $k = 0,1$ mm.

Nachrechnung mit Gl. (318)

$$V_h = 3,48 \cdot 3600 d^2 \sqrt{\frac{J d}{\lambda_R}} = 3,48 \cdot 3600 \cdot 1 \sqrt{\frac{0,005 \cdot 1}{0,0127}} = 7880 \text{ m}^3/\text{h}.$$

Es können rd. 7800 m³/h gefördert werden.

Aufgabe 12. Durch eine $l = 400$ m lange Kühlwasserleitung von $D = 500$ mm Lichtweite sollen $V_h = 2000$ m³/h Wasser von $t = 40$ °C gefördert werden. Die Leitung steigt insgesamt um $h_2 - h_1 = 4,2$ m an und gießt frei aus. Welcher Druck ist an der Kühlwasserpumpe aufzuwenden, wenn die äquivalente Sandrauhigkeit im Laufe der Betriebszeit von $k = 0,05$ mm auf $k = 0,2$ mm anwächst?

Technisches Maßsystem

Nach ZT 24 ist bei $t = 40$ °C die Wichte $\gamma = 992$ kp/m³ und die kinematische Viskosität $10^6 \nu = 0,658$ m²/s. Aus Gl. (366) folgt

$$Re = 3,54 \cdot 10^5 \frac{V_h}{D(10^6 \nu)} = 3,54 \cdot 10^5 \frac{2000}{500 \cdot 0,658} = 2,15 \cdot 10^6.$$

Zu $\lg Re = 6,33$ erhält man aus Bild 188 mit $k = 0,05$ mm für neues Stahlrohr $\lambda_R = 0,0128$. Für den Strömungswiderstand errechnet man mit Gl. (314)

$$P_1 - P_2 = 63,8 \lambda_R \gamma \frac{l}{(D/10)^5} V_h^2 + (h_2 - h_1)\gamma$$

$$= 63,8 \cdot 0,0128 \cdot 992 \frac{400}{50^5} 2000^2 + 4,2 \cdot 992 = 4150 + 4170 = 8320 \text{ mm WS}$$

oder $p_1 - p_2 = 0{,}84$ at. Davon entfallen 0,42 at auf den Druckverlust und 0,42 at auf den Höhenunterschied. Nachdem k bis auf 0,2 mm angestiegen ist, wird $d/k = 500/0{,}2 = 2500$ und $\lambda_R = 0{,}0160$ nach Bild 191.

$$P_1 - P_2 = 4150 \frac{0{,}0160}{0{,}0128} + 4170 = 5200 + 4170 = 9370 \text{ mm WS}.$$

Jetzt entfallen 0,52 at auf den Druckverlust (k-Wert geht von 0,05 auf 0,2 mm oder das 4fache, $p_1 - p_2$ von 0,42 auf 0,52 at oder das 1,24fache). Bei 10 vH Unsicherheitszuschlag zum Druckverlust ist an der Pumpe ein Überdruck von

$$P_1 - P_2 = 1{,}1 \cdot 5200 + 4170 = 5700 + 4170 = 9870 \text{ mm WS}$$

oder rd. 9,9 m WS oder rd. 1 at aufrechtzuerhalten.

Zeichnerische Lösung:

Aus Bild 203 entnimmt man $\lg Re = 6{,}33$ zu $t = 40\,°C$, $D = 500$ mm, $V_h = 2000$ m³/h. Aus Bild 188 folgt $\lambda_R = 0{,}0128$ zu $\lg Re = 6{,}33$ und $D = 500$ mm bei $k = 0{,}05$ mm, ebenso aus Bild 191 $\lambda_R = 0{,}0160$ zu $\lg Re = 6{,}33$ und $d/k = 2500$. Aus Bild 204 erhält man $\Delta P/l = 10{,}5$ mm WS/m zu $V_h = 2000$ m³/h, $D = 500$ mm, $\lambda_R = 0{,}013$, ebenso $\Delta P/l = 13$ mm WS/m zu V_h, D, $\lambda_R = 0{,}016$. Bei $k = 0{,}05$ mm tritt $\Delta P = 10{,}5 \cdot 400 = 4200$ mm WS, bei $k = 0{,}2$ mm, tritt $\Delta P = 13 \cdot 400 = 5200$ mm WS Druckverlust ein.

Aus Bild 205 folgt angenähert $\Delta P/l = 11{,}3$ mm WS/m zu $D = 500$ mm und $V_h = 2000$ m³/h, jedoch bei 12 °C. Bei 40 °C ist

$$\Delta P/l = 11{,}3 \cdot 0{,}93 = 10{,}5 \text{ mm WS/m}.$$

Internationales Einheitensystem

Wie oben folgen $\lg Re = 6{,}33$ und $\lambda_R = 0{,}0128$ bzw. 0,0160 aus Gl. (366) sowie aus den Bildern 188, 190 und 203. Die Dichte ist zahlengleich mit der Wichte $\varrho = 992$ kg/m³. Mit Gl. (314) erhält man mit $63{,}76 \cdot 9{,}81 = 625{,}3 \approx 626$

$$P_1 - P_2 = 626 \lambda_R \varrho \frac{l}{(D/10)^5} V_h^2 + g(h_2 - h_1)\varrho$$

$$= 626 \cdot 0{,}0128 \cdot 992 \frac{400}{50^5} 2000^2 + 9{,}81 \cdot 4{,}2 \cdot 992$$

$$= 40\,700 + 40\,900 = 81\,600 \text{ N/m}^2 \text{ oder kg/ms}^2$$

$p_1 - p_2 = 0{,}816$ bar, Mit $\lambda_R = 0{,}0160$ bei $k = 0{,}2$ mm folgt

$$P_1 - P_2 = 40\,700 \frac{0{,}0160}{0{,}0128} + 40\,900 = 50\,900 + 40\,900 = 91\,800 \text{ N/m}^2$$

oder rd. 0,92 bar, und mit 10 vH Unsicherheitszuschlag zum Druckverlust $p_1 - p_2 = 1{,}1 \cdot 0{,}509 + 0{,}409 = 0{,}560 + 0{,}409 = 0{,}969 \approx 1$ bar für den nötigen Pumpendruck.

Zur zeichnerischen Lösung dienen Bild 203 und Bilder wie 204 und 205, jedoch mit um das 9,81fache erweiterten Skalen für $\Delta P/l$ in N/m³.

33. Leitungen für Wasserkraftwerke, Aufgaben

Für die Druckrohrleitungen von Wasserkraftwerken verwendet man fast ausschließlich nahtlose Stahlrohre oder Rohre aus Stahlblech.

Überschlägig kann man folgende Widerstandszahlen[1] bei mittleren Rohrweiten zugrunde legen:

Gewöhnliche genietete Rohre . . . . . neu	$\lambda_R =$	0,020 bis 0,022	$k \approx 1$ mm
gebraucht		0,025 bis 0,030	$k \approx 3$ mm
Rohre mit Laschennietung, innen mit versenkten Nietköpfen, sorgfältig verlegt neu		0,017 bis 0,018	$k \approx 0,5$ mm
gebraucht		0,020 bis 0,026	$k \approx 1,5$ mm
geschweißte und nahtlose Stahlrohre . . neu		0,012 bis 0,013	$k \approx 0,1$ mm
gebraucht		0,014 bis 0,016	$k \approx 0,2$ mm
ferner			
glatte Holzrohre . . . . gebraucht und neu		0,015 bis 0,016	$k \approx 0,3$ mm
Betonrohre mit innerem Glattverputz neu		0,013 bis 0,015	$k \approx 0,2$ mm
gebraucht		0,014 bis 0,018	$k \approx 0,4$ mm

Diese Widerstandszahlen sind meist etwas größer als die wirklichen. Bei einigen Kraftwerksleitungen aus Stahl wurden Widerstandszahlen von 0,011 bis 0,013 gemessen, nachdem sie kurze Zeit in Betrieb waren. Als mittlere Rohrweiten gelten 0,8 bis 1,2 m. Eine Leitung der Ontario-Power-Co. von 5,48 m ⌀ aus Beton mit besonders sorgfältig geglätteten Wänden hatte Werte wie glattes Messingrohr[2].

Über geschweißte Druckrohrleitungen im Betrieb berichtet Hoeck[3] mit folgenden Meßwerten:

Rohrzustand neu	$k = 0,1$ mm und mehr
beginnende Verrostung	$k = 0,2$ bis 0,4 mm
revidiert, frisch gestrichen	$k = 0,15$ bis 0,2 mm
älter, verkrustet und verrostet	$k = 1,2$ bis 3,4 mm.

Man verlegt heute Druckrohrleitungen bevorzugt aus geschweißten Stahlrohren mit innen bearbeiteten Schweißnähten. Die sauber sandgestrahlten Innenflächen werden spritzverzinkt und mit mehreren Glattstrichen aus Bitumen oder Kunststoff versehen. Nach Müller[4] wurden an ausgeführten Anlagen mit Lichtweiten zwischen 1 und 3 m Werte von $k = 0,01$ bis 0,02 mm und noch darunter für die äquivalente

---

[1] Unter Benutzung von Angaben von W. F. Durand: Hydraulics of pipe lines, New York 1921. — M. W. Kellogg Co.: High pressure hydraulic pipe lines. New York 1926. — A. Hruschka: Druckrohrleitungen der Wasserkraftwerke. Berlin 1929. — F. Bundschu: Druckrohrleitungen. Berlin 1929. — B. v. Alfthan: Über die Bestimmung der wirtschaftlich günstigsten Durchmesser bei Wasser-Druckrohrleitungen. Diss. Dresden 1912. — Siehe auch E. Hoeck, Zit. S. 146.

[2] Die Druckrohrleitung für die Wasserkraftanlage am Hoover-Damm besteht aus Stahlrohren von 9 m Durchmesser bei 1380 m Länge. Z. VDI 75 (1931) 1422; 76 (1932) 810.
Dafür berechnet man etwa $\lambda_R = 0,009$.

[3] Hoeck, E.: Druckverluste in Druckrohrleitungen großer Kraftwerke. Mitt. Versuchanst. f. Wasserbau. E. T. H. Zürich 1943.

[4] Müller, W. E.: Druckrohrleitungen neuzeitlicher Wasserkraftwerke. Berlin/Heidelberg/New York: Springer 1968, 137 u. 141.

340 III. Praktische Berechnung von Rohrleitungen

Sandrauhigkeit festgestellt. Bei Messungen zwischen $Re = 10^6$ bis $15 \cdot 10^6$ zeigten sich die Rohre mit wachsender Reynolds-Zahl zunehmend etwas glatter als nach Gl. (248). Es wird das damit erklärt, daß die Colebrooksche Übergangskurve zwar angepaßt ist, aber doch für eine künstliche Rauhigkeit gilt, die größer als die natürliche ist. MÜLLER empfiehlt für neue Druckrohrleitungen aus geschweißtem Stahlrohr folgende Werte für die äquivalente Sandrauhigkeit:

Walzzustand oder spritzverzinkt	$k = 0{,}10$ bis $0{,}15$ mm
Bitumenanstrich, kalt aufgetragen	$k = 0{,}03$ bis $0{,}05$ mm
desgl., heiß aufgetragen ohne Glätten	$k = 0{,}03$ bis $0{,}04$ mm
desgl., heiß, Glätten mit Palette	$k = 0{,}025$ bis $0{,}04$ mm
desgl., heiß, mit Flammglätten	$k = 0{,}015$ bis $0{,}03$ mm.

Durch Anstriche mit Vinyl werden die Rohre technisch glatt. Man wählt bei Grundlastwerken Wassergeschwindigkeiten zwischen 4 und 7 m/s, bei Spitzenlastwerken zwischen 5 und 10 m/s.

Die äquivalente Rohrlänge x von Krümmern in technisch glatten Druckleitungen kann man nach Gl. (381 mit $a = 1$) und mit den Bildern 188 und 141 ermitteln.

Wenn die Durchmesser der Druckrohrleitungen stufenweise abgesetzt sind, ist jeder Strang gleicher Weite für sich zu berechnen. Den wirtschaftlichsten Leitungsdurchmesser, bei dem die Unterhaltungskosten der Leitung, die Abschreibung und der Druckverlust zusammen einen Kleinstwert annehmen, kann man nach einer einfachen Faustformel von BUNDSCHU abschätzen[1]. Mit H_M als der höchsten im Betriebe auftretenden Druckhöhe (siehe Bild 208) erhält man diesen

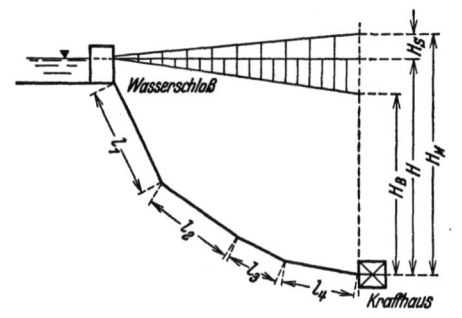

Bild 208. Druckhöhen beim Turbinenbetrieb

---

[1] Siehe Fußnote 1 von S. 339. — Siehe auch W. NETOLIZKA: Die wirtschaftliche Bemessung von Druckrohrleitungen von Wasserkraftanlagen. Röhrenind. 23 (1930) 291, 307. — Ferner W. DENECKE: Z. Wärme 1921, 1922, 1924, 1925. — TÖLKE, F.: Veröffentlichung zur Erforschung der Druckstoßprobleme in Wasserkraftanlagen und Rohrleitungen. Berlin/Göttingen/Heidelberg: Springer 1949, 2. H. 1956.

33. Leitungen für Wasserkraftwerke, Aufgaben

Durchmesser aus

$$d = \sqrt[7]{0{,}052\, V_s^3} \quad \text{in m, wenn} \quad H_M < 100 \text{ m} \tag{405}$$

und

$$d = \sqrt[7]{0{,}052\, V_s^3 \frac{100}{H_M}} \quad \text{in m, wenn} \quad H_M \geqq 100 \text{ m}. \tag{406}$$

V_s ist dabei die bei Vollbeaufschlagung der zur Leitung gehörigen Turbinen strömenden Menge in m³/s. Während des Betriebs herrscht das Betriebsgefälle H_R, bei geschlossener Leitung das Gefälle H und beim Schließen der Leitung durch Stau der abzubremsenden Flüssigkeitssäule das größte Gefälle $H + H_S = H_M$. Bis zu $H = 100$ m kann man H_S mit etwa 15 bis 20 m ansetzen; für $H > 100$ m empfiehlt BUNDSCHU rund $H_S = 20 + 0{,}1 H$.

Je nach dem Gefälle (H bis 1700 m) kommen am unteren Ende der Druckrohrleitungen große Drücke vor (bis 190 at und mehr). Man pflegt daher bei großem Gefälle nur den oberen Anfang der Leitung aus geschweißten Stahlblechrohren herzustellen. Dann schließt man nahtlos gewalzte Stahlrohre an mit geschweißten oder geschmiedeten Formstücken.

Flache Zuleitungen zum Wasserschloß oder auch Teile der Druckrohrleitungen (bei geringem Gefälle) werden vielfach in Betonrohren ausgeführt.

Aufgabe 13. Einer älteren Francis-Turbinenanlage wird durch eine Druckrohrleitung aus genieteten Stahlrohren ($\lambda_R = 0{,}02$) von 1 m l. W., die 2200 m lang ist und 19 m Gefälle hat, gespeist. Wieviel Wasser liefert diese Leitung, wenn der Enddruck 16 m WS nicht unterschritten werden soll? Beim Einlauf in das Rohr steht das Wasser unter einem Druck von 1,5 m WS.

Für den Rohreinlauf wird als Widerstandsbeiwert $\zeta = 0{,}5$ und für die Beschleunigung des Wassers vom Zustand im Wasserschloß auf den in der Leitung $\zeta = 1{,}0$ angesetzt. Dann ist

$$h_1 - h_2 = \left(\lambda_R \frac{l}{d} + \zeta\right) \frac{w^2}{2g},$$

$$w^2 = \frac{(19 + 1{,}5 - 16)\, 19{,}6}{0{,}02 \cdot 2200 + 1{,}5} = 1{,}94 :$$

$$w = 1{,}39 \text{ m/s}, \quad V_h = 3600 \cdot 1{,}39 \frac{\pi}{4} 1 = 3900 \text{ m}^3/\text{h}.$$

Die Leitung würde also unter diesen Umständen etwa 4000 m³/h Wasser liefern.

Aufgabe 14. Eine Wassermenge von 11 m³/s mit etwa 10 °C durchströme einen gußeisernen waagerechten kegelförmigen Rohrteil von der Länge $l = l_1 - l_2 = 4{,}0$ m, der den Einlaßdurchmesser $d_1 = 2$ m und den Auslaßdurchmesser $d_2 = 1$ m hat. $k = 1{,}3$ mm. Wie groß ist der Druckabfall?

Mit Gl. (280) ist

$$\zeta_2 = \lambda_R \frac{4{,}0}{2{,}0} \frac{1}{4} \left(1 + \frac{1}{2} + \frac{1}{4} + \frac{1}{8}\right) = 0{,}94\, \lambda_R;$$

$$w_2 = \frac{V_s 4}{\pi d_2^2} = \frac{11 \cdot 4}{\pi\, 1} = 14 \text{ m/s}; \quad w_1 = 3{,}5 \text{ m/s}.$$

Zu $Re_1 \approx 5{,}4 \cdot 10^6$ gehört $\lambda_R = 0{,}018$ bei $k = 1{,}3$ mm (Betriebszustand), zu $Re_2 \approx 10{,}7 \cdot 10^6$ gehört $\lambda_R = 0{,}021$, gerechnet mit $\lambda_R = 0{,}02$ als Mittelwert. Die Reibungsarbeit ist

$$\zeta_2 \frac{w_2^2}{2g} = 0{,}94 \cdot 0{,}02 \frac{196}{19{,}6} \approx 0{,}2 \text{ m WS.}$$

Die Beschleunigungsarbeit ist nach Gl. (284)

$$\left[1 - \left(\frac{d_2}{d_1}\right)^4\right] \frac{w_2^2}{2g} = 0{,}938 \frac{196}{19{,}6} \approx 9{,}4 \text{ m WS.}$$

Gesamtabnahme der Druckhöhe

$$\frac{P_1 - P_2}{\gamma} = 0{,}2 + 9{,}4 = 9{,}6 \text{ m WS,}$$

des Druckes

$$P_1 - P_2 = 9{,}6 \cdot 1000 = 9600 \text{ mm WS} \approx 1 \text{ at.}$$

Wenn das Rohr in umgekehrter Richtung durchflossen wird, so ist mit $d_1 = 1$ m und $d_2 = 2$ m, $w_1 = 14$ m/s und $w_2 = 3{,}5$ m/s, $d_2/d_1 = 2$ und $\alpha \approx 14°$ bei $l = 4$ m nach Gl. (283)

$$\zeta_2 = 2{,}75 \quad \text{und} \quad \frac{\Delta P}{\gamma} = 2{,}75 \frac{3{,}5^2}{19{,}6} \approx 1{,}7 \text{ m WS}$$

für Reibungs- und Ablösungsverluste mit ζ_2 aus Bild 113. Die Verzögerungsarbeit ist wiederum $\approx 9{,}4$ m WS. Demnach nimmt die Druckhöhe insgesamt zu um

$$\frac{P_2 - P_1}{\gamma} = 9{,}4 - 1{,}7 = 7{,}7 \text{ m WS}$$

(statt um 9,4 m WS bei verlustloser Strömung). Der Wirkungsgrad bei der Umsetzung von Geschwindigkeit in Druck beträgt

$$\eta = \frac{7{,}7}{9{,}4} = 0{,}82.$$

Aufgabe 15. Geplant wird eine gerade Druckrohrleitung für 25 m Gefälle auf eine Länge von 1500 m. Wie groß sind in diesem Falle der günstigste Durchmesser und die günstigste Strömungsgeschwindigkeit bei einer geforderten Leistung von etwa 100 PS oder 73,6 kW?

Überschlag mit $\lambda_R = 0{,}02$ nach Gl. (399)[1]

$$d = 0{,}357 \sqrt[5]{\frac{5417 \cdot 1500 \cdot 0{,}02}{25 \cdot 625}} = 0{,}570 \text{ m.}$$

Gewählt wird wassergasgeschweißtes Stahlrohr nach DIN 2453 zu 550 mm ⌀, für das in gebrauchtem Zustand etwa $\lambda_R = 0{,}02$ gelten möge. Nunmehr ist

$$w^2 = 2g \frac{h_1 - h_2}{3\lambda_R} \frac{d}{l} = 19{,}6 \frac{25}{3 \cdot 0{,}02} \frac{0{,}55}{1500} = 3{,}0; \quad w = 1{,}73 \text{ m/s.}$$

$Re \sim 10^6$ und $V_s = 0{,}411$ m³/s nach Gl. (396). Im Ruhezustand ist $P_2/\gamma = 25$ m. Die Reibungsverluste im Betrieb betragen z. B.

bei $w = 1{,}00$ m/s	2,78 m,	also $P_2/\gamma = 22{,}2$ m	bei $N = 5260$ kpm/s
1,73	8,34	16,7	6870
2,0	11,12	13,9	6600

mit z. B.

$$N = (h_1 - h_2 - |a_R|) \frac{\pi}{4} d^2 w \gamma = \frac{P_2}{\gamma} \frac{\pi}{4} d^2 w \gamma = 5260 \text{ kpm/s}$$

---

[1] Vollständig rauhe Strömung. Bei $\lambda_R = f(Re)$ zeichnerisch für verschiedene Werte von d zu bestimmen.

$N_{\max}$ liegt also tatsächlich bei 1,73 m/s. Nach Gl. (405) könnte man zum Vergleich noch den wirtschaftlichsten Durchmesser für $V_s = 0{,}411$ m³/s berechnen:

$$d^7 = 0{,}052\, V_s^3; \quad d = 0{,}450 \text{ m},$$

also nicht ganz so groß wie der für $N_{\max}$ ermittelte. Der Rohrwirkungsgrad ist bei $d = 0{,}55$ m ⌀ $\eta_h = 0{,}67$ und bei $d = 0{,}45$ m ⌀ nur $\eta_h = 0{,}23$ mit $\lambda_R \approx 0{,}017$ bei $w \approx 2{,}6$ m/s. Die Leistung ergibt sich nur dann genau zu 100 PS, wenn der rechnerische Rohrdurchmesser von 570 mm genau eingehalten würde.

Aufgabe 16. Die Druckleitung für eine Pelton-Turbinenanlage hat 1200 m Gefälle, 1740 m Länge, 200 mm Durchmesser und besteht aus nahtlosem Stahlrohr $k = 0{,}08$ mm. Wie groß ist der Wasserdruck vor der Turbine bei 1, 3, 5, 7 und 9 m/s mittlerer Strömungsgeschwindigkeit? Wie groß ist das Leistungsvermögen des austretenden Wasserstrahls?

$$\frac{d}{k} = \frac{200}{0{,}08} = 2500; \quad t = 12\text{ °C}; \quad 10^6\, \nu = 1{,}235 \text{ m}^2/\text{s}.$$

Mit Bild 190 ergibt sich

w in m/s	1	3	5	7	9
Re	1,62	4,86	8,10	11,35	14,60 · 10⁵
$\lg Re$	5,21	5,69	5,91	6,05	6,16
$\lambda_R \cdot 100$	1,88	1,71	1,66	1,64	1,62
Δp in at	0,83	6,82	18,40	35,63	58,19
p_{2a} in at	119,2	113,2	101,6	84,4	61,8
G_s in kp/s	31,4	94,2	157,0	220,0	282,6
N in kpm/s	37,4	106,6	159,5	185,6	174,6 · 10³
η_h vH	99,3	94,3	84,7	70,3	51,5

Die größtmögliche Energieentnahme liegt zwischen 7 und 9 m/s, und zwar mit $\lambda_R \approx 0{,}0163$ bei $w = 7{,}44$ m/s nach Gl. (396). Der zugehörige Wert ist $N = 18700$ kpm/s bei $G_s = 233{,}7$ kp/s und $p_{2a} = 80{,}1$ at, $\eta_h = 66{,}7$ vH.

34. Freispiegelleitungen

Den Strömungswiderstand in nicht vollkommen gefüllten Leitungen (Freispiegelleitungen, im Gegensatz zu Druckrohrleitungen) kann man im groben mit dem Ansatz für vollständig gefüllte Rohre berechnen, wenn man den hydraulischen Durchmesser $4F/U$ für den Rohrdurchmesser d setzt, $4F/U = d$, nach Gl. (127).

$$4J\frac{F}{U} = \lambda_R \frac{w^2}{2g} \quad \text{oder} \quad 4J\frac{F}{U} = \frac{\lambda_R\, V_s^2}{2g\, F^2}.$$

Führt man nach Bild 209 den Füllwinkel φ ein, so kann man setzen

$$F = \frac{1}{2} r^2 \left(\frac{\pi\, \varphi}{180} - \sin\varphi\right) \quad \text{und} \quad U = \pi\, r\, \frac{\varphi}{180}.$$

Untersucht man jetzt diese Gleichungen, bei welchem Winkel φ der Durchfluß V einen Größtwert annimmt, so kommt man nicht auf 360°, sondern auf 308°. Die Rohrleitung würde demnach mehr Wasser führen,

344   III. Praktische Berechnung von Rohrleitungen

wenn der Querschnitt nicht vollkommen, sondern nur zu

$$\frac{50}{\pi}\left(\frac{308\pi}{180} - \sin 308°\right) = 98 \text{ vH}$$

gefüllt wäre. Dabei wäre die Fülltiefe $h = 0{,}949 d$. Die größte mittlere Geschwindigkeit im mit φ veränderlichen Querschnitt würde sich bei $\varphi = 257°$ einstellen.

Das ist unwahrscheinlich. Man kann sich den ganzen Rohrquerschnitt in einzelne Abschnitte zerlegt denken und bei voller Füllung hydraulische Gleichwertigkeit der einzelnen Abschnitte annehmen. Danach müßten w und V_s ihre Größtwerte bei $\varphi = 360°$ haben. Die einfache Beziehung zwischen Strömungswiderstand und hydraulischem Durchmesser ist in diesem Falle nicht so gut erfüllt, wie es bei Rechteck-, Trapez- und Dreieckquerschnitten der Fall ist. Sie gilt genau genug nur bei geradlinig begrenzten Querschnitten. Der Zusammenhang zwischen Füllhöhe und Durchflußgeschwindigkeit oder -menge wurde mehrfach gemessen[1]. Bild 209 zeigt die Versuchsergebnisse von v. BÜLOW. Danach besteht mit w (nach Formel gemäß Bild 209) die Beziehung

$$\frac{\Delta P}{\gamma} = C \, \lambda_R \, l \, \frac{U}{4F} \, \frac{w^2}{2g}$$

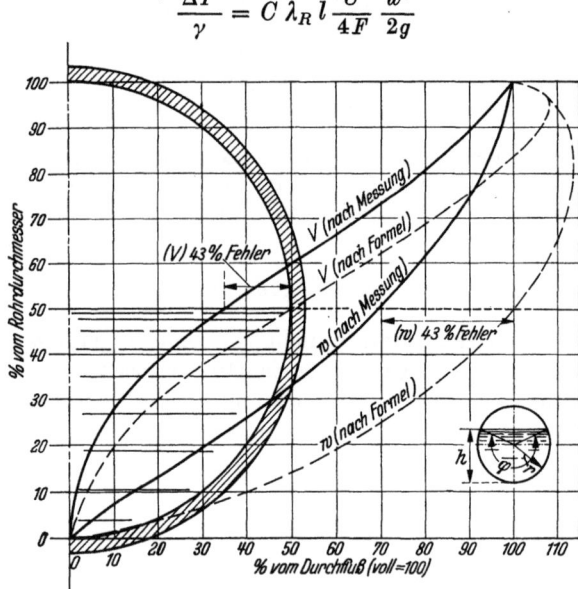

Bild 209. Freispiegelleitung, berechnete und gemessene Fördermengen nach v. BÜLOW. V und w sind nach der Berechnung bei halber Füllung um 43 vH zu groß

---

[1] v. BÜLOW, F.: Die Leistungsfähigkeit von Fluß-, Bach-, Werkgraben-, Kanal- und Rohrquerschnitten. Gesundh.-Ing. 50 (1927) 262. — Umfassende Angaben über den Strömungswiderstand in Freispiegelleitungen: WILD-SCHÖBERLEIN: Handb. für die Berechnung von Kanälen, Leitungen und Durchlässen des Wasserbaues. 2. Aufl. Berlin/Göttingen/Heidelberg: Springer 1952.

mit $C = 2{,}04 \quad 1{,}86 \quad 1{,}66 \quad 1{,}49 \quad 1{,}34 \quad 1$

bei $h/d = 0{,}5 \quad 0{,}6 \quad 0{,}7 \quad 0{,}8 \quad 0{,}9 \quad 1$

und $4F/U = d \quad 1{,}11 d \quad 1{,}19 d \quad 1{,}22 d \quad 1{,}19 d \quad d,$

wobei $d = 2r$ den lichten Rohrdurchmesser (Bild 209) bedeutet (waagerechte Leitung).

III.6 Ölleitungen, besondere Strömungsfälle, Aufgaben

35. Spezielle Berechnungsunterlagen

35.1 Rechenhilfsmittel

Das Öl strömt praktisch laminar oder turbulent. Der hydraulische Bewegungsvorgang liegt in der Nähe des Übergangsgebietes zwischen

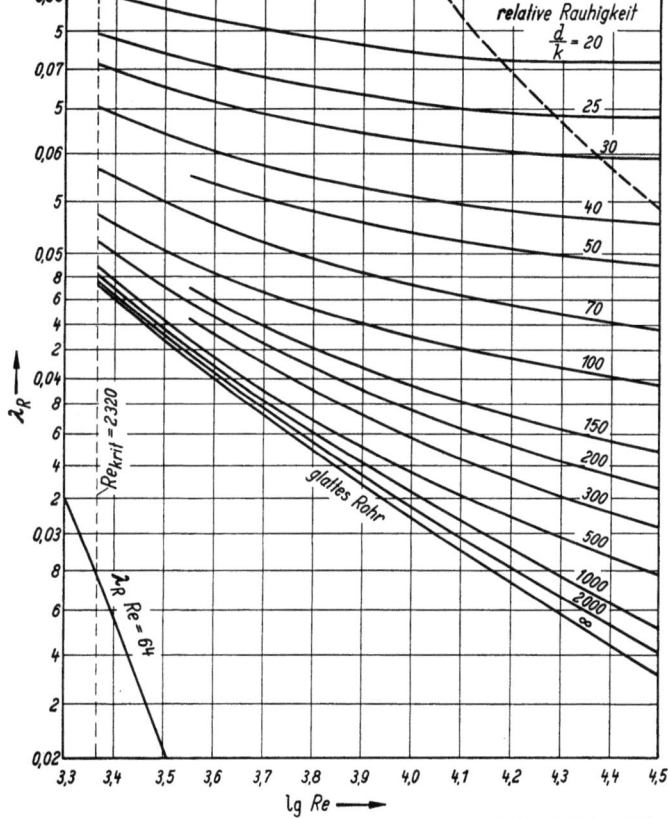

Bild 210. Abhängigkeit der Widerstandszahl λ_R von der Reynolds-Zahl (als lg Re) und der relativen Rauhigkeit d/k im Übergangsgebiet zwischen laminarer und turbulenter Strömung nach den Gln. (178) und (248)

beiden Strömungsarten. Von besonderem Einfluß auf den Strömungswiderstand ist die Viskosität des Öls bei der Fördertemperatur. Die Widerstandszahlen λ_R können im Übergangsgebiet aus Bild 210 in Abhängigkeit von der Reynolds-Zahl Re und der relativen Rauhigkeit d/k entnommen werden. Dabei kann man nach WATKINS[1] etwa $k = 0,08$ bis 0,10 mm setzen.

Praktisch kann man den Übergang von laminarer in turbulente Strömung mit $Re = 2400$ angeben. Dabei werden folgende Geschwindigkeiten w_{krit} in m/s angetroffen:

Zahlentafel 70. *Kritische Geschwindigkeit in m/s bei verschiedenem Rohrdurchmesser und verschiedener kinematischer Viskosität des Öls*

$10^6 \nu \text{m}^2/\text{s}$	$d = 0,1$	$d = 0,15$ m	$d = 0,2$ m	$d = 0,25$ m	$d = 0,3$ m	$d = 0,35$ m	$d = 0,4$ m
1	0,0240	0,0160	0,0120	0,0096	0,0080	0,0069	0,0060
2	0,0480	0,0320	0,0240	0,0192	0,0160	0,0137	0,0120
5	0,1200	0,0800	0,0600	0,0480	0,0400	0,0343	0,0300
10	0,2400	0,1600	0,1200	0,0960	0,0800	0,0686	0,0600
20	0,480	0,320	0,240	0,192	0,160	0,137	0,120
30	0,720	0,480	0,360	0,288	0,240	0,206	0,180
40	0,960	0,640	0,480	0,384	0,320	0,274	0,240
50	1,200	0,800	0,600	0,480	0,400	0,343	0,300
60	1,440	0,960	0,720	0,576	0,480	0,412	0,360
70	1,680	1,120	0,840	0,672	0,560	0,480	0,420
80	1,920	1,280	0,960	0,768	0,640	0,549	0,480
90	2,160	1,440	1,080	0,864	0,720	0,617	0,540
100	2,400	1,600	1,200	0,960	0,800	0,686	0,600
200	4,800	3,200	2,400	1,920	1,600	1,371	1,200
300	7,200	4,800	3,600	2,880	2,400	2,065	1,800
400	9,600	6,400	4,800	3,840	3,200	2,740	2,400
500	12,00	8,00	6,00	4,80	4,00	3,43	3,00
600	14,40	9,60	7,20	5,76	4,80	4,12	3,60
700	16,80	11,20	8,40	6,72	5,60	4,80	4,20
800	19,20	12,80	9,60	7,68	6,40	5,49	4,80
900	21,60	14,40	10,80	8,64	7,20	6,17	5,40
1000	24,00	16,00	12,00	9,60	8,00	6,86	6,00
2000	48,00	32,00	24,00	19,20	16,00	13,71	12,00
3000	72,00	48,00	36,00	28,80	24,00	20,65	18,00
5000	120,0	80,0	60,0	48,0	40,0	34,3	30,0

35.2 Entwurf von Fernölleitungen

Im wesentlichen sind für den Entwurf von Fernölleitungen dieselben Gesichtspunkte wie für andere Leitungen auch maßgebend. Außerdem

---

[1] WATKINS, W. G.: The design of oil fuel pipe lines. Engineering 118 (1924) 793.

spielt aber noch eine Rolle, daß man oftmals durch ein und dieselbe Leitung ganz verschiedene Öle fördern muß[1].

Für den Betrieb ist es sehr wichtig, daß man das Öl während der Förderung auf der Temperatur hält, für die die Leitung und die Pumpanlagen berechnet wurden. Die Wirtschaftlichkeit und Betriebssicherheit der ganzen Anlage hängt von der Sorgfalt ab, mit der die Förderbedingungen eingehalten werden. Dichteänderungen gehen bei den Ölen linear mit der Temperatur, Viskositätsänderungen machen sich dagegen viel stärker bemerkbar (siehe die Bilder 173 und 174). Die Eigenschaften der einzelnen handelsüblichen Öle sind so verschieden, daß man keine allgemeine Regel aufstellen kann. Bei nicht zu langen Förderwegen kann man sich mit Erwärmung des Öls helfen (vor Einlauf in das Rohr), doch ist man auch da beschränkt, weil sich das Öl bei zu starker Erwärmung unerwünscht in seine Teile zerlegt. Je nach Länge der Leitung und Art des Öls muß man daher eine oder mehrere Pumpanlagen und Zwischenerhitzungen vorsehen.

In Deutschland hat das Erdreich in 1 m Tiefe eine Temperatur von $t \geq +4$ °C (bis 200 m Höhe). Ohne Erwärmung können Öle von etwa $10^6 \nu \leq 25$ m²/s kinematischer Viskosität bei 4 °C wirtschaftlich gefördert werden.

Man verlegt die Ölleitungen meistens aus gezogenen oder geschweißten Stahlrohren. Innen bestreicht man die Rohre mit petroleumbeständigen Schutzmitteln, die bei den Betriebsverhältnissen nicht reißen oder abblättern dürfen. Durch guten Anstrich wird die Korrosionsgefahr gemindert.

Die wirtschaftliche Fördergeschwindigkeit liegt bei 1,0 bis 2 m/s. Die Fördertemperatur[2] hält man bei sehr zähen Ölen zwischen 35 °C und 40 °C. Solange das Öl laminar durch die Leitung fließt, ist die Wärmeabgabe nur gering (innerhalb des Öls nur Wärmeleitung). Bei turbulenter Strömung ist die Wärmeabgabe erheblich größer (Wärmeleitung und mechanische Wärmefortführung — Konvektion — mit den einzelnen Flüssigkeitsteilchen an die Rohrwand).

Bei zähen Ölen schützt man die Rohre gegen den Wärmeaustausch mit der Umgebung.

Ein anderes Hilfsmittel, die Förderung zu erleichtern, ist die Viskositätsverminderung durch Wasserzusatz. Man braucht aber mindestens 20 vH Wasser, um die Förderung wesentlich zu verbessern. Das Gemisch Öl/Wasser ist nur unter erheblichen Kosten wieder zu zerlegen. An sich ist die Trennung von Wasser und Öl praktisch bis auf 1 vH Wassergehalt durchzuführen. Ein anderes Verfahren beruht auf dem

---

[1] WATKINS, W. G.: The design of oil fuel pipe lines. Engineering 118 (1924) 793.

[2] Die Öle sind bei $10^6 \nu < 500 \cdots 700$ m²/s pumpfähig.

Mischen von leichterem und schwererem Öl. Die hydraulischen Vorteile werden aber z. T. dadurch aufgewogen, daß durch das Mischen die leichteren Öle im Wert herabgesetzt werden, weil sie teurer als schwere sind. Dazu kommt, daß viele Felder nur schweres Öl haben und leichtes erst von anderen Feldern herangepumpt werden müßte.

Bemerkenswert ist ein Verfahren, das ISAACS und SPEED[1] anwandten, um den Druckverlust in Erdölleitungen zu mindern. Sie gaben den Rohren schraubenförmig gewundene Züge, durch die das Öl zu drehender neben fortschreitender Bewegung veranlaßt wurde. Sie setzten dem Öl Wasser zu, das, weil schwerer als Öl, durch die Fliehkraft nach der Rohrwand gedrückt wurde. Dabei waren im günstigsten Falle etwa 11 vH Wasser notwendig. An die Rohrwand legte sich ein dünner Wasserfilm, der als Gleitschicht wirkte. Auf diese Weise erreichte man mit gleichem Pumpdruck das 10fache der ohne Drall erhältlichen Fördergeschwindigkeit oder konnte mit den Pumpdrücken heruntergehen und billigere Leitungen und Pumpanlagen verwenden. Als Vergleichszahlen erhielt man im Mittel:

glattes Rohr, reines Öl $\quad\quad\quad\quad\quad\quad\quad\quad \lambda_R = 8{,}6$
glattes Rohr, 9 Teile Öl, 1 Teil Wasser $\quad\quad \lambda_R = 5{,}1$
Rohr mit Zügen, 9 Teile Öl, 1 Teil Wasser $\lambda_R = 0{,}061$

Schwierigkeiten bestanden bei diesem Verfahren beim Anfahren.

Heute wird in den weitaus meisten Fällen bei Förderung schwerer Öle das einfachste Verfahren der Erwärmung angewendet, weil es im Vergleich zu den anderen Verfahren immer noch das vorteilhafteste und technisch am leichtesten zu beherrschende ist.

36. Fernölleitungen, Aufgaben

Aufgabe 17. Gesucht wird der Querschnitt einer waagerechten Rohrleitung, die 400 Mp/h mexikanisches Öl von im Mittel 38 °C über eine Strecke von 7 km befördern soll. Dabei sollen die Pumpdrücke nicht höher als 14 at und die Fördergeschwindigkeit nicht über 1,8 m/s sein.

Aus Bild 172 entnimmt man den Wert $\gamma = 929$ kp/m³ zu 38 °C; 1 Mp/h entsprechen 1,076 m³/h und 400 Mp/h = 430 m³/h = 0,1195 m³/s. Mit $w = 1{,}8$ m/s errechnet man

$$d = \sqrt{\frac{4}{\pi}\frac{0{,}1195}{1{,}8}} = 0{,}290 \text{ m} \quad \text{oder} \quad D \text{ rd. } 300 \text{ mm } \varnothing.$$

Bei $D = 300$ mm $\varnothing$ ist $w = 1{,}69$ oder rund 1,7 m/s. Nach Bild 174 beträgt die kinematische Viskosität des Öls bei 38 °C $\nu = 6{,}1 \cdot 10^{-4}$ m²/s. Damit ist die Reynolds-Zahl

$$Re = \frac{1{,}7 \cdot 0{,}3 \cdot 10^4}{6{,}1} = 836,$$

---

[1] ISAACS, J. D., u. B. SPEED: A new method of pumping heavy crude fuel oil or other thick viscous fluid. Engng. News. Rec. 55 (1906) 641.

also fließt das Öl laminar ($Re < 2400$). Mit $\lambda_R = 64/Re$ gilt für den Druckverlust

$$\Delta P = \gamma \lambda_R \frac{l}{d} \frac{w^2}{2g} = 929 \frac{64}{836} \frac{7000}{0{,}30} \frac{1{,}7^2}{19{,}6} = 24{,}5 \cdot 10^4 \text{ kp/m}^2 \approx 25 \text{ at.}$$

Da dieser Druck den zulässigen von 14 at überschreitet, muß man einen größeren Rohrdurchmesser und damit geringere Geschwindigkeit wählen: $D = 350$ mm $\varnothing$, $w = 1{,}244$ m/s. Dann wird $Re = 713$ und $\Delta p = 13{,}1$ at.

Im SI ist bei 400 t/h Durchfluß und angenommen 14 bar Maximaldruck wie folgt zu rechnen:

$$\varrho = 929 \text{ kg/m}^3, \quad 400 \text{ t/h} = 430 \text{ m}^3/\text{h}, \quad D = 290 \approx 300 \text{ mm.}$$

$$\Delta P = \varrho \lambda_R \frac{l}{d} \frac{w^2}{2} = 929 \frac{64}{836} \frac{7000}{0{,}30} \frac{1{,}7^2}{2} = 24{,}0 \cdot 10^5 \text{ N/m}^2 = 24 \text{ bar.}$$

Zu wählen $D = 350$ mm.

Aufgabe 18. Eine Leitung, die je nach Bedarf persisches, Borneo- oder Texasöl fördern soll, besteht aus Stahlrohren von 300 mm $\varnothing$ und ist 215 km lang. Sie soll imstande sein, 360 Mp/h oder 100 kp/s des Öls zu liefern. Die Betriebsdrücke der Pumpen sollen nicht höher als 60 at sein. Die mittlere Betriebstemperatur beträgt 15 °C. Die größte Viskosität der Fördermittel habe das Texasöl mit $10^4 \nu = 1{,}88$ m²/s und mit $\gamma = 915$ kp/m³ bei 15 °C; $V_s = 0{,}109$ m³/s. Geschwindigkeit und Reynolds-Zahl sind dann

$$w = \frac{4}{\pi} \frac{0{,}109}{0{,}09} = 1{,}54 \text{ m/s}; \quad Re = 10^4 \frac{1{,}54 \cdot 0{,}3}{1{,}88} = 2460.$$

In diesem Fall in der Nähe der kritischen Reynolds-Zahl rechnet man sicher mit turbulenter Strömung: $\lambda_R = 0{,}0466$ (bei $k \approx 0{,}1$ mm). Der Druckabfall ist dann

$$\Delta p = 915 \cdot 10^{-4} \cdot 0{,}0466 \frac{1000}{0{,}30} \frac{1{,}54^2}{19{,}6} = 1{,}72 \text{ at/km.}$$

Man kann demnach mit einer Pumpanlage $60/1{,}72 = 35$ km überwinden. Da das Gelände, durch das die Leitung führt, im allgemeinen nicht eben ist, lohnt eine zeichnerische Weiterentwicklung der Aufgabe. 1,72 at entsprechen $17200/915 \approx 18{,}8$ m Ölsäule, 60 at entsprechen 656 m Ölsäule. Wenn außer d auch w, t und γ sowie ν als im Mittel unveränderlich angesehen werden können, fällt der Druck linear auf 35 km um 656 m Ölsäule, siehe Dreieck in Bild 211. Mit Hilfe dieser Dreiecke kann man mit dem in Bild 211 gezeigten Verfahren die einzelnen Stellen

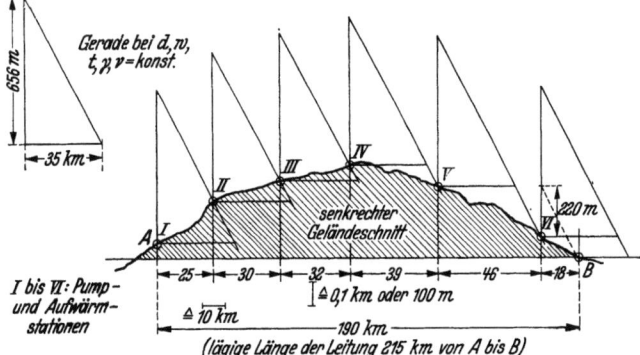

Bild 211. Zeichnerisches Verfahren zum Auffinden der Pumpstationen nach WATKINS. (zu Aufgabe 18)

350   III. Praktische Berechnung von Rohrleitungen

ermitteln, wo die Zwischenpump- und Erhitzungsstationen aufgestellt werden müssen. Nach Aufgabe 18 werden 6 Stationen notwendig, wobei die letzte nur 220 m Ölsäule oder rund 20 at zu drücken braucht.

Aufgabe 19. Zur Förderung von 600 Mp/h persischem Öl über eine Strecke von 22,4 km dienen zwei Rohrstränge von je 250 mm l. W. Das Öl hat an der Pumpstation $t_1 = 30$ °C ($\gamma_1 = 880$ kp/m³, $10^6 \nu_1 = 26$ m²/s) und kühlt sich bis zum Ende auf $t_2 = 25$ °C ($\gamma_2 = 884$ kp/m³, $10^6 \nu_2 = 42$ m²/s) ab. Für welchen Druck ist die Pumpstation auszulegen? Wieviel Öl kann im Störungsfalle durch eine Leitung gefördert werden, wenn es zulässig ist, die Öltemperatur noch um 5 grd zu erhöhen? (Bei 35 °C ist $\gamma = 876$ kp/m³, $10^6 \nu = 20$ m²/s).

a) Druckabfall bei normalem Betrieb.

Je Leitung $G = 300$ Mp/h. Man könnte den Druckabfall genau mit Rücksicht auf Abkühlung berechnen, wenn man die Abhängigkeit zwischen der Rohrlänge und der Öltemperatur sowie von γ, ν, Re, λ_R und w in die allgemeine Gl. (118) einführt. Die umständliche Rechnung lohnt nicht. Es genügt — etwas ungünstiger — mit den mittleren Zustandsgrößen $\gamma_m = 882$ kp/m³, $10^6 \nu_m = 32$ m²/s zu rechnen und findet

$$w_m = 1{,}93 \text{ m/s}, \quad Re_m = 15000; \quad \lambda_{Rm} = 0{,}0286$$

und damit

$$\Delta p = 882 \cdot 0{,}0286 \, \frac{22400}{0{,}250} \, \frac{1{,}93^2}{19{,}6} \, 10^{-4} = 43{,}0 \text{ at}.$$

Die Pumpen sind für 50 at Förderdruck einzurichten.

b) Druckabfall bei gestörtem Betrieb.

Es soll die größte Fördermenge ermittelt werden, die beim Betrieb von nur einer Leitung unter 50 at Pumpendruck und bei mittleren Werten von $\gamma = 878$ kp/m³ und $10^6 \nu = 23$ m²/s erreicht wird. Man wählt verschiedene Geschwindigkeiten und berechnet

w in m/s	2,0	2,2	2,3	2,25	2,22
Re	21800	23900	25000	24500	24100
$100 \lambda_R$	2,58	2,52	2,49	2,50	2,51
Δp in at	41,4	49,0	52,8	50,8	49,7

mit Bild 210 bei $k \sim 0{,}1$ mm.

Es könnte im Störungsfalle durch eine der beiden Leitungen Öl mit $w = 2{,}22$ m/s gefördert werden, also

$$\dot{G} = \frac{\pi}{4} \, 0{,}250^2 \cdot 2{,}22 \cdot 878 \, \frac{3600}{1000} = 345 \text{ Mp/h},$$

das ist 15 vH mehr als im normalen Betriebsfall.

III.7 Luftleitungen, besondere Strömungsfälle, Aufgaben

37. Spezielle Berechnungsunterlagen

37.1 Rechenhilfsmittel

Für Luftleitungen verwendet man im allgemeinen nur Rohre aus Stahlblech und nahtlos gezogenes Stahlrohr. Die Luftdrücke liegen — abgesehen von besonderen Anwendungsfällen — bei 8 at und darunter.

37. Spezielle Berechnungsunterlagen

Als *Überschlagsformel* entwickelte BIEL auf Grund der Versuchsergebnisse von FRITZSCHE für Stahlrohre, wenn $Re \geq 150\,D$ oder $w \geq 0,15\,(10^6\,\nu)$ ist, eine Beziehung

$$\lambda_R = 0,284\,\nu^{0,148}\,V_h^{-0,148}. \tag{407}$$

Auf Normzustand bezogen ergibt sich mit V_{hn} in m³/h

$$\lambda_R = 0,0539\,V_{hn}^{-0,148} \tag{408}$$

mit $10^6\,\nu_n = 13{,}28$ m²/s bei 0 °C und 760 Torr (nach Zahlentafel 41). Wegen $\gamma_n = 1{,}293$ kp/m³ folgt

$$\lambda_R = 0,0561\,G_h^{-0,148} \tag{409}$$

mit G_h in kp/h (oder m_h in kg/h). λ_R nimmt folgende Werte an[1]:

Zahlentafel 71. *Widerstandszahl λ_R nach Gl. (409), abhängig von G_h in kp/h*

G_h	$100\lambda_R$	G_h	$100\lambda_R$	G_h	$100\lambda_R$	G_h	$100\lambda_R$
5	4,42	$3 \cdot 10^2$	2,41	$3 \cdot 10^3$	1,72	$3 \cdot 10^4$	1,22
10	3,99	$4 \cdot 10^2$	2,32	$4 \cdot 10^3$	1,65	$4 \cdot 10^4$	1,17
15	3,77	$5 \cdot 10^2$	2,24	$5 \cdot 10^3$	1,59	$5 \cdot 10^4$	1,13
25	3,50	$6 \cdot 10^2$	2,18	$6 \cdot 10^3$	1,55	$6 \cdot 10^4$	1,10
40	3,26	$7 \cdot 10^2$	2,13	$7 \cdot 10^3$	1,51	$7 \cdot 10^4$	1,08
60	3,06	$8 \cdot 10^2$	2,09	$8 \cdot 10^3$	1,48	$8 \cdot 10^4$	1,06
80	2,93	$9 \cdot 10^2$	2,05	$9 \cdot 10^3$	1,46	$9 \cdot 10^4$	1,04
100	2,85	$10 \cdot 10^2$	2,02	$10 \cdot 10^3$	1,43	$10 \cdot 10^4$	1,02
150	2,67	$15 \cdot 10^2$	1,91	$15 \cdot 10^3$	1,35	$15 \cdot 10^4$	0,96
200	2,56	$20 \cdot 10^2$	1,82	$20 \cdot 10^3$	1,30	$20 \cdot 10^4$	0,92
250	2,47	$25 \cdot 10^2$	1,77	$25 \cdot 10^3$	1,26	$25 \cdot 10^4$	0,89

Mit der allgemeinen Formel (248) von PRANDTL-COLEBROOK verglichen ergeben sich (willkürlich) folgende Werte ($10^6\,\nu$ nach Zahlentafel 41):

p in at	1,0	1,0	4,0	8,0	8,0
t in °C	20	100	0	40	140
w_n in m/s	20	30	25	100	30
d in m	0,100	0,200	0,050	0,150	0,200
$10^6\,\nu$ in m²/s	15,6	23,7	3,43	2,18	3,53
$Re/1000$	143	357	94	1016	331
$100\lambda_R\ \ k = 0{,}03$ mm	1,86	1,55	2,09	1,47	1,56
$k = 0{,}05$ mm	1,94	1,63	2,22	1,57	1,63
$k = 0{,}10$ mm	2,14	1,80	2,51	1,80	1,81

---

[1] Siehe auch Hütte, Taschenbuch des Ingenieurs, I. Bd., 27. Aufl., Berlin 1949, 586. — 28. Aufl., 1955, 489, Tafel 3. — Quellen: R. BIEL: Über den Druckhöhenverlust bei der Fortleitung tropfbarer und gasförmiger Flüssigkeiten; Diss. Charlottenburg 1907; Z.VDI 52 (1908) 1053; VDI-Forsch.Heft 44 (1907); Strömungs-Widerstand in Rohrleitungen. Sonderheft Mechanik Z.VDI (1925) 39.— O. FRITSCHE: Untersuchungen über den Strömungswiderstand der Gase in geraden zylindrischen Rohrleitungen; Z.VDI 52 (1908) 81; VDI-Forsch.-Heft 60 (1907). Siehe hierzu auch R. BIEL.: Gas- u. Wasserf. 76 (1933) 616 u. 742. Luft bis 12 at und bis 58 m/s.

(nach den Bildern 187, 188, 190)

G_h in kp/h	732	4380	229	8200	4380
$100\lambda_R$ nach ZT 71	2,13	1,64	2,51	1,48	1,64

Es zeigt sich, daß (gemäß FRITZSCHES Versuchsergebnissen) die Werte der Überschlagsformel (409)

bei G_h atwa $2 \cdot 10^2$ kp/h eine absolute Rauhigkeit von $k = 0,1$ mm,
bei G_h etwa $5 \cdot 10^3$ kp/h eine absolute Rauhigkeit von $k = 0,05$ mm,
bei G_h etwa 10^4 kp/h eine absolute Rauhigkeit von $k = 0,04$ mm,

darüber $k \leq 0,03$ mm erfassen. Die Näherungsgleichung (409) gilt nicht nur für 0 °C, 760 Torr, sondern wegen des niedrigen Exponenten beim Gewicht auch oft genügend genau für andere Betriebszustände.

Man kann mit Hilfe von Gl. (409) nunmehr für verhältnismäßig *großen Druckabfall* eine Tafel für Überschlagrechnungen anfertigen, wenn man Gl (330) heranzieht. Es ist dann je 100 m äquivalente Rohrlänge

$$p_1^2 - p_2^2 = 10{,}19 \frac{100}{1000} \lambda_R \frac{G_h^2}{(100d)^5} = 0{,}0571 \frac{G_h^{1,852}}{(100d)^5} \text{ in at}^2/100 \text{ m}. \quad (410)$$

Auswertung mit dem Rechenschieber, zur Stellenkontrolle dient das Übersichtsdiagramm Bild 212.

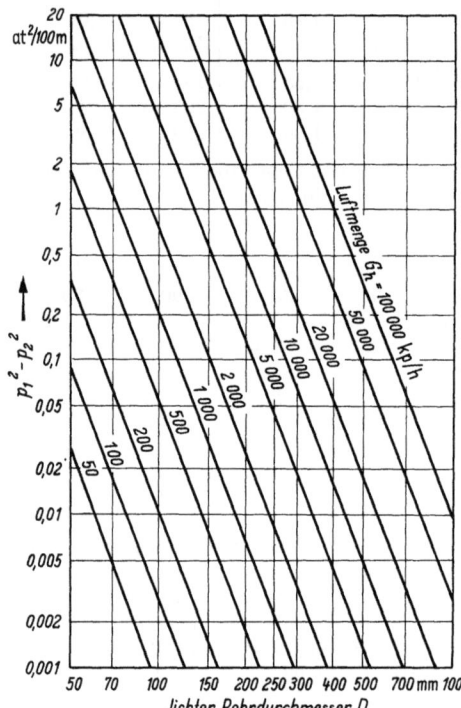

Bild 212.
Fluchtlinientafel zu Gl. (410). (Übersichtsdiagramm)

Beispiel[1]. $G_h = 27\,200$ kp/h, $D = 350$ mm. Es ergibt sich zahlenmäßig mit dem Rechenschieber:

$$1{,}852 \cdot \lg 27\,200 = 1{,}852 \cdot 4{,}434 = 8{,}21;$$

$$27\,200^{1{,}852} = 1{,}62 \cdot 10^8;$$

$$100d = \frac{1}{10}D = 35; \quad 35^5 \text{ prop. } 525;$$

$$p_1^2 - p_2^2 \text{ prop. } \frac{571}{525} \, 162 \text{ prop. } 176;$$

Stellenzahl nach Bild 212: $p_1^2 - p_2^2 = 0{,}176$ at²/100 m.

Ist z. B. $l = 1200$ m, so ist über diese Strecke

$$p_1^2 - p_2^2 = \frac{1200}{100} \, 0{,}176 = 2{,}11 \text{ at}^2,$$

und bei $p_1 = 5$ at z. B. ist

$$25 - p_2^2 = 2{,}11; \quad p_2^2 = 22{,}89; \quad p_2 = 4{,}785 \text{ at}; \quad p_1 - p_2 = 0{,}215 \text{ at}$$

oder

$$2150 \text{ mm WS.}$$

Wäre z. B. $t = 30$ °C, so wären $w_1 = 13{,}9$ m/s und $w_n = 61$ m/s.

Wenn das Beschleunigungsglied von λ zu berücksichtigen ist, dann wendet man zweckmäßig Bild 213 an. Der Einfluß ist erst bei mehr

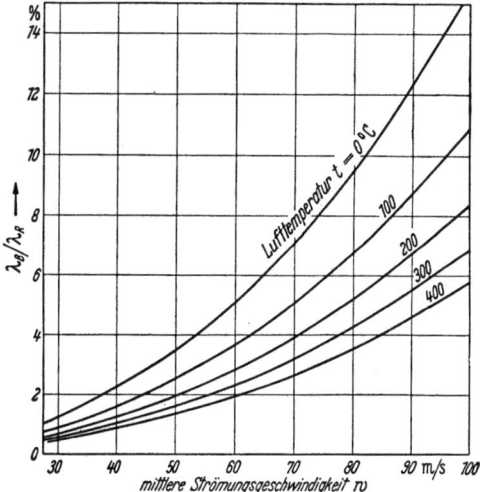

Bild 213. λ_B/λ_R in vH für Luft nach Gl. (136). ($\xi = 1{,}05$)

als 30 m/s nennenswert. Um den Prozentsatz aus Bild 213 vergrößert sich der Wert für $p_1^2 - p_2^2$.

---

[1] Im technischen Maßsystem wird das Gewicht G_h als Mengenbegriff gebraucht. Es handelt sich hier um eine Luftmenge von $G_h = 27\,200$ kg/h. Um aber konsequent mit Einheiten des Technischen Maßsystems zu rechnen, schreiben wir 27200 kp/h.

Bei verhältnismäßig *geringem Druckabfall*[1] gilt mit Gl. (343)

$$\frac{P_1 - P_2}{l} = 63{,}76\,\lambda_R \frac{p_n}{p_m} \frac{1}{(100d)^5} \frac{1}{\gamma_n} G_h^2 = 2{,}8 \frac{p_n}{p_m} \frac{1}{(100d)^5} G_h^{1,852} \quad (411)$$

mit $\gamma_n = 1{,}293$ kp/m³ (Vorzahl genauer 2,766).

Setzt man λ etwa 0,02, so ergeben sich nach den Gln. (346 bis 349) folgende *Faustformeln*:

$$\left. \begin{array}{l} \Delta p = \dfrac{w^2}{(100v)\,D} = \dfrac{w^2 \gamma}{100 D} \text{ in at/100 m,} \\[6pt] \Delta P = \dfrac{1}{8} \dfrac{V_h^2}{(100v)(10d)^5} = 125 \dfrac{V_h^2 \gamma}{(100d)^5}, \\[6pt] \Delta P = 1{,}25 \dfrac{(100v)}{(100d)^5} G_h^2 = 125 \dfrac{G_h^2}{\gamma(100d)^5} \end{array} \right\} \quad (412)$$

in mm WS/100 m, wobei $\gamma = P/RT$ und $v = RT/P$ ist.

37.2 Verschmutzung und Geschwindigkeiten

Insoweit, als trockene Luft gefördert wird, bleiben die Stahlrohre praktisch neuwertig und kann mit einer absoluten Rauhigkeit von $k = 0{,}03$ bis 0,05 mm gerechnet werden. Feuchte Luft führt zu Rostbildung, wodurch sich mit der Zeit eine absolute Rauhigkeit von 0,1 bis 0,4 mm einstellt, wie in Zahlentafel 13 vermerkt ist. Bei den folgenden Aufgaben wurde mit $k = 0{,}03$ bis 0,05 mm gerechnet.

Die wirtschaftlich günstigen Strömungsgeschwindigkeiten liegen, bezogen auf Normzustand, zwischen $w_n = 10$ und 50 m/s. Bei Preßluftleitungen geht man bis auf 2 bis 10 (bis 15) m/s im Betriebszustand.

Bei den im Vergleich mit Wasserleitungen verhältnismäßig großen Geschwindigkeiten sind in Luftleitungen mechanische Verschmutzungen weniger zu befürchten, allerdings können Staub oder losgerissene Rostteilchen zur Verstopfung verengter Leitungsteile oder von nicht dauernd betriebenen Abzweigleitungen führen[2]. Gelegentlich, z. B. in Wetterlutten, sind auch pflanzliche Ansätze zu beobachten.

Leitungen hinter Kolbenkompressoren neigen zur Verölung, was erhebliche Verkrustungen durch Staub und Rost zur Folge haben kann. Die absolute Rauhigkeit solcher Rohre kann bis zu 3 und 4 mm anwachsen.

---

[1] Siehe hierzu Arbeitsblatt 78 über Druckverluste in Luftleitungen — Rohrreibungsdiagramm für verschiedene Rauhigkeiten k, gültig für Luft von $+\,20°$C, 760 Torr. Bearbeiter: H. RÖTSCHER. Gesundheits-Ing. 90 (1969) 62.

[2] Siehe hierzu H. RUMPF: Über das Ansetzen von Teilchen an festen Wandungen. Z. VDI 99 (1957) 576.

38. Luftleitungen, Aufgaben

Aufgabe 20. Durch eine Stahlrohrleitung von $D = 200$ mm l. W. und 80 m Länge strömt Preßluft[1] mit $p_{1a} = 3$ at und $t_1 = 41,4$ °C $\approx t_2$ mit $w = 10$ m/s. Wie groß ist der Druckabfall?

Genauigkeit der Faustformel (412): $10^6 \nu = 17,60$ m²/s bei 1 at;

$$10^6 \nu = \frac{17,60}{4} = 4,4 \text{ m}^2/\text{s bei 4 at nach Zahlentafel 41};$$

$$Re = \frac{10 \cdot 0,2}{4,4} 10^6 = 4,55 \cdot 10^5; \quad \lg Re = 5,66;$$

$$\lambda_R = 0,016 \quad \text{bei} \quad k = 0,05 \text{ mm} \quad \text{nach Bild 188}.$$

Die Faustformel mit $\lambda = 0,02$ gibt einen um 25 vH größeren Druckabfall entsprechend $d/k = 1000$ und $k = 0,2$ mm nach Bild 187.

Mit der Faustformel (412) ergibt sich

$$\gamma = \frac{P}{RT} = \frac{4 \cdot 10^4}{29,3 \cdot 314} = 4,37 \text{ kp/m}^3;$$

$$\Delta p \approx 0,8 \frac{w^2 \gamma}{100 D} = 0,8 \frac{100 \cdot 4,37}{100 \cdot 200} = 0,0175 \text{ at/80 m},$$

(genau 0,014 at).

Aufgabe 21. Ein Turbokompressor drückt $V_{hn} = 20000$ m³/h Luft von $p_{1a} = 6$ at und $t_1 = 100$ °C ($t = $ const) durch eine Rohrleitung von $D = 400$ mm Lichtweite aus Stahlrohr $k = 0,04$ mm und mit 194 m widerstandsgleicher Länge zur Verwendungsstelle. Wie groß ist der Druckabfall?

Mit Gl. (371) sowie ZT 37 und 45 folgen

$$Re = 3,54 \cdot 10^5 \frac{V_{hn} \gamma_n}{D(10^6 \eta_n g)} \frac{\eta_n}{\eta} = 3,54 \cdot 10^5 \frac{2 \cdot 10^4 \cdot 1,293}{400 \cdot 17,16} 0,79$$

$$= 1,05 \cdot 10^6; \quad \lg Re = 6,02$$

und $\lambda_R = 0,0135$ mit $d/k = 400/0,04 = 10^4$ und mit Bild 188.
Nach Gl. (327) ist

$$\Delta P = 7 \cdot 10^4 \left[1 - \sqrt{1 - 127,5 \cdot 0,0135 \frac{1,293 \cdot 1,0332 \cdot 10^4 \cdot 373 \cdot 194}{7^2 \cdot 10^8 \cdot 273 \cdot 40^5} 4 \cdot 10^8}\right]$$

$$= 7 \cdot 10^4 [1 - \sqrt{1 - 4,86 \cdot 10^{-3}}] = 7 \cdot 10^4 \cdot 0,0024 = 168 \text{ kp/m}^2 \text{ oder mm WS}.$$

Der Druckabfall ist verhältnismäßig gering, bei raumbeständiger Strömung nach Gl. (314) erhielte man ebenfalls $\Delta P \approx 170$ kp/m². Man erkennt, daß für Überschlagsrechnungen einfache Formeln erforderlich sind.

Mit Gl. (412) folgt $\Delta P = 167$ kp/m², wenn man das Ergebnis mit 0,0135/0,020 im Verhältnis der Widerstandszahlen erweitert.

Aufgabe 22. Von einem Doppelleitungssystem ist eine Leitung außer Betrieb. Durch die andere $l = 180$ m lange Stahlrohrleitung von $D = 150$ mm l. W. (Rohr 159 × 4,5, NW 150) strömt aushilfsweise Preßluft von p_1ü $= 6,5$ at und

---

[1] $p_a = 3$ at heißt 3 at Überdruck (über dem atmosphärischen Druck), früher mit 3 atü bezeichnet. Der absolute Druck ist $p = 4$ at.

356   III. Praktische Berechnung von Rohrleitungen

$t_1 = 60$ °C $\approx t_2$ mit $w_1 = 40$ m/s. Wie groß ist der Druckabfall?

$$\gamma_1 = \frac{P_1}{RT} = \frac{75000}{29{,}3 \cdot 333} = 7{,}69 \text{ kp/m}^3;$$

$V_{h1} = 2830 d^2 w_1 = 2540$ m³/h;   mit Gl. (302) und Bild 166;

$G_h = 2540 \cdot 7{,}69 = 19600$ kp/h.

Aus Zahlentafel 71 erhält man $\lambda \approx \lambda_R = 0{,}013$.

Bei raumbeständiger Strömung vom Zustand 1 wäre

$$\Delta p = \gamma \, 10^{-4} \lambda \frac{l}{d} \frac{w^2}{2g} = 7{,}69 \cdot 10^{-4} \cdot 0{,}013 \, \frac{180}{0{,}150} \frac{1600}{19{,}6} = 0{,}98 \text{ at}.$$

Wegen der (isothermen) Ausdehnung ist der Druckabfall größer, nämlich

$$\Delta p = p_1 \left[1 - \sqrt{1 - 1275 \cdot 0{,}013 \, \frac{1}{7{,}5 \cdot 7{,}69} \, \frac{180}{150^5} \, 19{,}6^2 \cdot 10^6}\right]$$

$$= 7{,}5 \left[1 - \sqrt{0{,}739}\right] = 7{,}5 \cdot 0{,}141 = 1{,}06 \text{ at}$$

mit Gl. (328). Oder mit Gl. (330) ergibt sich

$$p_1^2 - p_2^2 = 10{,}19 \cdot 0{,}013 \, \frac{19{,}6^2 \cdot 10^6}{15^5} \, 0{,}1 \, \frac{333}{273} = 8{,}17 \text{ at}^2/100 \text{ m}.$$

Kommastelle mit Bild 212, oder

$$p_1^2 - p_2^2 = \frac{180}{100} \, 8{,}17 = 14{,}71 \text{ at}^2/180 \text{ m}.$$

$$p_1^2 = p_2^2 - 14{,}71 = 56{,}25 - 14{,}71 = 41{,}54 \text{ at}^2;$$

$$p_2 = 6{,}44 \text{ at}; \quad \Delta p = 7{,}50 - 6{,}44 = 1{,}06 \text{ at}$$

wie oben. Nach Gl. (322) ist ebenfalls $2p_1 \Delta p_1 = p_1^2 - p_2^2 = 2 \cdot 7{,}5 \cdot 0{,}98 = 14{,}70$. Genauer ist

$10^6 \eta g = 19{,}96$ kp/ms nach Zahlentafel 41 und $10^6 \nu = 19{,}96/7{,}69 = 2{,}60$ m²/s;

$$Re = \frac{40 \cdot 0{,}15}{2{,}60} \, 10^6 = 2{,}31 \cdot 10^6; \quad \lg Re = 6{,}36; \quad \lambda_R = 0{,}0141$$

mit Bild 187 ($k = 0{,}03$ mm). Dazu 2 vH Zuschlag für λ_B nach Bild 213 ergibt $\lambda = 1{,}02 \lambda_R = 1{,}02 \cdot 0{,}0141 = 0{,}0144$. Damit ist der Druckabfall größer:

$$p_1^2 - p_2^2 = \frac{0{,}0144}{0{,}013} \, 14{,}71 = 16{,}30 \text{ at}^2; \quad p_2^2 = 56{,}25 - 16{,}30 = 39{,}95 \text{ at}^2;$$

$$p_2 = 6{,}32 \text{ at}; \quad \Delta p = 1{,}18 \text{ at}.$$

Bei Reynolds-Zahlen über 10^6 gibt Gl. (409) Widerstandszahlen λ_R, die zu einer geringeren absoluten Rauhigkeit als $k = 0{,}03$ mm gehören.

Aufgabe 23. Eine Gebläseluftleitung aus Stahlblech ($k = 0{,}05$ mm) von $l = 682$ m Länge enthalte zwei Absperrschieber m = 0,64 und zwölf 90°-Glattrohrbogen mit $R/d = 4$. Es werden $V_{hn} = 10000$ m³/h Luft durchgeleitet, Anfangsdruck 2000 mm WS, Enddruck 1800 mm WS über Umgebungsdruck = 1 at. Welcher Leitungsdurchmesser ist zu wählen?

$$G_h = \gamma_n V_{hn} = 1{,}293 \cdot 10000 = 12930 \text{ kp/h};$$

$$100 \lambda_R \approx 1{,}38 \text{ nach Zahlentafel 71}.$$

Bei $w_n \approx 25$ m/s ergibt sich $D \approx 400$ mm aus Bild 166.

Damit kann man aus Zahlentafel 68 entnehmen

2 Schieber ≈ 20 m
12 Bogen ≈ 72 m } zusammen 92 m äquivalente Rohrlänge.

Nach Gl. (343) folgt

$$(100d)^5 = 63{,}76\, \lambda_R \frac{p_n}{p_m} \frac{l}{P_1 - P_2} \gamma_n V_{hn}^2$$

$$= 63{,}76 \cdot 0{,}0138 \frac{1{,}033}{1{,}190} \frac{774}{200} 1{,}293 \cdot 10^8 = 3830 \cdot 10^5;$$

$(100d) = 52{,}1;\quad D = 521$ mm, gewählt $D = 550$ mm l. W.,

wobei sich mit Gl. (343) ein Druckabfall von rund 152 mm WS ergibt. Bei 550 mm l. W. ist es nicht nötig, die äquivalente Rohrlänge nachzuprüfen. $w_n = 11{,}7$ m/s.

Kommakontrolle mit Bild 212. Zu

$$\frac{p_1^2 - p_2^2}{l/100} = \frac{1{,}44 - 1{,}40}{7{,}74} = 0{,}0052 \text{ at}^2/100 \text{ m}$$

und $G_h = 12930$ kp/h gehört $D = 550$ mm.

Genauere Berechnung:

$10^6 \nu_n = 13{,}27$ m²/s nach Zahlentafel 41; nach Gl. (366) ist

$$Re = 354 \frac{V_{hn}}{D(10^6 \nu_n)} 10^3 = 354 \frac{10000}{550 \cdot 13{,}27} 10^3 = 4{,}85 \cdot 10^5,$$

falls $T \approx T_n$ ist. $\lg Re = 5{,}68$; $\lambda_R = 0{,}0144$ nach Bild 188 ($k = 0{,}05$ mm) und

$$\lambda_R = 0{,}0140$$

nach Bild 187 ($k = 0{,}03$ mm). Der Wert $\lambda_R = 0{,}0138$ nach Zahlentafel 71 entspricht $k \approx 0{,}025$ mm. Genauer folgt mit $\lambda_R = 0{,}0144$ und $l = 809$ m widerstandsgleicher Länge bei $D = 550$ mm mit Gl. (343) ein Druckabfall $\Delta P = 166$ mm WS.

Aufgabe 24. Durch einen über 600 m tiefen Schacht geht eine Preßluftleitung von $D = 200$ mm l. W. Preßluftzustand über Tage $p_{1a} = 7$ at, $t_1 = 80$ °C, $T_1 = 353$ °K. Strömungsgeschwindigkeit $w_1 = 10$ m/s. Senkrechte Leitungslänge $l = l_2 - l_1 = 600$ m. Welcher Druck herrscht am unteren Ende der Leitung? ($t_1 = t_2$, $p_0 = 1$ at)

$$\gamma_1 = \frac{P_1}{RT} = \frac{80000}{29{,}3 \cdot 353} = 7{,}73 \text{ kp/m}^3;$$

$$10^6 \nu_1 = \frac{\eta_1 g}{\gamma_1} = \frac{20{,}85}{7{,}73} = 2{,}70 \text{ m}^2/\text{s};$$

$$Re_1 = \frac{10 \cdot 0{,}20}{2{,}70} 10^6 = 7{,}4 \cdot 10^5 \approx Re_2; \quad \lg Re = 5{,}87;$$

$k = 0{,}05$ mm; $\lambda \approx \lambda_R = 0{,}0155$ nach Bild 188.

III. Praktische Berechnung von Rohrleitungen

Gemäß Bild 23 ist $\alpha = 270° = -90°$ und $\sin\alpha = -1$. Zu Gl. (141) ermittelt man:

$$a = (\sin\alpha)\frac{\gamma_1}{P_1} = -\frac{7{,}73}{80000} = -0{,}966 \cdot 10^{-4};$$

$$b = \lambda_R P_1 \gamma_1 \frac{1}{d} \frac{w_1^2}{2g} = 0{,}0155 \frac{80000 \cdot 7{,}73}{0{,}20} \frac{100}{19{,}6} = 0{,}245 \cdot 10^6;$$

$$l = \frac{1}{2a} \ln \frac{a P_1^2 + b}{a P_2^2 + b}.$$

Mit $l = 600$ m, $a = -0{,}966 \cdot 10^{-4}$, $b = 0{,}245 \cdot 10^6$ und $P_1 = 8 \cdot 10^4$ berechnet man $p_2 = 8{,}29$ at. Druckanstieg von 8,00 auf 8,29 at, also um 0,29 at.

Statischer Druckgewinn $600 \cdot \frac{7{,}73}{10000} = 0{,}46$ at, mit γ_1 berechnet.

Der Druckabfall in einer waagerechten Leitung wäre etwa

$$\Delta p = 7{,}73 \cdot 10^{-4} \cdot 0{,}0155 \cdot \frac{600}{0{,}20} \cdot \frac{100}{19{,}6} = 0{,}183 \text{ at,}$$

wegen der Ausdehnung genauer etwas mehr, etwa 0,20 at. Überschlägig wäre der Druck $p_2 = 8{,}00 + 0{,}46 - 0{,}20 = 8{,}26$ at, genauer ist er 8,29 at, weil der statische Druckgewinn durch die zunehmende Verdichtung nach unten zu größer ist. Der Unterschied ist aber so gering, daß die Überschlagsrechnung ausreicht.

Aufgabe 25. Es werden $m_h = 10 t/h$ Luft von $p_1 = 100$ bar und $t_1 = 50$ °C $\approx t_2$ durch Präzisionsstahlrohr ($k = 0{,}018$ mm) von $D = 60$ mm l. W. über eine widerstandsgleiche Rohrlänge von 470 m gefördert. Wie groß ist der Druckabfall?

a) $\lambda_R = 0{,}0143$ überschlägig nach Gl. (408) und ZT 71 (zu $G_h = 10^4$ kp/h);

b) genauer mit:

$$10^6 \eta_1 = 19{,}51 \text{ kg/m s nach ZT 41,}$$

$$\varrho_1 = P_1/R T_1 = 107{,}9 \text{ kg/m}^3,$$

$$10^6 \nu_1 = 10^6 \eta_1/\varrho_1 = 0{,}181 \text{ m}^2/\text{s,}$$

$$Re_1 = 3 \cdot 10^6, \quad \lg Re = 6{,}48, \quad \lambda_R = 0{,}0151 \text{ zu } d/k = 3333;$$

c) mit $\eta = f(p)$ nach ZT 47 und mit dem Realgasfaktor Z nach ZT 38:

$$10^6 \eta_1 \approx 19{,}51 \cdot 1{,}11 = 21{,}66 \text{ kg/m s,}$$

$$\varrho_1 \approx P_1/(1{,}006 R T_1) = 107{,}2 \text{ kg/m}^3,$$

$$10^6 \nu_1 = 10^6 \eta_1/\varrho_1 = 0{,}202 \text{ m}^2/\text{s,}$$

$$Re_1 = 2{,}7 \cdot 10^6, \quad \lg Re = 6{,}43, \quad \lambda_R = 0{,}0152;$$

d) mit $\lambda_R = 0{,}0152$ erhält man nach Gl. (326) $\Delta p = 5{,}5$ bar. Gl. (408) ergibt bei so hohen Reynolds-Zahlen mit $\lambda_R = 0{,}0143$ zu kleine Werte. $w_1 = 9{,}1$ m/s. Der Zuschlag für λ_R liegt nach Bild 213 unter 1 vH.

III.8 Gasleitungen, besondere Strömungsfälle, Aufgaben

39. Spezielle Berechnungsunterlagen

39.1 Rechenhilfsmittel

Während man es bei Wasser, Luft und Wasserdampf mit bestimmten Stoffen zu tun hat, handelt es sich bei technischen Gasen allgemein um eine Vielfalt von Stoffen und Stoffgemischen. Zur Berechnung der Rohrströmung dienen neben den anderen Unterlagen die Gln. (320) bis (344).

Von besonderem technischen Interesse sind Industriegase gemäß Zahlentafel 49 und 50.2. Hierfür läßt sich überschlägig aus Gl. (407) eine Beziehung

$$(\lambda_R)_n \approx 0{,}249\, \nu_n^{0,148}\, V_{hn}^{-0,125} \tag{413}$$

entwickeln[1], anwendbar für Stahlrohre bei $Re \geq 150 D$.

Lange Gasleitungen berechnet man zweckmäßig nach Gl. (330) mit

$$(p_1^2 - p_2^2)/L = 17{,}04\, d_v\, \lambda_R (100 d)^{-5}\, V_{hn}^2\, T/T_n \tag{414}$$

in at²/km (Faktor 16,39 in bar²/km). Man kann nun mit Gl. (413) ein Übersichtsdiagramm für eins der Gase mit bestimmten zusammengehörigen Werten für das Dichteverhältnis d_v und die kinematische Viskosität ν_n für eine Fortleitungstemperatur $T = T_n$ zeichnen. Für ein anderes Gas sind dann Umrechnungsfaktoren $f(\nu_n)$ und $f(d_v)$ einzuführen, sowie $f(t)$ für andere Temperaturen als 0 °C. Wir wählen ein Stadtgas mit $d_v = 0{,}50$ und $10^6 \nu_n = 19{,}6$ m²/s aus mit einer Widerstandszahl

$$100\,(\lambda_R)_n = 5{,}00\, V_{hn}^{-0,125}$$

gemäß Gl. (413) und erhalten

$$(p_1^2 - p_2^2)/L = 0{,}426\, (100 d)^{-5}\, V_{hn}^{1,875}\, f(\nu_n)\, f(d_v)\, f(t). \tag{415}$$

Diese Gleichung ohne die Umrechnungsfaktoren ist in Bild 214 dargestellt.

Umrechnungsfaktor $f(\nu_n)$. Werte $0{,}249\, \nu_n^{0,148}$ und Werte $f(\nu_n) = 0{,}249\, \nu_n^{0,148}/0{,}050$ können aus Bild 215 zu Werten $10^6 \nu_n$ entnommen werden. Bei $10^6 \nu_n = 19{,}6$ m²/s ist $f(\nu_n) = 1{,}00$, bei $10^6 \nu_n \gtreqless 19{,}6$ m²/s ist $f(\nu_n) \gtreqless 1{,}00$.

Umrechnungsfaktor $f(d_v)$. Bei anderen Dichteverhältnissen d_v als 0,50 ist $f(d_v) = d_v/0{,}50 = 2 d_v$.

Umrechnungsfaktor $f(t)$. Bei anderen Fortleitungstemperaturen t als $t_n = 0$ °C ist mit T/T_n zu multiplizieren. Außerdem ist die Änderung der Widerstandszahl λ_R

---

[1] Nach R. BIEL: Umrechnung des Druckabfalls in Rohrleitungen auf verschiedene Fördermittel. Gas- u. Wasserf. 70 (1927) 623.

III. Praktische Berechnung von Rohrleitungen

mit der Temperatur zu berücksichtigen. Aus den Gln. (198) und (370) folgt angenähert mit $c = -0{,}2$ die Beziehung $\lambda_R/(\lambda_R)_n = (\eta/\eta_n)^{0,2}$. Im Mittel ist $\eta/\eta_n \approx 1{,}5$ bei 200 °C und $\approx 2{,}1$ bei 500 °C. Damit folgt $f(t) = (T/T_n)(\eta/\eta_n)^{0,2}$, wofür Werte in Zahlentafel 72 angegeben sind.

Beispiel. Ein Generatorgas mit $d_v = 0{,}88$ und $10^6 \eta_n\, g = 16{,}15$ kp/m s, also $10^6 \nu_n = 14{,}19$ m²/s, strömt durch eine waagerechte Leitung aus Stahlrohren mit $D = 620$ mm, widerstandsgleiche Rohrlänge $L = 0{,}644$ km. Anfangsdruck $p_1 = 1{,}200$ at, Fortleitungstemperatur $t_1 = t_2 = 40$ °C, Volumenstrom $V_{hn} = 27300$ m³/h. Wie groß ist der Enddruck p_2?

Zahlentafel 72
Werte $f(t) = (T/T_n)(\eta/\eta_n)^{0,2}$, abhängig von der Fortleitungstemperatur t in °C

t °C	$f(t)$	t °C	$f(t)$	t °C	$f(t)$	t °C	$f(t)$
−20	0,871	12	1,056	40	1,179	200	1,886
−10	0,934	14	1,065	50	1,222	250	2,111
0	1,000	16	1,075	60	1,266	300	2,342
2	1,009	18	1,083	70	1,309	350	2,574
4	1,019	20	1,092	80	1,352	400	2,810
6	1,028	25	1,114	90	1,404	450	3,045
8	1,037	30	1,136	100	1,440	500	3,285
10	1,047	35	1,157	150	1,659	600	3,767

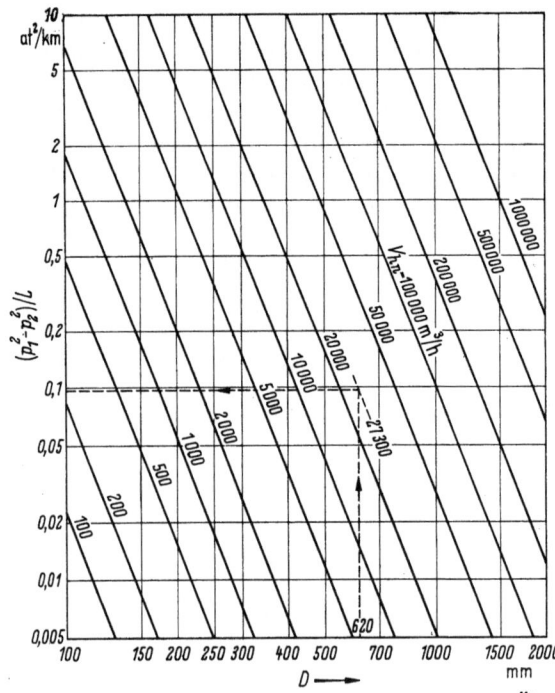

Bild 214. Fluchtlinientafel zu Gl. (415), ohne die drei Umrechnungsfaktoren (Übersichtsdiagramm, gültig für Stadtgas mit $d_v = 0{,}50$ und $10^6 \nu_n = 19{,}6$ m²/s). Eingetragen sind Linien zu dem nebenstehenden Beispiel

39. Spezielle Berechnungsunterlagen

Aus Bild 214 entnimmt man $(p_1^2 - p_2^2)/L = 0{,}095$ at²/km (wie eingezeichnet). Für das Generatorgas ergibt sich

$$p_1^2 - p_2^2 = 0{,}095 f(\nu_n)\, f(d_v)\, f(t)\, L$$
$$= 0{,}095 \cdot 0{,}96 \cdot 1{,}76 \cdot 1{,}18 \cdot 0{,}644 = 0{,}122 \text{ at}^2.$$

Es ist
$$p_2^2 = 1{,}440 - 0{,}122 = 1{,}318 \text{ at}^2; \qquad p_2 = 1{,}148 \text{ at};$$

$$\Delta p = 0{,}052 \text{ at oder } 520 \text{ mm WS}.$$

Mit $C = 120$ erhält man aus Gl. (357) $\eta/\eta_n = 1{,}116$ und mit Gl. (371) die Reynolds-Zahl $Re = 0{,}985 \cdot 10^6$. Aus Gl. (413) und Bild 215 folgt $(\lambda_R)_n = 0{,}0478/\sqrt[8]{27300} = 0{,}0133$ und $\lambda_R = (\lambda_R)_n (\eta/\eta_n)^{0,2} = 0{,}0137$. Zu $\lg Re \approx 6{,}0$ und $\lambda_R = 0{,}0137$ findet man aus Bild 187 einen Wert $d/k = 8400$ und $k = 0{,}074$ mm. Neues Stahlrohr hätte $k = 0{,}03$ bis $0{,}05$ mm, betrieblich normal verschmutztes etwa $k = 0{,}1$ mm. Gl. (413) erfaßt einen mittleren Wert.

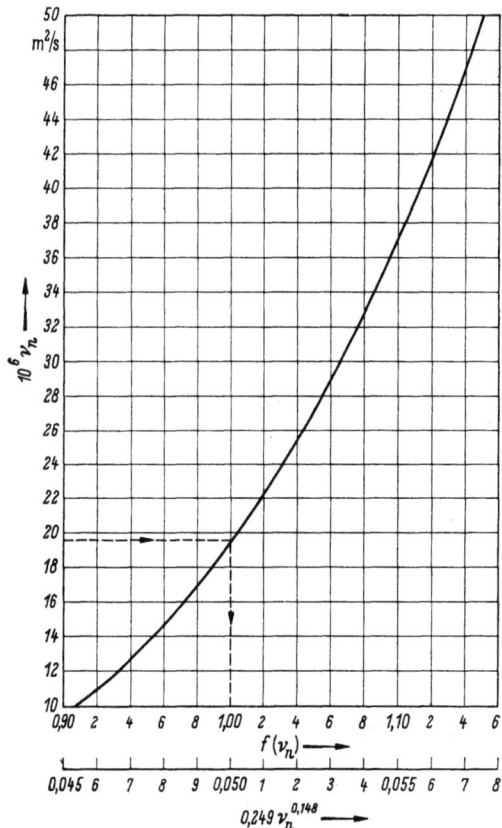

Bild 215. Umrechnungsfaktoren $f(\nu_n)$ und Werte $0{,}249\, \nu_n^{0,148}$ zur kinematischen Viskosität $10^6\, \nu_n$, zu Gl. (413). Beispiel: $10^6\, \nu_n = 19{,}6$ m²/s, $100(\lambda_R)_n = 5{,}00\, V_{hn}^{0,125}$, $f(\nu_n) = 1{,}00$

Bei *Niederdruckleitungen* für Stadtgas mit $d_v = 0{,}5$ und nach Gl. (334) besteht die *Faustformel*

$$\frac{P_1 - P_2}{l} \approx \frac{V_{hn}^2}{(100d)^5} \text{ in mm WS/m}, \qquad (416)$$

wenn $p_m \approx p_n$ und $T \approx T_n$ gesetzt werden können.

Im turbulenten Bereich von $2300 < Re < 150 D$ gilt für Stahlrohre genau genug Gl. (200). Bei geringeren Reynolds-Zahlen herrscht Laminarströmung und gilt Gl. (175).

39.2 Verschmutzung und Geschwindigkeiten

Für neue Gasleitungen kann die absolute Rauhigkeit an sich mit $k = 0{,}03$ bis $0{,}05$ mm angenommen werden. Über Veränderungen der Rohrwand durch Staub und Rost gilt das für Luftleitungen Gesagte. Je nach Art und Reinheit des Gases (chemische Beschaffenheit) sind verschiedenartige Ausscheidungen und Ansätze zu erwarten, siehe Zahlentafel 73. Insbesondere für Kokereigas- und Erdgasfernleitungen liegen genaue Messungen[1] vor, siehe Zahlentafel 73. Erdgas neige weniger zu Verschmutzungen als Kokereigas, weil im allgemeinen nicht mit

Zahlentafel 73. *Messungen der äquivalenten Sandrauhigkeit von Gasleitungen*

1. *Messungen im Laboratorium* an Stahlrohren für *Kokereigas* mit $D = 100$ bis 103 mm bei vollständig rauher Strömung

   — neues Rohr mit geringer Rauhigkeit durch Walzrillen und Rostflecken, nach Lagerung auf der Baustelle $\qquad k = 0{,}04$ mm
   — gebrauchtes Rohr mit gleichmäßig verteilten Rostnarben $\qquad k = 0{,}14$ mm
   — desgl. nach langjährigem Betrieb mit Ablagerungen und Verkrustungen 1,5 bis 2,5 mm stark $\qquad k = 0{,}97$ mm
   — desgl. mit sehr unregelmäßigen Verkrustungen 1 bis 8 mm stark $\qquad k = 2{,}5$ mm

2. *Messungen* an langen Strecken von *Gasfernleitungsanlagen* aus Stahlrohr. Meßstrecke jeweils 15 km und mehr nach den Einspeisungsstellen.

   — *Kokereigas*, $D = 250$ bis 700 mm, nach mehrjährigem Betrieb $\qquad k = 0{,}22 - 0{,}27 - 0{,}28 - 0{,}51$ mm
   — desgl., $D = 600$ mm nach 35jährigem Betrieb $\qquad k = 0{,}266$ mm
   — *Erdgas*, $D = 386$ mm im Mittel, nach zwei Betriebsjahren (Rauhigkeit wie bei neuen Rohren) $\qquad k = 0{,}052$ mm
   — desgl., $D = 253$ mm, nach 15 Betriebsjahren $\qquad k = 0{,}10 \cdots 0{,}14$ mm
   — desgl., $D = 206$ mm, nach 17 Betriebsjahren $\qquad k = 0{,}21$ mm

---

[1] HERNING, F.: Kritische Betrachtungen zur Rohrreibungszahl und Wandrauhigkeit von Ferngasleitungen. Gas- u. Wasserf. 108 (1967) 865—873. — Ferner: GUMAN, E.: Die Berechnung von Erdgasfernleitungen. Acta technica academiae scientiarum hungaricae Budapest V (1952) Nr. 4, 397—434. Dort wird als Rechenwert $k = 0{,}08$ mm empfohlen.

festen Ausscheidungen aus dem Gas und infolge des meist sehr niedrigen Wassertaupunktes nicht mit Ablagerungen von Korrosionsprodukten zu rechnen sei. Das unterschiedliche Anwachsen der Rauhigkeit im Betrieb nach Zahlentafel 73 läßt vermuten, daß durch entsprechende Behandlung des Gases vor Eintritt in die Fernleitungen bei Kokereigas Betriebswerte über $k = 0{,}3$ mm und bei Erdgas über $0{,}15$ mm vermeidbar sind. Die Rauhigkeit neuer Stahlrohre kann durch Auskleidung mit Kunststoff so weit vermindert werden, daß sie sich wie glatte Rohre verhalten. Es fehlen noch allgemeingültige Erfahrungen darüber, welche Rauhigkeit beschichtete Rohrwände im Betrieb annehmen.

In den Fernleitungen wendet man Drücke bis etwa 70 at an. Die älteren Fernleitungen für *Stadtgas* und *Koksofengas* sind für 7 bis 8 at Betriebsdruck bemessen, die neueren für 17 bis 26 at. — In den europäischen Erdgasfeldern steht das *Erdgas* unter einem Schließdruck von 330 bis 510 at (1,1- bis 1,7faches des hydrostatischen Druckes). Es wird von Wasser und flüssigen Kohlenwasserstoffen befreit und mit 50 bis 70 at in Ferngasleitungen bis 900 mm Durchmesser eingespeist. Anschlußleitungen betreibt man mit 2 bis 6,5 at. Bei der Reduktion des Leitungsdruckes ist bei Erdgas mit einem Temperaturabfall von 0,4°/at zu rechnen (negativer Thomson/Joule- oder Drosseleffekt).

Die mittlere Temperatur der Gasströmung in erdverlegten Leitungen liegt bei 12 °C. Man hält die Strömungsgeschwindigkeit bei $w = 5$ bis 16 m/s, höhere Werte bei höherem mittlerem Leitungsdruck. Für die Hauptleitungen der Niederdrucknetze von Gasversorgungsanlagen wählt man 3 bis 10 m/s. Bei Hausverteilungsleitungen läßt man nicht mehr als 1 m/s zu, damit sich die einzelnen Entnahmestellen nicht stören.

39.3 Zum Entwurf von Gasfernleitungen

Es genügt an sich, wenn das Gas aus der Fernleitung je nach Umfang und Versorgungszweck des zu beliefernden Netzes mit einem Überdruck zwischen 100 und 2000 mm WS gegenüber dem atmosphärischen Druck einströmt. Bei diesem geringen Druck nimmt das Gas aber einen verhältnismäßig großen Raum ein. Würde man lange Fernleitungen für einen so niedrigen Enddruck auslegen, so wäre ein überaus großer Rohrdurchmesser und damit eine recht aufwendige Anlage nötig. Die Förderbedingungen werden wesentlich günstiger, wenn man den Enddruck heraufsetzt und aus der Fernleitung über eine Reduziervorrichtung in das Netz einspeist. Nach Gl. (330) besteht für eine gegebene Entfernung der Zusammenhang

$$\Delta p\, p_m = \text{const}\, m_s^2 / d^5. \tag{417}$$

Man erreicht durch einen höheren Enddruck und damit höheren mittleren Druck p_m, daß bei gleicher Fördermenge m_s und gleichem Druckabfall Δp der Rohrdurchmesser d verkleinert wird. Es besteht auch die

III. Praktische Berechnung von Rohrleitungen

Möglichkeit, die Menge bei gleichem Druckabfall und Durchmesser zu vergrößern oder den Druckabfall zu vermindern, wenn man Menge und Durchmesser beibehält. Bei Neuanlagen ist in der Regel die Menge gegeben und ein Optimum für Druckniveau und Rohrweite zu suchen, während bei vorhandenen Anlagen die Aufgabe vorherrscht, die Menge zu vergrößern, indem das Druckniveau soweit wie zulässig erhöht wird.

Bei diesem Verfahren hat das Gas am Leitungsende einen erheblichen Überdruck. Zur nützlichen Entspannung kann man zwischen Leitung und Netz Preßgasmotoren oder Entspannungsturbinen einschalten. In diesem Falle ist für den Wirkungsgrad der gesamten Anlage weniger der Druckabfall in der Leitung als der Unterschied der Leistungsfähigkeit des Gases gegenüber dem Netzzustand maßgebend, d. h. zwischen der am Anfang nach dem Verdichten und der am Ende der Leitung vor dem Entspannen. Der Wirkungsgrad η_{Rohr} wird dann durch das Verhältnis von gewinnbarer zu aufzuwendender Leistung gebildet.

Der Verlust an Leistungsfähigkeit sei N_v. Um die Strömung aufrechtzuerhalten ist ständig Reibungsarbeit zu verrichten. Bei isothermem Vorgang ändert sich die potentielle Energie gemäß Gl. (59), und wenn diese Änderung durch Reibung hervorgerufen wird, so gilt für eine waagerechte Leitung in der Zeiteinheit

$$\mathrm{d} N_v = - m_s \, R \, T \, \frac{\mathrm{d} P}{P}$$

und

$$\frac{\mathrm{d} N_v}{\mathrm{d} l} = - m_s \, \frac{R \, T}{P} \, \frac{\mathrm{d} P}{\mathrm{d} l}, \tag{418}$$

denn während der Druck fällt, nehmen zurückgelegte Rohrlänge und Leistungsverlust zu. Mit einem Widerstandsgesetz

$$\lambda_R = a \, m_s^b \tag{419}$$

gemäß Gl. (409) erhält man mit Gl. (119) und (314)

$$\frac{\mathrm{d} P}{\mathrm{d} l} = - C_1 \, R \, T \, \frac{1}{d^5 \, P} \, m_s^{2+b} \tag{420}$$

und mit den Gln. (418) und (419) schließlich

$$\frac{\mathrm{d} N_v}{\mathrm{d} l} = C_1 \, R^2 \, T^2 \, \frac{1}{d^5 \, P^2} \, m_s^{3+b}. \tag{421}$$

Setzt man den Förderdruck herauf, so geht der Leistungsverlust in stärkerem Maß zurück als der Druckabfall. Bei gleicher Fördermenge hängt der Leistungsverlust vom Produkt $d^5 P^2$ ab; er ist umgekehrt proportional dem Quadrat des Druckes, der Druckverlust dagegen nur der einfachen Potenz. Nimmt man andererseits gleichen Leistungsverlust an und fragt, wieviel der Rohrdurchmesser kleiner werden kann,

39. Spezielle Berechnungsunterlagen

wenn der Förderdruck erhöht wird, dann lautet die Antwort, daß bei gleicher Fördermenge der Durchmesser d mit der $^2/_5$-Potenz von P abnimmt. So nimmt der Durchmesser der Leitung bei Drucksteigerung von 1 auf 5, 10, 50, 100 at auf das 1 durch 1,9-, 2,5-, 4,8-, 6,3fache ab. Die Durchmesserabnahme bei Druckerhöhung wird von einer Verstärkung der Rohrwand und Verteuerung der Rohre begleitet, so daß bald eine wirtschaftlich günstigste Drucksteigerung erreicht ist (bei etwa 50 at). Gleichzeitig hat man es aber mit der Drucksteigerung in der Hand, die Druckfestigkeit der Rohre weitgehend auszunützen.

Mit Vorteil könnte man die Rohrweiten auch abstufen und erhielte dann eine Drucklinie nach Bild 216. Anfänglich müßte man engere Rohre, später nach Ausdehnung des Gases weitere benutzen.

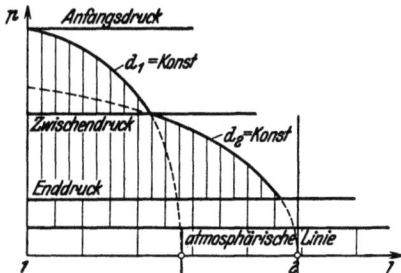

Bild 216. Drucklinie bei abgestuften Rohrweiten. $d_2 > d_1$

Für den Fall eines unveränderlichen Leistungsverlustes dN_v/dl längs der Fernleitung besteht dann ein Abstufungsgesetz

$$d^5 P^2 = \text{const.} \tag{422}$$

Um eine Beziehung zwischen d und l zu gewinnen, ersetzt man P durch l. Es ist

$$5 d^4 P^2 \frac{d(d)}{dl} + d^5 \cdot 2P \frac{dP}{dl} = 0$$

und mit konstantem $dN_v/dl = C_2$ folgt mit den Gln. (420) und (421)

$$5 \frac{R T m_s}{2 C_2} \frac{1}{d} \frac{d(d)}{dl} - 1 = 0.$$

Die Grenzen heißen: $d = d_1$ bei $l = 0$ und $d = d_2$ bei $l = l$, und man findet

$$5 \frac{R T m_s}{2 C_2} \ln \frac{d}{d_1} = l, \tag{423}$$

d. h., der Durchmesser ändert sich mit der Rohrlänge nach einem logarithmischen Gesetz.

Zur genauen Berechnung von Gasfernleitungen eignet sich Gl. (330). Bei hohem Gasdruck ist die Kompressibilitätszahl K zu berücksichtigen, siehe S. 265. Gl. (330) gilt für erdverlegte Leitungen mit $t = 12\,°C$ Gastemperatur und $T/T_n = 285/273$ in der Form

$$(p_1^2 - p_2^2)/L = 17{,}79 K d_v \lambda_R (100 d)^{-5} V_{hn}^2 \qquad (424)$$

bei p in at (Vorzahl 17,11 bei p in bar).

Bei isothermer Ausdehnung gemäß Gl. (137) ergibt sich als mittlerer Druck

$$p_m = \frac{2}{3} \frac{p_1^3 - p_2^3}{p_1^2 - p_2^2} = \frac{2}{3}\left(p_1 + p_2 - \frac{p_1 p_2}{p_1 + p_2}\right). \qquad (425)$$

K steht bei 12 °C in etwa linearem Zusammenhang mit dem Gasdruck und kann genau genug bei mittlerem Druck p_m in Gl. (424) eingesetzt werden[1]. Für *Kokereigas* ist der Druckeinfluß gering und gilt $K \approx 1 + (p/6300)$ bei p in at [$K \approx 1 + (p/6420)$ bei p in bar]; für *Erdgas* dagegen ist $K \approx 1 - (p/470)$ bei p in at [$K \approx 1 - (p/479)$ bei p in bar] anzusetzen.

Gleichmäßig über die gesamte Leitungslänge verteilte Abzweige bedingen das $C_U$fache des Widerstandes mit C_U gleich angenäherter Druckabfall der Hauptleitung zu dem Druckabfall, der mit der am Ende übrig bleibenden Menge berechnet werden würde, siehe Gl. (388). Es ist $m_1/m_2 = G_1/G_2 = V_{n1}/V_{n2}$, siehe Zahlentafel 74.

Zahlentafel 74. *Werte C_U bei gleichmäßig verteilten Abzweigen oder Undichtigkeiten oder kondensierenden Dämpfen nach Gl. (388)*

G_1/G_2	1	1,05	1,1	1,2	1,3	1,4	1,5	2,0
C_U	1	1,051	1,103	1,21	1,33	1,45	1,58	2,33

40. Gasleitungen, Aufgaben

Aufgabe 26. $1{,}5 \cdot 10^6 m_n^3$ Kokereigas mit einem Dichteverhältnis von 0,392 und einer dynamischen Viskosität bei Normzustand von $12{,}54 \cdot 10^{-6}$ kg/m s sollen täglich bei einer mittleren Temperatur von 12 °C über eine Strecke von 600 km in ein Versorgungsgebiet gefördert werden. Am Anfang und Ende der Rohrleitungsanlage befinden sich so große Speicheranlagen, daß der Gasstrom trotz schwankender Zulieferung und Abnahme praktisch stationär ist. Es sollen zwei gleichweite Stahlrohrleitungen unterirdisch verlegt werden, wobei jede Leitung für die Gesamtmenge zu bemessen ist. Zwischen Leitungsende und Verbrauchernetz ist eine Entspannungsturbine angeordnet. Welche Drücke und Durchmesser sind zu wählen? Wie groß sind der Verlust an Leistungsfähigkeit des Gases durch Reibung und der Rohrleitungswirkungsgrad, wenn für die Rauhigkeit mit einem maximalen Betriebswert $k = 0{,}3$ mm gerechnet wird? Netzdruck und Umgebungsdruck sollen einfach mit $p_0 = 1$ at angesetzt werden. Wie ändert sich der Druckabfall in der Betriebszeit? Welche Menge kann gefördert werden, wenn die Druckdifferenz zwischen Anfang und Ende der Leitungen auf dem Auslegungswert gehalten wird?

$1{,}5 \cdot 10^6$ m_n^3/Tag entsprechen $V_{hn} = 62500$ m³/h. Für Verdichtung und Entspannung des Gases wird eine polytrope Zustandsänderung mit $m = 1{,}3$ angenommen. Nach Gl. (62) ergibt sich die Leistungsfähigkeit der Gasmenge zu

$$N = V_{hn} \frac{\gamma_{nL} d_v}{102 \cdot 3600} \frac{m}{m-1} \frac{P}{\gamma}\left[1 - \left(\frac{p_0}{p}\right)^{\frac{m-1}{m}}\right] \quad \text{in kW.}$$

---
[1] HERNING, F.: Zit. S. 362.

Bei isothermer Strömung mit $t = 12$ °C, $T = 285$ °K hat $P/\gamma = RT = R_L T/d_v$ bei allen Gaszuständen in der Leitung denselben Wert. Mit

$$\frac{V_{hn} \gamma_{nL} d_v}{102 \cdot 3600} \frac{R_L T}{d_v} \frac{m}{m-1} = \frac{62500 \cdot 1{,}293 \cdot 29{,}27 \cdot 285 \cdot 1{,}3}{102 \cdot 3600 \cdot 0{,}3} = 7955$$

kann man die Leistungsfähigkeit bei jedem Gaszustand mit

$$N = 7955 \left[1 - \left(\frac{p_0}{p}\right)^{0{,}231}\right] \text{ in kW}$$

berechnen. Anfangs- und Endquerschnitt der Fernleitung werden mit 1 und 2 bezeichnet. Der Rohrleitungswirkungsgrad ist $\eta_{\text{Rohr}} = N_2/N_1$.
Bei $t = 12$ °C hat das Gas mit Gl. (357) und $C = 120$ einen Wert $\eta/\eta_n = 1{,}035$. Mit Gl. (371) ergibt sich die Reynolds-Zahl $Re = 8{,}633 \cdot 10^5/d$. Überschlägig wird zunächst nach Gl. (413) mit der Widerstandszahl $\lambda_R = 0{,}0131$ gerechnet. Dann gilt nach Einsetzen der Zahlenwerte in Gl. (414) mit $L = 600$ km die Beziehung

$$p_1^2 - p_2^2 = 2{,}144 \cdot 10^{11}(100d)^{-5}.$$

Zunächst sei untersucht, wie sich der Durchmesser D ändert, wenn $p_2 = 1$ at (und damit $N_2 = 0$ und $\eta_{\text{Rohr}} = 0$) ist und p_1 heraufgesetzt wird (Tafel 1). Mit wachsendem Vordruck p_1 und verfügbarer Druckdifferenz $p_1 - p_2$ wird D zunächst stark, dann immer weniger stark verkleinert. Über $p_1 = 20$ at bringt die Druckerhöhung nicht mehr viel. Mit dem Druck p_1 wächst die Verdichtungsleistung N_1, die hier der zu leistenden Reibungsarbeit entspricht.

Tafel 1
$p_2 = 1$ at

p_1 at	D mm	N_1 kW
2	1482	1179
4	1074	2182
6	907	2690
8	806	3032
10	736	3278
12	684	3471
15	625	3697
20	557	3970
30	474	4326
40	422	4560
50	386	4729

Tafel 2
$p_1 = 40$ at

p_2 at	D mm	N_2 kW	η_{Rohr}
1	422	0	0,00
2	422	1179	0,26
4	423	2182	0,48
6	424	2690	0,59
8	426	3032	0,67
10	428	3278	0,72
12	430	3471	0,76
15	435	3697	0,81
20	447	3970	0,87
30	498	4326	0,95
35	564	4454	0,98

Tatsächlich ist die zur Verdichtung des Gases vom Ansaugezustand auf den Druck p_1 aufzuwendende Leistung natürlich größer als die Leistungsfähigkeit im Zustand 1. Dazu kommt, daß die Verdichtungs-Endtemperatur höher als 12 °C ist, sich aber vom Anfang der Leitung an durch Wärmeübertragung an das Erdreich schnell verliert. Hier sollen nur die Leistungsfähigkeiten N_1 und N_2 verglichen werden.

Dann sei nachgeprüft, wie sich D und η_{Rohr} ändern, wenn p_1 auf 40 at (und N_1 auf 4560 kW) gehalten und der Enddruck p_2 heraufgesetzt wird. Mit der Steigerung

III. Praktische Berechnung von Rohrleitungen

von p_2 wird die verfügbare Druckdifferenz $p_1 - p_2$ kleiner und der Durchmesser größer. Tafel 2 zeigt aber, daß man p_2 auf die Hälfte des Vordruckes p_1 bringen kann, ohne daß D wesentlich zunimmt. η_{Rohr} wächst anfangs rasch, dann immer langsamer an. Während bei $p_2 = 1$ at noch 100 vH der Leistungsfähigkeit N_1 durch Reibung verloren gehen, sind es bei 20 at nur 13 vH und bei 35 at nur noch 2 vH.

Fraglich ist auch die Änderung von D und η_{Rohr}, wenn man eine bestimmte Druckdifferenz $p_1 - p_2$ annimmt und das Druckniveau heraufsetzt. In Tafel 3 stehen Werte für $p_1 - p_2 = 10$ at. Mit Steigerung von p_m verringert sich D und erhöht sich η_{Rohr} verhältnismäßig wenig.

In Tafel 4 ist schließlich gegenübergestellt, wie sich p_2 und η_{Rohr} abhängig von D ändern, wenn ein bestimmter Vordruck p_1 gegeben ist. Wir können jetzt

Tafel 3

$p_1 - p_2 = 10$ at

p_1 at	p_2 at	p_m at	D mm	N_1 kW	N_2 kW	η_{Rohr}
21	11	16	582	4018	3383	0,84
22	12	17	575	4068	3471	0,85
25	15	20	557	4173	3670	0,88
30	20	25	533	4326	3970	0,92
40	30	35	498	4560	4326	0,95
50	40	45	474	4729	4560	0,96

Tafel 4

$p_1 = 20$ at

D mm	lg Re	D/k $k = 0,3$ mm	$100 \lambda_R$	p_2 at	N_2 kW	η_{Rohr}
600	6,158	2000	1,69	6,69	2827	0,712
700	6,091	2333	1,65	15,48	3711	0,935
800	6,033	2666	1,62	17,87	3868	0,974

genau rechnen mit $\lambda_R = f(Re, k)$ nach Bild 187 und Gl. (414). Der kleinste Durchmesser ist $D = 577$ mm bei $p_1 = 20$ at, $p_2 = 1$ at nach Tafel 1. p_2 und η_{Rohr} nehmen mit D zunächst rasch, dann langsamer zu.

Aus den Zahlenwerten geht hervor, daß die Durchmesser umso kleiner und die Wirkungsgrade umso höher werden, je mehr das Druckniveau nach oben verschoben wird, gemäß Gl. (417). Umso größer werden aber auch die Anlage- und Betriebskosten. Die günstigsten Werte für Drücke und Durchmesser ergeben sich aus dem Vergleich der Gesamtkosten.

Wir wollen annehmen, daß sich $p_1 = 20$ at und $D = 700$ mm als optimal herausstellen. Da aber im Normalbetrieb beide Leitungen jeweils mit der halben Gasmenge beaufschlagt werden, wählen wir $D = 600$ mm. Bei $V_{hn} = 31250$ m³/h je Leitung finden wir $p_2 = 17,58$ at und $\eta_{Rohr} = 0,970$. Wir können schließlich noch feststellen, wieviel Gas durch eine Leitung unter Ausnutzung der gesamten Druckdifferenz $p_1 - p_2 = 19$ at bei $k = 0,3$ mm strömt: es ist $V_{hn} = 66240$ m³/h.

40. Gasleitungen, Aufgaben

Wird eine Leitung wie ausgelegt mit $V_{hn} = 62500$ m³/h betrieben, so steigt der Druckabfall gemäß Bild 217 von 8,56 at bei neuem Stahlrohr mit $k = 0,05$ mm allmählich bis auf 13,31 at bei maximal verschmutztem Rohr mit $k = 0,3$ mm an. Wenn die Anlage so geregelt wird, daß ständig die maximale Druckdifferenz

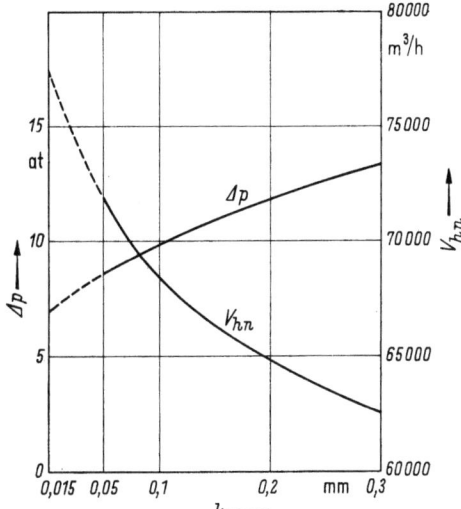

Bild 217. Abhängigkeit des Druckverlustes und der Gasmenge vom k-Wert (zu Aufg. 26)

$p_1 - p_2 = 13,31$ at besteht, dann strömt anfangs bei $k = 0,05$ mm eine Menge $V_{hn} = 71810$ m³/h, die mit der Verschmutzung allmählich bis auf den Auslegungswert von $V_{hn} = 62500$ m³/h bei $k = 0,3$ mm abnimmt.

Aufgabe 27. $V_{hn} = 10^4$ m³/h Stadtgas mit $d_v = 0,50$ und $10^6 \nu_n = 19,6$ m²/s gemäß Gl. (415) sollen durch eine erdverlegte Stahlrohrleitung $D = 500$ mm bei $t = 12$ °C gefördert werden.

Allgemeiner Fall: $L = 100$ km, $p_2 = 3,50$ at. Aus Gl. (415) zahlenmäßig mit Rechenschieber, Kommastellung mit Bild 214:

$$\frac{p_1^2 - p_2^2}{L} f(t) = 0,0431 \cdot 1,056 = 0,0455 \text{ at}^2/\text{km};$$

$$p_1^2 - p_2^2 = 4,55 \text{ at}^2; \quad p_1 = 4,10 \text{ at}; \quad P_1 - P_2 = 6000 \text{ mm WS}.$$

Dabei ist $\lambda_R = 0,0160$ nach Gl. (413) bei 12 °C, und genau ist auch $\lambda_R = 0,0160$ nach Gl. (248) mit $k = 0,1$ mm.

Sonderfall: Praktisch raumbeständige Fortleitung, z. B. Niederdruckgasleitungen bis 500 mm WS Überdruck. $p_m \approx 1,033$ at, $L = 1$ km Länge. Nach Gl. (344) ist

$$\frac{P_1 - P_2}{L} = 211 \text{ mm WS/km}; \quad P_1 - P_2 = 211 \text{ mm WS}.$$

Grenzfall: Ist dagegen z. B. $L = 10$ km, so würde $P_1 - P_2 = 2110$ mm WS sein, d. h., hier trifft die Voraussetzung der raumbeständigen Strömung nicht mehr zu. Man erhält genauer:

$$\frac{p_1^2 - p_2^2}{L} L = 0,0455 \cdot 10 = 0,455 \text{ at}^2,$$

und mit $p_2 = 1,033$ at ist $p_1 = 1,234$ at und $P_1 - P_2 = 2010$ mm WS.

Richter, Rohrhydraulik, 5. Aufl.

Aufgabe 28. $V_{hn1} = 21\,000$ m³/h Wassergas ($d_v = 0{,}552$, $10^6 \eta_n\, g = 15{,}26$ kp/m s) sind durch Gußeisenrohre von $D = 400$ mm ($k = 1$ mm) bei $t_1 = t_2 = 30$ °C auf $L = 12$ km zu leiten. Dabei gehen 5 vH des Gases durch Undichtheiten verloren. Welchen Anfangsdruck p_1 muß das Gas haben, wenn der Enddruck $p_2 = 1{,}10$ at sein soll?

$$V_{hn2} = 20000 \text{ m}^3/\text{h}$$

Mit Gl. (371) und Bild 218 ermittelt man $\lg Re = 5{,}88$ und zu V_{hn2} und $k = 1$ mm eine Widerstandszahl $\lambda_R = 0{,}02485$ aus Bild 190 bzw. ZT 14 zu $d/k = 400$.

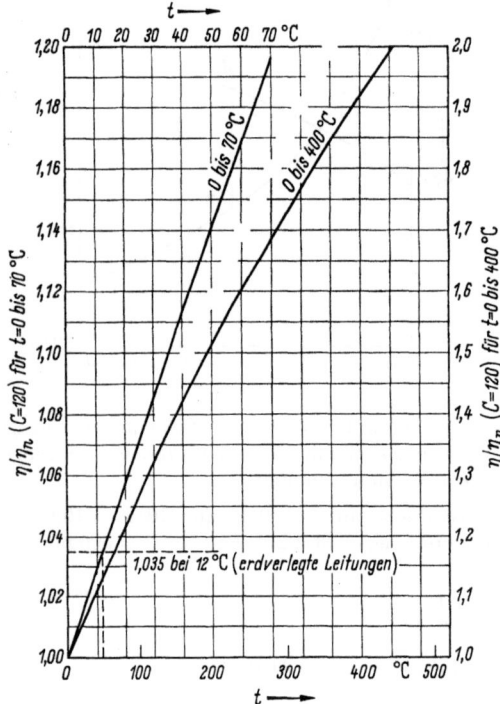

Bild 218. Werte η/η_n von gasförmigen Brennstoffen für verschiedene Temperaturen nach Gl. (257) mit $C = 120$

Aus Gl. (414) errechnet man mit V_{hn2} einen Wert

$$p_1^2 - p_2^2 = 12{,}16 \text{ at}^2$$

[Kommastellung mit Bild 214. Es ist $f(v_n) = 1{,}014$; $f(d_v) = 1{,}104$; $f(t) = 1{,}136$]. Bei $V_{hn1}/V_{hn2} = 1{,}05$ erhält man mit Gl. (388) oder ZT 74

$$p_1^2 - p_2^2 = 12{,}16 \cdot 1{,}051 = 12{,}78 \text{ at}^2.$$

Da $p_2 = 1{,}10$ at ist, ergibt sich

$$p_1^2 = 1{,}21 + 12{,}78 = 13{,}99 \text{ at}^2$$

und damit $p_1 = 3{,}74$ at als Anfangsdruck; $p_1 - p_2 = 2{,}64$ at.

Aufgabe 29. Der Überdruck in einer Ferngasleitung ($k = 1$ mm) beträgt im Tal $p_{1ü} = 0{,}1867$ bar, wobei der äußere Luftdruck $p_0 = p_n = 1{,}0133$ bar ist. Gas- und Außentemperatur sind $t_m = 15$ °C. Ein Zweigstrang von $D = 150$ mm Weite und $L = 7$ km Länge liefert $V_{hn} = 500$ m³/h Kokereigas mit Dichteverhältnis $d_v = 0{,}400$ und dynamischer Viskosität $10^6 \eta_n = 12{,}40$ kg/m s nach einer am Berghang $\Delta h = 400$ m höher liegenden Ortschaft. In welchem Maße wird der Gasdruck durch die Höhenlage beeinflußt?

Man ermittelt aus Gl. (371) und Bild 215 sowie Bild 189

$$Re = 47100; \quad \lg Re = 4{,}67; \quad \lambda_R = 0{,}0232$$

und mit Gl. (414) den Zahlenwert (und Bild 215 die Kommastellung) von

$$p_1^2 - p_2^2 = 0{,}3696 \text{ bar}^2; \quad p_1 = 1{,}2000 \text{ bar}; \quad p_2 = 1{,}0346 \text{ bar};$$

Endüberdruck $p_{2ü} = 0{,}0213$ bar oder 2130 N/m².

Mittlerer Fortleitungsdruck $p_m \approx \frac{1}{2}(1{,}2000 + 1{,}0346) = 1{,}1173$ bar; mittlere Gasdichte

$$\varrho_m = d_v \varrho_{nL} \frac{T_n}{T_m} \frac{p_m}{p_n} = 0{,}5405 \text{ kg/m}^3;$$

mittlere Luftdichte

$$\varrho_{mL} = \varrho_{nL} \frac{T_n}{T_m} = 1{,}2257 \text{ kg/m}^3;$$

Auftrieb

$$\Delta h\, g\,(\varrho_{mL} - \varrho_m) = 2689 \text{ N/m}^2;$$

Endüberdruck mit Auftrieb $P_{2ü} = 2130 + 2689 = 4819$ N/m².

ϱ_{mL} ist die Dichte der Luft bei $p_0 = 1{,}0133$ bar und 15 °C. Die Änderung des Barometerstandes mit der Höhe bewirkt eine geringfügige Verkleinerung des Auftriebs, die hier unberücksichtigt bleiben kann. Der Auftrieb ist in 400 m Höhe je lfd. m etwa das 0,96fache des Auftriebs, den man beim Barometerstand wie im Tal erhalten würde.

Aufgabe 30. Erdgas mit einer Zusammensetzung 82,0 vH CH_4; 3,4 vH C_nH_m; 0,8 vH CO_2; 13,8 vH N_2 (in Raumteilen) soll durch eine Fernleitung $D = 300$ mm über eine Länge von $L = 320$ km gefördert werden. Druck am Anfang $p_1 = 48$ bar, am Ende $p_2 = 22$ bar, Temperatur $t_1 = t_2 = 12$ °C. Wieviel Gas kann fortgeleitet werden, wenn die mittlere Strömungsgeschwindigkeit nicht über 10 m/s liegen soll und die Leitung eine Rauhigkeit von $k = 0{,}15$ mm aufweist?

Die Normdichte des Erdgases beträgt

$$\varrho_n = 0{,}820 \cdot 0{,}717 + 0{,}034 \cdot 1{,}392 + 0{,}008 \cdot 1{,}977 + 0{,}138 \cdot 1{,}251 = 0{,}824 \text{ kg/m}^3;$$

$$d_v = 0{,}637.$$

Die Dichte von C_nH_m ist mit $\varrho_n = 1{,}392$ kg/m³ eingesetzt, siehe ZT 49. Mit der gleichen ZT 49 und mit Gl. (363) erhält man die dynamische Viskosität $10^6 \eta_n = 11{,}10$ kg/m s. Aus Gl. (357) folgt $\eta/\eta_n = 1{,}035$ bei 12 °C und $C = 120$, siehe hierzu Bild 218.

Da der Volumenstrom V_{hn} noch unbekannt ist, überschlägt man zunächst V_{hn} mit Bild 214. Es ist

$$p_1^2 - p_2^2 = 48^2 - 22^2 = 1820 \text{ bar}^2$$

oder $1820/320 = 5{,}67$ bar²/km. V_{hn} wird zwischen $2{,}5 \cdot 10^4$ und $3 \cdot 10^4$ m³/h liegen, wobei zu berücksichtigen ist, daß $k = 0{,}15$ mm größer ist als 0,08 bis 0,1 mm wie bei Bild 214. Danach liegt Re mit Gl. (371) zwischen $2{,}1 \cdot 10^6$ und $2{,}5 \cdot 10^6$. Bei

$d/k = 2000$ gehört dazu eine Widerstandszahl λ_R zwischen 0,0168 und 0,0167. Wir rechnen mit $\lambda_R = 0,01675$. Nach Gl. (425) besteht ein mittlerer Leitungsdruck $p_m = 36,6$ bar und ist die mittlere Kompressibilitätszahl

$$K \approx 1 - 36,6/479 = 0,924.$$

Nunmehr folgt aus Gl. (424) mit dem Faktor 17,11 eine Menge $V_{hn} = 2,86 \times 10^4$ m³/h. Die Endgeschwindigkeit ist

$$w_2 = 5,41 \text{ m/s} < 10 \text{ m/s},$$
$$w_1 = 2,48 \text{ m/s}; \quad w_n = 112,5 \text{ m/s}.$$

III.9 Dampfleitungen, besondere Strömungsfälle, Aufgaben

41. Spezielle Berechnungsunterlagen

41.1 Rechenhilfsmittel

Leitungen für überhitzten und gesättigten Wasserdampf sind von besonderer technischer Bedeutung. Was in diesem Abschnitt über die Fortleitung von Wasserdampf ausgeführt wird, gilt sinngemäß auch für andere Dämpfe.

Im allgemeinen wünscht man den *Druckabfall* und den Temperaturabfall zu berechnen, der entsteht, wenn eine bestimmte Dampfmenge $\dot{G}$ in Mp/h von gewissem Anfangszustand (p_1, t_1) über eine gewisse Strecke (l) bei einem zu wählenden lichten Rohrdurchmesser (d) strömt.

Überschlägig kann man nach BIEL-FRITZSCHE Gl. (408) ansetzen:

$$\lambda_R = 0,0561\, G_h^{-0,148}$$

mit G_h in kp/h und unter Verwendung von Zahlentafel 71. Der Dampfzustand ändert sich nach den Ausführungen auf S. 86 ff., derart, daß bei den üblichen Strömungsgeschwindigkeiten $w \leq 60$ m/s wohl der absolute Dampfdruck im Verlauf der Strömung wesentlich kleiner wird, daß hingegen die *Dampftemperatur kaum absinkt*, abgesehen von Wärmeverlusten nach außen. Man kann daher nicht nur für überschlägige, sondern auch für praktisch genaue Rechnungen annehmen, daß sich die Dampftemperatur nicht ändert. Es ist zulässig, wie bei der isothermen Gasströmung mit der Beziehung (131)

$$p_1 \gamma_1 w_1^2 = \text{const}$$

zu rechnen, wonach für den Druckabfall eine Beziehung (320)

$$10^4 \frac{p_1^2 - p_2^2}{2 p_1} = \lambda_R \gamma_1 \frac{l}{d} \frac{w_1^2}{2g} \tag{426}$$

41. Spezielle Berechnungsunterlagen

besteht. Andere Formen sind

$$\left.\begin{aligned}p_1^2 - p_2^2 &= 1{,}275 \cdot 10^{-6} \lambda_R \, p_1 \, v_1 \frac{l}{d^5} \dot{G}^2 \\ &= 1{,}275 \cdot 10^4 \lambda_R \, p_1 \, v_1 \frac{l}{(100d)^5} \dot{G}^2 \\ &= 1{,}275 \cdot 10^3 \lambda_R \, p_1 \, v_1 \frac{l}{D^5} G_h^2.\end{aligned}\right\} \quad (427)$$

Mit Gl. (408) erhält man dann

$$p_1^2 - p_2^2 = 71{,}5 \, p_1 \, v_1 \frac{l}{D^5} G_h^{1,852} \quad (428)$$

mit $1275 \cdot 0{,}0561 = 71{,}5$. Gl. (428) eignet sich zur Anfertigung eines *Übersichtsdiagramms* zur Kontrolle der Kommarechnung, siehe die Bilder 219 und 223.

Beispiel. $\dot{G} = 10$ Mp/h Dampf von $p_1 = 15$ at und $t_1 = 350$ °C $= t_2$ (und $v_1 = 0{,}190$ m³/kp) strömen durch Stahlrohr von 175 mm l. W. Dann ist nach

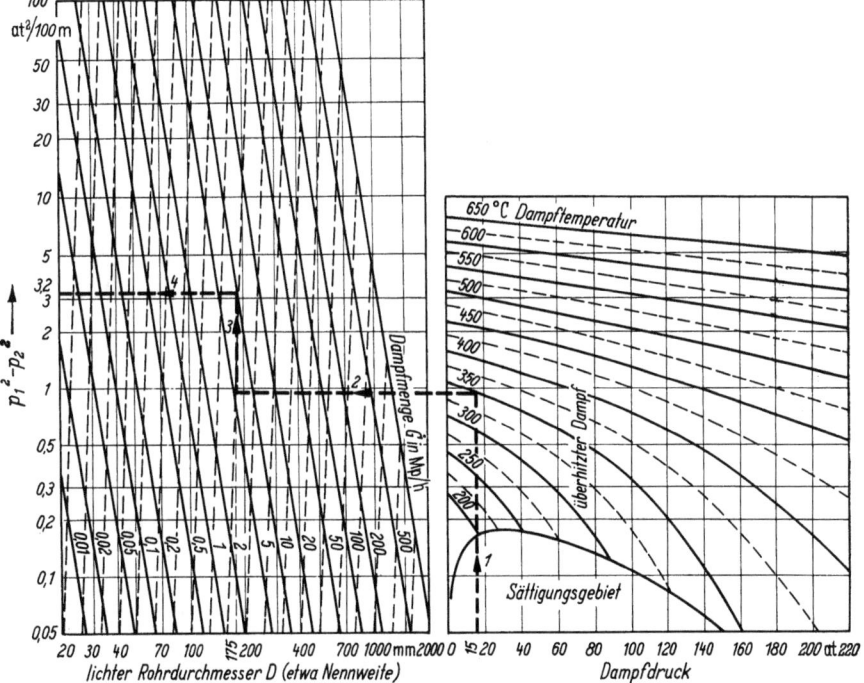

Bild 219. Druckverlust in Dampfleitungen (Überschlagsdiagramm)

Beispiel: $p_1 = 15$ at ≈ 15 bar, $t_1 = 350$ °C, $D = 175$ mm, $\dot{G} = 10$ Mp/h ($\dot{M} = 10$ t/h); Ergebnis: $(p_1^2 - p_2^2)/l = 3{,}2$ at²/100 m $\approx 3{,}2$ bar²/100 m (s. Aufg. 36). Der Einfluß von $p_1 v_1$ ist gering. Zur Kontrolle der Stellenrechnung genügt es, den Schnittpunkt der Durchmesserlinie (D in mm, senkrechte Gerade) und der Mengenlinie ($\dot{G}$ in Mp/h, nach links geneigte Gerade) aufzusuchen und den Wert $(p_1^2 - p_2^2)/100$ m abzulesen. Für genauere Zahlenrechnung ist das Diagramm wegen der spitzen Schnitte nicht geeignet (Zahlenwert mit Rechenschieber). Werte bar²/100 m sind rd. 4 vH kleiner als at²/100 m

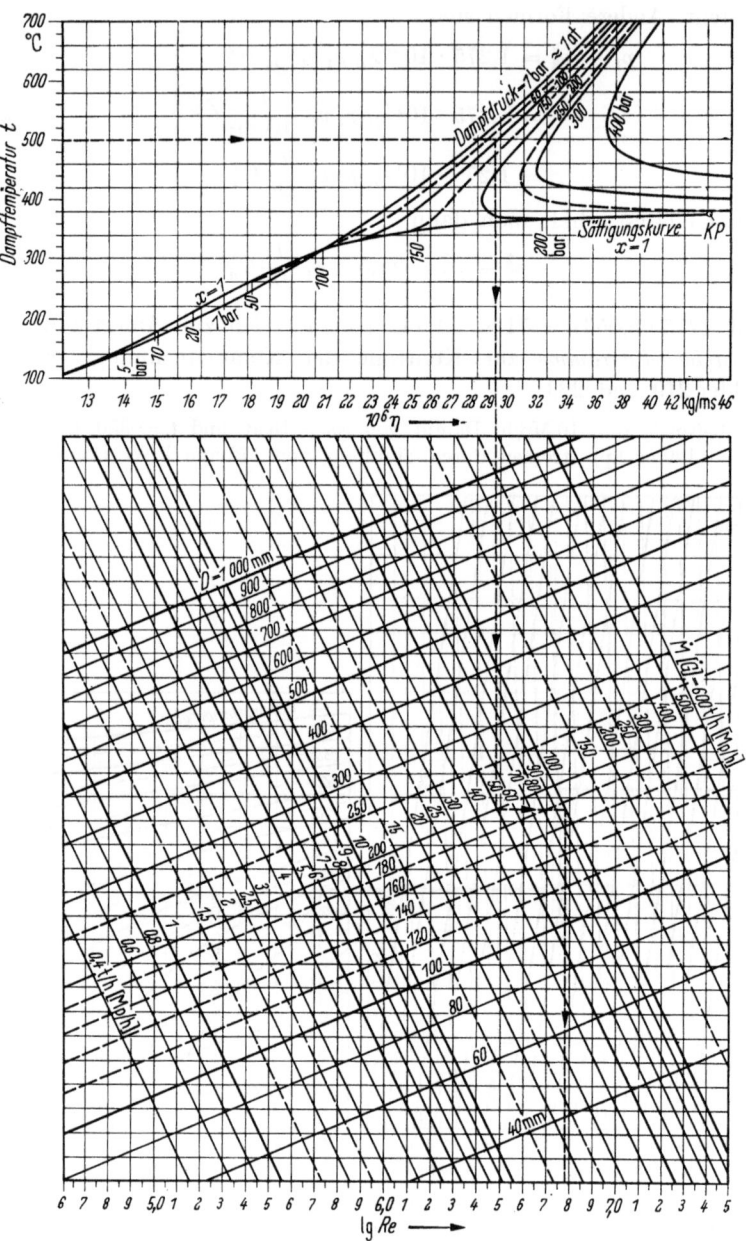

Bild 220. Reynolds-Zahl Re in Dampfleitungen.
Beispiel: $t = 500$ °C, $p = 80$ at ≈ 80 bar, $D = 200$ mm, $\dot{G} = 100$ Mp/h ($\dot{M} = 100$ t/h);
Ergebnis: $\lg Re = 6{,}78$ (Mantisse auf 2 Stellen ausreichend), $Re = 6{,}03 \cdot 10^6$, s. Aufg. 39

41. Spezielle Berechnungsunterlagen

Gl. (428) für 100 m Rohrlänge

$$p_1^2 - p_2^2 = 71{,}5 \cdot 15 \cdot 0{,}190 \frac{100}{175^5} 10000^{1,852}.$$

$$\text{prop.} \ \frac{715 \cdot 15 \cdot 19(\text{Num } 4 \cdot 1{,}852)}{175^2 \cdot 175^2 \cdot 175} \ \text{prop. } 318.$$

Aus den Bildern 219 und 223 ergibt sich $p_1^2 - p_2^2$ rd. 3; also $p_1^2 - p_2^2 = 3{,}18 \, \text{at}^2/100\,\text{m}$. Siehe hierzu Aufgabe 36.

Bei genaueren Berechnungen muß man die Reynolds-Zahl Re kennen, um die *Widerstandszahl* λ_R aus den Bildern 187 bis 191 entnehmen zu können. Nach den Gln. (367) und (368) ist

$$Re = 3{,}54 \cdot 10^8 \frac{\dot{G}}{D(10^6 \eta g)} \quad \text{mit} \quad \eta = f(p,t).$$

Diese Gleichung ist für das praktische Rechnen nicht bequem. Da sich nach den Bildern 187 bis 191 im Anwendungsbereich λ_R nur wenig mit $\lg Re$ ändert, genügt es, $\lg Re$ auf 2 Stellen hinter dem Komma zu ermitteln. Dazu kann die Fluchtlinientafel Bild 220 dienen.

Die Beziehung $w = 354 \cdot 10^3 \dot{G} v/D^2$ zwischen Durchfluß $\dot{G}$ in Mp/h, Durchmesser D in mm und Geschwindigkeit w in m/s nach Gl. (309) ist in Bild 221 dargestellt, wobei der Einfluß von Druck und Temperatur auf das spezifische Volumen v im oberen Teil des Diagramms berücksichtigt wird.

Der Druckverlust kann mit Hilfe von Bild 222 ermittelt werden, wobei Gl. (427) zugrunde liegt. Für Überschlagszwecke eignet sich im Rauhigkeitsbereich von $k = 0{,}03$ bis $0{,}08$ mm eine Näherungsformel

$$100\lambda_R = (1{,}88 - 0{,}42 \lg v_1) \dot{G}^{-0,111}. \tag{429}$$

Bild 223 wurde unter Verwendung von Gl. (427) in der Form

$$\frac{p_1^2 - p_2^2}{l} = 0{,}128 \lambda_R p_1 v_1 \frac{\dot{G}^2}{(10d)^5} \tag{430}$$

gezeichnet. $(p_1^2 - p_2^2)/l$ kann sofort zur Lichtweite D und zum Gewichtsdurchfluß $\dot{G}$ abgelesen werden.

Es hat sich als zweckmäßig herausgestellt, Dampfleitungen in Kraftwerken so zu bemessen, daß der Druckverlust je 100 m Rohrlänge 2 vH vom Anfangsdruck p_1 ausmacht, wenn nicht andere Bedingungen gestellt sind. Für Frischdampfleitungen wird ein Druckverlust von rd. 5 vH vom Überhitzer des Kessels bis zum Turbineneintritt zugelassen. Nimmt man, etwa den wirklichen Verhältnissen im Mittel entsprechend, die Widerstandszahl λ_R zu 0,016 an, so gelangt man zu Bild 224. Gegeben ist der Dampfzustand mit p und t am Anfang. Bild 224 gibt die nötigen Durchmesser D zu beliebigem Durchfluß $\dot{G}$ oder den zulässigen Durchfluß $\dot{G}$ zu beliebigen Durchmessern D an. Die schräge gestrichelte Linie gibt alle zugehörigen Durchflüsse und Durchmesser an.

Als *Faustformeln* eignen sich die Gln. (412) von S. 354

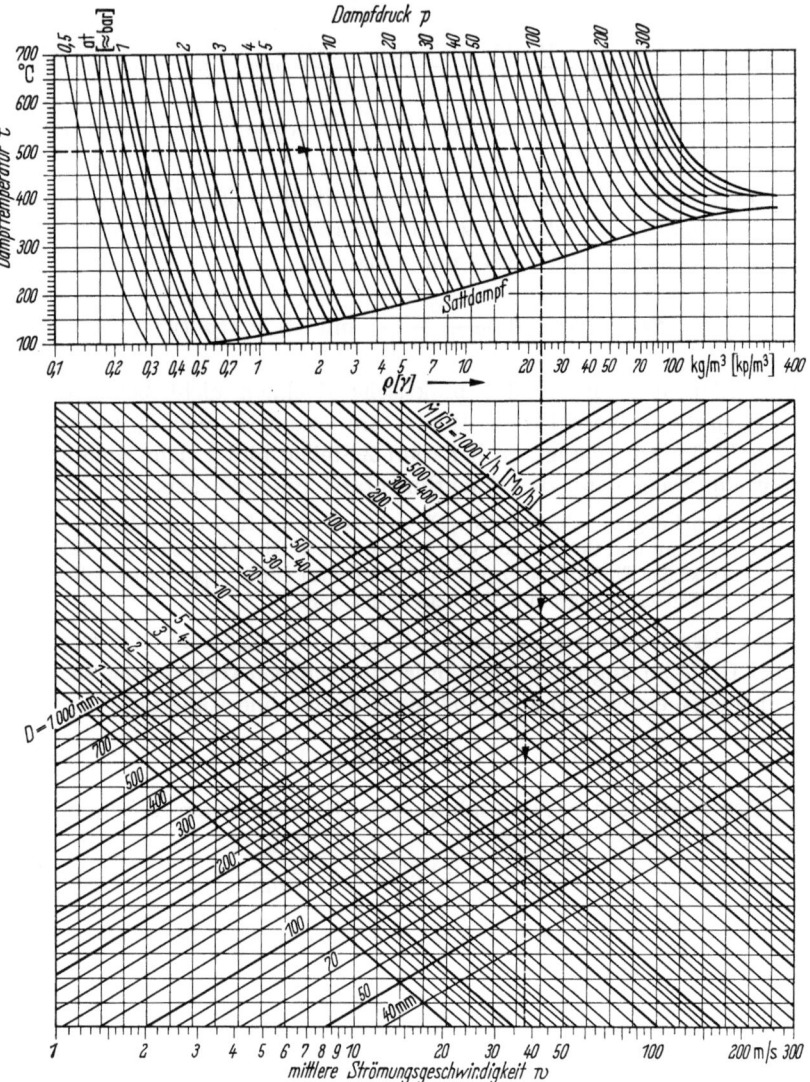

Bild 221. Strömungsgeschwindigkeit in Dampfleitungen.
Beispiel: $t = 500$ °C, $p = 80$ at ≈ 80 bar (genauer 78,5 bar), $\dot{G} = 100$ Mp/h ($\dot{M} = 100$ t/h); $D = 200$ mm,
Ergebnis: $w \approx 38$ m/s mit Zwischenwert $\gamma \approx 23{,}5$ kp/m³ ($\varrho \approx 23{,}5$ kg/m³), s. Aufg. 39

41. Spezielle Berechnungsunterlagen

Wenn das Beschleunigungsglied von λ zu berücksichtigen ist, dann benutzt man zweckmäßig Bild 225. Der Einfluß ist auch hier erst bei mehr als 30 m/s nennenswert. Es ist

$$\lambda = \frac{1}{100}\lambda_R\left(100 + 100\frac{\lambda_B}{\lambda_R}\right)$$

mit $100\lambda_B/\lambda_R$ in vH.

Für den Fall, daß die Änderung der Dampftemperatur nicht vernachlässigt werden kann, empfehlen sich graphische Verfahren, siehe hierzu die Ausführungen von S. 90 ff.

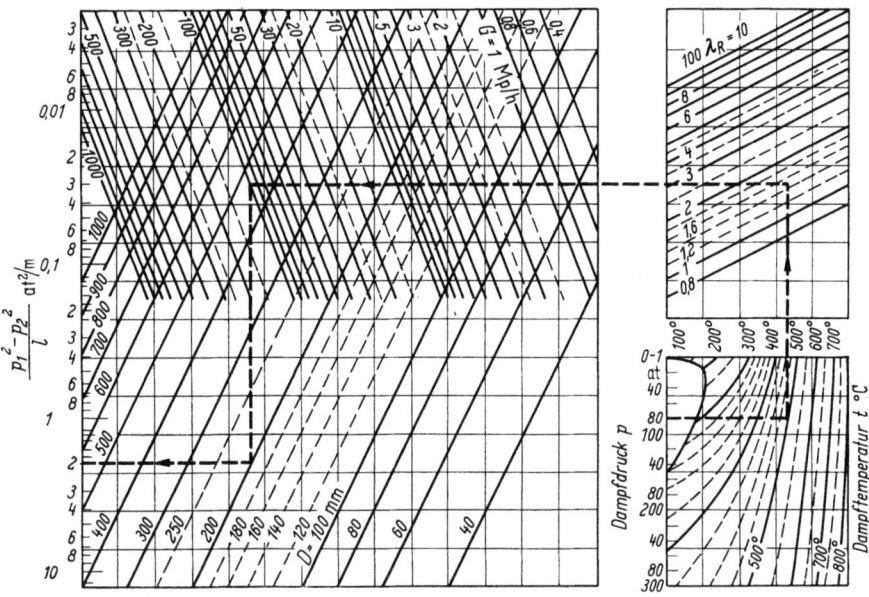

Bild 222. Druckverlust in Dampfleitungen.
Beispiel: $p_1 = 80$ at ≈ 80 bar, $t_1 = 500$ °C, $\lambda_R = 0,0144$, $\dot{G} = 100$ Mp/h ($\dot{M} = 100$ t/h), $D = 200$ mm;
Ergebnis: $(p_1^2 - p_2^2)/l \approx 1,95$ at²/m oder ab 4 vH $\approx 1,87$ bar²/m (genauer Wert 1,96 at²/m), s. Aufg. 39

41.2 Verschmutzung und Geschwindigkeiten

Dampfleitungen werden fast ausschließlich in *nahtlosem Stahlrohr* verlegt, bei geringeren Drücken auch in *längsgeschweißtem Rohr aus Stahlblech*[1]. Gußeiserne Rohre (für geringe Drücke) werden kaum noch verwandt. Dampfleitungen bleiben während des Betriebes praktisch in neuwertigem Zustand mit einer absoluten Rauhigkeit von $k = 0,03$ bis 0,05 mm. Auszunehmen sind Leitungen für geschmierten Dampf, bei welchem das Öl zu Verschmutzungen führen kann. Dampfleitungen für schwachen Druck, in welche Luft eindringen kann, sind wegen

---

[1] Längsgeschweißte Rohre sind für den gesamten Anwendungsbereich zulässig (DIN 2413).

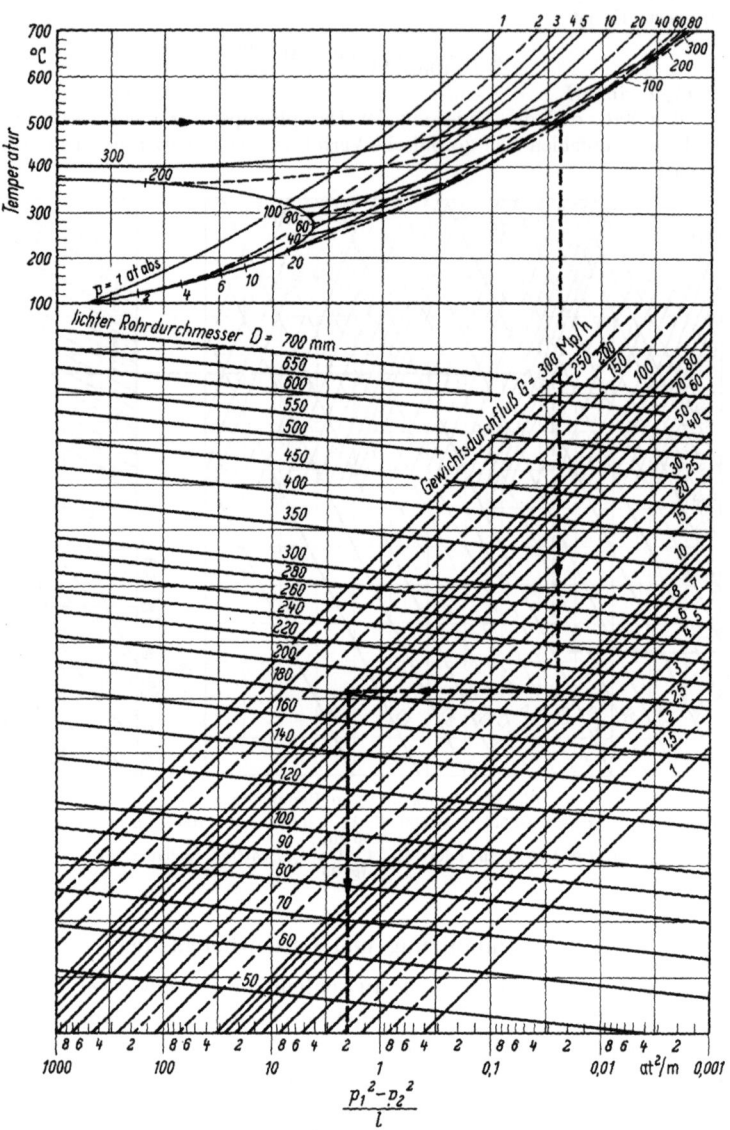

Bild 223. Druckverlust in Dampfleitungen (Überschlagsdiagramm). Im mittleren Bereich von Druck und Temperatur ist der Einfluß des Druckes (im oberen Teil des Bildes) nur gering.

Beispiel: $t_1 = 500$ °C, $p_1 = 80$ at ≈ 80 bar, $D = 200$ mm, $G = 100$ Mp/h ($M = 100$ t/h); Ergebnis: $(p_1^2 - p_2^2)/l \approx 2$ at²/m, s. Aufg. 39

41. Spezielle Berechnungsunterlagen

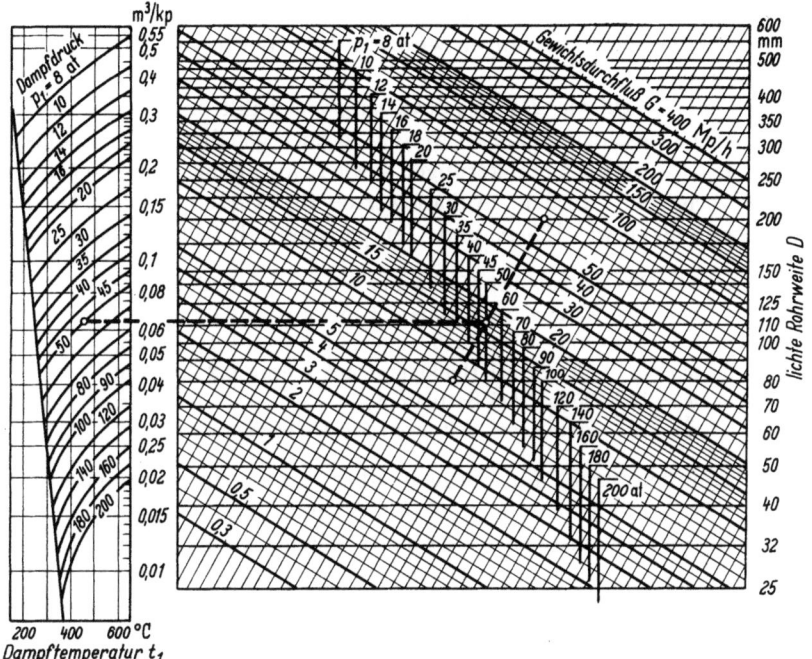

Bild 224. Ermittlung der lichten Rohrweite aus Druck, Temperatur und Durchfluß oder des Durchflusses aus Druck, Temperatur und Lichtweite, wenn der Druckabfall 2 vH vom Anfangsdruck p_1 je 100 m Rohrlänge beträgt (nach F. PLATE). Beispiel: $p_1 = 50$ at, $t_1 = 450$ °C, $\dot{G} = 70$ Mp/h, Ergebnis: $D = 200$ mm. Oder für $D = 80$ mm: $\dot{G} = 7{,}4$ Mp/h. — Ein ebensolches Diagramm ist für den Bereich unter 8 at vorteilhaft. Siehe hierzu Aufgabe 38

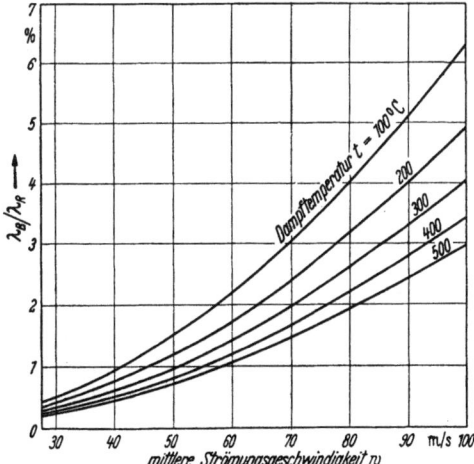

Bild 225. λ_B/λ_R in vH für überhitzten Wasserdampf nach Gl. (136). ($\xi = 1{,}03$, $R = 47{,}1$ kp m/kp grd)

380 III. Praktische Berechnung von Rohrleitungen

Rostbildung gefährdet (ebenfalls Leitungen, die zeitweise abgestellt werden). Für solche Leitungen wird auf die k-Werte von Zahlentafel 13 hingewiesen.

Als *wirtschaftliche Dampfgeschwindigkeit* wählt man etwa 25 bis 60 m/s. Die Geschwindigkeiten werden so hoch gehalten, daß unzulässig große Kräfte auf die Verankerungen sowie Schwingungen und Geräusche noch vermieden werden. Anhaltswerte[1] für kürzere Leitungen mit Drücken bis etwa 125 at und Temperaturen bis etwa 500 °C sind

$w = 30 \cdots 40$ m/s bei Heißdampf mit v etwa 0,025 m³/kp;
$w = 35 \cdots 45$ m/s bei Heißdampf mit v etwa 0,05 m³/kp;
$w = 40 \cdots 50$ m/s bei Heißdampf mit v etwa 0,1   m³/kp;
$w = 45 \cdots 60$ m/s bei Heißdampf mit v etwa 0,2   m³/kp;
$w = 15 \cdots 25$ m/s bei Sattdampf;
$w = 10 \cdots 20$ m/s bei Leitungen für Kolbenmaschinen.

Bei Dampfleitungen für Drücke über 125 at und Temperaturen über 500 °C wählt man $w = 40$ bis 50 m/s, damit Lichtweiten und Wanddicken möglichst gering werden (konstruktive und Kostengründe). Es kann zweckmäßig sein, besonders bei Dampftemperaturen über 600 °C, die Hauptleitung in mehrere parallele Leitungen mit geringerer Weite und Wanddicke aufzuteilen. Im übrigen ist die zu wählende Dampfgeschwindigkeit vom zulässigen Druckverlust (und Temperaturverlust) abhängig. Bei Ferndampfleitungen ist die zweckmäßige Geschwindigkeit für jeden Fall zu ermitteln.

41.3 Kondensatbildung

Wird einem *gesättigten Dampf* Wärme entzogen, so fällt gleichzeitig ein Teil der verdampften Flüssigkeit in tropfbarer Form (Kondensat) aus. Wenn der Dampf eine höhere Temperatur als seine Umgebung hat, was bei Wasserdampf praktisch immer der Fall ist, so muß man bei der Fortleitung von gesättigtem Dampf von vornherein mit Anfall von Kondensat rechnen. Dagegen bildet sich bei *überhitztem Dampf* infolge von Wärmeentzug erst dann Kondensat, wenn die Temperatur bis auf Sättigungstemperatur abgesunken ist. Bei der Fortleitung von überhitztem Dampf in isolierten (wärmegeschützten) Leitungen ist im allgemeinen kein Niederschlag zu erwarten (ausgenommen beim An- und Abstellen).

Kondensiert gleichmäßig auf der ganzen Rohrlänge ein Teil des Wasserdampfes (oder ist die Leitung gleichmäßig undicht), so kann man den Druckabfall wie bei einer Leitung mit gleichmäßig verteilten Anzapfungen ermitteln. Um Abkühlung und Kondensatbildung einzuschränken, isoliert man die Dampfleitungen. Die wirtschaftliche Dicke der Wärmeisolierung richtet sich einerseits

---

[1] In Rohrformstücken und Einbauten werden örtlich höhere Geschwindigkeiten zugelassen.

nach dem Wärmepreis, andererseits nach den Kosten für die Isolierung[1], siehe Bild 226. Bei den üblichen Ausführungen fällt, wenn schon, dann nur so wenig Kondensat an, daß man die Widerstandszahl λ_R als praktisch unveränderlich ansehen kann.

Bei erheblichem Kondensatanfall gilt: Ist G_1 das Dampfgewicht am Anfang und G_2 das am Ende, so ist das Verhältnis des tatsächlichen Strömungswiderstandes zu dem der Endmenge G_2 nach Gl. (388) gleich

$$\frac{1}{3}\left[1 + \frac{G_1}{G_2} + \left(\frac{G_1}{G_2}\right)^2\right] = \text{rd.}\ \frac{G_1}{G_2}.$$

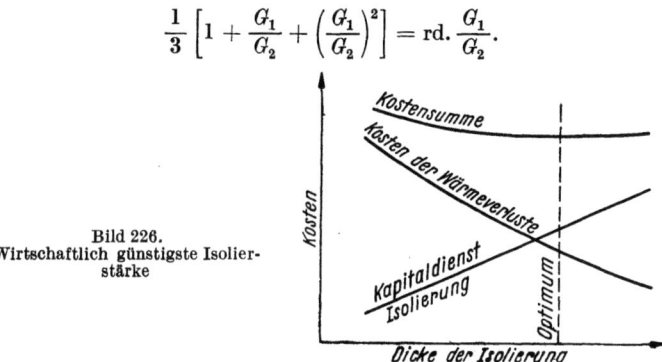

Bild 226. Wirtschaftlich günstigste Isolierstärke

siehe Zahlentafel 74, S. 366, oder zur Anfangsmenge G_1 nach Gl. (387) gleich

$$\frac{1}{3}\left[1 + \frac{G_2}{G_1} + \left(\frac{G_2}{G_1}\right)^2\right] = \text{rd.}\ \frac{G_2}{G_1}.$$

Man kann die Kondenswassermenge berechnen, wenn man für gesättigten Dampf ansetzt

$$G_{h1} - G_{h2} = k\, O\, \frac{\Delta t}{r_m} = \frac{\pi\, d}{r_m}(t_m - t_L)\, k\, l,$$

wobei k die Wärmedurchgangszahl des nackten oder isolierten Rohres in kcal/m² h grd, t_m die mittlere Dampftemperatur, r_m die mittlere Verdampfungswärme zum betreffenden Dampfdruck in kcal/kg und t_L die mittlere Temperatur der umgebenden Luft bedeutet. Der Wärmeverlust kann überschlägig aus Bild 227 entnommen werden[2].

$$G_{h1} - G_{h2} = \frac{q\, l}{r_m}. \tag{431}$$

---

[1] J. S. CAMMERER: Der Wärme- und Kälteschutz in der Industrie. 4. Aufl. Berlin/Göttingen/Heidelberg: Springer 1962. — M. BALCKE: Die Wärmeschutztechnik. Halle 1949. — U. GRIGULL: Die Ermittlung der wirtschaftlichen Isolierdicke. Brennst.-Wärme-Kraft 2 (1950) 125 und Wärmeverluste isolierter Rohrleitungen. Brennst.-Wärme-Kraft 3 (1951) 253. — J. BOEHM: Zur Bestimmung der wirtschaftlichsten Dicke von Rohrabdämmungen. Energie 5 (1953) 138. — SEIFFERT, K.: Der Wärmeschutz-Ingenieur München 1954. — KUHN, H.: Messung der Wärmeverluste isolierter Dampfleitungen. Brennst.-Wärme-Kraft 11 (1959) 336—341.

[2] Siehe auch: Temperaturabfall in Rohrleitungen. Arbeitsblatt H 1, Wärmetechnische Arbeitsmappe, VDI-Verlag Düsseldorf 1967, 9. Aufl., Teil 2. — Ferner Arbeitsblätter ebenda H 2 bis H 5.

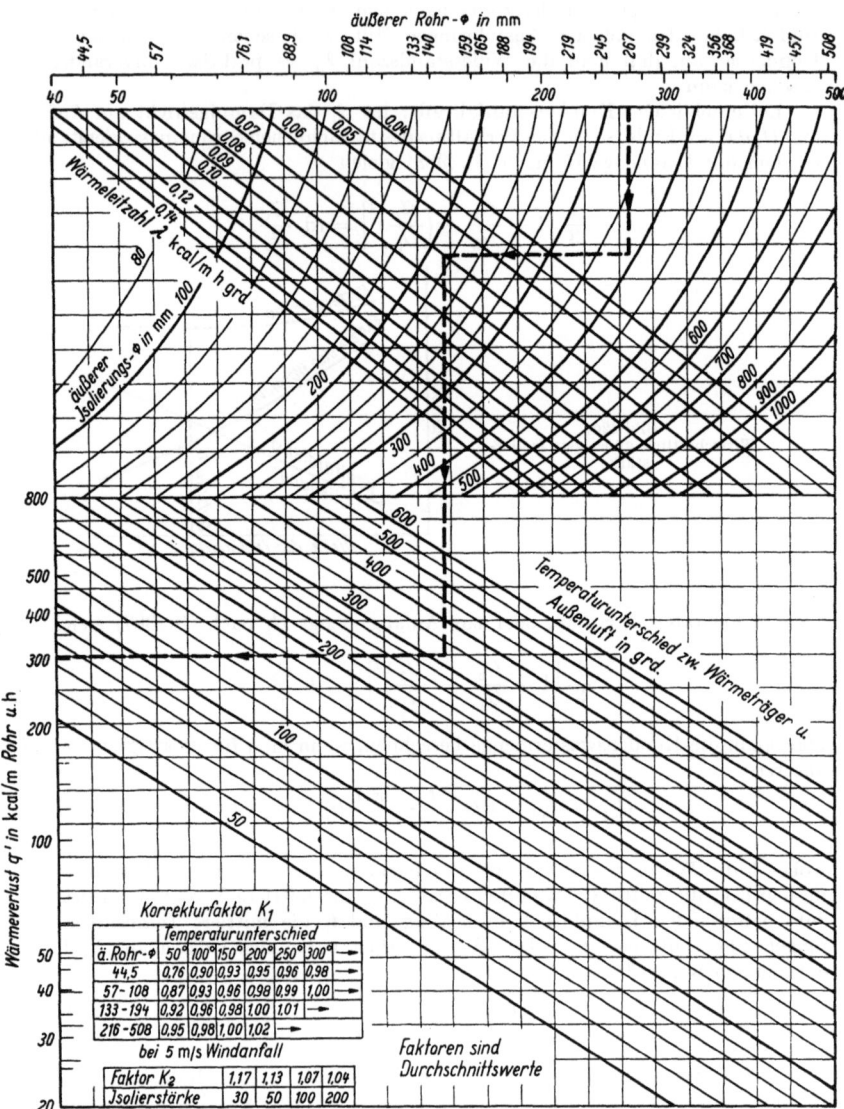

Bild 227. Wärmeverlust isolierter Rohrleitungen nach W. RICHTER. Ermittelt wird ein Wert q' in kcal je m Rohr und Stunde, der mit einem Faktor K_1 (abhängig von Rohrdurchmesser und Temperaturunterschied) und Faktor K_2 (abhängig vom Wind in der Umgebung) multipliziert den Wärmeverlust $q = q' K_1 K_2$ in kcal/mh ergibt. Bei Innenleitungen ist $K_2 = 1$ und ohne Einfluß. Gewöhnlich kann bei der praktischen Rechengenauigkeit $K_1 \approx 1$ und $q = q'$ gesetzt werden. Beispiel: Temperatur des Wärmeträgers 350 °C, Temperatur der Umgebung 20 °C, Temperaturunterschied 330 grd. Wärmeleitzahl der Isolierung 0,06 kcal/mh grd, äußerer Rohrdurchmesser 267 mm, Isolierstärke 60 mm, äußerer Durchmesser der Isolierung 387 mm. Linienzug 267 mm − 387 mm −0,06 kcal/mh grd − 330 grd ergibt q' = 305 kcal/mh. Mit Faktor K_1 = 1,02 zu 330 grd und 267 mm ist $q = 305 \cdot 1,02 = 311$ kcal/mh. Siehe hierzu Aufgabe 34. Bei 5 m/s Windanfall wäre $q = 311 \cdot 1,12 = 348$ kcal/mh

Auskunft über die üblichen wirtschaftlichen Isolierstärken gibt Zahlentafel 75. In die Widerstandsgleichungen (314) bis (344) kann für G_h der Ausdruck

$$G_{h1} - \frac{G_{h1} - G_{h2}}{2} \quad \text{oder} \quad G_{h2} + \frac{G_{h1} - G_{h2}}{2}$$

eingesetzt werden. Das Verhältnis von G_{h1}/G_{h2} zur Anwendung von Zahlentafel 74 findet man aus

$$\frac{G_{h1}}{G_{h2}} = 1 + \frac{q\,l}{r_m\,G_{h2}}.$$

wobei $r_m\,G_{h2} \approx r_m\,G_{h1}$ ist. Der Wärmeverlust q beträgt meist 200 bis 400 kcal/m h (für 1 m Rohrlänge). Dazu sind Zuschläge je nach Ausbildung der Rohrleitungsunterstützung zu machen (Wärmebrücken).

42. Dampfleitungen, Aufgaben[1]

Aufgabe 31. $\dot{G} = 18$ Mp/h überhitzter Wasserdampf von $p_1 = 15$ at und $t_1 = 350\,°C \approx t_2$ (und $v_1 = 0{,}190$ m³/kp) strömen durch eine gerade Stahlrohrleitung ($k = 0{,}05$ mm) von $l = 180$ m Länge und $D = 150$ mm l. W. Wie groß ist der Druckabfall?

Technisches Maßsystem

Zu $p_1 = 15$ at und $t_1 = 350\,°C$ gehört eine dynamische Viskosität $10^6 \eta\,g = 22{,}3$ kp/m s. Mit Gl. (368) folgt

$$Re_1 = 3{,}54 \cdot 10^5 \frac{\dot{G}}{d(10^6 \eta\,g)} = 3{,}54 \cdot 10^5 \cdot \frac{18}{0{,}150 \cdot 22{,}3} = 1{,}91 \cdot 10^6;$$

$\lg Re_1 = 6{,}28$; $Re_1 \approx Re_2$. Aus Bild 188 erhält man $\lambda_R = 0{,}0155$ bei $k = 0{,}05$ mm. Die mittlere Strömungsgeschwindigkeit des Dampfes ist nach Gl. (309)

$$w = 0{,}354 \frac{\dot{G}(100v)}{(D/100)^2} = 0{,}354 \cdot \frac{18 \cdot 19}{1{,}5^2} = 53{,}7 \text{ m/s}.$$

Da w über 30 m/s liegt, ist λ_B mit Bild 225 zu berücksichtigen: λ_B ist fast 1,2 vH von λ_R; $\lambda_R + \lambda_B = 1{,}012 \cdot 0{,}0155 = 0{,}0157$. Man erhält mit Gl. (326) $p_1 - p_2 = 1{,}53$ at oder rd. 10 vH vom Anfangsdruck p_1. Wenn die Nebenbedingung gestellt ist, daß der Druckabfall 5 vH vom Anfangsdruck nicht überschreiten soll, so wäre nach Bild 224 eine Lichtweite von 172 mm erforderlich. Praktisch ist dann statt Rohr 159 × 4,5 mm ein Rohr 193,7 × 5,4 mm zu wählen, was 0,55 at oder rd. 3,7 vH Druckabfall ergibt. Die Berechnung mit Gl. (326) ist umständlich.

Mit Gl. (427) erhält man schneller für $l = 100$ m mit dem Rechenschieber

$$p_1^2 - p_2^2 = 1{,}28 \cdot 10^4 \lambda\, p_1 v_1 \frac{l\,\dot{G}^2}{(100d)^5} \text{ prop } 128 \cdot 157 \cdot 15 \cdot 19 \cdot \frac{18^2}{15^5}$$

$$\text{prop } 244$$

Kommastellung nach Bild 223: $p_1^2 - p_2^2 = 24{,}4$ at²/100 m und $1{,}8 \cdot 24{,}4 = 43{,}9$ at²/180 m. Damit erhält man

$$p_2^2 = 225{,}0 - 43{,}9 = 181{,}1; \quad p_2 = 13{,}46 \text{ at}; \quad \Delta p = 1{,}54 \text{ at}.$$

Bequemer, wenn auch ungenauer, ist die zeichnerische Lösung. Aus Bild 220 findet man $\lg Re = 6{,}28$, aus Bild 188 $\lambda_R = 0{,}0155$, aus Bild 221 $w \approx 54$ m/s,

---

[1] Die Werte für das spezifische Volumen v, die Enthalpie i (dort h genannt) und die dynamische Viskosität η sind den VDI-Wasserdampftafeln, 7. Aufl. 1968, entnommen.

Zahlentafel 75. *Anhaltswerte für wirtschaftliche Isolierdicken in mm von heißgehenden Rohrleitungen*

Annahmen: Wärmeleitfähigkeit $\lambda = 0{,}05$ kcal/m h grd $\approx 0{,}058$ W/m grd, 8000 Betriebsstunden/Jahr, Außenlufttemperatur 20 °C, Abschreibung und Verzinsung 20 vH/Jahr.

Temperatur des Wärmeträgers °C	Rohrdurchmesser D in mm					
	50	100	200	300	400	500
Wärmepreis DM 10,—/G cal						
100	26	39	50	56	60	62
200	42	58	78	92	101	108
300	55	73	95	110	120	127
400	67	86	110	126	137	144
500	76	97	123	140	152	158
600	84	107	136	153	164	172
Wärmepreis DM 15,—/G cal						
100	34	46	58	66	71	75
200	55	71	90	102	112	120
300	70	90	112	126	138	146
400	79	104	130	147	162	170
500	87	115	145	165	181	190
600	92	125	160	182	198	208

Isolierdicken werden mit Abstufung von 10 zu 10 mm ausgeführt. Obige Werte sind auf Zehner aufzurunden.

mit Bild 225 $\lambda = \lambda_R + \lambda_B = 0{,}0157$, aus Bild 222 $(p_1^2 - p_2^2)/l \approx 0{,}25$ at²/m (desgl. aus Bild 223 unmittelbar) und damit $p_2 = \sqrt{225 - 180 \cdot 0{,}25} = 13{,}42$ at und $\Delta p = 1{,}58$ at.

Internationales Einheitensystem

Gegeben ist: $M = 18$ t/h Dampf von $p_1 = 14{,}72$ bar und $T_1 = 623$ °K (350 °C), ferner $v_1 = 0{,}190$ m³/kg, $10^6 \eta = 22{,}3$ kg/m s, $l = 180$ m und $D = 150$ mm.

$$Re_1 = 354 \frac{M}{D \cdot 10^6 \eta} 10^6 = 354 \cdot \frac{18 \cdot 10^6}{150 \cdot 22{,}3} = 1{,}91 \cdot 10^6 \approx Re_2;$$

$$\lg Re = 6{,}28$$

und

$$w = 0{,}354 \frac{M(100v)}{(D/100)^2} = 53{,}7 \text{ m/s}.$$

Hierzu folgt λ_R aus Bild 188, λ_B aus Bild 225, $\lambda = \lambda_R + \lambda_B = 0{,}0157$. Aus Gl. (322) erhält man

$$p_1^2 - p_2^2 = \lambda p_1 \cdot 10^{-5} \varrho_1 \frac{l}{d} w_1^2 = 1{,}251 \cdot 10^4 \lambda\, p_1 v_1 \frac{l}{(D/10)^5} M^2 = 42{,}2 \text{ bar}^2;$$

$$p_2^2 = 216{,}5 - 42{,}2 = 174{,}3; \quad p_2 = 13{,}20 \text{ bar}; \quad \Delta p = 1{,}52 \text{ bar}.$$

42. Dampfleitungen, Aufgaben

In Bild 228 sind die Kennlinien der Rohrleitung aufgezeichnet, die den Zusammenhang zwischen Lichtweite, Dampfdurchsatz, Strömungsgeschwindigkeit und Druckabfall angeben. Man erkennt, wie sich bei einem bestimmten Durch-

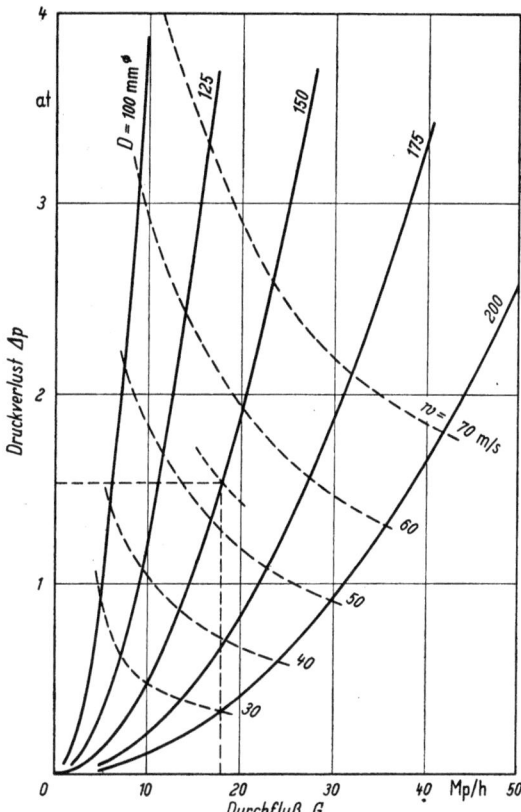

Bild 228. Kennlinien der Rohrleitung Aufgabe 31. Eingetragen $\dot{G} = 18$ Mp/h. $D = 150$ mm, $\Delta p = 1{,}53$ at, $w = 53{,}7$ m/s

fluß w und Δp mit D ändern, oder wie bei bestimmter Lichtweite w und Δp mit dem Durchfluß zunehmen, oder wie sich bei einem bestimmten Druckverlust w und D mit dem Durchfluß vergrößern.

Aufgabe 32. $G_h = 1040$ kp/h überhitzter Wasserdampf von $p_1 = 7{,}55$ at und $t_1 = 270$ °C $\approx t_2$ strömen durch $l = 26{,}6$ m Stahlrohr von $D = 70$ mm l. W. (Rohr 76 × 3). Wie groß ist der Druckabfall?

Zu $G_h = 1040$ kp/h findet man aus Zahlentafel 71 den Wert $\lambda_R = 0{,}020$.
Zu $p_1 = 7{,}55$ at und $t_1 = 270$ °C ist das spezifische Volumen $v_1 = 0{,}331$ m³/kp.
Damit ist $w_1 = 24{,}8$ m/s und $\lambda_B \approx 0$ nach Bild 225. Mit Gl. (427) folgt

$$p_1^2 - p_2^2 = 1275 \lambda_R p_1 v_1 \frac{l}{D^5} G_h^2 = 1275 \cdot 0{,}020 \cdot 7{,}55 \cdot 0{,}331 \cdot \frac{26{,}6}{70^5} \cdot 1040^2 = 1{,}09 \text{ at}^2.$$

Auf 100 m Rohrlänge bezogen kontrolliert man

$$p_1^2 - p_2^2 \text{ prop } \frac{1275 \cdot 2 \cdot 755 \cdot 331}{49 \cdot 49 \cdot 7} \cdot 100 \cdot 10^4 \cdot 10^4 \text{ prop } 410.$$

Dazu findet man mittels Bild 223 rd. 4. Also ist

$$p_1^2 - p_2^2 = 4{,}10 \text{ at}^2 \text{ auf } 100 \text{ m}$$

und

$$p_1^2 - p_2^2 = 1{,}09 \text{ at}^2 \text{ auf } 26{,}6 \text{ m}.$$

Genauer rechnet man: Zu $p_1 = 7{,}55$ at und $t_1 = 270$ °C ist $10^6 \eta_1 g = 18{,}95$ kp/m s. Mit Gl. (367) folgt

$$Re_1 = 354 \frac{G_h}{d(10^6 \eta_1 g)} = 354 \cdot \frac{1040}{0{,}07 \cdot 18{,}95} = 277\,000 \approx Re_2;$$

$$\lg Re = 5{,}44; \quad \lambda_R = 0{,}0194,$$

0,020 aus Bild 188 mit $k = 0{,}05$ mm. Für schwachen Druckabfall gilt genau genug mit Gl. (344)

$$P_1 - P_2 = \frac{5000}{p_1}(p_1^2 - p_2^2) = \frac{5000}{7{,}55} \cdot 1{,}09 = 722 \text{ mm WS}.$$

Ein genau entsprechender Versuch ergab 721 mm WS[1]. Bei $\lambda_R = 0{,}02$ ist nach Bild 191 die relative Rauhigkeit $d/k = 1150$ und $k = 70/1150 = 0{,}06$ mm.

Aufgabe 33. $G_h = 92{,}8$ kp/h überhitzter Dampf von $p_1 = 15$ at und $t_1 = 250$ °C $\approx t_2$ strömen durch ein Stahlrohr von $D = 16$ mm l. W. (20 × 2) und $l = 37{,}2$ m Länge. Wie groß ist der Druckabfall?

$G_h = 92{,}8$ kp/h, Zahlentafel 71 oder Gl. (408): $\lambda_R = 0{,}0287$;

$$v_1 = 0{,}155 \text{ m}^3/\text{kp} \text{ zu } p_1 = 15 \text{ at und } t_1 = 250 \text{ °C};$$

Gl. (427) $\quad p_1^2 - p_2^2 = 1275 \cdot 0{,}0287 \cdot 15 \cdot 0{,}155 \cdot \frac{37{,}2}{16^5} \cdot 92{,}8^2 = 26{,}00 \text{ at}^2;$

Kommakontrolle mit Bild 233.

$$p_2^2 = 225{,}0 - 26{,}0 = 199{,}0; \quad p_2 = 14{,}1 \text{ at} \quad \text{und} \quad \Delta p = 0{,}9 \text{ at}.$$

Näherung mit Gl. (344):

$$P_1 - P_2 = \frac{5000}{14{,}5} \cdot 26{,}0 = 8960 \text{ mm WS},$$

etwas zu klein, weil die Ausdehnung vernachlässigt wird. $w_1 = 19{,}9$ m/s; $\lambda_B \approx 0$. $10^6 \eta_1 g \approx 18{,}0$ kp/ms

$$Re_1 = 354 \cdot \frac{92{,}8}{0{,}016 \cdot 18{,}0} = 114\,500 \approx Re_2; \quad \lg Re = 5{,}06;$$

$\lambda_R = 0{,}0284$ nach Bild 191 mit $k = 0{,}06$ mm. Ein genau entsprechender Versuch[2] ergab $\Delta p = 1{,}19$ at. Rohrzustand:

$$p_1 = 15 \text{ at}; \quad p_2 = 13{,}81 \text{ at}; \quad p_1^2 - p_2^2 = 34{,}3 \text{ at}^2;$$

$\lambda_R = 0{,}0378$ mit Gl. (427). Man ermittelt aus Gl. (246) oder Bild 191 $d/k = 100$; $k = 0{,}16$ mm, also stark verschmutzt.

Aufgabe 34. An eine bestehende Dampfkraftanlage soll eine weitere Maschine angeschlossen werden. Dazu ist eine Rohrleitung von 210 m Länge mit 7 rechtwinkligen Biegungen ($R/d = 4$), 3 Absperrschiebern ($m \approx 0{,}5$) und 1 Faltenrohr-Ausgleichsbogen ($R/d = 3$) erforderlich. Durch diese Leitung sind $\dot G = 40$ Mp/h Dampf von $p_{1a} = 16{,}5$ at und $t_1 = 350$ °C zu befördern. Welche lichte Weite

---

[1] Z. VDI 52 (1908) 664.
[2] Z. VDI 70 (1926) 701.

42. Dampfleitungen, Aufgaben

muß die Dampfleitung haben, wenn die Fördergeschwindigkeit 45 m/s nicht überschreiten soll und wenn für den Dampf an der Maschine mindestens $p_{2a} = 15{,}0$ at und 340 °C festgelegt sind?

Zu $p_1 = 17{,}5$ at und $t_1 = 350$ °C gehört $v_1 = 0{,}162$ m³/kp. w_1 angenommen 40 m/s.

$$D = 595 \sqrt{\dot{G}\frac{v}{w}} = 595 \sqrt{40\frac{0{,}162}{40}} = 239 \text{ mm} \quad \text{mit Gl. (308)}$$

vorhanden ist Rohr NW 250 (267 × 8,5), nachgemessen $D = 250$ mm.

Nach Zahlentafel 68 erhält man für

7 Biegungen $R/d = 4$	$7 \cdot 3{,}7 = 26$ m	äquivalente Länge
3 Absperrschieber $m = 0{,}49$	$3 \cdot 13{,}4 = 40$ m	äquivalente Länge
1 Faltenrohrausgleicher $R/d = 3$	$\underline{33 \text{ m}}$	äquivalente Länge
	99 m	äquivalente Länge

Zu $G_h = 40000$ kp/h gehört $\lambda_R = 0{,}0117$ [Gl. (408), Zahlentafel 71]. Aus Bild 187 folgt $\lambda_R = 0{,}0166$ bei $Re = 200000$, wofür Zahlentafel 68 gilt. Man rechnet nach der sicheren Seite zu, wenn man die äquivalente Länge von 99 m im Verhältnis der Widerstandszahlen umrechnet

$$99 \cdot \frac{0{,}0166}{0{,}0117} \approx 141 \text{ m}$$

und erhält insgesamt $l = 210 + 141 = 351$ m Widerstandslänge.

$$p_1^2 - p_2^2 = 1275 \cdot 0{,}0117 \cdot 17{,}5 \cdot 0{,}162 \cdot 351 \cdot 40^2 \cdot 10^6/250^5 = 24{,}4 \text{ at}^2;$$

$$p_2 = 16{,}79 \text{ at}; \quad \Delta p = 0{,}71 \text{ at}.$$

Kommakontrolle mit Bild 223.

Genauer:

Zu $p_1 = 17{,}5$ at und $t_1 = 350$ °C gehört $10^6 \eta_1 g = 22{,}3$ kp/ms;

$$Re_1 = 354 \cdot \frac{40000}{0{,}25 \cdot 22{,}3} = 2{,}54 \cdot 10^6 \approx Re_2; \quad \lg Re = 6{,}4;$$

$\lambda_R = 0{,}0129$ aus Bild 187 für $k = 0{,}03$ mm. Bei so hohen Reynolds-Zahlen gibt Gl. (408) zu kleine Werte an. $\lambda_B/\lambda_R = 0{,}55$ vH aus Bild 225 zu $w_m \approx 37$ m/s.

$$p_1^2 - p_2^2 = 24{,}4 \, \frac{0{,}0129 \cdot (1{,}0000 + 0{,}0055)}{0{,}0117} = 27{,}05 \text{ at}^2$$

$$p_2 = 16{,}71 \text{ at}; \quad \Delta p = 0{,}79 \text{ at}.$$

Näherung mit Gl. (344):

$$\Delta p = \frac{0{,}5}{p_1}(p_1^2 - p_2^2) = \frac{0{,}5}{17{,}5} \cdot 27{,}05 = 0{,}77 \text{ at}.$$

Bei $\lambda = \lambda_R + \lambda_B = 0{,}0130$ findet man 337 m Widerstandslänge und $\Delta p = 0{,}76$ at.

Abkühlung bei 60 mm Isolierdicke und 0,06 kcal/mh grd Wärmeleitfähigkeit ergibt $q = -311$ kcal/mh, wie als Beispiel in Bild 227 eingetragen ist.
Wärmeverlust

$$q_{12} = \frac{ql}{1000\dot{G}} = -\frac{311 \cdot 210}{40000} \approx -1{,}7 \text{ kcal/kp} \approx \Delta i;$$

$i_1 = 751{,}0$ kcal/kp zu 17,5 at und 350 °C;

$i_2 = 749{,}3$ kcal/kp zu 16,7 at und 346 °C; $\quad \Delta t = 4$ grd.

III. Praktische Berechnung von Rohrleitungen

Aufgabe 35. $\dot{G} = 200$ Mp/h Dampf von $p_1 = 80$ at und $t_1 = 500$ °C strömen durch eine (überlastete) Rohrleitung von $D = 250$ mm l. W. und 226 m Länge. Für die Rohrbiegungen und Armaturen kann eine äquivalente Rohrlänge von 135 m angesetzt werden. Wie groß ist der Druckabfall?

$$w_1 = 48{,}2 \text{ m/s}; \quad v_1 = 0{,}0426 \text{ m}^3\text{/kp}; \quad 10^6\eta_1 g = 29{,}3 \text{ kp/ms};$$

mit $\quad Re_1 = 9{,}66 \cdot 10^6 \approx Re_2; \quad \lg Re = 6{,}99; \quad \lambda_R = 0{,}0124$ nach Bild 187

$$k = 0{,}03 \text{ mm}.$$

$$p_1^2 - p_2^2 = 1275 \cdot 0{,}0124 \cdot 80 \cdot 0{,}0426 \cdot \frac{226 + 135}{250^5} \cdot 200^2 \cdot 10^6 = 796{,}7 \text{ at}^2;$$

Kommakontrolle mit Bild 223.

$$\tfrac{1}{2}(w_1 + w_2) \approx 49 \text{ m/s}; \quad \frac{\lambda_B}{\lambda_R} = 0{,}7 \text{ vH};$$

$$p_2^2 = 6400 - 796{,}7 \cdot 1{,}007 = 5598 \text{ at}^2; \quad p_2 = 74{,}82 \text{ at}; \quad \Delta p = 5{,}18 \text{ at}.$$

Abkühlung ungünstig mit $q = -400$ kcal/mh angenommen ergibt mit etwa 250 m Länge für Wärmeabgabe

$$q_{12} = -\frac{400 \cdot 250}{1000 \cdot 200} = -0{,}50 \text{ kcal/kp} \approx \Delta i;$$

$$i_1 = 812{,}2 \text{ kcal/kp}; \quad i_2 = 811{,}7 \text{ kcal/kp}; \quad \Delta t \approx 3{,}5 \text{ grd}.$$

$$w_2 \approx 50 \text{ m/s zu } 75 \text{ at und } 496{,}5 \text{ °C}.$$

Aufgabe 36. $\dot{G} = 10$ Mp/h Dampf von $p_1 = 15$ at und $t_1 = 350$ °C sollen $l = 6000$ m weit fortgeleitet werden. Der Druck am Ende muß mindestens 5 at betragen. Ferner soll die Temperatur des Dampfes t_2 nicht geringer als 150 °C sein. Welcher Rohrdurchmesser und welche Isolierstärke sind zu wählen?

$$G_h = 10^4 \text{ kp/h}; \quad \lambda_R = 0{,}0143 \quad \text{nach Zahlentafel 71}.$$

Zu $p_1 = 15$ at und $t_1 = 350$ °C gehören $v_1 = 0{,}190 \text{ m}^3\text{/kp}$ und $10^6\eta_1 g = 22{,}3$ kp/ms

$$Re = 354 \frac{10^4}{22{,}3 d} = \frac{1{,}587}{d} \cdot 10^5.$$

D in mm	150	175	200	Nach
w_1 in m/s	29,9	22,0	16,8	Gl. (309)
Re_1 mal 10^{-5}	10,58	9,06	7,94	—
$\lg Re_1$	6,03	5,96	5,90	—
$100\lambda_R$	1,47	1,44	1,43	Bild 187
mit $\lambda_R = 0{,}0143$ weiter gerechnet				
$p_1^2 - p_2^2$ in at^2	410	190	97,6	Gl. (427)
verfügbar $p_1^2 - p_2^2 = 225 - 25 = 200$ at^2				
p_2 in at	—	5,92	11,28	—
q_1 in kcal/mh ($s = 80$ mm)	—	−180	−200	(s. u.)
q_1 in kcal/mh ($s = 60$ mm)	—	−218	−250	—
t_2 in °C ($s = 80$ mm)	—	196	185	—
t_2 in °C ($s = 60$ mm)	—	175	158	—

42. Dampfleitungen, Aufgaben

Abgesehen von dem auf S. 90 beschriebenen genauen Verfahren zur Ermittlung von Druck- und Temperaturabfall hat CAMMERER ein Näherungsverfahren für längere Dampfleitungen angegeben[1], das anwendbar ist, wenn man einen Wert für die mittlere spezifische Wärme des Dampfes kennt. Wenn t_u die Umgebungstemperatur in °C, c_p die spezifische Wärme des Dampfes bei der mittleren Dampftemperatur und dem mittleren Dampfdruck in kcal/kp grd und q_1 den Wärmeverlust in kcal/mh am Anfang der Leitung bedeutet, so ist (q absolut)

$$\ln \frac{t_1 - t_u}{t_2 - t_u} = \frac{l}{G_h c_p} \frac{q_1}{t_1 - t_u}, \qquad (432)$$

wobei man für $\ln x$ auch $2{,}303 \lg x$ setzen kann. $l = l_2 - l_1$. Für kurze Leitungen wird daraus wieder

$$\Delta t = \frac{l\,q}{G_h c_p}$$

aus $l\,q = G_h c_p \Delta t = G_h(i_1 - i_2)$, mit $\Delta t = t_1 - t_2$.

Im Beispiel ist $c_p = 0{,}52$ kcal/kp grd nach den Dampftabellen gesetzt. Die Wärmeverluste q wurden aus Bild 227 ermittelt. Die Umgebungstemperatur wurde zu $t_u = 20$ °C angenommen. Durch Drosselung (Druckverlust) fällt die Temperatur außerdem um 8 grd bzw. 2 grd. Die Dampftemperatur ändert sich umgekehrt proportional zum Durchflußgewicht $\dot{G}$, während der Dampfdruck nahezu proportional zu $\dot{G}^2$ abfällt.

Eine Leitung mit $D = 175$ mm l. W. mit 60 mm starker Isolierung genügt, damit der Dampf etwa mit $p_2 = 5$ at und $t_2 \geqq 150$ °C ankommt. Eine Leitung von 150 mm l. W. ist zu eng.

Aufgabe 37. $\dot{G} = 10$ Mp/h trockengesättigter Wasserdampf sind $l = 1500$ m weit durch Stahlrohr von $D = 150$ mm l. W. unter Wirkung eines Anfangsdruckes $p_1 = 18$ at fortzuleiten. Wie groß ist der Enddruck p_2, wenn sich dabei 3 vH Kondensat bilden, d. h. $G_{h1}/G_{h2} = 1{,}03$ ist?

$G_h = 10^4$ kp/h; $\quad \lambda_R = 0{,}0143$ nach Zahlentafel 71; $\quad v_1 = 0{,}113$ m³/kp;

$p_1^2 - p_2^2 = 73{,}25$ at²; $\quad$ es ist rd. $\dfrac{G_{h2}}{G_{h1}}(p_1^2 - p_2^2) = \dfrac{73{,}25}{1{,}03} = 71{,}10$ at²;

$p_2 = 15{,}9$ at; $\quad \Delta p = 2{,}1$ at.

Aufgabe 38. Es sind $\dot{G} = 70$ Mp/h Dampf von $p_1 = 50$ at und $t_1 = 450$ °C $\approx t_2$ fortzuleiten. Die über Eck gemessene Leitung ist $l = 140{,}8$ m lang. Eingebaut sind 18 Glattrohrbogen $R/d = 4$; 6 Faltenrohrbogen $R/d = 2$; 1 Meßblende $m = 0{,}51$ und 2 Absperrschieber mit geradem Durchgang. Welcher Rohrdurchmesser ist zu wählen, wenn der Druckverlust je 100 m widerstandsgleiche Rohrlänge 2 vH vom Anfangsdruck betragen darf? Wie groß ist der gesamte Strömungswiderstand?

Nach Bild 224 ist $D = 200$ mm zu wählen. Dabei ist $\lg Re = 6{,}68$ nach Bild 220 und $\lambda_R = 0{,}0144$ nach Bild 188 bei $k = 0{,}05$ mm.

18 Rohrbogen nach ZT 68 zu $R/d = 4$ und $D = 200$ mm bedingen

$$x = 18 \cdot 2{,}9 = 52{,}2 \text{ m};$$

6 Faltenrohrbogen nach ZT 68 zu $R/d = 2$ und $D = 200$ mm, zweifache Werte der Glattrohrbogen, bedingen

$$x = 6 \cdot 2 \cdot 2{,}9 = 34{,}8 \text{ m};$$

---

[1] CAMMERER, J. S.: Die Berechnung des Temperaturabfalles in langen Rohrleitungen. Mitt. Forschungsheim f. Wärmeschutz, München 1925, Heft 3. Siehe auch Heft 1 bis 4 (1924).

5 vH Zuschlag für die widerstandsgleichen Rohrlängen der Bögen bei Re über 10^6 geben

$$1{,}05\,(52{,}2 + 34{,}8) = 91{,}3 \text{ m}.$$

Abzug für die Bögen von der geraden eckenrecht gemessenen Rohrlänge

$$\text{Glattrohrbogen } R/d = 4, \quad R = 4d = 0{,}8 \text{ m};$$
$$\text{Faltenrohrbogen } R/d = 2, \quad R = 2d = 0{,}4 \text{ m};$$

Gesamtabzug $18 \cdot 2 \cdot 0{,}8 + 6 \cdot 2 \cdot 0{,}4 = 33{,}6$ m.
1 Meßblende nach S. 313 $m = F_B/F_1 = 0{,}51$; $\zeta = 4$; 2 Absperrschieber NW 200/200 nach ZT 67; $\zeta = 2 \cdot 0{,}20 = 0{,}40$; hierzu

$$x = \sum \zeta \frac{d}{\lambda_R} = (4 + 0{,}40) \cdot \frac{0{,}2}{0{,}0144} = 61{,}1 \text{ m}.$$

Die widerstandsgleiche Rohrlänge beträgt nunmehr

$$l + \sum x = 140{,}8 - 33{,}6 + 91{,}3 + 61{,}1 = 259{,}6 \text{ m}.$$

Dabei macht die widerstandsgleiche Rohrlänge der Einbauten mit $91{,}3 + 61{,}1 = 152{,}4$ m rund das 1,5fache der geraden Rohrlänge mit $140{,}8 - 33{,}6 = 107{,}2$ m aus!

Mit Bild 222 oder 223 findet man

$$(p_1^2 - p_2^2)/l \approx 0{,}95 \text{ at}^2/\text{m}; \quad p_2 = 47{,}5 \text{ at}; \quad p_1 - p_2 = 2{,}5 \text{ at}.$$

Es ist $2{,}5 \cdot 100/259{,}6 = 0{,}96$ at/100 m, was rd. 2 vH des Anfangsdruckes von $p_1 = 50$ at entspricht.

Aufgabe 39. Es sind $\dot{G} = 100$ Mp/h Dampf von $p_1 = 80$ at und $t_1 = 500$ °C vom neuen Hochdruckkesselhaus nach einer Vorschaltturbine in der vorhandenen Anlage zu leiten. Die Länge der Trasse ist $l = 450$ m. Gewählt wird Stahlrohr mit $D = 200$ mm Lichtweite (siehe die Beispiele in den Bildern 220 bis 223). Die widerstandsgleiche Rohrlänge der Einbauten sei $\sum x = 209$ m. Ferner soll der Wärmeverlust $q = -215$ kcal/m h betragen[1]. Wie hoch sind Druck und Temperatur am Ende der Leitung?

Man ermittelt zu $\lg Re = 6{,}78$ und $k = 0{,}05$ mm bei $D = 200$ mm eine Widerstandszahl $\lambda_R = 0{,}0144$ (mit den Bildern 188 und 225). Nach Bild 222 ist $(p_1^2 - p_a^2)/l \approx 1{,}95$ at^2/m. Zahlenmäßig stellt man mit dem Rechenschieber nach Gl. (427) den Wert 1,96 fest. Es ist

$$p_1^2 - p_a^2 = 1{,}96\,(450 + 209) = 1290 \text{ at}^2;$$
$$p_a^2 = 6400 - 1290 = 5110; \quad p_a = 71{,}5 \text{ at};$$
$$p_1 - p_a = 8{,}5 \text{ at}.$$

Bei der Strömung durch die Leitung wird der Dampf von $p_1 = 80$ at auf den Druck $p_a = 71{,}5$ at bei annähernd gleicher Enthalpie $i_1 = 812{,}2$ kcal/kp gedrosselt, sofern kein Wärmeaustausch mit der Umgebung stattfindet (Waagerechte im i, s-Diagramm). Dabei fällt die Temperatur von $t_1 = 500{,}0$ °C auf $t_b = 495{,}8$ °C (zu $p_a = p_b = 71{,}5$ at und $i_1 = i_b = 812{,}2$ kcal/kp), also um 4,2 grd. Dieser Temperaturrückgang kommt allein durch die Zustandsänderung

---

[1] Siehe Brennst.-Wärme-Kraft 3 (1951) Arbeitsblatt 15/16.

des Dampfes zustande. Außerdem wird Wärme nach außen abgegeben, und zwar

$$\Delta i_a = \frac{-q\,l}{1000\,G} = \frac{215 \cdot 450}{1000 \cdot 100} = 0{,}966 \approx 1{,}0 \text{ kcal/kp Dampf.}$$

Hierbei ist die gestreckte Rohrlänge einzusetzen, nicht die widerstandsgleiche. Nimmt man überschlägig an, daß die mittlere spezifische Wärme im Druck- und Temperaturbereich (nach den Dampftabellen) 0,59 kcal/kp grd ist, so findet man für den Temperaturabfall durch Abkühlung praktisch genau genug

$$\Delta t = 1{,}00/0{,}59 = 1{,}7 \text{ grd,}$$

also den gesamten Temperaturabfall zu $4{,}2 + 1{,}7 = 5{,}9$ grd. Der Dampf hat zu $i_2 = 812{,}2 - 1{,}0 = 811{,}2$ kcal/kp und zu $t_2 = 500{,}0 - 5{,}9 = 494{,}1$ °C am Ende einen Druck von $p_2 = 71{,}28$ at oder rd. 71,3 at. Der gesamte Druckabfall beträgt mithin 8,7 at.

Der Rechnungsgang bei Strömung mit Abkühlung soll nochmals mit Bild 229 erläutert werden, siehe hierzu auch Bild 31. Bei isothermer Strömung (Gl. 426/427) gelangt man vom Ausgangspunkt 1 nach Punkt a. Vermindert man die Enthalpie i_a um Δi_a bei konstantem Druck p_a (c_p in Gl. 432), so erreicht man den Endpunkt d (mit $p_d = p_a$ und t_d). Genauer rechnet man, indem man die Strömung zunächst als Drosselvorgang $i_1 = i_b = $ const ansieht von p_1 auf $p_a = p_b$. Hier kommt zu Hilfe, daß sich der Druckabfall $p_1 - p_a$ bei isothermer und $p_1 - p_b$ bei adiabater Strömung im technischen Anwendungsbereich kaum unterscheiden, siehe S. 86. Setzt man jetzt vom Zustand b die Spanne Δi_a bei konstantem Druck ($p_a = $ const) ab, so erhält man e als Endpunkt. Mit Rücksicht auf die Ausführungen S. 91 ist jedoch längs einer Linie gleichen Volumens $v_b = v_2 = $ const vorzugehen mit Endpunkt 2 (p_2, t_2). p_2 ist kleiner als $p_e = p_d = p_b = p_a$, ferner ist t_2 kleiner als t_e. Die tatsächliche Zustandsänderung nach dieser Rechnung ist in Bild 229 eingetragen. Es ergibt sich $p_2 = 71{,}28$ at und $t_2 = 493{,}95$ °C. Noch genauer

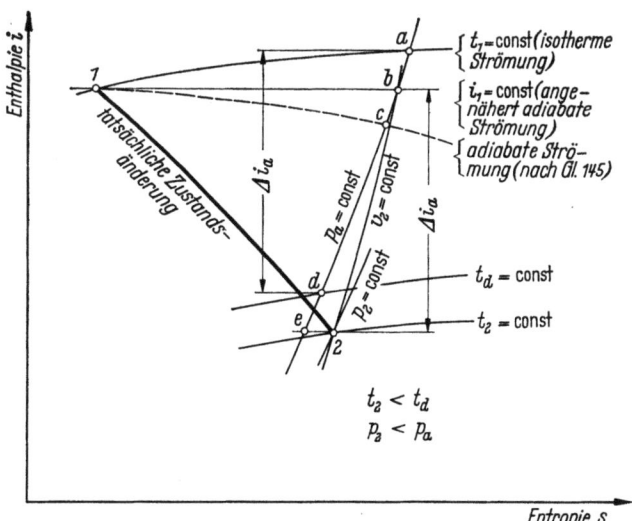

Bild 229. Ausschnitt aus dem i/s-Diagramm für Wasserdampf (überhitztes Gebiet) zur Erklärung der Dampfströmung mit Wärmeabgabe

würde man rechnen, wenn man die Zunahme der Geschwindigkeitshöhe von 1 nach b berücksichtigt und von Punkt c anstelle von b bei p_a ausgeht mit Gl. (145). Allein die Abweichung der gestrichelten Kurve (in Bild 229 übertrieben gezeichnet) ist wegen 427 kpm = 1 kcal so gering, daß sich diese Verbesserung bei praktischen Rechnungen kaum auswirkt.

Aufgabe 40. $\dot{G} = 125$ Mp/h von $t_1 = 640$ °C $\approx t_2$ und $p_{1a} = 160$ at sind 60 m weit vom Kesselaustritt bis zum Turbineneintritt zu leiten, wobei 4 Bogen je 45° und 2 je 90° mit $R/d = 5$ nötig sind. Wie groß sind Durchmesser und Druckverlust bei 1, 4, 12 und 24 Rohren? ($w \approx 40$ m/s, Werkstoff X 8 CrNiNb 1613.)

Anzahl der Rohre		1	4	12	24
l. W. bei 40 m/s	mm	166	83	48	34
zu wählen Rohr[1]	mm	244,5 × 38	127 × 20	70 × 11	51 × 8
Wanddickentoleranz vH	vH	±12,5	±10	±10	±10
mittlere l. W. D	mm	168,5	87	48	35
$Re_1 \approx Re_2$ mal 10^6		7,38	3,57	2,16	1,48
$ä_R$ ($k = 0,03$ mm) mal 100		1,35	1,54	1,75	1,90
Äquivalente Rohrlänge +60	m	76	68	64	63
$p_1^2 - p_2^2$	at²	606	1053	2448	3173
$p_1 - p_2$	at	1,9	3,3	7,8	10,2

gerechnet mit $v_1 = 0{,}025$ m³/kp, $10^6 \eta_1 g = 35{,}6$ kp/ms, ferner mit den Gln. (308), (368), (427) sowie Bild 187 und ZT 61 und 63. Vorteil der Aufteilung in mehrere Rohre: bessere Aufnahme der Wärmedehnungen, verringerte Gefahren; Nachteil: größerer Druckverlust (und höhere Anlagekosten).

---

[1] Gerechnet mit Mittelwand.

Namenverzeichnis

Adams 147
Aeryns 296
Alexander 199
v. Alfthan 339
Andres 183
Atkinson 108

Baashuus 186
Bach 283
Baehr 262, 265
Baer 74, 86
Balch 199
Balcke 381
Banki 219
Barbe 146
Barker 122
Barnes 110
Bauer 166
Bazin 143
Beck 75
Bellasis 147
Bergmann 81
Bernoulli 31, 38
Betz 115
Biel 228, 275, 292, 351, 359
Biolley 202, 308
Blair 147
Blasius 118, 124, 143, 168, 181
Boehm 381
Börnstein 226, 246, 268
Bolte 74, 228
Bonnington 147
Borda 218
Bose 114
Bouchayer 205
Boussinesq 103, 106, 131, 176, 178
Boyle 19
Brabbée 110
Bradtke 146
Breiner 130, 163, 326

Brightmore 199, 211, 219
Brown 101
Bryant 122
Du Buat 205
Büche 262
v. Bülow 344
Bundschu 339
Burgers 122
Busemann 115

Camichel 119
Cammerer 381, 389
Capedeville 158
Carnot 218
Carothers 97
Christen 114
Clement 110
Coker 110
Colebrook 138, 157, 160
v. Cordier 195
Cornish 176, 179
Couette 112

Darcy 143
Davis, S. C. 179
Davis, J. D. 199
Dean 216
Dehne 158, 213, 305
Deissler 142
Denecke 340
Diederich 309
Dönch 183
Dowling 99
Duclaux 99
Durand 339

Eck 115, 134, 160, 201
Eckert 115
Ekman 110
Engler 250
Erk 100, 119, 250, 275
Euler 39, 46
Eustice 215

Fenkell 146, 196, 199
Field 148
Filonenko 138
Fliegner 183
Föppl 115
Frey 309
Fritzsch 148
Fritzsche 144, 198, 351
Frössel 81, 135
Fromm 143, 168

Galavics 165, 287
Gasterstädt 58
Gay-Lussac 19
Gibson 99, 183, 217
Gilchrist 268
Glaser 96
Goldstein 108
Gould 262
Gregorig 120, 209
Grigull 283, 381
Grindley 99, 217
Guderley 81
Guman 362

Haase 203
Häfele 312
Hagen 96, 108, 110
Hanocq 119
Hansen 157, 272
Harris 120, 158
Hartmann 262
v. d. Heege-Zijnen 122
Heinze 176
Heisen 114
Hele-Shaw 99, 179, 189, 215
v. Helmholtz 49, 105
Hermann, R. 119, 126, 139
Herning 158, 160, 188, 261, 265, 278, 281, 362, 366
Herrmann, W. 49

Hiedl 238
Hilsenrath 267, 274
Hinderks 194
Hochschild 183
Hodgman 270
Hoeck 146, 339
Höppler 251
Hoffmann, P. 97
Hofmann, A. 202
Holborn 265
Hopf 143, 164
Hosking 106
Hoskins 143
Hruschka 339
Hubbell 147, 196, 199

Isaacs 348
Ito 206, 214, 217

Jaeschke 167
Jakob 119
Jobst 275
Johnstone 143
Jones 293
Joukowski 141
v. Jürgensonn 292
Jung, I. 84
Jung, R. 209, 219, 308

Kahlbaum 96
v. Kármán 124, 133, 154
Kassatkin 138
Kaufmann 115
Kellog 339
Kepler 210
Kestin 74
Keulegan 170
Keyes 275, 276
Kinne 223
Kirchbach 219
Kirschmer 135, 147, 153, 158, 164
Kirsten 114, 122, 139
Klose 101
Kniazeff 252
Knodel 99
Kohlrausch 99, 111
Kozeny 119
Kresser 130, 163
Kröner 183
Krüger 146, 160, 329
Kuhn 381

Kundt 101
Kurz 276

Ladenburg 96
Landolt 226, 246, 268
Lang 144
Langhaar 108
Latzko 140
Lea 176
Lebeau 118
Lees 118
Lehmann 135, 158, 160
Lelchuk 135
Lell 194, 202
Levy 262
Lorenz, F. R. 119, 122, 170
Lorenz, H. 210
Ludin 299
Ludowici 122

Mach 38
Mann 276
Manning 293
de Marchi 152
Mariotte 19
Marshall 122
Marx 143
Maxwell 25, 248, 251
Mayinger 283
Meissner 183
Mellen 101
Meyer, O. E. 97
Mills 147
v. Mises 115, 123
Möbius 139
Moody 146
Moore 143
Moritz 144
Moroschkin 140
Morrow 110
Müller, G. 226, 276
Müller, W. E. 226, 339

Naumann 115, 168
Navier 46, 52, 63, 176
Netolitzka 340
Neumann 158
Newton 23, 93
Nikuradse 102, 117, 120, 122, 124, 139, 153, 169, 183, 194

Nippert 194, 196, 201
Noether 115
Normand 101
Nußelt 119, 149

Ombeck 114, 119, 144
Oppenheim 74
Orr 115
Ossag 251
Otto 265

Padmarájaiak 199
Pannell 111, 119, 147
Parry 119, 297
Pečornik 166
Perry 293
Petermann 223
Petit 143
Pfeiffer 299
Pfleiderer 310
Philippoff 97
Pigott 158
Pitot 41
Plank, R. 262
Plate 379
Pohl 262
Pohle 317
Poiseuille 96, 110, 246
Prandtl 42, 49, 103, 111, 115, 123, 124, 127, 131, 140, 152, 216
Pröll 183
Prosser 147

Räber 96
Rauert 114
Rauss 207, 305
Rayleigh 115
Redwood 251
Reichel 222
Reiger 96
Reiner 97
Reynolds 49, 51, 65, 102, 108, 110, 115, 325, 374
Richter, H. 120, 122, 139, 194, 198, 248
Richter, W. 382
Riemann 106
Riffart 183
Rodi 115
Ross 142
Rother 329

Rouse 161
Ruckes 99, 111
Rütz 228
Rumpf 168, 354

Saph 110, 118, 144, 147, 198, 199
Saybolt 251
Schaefer 114
Schicht 299
Schiller 97, 103, 106, 110, 111, 114, 118, 126, 130, 139, 143, 152, 168, 178
Schlichting 128, 172
Schmäker 262
Schmid, R. 99
Schmidt, D. 238
Schmidt, H. 128, 135
Schnetzler 114
Schoder 110, 118, 144, 147, 198, 199, 211
Schöberlein 344
Schröder 128
Schubart 219
Schubauer 123
Schubert 183
Schütt 190
Schwaigerer 281
Schwedler 292, 307
Schwing 321
Scimemi 299
Scobey 144, 297
Seiferth 146, 160, 329
Seiffert 381
Selby 270
Shapiro 141

Simeon 262
Skramstadt 123
Smith, H. 144
Smith, R. D. 141
Sommerfeld 176
Sorkau 114
Spalding 115, 194
Spannhake 119, 170
Speed 348
Speyerer 99
Stach 208, 226
Stakelbeck 262, 272
Stanton 111, 119, 122, 147
Stearns 268
Steinecke 148
Stokes 46, 52, 246
Stradtmann 310
Stroehlen 84
Sutherland 248, 266

Tadros 176
Taylor 217
Tiedt 170
Tietjens 49, 103, 111, 115, 123, 140
Tölke 340
Tollmien 115, 124
Tonn 166
Touloukian 267, 274
Toussaint 157
Trautz 276
Treer 148

Ubbelohde 251
Ullmann 228
Umstätter 246, 253

Vernet 252
Viesohn 321
Vogel, G. 223
Vogel, H. 251
Vogelpohl 267

v. d. Waals 19
Walker 262
Warburg 101
Wasielewski 206
Watkins 259, 346
Weast 270
Wedernikoff 183
Wegmann 296
Weisbach 185, 199, 218
Wellmann 146
White 160, 179, 216
Wierz 166
Wild 344
Wildhagen 111
Wilkinson 97
Williams 147, 196, 199
Wilson 147
Wing 143
Winteritz 148
Wolowski 265
Worster 147
Wyszomirski 99, 179, 215

Zehetner 148
Zemplén 264
Ziegler 301
Zimmermann 146, 166, 203, 207, 220, 287, 300
Zipperer 276, 278

Sachverzeichnis

Abgeblendeter Einlauf 192
Ablagerungen 329
Ablaufstrecke 209
Ablenkungswinkel 205, 218, 223, 306
Ablösung 181, 183, 188, 190, 196, 219
Ablösungsverlust 202, 212
Ablösungswiderstand 202
Abschätzen der Rauhigkeit 161
Absolute Rauhigkeit 149, 158, 289
— Viskosität s. dynamische Viskosität
Absoluter Druck 38
Abwechselndes Auftreten von Laminarströmung und Turbulenz 113
Abzweige 222, s. a. viele Abzweige
Adhäsion 99
Adiabate Strömung 35, 46, 48, 67, 71
— Zustandsänderung 3, 33
Ähnlichkeit, mechanische 48
Ähnlichkeitsgesetz 49
Allgemeine Druckabfallgleichung 59, 65
— Energiegleichung 29
— Gasgleichung 19
— Strömungsgleichung 29, 45, 83, 95
Allgemeines Widerstandsgesetz 130, 154
Anlaufeffekt 101, 139, 212
Anlaufstrecke 101, 139, 140
—, laminare 101, 111
—, relative 103
—, turbulente 139
Antriebsenergie 47
Äquivalente Rohrlänge 208, 300, 315
Arbeit 13
Arbeitsdiagramme 32
Arbeitsleitungen 319
Armaturen 309
Asbestzementrohre 159, 299
Aufgaben s. Berechnungsaufgaben
Auftrieb 371
Ausbauchung von Krümmern 196, 208
Ausbildung der Strömung 101, 139
Ausdehnungsarbeit 34, 36
Ausgebildete Strömung 92, 116, 143

Auslauf 195, 212
Äußere Reibung 22
Äußerer Zustand 3
Austauschbewegung 132

Bandströmung s. Laminarströmung
Barometrischer Druck 38
Beharrungszustand 26, 92
Beizen 289
Berechnungsaufgaben
—, Dampfleitungen 86, 372, 383
—, Gasleitungen 366
—, Luftleitungen 355
—, Ölleitungen 348
—, Wärmeaustausch beliebig 83, 90, 390
—, Wasserleitungen 323, 331
Beruhigungsgrad 109
Beruhigungsstrecke 101, 139
Beschleunigungsarbeit 36, 62
Beschleunigungsglied 62, 68, 82, 243, 353, 379
Betonrohre 159, 297
Bielsche Formel 351, 359, 372
Bituminierte Rohre 291, 295
Bleirohre 117, 330
Borda-Carnot-Satz 189, 218
Brauchwasserleitungen 323
Bronzerohre 200, 204, 220

Dampf 1, 86
— -leitungen 86, 372
— -sammler 316
Dämpfungsmethode 249
Deformationsgeschwindigkeit 249
Diagramme für Gußrohre 294, 295
— für Stahlrohre 290, 291
Dichte 19, 246
— -verhältnis 19, 240, 262, 275
Dickflüssigkeit 22
Dimensionslose Geschwindigkeit 127
Doppelquerwirbel 194, 215
Dreikantrohre 169, 195

Sachverzeichnis 397

Druck 6
— -abfall 73, 85, 98, 106, 233, 237
— -abfallgleichung 44, 59, 65, 233, 237
— -einfluß auf die Viskosität 255, 273, 285
— -linie 43, 97, 105, 142, 180, 190, 195, 199, 365
— -stoß 75
— -verteilung 56, 195
— -Volumen-Diagramme 32, 33
— -welle 75
Dünnflüssigkeit 22
Durchdringungskante bei Abzweigstücken 223
Durchfluß 231, 236, 241
— -methode 249
Durchgangsventile 311
Dynamischer Druck 38, 41
Dynamische Viskosität 23

Ebene parallele Platten 22, 53, 100, 147, 175, 178
Eingetauchter Einlauf 191
Einlaufformen 191
Einsiebtelgesetz 124, 169
Einzelwiderstände 187, 191, 198, 223, 300
Energie, antreibende 47
— -beiwert 56, 58, 68, 96, 105, 126
— -bilanz 28
— -entnahme s. größtmögliche Energieentnahme
—, mechanische 12
—, mittlere kinetische 56
—, potentielle 32, 44
— -sätze 29, 45
— -umsetzung 105, 142, 180, 190, 193
— -verteilung 56
Engler-Grad 250
Englerscher Viskositätsmesser 250
Enthalpie 15, 30, 35
Entropie 20
Entstehen der Turbulenz 115
Erdöl 257
Erweiterungswinkel 181, 183
—, zulässiger 182, 185
Eternitrohre 299
Eulersche Gleichgewichtsbedingung 39, 46

Fadenströmung 54, 179, 189, 215
Farbfadenmethode 109, 140, 179, 189, 215

Faustformeln 245, 327, 354, 362
Fehler 229
— bei kleinen Druckänderungen 37, 41
Ferngasleitungen 363
Fernölleitungen 346
Festwerte (Genauigkeit) 232
Flechtströmung s. Turbulente Strömung
Fliehkraft 193, 216
Fließen 2
Fluid 3
Fluidität 246
Flüssigkeit, Begriff 1, 3
—, reibungslose 25, 28, 43
—, zähflüssige 2
Flüssigkeitsreibung 22, 44
Flußwasser 256
Fördertemperatur bei Öl 347
Formänderungsgeschwindigkeit 2
Formeln für die Viskosität 248
Formstücke 309
Freispiegelleitung 343
Fritzsches Formel für Stahlrohre 351, 372

Gas 1, 66, 83, 263
— -fernleitung s. Ferngasleitung
— -gleichung, allgemeine 18
— -konstante 18
— -leitungen 359
— -mischungen 274, 359
— -tafel 262
—, Temperatureinfluß 20, 24
— -theorie, kinetische 24, 100, 248
Gasverlust 317, 370
Gebrauchsdiagramme 290
Gebrauchsformeln 229, 230, 233, 237, 289
Gekrümmte Rohre 193
Gelöste Gase 256
Geltungsbereich 229
Genauigkeit der Rechnung 228
Genietete Rohre 159, 339
Gerade Zwischenrohre 207, 220
Gerades Rohr 55, 92, 116, 143, 168, 287
Geradlinige Strömung s. Laminarströmung
Geringer Druckabfall 37, 70
Gesamtdruck 41
Gesamtverlust 198, 202
—, geringster 201, 208
Geschlossenes System 11

Geschwindigkeit
—, dimensionslose 127
—, Formänderungs- 2
—, kritische 110, 182, 217, 346
—, Schall- 1, 38, 75, 87, 249
—, technisch übliche 329, 347, 354, 362, 380
Geschwindigkeitskuppen 196
— -messung 42
— -verteilung 23, 27, 28, 55, 95, 100, 102, 116, 122, 129, 141, 147, 182, 185, 197
Gesetz von
— BERNOULLI 31, 104, 187
— BLASIUS 118, 139, 168
— HAGEN und POISEUILLE 96, 111, 139
— KEPLER 210
— NEWTON 23, 93
— PRANDTL-KÁRMÁN 134, 139, 154
— REYNOLDS 49, 64
Gewicht, spezifisches s. Wichte
Glasrohre 117, 158, 215
Glattes Rohr 116
Glattrohrkompensator 305
Gleichgewichtsbedingung 39, 46
Gleichwertige Rohrlänge 208, 300, 309
Gleitende Strömung s. Laminarströmung
Gleitung 100
Gleitwiderstand 23
Grenz-kurve 162
— -schicht 55, 102, 117, 128, 150, 169, 194
Größtmögliche Energieentnahme 322
Großversuche 145
Gummischlauch 158, 213
Guß-eisenhaut 159
— -eisenrohre 159, 293, 331
— -krümmer 304

Haarröhrchen 101, 250
Hähne 313
Haften an der Rohrwand 54, 100
Hauptsatz, erster 15, 30
Heizöle 259
Höchstgeschwindigkeit 78
Hochverdünnte Gase 100
Höhenänderung bei Gasen 70, 357, 371
Holzrohre 159, 297, 330
Hydraulik 59
Hydraulische Rauhigkeit 63, 65
Hydraulischer Durchmesser 61, 168, 343
Hydrodynamik 59

Ideale Gase 18
Impulssatz 189
Innere Energie 12, 15, 29
— kinetische Energie 12, 16, 32
— Reibung 13
Innerer Zustand 3, 38
Internationales Einheitensystem 5
Isentrope Zustandsänderung 33
Isolierung 382
Isotherme Strömung 20, 34, 46, 48, 66, 97, 238
— —, großes Druckgefälle 67, 237
— —, kleines Druckgefälle 70, 243
— Zustandsänderung 33

Kapillare 97, 101, 250
Kegeliges Rohr 186, 341
Keilförmige Kanäle 183
Keplersches Gesetz 210
Kernströmung 103
Kinematische Viskosität 25
Kinetische Energie 17, 30, 32, 37, 62
— Gastheorie 24, 100, 248
Klebrigkeit s. Viskosität
Knickstellenabstand bei Kniestücken 221
Kniestücke 218, 308
Knollenbildung 330
Kochsalzlösung 257
Kompressibilitätszahl 265, 365
Kondensat 380
Kontinuitätsgesetz 26
Kontraktionszahl 142, 191
Korrosion 330
Kraftleitungen 318, 322, 338
Kreisringrohre 172
Kreisrohre 61, 92, 116, 143, 193
Kritik der allgemeinen Widerstandsformel 138
Kritische Geschwindigkeit 110, 346
Kritische Reynolds-Zahl 110, 169, 183, 217
Krümmer 193, 212, 306, 315
Krümmungsverhältnis 201
Kühlwasserleitung 334
Kunststoffrohre 117, 158, 330
Kupferrohre 117, 158, 330

Laboratoriumsversuche 145
Lageenergie 32, 44
Laminare Anlaufstrecke 101

Sachverzeichnis

Laminarströmung 56, 93
—, in Ausbildung begriffene 101
—, ausgebildete 93
— in engen Spalten 172, 177
— im Kreisringrohr 172
— im Kreisrohr 93
— in Krümmern 215
— im Rechteckrohr 176
— in Rohren mit stetig veränderlichem Querschnitt 179
Leistungsverlust 318, 342, 366
Leitbleche 308
Leitungsgefälle 47
Lichtweite 289
Longitudinale Schwingung 76
Lösungsvermögen in Wasser 256
Luft 267, 313, 350
— -leitungen 79, 81, 350
—, Temperatureinfluß auf die Strömung 73

Maxwellsches Verfahren 251
Mechanische Ähnlichkeit 48
— Arbeit 14, 29
— Energie 42
Mechanisches Wärmeäquivalent 44
Meerwasser 256
Mehrfachkrümmer 303
Messingrohre 117, 158, 168, 200, 218, 330
Meßverfahren für die Viskosität 250
Metall-schläuche 313
— -überzug 158
Mischungsregel 274
Mischungsweg 131
Mittlere kinetische Energie 56
Mittlere Strömungsgeschwindigkeit 27, 56
Mittlerer Leitungsdruck 56, 243, 354, 362
Molekulargewicht 262

Natürliche Strömung 44
Navier-Stokessche Gleichung 46, 52, 63, 108, 176
Nennweite 289
Newtonsches Gesetz 23
Nichtkreisförmige Rohre 168
Niederdruckleitungen 70, 243, 354, 362
Norm-dichte 262, 274
— -druck 21
— -gewicht 5, 21

Norm-temperatur 21
— -volumen 21
— -zustand 21

Oberflächenänderung beim Biegen 199
Oberflächenspannung 62
Öffnungswinkel 183
Offenes System 16
Öle 257
Ölförderung mit Wasserzusatz 347
Ölleitungen 345

Parallelströmung 28, 53
—, s. Laminarströmung
Pendeln des Strahls 184
Petroleum 257
Phase 2
Pilzwucherungen 331
Pitot-Rohr 42
Plötzliche Querschnittsänderung s. Querschnittsänderung
Poise 246
Polytrope Strömung 84
— Zustandsänderung 35
Potentielle Energie 16, 32, 44
Potenzgesetz 65, 117, 135, 164, 292
Praktische Aufgaben s. Berechnungsaufgaben
Prandtl-Kármánsches Gesetz 134, 154
Prandtl-Rohr 42
Preßluftleitung s. Luftleitung

Quadratrohr 168, 176
Querschnittsänderung, plötzliche 189
—, stetige 179
Querschnittsfolge bei Krümmern 196, 209
Querströmung 194, 215
Querströmungsverlust 202

Randschicht s. Grenzschicht
Rauhes Rohr 143, 203, 219
Rauhigkeit 63, 65, 114, 143, 148, 289
—, absolute 149
—, gleichförmige 150
—, künstliche 152
—, natürliche 143, 156, 160
—, relative 149, 210
—, ungleichförmige 150
Rauhigkeitserhebungen 149
Rauhigkeitsgrenze 163
Raum-beständige Strömung s. Strömung, raumbeständige

Raum-veränderliche Strömung s. Strömung, raumveränderliche
Raumkrümmer 306
Realgasfaktor 265
Rechengenauigkeit 228
Rechenhilfsmittel 230, 323, 345, 350, 359, 372
Rechteckrohr 169, 176, 216
Rechtwinkliger Abzweig 222
— Krümmer 193, 299
Regeln der Technik 229
Reibung 13, 22, 43
—, äußere 22
—, innere 22
— der Ruhe 23
Reibungs-arbeit 45, 48
— -glied s. Widerstandszahl
— -kräfte 50
— -wärme 44
— -widerstand 59
Reibungslose Flüssigkeit 25, 28
— Strömung 28
Reine Krümmerströmung 212
Relative Anlauflänge 103
— Molmasse 262
— spezifische Wichte 21, s. a. Dichteverhältnis
Reynoldssches Ähnlichkeitsgesetz s. Ähnlichkeitsgesetz
Reynolds-Zahl 51, 285
—, kritische s. kritische Reynolds-Zahl
Richtungsänderung 193
Rohr-bogen 299
— -durchmesser 230, 237, 242
— -erweiterung 179, 209
— -formstücke 212
— -leitungswirkungsgrad 318
— -reibungszahl s. Widerstandszahl
— -schlange 212
— -verengung 179
Rostanflug 288
Rückbildungsstrecke 209
Ruhetemperatur 74
Ruhige Strömung s. Laminarströmung

S-Bogen 306
Sandrauhigkeit 152, 203, 220
Sandstrahlen 289
Sattdampf 1, 283, 380
Satz von
— BERNOULLI 31, 104, 187
— BORDA-CARNOT 190, 218, 225

Schachtanlage 335, 357
Schallgeschwindigkeit 1, 38, 72, 75, 249
Scharfkantiger Einlauf 191
Schärfster Krümmer 200
Schichtenströmung s. Laminarströmung
Schieber 310
Schiefwinkliger Abzweig 224
— Einlauf 192
Schlauchkupplungen 313
Schub-kraft 22, 46
— -spannung 60, 100, 131
— -spannungsgeschwindigkeit 127, 155
Schutzüberzüge 158, 347
Schwacher Druckabfall 36, 70, 243
Schwankungen, turbulente 114, 123
Schwingung 76
Seewasser 256
Segmentbogen 220, 307
Solen 257
Sonderfälle für mechanische Ähnlichkeit 53
Spezielle Rechenunterlagen für
— — Gase 359
— — Luft 350
— — Öl 345
— — Wasser 323
— — Wasserdampf 372
Spezifische Wärme 20, 262
Spezifisches Gewicht s. Wichte
Spezifisches Volumen 5
Stadtgasleitungen 369
Stahl-rohre 158, 287
— -rohrknie 220
— -rohrkrümmer 207, 304
Starker Druckabfall 66, 237
Stationäre Rohrströmung 11, 26, 93, 123
Statischer Druck 38
Staubtransport 209
Staudruck 40
Staugerät 41, 313
Stauhöhe 12, 37
Staurohr 40
Stellenrechnung 230, 233
Stetige Querschnittsänderung s. Querschnittsänderung
Stetigkeitsbedingung 26
STOKES 246
Störbetrag 109
Störquelle 55
Stoßverlust 190, 218, 225
Strahlablösung s. Ablösung
Strahleinschnürung 142, 189

Strömen 2
Stromtrennung 224
Strömung, adiabate 35, 46, 48, 71, 78
—, isotherme 20, 34, 46, 48, 67, 97
—, laminare s. Laminarströmung
—, raumbeständige 1, 27, 32, 36
—, raumveränderliche 1, 33, 62, 66
—, reibungslose 28
—, stationäre 11
—, turbulente s. Turbulente Strömung
Strömungswiderstand 44, 117
Stromvereinigung 225

T-Stück s. Abzweige
Technisch glatte Rohre 117, 130
— übliche Geschwindigkeiten s. Geschwindigkeit
Technische Arbeit 16
— Gase 280
— Gasgemische 281
Technisches Maßsystem 4
Temperatur 10
Temperaturabfall 73
Tonrohre 159
Trägheitskräfte 49
Trägheitswiderstand 49, 59
Trinkwasserleitungen 329, 333
Trockengesättigter Dampf 1, 283, 380
Turbulente Querbewegung 54, 123, 131
— Strömung 54, 108, 116
— —, ausgebildete 116, 143
— —, gerades Kreisrohr 116, 143
— —, gerades Nichtkreisrohr 168, 183
— —, nicht gerade Rohre 193
— —, in Ausbildung begriffene 139
Turbulenz s. Austauschgröße
— -problem 113

U-Bogen 305
Überdruck 38
Übergangsgebiet 108, 152, 182, 217, 345
Übergangszahl s. Kritische Reynolds-Zahl
Überhitzter Dampf 1, 284
Überschallgeschwindigkeit 81
Überschlagsformeln 244, 289, 296, 323, 327, 351, 359, 372
Übersichtsdiagramme 233, 235, 352, 373
Umlenkverlust 198
—, reiner 213
Umlenkwinkel s. Ablenkungswinkel
Umrechnungsfaktoren 7, 8, 9

Umsetzung von Druck in Geschwindigkeit 180
—, von Geschwindigkeit in Druck 180
Undichtigkeitsverlust 370
Unstetig veränderlicher Querschnitt s. Querschnittsänderung
Unterdruck 38

Ventile 310
Veränderlicher Querschnitt s. Querschnittsänderung
Verkrustung 158, 330
Verlustleistung, relative 224
Verlustlinie s. Drucklinie
Verlustlose Strömung 28
Verschmutzung 330, 354, 362, 377
Versuchserfahrung 54
Verteilungsgesetz 100
Viele Abzweige 317
Vierkantrohr s. Rechteckrohr
Viskosimeter 250
Viskosität 23, 55, 246
—, Abhängigkeit vom Druck 255, 256, 269, 273, 282, 284
—, Abhängigkeit von der Temperatur 253, 259, 267, 270, 271, 274, 281, 283, 285
—, dynamische 23, 246
—, kinematische 25, 246, 251
Viskositäts-messer 250
— -meßverfahren 250
— -tafeln 252ff.
— —, Flüssigkeiten 253
— —, Gase 263
— —, Gasmischungen 274
— —, Wasserdampf 281
Vollständig rauhe Strömung 155

v. d. Waalssche Gleichung 19
Walzrauhigkeit 288
Wand-innenbeschaffenheit s. Rauhigkeit
— -rauhigkeit 150, 289
— -schicht s. Grenzschicht
Wandungsverlust 198
Wärme-austausch 29, 83, 90
— -durchgangszahl 381
— -energie 15
— -inhalt s. Enthalpie
— -isolierung 380
— -verlust 90, 380
Wasser-abscheider 313
— -dampf 86, 281, 372

Wasser-kraftanlagen 318, 338
— -leitungen 323
Wichte 5, 21
Widerstandsgesetz, allgemeines 163
—, glattes Rohr 118, 135
—, Kreisringrohr 172
—, Kreisrohr 92
— bei Laminarströmung 92, 172, 216
—, rauhes Rohr 155
—, Rechteckrohr 177
— nach REYNOLDS 65
— bei turbulenter Strömung 118, 135, 160
Widerstandszahl 62, 64, 95, 117, 135, 143, 144, 163, 287, 297, 339, 346, 351, 359, 372
Widerstandsbeiwert 199, 309
Wirbelfreie Strömung s. Laminarströmung

Wirbelwiderstand 117
Wirkungsgrad 318
Wirtschaftlich günstigste Geschwindigkeit 228, 327, 329, 340, 347, 354, 380
— — Rohrweite 228

Zähflüssigkeit 22
Zähigkeit s. Viskosität
Zeichnerische Verfahren 58, 89, 230
Zementrohre 159, 297
Zustand 3
Zustands-änderungen 4
— -gleichung 19
— -größen 3
Zweistoffgemisch 277
Zwischenpumpstation 349
Zylinderöl 257

MIX
Papier aus verantwortungsvollen Quellen
Paper from responsible sources
FSC® C105338

If you have any concerns about our products,
you can contact us on
ProductSafety@springernature.com

In case Publisher is established outside the EU,
the EU authorized representative is:
**Springer Nature Customer Service Center GmbH
Europaplatz 3, 69115 Heidelberg, Germany**

Printed by Libri Plureos GmbH
in Hamburg, Germany